설계 · 기술 · 생산 · 안전분야 엔지니어를 위한 지침서

안전제어시스템기술과

# 스마트공장 안전기술

이진우 · 오승현 · 박창권 · 이준원 · 김태구 공저

도서출판 동화기술

# 서 문

최근 디지털 트랜스포메이션(Digital Transformation) 시대의 도래에 따라 기업의 경영환경은 각국의 제조업 경쟁력을 과거 어느 때보다 중요한 요소로 다루면서 국내·외적으로 스마트공장에 대한 제한 없는 경쟁이 각국의 미래의 성장동력과 맞물려 강한 추진력을 받고 있는 상황이다.

이러한 스마트공장 구축은 생산과정의 네트워크화, 맞춤형 생산, 공정운영의 최적화, 다품종 복합생산, 조달 및 물류 혁신, 기계와 노동자의 협업 등 기존 생산방식과는 다른 긍정적인 면이 기대되지만 새로운 기계류의 도입 및 자동화, 스마트화로 인하여 이제껏 경험하지 못한 새로운 위험에 노출될 수 있으므로 새롭게 야기될 수 있는 유해위험요인을 사전에 파악하고 적절하게 대처하는 것이 향후 사업장 안전관리의 주요한 요소 중의 하나가 될 것으로 예상된다.

과거 공장자동화 기반의 제조 현장에서는 안전을 확보하기 위하여 사람을 기계 및 설비와 격리시키므로 상호간의 접근을 막아서 안전을 확보하였다. 그러나 오늘날 기존의 공장자동화나 성력화의 단계를 넘어 디지털화 기술의 고도화로 사람과 기계가 동시에 혼용되어 작업되는 스마트공장에서 안전과 관련된 하드웨어 결함 및 시스템적인 결함과 같은 안전제어시스템의 고장은 과거와 달리 사고의 심각성을 오히려 증가시켜서 자동화설비를 포함한 스마트공장에서 재해가 발생하면 대부분의 경우 사망 및 중상해 재해로 이어질 가능성이 높게 될 것이다.

또한 최근 중대재해처벌법이 시행되고 있음에도 불구하고 기업의 지속경영의 중요성을 간과할 수 없는 등 여러 가지 사유로 중대재해를 예방하기 위한 로드맵이 정부 차원에서 새로이 제시되면서 산업현장에서의 위험성평가가 매우 강조되고 있으나 우리나라의 경우 제어시스템에 의하여 작동되는 자동화설비를 이용한 작업과 스마트공장에서의 작업 시 안전을 확보하기 위한 안전제어시스템에 대한 기술기준이 매우 미흡하여 현재의 위험성평가 기법만으로는 대부분 안전제어시스템이 적용되고 있는 자동화설비와 스마트공장의 위험요인을 충분히 제거하기가 어려울 것으로 예상된다.

이미 미국과 유럽 등 선진 각 국가는 자동화설비와 스마트공장에서 적용되어야 할 안전관련 제어시스템에 대한 국제표준을 각 국가별로 법률화하여 엄격히 관리하고 있으며, 이들 국가로부터 국내에 진출한 외국계 사업장들도 국제표준에서 요구하는 기술기준에 따라 스마트공장의 단위 설비로 적용되고 있는 자동화 설비 및 자동화 공정에 대하여 위험성평가 시 안전기능의 신뢰성을 고려하여 예상 가능한 위험을 감소시키기 위한 다양한 안전제어시스템기술을 적용하고 있다.

그러므로 우리나라도 이미 산업현장의 대부분의 설비가 자동화공정으로 대체되거나 자동화설비를 이용한 스마트공장으로의 변신이 이루어지고 있는 현 시점에서 자동화설비를 포함한 스마트공장에 대한 위험성평가 시 필요한 안전기능을 정확하고 안전하게 실현하기 위한 안전제어시스템에 있어 하드웨어와 소프트웨어 결함과 고장 및 시스템적 오류 등에 의한 다양한 사고 발생 가능성을 낮추기 위한 기술적 방안이 더욱 적극적으로 활용되어야 할 것이고 장기적으로는 선진 각국들과 같이 법제화를 추진하는 것도 고려해야 할 시점이 되었다 할 것이다.

이와 같이 산업현장에서 제조기술 패러다임의 변화에 따라 스마트공장 구축에 따라 발생할 수 있는 리스크와 기존 자동화설비나 자동화공정에 의하여 발생하는 리스크를 감소하기 위한 안전제어시스템에 대한 전문적인 안전관련 지식을 요구받고 있음에도 불구하고 우리나라의 경우는 이에 대한 전문적인 기술적 방안을 제시하는 전문서적이 거의 없어 어려움을 겪고 있는 실정이다.

몇 년 전에 필자를 포함한 뜻있는 전문가들이 모여서 설계, 생산, 공무 및 안전 분야 엔지니어들을 위한 『스마트공장 안전성 확보기술』이라는 학술서적을 발간하여 대학원과정에서 수년간 강의를 해오고 있으나 공학적인 안전관련 기술과 제어기술이 접목되는 안전제어시스템에 대한 내용이 다소 생소하여 이해하는데 어려움이 있는 것으로 파악되었다.

그리하여 필자는 산업현장에서 적용되는 기술과 안전관련 국제표준들을 바탕으로 산업현장에서 사용되는 실제의 사례와 예제를 추가하여 기존내용을 개편하였고, 향후 스마트공장에서 매우 다양하게 사용될 협동 로봇 작업과 관련된 로봇시스템 등에 대한 내용을 추가하여 전반적으로 새로운 내용의 교재로 구성하였다.

다만 필자는 갈수록 고도화되고 복잡화될 수밖에 없는 자동화설비나 스마트공장의 구축 설비들을 안전하게 관리하기 위하여 산업현장 기술자들이 비록 어려운 분야이지만 반드시 알아야만 하는 내용을 정리하여 참고할 수 있도록 내어 놓을 수 있어 영광으로 생각하지만 행여 필자의 부족한 점이나 바쁜 집필로 인하여 미흡한 부분이 있을 수 있다고 사료되는 바, 여러 선배 또는 독자 제위께서 많은 지도편달을 바랍니다.

끝으로 교육자료를 통하여 본서가 나오도록 도움을 주신 독일 PILZ사의 Renate Pilz 회장님, 바쁜 집필에 격려를 아끼지 않으셨던 윤정현 대표님과 전현기 대표님, 김철 원장님께 감사드리고, 끝없는 배움의 길을 몸소 행하여 주신 부경대학교 이내우 명예교수님, 그리고 격려와 사랑을 아끼지 않았던 내자(內子)와 사랑하는 아들 딸 재현, 재무, 단비, 지은에게도 감사함을 전합니다.

2023년 연구실에서

대표저자 이진우

# 목 차

## Chapter 5 로봇시스템 등 안전대책 363

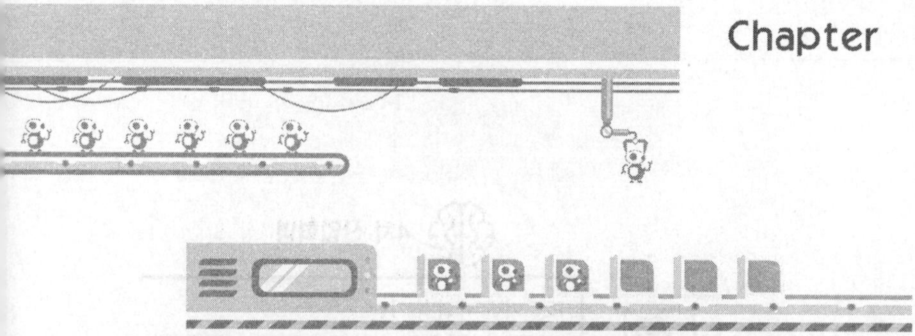

Chapter

# 01

# 스마트공장의 출현

## 1. 스마트공장의 이해

### 1.1 산업 패러다임의 변화

오랜 기간 정체 상태에 있던 인류의 경제 활동, 특히 생산성에 혁신적인 변화가 생겨난 계기는 영국에서 시작된 산업혁명이었다(1차 산업혁명). 과거 수천 년 간 인간과 동물의 힘에 의존해왔던 재화와 서비스의 생산이 증기기관을 이용한 기계설비로 대체되면서 생산성이 비약적으로 향상될 수 있었다.

이후 1900년대 초반 전기가 기계를 움직이는 동력으로 활용되기 시작했고 노동의 분업에 의한 대량생산시스템이 도입되면서 생산성 증가 속도가 가속되었다(2차 산업혁명). 계속된 생산성 향상을 위한 노력은 1970년대 전자공학과 컴퓨터를 활용한 제조공정의 자동화로 본격화 되었으며 1990년대에의 개인용 컴퓨터의 대량 보급과 인터넷은 제조공정의 정보화를 가능하게 하였다(3차 산업혁명).

21세기 들어오면서 컴퓨팅 파워의 폭발적인 증가와 인터넷 연결의 확산이 초래한 IT혁명은 생산성뿐 아니라 전 세계 인류가 일하고 살아가는 방식에 혁명적 변화를 초래하고 있다(4차 산업혁명). 최근에는 사물인터넷, 빅데이터, 클라우드 컴퓨팅, 인공지능이 제조 분야에 혁신 자원을 통해 지능화를 일부 구현되고 있다.

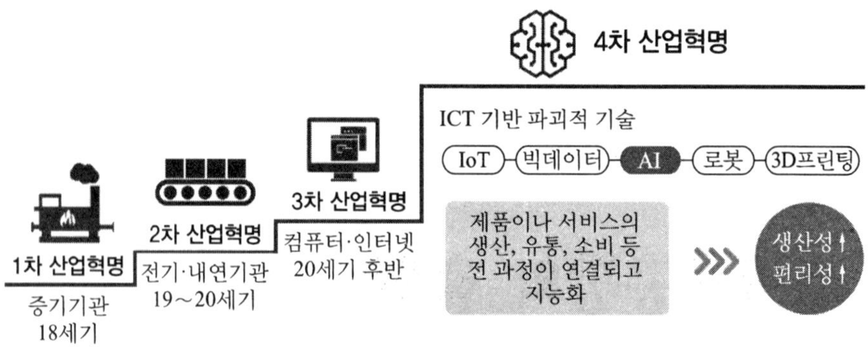


**▌그림 1-1 역사적 산업혁명의 전개**

이러한 산업의 변천과정과 더불어 제조 현장을 포함한 비즈니스 측면에서의 변화를 알아보자.

역사를 거슬러 20세기 초반으로 한 번 가보면, 이때 포드라고 하는 자동차 생산회사를 한번 생각해 볼 수 있다. 포드가 루지 강 유역에 포드 자동차 생산 공장을 지을 때는 원료를 공급하는 회사나 또는 부품을 공급하는 회사로부터 독립된 어떤 자급자족의 생산시설을 수립하자고 하는 모토를 가지고 공장을 만들었다.

자동차를 만드는 데 필요한 유리라든가 철판이라든가 타이어를 직접 루지 플랜트 안에서 생산해서 자동차를 만들어내는 방식으로 기업의 생산조직을 구축했다.

그러다가 20세기 중반으로 넘어서게 되면, 소위 도요타 식 생산방식이 주목을 받게 되었다. 기업이 생산성을 높이려면 이런 요소 가치사슬 활동들 간의 유연화가 기업의 생산성을 높이는 데 매우 중요한 역할을 하게 된다. 그래서 도요타는 JIT(Just In Time) 제조방식이라고 하는 것을 도입해서 각 공정 간의 물자의 흐름을 최소화하고 그 과정을 통해서 공정 중 재고를 최소화하였다. 그리하여 전체적으로 생산 효율성을 높이게 되는 것을 달성하였다.

1980년대로 넘어서게 되면서, 마이클 포터(Michael E. Porter)가 가치사슬(Value Chain)이라고 하는 개념을 제시하게 된다. 이 가치사슬이라고 하는 건 결국 기업이 생산해내는 제품은 어떤 고객한테 전달될 가치를 담고 있는 것이고 기업이 하는 활동이라고 하는 것은 최종 제품에 담겨 있는 가치를 부과하는 활동이라고 정의하였다.

그래서 부가가치를 만들어낸다는 얘기는 어떤 활동에 입력되는 가치가 있고 출력되는 가치가 있을 때 그 출력되는 가치의 크기와 입력되는 가치 크기의 차이가 부가가치이고, 그 부가가치가 크면 클수록 최종 제품에 담겨 있는 고객한테 전달되는 가치가 크다고 볼 수 있다는 것이다. 가치사슬(Value Chain)의 관점에서 볼 때 기업이 경쟁력을 가지려면 이 부가가치를 만들어내는 활동이 얼마나 효율적으로 일어나는가에 의해서 기업이 만들어내는 가치의 크기가 결정될 것이고 결국 그것이 기업이 남기는 이윤으로 귀결되는 것이다. 따라서 가치사슬을 비용 효율적으로 구축할수록 기업이윤의 경쟁력은 높아진다고 마이클 포터는 주장하였다.

1990년대 넘어서게 되면, 이 가치사슬의 개념이 기업으로 본격적으로 확산되면서 소위 비즈니스 프로세스 리엔지니어링이라고 하는 프로세스 혁신운동이 일어나게 되었다. 제임스 챔피(James Champy) 같은 학자들이 유명한데, 프로세스 혁신 과정을 거쳐서 기업들은 근본적으로 우리가 최종 가치를 생산하기 위해서는 부가가치 활동들을 다시 한 번 쳐다보게 되고 근본적으로 업무 절차를 개선하고 혁신하는 그런 과정을 거치게 되었다.

이 과정에서 중요한 현상이 나타나는데, 기업들이 가치사슬을 재구축하고 프로세스를 혁신하려고 하다 보니 우리가 가장 잘 할 수 없는 것, 즉 부가가치 활동 중에 우리가 효율적이지 못한 부분은 적극적으로 그걸 분리하고 해체시키는 현상들이 나타났다는 것이다.

그리고 1990년대에는 인터넷과 정보통신 기술이 발달했기 때문에 우리가 직접적으로 내부적으로 어떤 부가가치 활동을 하지 않더라도 그걸 시장에서 싼 거래비용으로 사올 수 있는 기회들이 많이 생겼다. 그래서 프로세스 혁신의 과정을 거치면서 기업 내부의 조직 구조가 급격하게 재편이 되었는데, 가령 중간 관리자 계층, 소위 화이트 컬러의 몰락이라고 하는 중간 관리자 계층의 소멸이 일어나게 되면서 실제 부가가치 활동을 하는 하부조직들의 권한이 강화되는, 임파워먼트(Empowerment)[1]가 일어나게 되는 변화들이 생기게 되었다.

그 후 바야흐로 21세기에 들어서게 되면서 이런 가치사슬의 해체가 현실적으로 나타나게 되면서 가상통합이라고 하는 개념이 등장하게 된다.

가상통합을 설명하기 위해서 이탈리아의 한 패션 액세서리 회사의 2003년도 예를 보자. 이탈리아에 머리를 치장하는, 머리를 단장하는 액세서리를 만드는 회사가 있다. 이 회사의 매출은 약 800억인데 직원은 CFO, CEO, 마케팅 디렉터 등 단지 3명이다. 어떻게 3명의 직원이 800억의 매출을 올리는지 살펴봤더니 제품을 생산해서 공급하는 데까지 필요한 여러 가지 부가가치 활동들을 본인들이 직접 하지 않고 다 외주를

1) 조직에서 하부 구성원에게 업무 재량을 위임하여 사람이나 조직의 의욕과 성과를 이끌어내기 위한 “권한 부여, 권한 이양”의 의미이다.

| | Strategy 1.0<br>(60~70년대) | Strategy 2.0<br>(80~90년대) | Strategy 3.0<br>(90~2000년대 초반) | Strategy 4.0<br>(2010년대~) |
|---|---|---|---|---|
| 접근 방식<br>및<br>전략 | Strategy Positioning<br>수익 창출 | 가치 창출<br>경쟁 우위 | 성장 전략<br>핵심 역량 | Digital<br>Transformation<br>혁신/변화 |
| Business<br>Model | Pipe line | | | Platform |
| 기법 | Strategy Planning<br>SWOT<br>Portfolio Management | PLC<br>BSC<br>6Sigma | Re-engineering<br>Restructuring<br>Disruptive Innovation<br>Blue Ocean | Industry 4.0<br>Platform Business<br>Omni-Channel<br>On-Demand<br>Open Innovation<br>Lean&Agile |

**그림 1-2 경영전략과 Paradigm의 변화**

주고 한다는 것이다. 툴을 만드는 부분, 몰딩 하는 부분, 패키지 디자인 하는 부분, 로고 디자인 하는 부분, 주문 이행하는 물류 부분이라든지 PR 부분, 이런 부분들을 다 외주를 주고 있는 것이다. 다만 회사가 집중적으로 강화하는 부분인 신제품 개발과 마케팅 전략은 이 회사의 고유 핵심역량으로 생각하고 자신들이 직접 수행하고 그 외의 활동들은 모두 아웃소싱(Outsourcing)으로 처리하고 있다. 이러한 가상통합이 가능한 것은 이 회사가 위치했던 지역에 15,000개가 넘는 기업이 존재하고 있는데, 그 기업들의 평균 직원 수는 5명이 되지 않고 그 기업들이 제품을 생산하는 방식은 이 회사와 매우 유사한 방식이었다는 것이다. 각각의 이 작은 기업들은 자기들이 그 생태계에서 가장 잘하는 핵심역량이 있고 어떤 계기와 필요에 의해서 각자의 역량들이 공동의 가치 창출을 위해서 결합이 돼서 일시적으로 공동의 가치 창출을 위해서 협력을 하였다. 협력의 성과로 만들어진 제품을 판매해서 얻은 수익을 그 협력의 대가 비율을 통해서 같이 공유하는 공동의 가치 창출과 공동의 이윤 창출이 일어나고 있었다고 하는 것이다.

이러한 형태로 각자의 핵심역량을 기업들이 축적하고 이것들을 결합시켜서 어떤 공동의 가치를 창출하는 방식으로 제품을 생산하는 것들을 학자들이 가상통합(Virtual Integration)이라고 한다.

최근 대부분의 산업에서 이런 가상통합의 형태가 나타나고 있다는 것이다. 그래서 자연스럽게 제품이 이런 가상통합의 형태로 만들어진다고 한다면, 제품이 만들어지는 하나의 기업 생태계를 생각할 수 있게 되었다. 생태계라고 하는 것은 여러 개의 주체들이 서로 상호작용을 하면서 어떤 공동체를 이루고 있는 모습을 말한다.

모든 산업에는 이런 가상결합을 하게 되는 기업 생태계가 존재한다는 것을 사람들이 인식하게 되었다. 기업 생태계는 서로 결합할 때 어떤 결합의 질서를 유지하기 위해서 가장 큰 힘을 가지는 기업들이 존재하게 되는데, 그 기업을 플랫폼 기업이라고 부르게 된다는 것이다.

이상을 정리해보면, 우리 21세기 기업 생태계는 가상통합 또 계층화, 분권화, 아웃소싱의 확대, 네트워크화로 특징지어질 수 있는 가상통합이 보편적으로 나타나고 있다는 것이다.

그래서 우리가 소비자 입장에서는 어떤 한 제품을 쳐다볼 때 20세기 초에 포드의 모델 T가 있다고 한다면, 그 모델 T라고 하는 제품은 그 제품의 브랜드인 포드가 모든 것을 만들었다고 할 수 있을 것이다. 그렇지만 지금 우리가 아이폰이나 갤럭시S를 본다면, 그 제품의 브랜드를 갖고 있는 회사가 그 제품을 모두 만든 것이 아니라 그 이면에는 그 제품이 만들어지기 위한 거대한 생태계가 존재할 수 있다는 것을 이해해야 될 필요가 있다는 것이다.

## 1.2 스마트공장이란?

스마트공장(Smart Factory)란 협의의 의미로 제품의 기획, 설계, 생산, 유통에서 판매까지 비즈니스 프로세스의 정보화 및 생산시스템의 자동화를 실현하는 공장이라고 하지만 일반적으로는 전통 제조산업에 정보통신기술(ICT)을 결합하여 제품의 기획, 설계, 생산, 유통, 판매 등 전 과정을 통합하고, 최소 비용, 최소 시간으로 고객맞춤형 제품 생산을 지향하는 공장으로, 생산성 향상, 에너지 절감, 인간중심의 작업환경이 구현되고, 개인맞춤형 제조, 융합 등 새로운 제조환경에 능동적인 대응이 가능한 공장을 지칭한다.

이러한 스마트공장은 ICT 융합에 기반해 전 공정 및 공급망을 지능화·최적화한 미래형 공장으로 사물인터넷을 통해 유기적으로 연결하고 로봇이나 자동화 설비인 하드웨어와 소프트웨어 등을 접목해 투입·산출·공급의 최적화를 달성하게 된다. 핵심 구성요소인 사물인터넷, 빅데이터, 클라우드 컴퓨팅, 로봇 등의 동시다발적 기술 발전이 산업 공정의 혁신을 촉진하여 생산 현장에 인간의 수동적 개입을 최소화하면서 시간·에너지·인력·물자 등 투입 자원 활용의 효율성을 극대화 하게 되는 것이다.

**표 1-1 스마트공장 관련 용어 정리**

| 주요용어 | 의 미 |
|---|---|
| 스마트제조<br>(Smart Manufacturing) | 제품기획, 설계, 생산, 품질, 재고, 조달 등 스마트공장 내 제조 프로세스의 정보화, 최적화 및 생산시스템의 자동화를 ICT 기반 스마트 기술로 실현하는 제조 공정 |
| 디지털 공장<br>(Digital Factory) | 현재 또는 미래에 실제 하는 생산시스템의 디지털적 표현 |
| 생산기술<br>(Production Technology) | 산업 내부에서 더 큰 효용과 가치를 얻기 위하여 재료의 형상, 상태, 상호 관계 따위를 변화시키는 기술적 방법 |
| 제조기술<br>(Manufacturing Technology) | 생산기술에 의해 정해진 제조 공법과 프로세스 엔지니어링을 중심으로 실제 양산하려는 작업장에 적용시킨 후, 생산기술이 갖는 한계성을 보완하고 극복하는 고유기술과 관리기술의 혼합체 |
| 생산시스템<br>(Production System) | 생산목표를 달성하기 위해 각종 자원을 효율적으로 결합하여 제품 및 서비스를 만들어 내는 것으로써, 일반적으로 투입물이 변환과정을 거쳐 산출물로 만드는 구조 |
| 기업업무시스템<br>(Enterprise Business System) | 조직의 부서와 기능 전체에 걸쳐 업무 프로세스와 정보를 통합하기 위한 시스템<br>전사적자원관리(ERP), 제조실행시스템(MES), 공급망관리(SCM), 제품생애주기관리(PLM) 등 |
| 제품의 서비스화<br>(Servitization) | 제품에 서비스를 추가하거나 제품을 서비스 형태로 제공하는 등 제품과 서비스를 결합하여 제공하는 것 |
| 사물인터넷<br>(Internet of Things) | 물리/가상의 사물이 지능형 서비스와 연계되어 물리/가상의 정보를 처리하고 그 결과에 따른 대응을 가능하게 하는 기반 구조 |
| 클라우드 컴퓨팅<br>(Cloud Computing) | 인터넷 기술을 활용해 고객에게 확장성을 가진 자원을 서비스로 제공하는 컴퓨팅의 한 형태 |
| 사이버 - 물리시스템<br>(Cyber-Physical System, CPS) | 물리적 실제 시스템과 사이버 공간의 소프트웨어 및 주변 환경을 실시간으로 통합하고 상호 피드백하여 물리세계와 사이버세계가 실시간 동적 연동되는 시스템 |
| 빅데이터<br>(Big Data) | 통상적으로 사용되는 데이터 수집 및 관리, 처리 소프트웨어의 수용 한계를 넘어서는 크기의 데이터 |
| 가치흐름<br>(Value Stream) | 원재료의 조달부터 최종 소비자에게 이르는 프로세스를 시간과 함께 보여주는 것 |
| 생애주기<br>(Life-cycle) | 제품의 개발 단계의 시작부터 제품 폐기에 이르는 시간의 길이 |
| 적층제조<br>(Additive Manufacturing) | 3D 프린팅이 작동하는 방식 중 하나로서 3차원 물체를 만들어 내기 위해 원료를 여러 층으로 쌓거나 결합시키는 제조 방식 |

| 주요용어 | 의 미 |
|---|---|
| 상호운용성 (Interoperability) | 서로 다른 기술로 이루어진 제품이나 서비스가 서로 통용되는 것<br>※ 호환성(Compatibility)은 동일한 사양의 제품 간 대체 가능성을 의미하며 상호운용성은 호환성을 포함하는 더 큰 개념이다. |
| 업무프로세스 (Business Process) | 고객을 위해 가치를 창조하는 시작과 끝이 있는 업무 활동의 집합. 제품 디자인, 마케팅, 판매, 회계, 재무 관리, 제조, 물류, 공급망 관리, 고객관계 관리와 같은 기업 경영 활동에서 목표를 달성해가는 일련의 단계 |
| 사업장 (Enterprise) | 하나 또는 그 이상의 공장(Site) 운영을 조정하는 조직체 |
| 작업장 (Work Place) | 하나 또는 그 이상의 배치 생산 방식에 필요한 장비들의 논리적 집단. 일반적으로 사업장 내 한 개의 공정설비(Process Cell)에 대한 논리적 제어로 정의된다. |
| 스테이션 (Station) | 일련의 제어 모듈 또는 설비 모듈 및 하나 또는 그 이상 주요 공정을 수행하는 공정설비(Process Equipment) |
| 제어모듈 (Control Module) | 기초적인 제어를 수행할 수 있는 물리적 모듈 장비의 집단 |
| 필드장치 (Field Device) | 정보통신기능을 갖춘 지능형 센서, 액추에이터 등의 장치의 집단 |
| 제품 (Product) | 생산된 제품 그 자체를 의미. 또한 유사한 제조 요구사항을 가진 부품 생산을 위해 함께 모아 놓은 이종의 기계집단 |

스마트공장은 생산과 관련된 작업정보를 감지하고, 감지된 정보에 의한 의사결정을 통한 판단 그리고, 판단된 결과가 생산현장에 반영되어 수행되는 3단계 기능으로 구성된다.

감지기능은 고객요구사항, 제품수명 등 시장환경과 생산조건, 실적정보, 재고현황 등 제품환경 그리고, 생산장비, 인력운용 등 생산환경과 관련된 다양한 정보들을 수집하는 기능을 말하는 것이다.

판단기능은 생산환경 정보와 생산전략의 변화를 바탕으로 사전에 분석하고 정의된 기준에 따라 생산환경 및 전략을 수정하는 것을 결정하는 기능을 이르는 것이다.

수행기능은 판단결과가 실시간으로 생산환경에 적용되기 위하여 네트워크를 통한 제어 및 생산전략 변경을 수행하는 기능을 말한다.

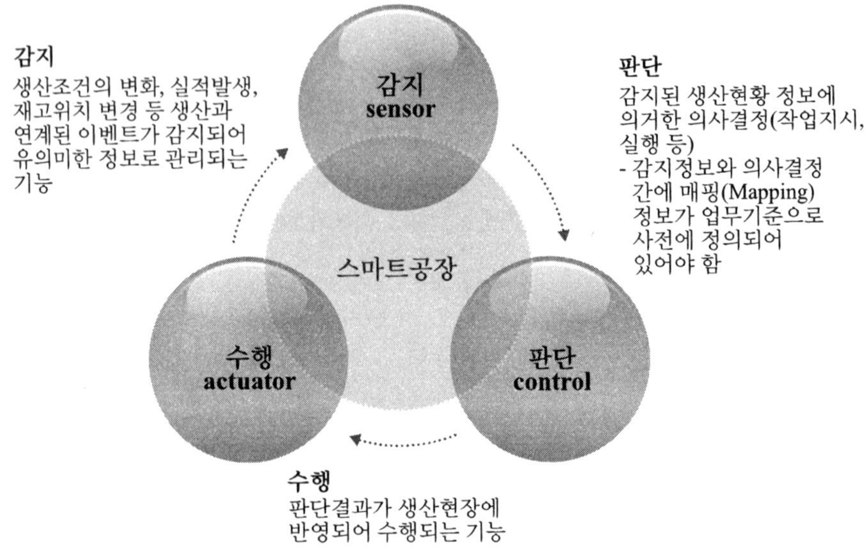


**▌그림 1-3 스마트공장의 주요기능**

사실 스마트공장은 제조업의 부가가치 및 인구 구조적 변화와 생산성 및 에너지 효율 등 사회, 경제, 산업환경 등 전반에 성장의 한계를 돌파하기 위하여 진행되어 온 제조업 진화 전략의 하나로 진행되어 왔다.

스마트공장은 정보통신기술과 네트워크를 통해 공장 안팎의 사물과 서비스를 연결하고 이들 각각이 가지고 있는 가치들을 융합하여 시장진입 시간단축, 공유경제 기반의 적극적 대응 능력 향상, 수출시장 확대, 생산성 향상, 에너지 관리, 고객 수요 대응의 민첩성 등의 효과를 기대할 수 있다.

따라서 스마트공장은 비즈니스 가치사슬 전반에 최적화를 가능하게 하며, 유연하고 상호운용성을 갖춘 자동화 지능형 설비, 생산 및 운영을 통합 및 연결하여 고객과 소통하는 공장이다.

비즈니스 가치사슬 전반의 변화는 고객 요구를 실시간으로 파악하고 최적의 솔루션을 선택하도록 지원함으로써 기업 생산성 증가와 비용 절감 및 새로운 고객 가치의 창출이 가능한 프로세스를 의미한다.

최적화란 제품의 계획, 설계, 생산, 준비에서부터 생산의 제어, 관리 및 운영과 제품의 수주부터 서비스, 에너지 효율 등 스마트공장 안팎의 비용 절감과 생산성 향상을 달성하는 것을 의미한다.

이것은 자동화와 지능화를 접목하여 제조 및 생산시스템과 기업업무시스템을 고객의 요구사항을 실현할 수 있도록 최적화하여 기존 제조업의 부가가치를 향상시키는 제조 및 생산의 지능화와 제품의 서비스화로 달성될 수 있다.

유연하다는 것은 기존의 유연한 생산시스템과 더불어 생산성, 효율성 및 민첩성을 극대화하기 위해 실시간으로 공장 가동 상태를 변화시킬 수 있는 능력을 의미한다.

이것은 궁극적으로 민첩한 제조기술, 기업업무시스템 및 공급망이 상호 연결되어 고객의 요구에 맞추어 제품을 생산하고 새로운 가치를 제공할 수 있는 프로세스이다.

상호운용성은 지능형 장비, 첨단 생산시스템과 기업업무시스템이 기업 내외부의 고객, 공급망과 소통하게 함으로써, 데이터, 통신 및 보안의 상호운용성 확보를 의미한다.

## 1.3 스마트공장 필요성

제조업의 본질은 남보다 좋은 품질의 제품을 낮은 비용으로 생산하여 고객이 원하는 시점과 장소에 제공하는 것으로 시작한다. 즉, 궁극적으로 고객이 지불하는 대가 또는 시장 가격에 비해 더 많은 가치를 제공하는 것이며, 대가나 가격이 일정할 경우 더 낮은 비용으로 제품과 서비스를 제공하는 역량으로 시장에서 지속 가능한 기업이 되는 것이다.

2008년 글로벌 금융위기를 겪은 선진국 중 제조업이 강한 국가의 경기가 빠른 속도로 회복됨에 따라 기존에 일반화 되었던 서비스업 중심의 시장 경제 시스템이 국가 경제를 견인한다는 인식에 의문을 제기하게 되었으며 결국 제조업이 탄탄한 국가가 위기에 강하다는 인식이 확산되었다.

세계 경제의 글로벌화와 인터넷으로 전 세계가 연결되어 복잡성과 불확실성의 증가, 지속적 증가일로의 자원 및 환경 리스크, 그리고 전 세계 중산층의 증가와 인구 고령화 등 기술적, 사회 경제적으로 제조업 전체 가치창출 프로세스에 대대적인 혁신과 재구성의 도전을 맞고 있다.

새로운 제조업의 패러다임을 제시할 필요성이 제기되었고 사회경제적으로는 제품의 서비스화, 공유경제의 확장, 그리고 소비자는 개인의 소비욕망을 충족하는 맞춤형 제품에 대한 기대를 요구하고 있다. 뿐만 아니라 선진국은 새로운 제조 방식에 정보통신기술의 활용 폭과 적용 대상을 크게 넓혀 제조 부문의 부가가치를 유지 및 증대 시키고자 하고 있다. 따라서 스마트공장은 제조업 전반의 시대적 전환을 통칭하는 것이고 그 배경은 기술적으로 정보통신기술의 발전과 경제전반의 폭넓은 수용에 기인하게 되는 것이다.

### 1.3.1 사회경제적 여건

스마트공장은 지능형 장비 및 설비, 새로운 생산시스템과 디지털기술의 통합 및 개방형의 기업업무시스템을 수용하기 위한 서버, 저장소 및 보안 등을 공장 내에 구축해야 한다. 이것은 공장 인프라 설비 외에 운영 및 관리 비용의 급격한 증가를 발생시킨다.

그러나 디지털기술의 비약적 발전과 인터넷 혁명으로 도래한 공유경제(Sharing Economy) 기반의 비즈니스 모델은 공장 운영비용을 획기적으로 줄일 수 있는 기회를 제공한다.

스마트공장은 공유경제의 가치를 수용해서 열린 공장으로 변화해야 하고, 소유에서 공유로의 전환을 통해 공장 운영에 드는 비용을 가볍게 해야 한다.

공유경제는 기업업무시스템 개발자, 플랫폼 사업자 등이 소유하고 있는 상품이나 무형의 자산을 임대 형태로 빌려주는 서비스를 공장에 제공할 수 있다. 즉, 공유경제 플랫폼을 이용하여, 전문 사업자는 물론 개인이 서비스의 제공자가 되기도 하고 이용자가 될 수 있다. 이를 실현하는 기술은 빅데이터, 클라우드 컴퓨팅 및 사물인터넷 비즈니스 모델을 통해 달성될 수 있다.

스마트공장은 제조의 서비스화 및 개인화 제조가 디지털기술로 융합되어 새로운 비즈니스 모델을 창출하게 될 것이다. 제조의 서비스화는 제품에 서비스를 추가하거나 제품을 서비스 형태로 제공하는 등 제품과 서비스를 결합하여 제공하는 것으로 설명된다. 개인화 제조는 제조 공정의 지능화와 더불어 첨단 제조방식(사이버 - 물리시스템, 임베디드시스템 포함), 3D프린팅, 지능형 로봇, 센서 및 센서 네트워크 등의 보급에 따라 첨단 디지털제조 도구와 결합하여 기존의 대량생산 체계에서 사소한 것으로 치부되던 Long Tail 제조 생산 체계로의 중심 이동을 의미한다. 이는 개별 맞춤형 생산이 가능하게 됨을 의미한다.

### 1.3.2 기술적 여건

정보통신기술 인프라는 지능형 센싱기술과 유무선 통신기술을 융합하여 인터넷을 통해 계기, 기계, 설비 및 장비뿐만 아니라 사람, 자원, 제품 등 모든 사물을 양방향으로 연결하여 관련 데이터의 생성, 연결 및 공유, 데이터 처리 및 새로운 서비스의 기회를 제공한다. 즉, 기업이 보유 자원을 보다 효율적이고 혁신적으로 활용한 신상품과 서비스를 시장에 출시하여 부가적인 수입원을 확보할 수 있게 한다.

스마트공장에서 지능형 센서는 유형의 사물 및 주위 환경으로부터 설치 목적에 맞춰 징후를 감지하여 데이터를 생성 및 공유시키는 기능을 한다.

유무선 통신기술 인프라는 사물과 인터넷의 연결을 시키는 인프라로서, 블루투스, 근거리 무선통신, 이동통신 및 인터넷을 적용할 수 있다.

서비스 인터페이스는 수집된 데이터를 분석·처리하고 빅데이터 및 클라우드 컴퓨팅 등 다른 기술과 융합하여 다양한 제품과 서비스를 창출하게 한다.

또한 빅데이터는 생산 설비 및 장비 및 생산 공정에서 생성되는 데이터를 저장 및 보관하고 분석을 통해 생산 효율화를 달성할 수 있다. 뿐만 아니라 공급망과 고객관계관리에서 발생하는 고객정보수집, 분석 및 활용은 데이터의 가용성올 증대하여 제품의 서비스화 및 맞춤형 서비스 제공을 가능하게 할 수 있다.

스마트공장의 제조 환경은 정보통신기술과 융합을 하여 지능형 생산시스템, 유연생산시스템, 동적생산시스템 및 가상제조시스템 등으로 일부 실현단계에 진입하였다.

새로운 제조 및 생산시스템은 신제품의 신속한 제조, 제품 수요에 대한 능동적 대응, 생산 및 공급망의 실시간 최적화를 가능하게 해야 한다.

이를 통해 신제품의 시장 진입 시간 단축, 에너지 사용 효율성, 자산의 최적화 및 재사용성 및 수요 대응의 민첩성을 증가시킬 수 있다.

새로운 생산시스템 구현의 기본 기술은 분산제어 네트워크, 사이버-물리 시스템, 디지털 제조, 분산기계 지능화가 요구된다.

현재 공장의 일반적인 제품 생산 프로세스는 고객의 요구를 분석하고, 이로부터 제품을 기획 및 제품설계, 부품 조달, 생산 및 출하의 순서로 이루어진다.

기업업무시스템은 생산시스템, 제품의 가치사슬 및 기업 운영이 종적, 횡적으로 연결되어 구성되며, 이러한 과정에서 고객관계관리 시스템(CRM), CAD/CAM시스템, 제품수명 관리시스템(PLM), 공급망관리시스템(SCM), 전사적자원관리 시스템(ERP), 생산지원시스템(MES) 및 창고관리시스템(LMS) 등 다양한 기업업무시스템이 상용화되어 사용하고 있다.

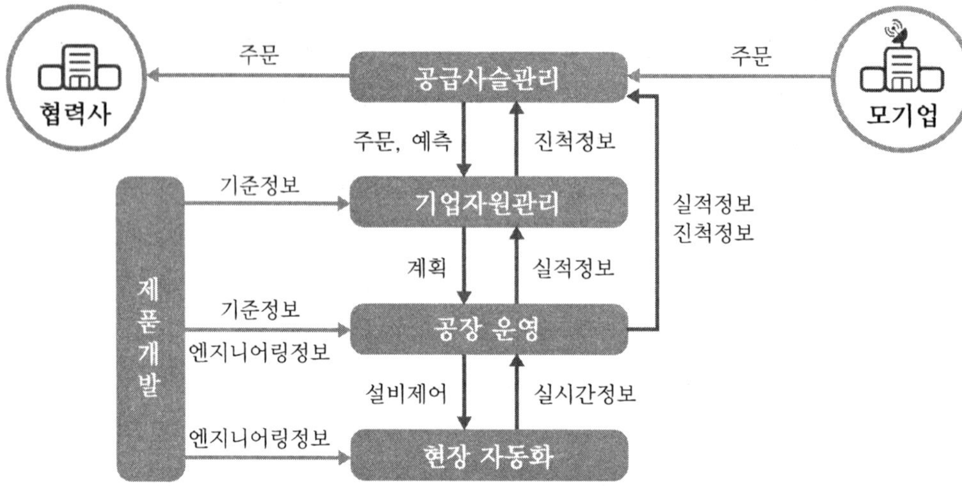


**▌그림 1-4 스마트공장 범위**

## 1.4 스마트공장의 구조

### 1.4.1 기본구조

스마트공장은 제조기술, 생산기술 및 생산시스템이 지능화되어야 하고 공장 내외의 모든 자산 정보가 생애주기와 가치흐름에 따라 정보화되어 실시간으로 기업의 비즈니스를 지원하여야 한다.

이를 위해 생산시스템과 생애주기 및 가치흐름 간 상호운용성을 제공하여야 하며, 정보통신기술을 통해 내부와 외부 공장, 고객 및 유통망 간 상호 연결되는 복잡한 구조의 대상에 대한 개념 정립을 위해서는 새로운 방법론이 필요하다.

스마트공장의 구축 및 운영에 대한 전체적인 복잡성, 융합성 및 연결성을 추상적인 기본적인 개념으로 단순하게 모델링하는 것은 어렵기 때문에, 국제전기기술위원회(IEC) 표준화관리이사회(SMB) 전략그룹 8(SG8-Industry 4.0 : Smart Manufacturing)의 스마트공장 표준 프레임워크에서 개발 중인 개념 모델을 기초하여 스마트공장의 기본구조에 대하여 설명하고자 한다.

스마트공장 기본구조는 수직적, 수평적, 상호운용성 등 3개의 통합모델로 구성하는데, 3개의 통합모델은 개략적으로 다음과 같다.

• 제품의 개발부터 서비스, 기업 프로세스 및 모든 정보에 대한 실시간 최적화된 생

애주기 및 가치흐름에 대한 수평적 통합모델
- 지능화된 생산시스템과 기업업무시스템에 대한 수직적 통합모델
- 수평적 모델과 수직적 모델의 호환성을 제공하는 안전성, 보안 및 정보통신기술에 대한 상호운용성 통합모델

이상 3개의 모델은 독립적이지 않으며, 서로 연계 및 확대되어 종합적인 통합적 관리 및 운용이 요구된다.

예를 들어, 수직적 통합모델은 지능화된 생산시스템과 기업업무시스템이 실시간으로 연동되어야 하며, 생애주기 모델의 제품 개발부터 폐기까지의 각 단계별 생애주기에 대한 정보를 가치흐름에 따라 서로 연동되어야 한다는 것이다.

스마트공장 프레임워크가 갖추어야 할 속성은 다음과 같다.

- 기존 기술뿐만 아니라 최신 기술을 모두 수용할 수 있는 유연한 구조를 제공해야 한다. 사업자의 개발 비용 부담을 최소화할 수 있도록 최대한 기존 애플리케이션 및 장치와 쉽게 연동 가능한 구조이어야 한다.
- 보안 및 안전성 표준을 준수하며 관련 업계 전반에 통용되어 활용중인 인터페이스 표준을 활용하여야 한다.
- 상호운용이 가능하고 관리 및 보안 인프라에 통합될 수 있는 제품을 지원해야 한다.
- 스마트공장의 문서화와 복잡성을 관리하기 위하여 첨단시스템 모델링 도구와 기법을 이용하여 개발해야 한다.
- 다양한 네트워크와의 연동성을 고려하여 최소 5년에서 30년까지의 생애주기를 가지는 대규모이면서 관리적 측면의 가치흐름을 지원해야 한다.

### 1.4.2 수직적 통합모델

수직적 통합모델은 지능화 된 생산시스템의 물리적 계층과 기업업무시스템의 기능적 계층에 대한 기업통합시스템 계층을 포함한다.

수직적 통합모델은 생산시스템이 센서, RFID, 리더기 등 유형의 공장자산에 대한 모든 정보를 기업업무시스템과 실시간 연계하여 비즈니스를 지원하고, 공장 전체의 생산성 향상과 최적화를 달성하고자 하는 것이다. 또한 수직적 통합모델은 생산시스템의 물리적 계층과 기업 운영에 요구되는 기업 업무의 기능적 계층이 상호 지능적으로 연동되어 유연한 생산 전략을 가능하게 한다.

### 1) 수직적 통합모델의 구성

수직적 통합모델에 있어서 생산시스템 및 기업업무시스템 계층은 다음과 같이 구성된다.

- 열린 공장(Connected Industrial Enterprise)
- 사업장(Enterprise)
- 작업장(Work Center = Process Cell)
- 스테이션(Station = Work Unit, Unit)
- 제어모듈(Control Module)
- 필드장치(Field Device)
- 제품(Product)

이 계층은 상위 계층이 하위 계층을 포함하는 구조로 되어 있다. 즉, 최상위 계층인 사업장은 차 하위의 모든 계층을 포함한다.

### 2) 생산시스템 계층

생산시스템의 모든 요소 및 장치가 서로 실시간으로 통신을 통해 데이터를 생성, 교환 및 제어를 실행하는 지능형이어야 하기 때문에 이러한 성능이 구현된 모든 요소를 필드장치로 구성한다.

사업장은 역할 기반의 장비 계층 최상위를 표현한다. 사업장은 제조해야 할 제품을 결정하며, 어느 공장에 제조할 것인지, 어떻게 제조할 것인지를 결정한다. 또한 사업장은 사업 계획 및 일정 수립에 공장, 작업장, 스테이션을 포함할 수도 있다.

작업장과 스테이션은 배치 생산 방식, 연속 생산 방식, 분산 또는 반복 생산 방식 및 재료와 장비 저장 및 이송 등 생산 방식을 대표하기 위해 이 표준에서 사용되는 용어이다.

필드장치는 센서, RFID 등과 같은 지능형 요소로서, 상위 계층으로 연결 및 정보처리를 하며 펌프, 밸브, 유량계 등으로 액추에이터 및 말단의 장치와 같은 제어모듈에 내장 또는 부착되어 제어모듈의 상태 정보를 산업용 통신을 통해 실시간으로 수집한다.

최하위 계층의 제품은 스마트공장에서 생산되는 제품, 재공품 및 외자 구매품을 포함한다. 이 계층의 제품도 자신에 대한 정보를 생성하여, 최상위 사업장으로 실시간 정보를 교환하는 지능형 기능을 갖추고 있어야 한다.

스마트공장의 모든 설비, 제어모듈, 필드장치는 통신 기능과 지능형으로 구현되지 않기 때문에, 이를 실현시키는 장치를 부착하여 가능하게 할 수도 있다.

부착형 또는 내장형으로 스마트공장의 설비 및 시스템을 구현함에 있어, 모든 구성요소가 고유한 식별자를 갖게 되고, 서로 그 정보를 인식 및 식별할 수 있어야 한다.

식별자는 자산과 같이 실체가 있는 것과 자산에서 생성된 데이터와 같은 것을 저장소(Repository) 또는 인벤토리에서 식별되어 수평적 통합모델과 연동된다.

저장소 또는 인벤토리는 제품개발, 구매, 영업 및 폐기에 이르는 모든 요소 및 수직적 통합모델의 제품부터 모든 설비에 이르는 요소의 생애주기를 담당하는 수평적 통합모델과 연계된다.

현장(Shop Floor)은 제품, 필드장치, 제어모듈 등 스마트공장 구성요소 및 생산시스템이 산업용 통신으로 실시간 연결되고, 사무실(Office Floor)과 인터넷을 통해 서로 연결되어 데이터의 생성, 연결, 처리 및 서비스를 제공한다.

### 3) 기업업무시스템 계층

기업업무시스템의 기능적 계층은 수준 0부터 수준 4로 정의하고 있는데 생산 설비 및 시스템 계층을 기업통합제어시스템의 기능적 계층과 연결하면 다음과 같이 분류할 수 있다.

- 수준 0 : 실제 생산 공정을 정의
- 수준 1 : 생산 공정의 감지 및 조정이 가능하며 일반적으로 초 단위 또는 그 이상의 시간 프레임으로 운영
- 수준 2 : 생산 공정의 모니터링 및 제어가 가능하며 일반적으로 시간, 분, 초 단위 또는 그 이상의 시간 프레임으로 운영
- 수준 3 : 최종 제품을 생산하기 위해 기록을 관리하고 생산 공정을 운영하며 일반적으로 일별, 변경시점별, 시간, 분 단위 시간 프레임으로 운영
- 수준 4 : 제조 조직 운영에 필요한 모든 비즈니스 관련 활동으로 생산 계획, 원재료 사용, 납기 및 재고 관리, 운송 등 제조업 전반에 대하여 운영하며 일반적으로 월별, 주별 및 일별 시간 프레임으로 운영

수준 0에서 수준 2는 생산시스템의 설비 및 장치에 대한 제어 등 물리적 프로세스의 제어를 구성한다. 수준 3은 제조실행시스템(MES), 수준 4는 전사적자원관리시스템(ERP)에 대응한다.

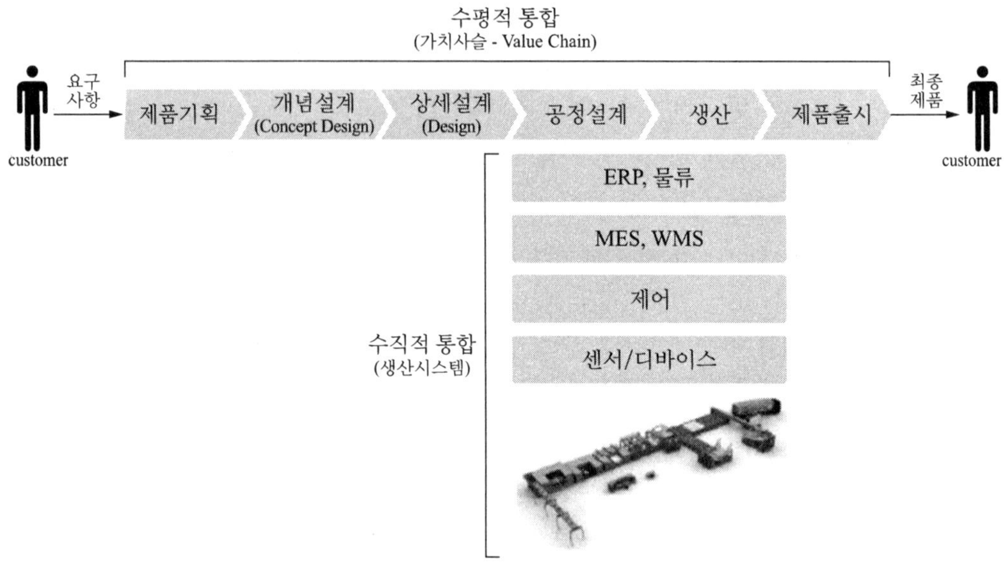


▌그림 1-5 스마트공장의 기본구조

## 1.4.3 수평적 통합모델

수평적 통합모델은 수직적 통합모델 구성요소의 디지털화와 연결되어 공장운영에 관련된 제품부터 정보까지 다양한 객체에 대한 생애주기와 가치흐름에 대한 계층이다.

생애주기는 공장에서 생산되는 제품, 주문 및 구매, 생산시스템과 그 구성요소뿐만 아니라 공장 자체도 포함한다.

가치흐름은 디지털화를 통해 다양한 기능이 연계하는 역할을 하며, 구매, 주문, 조립, 물류, 유지관리, 고객 및 공급자와 연계 등 중요한 잠재력을 제공한다. 예를 들면, 물류 정보는 조립 공정에 사용될 수도 있고, 내부 물류는 수주 잔고에 기초하여 재조직화 된다. 구매는 실시간으로 인벤토리에서 보이고, 공급자에게서 받은 부품 또는 제품이 어느 시점에 어느 장소에 있는지 파악할 수 있게 한다. 고객은 주문한 제품의 생산 정보를 완벽히 알게 된다.

수평적 통합모델은 생애주기가 단일 공장뿐만 아니라, 분산된 공장 및 공급자부터 소비자까지를 포함하는 가치흐름을 제공한다.

이를 위해 생애주기는 수직적 통합모델과 상호운용성 통합모델이 연계되어, 데이터의 포맷, 교환, 프로파일, 목록 등 통합 관리를 할 수 있어야 한다. 즉, 수직적 통합모델의 생산설비와 같은 하드웨어뿐만 아니라 생산시스템에서 생성되고, 분배되는 추상적인 정보 객체를 디지털화하여 단일 공장 및 분산된 공장 간 가치흐름에 따라 생애주기관리를 해야 한다.

기업 통합모델은 수직적 통합모델의 최상위에 자리하는 열린 공장과 연결되며, 사업장과 사업장 간의 상호운용성 구조를 설명하는 것이다.

기업은 사업장을 중심으로 한 개 또는 그 이상으로 분포되어 있을 수 있고, 동일한 지역에 한 개 또는 그 이상의 공장으로 구성될 수 있다.

기업 통합모델로 통합화, 일원화 및 연합화 3가지 접근 방식을 제공하며, 기업 간 상호운용성을 고려할 때 데이터, 서비스, 프로세스, 비즈니스 4가지 관점으로 식별하여 접근하도록 하고 있다.

스마트공장 구현을 위해서는 제품 기획에서부터 폐기까지 제품에 대한 데이터, 자산 및 설비에서 발생하는 데이터가 가치흐름을 가지게 된다. 즉, 모든 데이터 항목을 교환하기 위해 다음과 같은 객체의 성능 및 능력이 호환성을 가져야 한다.

- 교환의 실체
- 사실에 근거한 객체 교환 기록
- 교환 협상 능력

이 관점은 비전기적 데이터(물리적 문서, 대화 등) 및 전기적 데이터(데이터 파일, 데이터베이스에 저장된 데이터 등) 모두로 확장할 수 있다.

데이터 통합모델은 국제표준도 분야별로 다양하게 제정되어 있어 스마트공장의 모든 가치흐름이 디지털화되는데 통합된 국제표준이 요구되며, 이를 위해 국제표준화기구(ISO, IEC)는 관련 기술위원회의 활동과 국제표준을 분석하고 있다.

### 1.4.4 상호운용성 통합모델

스마트공장 상호운용성은 스마트공장 개발에 참여하는 관계자들이 비록 지역적으로 떨어져 있고, 다양한 인프라 환경에 서로 다른 정보 시스템을 보유하고 있다 하더라도 필요한 데이터를 효과적으로 상호 교환할 수 있도록 하는 능력을 의미한다.

- 하드웨어/소프트웨어 컴포넌트, 시스템, 플랫폼 간, 기기 간 통신 프로토콜과 이를 처리하기 위해 필요한 인프라 상호운용성
- 상기 통신 프로토콜에 의해 전송되며 구문과 인코딩 방식을 정의하고 있는 데이터 포맷의 상호운용성

• 상기 데이터 포맷으로 전송되는 콘텐츠에 대한 의미 번역 및 공통된 이해를 위한 상호운용성

스마트공장의 상호운용성 보장을 통해 스마트공장 운영자, 소비자 및 이해관계자는 하드웨어나 소프트웨어를 직접 구입하여 사용하는 것이 가능하며, 상이한 스마트공장 환경으로 서비스 전환 시에도 기 구입한 제품들의 재활용이 가능해야 한다.

기존 네트워크들을 보다 지능화된 시스템으로 전환하기 위해서 스마트공장 운영자는 그들의 고객과 시장에 적합한 스마트공장을 목표로 설정하고, 유연한 사업 프로세스와 상호운용 가능한 솔루션을 제공할 수 있는 표준화된 프레임워크 기반의 스마트공장 접근 방식을 도입하는 것이 필요하다.

상호운용성 통합모델의 필요한 계층 구성과 기능은 다음과 같다.

### 1) 업무 계층(Business Layer)

• 생애주기의 가치흐름과의 기능적 통합 보장
• 업무 모델과 그 결과에 따른 전체 프로세스의 맵핑
• 법적, 규제적 조건
• 시스템이 수행해야 할 규칙의 모델링
• 기능 계층에서 제공하는 서비스의 조율
• 다른 업무 프로세스 간 연계
• 업무 프로세스보다 앞서 있는 이벤트 취득

### 2) 기능 계층(Functional Layer)

• 각 기능에 대한 기술
• 다양한 기능의 수평적 통합을 위한 플랫폼
• 업무 프로세스를 지원하는 서비스 실행 및 모델링 환경
• 기업업무시스템과 기술적 기능성에 대한 실행 환경

업무 규정 및 의사 결정은 기능 계층에서 발생하지만, 정보 계층 또는 통합 계층 같은 하위 계층에서 실행될 수 있다.

수평적 통합모델의 분산된 공장 간 원격접속 및 공급자부터 소비자까지를 포함하는 가치흐름에 대한 상호운용성은 기능계층에서 발생한다.

자산 계층과 통합 계층도 유지 관리의 목적으로 일시적으로 수평적 통합모델과 접

속할 수도 있다.

이러한 접속은 오직 하위 계층과 직접적인 연관이 있는 정보와 프로세스[2])를 불러낼 때만 사용해야 한다.

일시적인 원격 접속에 의한 유지관리는 기능 계층 또는 수평적 통합모델과 영구적으로 연계되지 않아야 한다.

### 3) 정보 계층

- 이벤트의 사전 처리를 위한 실행 환경
- 이벤트와 연관된 규정 실행
- 규정에 대한 기술
- 이벤트 사전 처리
- 모델을 표현하는 데이터의 지속성
- 데이터 무결성 보장
- 새로운 데이터의 수집
- 기능 계층에서 사용되는 데이터의 수집 및 가공
- 컴퓨터로 정보 처리할 수 있도록 물리적 구성요소, 문서, 소프트웨어 등의 정보 제공

### 4) 통신 계층

- 일정한 데이터 포맷을 사용하여 정보 계층과 통신
- 통합 계층의 제어를 위한 서비스 제공

### 5) 통합 계층

- 컴퓨터로 프로세스화된 형식의 자산 정보 규정
- 컴퓨터를 이용한 기술적 프로세스의 제어
- 자산에서 이벤트 생성
- RFID, 센서, HMI와 같은 정보 기술과 연결된 구성품

사람(작업자)과 연관된 상호작용, 즉 HMI를 통한 인스턴스는 통합 계층에서 이루

---

2) 예를 들면, 센서나 액추에이터의 신호 또는 분석 데이터에 접속하는 것

어진다.

통합 계층은 실제 현상의 중요한 이벤트가 가상 현상 이벤트를 향하도록 되어 있다. 만약 공장에 실제적인 변화가 있다면 그 이벤트는 적정한 프로세스에 의해 통합 계층에 기록되어야 한다.

적정한 이벤트는 통신 계층을 거쳐 정보 계층으로 이벤트 신호를 보낼 수 있다.

### 6) 자산 계층

- 부품, 제품, 문서, 회로도, 아이디어 같은 물리적 구성요소의 표현
- 사람(작업자)
- 통합 계층에 수동적으로 자산을 연결

자산 계층은 생산시스템의 물리적 계층 구조의 물리적 객체와 데이터 통합모델 객체를 포함한다. 또한, 상호운용성 통합모델은 수평적 통합모델과 수직적 통합모델의 정보통신 계층뿐만 아니라, 보안 및 안전도 포함하여야 한다.

## 1.5 스마트공장 기술 로드맵

일반적으로 제조업에서의 제조핵심역량이라 함은 엔지니어링 역량, 제조운영 역량 그리고 기반시스템으로 볼 수 있다. 엔지니어링 역량은 자동화기술, 제어기술, 통신기술을 말하며, 제조운영 역량은 품질관리, 설비관리, 공정 및 물류 등의 운영 노하우 정도로 볼 수 있다. 또한 기반시스템은 전사경영 시스템 및 IT 시스템(SCM, ERP 등), 제품개발 및 R&D(PLM, CAD/CAM 등), 생산시스템(MES) 등이 있다. 스마트공장을 구축하고자 할 때에는 무엇보다도 제조핵심역량 요소들에 대한 현황분석 및 체계화가 우선이므로 스마트공장 구축을 통하여 제조기업의 제조핵심역량을 키우는 것도 매우 중요한 일이다.

스마트공장의 요소기술은 센서 디바이스 및 정밀제어기기, 네트워크 플랫폼, 제조환경 애플리케이션으로 구분할 수 있다. 센서/제어기기에 관한 기술은 스마트공장의 센싱기술과 제어기술을 의미하는 것으로 제조생산과 관련된 정보를 감지하여 애플리케이션에 전달하고 이로부터 분석되어 결정된 결과를 제조현장에 반영하는 것이다. 네트워크 플랫폼은 센서 디바이스, 정밀제어기기와 애플리케이션을 이어주는 역할로 IoT, 빅데이터, 클라우드 플랫폼을 포함하며, 디바이스와 애플리케이션 간의 안전하고

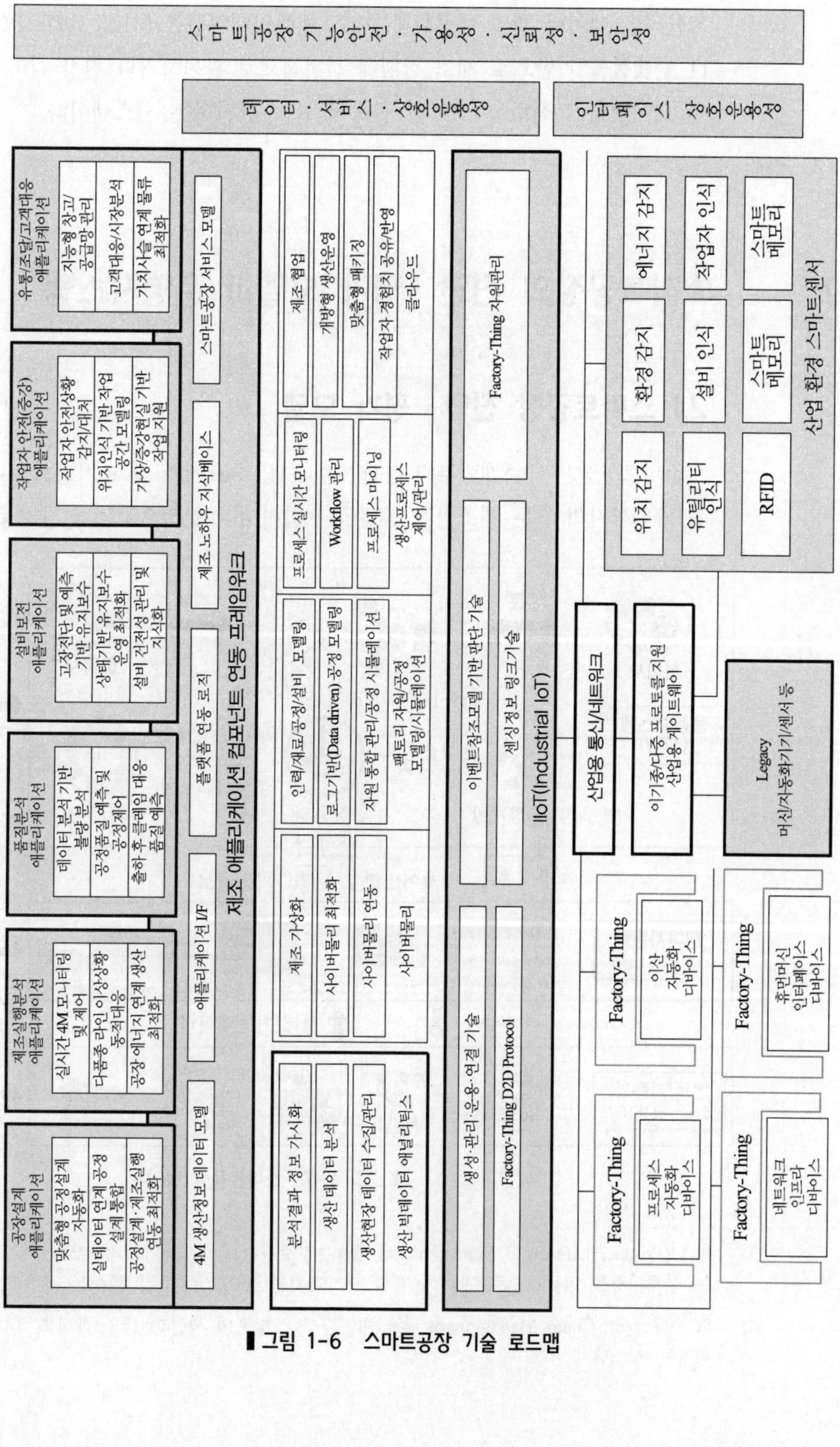


▌그림 1-6 스마트공장 기술 로드맵

효율적인 데이터 채널 제공한다. 제조 애플리케이션은 MES, ERP, PLM[3], SCM[4] 등 IT 플랫폼을 기반으로 제조 실행에 직접적으로 관여하거나 현장 디바이스로부터 수집된 데이터를 분석하고 정해진 규칙에 따라 판단하는 시스템이다.

# 2. 스마트공장의 진단 · 평가 모델과 운영시스템

## 2.1 스마트공장 진단 · 평가 모델

스마트공장은 제품개발부터 양산까지, 시장 수요예측 및 모기업의 주문에서부터 완제품 출하까지의 모든 제조관련 과정을 포함하며 수직적으로는 현장자동화, 제어자동화,

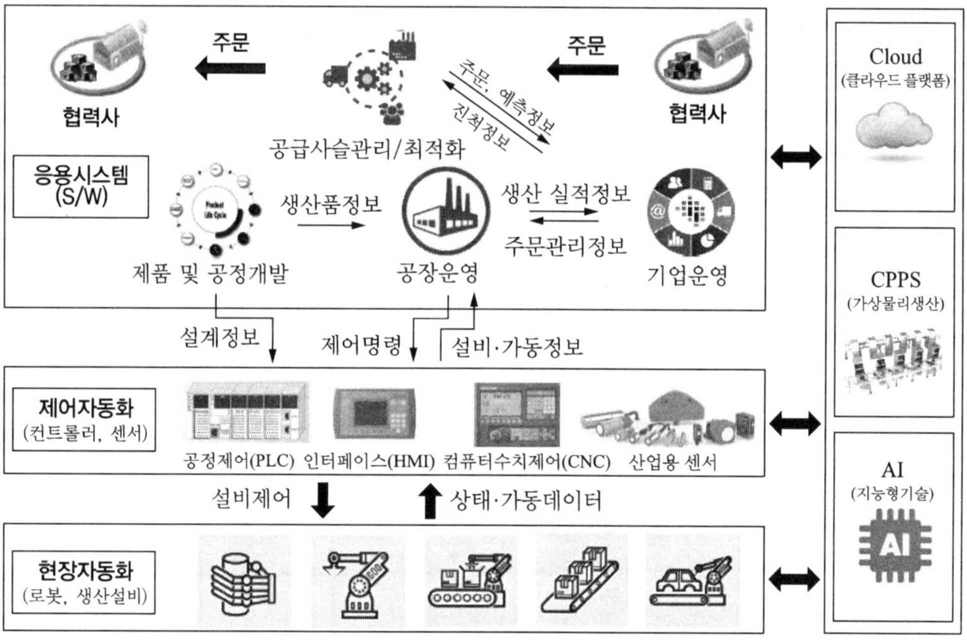


**그림 1-7 스마트공장 범위**

3) PLM(Product Life-cycle Management, 제품수명주기관리) : 제품 설계도부터 최종 제품 생산에 이르는 전체과정을 일관적으로 관리해 제품 부가가치를 높이고 원가를 줄이는 생산프로세스

4) SCM(Supply Chain Management, 공급체인관리) : 제품의 생산과 유통 과정을 하나의 통합망으로 관리하는 시스템

응용시스템의 영역을 모두 포함한다.

생산시스템의 자동화 및 기업업무시스템의 정보화를 구축하는 스마트공장 수준이 미래의 스마트공장으로 구현될 수 있도록 구축기술의 개발 및 상용화, 사회 경제적 인프라 조성의 성숙도 및 비즈니스 여건 등을 고려하여 구축되고 있다.

표 1-2 스마트공장과 자동화공장 시스템 비교

| 스마트공장 생산시스템 | 자동화 생산시스템 |
|---|---|
| • 다양한 자원 : 다양한 유형의 소규모 제품을 생산지원하기 위하여 시스템에 다른 유형의 더 많은 자원이 공존 | • 한정된 소량의 자원 : 대량의 특정제품 생산을 위한 정형화된 라인을 설치하기 위하여 요구되는 자원을 신중하게 계산하고 조정하여야 하며 자원의 중복을 최소화하도록 구성 |
| • 역동적 라우팅 : 여러 종류의 제품생산을 위해 필요한 자원과 루트는 자동적으로 온라인에서 재구성 | • 고정된 라우팅 : 수동으로 시스템의 전원능력을 끊고 사람에 의하여 재구성하지 않는 한 생산라인은 고정 |
| • 복합적 연결 : 고속 네트워크 인프라를 통해 기계, 제품, 정보 시스템 및 사람들이 연결되고 상호작용 | • 생산현장 제어 네트워크 : 기계간 통신은 필요하지 않지만 컨트롤러와 관련 제어기기를 연결하는데 필드버스 사용 |
| • 높은 수준의 컨버전스 : 스마트공장은 모든 물리적 장치들과 정보시스템을 집적한 IoT 등과 같은 서비스를 형성하기 위한 네트워크화 된 환경에서 작동 | • 분리된 계층 : 필드장치는 상위 정보시스템과 분리되어 있음 |
| • 자율적 조직화 : 제어기능은 다수의 독립된 개체들에게 전달되고 스마트 개체들은 시스템 역학에 대응하기 위하여 자신을 조율하고 조직화 | • 독립적인 제어 : 모든 기계는 미리 정해진 기능을 수행하도록 프로그램화 되어 있음. 장치 하나의 문제는 전체라인을 중단 |
| • 빅데이터 : 스마트장치는 대량의 데이터를 생성할 수 있으며 고 대역폭 네트워크는 이 데이터들을 전송할 수 있으며 클라우드 시스템은 빅데이터를 처리할 수 있음 | • 독립된 정보 : 기계는 자신의 프로세스 정보를 기록할 수는 있으나 이 정보는 거의 다른 기계에 의해서 사용되지 않음 |

현재 우리나라는 제조업 혁신 3.0에 일환으로 추진하는 스마트공장 보급 확산 사업, 제조업 경쟁력 강화를 위한 8대 핵심기반기술 R&D 사업 및 스마트공장 인증 모델 구축 사업이 진행되고 있다.

스마트공장 보급 확산 사업에서 제공하는 업종별 참조 모델은 생산시스템의 자동화와 기업업무시스템의 정보화 구축을 통해 국내 제조 기업이 자사에 맞는 스마트공장 구축에 자발적으로 참여하도록 여건을 조성하기 위함이다.

업종별 참조 모델에서의 스마트공장 범위는 제품 개발부터 양산까지, 시장 수요 예측 및 주문에서 출하까지의 모든 제조 과정을 대상으로 한다.

보다 구체적으로 말하면 스마트공장의 수준을 정의하는 이유는 중소 및 중견기업은 스마트공장 구축을 위한 대규모의 자체 투자여력이 부족하므로 기업의 여력과 능력에 따라서 점진적으로 진화하여 궁극적으로는 고도화 단계에 이르도록 하는 단계적 발전 전략 때문이다.

스마트공장의 발전단계는 기업이 마스트플랜을 수립하기 용이하도록 [표 1-3]과 같이 4단계로 구성하였으며 각 단계를 스마트공장 수준으로 하는데, 수준은 스마트공장의 성숙도지표이며 기초단계, 중간 1단계, 중간 2단계, 그리고 고도화단계로 구분한다.

수준을 정의하는 요소는 4M＋1E(Man, Materials, Machinery, Methods, Environment)의 식별, 측정, 제어자동화, 통신능력, 실시간 운영능력, 실시간 최적 의사결정능력 등으로 구성되며, 이러한 요소를 바탕으로 수직적 수평적 통합성, 신경망의 구성정도, 지능화 정도를 측정하여 수준을 정한다.

수준을 정할 때에는 총체적 관점에서의 수준과 대(大) 기능별 수준으로 정한다. 대기능은 현장자동화와 공장운영, 제품 및 공정설계·개발, 공급사슬관리 및 운영 최적화, 기업자원관리의 4개 기능에 대하여 기능별 수준을 정한다.

업종별 참조 모델은 스마트공장 기본 개념을 지향하고 있으나, 기업의 자율적인 구축을 위한 방향을 제시하기 위한 편의성을 제공하는 것이다.

**표 1-3 스마트공장 수준별 구현 형태(예시)**

<table>
<tr><th>구분</th><th>현장자동화</th><th>공장운영</th><th>기업자원 관리</th><th>제품개발</th><th>공급사슬관리</th></tr>
<tr><td rowspan="2">고도화</td><td colspan="4">IoT/IoS기반의 CPS</td><td rowspan="2">인터넷 공간상의 비즈니스, CPS 네트워크 협업</td></tr>
<tr><td>IoT/IoS화</td><td colspan="3">IoT/IoS화 빅데이터 기반의 진단 및 운영</td></tr>
<tr><td>중간수준 2</td><td>설비제어 자동화</td><td>실시간 공장제어</td><td>공장운영 통합</td><td>기준정보/기술정보 생성, 연결 자동화</td><td>다품종, 개발 협업</td></tr>
<tr><td>중간수준 1</td><td>설비데이터 자동집계</td><td>실시간 의사결정</td><td>기능 간 통합</td><td>기준정보/기술정보 개발 운영</td><td>다품종, 생산 협업</td></tr>
<tr><td>기초수준</td><td>실적집계 자동화</td><td>공정물류 관리 (POP)</td><td>관리기능 중심, 기능 개별운용</td><td>CAD 사용 프로젝트 관리</td><td>단일, 모기업 의존</td></tr>
<tr><td>ICT 미적용</td><td>수작업</td><td>수작업</td><td>수작업</td><td>수작업</td><td>전화와 이메일 협업</td></tr>
</table>

기초단계는 기초적인 ICT를 활용하여 생산일부 분야의 정보를 수집, 활용하고 모기업 인프라 등을 활용하여 최소 비용으로 기업의 정보시스템을 구축하는 수준이다. 현장 자동화부분에 있어서는 생산실적 정보를 집계할 수 있는 정도의 자동화 수준인데 로트(Lot)별로 생산 시작 및 종료시점 등의 기초적인 실적정보를 집계하는 수준으로 바코드, 카운터나 타이머 등 기초센서가 이용될 수 있다. 공장운영 부분에 있어서는 공정물류관리 수준으로 자재와 제품 생산이력이 관리되고 역추적 가능하며 생산실적 관리 및 작업지시가 가능하다. 공급사슬관리측면에서는 모기업의 IT 인프라를 활용하여 정보를 공유한다. 기업 자신의 시스템은 보유하지 않은 상태에서 모기업이 보유하는 시스템을 사용하여 모든 정보를 처리한다. 제품개발은 서버를 통한 기술개발 정보 및 납기가 관리되는 수준인데 CAD로 단순 제품설계를 하고 프로젝트 납기일정 및 도면문서, 기술정보가 분류되어 공유된다. 기업자원관리는 수불 및 재고를 관리하는 수준이다.

중간 1단계 수준은 설비정보를 최대한 자동으로 획득하고 모기업과 고신뢰성 정보를 공유하여 기업운영의 자동화를 지향하는 수준이다. 현장자동화 측면에서는 생산실적 정보를 집계할 뿐만 아니라 계측정보(인장강도, 정밀도, 온습도, 압력 등)를 자동적으로 집계할 수 있는 수준이다. 공장운영 측면에서는 실시간으로 공장운영 현황을 분석하고 의사결정을 할 수 있다. 공장운영실태에 대한 실시간 모니터링 및 실시간 공정품질 분석 및 경고가 가능하다. 공급사슬관리 측면에서는 모기업과 영업, 생산, 품질정보 등을 공유하되 독자적으로 정보시스템을 운영하는 독립형 협업이 가능한 수준이다. 제품개발 측면에서는 제품개발을 위한 기준정보와 엔지니어링 정보 생성 자동화 및 협업하는 수준이다. CAD/CAM/CAE?CAS/CAPP 응용 및 자동화 설비 프로그램을 생성하고 3D 모델, BOM, 설계변경, ERP 연계 및 협력업체 도면 호환이 가능하다. 기업자원관리 측면에서는 공장운영시스템과 자동생산계획의 연계가 가능하고 계획과 원가의 정도에 대한 관리가 가능하다.

중간 2단계 수준은 모기업과 공급사슬 관련정보 및 엔지니어링 정보를 공유하며, 글로벌 계획 최적화와 제어자동화를 기반으로 실시간 의사결정 및 제어형 공장을 달성하는 수준이다. 현장자동화 측면에서는 생산실적 및 계측정보에 대한 집계자동화가 가능하며, CAD/CAE/CAM 운영, 레시피 생성, PLC 및 컨트롤러 자동제어가 가능하다. 공장운영 측면에서는 제어기반의 공장운영이 최적화 된 상태이고 실시간 스케줄링 및 의사결정이 가능하며, 모니터링, 진단, 분석, 피드백 운영이 가능할 뿐만 아니라 주기적인 분석 및 피드백을 통한 가치 창출형 공장을 경영할 수 있는 수준이다. 공급사슬관리 측면에서는 실시간 운영 최적화, 고객 납기 약속, 내외부 환경변화에 대비한 What-if 분석 등을 실시하며, 모기업과 영업, 생산, 품질정보, 제품개발 정보 등을 공유하되 독자적으로 정보시스템을 운영하는 독립형 협업이 가능한 수준이다. 제품개발 측면에서는 시뮬레이션, 복수 프로젝트 관리, 현장설비 자동연동으로 일괄 프로세스화가 가능한 수준이다. 시뮬레이션 중심, 3D 프린팅, 디지털(Mock Up, Prototyping, Manufacturing)구현이 가능하고 프로젝트 포트폴리오, 개발 유형별 프로세스들과 모든 산출물이 시스템에서 관리된다. 기업자원관리 측면에서는 제품개발 시스템 연계, KPI 개발 운영, 대시보드를 이용한 눈으로 보는 경영이 가능하다.

고도화 단계 수준은 사물과 서비스를 IoT/IoS화 하여 사물, 서비스, 비즈니스, 모듈 간의 실시간 대화체제를 구축하고 사이버 공간 상에서 비즈니스를 실현하는 수준이다. 현장자동화 측면에서는 고객맞춤형 생산체제(모듈형 생산체제, 3D 프린팅 체제 등)가 가능하고 AR/VR 기술을 활용한 생산활동 및 자율 적응형 생산체계가 구축된 수준이다. 공장운영, 기업자원관리 및 제품개발 측면에서는 가상화 및 분산 컴퓨팅 기반의 공장운영 시스템이 구축되어 있고, CPS, 인공지능 기술기반의 실시간 공장관제 기술이 구현된다. 또한 고객의 니즈를 반영한 실시간 제품설계 및 생산이 가능하다. 공급사슬관리 측면에서는 가상 물리시스템(CPS) 기반의 협업이 가능하여 IoT와 IoS를 통한 설비, 공정, 공장 등의 자유로운 선택 및 비즈니스 활동이 가능하다. 또한 제품개발부터 완제품까지, 자재구매에서부터 유통까지, 생산에서부터 폐기까지 인터넷 공간상의 경영이 가능하다.

## 2.2 스마트공장 운영시스템

### 2.2.1 운영시스템의 기능 및 구성요소

공장의 비전 및 전략, 목표 및 성과, 운영프로세스, 기계 및 제어, 제조기술, 정보시스템 등으로 구성된 스마트공장 운영관리시스템(Smart Factory Operation Management System)은 조직의 전략적 의사결정으로 추진되는데 운영관리시스템의 설계 및 실행은 다음 사항들에 의해 영향을 받는다.

- 조직의 경영환경 및 경영환경 변화, 그리고 환경, 안전과 연관된 조직의 리스크
- 과학의 발달, 생산기술, 정보기술 등의 발달
- 조직에 가해지는 이해관계자의 변화하는 요구

- 조직의 비전 및 특정목표
- 조직이 제공하는 제품 또는 서비스
- 조직이 채택한 프로세스
- 조직의 규모 및 조직구조

스마트공장 운영관리시스템은 획일화 된 공장운영 관리시스템을 의도하지 않으므로 조직의 비전과 전략에 따라 생산되는 제품과 조직의 프로세스 및 조직의 기타 특성에 적합하도록 공장 운영관리시스템을 지속적으로 스마트화 하는 것이 바람직하다. 이때는 전략적으로 이해관계자에게 조직의 공장운영관리시스템 스마트화를 실증하는 것이 바람직하다.

스마트공장 운영관리시스템 프레임워크는 비전 및 전략, 목표 및 성과, 기업경영, 제조운영, 기계 및 제어의 5개 계층으로 구성된다.

기업경영 계층 아래의 영역에서는 프로세스 관점과 시스템 및 자동화 관점의 구성요소들이 포함된다. 프로세스 관점에서는 제품개발, 생산계획, 공정관리, 품질관리, 설비관리, 물류관리의 6개 프로세스가 있다.

시스템 및 자동화 관점에서는 정보시스템 모듈과 설비자동화 모듈로 나뉘며 정보시스템 모듈은 제품수명주기관리(PLM), 전사적자원관리(ERP), 공급망관리(SCM), 제조실행 시스템(MES), 공장에너지 관리시스템(FEMS), 보안 등의 서브 모듈로 구성된다.

스마트공장 운영관리시스템의 핵심기능에는 통합 및 연계, 실시간 모니터링, 유연성, 이상대응, 지능화 및 에너지 관리, 기준관리 등이 있다.

통합 및 연계 기능은 수평적, 수직적 통합 및 연결과 관련된다.

실시간 모니터링 기능은 실적, 상태, 진도 정보에 대한 실시간 모니터링 및 분석과 관련된다.

유연성은 다양하고 변화하는 수요에 대한 유연하고 신속한 대응과 관련된다.

이상대응은 트래킹 관리, 이상상태 감지, 성능 및 부하차이 밸런싱 등과 관련된다.

지능화 및 에너지 관리는 예측 및 최적화 시뮬레이션, 지능형 일정계획 등과 관련된다.

기준관리는 기준정보(Master Data) 관리, 운영 우선순위규칙 관리 등과 관련된다.

스마트공장 운영관리 시스템은 CPS, 클라우드, 3D프린팅, 빅데이터, 에너지절감기술, 홀로그램, 스마트센서, IoT과 같은 기반기술의 발전 결과를 적용함으로써 지속적으로 향상될 수 있다.

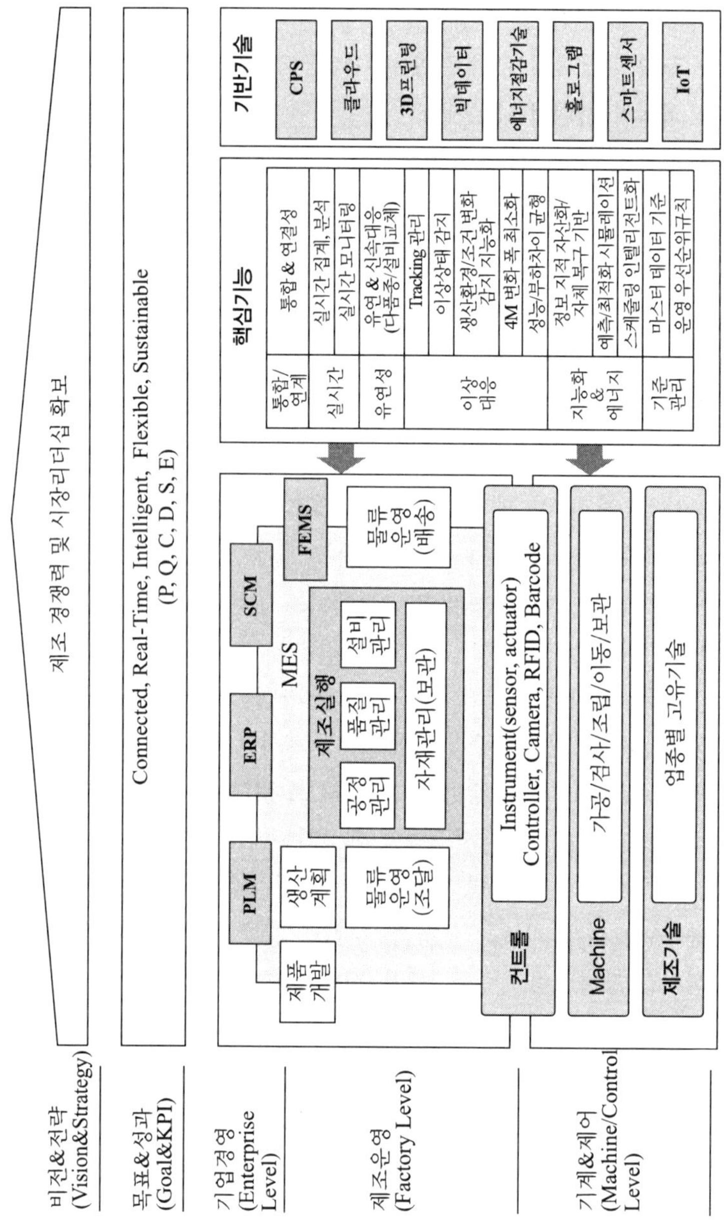


▌그림 1-8 스마트공장 운영관리시스템 프레임워크

## 2.2.2 운영시스템의 성숙도

스마트공장 운영관리시스템 요구사항은 내부 및 외부 관계자가 조직의 공장운영관리시스템의 스마트화 정도와 변화하는 경영환경과 요구 및 발전하는 정보통신기술을 고려하여 지속적인 스마트화 추진 필요성에 대한 평가를 위하여 사용될 수 있다.

스마트공장 운영관리시스템 평가결과는 다음과 같은 스마트공장 성숙도로 나타낼 수 있으며, 성숙도는 스마트공장 운영관리시스템 요구사항 각각에 대해 적용할 수 있다.

### 1) 1수준(점검, Checking)

- 정보기술 미적용 단계로, 체크리스트 등을 활용하여 수기로 실적관리
- 외부 시스템과 연계되지 못하고 현상 또는 상태를 단순 감지

### 2) 2수준(모니터링, Monitoring)

- 현장의 눈으로 보는 관리가 체계적이고 데이터가 실시간으로 추적
- 현재의 상태가 외부 모니터링 시스템에 연결되어 데이터를 언제든지 확인, 추적 가능

### 3) 3수준(제어, Control)

- 이상발생 시 즉시 파악이 가능하고 원격제어에 의해 문제 해결
- 감지정보에 대해 자동으로 기준 정보 대비 이상 유무 분석 후 기능 정상화 상태로 제어

### 4) 4수준(최적화, Optimization)

- 빅데이터 분석 및 최적화 솔루션 활용 등을 통해 사전예방 및 전체 최적화를 추구
- 상, 하위 설비 및 장비 간, 내부 및 외부 시스템 간 상호접속(Interfacing)을 통해 전체 최적화 관점에서 정보가 통합되고 종합적인 제어 실시가 가능

### 5) 5수준(자율운영, Autonomy)

- 최적화된 공장이 사람의 관여를 최소화한 상태에서 자율적으로 운영
- CPS, IoT, 인공지능 등의 기술을 통한 자가진단 및 자가수리가 가능하고 자율제어를 통해 유연성 극대화

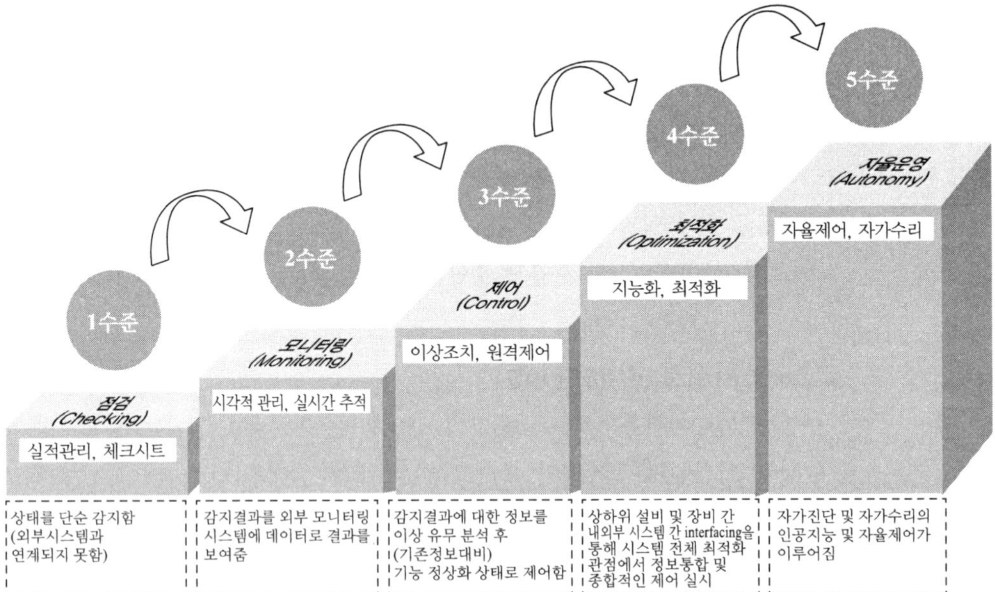


**▌그림 1-9 스마트공장 성숙도**

스마트공장 수준은 상기의 관점에서 평가된 스마트공장 성숙도와 공장 전체 또는 일부분에 적용되어 있는가의 확산도를 고려하여 결정할 수 있다.

스마트공장 운영관리시스템은 조직의 품질경영시스템, 환경경영시스템, 안전보건경영시스템 및 기타 다른 경영시스템을 대체하지 않는다. 스마트공장 운영관리시스템 요구사항은 다른 경영시스템의 요구사항과 중복되거나 그 의미가 유사할 수 있다. 그러나 이러한 사항들은 스마트공장 성숙도를 평가하기 위한 구성요소이므로 다른 경영시스템의 요구사항과 중복된다 하여 제외할 수 없다.

스마트공장 운영관리시스템이 조직의 품질, 환경, 안전보건 및 기타 다른 경영시스템 요구사항과 중복되거나 유사한 요구사항을 포함하고 있다는 것은 스마트공장 성숙도가 조직의 품질, 환경, 안전보건 및 기타 다른 경영시스템과 상호작용을 하고 있다는 것을 의미한다. 이는 조직이 도입하고 운영하는 품질경영시스템, 환경경영시스템, 안전보건경영시스템 및 기타 경영시스템의 역량 성숙도가 스마트공장 성숙도에 영향을 미칠 수 있음을 의미한다.

스마트공장 운영관리시스템은 별도의 문서화, 기록 등을 요구하지 않는다. 스마트공장 성숙도 평가는 조직의 이행 증거를 확인한다. 이러한 이행 증거는 조직의 품질경영시스템, 환경경영시스템, 안전보건경영시스템 및 기타 경영시스템에 의해 생성된 문서나 기록일 수 있다.

### 2.2.3 운영시스템의 요구사항

#### 1) 리더십과 전략

최고경영자는 자사에 맞는 스마트공장 구현을 위한 이해와 열정, 명확한 비전, 지원 및 추진력, 의사소통 역량, 동기부여 등의 리더십 역량을 보유하고 향상시켜야 한다. 최고경영자의 리더십은 다음 사항을 고려해야 한다.

- 경영진 주도의 고객, 경영환경, 스마트화에 대한 도전적 기회 탐색
- 조직이 달성해야 할 구체적 스마트공장 비전수립 및 공유
- 비전 달성을 위한 경영진의 양방향 의사소통과 조직 활성화
- 주기적인 스마트화 달성평가와 피드백, 포상과 보상 등 동기 유발책 시행
- 스마트공장 추진을 위한 외부 협력관계 구축

조직은 체계화된 프로세스에 따라 스마트공장 추진전략 및 세부 실행계획을 수립하고 이행해야 한다. 전략 및 실행계획의 수립 및 이행은 다음을 고려하여야 한다.

- 중장기 스마트공장 비전과 전략 및 실행계획의 명확한 연계
- 전략 및 실행계획 수립 과정에서 조직의 주요부서 및 담당자 참여
- 제품, 공정, 설비 등에 적용되는 스마트기술, 정보기술 도입전략의 수립 및 이행

조직은 스마트공장 추진을 위한 조직체계와 구성원 역량과 적격성을 규정하고, 이를 위한 적절한 학습과 교육훈련을 구성원에게 제공하여야 한다. 조직 및 역량관리는 다음을 고려하여야 한다.

- 직무 정의 및 역량모델링, 역량 프로파일의 정의
- 전략, 고객요구, 운영상의 이슈에 따른 구성원 적격성의 결정 및 적격성 보장방안 마련
- 역량 및 적격성 평가, 평가결과에 따른 구성원 역량 향상 및 교육 계획 수립
- 현장직원 스마트기술 활용스킬 향상, 다기능화 계획, 훈련계획 및 이행관리
- 공장 조직에 적절한 학습활동의 장려와 수행 및 지원체계 구축

성과지표(KPI) 관리를 위하여 조직은 공장의 종합적인 성과를 측정하기 위한 핵심 성과지표를 관리하고 성과개선과 생산성 향상의 기회로 전환하도록 하여야 한다. 성

과지표 관리는 다음을 고려하여야 한다.

- 성과지표 풀(Pool) 구성 및 산출식 정의
- 공장운영의 프로세스 파악 및 프로세스별 성과지표 관리
- 연도별 사업목표 달성을 평가하는 지표 선정 및 관리
- 성과지표는 균형성과 관리가 가능하도록 설계
- 경영자 또는 관리자가 적시에 지표상태 검토 및 적절한 대응

### 2) 제품개발

제품개발을 위하여 조직은 다음과 같이 조직에 적합한 제품개발 절차를 구축하여야 한다.

- 제품개발 및 양산 승인까지의 단계별 프로세스와 적용기법 및 산출물의 정의
- 제품개발 단계별 프로세스의 통합적인 관리
- 제품개발 단계의 산출물과 일정의 체계적인 관리
- 제품개발 단계별 검증 절차

제품설계 및 검증을 위하여 조직은 다음과 같이 제품 설계 및 검증을 위한 도구 및 시스템의 적합성을 확보하여야 한다.

- 제품별 설계 방법론과 활용하는 도구
- 설계의 검증을 위한 시뮬레이션 또는 시제품이나 시험 데이터의 활용
- 설계정보의 통합 관리와 협업 시스템 운영
- 고객 요구 및 제품정보를 통한 최적 설계

공정설계 및 검증을 위하여 조직은 다음과 같이 공정설계 및 검증을 위한 도구 및 시스템의 적합성을 확보하여야 한다.

- 제품개발 단계에서 공정 표준을 제시
- 공정 시뮬레이션 등을 통하여 최적의 공정을 설계
- 공정설계 정보를 통합적으로 관리

제품정보 관리를 위하여 조직은 다음과 같이 제품코드, BOM, 사양, 라우팅 등의 기준정보와 도면 등에 대한 제품정보를 생성, 검증, 조회, 변경, 삭제하는 프로세스를 관리하여야 한다.

- 도면에서 BOM의 생성 및 제조 BOM으로의 변환가능 및 수준 여부

- 제품정보의 생성, 개정, 설계 변경 프로세스 정립 여부
- 제품정보의 시스템 간 통합 관리 및 연동

기술정보 관리를 위하여 조직은 다음과 같이 제품개발 과정에서 생성된 설계문서 및 도면, 개발 단계별 산출물, 시험정보, 지적재산 정보 등의 기술정보를 관리하여야 한다.

- 기술정보의 통합 관리와 버전 관리
- 기술정보의 분석과 활용

### 3) 생산계획

기준정보 관리를 위하여 조직은 데이터 기반의 생산계획을 가능하게 하는 기준정보를 다음과 같이 관리하여야 한다.

- 품번, BOM, 공정도, 공정별 사이클 시간, 공정별 능력 등 기준정보의 구성항목 및 완성도 확보
- 기준정보의 정확성 확보
- 기준정보의 정기적인 점검 및 필요시의 갱신, 관련부서 간 공유
- 설계변경, 단종, BOM, 변경, 표준시간 수정 등에 대한 관리와 즉시 적용

수요 및 주문대응을 위하여 조직은 고객수요 및 주문정보에 신속하고 유연하게 대응하여야 한다. 이를 위해 조직은 다음 사항을 이행하여야 한다.

- 정기적으로 고객의 수요 및 주문정보를 관리
- 고객수요 및 주문정보를 생산계획 적시에 적절히 반영
- 고객주문에 대한 납기회신(Available to Promise) 및 고객과의 협업 이행

중장기 생산계획을 위하여 조직은 수요 및 주문변동을 감안하여 중장기적인 내부 생산자원 활용계획을 수립하여야 한다. 이것은 정책적인 생산 의사결정으로 구매 및 외주, 생산설비 확대, 가동률 조정 등이 포함된다. 중장기 생산계획을 위해 조직은 다음 사항을 이행하여야 한다.

- 중장기 생산계획 수립 절차 및 문서화된 표준 프로세스
- 수요예측 및 판매계획에 기반한 생산능력계획 수립
- 3~12개의 주기별 수정(Rolling) 계획 운영
- 3개월 이상의 중장기 생산능력계획과 사업계획과의 연계성 확보

단기 생산일정계획을 위하여 조직은 고객주문의 예정정보나 확정정보를 바탕으로 단기적인 생산계획을 수립하여야 한다. 이 계획은 단기 판매계획 및 구매 발주계획과 연동되며 다음과 같아야 한다.

- 판매부문과 생산부문의 협업 수준 및 생산계획 수립 프로세스 또는 절차의 설계
- 주간 및 일 단위의 주기별 수정(Rolling) 프로세스 운영
- 생산일정 수립을 위해 생산실적정보가 반영된 가정(What-If) 모델링 운영
- 생산일정 정보의 내부 및 외부 공유 수준과 방식의 신속성, 적절성 확보

### 4) 공정관리

작업계획 수립 및 지시를 위하여 조직은 생산계획에 따라 다음과 같이 작업계획을 수립하고 작업을 지시하여야 한다.

- 설비 실제능력, 자재 재고, 반제품 재공, 투입 인력 등 4M1E현황 정보를 기반한 계획량 관리
- 설비, 조단위, 작업자별 작업 완료 수량 제시
- 생산계획 납기일 고려한 작업지시 우선순위 고려
- 긴급주문에 대한 작업지시 우선순위 관리 원칙 작성

생산진도관리를 위하여 조직은 다음과 같이 고객주문에 대한 진척을 관리하여야 한다.

- 주문접수에서 납품까지의 주문 진척 단계 정의
- 고객과 의사소통 상황 및 시점을 정의하고 필요정보 제공
- 고객 요구 품질, 납기와 관련하여 고객에게 실시간 정보 제공
- 진척 단계별 실시간 진척 현황 관리 및 납기회신 기능

이상발생 대응관리를 위하여 조직은 다음과 같이 공정 이상발생에 대한 대응관리 기준과 대응절차를 개발, 적용하고 이상발생 재발방지 활동을 하여야 한다.

- 주요 관리지표별 이상발생 항목과 빈도에 대한 기준 관리
- 이상수준을 정의하고 이상발생 시 고객을 포함하여 정보공유 범위 정의
- 이상발생에서부터 대응조치 완료까지의 소요시간 관리 및 소요시간 최소화 진행
- 발생 이상에 적절한 재발방지 대책의 수립 및 시행

### 5) 품질관리

품질정보관리를 위하여 조직은 고객 클레임 및 불만 제시 이력, 고객 만족도와 같은 고객 품질정보를 입수, 분석 및 피드백하기 위해 다음 사항을 관리하여야 한다.

- 고객의 소리를 듣고 관리하는 공식적인 절차 또는 시스템
- 고객 클레임, 고객 요구사항, 고객 만족도 및 초기품질 이슈와 관련된 정보의 관리 및 공유
- 초기품질조사(Initial Quality Study) 경과의 관리
- 제품 및 고객별 품질불만 이력의 관리

품질표준 및 문서관리를 위하여 조직은 필요한 품질표준을 작성, 활용, 검토 및 개선하는 품질표준 관리체계와 관리기준을 작성하고 적용하여야 한다. 품질표준의 이력이 관리되어야 하며 조직은 다음 사항을 이행하여야 한다.

- 품질표준의 제정 및 개정, 적용, 개선 및 폐기의 절차 준수
- 최신의 품질표준이 적용되도록 하는 관리 체계 구축
- 정보시스템을 이용한 표준 변경의 이력관리

공정검사, 데이터 분석 및 모니터링을 위하여 조직은 다음과 같이 공정이 관리상태에 있다는 것을 모니터링하는 시스템을 구축하여야 한다. 데이터는 실시간으로 수집, 분석되어야 한다.

- 실시간 디지털 검사 및 모니터링 시스템의 구축
- 공정의 모바일 점검
- 데이터 입수에 따른 실시간 자동분석과 분석결과 제공
- 오류검증(Error Proofing) 시스템

검사기기 및 측정장비 관리를 위하여 조직은 다음과 같이 검사장비 및 측정기의 성능, 신뢰성, 이력을 관리하고 측정에 참여하는 인력의 자격관리를 하여야 한다.

- 주기적인 검사장비 및 측정기의 신뢰성과 성능 관리
- 측정자 또는 검사 인력에 대한 자격인증 관리
- 검사장비 및 인력 등 관리체계와 시스템적인 이력 관리

### 6) 설비관리

설비가동관리를 위하여 조직은 다음과 같이 설비의 가동상태를 진단하고 상시 모니

터링체계를 구축하여야 한다.

- 정보시스템을 통한 설비가동의 이력관리
- 설비 이상 및 위험수준에 대한 자동 알람 시스템 구축 및 활용

설비보전 관리를 위하여 조직은 다음과 같이 설비 효율, 고장, 부동 및 수리와 관련된 이력을 관리하여야 한다.

- 설비 효율 자동 분석 및 예측관리
- 정보시스템을 활용한 이력관리
- 설비상태에 대한 모바일 모니터링 및 원격관리

보전자재 관리를 위하여 조직은 다음과 같은 방법으로 설비 보전자재를 체계적으로 관리하여야 한다.

- 보전자재 관리 상태의 주기적인 실물 확인
- 예비부품(Spare Parts) 관리상태의 주기적인 실물 확인
- 보전자재 및 예비부품에 대한 정보시스템 구축 및 활용

금형, 지그, 치공구 관리를 위하여 조직은 다음과 같은 방법으로 금형, 지그 및 치공구를 체계적으로 관리하여야 한다.

- 금형 관리 상태의 주기적인 실물 확인
- 치공구 관리 상태의 주기적인 실물 확인
- 금형 관리와 지그 및 공구 관리 정보시스템 구축 및 활용

### 7) 물류운영

자재소요량 관리를 위하여 조직은 자재소요량 산출을 위한 기준정보를 관리해야 한다. 생산계획에 따라 자재소요량이 산출되며 필요 시 자재 공급업체와 정보공유가 가능해야 한다. 이를 위해 조직은 다음 사항을 이행해야 한다.

- 자재소요계획(MRP) 시스템 구축 및 활용
- 구매 BOM(Bill Of Material) 구축 및 정확성 확보
- 발주정책이나 납품일시(Lead Time) 등 기준정보의 정확성 확보
- 원부자재 및 외주품의 입출고 예정정보에 대한 정확한 반영
- 재고정보와 발주정보의 정확한 실시간 연동

발주 및 납기 관리를 위하여 조직의 자재소요량은 발주정보로 전환되고 납품 일시별 자동발주가 이루어져야 한다. 조직의 발주체계는 다음과 같아야 한다.

- 발주변경에 유연해야 하며 구매 납기 관리를 위한 시스템 지원
- 발주정책이나 납품일시 등 기준정보의 정확한 관리
- 공급업체와 발주정보 공유
- 구매오더 정보추적

자재관리를 위한 입출고 관리를 위하여 조직은 창고 및 재고 입출고를 위한 절차, 운영기준 등을 확립하여야 한다. 이러한 운영기준은 선입, 선출이 보장되고, 보관과 찾기가 용이해야 한다. 입출고 관리에 실시간 정보처리를 위한 정보기술 활용이 필요할 수 있으며 다음과 같은 사항이 이루어져야 한다.

- 원부자재의 코드 부여체계 구축 및 바코드 라벨 등의 식별표 부착
- 신속한 재고파악을 위한 휴대용 단말기 또는 모바일 기기 활용
- 입출력 정보의 ERP 인터페이스 체계 구축
- 입출고 정보가 실시간적으로 ERP에 업로드

적재 및 보관을 위하여 조직은 다음 사항을 고려하여 자재의 보관방식을 효과적으로 운영하여야 한다.

- 보관효율을 올리기 위한 랙(Rack) 시스템 활용 여부
- 랙의 위치관리(Location) 체계
- 위치관리, 창고공간 활용도, 재고수준 등 창고운영 생산성 지표 분석
- 랙, 운반도구, 피킹도구, 표시방법 등 보관 생산성 수준 분석

자재불출(Picking) 및 출하관리를 위하여 조직은 다음과 같이 이루어지도록 자재불출 및 출하업무에 대한 절차를 규정하여야 한다.

- 출하정보에 의한 불출지시서(Picking List) 자동 발행
- 자재불출을 통해 사전에 결품여부가 확인됨.
- 디지털 자재불출 시스템의 운영

수배송 및 배차정보 관리를 위하여 조직은 출하정보를 바탕으로 사전에 배송 스케줄을 작성하여야 한다. 배송현황은 실시간으로 추적되어야 하며 도착시간이 공유될 수 있도록 관리되어야 한다. 조직의 수배송 및 배차정보 관리는 다음 사항이 고려되어야 한다.

- 수배송 차량수배 시스템 운영 필요성
- 운송이력관리의 시스템화 필요성
- 수배송 차량의 실시간 위치추적 가능성
- 배송정보의 실시간 고객 공유

### 8) 정보시스템

전사적자원관리(ERP) 및 공급망관리(SCM)를 위하여 조직의 전사적자원관리 및 공급망관리는 다음과 같은 영역의 기능들이 구축 및 활용되어야 한다.

- 경영관리 : 회계, 인사, 영업, 경영지원 등
- 생산계획 및 관리 : 기준정보 관리, 생산계획, 생산실적 관리
- 구매관리 : 구매발주, 자재소요계획(MRP), 자동발주기능 등
- 자재관리 : 입고, 재고보충, 보관관리 등
- 출하 및 배송관리

제조실행시스템(MES)을 위하여 조직의 제조실행시스템은 다음과 같은 영역의 기본 기능들이 구축 및 활용되어야 한다.

- 공정관리
- 품질관리
- 설비관리
- 데이터 분석 및 통계관리
- 예비품 및 금형 관리

제품수명관리(PLM)를 위하여 조직의 제품수명관리는 다음과 같은 영역의 기본 기능들이 구축 및 활용되어야 한다.

- 도면 및 기술문서 관리
- 기준정보 및 BOM 관리
- 설계변경 관리
- 개발 프로젝트 관리
- 협업 및 아웃소싱 관리

공장 에너지관리 시스템(FEMS)을 위하여 조직의 공장 에너지관리 시스템은 다음과 같은 공장에너지 관리영역의 기본 기능들이 구축 및 활용되어야 한다.

• 에너지 기준정보관리
• 에너지 사용 및 흐름 데이터 관리
• 에너지 사용현황 관리
• 에너지 수요공급 최적화 관리
• 에너지 통합관리시스템

보안관리를 위하여 조직은 다음과 같은 보안관리영역의 기본 기능들이 구축 및 활용되어야 한다.

• 보안정책 운영체계
• 장비 및 기기별 보안기능
• 보안 통합 관리
• 보안성의 자가 진단, 분석, 대응

### 9) 설비자동화

생산설비 자동화를 위하여 조직은 다음과 같이 주요 생산설비에 대해 자동화를 추진하여야 한다.

• 유닛, 단위설비, 공정 단위, 라인 단위 자동화
• 작업자 수동제어, 제어기를 사용한 자동제어, 인공지능 제어기 등 생산설비의 제어
• 품종 소량생산체계에 적합한 유연생산시스템(FMS)
• 설비의 현재 상태에 대한 자가진단 기능과 경보표시 기능 보유

물류설비 자동화를 위하여 조직은 다음과 같이 주요 물류설비에 대해 자동화를 추진하여야 한다.

• 공정 간 물류설비, 창고 물류설비, 운반하역 설비
• 물류설비의 수동, 자동, 원격 제어
• 정보시스템과의 데이터 처리 및 연계

검사설비 자동화를 위하여 조직은 다음과 같이 주요 검사설비에 대해 자동화를 추진하여야 한다.

• 검사시점에 따른 검사형태와 자동검사 적용성
• 검사결과 실시간 피드백 필요성 및 검사결과의 실시간 공정 조치 필요성
• 측정의 학습 및 자가수정 기능 필요성

- 스마트센서를 활용한 공정 실시간 검사 필요성

설비정보 네트워크를 위하여 조직은 다음과 같이 설비정보 네트워크를 구축해야 한다.

- 연결(Connectivity) 및 접속(Interfacing)
- 데이터 업로드를 위한 오프라인 대응 및 온라인 관리
- 설비와 정보시스템 간 네트워크, 설비 간 네트워크
- 네트워크를 통한 생산정보 공유 방식
- IoT 도입여부, 표준 프로토콜 및 인터페이스 사용
- 정보시스템(MES)과 연계

안전, 환경, 에너지 관리를 위하여 조직은 다음과 같이 설비의 안전, 환경, 에너지 관리를 추진하여야 한다.

- 작업장의 작업 안전 및 작업자의 보건 고려
- 환경오염 발생 및 오염원에 대한 대응
- 에너지 사용에 대한 관리 및 절감 활동 수준

### 10) 성과관리

생산성(P) 관리를 위하여 조직은 다음과 같이 조직의 생산성 성과를 확인할 수 있는 지표를 선정하고 관리하여야 한다.

- 생산성 지표에 대한 수준평가
- 노동생산성, 설비생산성, 생산속도 등 핵심지표의 실적 및 근거 데이터를 기준으로 평가

품질(Q) 관리를 위하여 조직은 다음과 같이 조직의 품질 성과를 확인할 수 있는 지표를 선정하고 관리하여야 한다.

- 품질 지표에 대한 수준평가
- 공정불량률, 고객불량률 등 핵심지표의 실적 및 근거 데이터를 기준으로 평가

원가(C) 관리를 위하여 조직은 다음과 같이 조직의 원가 성과를 확인할 수 있는 지표를 선정하고 관리하여야 한다.

- 원가 지표에 대한 수준평가
- 제조가공비 등 핵심지표의 실적 및 근거 데이터를 기준으로 평가

납기(D) 관리를 위하여 조직은 다음과 같이 조직의 납기 성과를 확인할 수 있는 지표를 선정하고 관리하여야 한다.

- 납기 지표에 대한 수준평가
- 납기 준수율, 재고 정확도 등 핵심지표의 실적 및 근거 데이터를 기준으로 평가

안전(S) 관리를 위하여 조직은 다음과 같이 조직의 안전 성과를 확인할 수 있는 지표를 선정하고 관리하여야 한다.

- 안전 지표에 대한 수준평가
- 안전사고건수, 재해율 등 핵심지표의 실적 및 근거 데이터를 기준으로 평가

환경(E) 관리를 위하여 조직은 다음과 같이 조직의 환경 성과를 확인할 수 있는 지표를 선정하고 관리하여야 한다.

- 환경 지표에 대한 수준평가
- 대기, 용수 등의 오염도, 폐기물 처리량 등 핵심지표의 실적 및 근거 데이터를 기준으로 평가

# 3. 스마트공장 안전성에 대한 검토

## 3.1 스마트공장의 구현 이점

산업과 기술의 발달로 인하여 개인과 시장의 맞춤형 솔루션, 다양성에 대한 니즈는 날로 증가하고 있다. 기술혁신으로 인한 제품수명주기는 갈수록 단축되고, 국제화가 진척됨에 따라 효율적인 글로벌 공급망관리(SCM: Supply Chain Management)는 그 중요성을 점점 더해가고 있다. 뿐만 아니라 환경문제로 인하여 에너지비용을 감축해야 하는 등 많은 제약조건에서도, 보다 적은 자원으로 더욱 다양하고 복잡한 제품을 신속히 만들어내는 제조기술이 오늘날 산업현장에서 직면하고 있는 과제일 것이다.

| 스마트공장 구축 목표 | |
|---|---|
| • 시장 진입 시간의 단축 | • 사고 및 오염물질 배출 제로화 가능성 확보 |
| • 수요 기반 경제의 적극적 능력 향상 | • 에너지 관리 통합 능력 확보 |
| • 수출 시장 확대 | • 고객 수요 대응의 민첩성 증가 |

이를 해결하는 솔루션이 설계, 개발, 제조 및 유통, 물류 등 생산과정에 디지털 자동화 솔루션이 결합된 정보통신기술을 적용하여 생산성, 품질, 고객만족도를 향상할 수 있는 지능형 생산 공장, 즉 스마트공장인 것이다. 기획 및 설계단계에서 제품성능 시뮬레이션을 통해 제작기간을 단축하며 맞춤형 제품을 개발하고 생산단계에서는 설비, 자재, 시스템 간 프로토콜을 통하여 다품종 소량생산을 하며 에너지와 설비효율을 높인다. 또한 유통, 판매단계에서는 다른 기업이나 협력사간 실시간 연동을 통해 재고비용을 감소하고, 품질, 물류 등 전 분야에서 협력한다.

스마트공장 핵심 요소인 종적·횡적 데이터통신, 정보보안 및 상호운용성, 새로운 생산시스템 및 요소 기술, 지능화 장비 및 설비의 개방성, 유연성 및 민첩성을 보장하는 새로운 통합기업업무시스템이 기업의 내부 및 외부 고객과 소통하는 스마트공장으로 개념이 수립되는 것을 목표로 한다.

스마트공장을 통하여 공급자 및 생산자에게는 개방성, 생산성, 유연성, 분업화, 인간 중심의 작업 환경을 확보할 수 있고, 고객에게는 제품 자체의 만족과 제품과 연계된 서비스들을 통하여 최적의 만족감을 주게 되며, 정부에게는 산업 안전과 에너지 효율(탄소배출절감), 다양한 규제 등에 대한 해결수단을 제공할 수 있다.

또한 스마트공장은 시시각각 변하는 내부 및 외부 환경에 대해 생산자원[4M1E(작업자, 기계설비, 재료, 방법, 에너지)]의 정보를 실시간으로 현장에서 취합하여, 최고 경영자에게는 최상의 의사결정을 위한 실시간 정보를 제공하고, 고객에게는 주문된 생산 제품에 대한 납기 정보를 제공하며, 공장 관리자에게는 현장의 상태 정보를 실시간으로 제공한다.

이렇게 실시간으로 정보를 제공받은 최고 경영자, 고객, 공장 관리자는 공장 전체의 생산성 향상과 최적화 운영을 위한 피드백을 제공한다.

이러한 스마트공장의 운영은 가상공간과 물리적 세계의 결합인 가상현실융합시스템(Cyber Physical System) 구축을 통해 작업자와 기계가 서로 유기적으로 통합된 작업환경을 구현함으로써 생산방식을 개선하고 생산효율성을 극대화하여 궁극적으로 제조업 경쟁력을 높이는 방향으로 나아가게 된다. 모든 기기들이 인터넷으로 연결돼 서로 자율적으로 커뮤니케이션하고 네트워크화 된 환경이 기존의 공장운영방식에 일대 변화를 일으켜 지능형 생산시스템이 가능하게 된다.

## 3.2 스마트공장 안전성 해결과제

지능화된 스마트공장은 자동화공장과는 분명히 구별되어야 할 것이다. 스마트공장이 구현되기 위해서는 공장자동화는 필수적인 사항이나 사람의 노동력을 대체하는 공장자동화는 스마트공장의 필요조건일 뿐 충분조건은 아니다.

공장 내 모든 기기와 장비가 인터넷으로 연결되어 각각의 자산으로부터 데이터를 수집하고 분석이 가능하도록 하여야 한다. 이는 스마트공장의 가동상태를 실시간으로 점검하고 원격모니터링을 통해 장비효율 및 안정성을 극대화하며 기계고장이나 제품의 불량 가능성을 사전에 예측함으로써 비용절감과 생산성제고를 통제조업의 경쟁력을 강화하는 것이다.

이를 위해서 단순히 기계나 설비의 하드웨어와 이를 구동하는 소프트웨어뿐만 아니라 네트워크화 된 시스템에서 수집된 데이터를 분석해 이상징후를 사전에 파악, 예지보전을 실행하는 등 설비의 다운타임(Downtime)을 줄이고 재고 및 주문량에 따라 생산스케줄을 유연하게 조정하는 등 생산 최적화를 위한 의사결정을 자율적으로 내릴 수 있어야 한다.

결국 스마트공장의 핵심은 디지털솔루션의 실현을 통해 데이터에 기반한 의사결정을 내릴 수 있는 공장운영시스템을 구축하는 것이 중요하므로 각 공장 자동화설비를 하나로 연결하기 위한 통합작업이 중요하게 된다.

이러한 스마트공장을 구현하기 위한 핵심기술은 다음과 같다.

- 네트워크화 된 센서
- 정보통신기술 인프라
- 데이터 상호운용성
- 새로운 생산시스템
- 지능화된 자동화
- 확장형/다층형 사이버보안 등

그러나 스마트공장이 적절하고 효과적으로 구현되기 위해서 다음과 같은 사항에 대하여 조속한 문제해결이 필요하며 아래내용 중 일부는 어느 정도 해결이 되고 있기도

하다.

### 1) 기술적 측면

스마트공장의 현실적 장애요인 중 기술적 측면에서의 문제점은 관련된 자료 등이 시중에 많이 나와 있고 이를 개선하기 위한 노력이 정부차원에서 많이 이루어지고 있으나, 스마트공장의 구조는 공장 내 설비, 생산시스템, 기업업무시스템 등의 자동화 및 지능화와 공급망 및 고객의 요구에 맞춰 제품 가치사슬을 유연하게 적용하여 투입, 산출 및 공급의 최적화를 달성하기 위해 정보통신기술을 종적, 횡적으로 공장 내부와 외부가 상호 연결되어야 하는 복잡성을 가지고 있다.

이러한 스마트공장의 특성을 고려해볼 때 스마트공장은 설비 및 생산시스템의 지능화와 여기서 발생하는 데이터 및 산업용 통신기술의 호환성이 필요하고 지능형 소자 및 장치에서 받은 데이터의 추출, 분석 및 가공을 하여 기업업무시스템과 상호 소통하기 위한 플랫폼, 데이터 구조 및 인터페이스의 기능 전개도 필요하다.

또한 스마트공장 외부의 공급망 및 고객의 요구를 받아 공장 내부의 상부 구조는 하부 구조로 전송하여 유연하게 생산할 수 있어야 하고 제품을 개발하고 전달해야 하는 구체적인 시스템을 구축 활용하여야 많은 투자자금이 필요한 스마트공장이 성공할 수 있다.

데이터의 처리 및 저장을 위한 네트워크, 통신프로토콜, 서비스플랫폼 및 백업 등의 저장장치의 보안 및 정보 보호 등도 해결해야 할 과제이다.

### 2) 산업안전측면

4차 산업혁명에 따라 구축되는 스마트공장은 작업자가 설비를 직접 작동시키는 방식의 작업이 아니므로 작업자가 설비나 취급물질에 직접 접촉하지 않으므로 안전한 공장으로 생각할 수 있으나, 스마트공장의 산업안전을 확보하기 위한 제어시스템의 불확실성과 제어부품을 포함한 제어시스템 등 여러 오류로 인한 안전 위협이 발생할 수 있기 때문에 이러한 부분에 대한 스마트공장의 안전을 확보할 수 있는 방안을 모색해야 한다. 즉 사람과 기계 및 설비(혹은 로봇)에 있어서 측정 ICT 센서의 오류 등으로 비롯되는 제어의 불확실성 오류를 검출·예방·보전할 방법을 모색할 필요가 있다.

특별히 4차 산업시대 공장자동화를 넘어서 스마트공장을 도입 및 구축하고 있음에도 불구하고 일반 제어시스템과 안전 제어시스템을 혼용하여 사용하고 있어 근본적인 안전사고를 예방하기 위한 대책이 이루어져야 한다.

실제로 스마트공장은 그 복잡도와 불확실성이 크기 때문에 작업 중 예상치 못한 문제가 발생할 가능성이 높으며 이는 제조 공정 중단이나 오작동, 안전사고, 기업의 중요 정보 유출 등의 기업경영에 미치는 영향이 크질 수 있다.

- 제조업의 자동제어시스템에 IoT, CPS, 스마트 센서, 3D 프린팅, 빅데이터, 클라우드 컴퓨팅 등 첨단기술을 적용한 시스템 오류 발생 가능
- 데이터 송/수신의 오류나 이상전송에 따른 설비 오작동
- 설비, 장비 및 자동화 기계 등 상호 연관된 안전규격이나 규정의 미흡한 상태에서 제조된 생산설비 운영 시 발생하는 오작동
- 인간과 로봇 간의 충돌 등과 같은 안전사고들(인간과 기계설비가 혼용되어 운영하는 경우에 필요한 표준 안전운전 없는 작업장 환경 다수)

또한 장비마다, 자동화설비마다 사용하는 프로그램언어가 다르고 이들이 제작 및 설치된 시기에 따라 연결장치나 구동시스템도 다르기 때문에 기존장비와 최신장비의 원활한 연동이 쉽지 아니하므로 관련시스템을 디지털로 연결하는 인터페이스와 엔지니어링 프레임워크에 대한 각별한 주의를 기해야 한다.

특별히 스마트공장을 구축함에 있어 안전과 관련된 시스템 설계, 검정되고 안전이 확보된 부품의 사용, 안전제어시스템의 구축, 변경요인 발생에 대한 변경관리방안, 시스템 유지보수 관리방안, 시스템 구축 후 가동 전 점검방안, 시스템의 안전한 가동을 위한 근로자 안전보건교육, 정상상태 및 비정상상태를 포함한 안전운전지침 등 스마트공장의 안전을 확보하기 위한 기술과 안전제어시스템에 대한 수명관리를 위한 기술의 적용이 반드시 필요하다.

### 3) 인프라 측면

스마트공장 구현을 위해서는 앞에서 제시한 바와 같이 기본적으로 제조현장인 공장 내 운영시스템을 수직적 통합과 수평적 통합을 동시에 적용할 수 있도록 자동화와 지능화가 이루어져야 한다. 다시 말하면 기업의 최고경영자부터 중간관리자 및 생산 현장에 이르기까지 의사결정과 실행의 모든 단계가 긴밀하게 유기적으로 연결되어야 하며, 하나의 제품 기획을 위한 연구개발, 원재료구입, 생산 마케팅, 유통, 사후서비스 등 전체적인 가치사슬 단계에 관련된 모든 업무가 유기적으로 연결되어야 한다는 것

을 의미한다.

이를 위해서 생산현장을 포함한 전체조직이 디지털전략을 실행할 수 있는 역량을 구축해야 한다. 자동화설비와 관련된 전문지식과 이들을 제어하기 위한 제어기술을 포함한 하드웨어 및 소프트웨어 전문성을 갖춘 새로운 기술인력을 발굴하고 육성하여야 한다. 동시에 인재양성이 효과적으로 이루어질 수 있도록 사람을 조직하고 동기부여할 수 있게끔 조직개편이 이루어지는 것이 바람직하다.

또한 분산 전원 등 스마트 그리드 네트워크 정착과 2차 에너지 시장 개방, 사회 전반의 사물인터넷의 확산 등이 이루어져 스마트공장 관련 산업이 동시에 발전되도록 국가적 차원의 지원과 동기유발이 필요하다.

## 3.3 스마트공장 재해예방 기술

### 3.3.1 스마트공장 위험요인

스마트공장은 디지털 제어로 IoT, 기계간 통신, 기계와 인간과의 인터페이스, 스마트머신의 구조와 환경으로 인한 산업안전관련 위험요인을 발생시킬 수 있다.

스마트공장의 수준에 따라 결정되기는 하지만 중간 2단계 수준 이상인 경우에는 수많은 설비 센서가 설치되어야 하며, 실시간 부품 위치를 추적해야 하고, 데이터 수집 및 실시간 분석을 거친 뒤, 공정 자동화를 진행해야 하므로 스마트공장의 수준이 향상됨에 따라 더욱 다양한 형태의 산업안전관련 위험요인을 발생시키게 된다.

스마트공장을 구축함에 있어서 산업안전과 관련하여 예상되는 위험요인은 크게 기술적 위험, 관리적 위험, 인적 위험의 세 가지로 분류된다.

#### 1) 기술적 요인

기술적 위험은 스마트머신의 안전관련 국제규격 미준수 등으로 인한 운영, 보호대책 미흡, 제어관련부품의 오작동, 시험 대처 실패 시 발생할 수 있는 위험을 말하며, 스마트공장을 위한 위험성평가의 미흡은 산업재해에 대한 새로운 문제를 발생시킬 수 있다.

스마트공장에 대한 위험성평가 미흡은 스마트공장 구축에 따른 유해・위험요인을 누락시켜서 스마트공장을 구축하여 4차 산업혁명 시대의 기업의 새로운 성장동력을 구축하려는 기업으로 하여금 돌이킬 수 없는 치명적인 결과를 가져올 수 있다.

기술적 위험 중에서 하드웨어와 소프트웨어를 기반으로 스마트공장을 구현했을 경우 발생할 수 있는 위험요인은 다음과 같이 예상해 볼 수 있다.

- 하드웨어 자체의 결함, 사용기한 이전에 발생하는 고장, 미세먼지/공기오염에 따른 하드웨어 불량, 가스(Gas)나 화학물질에 반응하여 생기는 오작동 및 부식
- 소프트웨어의 자체 결함, 해킹에 따른 프로그램 변형, 프로그램 관리·감독 소홀에 따른 설비 오작동, 신호 왜곡·외란에 따른 데이터 손실 및 데이터 변형
- 안전관련 제어시스템의 아키텍처(Architecture) 부적합으로 인한 안전제어시스템의 기능 상실이나 고장에 의한 시스템의 위험한 고장의 발생

### 2) 관리적 요인

관리적 위험은 안전 인증 관리 체계성 부족으로 발생하는 내부·외부 위험으로 산업재해를 발생시킬 수 있다.

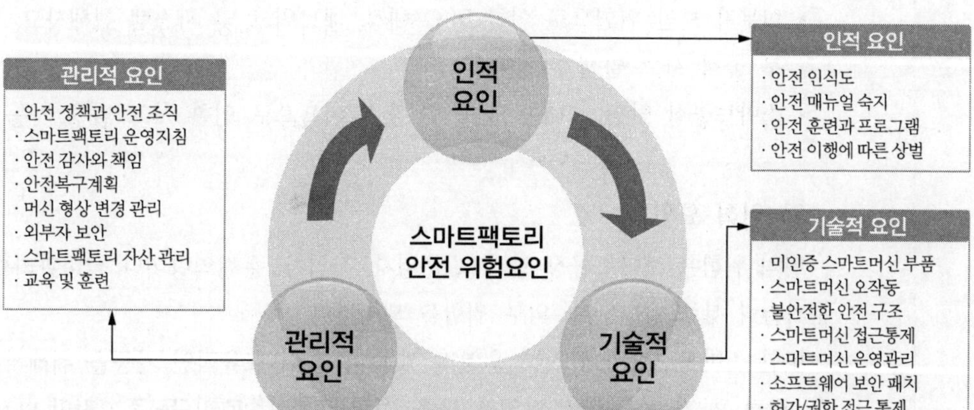


**▌그림 1-10 스마트공장 자체 위험요인**

스마트공장 구축·운영에 적합한 안전 정책과 안전 조직 관리 소홀로 인하여 사고 또는 고장 발생 시 피해최소화 및 비상대응이 쉽지 않아 피해를 키울 수 있다.

스마트공장 구축 계획은 사용 제조업체와 공급업체가 경제적, 기술적 협의를 통하여 계획을 수립하고 추진하지만 실제로 스마트공장의 구축 기술에 대한 많은 부분은 공급업체(솔루션업체라고도 지칭함)가 소유함으로 스마트공장 구축 후 사용 제조업체

의 정상적이고 안전한 운전을 위해서는 스마트공장 운영지침이 필수적이나 이러한 스마트공장 운영지침[5] 미준수로 인한 사고 발생 가능성이 높고, 사고 발생 시 즉각 대응이 어려워 피해 확산이 가능하다.

- 스마트공장 구축에 따른 외부 기술도입으로 공정 이상이 발생한 경우 전문가 도착 전까지 작업자들의 정상가동과 비정상가동에 따른 운전지침 미준수로 인한 사고 발생 가능(기업의 지속 가능성에 영향을 미칠 수 있는 대형사고로 연결될 수 있음)
- 스마트공장 구축에 따라 설비 및 시스템 구현 시 최초 시운전에 따른 사고 발생 위험
- 안전 점검 및 검사, 주기적 감사, 관리책임 미흡으로 인한 사고 발생 가능
- 제품 및 공정변경 시 하드웨어 및 소프트웨어를 포함한 전체 스마트공장 변경사항 발생에 따른 변경 관리가 사전에 절차나 지침에 의하여 이루어지지 않아 발생할 수 있는 사고
- 외부자 보안 위협으로 인한 PLC 해킹, 네트워크 및 시스템 침해사고, 서비스 거부 공격 사고 발생 가능
- 스마트공장 안전에 대한 교육 및 훈련 미흡으로 인한 사고 발생 가능

### 3) 인적 요인

인적 위험은 스마트공장 관리자, 운영자, 작업자, 운전역량이나 설비관리를 위한 전문기술력 부족 등 내부·외부 위험을 의미한다.

또한 스마트공장의 안전한 운영과 제조시스템의 효율적인 가동을 위해서는 변경관리, 변경 후 가동전 점검, 작업자 교육, 설비 유지보수관리 등 주기적인 안전수명관리를 위한 매뉴얼과 절차서를 적절히 수립하고 이를 잘 이행하여야 한다.

특히 인적 위험 중 내·외부 인력에 의한 기술 유출은 내부자에 의한 핵심 기술 유출, 협력업체 종사자에 의한 기술 유출 등의 사고 등도 결코 간과할 수 없는 위험이 될 것이다.

5) 1980～1990년대 독일에서 컴퓨터 통합생산(CIM)을 도입하였으나 인간을 배제한 무인화하여 결국 현장 인력들의 반발, 이상상황에의 대처 곤란, 유연성의 부족 때문에 많은 어려움을 겪은 사례가 있음.

### 4) 기타 보안관련 위험요인

복잡하고 정밀한 제어시스템은 해커의 악의적인 공격으로 인해 일부 설비만 오작동하더라도 공장의 안전 및 제품 품질에 큰 피해를 입거나 잘못된 오작동으로 인해 인명과 재산상의 피해가 발생할 수 있다.

이러한 문제를 해결하기 위해 미국에서는 스마트공장 관련 침해사고 대응 기관이 설립되어 활동 중이며, 국내에서도 스마트공장 추진단에서 보안 관련 작업이 진행 중이다.

이러한 IoT 기반 스마트공장 환경 하에서 관리되어야 할 보안 위험요소는 다음과 같은 4가지 유형으로 분류될 수 있는데 이에 대한 사항은 본서의 영역이 아니므로 예상 위험만을 제시해 본다.

- 해커에 의한 디바이스 데이터의 무결성 훼손
- IoT 통신환경에서의 네트워크 공격
- 기기와 사용자의 인증 우회
- 애플리케이션(Application)영역의 데이터 조작 및 무결성 훼손을 통한 공격

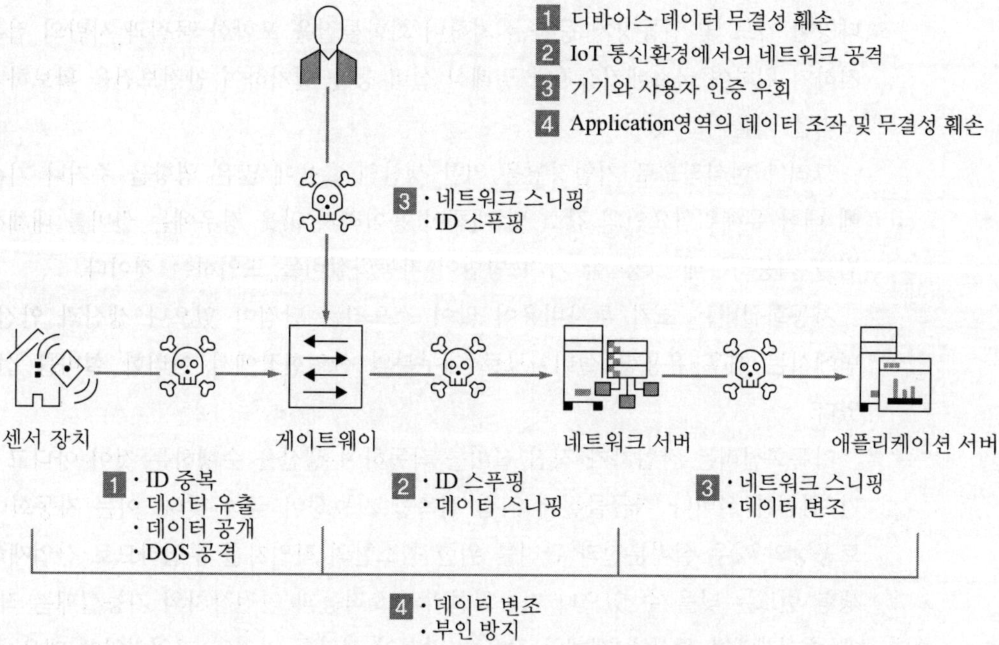


**▮그림 1-11 스마트공장 보안관련 위험요인**

### 3.3.2 스마트공장 안전기술

#### 1) 안전성능수준을 확보하기 위한 기술

위험에 대한 정의를 내릴 때 전문가마다 주장하는 정의는 다소 차이가 있을 수 있으나 가장 합리적이고 학술적인 의미는 에너지의 이탈이라고 할 수 있을 것이다. 이러한 의미에서 본다면 산업현장에서 발생하는 산업재해는 재해의 전조현상인 사고에 의하여 기인하는 것이고 사고는 사람과 에너지 또는 사람과 물질과의 접촉을 의미한다. 여기서 에너지라 함은 모든 기계적, 전기적, 화학적 에너지를 포함한 물리적 에너지를 포함하며 이러한 에너지는 작동이나 운동이 이루어지는 지점이나 시간에 발생하게 된다. 일단 사고가 발생하면 그 결과로써 재해가 발생하는 것이므로 재해를 예방하기 위해서는 사고를 예방하는 것이 매우 현실적인 방법일 것이다.

이를 위하여 산업현장에서는 위험성평가를 통하여 발생 가능한 모든 유해위험요인을 추론하고 유해위험요인이 사고를 발생시키지 않도록 하기 위한 대책을 수립하는 일련의 안전보건활동을 하고 있다. 보다 구체적으로 방법을 제시하면 산업재해를 예방하기 위하여 유해위험기계 등에 대해서 산업안전보건법이 정하는 안전장치를 설치하여야 하고 모든 산업기계에서 발생하는 위험점에는 특정 위험을 위한 안전장치나 다양한 가드 및 연동장치 등을 설치하며 화학물질을 포함한 물질과 사람의 접촉을 방지하기 위하여 국소배기장치나 밀폐식 설비 등을 설치하여 안전보건을 확보하기 위한 노력을 기울이고 있다.

그러나 현실적으로 기업경영을 위한 생산의 효율에 많은 영향을 주거나 기존 설비에 대한 유해위험요인의 감소 및 대책이 용이하지 않을 경우에는 설비를 대체하는 방법을 적용하는데 그중 한 가지 방법이 자동화설비를 도입하는 것이다.

자동화설비는 초기 투자비용이 많이 소요되는 단점이 있으나 생산과 안전보건측면에서는 매우 유용한 설비이므로 대부분의 산업현장에서 이러한 설비를 선호하고 있다.

자동화설비는 작업자가 직접 설비를 작동하여 생산을 수행하는 것이 아니고 작업자가 위험한 설비나 취급물질에 직접 접촉할 가능성이 극히 낮다. 이는 자동화나 스마트공장의 경우 설비운전과 관리를 위한 최소한의 작업자를 투입하므로 산업재해가 발생할 빈도는 낮을 수 있으나 자동화설비의 오작동과 안전장치의 기능실패는 작업자에게 중대재해나 중상해 재해와 같은 치명적인 결과를 가져와 기업경영에 매우 큰 손실을 미치고 그 결과 기업의 지속가능성장을 불가능하게 만들 수도 있게 된다.

그럼에도 불구하고 대부분의 산업현장에서는 여건이 허락한다면 자동화설비를 도입하고자 하고 있으며 디지털기술과의 융합을 통하여 스마트공장으로 변신을 꿈꾸고 있는 것이 현실이고 장기적인 기업경영측면에서 스마트공장은 매우 바람직한 혁신적인 제조방법일 것이다.

자동화설비의 경우에도 자동화설비에서 발생하는 에너지를 적절히 통제하여 사람과 설비, 사람과 물질의 접촉을 제거하기 위한 안전보건 대책이 필요하게 된다. 이러한 공장자동화 기반의 제조 현장에서는 안전보건을 확보하기 위하여 사람을 기계 및 설비 간의 격리를 통해 접근을 막아서 사고를 예방하여 안전을 확보하였다. 기계가 작동하는 부분, 즉 위험지역에는 작업자의 접근을 막기 위하여 안전펜스를 설치하고 재료와 제품의 공급과 취출을 컨베이어나 셔틀머신 등을 설치하여 작업하는 경우가 많다.

최근 디지털기술의 발달로 기존의 자동화설비를 활용한 디지털기술의 융합은 스마트공장을 탄생시켰으므로 사람과 기계 및 설비(혹은 로봇)가 동시에 혼용되어 작업할 수 있는 스마트공장에서도 안전하게 작업이 가능하도록 관리되어야 한다.

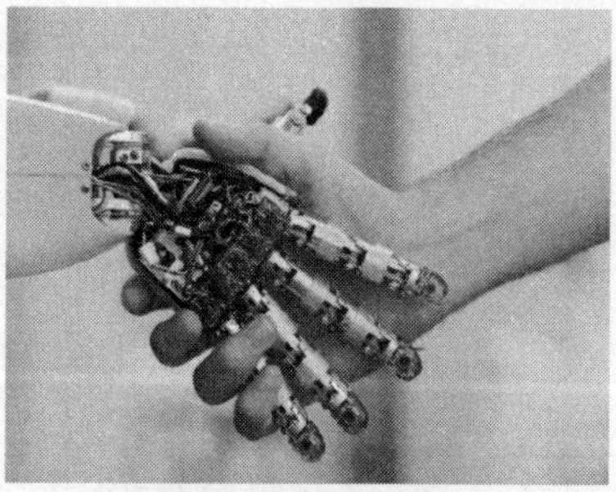


▌그림 1-12 자동화공장과 스마트공장의 차이

자동화설비와 스마트공장은 대부분 제어시스템에 의하여 기계나 설비가 작동하므로 특정작업 수행 시 작업자가 위험에 노출될 가능성이 있을 경우, 사전에 센서에 의하여 감지가 되면 자동화설비나 기계는 작업자에게 유해가 가해지지 않는 방향으로 작동될 수 있도록 안전제어시스템이 작동되도록 설치되어야 한다.

안전제어시스템은 센서로부터 제어로직과 통신시스템을 통해서 최종 액추에이터까지(조작자인 사람이 하는 중요한 행위 포함) 연계된 안전기능을 실행하는데 필요한 시스템의 전 부분을 말한다. 다시 말하면 안전제어시스템은 센서에 의하여 감지가 되고 감지된 결과는 안전제어시스템의 로직에 전달되고, 전달된 입력신호는 로직에 의하여 필요한 출력신호를 생성하게 되고 생성된 출력신호에 의하여 액추에이터가 작동하는 제어 메커니즘으로 구성되어 있다.

일단 설비에 설치되고 나면 의도적이든 비의도적이든 외부의 추가적인 안전 무효화 행위가 없다면 안전기능의 본래의 목적을 영구적으로 실행할 수 있는 물리적인 방호조치인 가드와 달리, 센서와 같은 입력부, 제어를 담당하는 로직부, 제어명령에 따라 액추에이팅하는 출력부로 구성된 안전제어시스템은 시스템을 구성하는 부품인 하드웨어의 고장이나, 시스템의 고장 및 소프트웨어의 고장 등의 원인에 의하여 목적하는 안전기능을 다하지 못할 수 있다. 따라서 제어시스템에 의하여 운전되는 스마트공장의 안전제어시스템은 어떠한 경우에도 주어진 조건과 주어진 시간 내에 요구되는 안전기능을 만족스럽게 수행할 수 있는 안전에 대한 신뢰성을 확보하여야 하고 위험성평가 시에는 이러한 사항들에 대한 위험성평가가 추가로 이루어져, 안전제어시스템을 구성하는 모든 하드웨어 부품과 하드웨어부품들에 의하여 구성되는 시스템 및 시스템을 가동시키는 소프트웨어의 기능이 정상적이고 정확하게 작동되지 않는 위험한 고장이 발생하지 않도록 하여야 한다.

이와 같은 위험한 고장을 최소화하여 원하는 수준의 기능안전을 달성하기 위하여 안전제어시스템을 설계하는 기술기준이 필요하게 되는 것이다.

자동화설비를 포함한 스마트공장의 안전기능을 위하여 적용된 전체적인 안전시스템 중에서 자체적으로 요구되는 '허용 가능 리스크'를 달성하도록 설계된 것이 바로 안전제어시스템이다. 이를 국제표준에서는 전체적인 안전시스템 중 한부분인 기능안전(Functional Safety)이라 하는데 주요한 내용은 안전성능수준과 안전무결성으로 ISO 13849-1과 IEC 62061에서 구체적으로 제시되고 있다.

이들 ISO 13849-1과 IEC 62061은 일반적인 전기/전자 시스템에 관한 표준인 IEC 61508에서 파생된 기계장치를 위한 표준이지만 본서에서는 IEC 61508-3(소프트웨어 요구사항)을 제외한 전체 관련 표준을 검토하여 자동화설비를 포함한 스마트공장의 기계장치에 필요한 부분에 대하여 다른 기계안전관련 국제표준과 함께 기술하였다.

안전제어시스템은 센서로부터 제어로직과 통신시스템을 통해서 최종 액추에이터까지(조작자인 사람이 하는 중요한 행위 포함) 연계된 안전기능을 실행하는데 필요한 시스템의 전 부분을 말하는데 주로 전기/전자/프로그램 가능한 전자(E/E/PE) 기술로 주로 구현된다.

안전제어시스템은 점점 더 전기, 전자 또는 프로그램 가능한 전자장치 시스템에 의해 수행되고 있다. 이러한 시스템은 보통 복잡하고, 모든 고장모드를 완전하게 결정하거나 가능한 모든 행위를 시험하는 것을 현실적으로 불가능하게 만든다. 시험은 당연히 필수적으로 수행해야 하지만, 안전제어시스템의 성능을 예측하는 것은 현실적으로 어렵다.

따라서 안전제어시스템을 통하여 기능안전성 달성을 위해 도전한다는 것은 위험한 고장을 방지하거나, 고장이 발생할 때 그것을 제어하는 방식으로 시스템을 설계하면 될 것이다. 이러한 안전제어시스템이 원하는 사용조건과 사용시간 동안 안전기능을 충분히 달성할 수 있는 확률로 나타낼 수 있는데 이를 안전성능수준(PL, Performance Level) 또는 안전무결성(SIL, Safety Integrated Level)이라고 한다.

안전제어시스템이 설계자가 요구하는 안전성능수준(PL)이나 안전무결성수준(SIL)을 확보하기 위하여 최초 스마트공장을 계획하는 단계에서 적용하여야 하나 기존의 자동화설비를 활용하여 안전제어시스템을 구축할 경우에는 EUC(Equipment Under Control) 제어시스템에서 별도의 독립적인 시스템을 추가함으로써 안전기능을 구현하여 달성해도 된다. 또는 안전기능은 안전을 목적으로 하는 별도의 독립적인 시스템을 이용하여 구현해도 된다.

### 2) 안전수명주기 관리 기술

다른 하나의 스마트공장을 위한 안전 기술은 상기와 같이 구축된 스마트공장을 안전하게 수명 관리하는 방법을 구축하고 이러한 구축된 수명 관리 기술이 하나의 시스템으로 작동되어야 한다는 것이다.

보다 구체적으로 말하면 이러한 시스템적 관리 기술을 안전수명주기라고 하는데 프로젝트의 개념구상 단계부터 기능 안전관련 시스템, 기타 기술 안전관련 시스템, 외부 리스크 감소 설비 모두가 더 이상 이용할 수 없어 종결되는 기간까지 계속 발생하는 안전관련 시스템의 구현에 요구되는 필수적인 활동들을 말한다.

전체 안전수명주기는 주로 안전관련 시스템과 관계가 되어 있지만 기계적, 유압, 공압 시스템의 기술과 관계없이 모든 안전관련 시스템을 고려하여 기능안전성을 확보하는데 필요한 활동을 체계적으로 다루기 위한 기술적인 프레임워크로서 전체적 안전수명주기 모델을 이용한다.

이러한 안전수명주기 관리의 목적은 자동화설비나 스마트공장의 안전확보 기술과 안전제어시스템의 안전한 운영을 위한 안전수명주기(Safety life cycle)의 하나 이상의 단계에 대해 책임이 있는 사람들의 안전성 관리 책임을 규정하는 것이다.

안전수명주기 관리를 위하여 조직은 책임자를 지정하여 아래 사항을 관리하도록 하여야 하며 안전관련 활동 또는 안전수명주기에 대한 책임은 다른 전문가들에게 위임할 수 있으나 조정과 전체 기능안전성에 대한 책임은 충분한 관리 권한을 가진 사람들에게 있어야 한다.

- 시스템 및 그 수명주기 단계에서 수행하는 안전관련 활동의 조정
- 이들 단계와 타 조직에 의해 수행되는 다른 단계 사이의 인터페이스
- 기능안전성 평가의 조정 특히 기능안전성 평가들이 단계별로 서로 다른 경우 통신, 계획 및 문서화, 판단, 권고의 통합을 포함
- 기능안전성이 시스템의 목적 및 요구사항에 따라 달성 및 입증되고 있는지 확인

이를 위하여 특별히 기능안전과 관련된 안전제어시스템의 체계적이고 안전한 작업을 위하여 안전수명주기 각 단계에서 기능안전 관련 안전관리시스템을 구축하고 운영하기 위한 절차를 개발해야 하며 다음을 포함해야 한다.

- 공식적인 구성 제어가 실행되는 특정 단계에 대한 포인트
- 품목(하드웨어와 소프트웨어)의 모든 구성부품을 고유의 방식으로 확인하기 위해 사용되는 절차
- 허가받지 않은 품목이 사용되는 것을 방지하기 위한 절차
- 변경사항을 관리하기 위하여 안전제어시스템에 대한 변경 및 변경에 대한 승인과 권한에 관한 사항을 위한 절차
- 아래 사항을 포함하여 주기적인 기능안전성 심사에 대한 절차
  - 기능안전성 심사의 빈도
  - 심사를 수행하는 자들의 독립성 수준
  - 필요한 문서화와 후속 활동

# 4. 스마트공장 안전관련 국제표준

표준화(Standardization)란 일상적이고 반복적으로 일어나거나 일어날 수 있는 문제를 주어진 여건 하에서 최선의 상태로 해결하기 위한 일련의 활동으로 정의하고 있다.

이러한 활동에 필요한 합리적 기준이 바로 표준(Standards)을 의미하며, 표준은 합의에 의해 작성되고 인정된 기관에 의해 승인되며, 공통적이고 반복적인 사용을 위해 제공되는 규칙, 가이드 또는 특성을 제공하는 문서로 정의하고 있다. 또한, 이러한 표준은 과학·기술 및 경험에 대한 총괄적인 발견 사항들에 근거하여야 하며, 공동체 이익의 최적화 촉진을 목적으로 하는 것을 원칙으로 하고 있다.

흔히 표준은 엔지니어들의 전유물로 여겨지는데, 그것은 엔지니어들이 제품을 설계, 생산할 때 표준을 직접 이용하고 있고, 객관성과 상호이해를 위해 수식, 도면, 수치 등 엔지니어들에게 익숙한 방법으로 표현되었기 때문일 것이다.

그러나, 사실 표준은 우리생활과 매우 밀접한 관계를 가지고 있으면서 드러나지 않게 제 역할을 다하고 있다. 우리가 매일 사용하는 가전용품에서부터, 인터넷, 도로 표시판, 교통신호등, 책과 복사지의 사이즈 등 표준이 적용되지 않는 곳은 없다. 교통신호를 예를 들면, 만약 신호등의 신호표시 체계나 표시 색깔이 다르다면 어떻게 될까요? 아마도 이러한 상황은 상상도 할 수 없을 것이다.

우리는 안전과 편리성을 위해 신호등의 신호체계를 표준화하였다. 우리가 신호등에 의지해서 안전하게 운전을 하는 동안 표준은 제 역할을 묵묵히 하고 있는 것이다.

## 4.1 기계류 안전규격

2016년 기준으로 국제표준화기구(ISO)는 21,478종, 국제전기기술위원회(IEC)는 7,148종의 각각의 표준이 등록되어 있는데 그중 기계류 안전과 관련된 표준은 크게 3가지 범주로 나누어진다.

A규격(기본규격)은 기본개념, 설계원칙 및 기계류에 적용될 수 있는 일반측면을 제공하는 일반 안전규격이다. B규격(그룹규격)은 하나의 안전측면만 다루는 일반적인 안전규격과 광범위한 기계류에 적용될 수 있는 한 가지 유형의 안전기준이다. 예를 들면 안전거리, 표면온도, 소음 등과 같은 특정 안전측면에 대한 유형을 B1규격이라

하고 양수조작 제어장치, 인터록킹 장치, 압력감지장치 및 보호장치와 같은 방호장치에 대한 유형을 B2규격이라 한다. C규격(특정기계 타입을 위한 규격)은 특정 기계 또는 기계그룹에 대한 자세한 안전요구사항을 취급한다. C규격은 유형 A 또는 B규격에서 다루는 하나 이상의 기술규격에서 파생되었으며 유형 C가 A 또는 B에 우선한다.

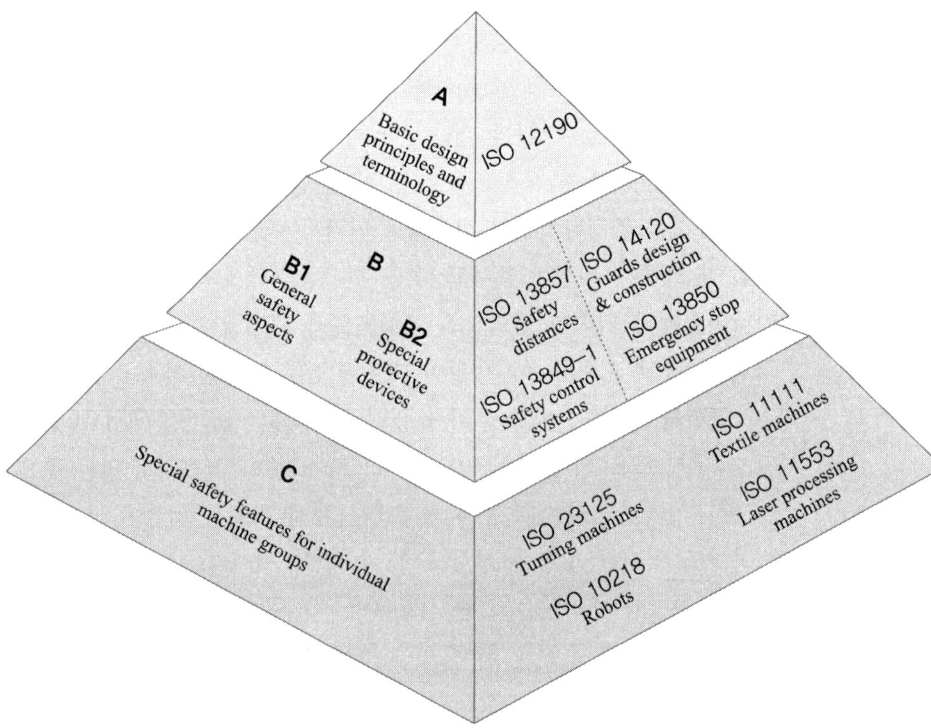


▮그림 1-13 ISO 분류 체계

### 1) A규격

스마트공장이나 자동화설비에 적용될 수 있는 안전제어시스템관련 국제 표준 및 기준은 ISO, IEC 시리즈 등이 있는데 A규격인 ISO 12100(2010)은 기계류 안전 - 일반적인 설계 원칙 - 위험 평가 및 위험 감소 등에 관한 기준이며, 기계류 및 플랜트 제어시스템의 안전관련 시스템과 안전관련부품에 대한 중요한 절차를 규정한다.

ISO 12100은 ISO 14121-1(2007) 및 ISO 12100-1&2의 내용을 포함하고 있는데 규격을 통하여 위험감소목표를 충족하는데 사용될 일반적인 원칙을 제시하였다. 일반적 원칙에는 기계수명 주기의 관련 각 단계 동안 발생되는 위험을 평가하기 위하여 기계류와 관련된 설계, 용도, 사건, 사고 및 위험요소의 지식 및 경험을 함께 포함하고 있다.

### 2) B규격

ISO 14120은 기계류 안전 - 가드 - 고정식 및 이동식 가드의 설계 및 구축에 관한 일반적인 요구사항을 나타내는데 이는 EN 953에 기반한 것이다. 가드의 설계 및 시공에서 고려해야 할 사항으로 기계적 관점, 인적 관점, 가드의 설계 및 시공 관점, 재료/강성/충격 요구사항, 봉쇄, 부식 저항, 미생물에 대한 내성, 무독성, 기계 관찰, 투명도, 정전기 특성, 전기 전도성 부품을 가지는 가드, 열적 안정성, 화재 및 인화성, 소음 및 진동 저감, 방사선 보호, 가드에 오르기, 고정장치 유지, 진동 저항, 경고 표지, 색상, 외관 등을 제시하였다.

ISO 13857은 기계류 안전 - 팔 및 다리가 위험 구역에 도달하지 않도록 보호하는 안전거리를 나타낸 것으로 팔을 기준으로 위험구역에 도달하지 않도록 적절한 안전거리를 확보하는데 사용된다. 안전거리에 대한 설명은 추가적인 목적 및 특수한 상황을 배제하고 위험지역에 도달하는 사람을 기준으로 제정되어 있다. 다만 사람이 위험요인영역에 접근하는 것을 방지하기 위한 안전거리를 결정하기 전에 고위험성 또는 저위험성에 관한 값을 사용할지 여부를 결정하는 것이 필요하다. 때문에 위험성평가가 수행되어야 한다.

ISO 14119는 기계류 안전 - 가드 관련 인터록킹 장치 - 설계 및 선택원칙에 대한 것이며, 가드와 관련된 연동장치의 설계와 선택에 대한 원칙을 규정한다. 연동장치에는 가드가 폐쇄된 여부를 검출하고, 폐쇄된 위치에 있지 않을 때 정지명령을 발생시키는 가드위치 감시기능이 있다.

또한 연동장치를 다른 기능의 제어, 예를 들어 접근이 가능하기 전에 위험한 기계기능에 브레이크를 거는 기능을 제어할 때도 쓰인다. 일부 연동장치에서는 위험한 기계기능이 나타나는 동안 가드를 잠금상태로 유지시키는 가드잠금기능이 있다. 가드잠금장치 상태감시 기능은 가드잠금장치가 결합되거나 해제되고 적절한 출력신호를 발생시키는지 감시하는 기능이다.

ISO 14122는 기계류 안전 - 기계설비에 대한 영구적 접근수단에 관한 것이며, 안전하고 편리한 접근수단은 기계의 사용 수명 동안에 접근의 필요성이 있는 예측되는 모든 곳에 제공되어야 하나 직접 접근수단이 불가할 경우 발판 사다리나 사다리를 선택하는 것을 고려할 수 있다고 제시되어 있다. 또한 기계장치나 부품을 조정하기 위해서는 언제나 지면이나 바닥으로부터 직접 접근이 가능하여야 한다.

ISO 13851은 양수조작 제어장치의 기능적 측면과 설계 및 선택에 대한 요구사항 및 지침에 대한 내용이다. 양수제어장치의 안전기능 달성을 위한 주요 특성 및 세 가지 기능상 특성의 조합에 대해 규정하고 있으며, 이 규격은 양수제어장치의 설계 및 선택, 평가, 해제 방지 및 결함 회피에 대한 요구조건과 지침을 규정하고 프로그램 가능한 전자장치를 내포하는 양수제어장치에 대한 요구조건과 지침도 규정한다.

ISO 13854는 기계안전 - 인체 부분의 협착을 방지하기 위한 최소 틈새에 대한 것으로써 이 규격은 기계 설계자나 일반 제작자 등 기계 사용자에 대해 협착으로 인한 신체 손상을 방지하기 위한 것이다. 이 규격은 신체에 관련된 최소 틈새에 적절한 안전성을 이룰 수 있는 방법을 명시하였다.

ISO 13855는 설계자가 특정 안전장치의 위험 부위로부터 최소 안전거리를 계산하기 위한 방법을 제공하고 있다.

IEC 60204는 기계류의 배선 및 전기장비의 안전관련 측면에 대한 일반 및 구체적 권장사항을 포함하고 있다. 기계의 위험성평가를 실시하여 전기 장비에 대한 위험을 파악하고, 기계와 그 장비의 수용 가능한 정도의 성능을 유지할 때까지 수용할 수 있는 위험 등급, 사람을 보호하기 위하여 필요한 보호수단을 결정한다.

ISO 13856은 기계류 안전 - 압력감지 보호장치에 관한 것으로 이 표준은 일반적으로 위험한 기계로부터 사람을 보호가기 위해 발로 구동되는 장치인 압력감지매트와 압력방지바닥의 설계와 시험에 대한 일반원리를 수립하고 요구사항에 대해 규정하고 있다. 또한 성능, 표시 및 문서화에 대한 최소 안전요구사항을 규정하고 있다. 이 표준은 사용되는 에너지의 종류와는 관계없이 사람의 무게를 감지하기 위해 설계된 압력감지매트와 압력감지바닥에 적용된다.

ISO 14118은 기계류 안전 - 예기치 않은 시동의 방지에 관한 것으로 이 표준은 기계의 예기치 않은 시동을 방지하여 작업자가 위험지역에 안전하게 출입할 수 있도록 설계하는 방법을 제공하며, ISO 13850은 비상정지에 대한 설계원칙과 요구사항을 제공하고 있다.

### 3) C규격

ISO 10218-1은 산업용 로봇에 관한 제품규격이며, ISO TS 15066은 협동 로봇 안전작업에 대한 안전요구사항이다.

그 외에도 아래 표에서 보여주는 바와 같이 안전관련 다수의 국제표준규격이 있으며 이들 중 스마트공장과 관련된 규격에 대한 상세한 내용은 본서를 구성하는 중요한 자료로 활용되었으므로 학습을 통한 습득이 가능할 것이다.

표 1-4 기계안전관련 국제규격

| 규격타입 | 코드용도 | 코드번호 | 제목 |
|---|---|---|---|
| Type A | 위험성평가 | ISO 12100 | • General principles for design<br>• Risk assesment and risk reduction |
| | 위험성평가 | ISO 14121 | • Risk assessment<br>• Part 1 : Principles |
| Type B | 통합 제조시스템 | ISO 11161 | • Integrated manufacturing systems<br>• Basic requirements |
| | 가드 | ISO 14120 | • Guards<br>• General requirements for the design and construction of fixed and movable guards |
| | 틈 간격 | ISO 13854 | • Minimum gaps to avoid crushing of parts of the human body |
| | 안전거리<br>광전자식방호장치 | ISO 13855 | • Positioning of safeguards with respect to the approach speeds of parts of the human body |
| | 안전거리 | ISO 13857 | • Safety distances to prevent hazard zones being reached by upper and lower limbs |
| | 비상정지 | ISO 13850 | • Emergency stop function<br>• Principles for design |
| | 양수버튼 | ISO 13851 | • Two-hand control devices<br>• Functional aspects and design principles |
| | 인터록스위치 | ISO 14119 | • Interlocking devices associated with guards<br>• Principles for design and selection |
| | 전기안전 | IEC 60204-1 | • Electrical equipment of machines<br>• Part 1 : General requirements |
| | 제어안전 | IEC 62061 | • Functional safety of safety-related electrical, electronic and programmable electronic control systems |
| | 제어안전 | ISO 13849-1 | • Safety-related parts of control systems<br>• Part 1 : General principles for design |
| | 유압 | ISO 4413 | • Hydraulic fluid power<br>• General rules and safety requirements for systems and their components |
| | 공압 | ISO 4414 | • Pneumatic fluid power<br>• General rules and safety requirements for systems and their components |

| 규격타입 | 코드용도 | 코드번호 | 제목 |
|---|---|---|---|
| | 경고표시 | IEC 61310-1 | • Indication, marking and actuation<br>• Part 1 : Requirements for visual, acoustic and tactile signals |
| | 경고표시 | IEC 61310-2 | • Indication, marking and actuation<br>• Part 2 : Requirements for marking |
| | 경고표시 | IEC 61310-3 | • Indication, marking and actuation<br>• Part 3 : Requirements for the location and operation of actuators |
| Type C | 성형기계 | EN 201 | • Plastics and rubber machines<br>• Injection moulding machines<br>• Safety requirements |
| | 기계프레스 | EN 692 | • Machine tools. Mechanical presses. Safety |
| | 유압프레스 | EN 693 | • Machine tools. Safety. Hydraulic Presses |
| | 산업용 로봇 | ISO 10218-1 | • Safety requirements for industrial robots<br>• Part 1 : Robots |
| | 산업용 로봇 | ISO 10218-2 | • Safety requirements for industrial robots<br>• Part 2 : Robots systems and integration |
| | 협동 로봇 | ISO TS 15066 | • Robots and robotic devices<br>• Collaborative robots |

## 4.2 기계류 지침

기계류 지침(2006/42/EC)은 유럽공동시장에서 유통되는 기계류가 충족해야 하는 안전요건을 규정하기 위해 모든 EU 회원국이 채택한 지침이다. 이 지침의 목적은 모든 EU 회원국에서 기계류에 동일한 안전요건을 적용하게 하는 것으로 EEC 지침 89/392/EEC에 따라 1989년에 처음 채택되었다. 그 후 유럽의회 및 이사회 지침 2006/42/EC는 2009년 12월 29일부터 시행되었다. 따라서 기계류 지침은 유럽연합 내에서 법적효력을 가지며, 규격준수를 통하여 기계류 지침 준수 사실을 입증할 수 있다.

▌그림 1-14 기계류 지침의 구성

기계류 지침은 개요, CE 마크 절차, CE 마킹, 최종공급을 위한 4개의 파트와 필수 안전보건사항을 포함하여 12가지 부속서로 구성되어 있다.

### 4.2.1 기계류 지침 적용 대상

기계류 지침에 적용을 받는 것은 기계류, 교환 가능한 장비, 안전 구성품, 승강장비 부속품, 체인, 로프 및 망, 제거 가능한 기계식 동력전달 장치, 부분품 기계류 등이 해당된다.

### 1) 기계류

기계류에 대한 정의를 보면 "인간이나 동물의 힘이 직접 가해지지 않는 구동장치에 장착되거나 장착되도록 설계되고 최소 하나 이상 부품이 이동되며 특정 용도를 위해 서로 연결되는 연결부품 또는 구성품으로 구성된 조립체"로 정의되고 있다.

구체적으로 기계류에는 기계, 기계류 조립체, 운송수단에 장착되는 기계류, 기계라인, 수동 승강설비 등이 해당된다.

- 기계류 조립체는 배선 또는 파이프 연결부품이 없는 기계, 즉 펌프 같이 현장 또는 에너지원 및 운동부에 연결하기 위한 부속품이 없는 조립체를 말한다.
- 운송수단에 장착되는 기계류는 운송수단에 장착되거나 건물 또는 구조물에 설치된 경우에만 독립적으로 설치 및 작동이 가능한 조립체를 말하는 것으로 차량용 크레인 또는 테일 리프트(Tail Lift), 전동문 등이 있다.
- 기계라인은 기계류 조립체, 운송수단, 및 기계류에 명시된 기계류 조립체 또는 동일한 목적을 달성하기 위해서는 하나로 조립해야 정상 작동하도록 배열 및 제어되는 부분품 기계류를 말한다.
- 수동 승강장비는 "최소 하나 이상이 이동하고, 화물승강을 위하여 서로 연결되고 유일한 동력원이 인간이 직접가하는 힘이고, 하나로 조합되어야 정상작동하는 여러 연결 부품 또는 구성품으로 구성된 조립체"를 말한다.

▌그림 1-15 수동 호이스트

▌그림 1-16 교체 가능한 장비의 예

### 2) 교체 가능한 장비

교체 가능한 장비란 "기계류 또는 트랙터의 서비스 개시 후 기능 변경 또는 새 기능 추가를 위해 작업자가 해당 기계류 또는 트랙터에 직접 조립하는 장치"를 말하며 공구는 제외한다.

### 3) 안전 구성품

안전 구성품은 안전기능을 수행하는데 사용되고, 개별적으로 시장에 출시되며, 고장 또는 오작동이 인간의 안전을 위협할 수 있고, 기계류 작동에 꼭 필요하지 않거나 기계류 작동을 위해 다른 일반 부품으로 교체 가능한 구성품을 말한다.

### 4) 승강장비 부속품

승강장비 부속품은 승강기계에 부착되지 않고 화물을 잡을 수 있도록 기계와 화물 사이나 화물자체에 설치되거나 화물의 일부가 되도록 설계되고, 개별적으로 출시되는 구성품 또는 장비, 슬링과 그 구성품 등을 말한다.

### 5) 체인, 로프 및 망

체인, 로프 및 망은 승강목적의 승강기계 또는 승강장비 부속품으로 설계 및 제작된 체인, 밧줄 및 띠를 말한다.

### 6) 제거 가능한 기계식 동력전달 장치

제거 가능한 기계식 동력전달 장치는 자체 추진 기계류 또는 트랙터와 다른 기계를 1단 고정 베어링으로 연결하여 동력을 전달하는 제거 가능한 구성품을 말하며 방호물이 포함되어 출시되는 경우 하나의 제품으로 간주해야 한다.

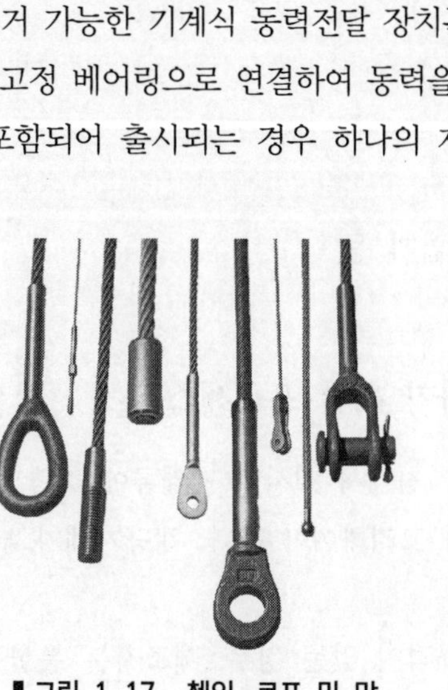

▌그림 1-17 체인, 로프 및 망

▌그림 1-18 제거 가능한 기계식 동력장치

### 7) 부분품 기계류

부분품 기계류(Partly Completed Machinery)란 유압발생장치와 로봇과 같이 기계와 유사하지만 특정 기능을 스스로 수행할 목적을 갖지 못하는 조립체를 말한다. 예를 들어 구동장치(Drive System)가 부분품 기계류에 해당한다. 부분품 기계류는 다른 기계류 또는 다른 부분품 기계류나 장비에 편입되거나 조립해서 사용해야 하므로 그것 때문에 본 지침이 적용되는 기계의 일부가 된다.

### 8) 기계류에서 제외되는 기계

기계류에서 제외되는 기계는 다음과 같다.

- 운송수단(농림용 트랙터, 기타지침이 적용하는 자동차 경주용 자동차 등)
- 공중, 수상 및 해상 구조물
- 해양 선박 및 해양 구조물
- 군용 또는 경찰용으로 특수 설계 및 제작된 기계류
- 연구실에서 일시적으로 사용하기 위해 연구용으로 특수 설계 및 제작된 기계류
- 광산용 권선 기어
- 예술공연 중 공연자를 이동시키기 위한 기계류
- 소형화기를 포함한 무기
- LVD 지침이 적용되는 전기 및 전자제품
- 가정에서 사용되는 가전제품
- 오디오, 비디오 및 IT 장비
- 사무용 기계류
- 전기모터
- 개폐장치, 제어장치, 고전압 변압기 등

## 4.2.2 기계류 지침을 준수하기 위한 프로세스

프로세스를 보면 우선은 기계류 지침에서 제시한 기계류에 해당되는지를 검토한다. 이때 적용범위에서 제외되는 기계를 고려하여야 한다. 해당기계가 부속서 4에 해당되는지 여부를 확인한다.

부속서 4에 해당하면 관련 통합규격이 있는 경우, 제조자는 통합규격과 지침에 규

정된 절차(부속서 8)를 따르거나 인증기관에 승인을 요청할 수 있다.

인증기관(Notified Body)은 품질 적합성평가를 실시하고 CE 형식검사를 통해서 기계를 검사할 수 있는 제3자 기관을 말하는데 통합규격을 사용할 수 없거나 부분적으로 사용할 경우에는 제조자가 인증기관으로부터 기계류 적합성을 승인 받아야 한다.

해당 기계가 부속서 4에 해당되지 않으면 부속서 1(필수 안전보건 요구사항)의 의무조항인 위험성평가를 실시하여야 한다. 위험성평가는 "ISO 12100 기계류 안전 - 설계 일반원칙 - 위험성평가 및 위험감소조치"에 따라 실시하여야 한다. 제조자는 기계에 적용되는 모든 위험요소를 식별하기 위하여 위험요소를 평가할 의무가 있다. 따라서 제조자는 자체 위험성평가를 고려하여 기계를 설계 및 제작하여야 한다.

위험성평가 결과 부속서 1에서 요구하는 필수 안전보건 요구사항이 만족하고 규격이 적절히 적용되었으며, 잔류위험이 해결되고, 적절한 시험 등을 실시하였다면 기술문서를 작성하여야 한다.

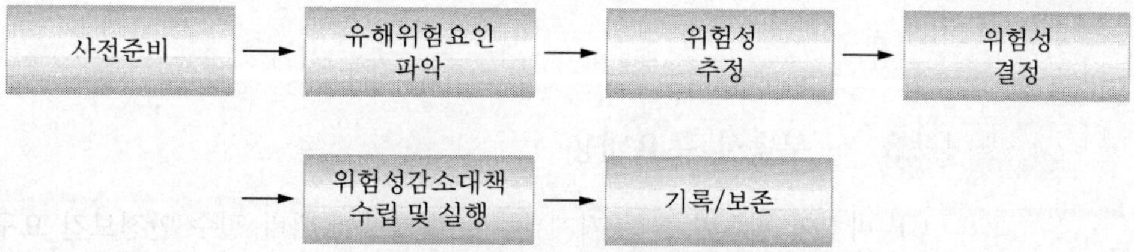


▌그림 1-19 위험성평가 절차

기술문서에 포함되어야 하는 사항은 위험성평가 내용, 기계 및 전기도면, 적합성 검증을 위하여 필요한 계산치 및 시험결과 등, 적용된 지침과 규격, 기술사양서의 요구사항 목록, 기계설명서 등이 포함되어야 한다.

CE 마킹을 할 때에는 부속서 3과 같이 머리글자 "CE"로 표기하되 기계류에 쉽게 눈에 띄도록 부착해야 한다. CE 마킹이 부적합한 경우 회원국은 필요한 모든 조치를 취하여야 하며 해당 제품의 출시를 제한 또는 금지하여야 한다.

최종공급을 위하여 회원국은 기계류 출시제한을 결정한 경우 관련자에게 이 사실을 통보하여야 한다. 또한 위원회는 본 지침과 관련한 모든 결정을 통지할 책임이 있고, 본 지침은 기존 기계류 지침과 회원국의 관습법을 대체하게 된다. 이에 따라 각 회원국은 본 지침이 적용되는 분야와 관련한 국내법을 개정하여야 한다.

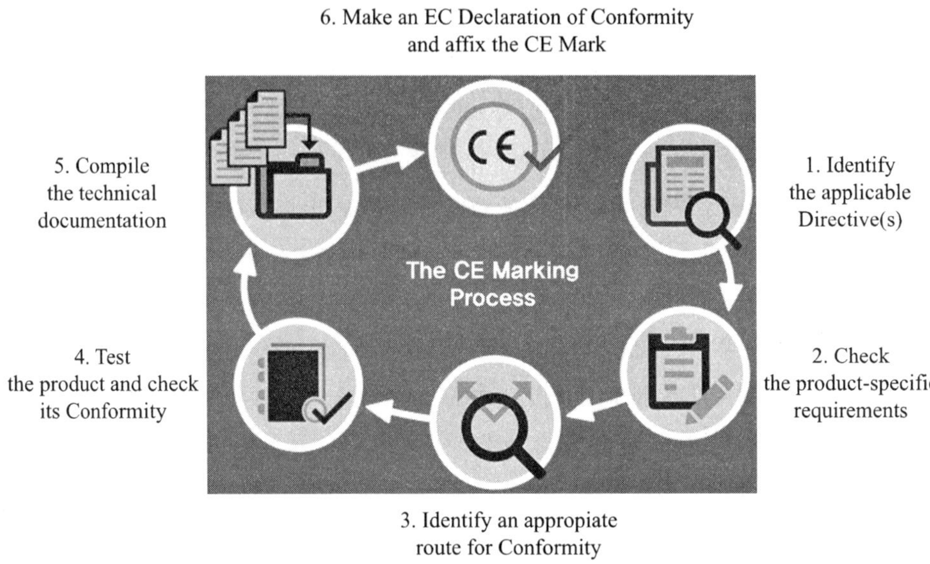


▌그림 1-20 CE 마킹 프로세스

### 4.2.3 부속서 주요내용

CE 마킹이 필요한 모든 기계류는 부속서 1에 따라 필수 안전보건 요구사항을 만족하여야 한다. 파트 1은 모든 기계에 의무적으로 적용되고 파트 2부터 파트 6까지는 일부 기계 범주에 추가로 적용되는 요구사항이다.

부속서 1의 필수 안전보건 요구사항은 기계 수명주기 전 기간에 걸쳐 사용자의 안전을 보장하는데 목적이 있다. 즉 설계, 설치, 작동, 조정, 해체, 세척, 수리, 운반, 유지보수 그리고 폐기에 관한 것이다. 따라서 제조자는 기계에 적용되는 모든 위험요소를 식별하기 위해 위험요소를 평가할 의무가 있고 자체 위험성평가를 실시한 결과를 고려하여 기계를 설계 및 제작하여야 한다.

- 일반적인 요구사항은 작업자, 위험구역 및 노출된 사람 등 기계주변의 대상인과 대상 객체를 정의한다. 나머지 섹션에는 안전통합, 조명, 위급, 안전한 기계 제작을 위해 필요한 자재 및 제품에 대해 설명한다. 설계부터 조립, 최종 해체 및 폐기까지 기계가 사용되는 모든 단계에 걸쳐 발생 가능한 안전보건 위험을 평가할 수 있는 기본 접근방법을 제공한다. 예측 가능한 사용과 잘못된 사용을 모두 고려하여야 한다.

- 제어시스템에는 제어시스템의 안전 및 신뢰성, 제어장치의 설계와 위치 등, 시작과 정지에 대한 사항, 제어시스템 고장, 모드선택, 전원공급장치 고장, 소프트웨어 규격에 대한 정의 등에 대하여 나타내고 있다.
- 기계적 위험에 대해서는 안전성과 작동 중 파손에 관한 사항 등이 포함되어 있는데 기계제조, 설치 및 작동 중 발생하는 각종 기계적 문제에 대한 섹션이다. 여기에는 안전성, 작동 중 붕괴위험, 낙하물 또는 돌출물, 표면으로 인한 위험 등이 포함된다.
- 가드 및 보호장치에는 고정가드와 연동형 이동식 가드에 관한 사항이 포함되어 있는데 고정가드는 공구를 사용해야만 열거나 닫을 수 있는 고정장치를 사용해 고정시켜야 한다.
- 고정장치는 계속 가드에 부착되어 있어야 하고 가드를 제거하는 경우에도 기계류에 부착되어 있어야 한다. 가능한 고정장치가 없으면 가드를 설치할 수 없게 해야 한다.
- 연동형 이동식 가드는 가능한 경우 열려 있을 때 기계류에 계속 부착되어 있어야 한다. 의도적으로 조작한 경우에만 조정이 가능하도록 설계하고 제작하여야 한다. 위험한 기계기능을 사용할 때는 반드시 가드를 닫은 후 시작하여야 한다. 가드가 닫혀 있지 않으면 정지명령을 내리도록 하여야 한다.
- 기타 위험요소에는 전기공급과 정전기 및 장착오류, 폭발위험, 진동, 방사선 등 해결해야 하는 16개 항목이 포함되어 있다.
- 유지보수사항에는 기계를 설계할 때 안전한 유지보수를 위해 필요한 사항을 포함한다. 서비스 지점에 대한 접근성, 에너지원 격리, 작업자 개입, 내부 부품세척 등을 포함한다.
- 정보사항에는 정보기기 및 경고장치, 마킹 및 설명서에 대한 요구사항이 포함되어 있다. 설명서(Instructions)내용에는 주로 아래와 같은 사항이 포함되어 있다.
  - 작업자가 사용할 작업장소
  - 기계류의 사용용도 설명
  - 경험상 가능성이 있으나 절대 허용되지 않는 잘못된 기계류 사용방법에 대한 경고
  - 조립, 설치, 연결 설명서 등
  - 서비스 개시 및 기계류 사용에 대한 설명서와 필요한 경우 작업자 훈련을 위한 설명서

- 기계류 자체의 안전설계, 안전장치, 추가 보호조치에도 불구하고 남아 있는 잔류 위험에 대한 정보
- 해당하는 경우 제공되는 개인 보호장비를 포함하여 사용자가 취해야 하는 보호조치에 대한 설명서
- 사고 또는 고장 시 작동방법과 차단 가능성이 있는 경우 장비를 안전하게 해체할 수 있는 작동방법 등이 있다.

• 기계류 품목에 공통으로 적용되는 부속서 1의 필수 안전보건 요구사항 외 특정기계류에 대한 추가 요구사항들이 포함되어 있다.
  - 그룹 2 : 식품, 화장품 및 제약관련 기계류
  - 그룹 3 : 장비 이동으로 인해 발생하는 위험 감소를 위한 요구사항
  - 그룹 4 : 승강작업으로 인해 발생하는 위험을 감소하기 위한 요구사항(승객용 승강기를 제외한 승강 기계류)
  - 그룹 5 : 지하에서 사용하는 기계류에 대한 요구사항
  - 그룹 6 : 탑승용 승강 및 수송 목적으로 설계된 기계류에 대한 요구사항
• 자체 평가절차를 보면 대부분의 기계류 품목(특수 요구사항이 적용되는 부속서 4의 고위험 기계류 등 일부 제외)에 대하여 제조자는 기계류 지침의 요구사항을 충족하도록 제품을 설계했음을 자체적으로 인증하고 적합성 선언서를 서명 확인할 수 있다. 적합성 인증 시 통합규격을 사용할 수 있다.

부속서 2는 적합성 선언서의 내용을 나타내는 것인데 다음 내용이 포함되어야 한다.

• 제조자의 이름 및 주소
• 유럽공동체에 권한 대리인이 있어야 하는 경우 해당 대리인의 이름과 주소
• 기계설명서(제조자, 유형, 일련번호 등)
• 준수한 모든 지침
• 통합규격(EN, BS, DIN 등) 명시
• 사용된 국내 기술규격 및 기술 사양서
• 해당하는 경우 인증기관의 명칭 및 주소

부속서 3은 CE 마킹방법을 제시한 것이다. CE 적합성 선언서는 다음 정보를 포함해야 한다.

• 제조자와 해당하는 경우 공식 대리인의 상호명 및 주소
• 기술문서 취합 책임자의 이름 및 주소(관련 책임자는 반드시 유럽공동체 내에 설

립된 자여야 한다.)

- 해당하는 겨우 적합성 선언 절차에 관여한 인증기관에 대한 상세 정보
- 제조자나 그 공식 대리인 대신 선언서 작성을 위임받은 사람의 신원 및 서명

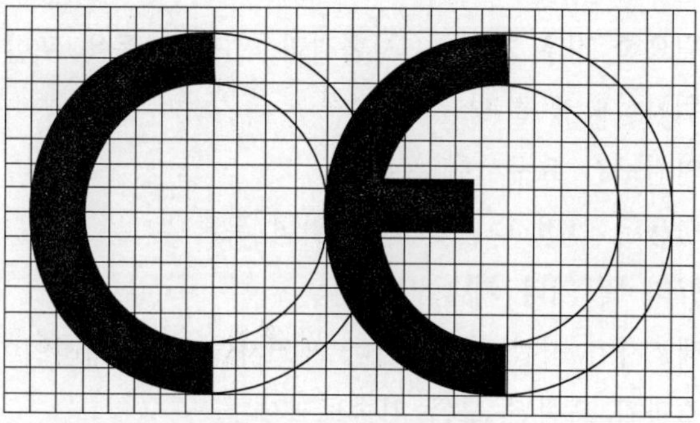

▮그림 1-21 CE 마크

부속서 4는 특수마킹절차가 적용되는 기계류 및 부품에 관한 내용인데 참고로 부속서 4에 포함된 주요 기계를 보면 작업 중 고정 공구를 사용하는 회전톱 및 기계톱, 목공용 수동 표면 연마기, 손으로 장착과 탈착이 가능한 사출 또는 압출 플라스틱 성형기, 손으로 장착과 탈착이 가능한 금속 냉간용 프레스 등을 보호하기 위한 보호장치, 안전기능을 수행하는 제어기 등 크게 23가지 종류가 있다.

부속서 5는 안전부품 목록에 관한 17개 품목 있는데 주요한 것은 다음과 같다.

- 안전기능을 보장하는 논리장치
- 사람을 감지하기 위해 설계된 전자감응장치
- 비상정지장치
- 기계류 배기가스 추출 시스템
- 양수조작 제어장치
- 소음 및 진동 배출을 줄이기 위한 시스템 및 장치 등

부속서 6은 부분품 기계류의 조립설명서에 관한 것인데 조립설명서에는 다음 내용이 포함되어야 한다.

- 최종 기계류에 정확히 조립하기 위해 충족되어야 하는 조건을 기술해야 한다.
- 부분품 기계류가 조립되는 기계류의 제조자(또는 권한 대리인)가 허용하는 유럽공동체 공식 언어로 작성하여야 한다.

부속서 7은 완제품 기계류와 부분품 기계류의 기술문서에 관한 것으로, 기술문서는 적용지침의 요구사항에 대한 적합성을 보여주어야 하고 적합성 선언 후 10년간 보관하여야 한다. 기술문서에는 다음과 같은 사항이 포함되어야 한다.

- 전체도면 및 제어회로 도면
- 필요한 경우 계산치, 시험결과, 인증서 등을 포함한 상세 도면 일체
- 위험성평가 결과
- 안전보건 요구사항 목록
- 사용된 안전조치 및 잔류 위험 목록
- 규격 및 기타 기술 사양서
- 제조자가 직접 작성하거나 제조자나 공식 대리인이 선택한 기관에서 작성한 시험결과가 포함된 모든 기술보고서
- 부분품 기계의 조립설명서 사본(부속서 6) 등

부속서 8은 기계 제조사에 행하는 내부 검사를 통한 적합성평가에 관한 내용이다.

부속서 9는 EC 형식검사에 관한 것인데, 형식검사는 인증기관에서 기계류 대상이 해당 기계류에 적용되는 본 지침의 조항을 충족함을 확인하고 인증하는 절차이다. 참고로 인증기관은 사용된 규격이 적절히 적용되었는지 확인하고, 기계를 안전하게 사용할 수 있는지 확인하고 시험하며, 기술문서를 검토하는 일을 행하게 된다.

부속서 10은 품질보증에 관한 것인데 제3자 기관의 개입이 필요하다. 제조자는 설계, 제조, 최종검사 및 시험을 위한 품질보증 시스템을 마련해야 하며, 이 품질보증 시스템은 인증기관의 승인을 받아야 한다. 또한 품질보증 시스템은 기계류가 기계류 지침의 조항을 준수하도록 하여야 한다. 인증기관은 필수 요구사항을 준수하는지 확인하기 위해 기계류 범주당 1개 모델에 대해 품질 시스템(제조자 설비 현장 검사 포함) 및 기술문서를 평가하여야 한다.

부속서 11은 인증기관으로 승인을 받을 때 고려하여야 하는 최소한의 조건을 제시한 것이다.

Chapter

02

# 스마트공장 안전성 확보 방안

## 1. 설비의 안전성 확보 개요

### 1.1 위험성평가 제도 적용

1960년대 시작한 우리나라의 중화학 공업은 산업의 불모지인 우리나라의 경제발전의 초석이 되었다. 유럽의 산업혁명을 통한 산업의 발전과 비교해 보면 우리나라는 상대적으로 너무나 짧은 시간 내에 오늘날과 같은 산업의 성장을 이루어온 것이다.

이러한 급속한 산업발전은 국가의 경제를 부흥시키는 원동력으로 국민들에게 많은 것을 가질 수 있는 부를 주었지만 반면에 안전에 대한 무관심과 인식의 저하는 많은 부작용을 낳기도 하였는데 그중에 중요한 것 중 한 가지가 산업안전에 관한 사항이다.

결국 산업현장의 많은 유해위험요인으로부터 작업자를 보호하고 기업의 손실을 예방하기 위하여서는 기계나 설비, 취급물질, 작업방법 및 작업자에 대한 관리감독 미흡에 의하여 발생하는 위험성을 감소하는 것이 시급한 사항이다.

위험성을 감소하기 위해서는 위험을 정의하고, 위험을 찾아내고, 위험을 평가하여 허용하기 어려운 위험을 제거하거나 감소하기 위한 대책을 수립하고 개선하는 일련의 활동이 필요하게 되는데 이러한 전과정의 절차를 수행하는 활동을 위험성평가라고 한다.

위험성평가는 우리나라보다 외국에서 먼저 도입하여 시행하고 있는데 외국의 위험성평가제도의 도입사례를 보면 다음과 같다.

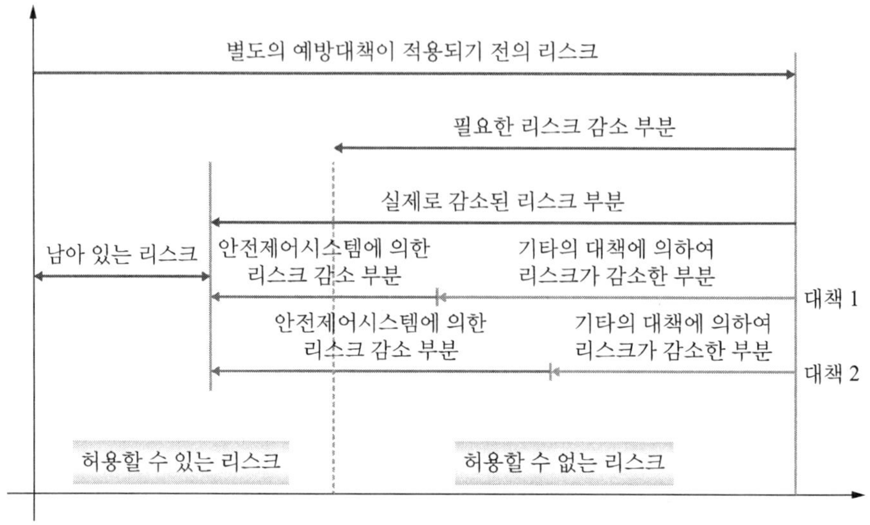


**▌그림 2-1 허용할 수 없는 위험의 영역과 안전**

유럽에서는 1989년 6월 EEC(현, 유럽연합)에서 산업안전보건 기본지침(OSH Framework Directive 89/391/EEC)을 제정・공포하고 곧이어 5개의 개별지침을 공포함으로써 위험성평가제도가 본격적으로 도입되었다. 이 지침은 유럽연합 회원국에 큰 영향을 미쳤고 유럽 각국은 이 6개의 유럽지침에 따라 자국의 사정에 따라 국내법과 제도를 제・개정하였다.

영국은 1974년 이미 산업안전보건법(HSWA)에 규정된 사업주의 의무조항이 현재의 위험성평가제도에서 요구하는 사항과 매우 유사하기 때문에 가장 먼저 위험성평가제도의 기본원리가 제도화된 나라로 평가받고 있다. 본격적인 위험성평가제도가 마련된 것은 유럽의 기본지침(The Frame-work Directive 89/391/EEC)에 따라 사업장안전관리시행령(The Management of Health and Safety at Work Regulations 1992, MHSWR)을 제정한 1992년 기점으로, 이후에 일련의 법제도 정비과정을 거쳐 현재에 이르고 있다.

독일도 산업안전관련 국내법을 EG의 지침에 부합되도록 정비하였다. 1996년 이후 EG의 지침에 의거하여 산업안전보건법을 새로이 제정하고 관련 시행령을 제・개정하였다. 유럽연합지침을 수용한 이후의 독일 산업안전보건제도는 1996년에 산업안전보건법(ArbSchG)을 제정하고 관련 법령을 정비함으로써 위험성평가제도의 방식을 전면적으로 도입하였다.

일본의 위험성평가제도는 2006년 「노동안전위생법」 제28조의2 "건설물, 설비, 원재료, 가스, 증기, 분진 등에 의한, 또는 작업행동 그 외 업무에 기인하는 위험성 또는 유해성 등을 조사해 그 결과에 근거하고 이 법률 또는 이것에 근거하는 명령의 규정에 의한 조치를 강구하는 것 외에 노동자의 위험 또는 건강장해를 방지하기 위해 필요한 조치를 강구하도록 노력하지 않으면 안 된다."의 신설과 더불어 본격적으로 시작되었다. 이 법을 시행하기 위하여 일본에서는 법 시행 시기에 맞추어 「위험성 또는 유해성 등의 조사 등에 관한 지침」을 공시하였는데 이 지침이 일본 위험성평가 실무의 근간을 이루고 있다.

우리나라는 2001년 산업안전보건법 적용확대 이후, 사업장의 수는 약 2배가량 증가했지만 한국산업안전보건공단과 같은 산업재해예방 조직의 인력과 예산 투입 구조가 이를 적극적으로 뒷받침하기에는 다소 어려운 실정이었다.

또한 산업 및 고용구조의 변화로 서비스 산업 비중이 증가함에 따라 해당 분야의 재해 발생이 급증하였을 뿐만 아니라 위험의 질적·양적 변화로 산재취약계층(여성, 외국인, 고령 근무자 등)이 점점 늘어나게 되었다.

최근에는 안전보건이 새로운 노사 이슈로 등장하는 등 근로자는 안전보건을 인권 및 근로복지 차원으로 접근하며 사업주는 손실(Loss) 최소화로 경영 전략화를 가속하고 있는 상태에서 부득이 산업안전보건의 패러다임을 바꾸지 않을 수 없어 위험성평가 제도를 2013년부터 본격적으로 도입하게 되었다.

본서에서는 스마트공장을 구축·운영하는 과정에서 위험성평가를 통하여 확인된 위험성을 감소하기 위한 곳에 초점을 맞추고 있으므로 위험성평가를 수행하는 방법과 절차에 대한 것은 제외한다.

무엇보다 위험성평가 및 위험성감소를 위해서는 설계자가 다음 조치를 주어진 순서대로 실시하여야 한다. 위험성평가와 관련된 것은 선행하는 4가지이다.

- 기계의 한계를 결정한다. 여기에는 의도된 사용과 합리적으로 예측 가능한 모든 오용이 포함된다.
- 위험요인 및 관련 위험한 상황을 파악/식별한다.
- 파악/식별된 각 위험요인 및 위험한 상황의 위험성을 추정한다.
- 위험성을 결정/결과평가 하고 위험성감소의 필요성에 관한 결정을 내린다.

위험성평가 후 위험성을 감소하기 위하여 보호조치를 통해 위험요인을 없애거나 해당 위험요인과 관련된 위험성을 낮춘다. 위험성평가 후 필요할 때마다 위험성감소가 수반된다. 보호조치를 시행하여 실질적으로 위험요인을 최대한 없애고 위험성을 적절히 낮추기 위해서 이 과정의 반복이 필요하다.

## 1.2 위험성감소를 위한 방안

기계에 위험요인이 존재함에도 아무런 보호조치를 시행하지 않는다면 조만간 상해가 야기될 수 있다. 보호조치는 [그림 2-2]와 같이 설계자와 사용자가 시행하는 대책의 조합으로 구성된다. 설계단계에서 포함시킬 수 있는 대책이 사용자가 시행하는 대책보다 바람직하며 대체로 더 효과적이다.

달성해야 할 목표는 아래 네 가지 요인을 고려하여 실질적으로 위험성을 최대한 낮추는 것이다. 위험성을 감소시키는 과정은 반복되는 과정이고, 위험성을 낮추기 위해 연속적인 적용이 필요할 수 있으며, 이용할 수 있는 기술을 최대로 활용해야 한다.

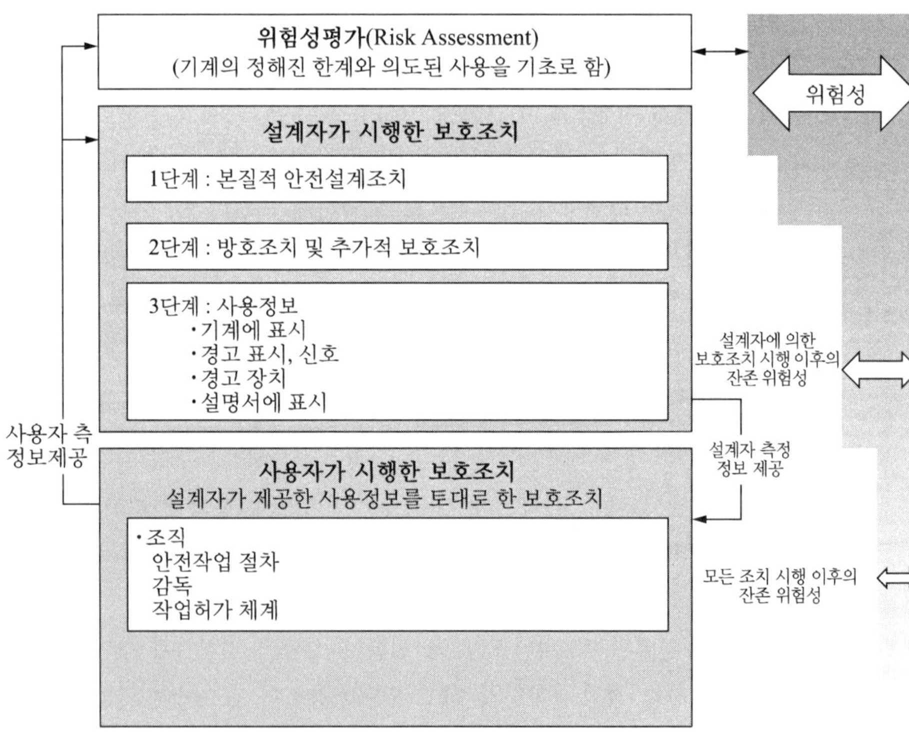


▮그림 2-2 설계자 관점에서 본 위험성감소 과정

이 과정을 시행할 때 아래 네 가지 요인을 고려하되 제시된 우선순위대로 한다.

- 기계의 전 수명주기 동안의 안전성
- 기계의 원래 기능 수행능력
- 기계의 사용성
- 기계의 제조비용, 운전비용 및 폐기비용

이러한 원칙을 이상적으로 적용하기 위해서는 기계의 사용, 사고 이력 및 상태기록, 이용할 수 있는 위험성감소 기법 및 사용기계에 관한 법 체계에 대한 지식이 요구된다.

특정 시점에 허용되었던 기계설계라도 기술발전으로 인해 위험성이 더 낮은 동종 기계설계가 등장하게 되면 기존 설계가 더 이상 허용되지 않을 수 있다.

위험성감소 목표 달성을 위한 모든 보호조치는 3단계 방법에 언급된 다음 순서에 따라 적용할 수 있다.

**1단계 : 본질적 안전설계조치**

- 본질적 안전설계조치는 기계 자체의 설계특징 또는 노출된 사람과 기계 사이의 상호작용을 적절하게 선택하여 위험요인을 제거하거나 관련 위험성을 줄인다.
- 이 단계는 위험요인을 제거할 수 있는 유일한 단계이므로 방호조치 또는 추가적인 보호조치 같은 추가적 보호조치가 필요 없다.

**2단계 : 방호조치 및 추가적 보호조치**

- 본질적 안전설계조치를 통해 위험요인의 실질적인 제거나 관련 위험성의 충분한 감소가 어려울 경우에는 의도된 사용과 합리적으로 예측 가능한 오용을 고려하여 적절하게 선택된 방호조치 및 추가적인 보호조치를 사용하여 위험성을 줄일 수 있다.

**3단계 : 사용정보**

- 본질적 안전설계조치, 방호조치 및 추가적인 보호조치의 채택으로도 위험성이 남아 있는 경우에는 사용정보에 잔존위험성을 표시하여야 한다.
- 사용정보에는 다음이 포함되어야 한다.
  - 기계를 사용하는 직원 또는 기계와 관련된 위험요인에 노출될 수 있는 기타 사람들의 예상되는 기량에 맞춘 기계운전 절차

- 기계사용에 권장되는 안전작업 방식과 적절히 설명된 관련 훈련 요구사항
- 기계수명의 각 단계에 해당하는 잔존위험성 경고를 포함한 충분한 정보
- 권장되는 개인보호장비에 대한 설명과 그 필요성 및 사용에 필요한 훈련에 관한 세부정보

# 2. 본질적 안전설계방안

## 2.1 기하학적 요인 및 물리적 측면에 대한 고려사항

본질적 안전설계조치는 위험성감소 과정에서 가장 중요한 첫 단계이다.

본질적 안전설계조치는 기계 자체의 설계 특징 또는 노출된 사람과 기계 사이의 상호작용을 적절하게 선택하여 위험요인을 제거하거나 관련 위험성을 줄임으로써 달성된다.

설비나 기계에 대한 본질적인 안전설계방안에 있어서는 기하학적 요인과 물리적인 측면에 대하여 고려해 본다.

기하학적 요인에는 다음과 같은 것들이 있다.

- 기계의 형태는 제어위치에서 사각지대를 줄이기 위하여 작업영역과 위험요인영역에 대한 직접 가시성이 극대화되도록 설계한다. 만약 안전작업을 위해서 운전자의 영구적인 직접제어가 필요한 경우에는 사람의 시각특성을 고려하여 간접적으로 볼 수 있는 수단(거울 등)을 선택하여 배치한다. 즉, 주요 제어위치에서 운전자가 위험영역에 노출된 사람이 없는지 파악/식별할 수 있도록 기계를 설계하여야 한다.
  - 이동식 기계의 이동영역 및 작업영역
  - 높이 들려 있는 화물 또는 사람들을 위로 올리는 운반기계의 이동영역
  - 휴대용 공구 또는 작업할 때 재료를 손으로 잡는 기계의 접촉영역
- 기계식 구성부품의 형태와 상대적 위치, 예를 들면, 압착 및 전단 위험은 작업자의 신체부위가 틈새에 들어가도 안전할 수 있도록 움직이는 부품 사이의 최소 틈새를 넓히거나 신체의 어떤 부위도 들어가지 못하도록 틈새를 좁힌다.

- 예리한 가장자리와 모서리 및 돌출 부품은 피해야 한다. 기계의 예리한 가장자리, 예리한 각도, 거친 표면, 돌출 부분은 작업자 신체부위나 작업복이 접촉하거나 말려들어갈 수 있는 개구부가 없어야 한다. 특히 금속판의 경우에는 가장자리의 거친 부분을 제거하거나 다듬거나 플랜지를 둘러야 하며 접촉할 수 있는 튜브의 개구부는 마개로 막아야 한다.
- 적합한 작업위치를 확보하고 접근 가능한 수동제어기(액추에이터)를 제공하도록 기계의 형태를 설계한다.

물리적 측면에는 다음과 같은 사항이 포함된다.

- 작동 부품에서 기계적 위험요인이 발생하지 않도록 작동력을 가능한 범위에서 적절히 낮은 수치로 제한한다.
- 이동할 수 있는 요소의 질량, 속도 등 그들의 운동에너지를 제한한다.
- 다음과 같은 물리적 인자를 감소시키는 대책을 제시한다.
  - 발생처의 소음 배출
  - 질량 재분배 또는 추가 및 공정 파라미터 변경에 따른 발생처의 진동 배출
  - 분말 대신 과립을 사용하는 등 상대적으로 덜 위험한 유해물질의 사용 또는 먼지를 줄이는 공정 제시

## 2.2 기계설계와 관련한 고려사항

본질적인 안전설계를 위하여 필요한 일반적인 기술지식은 표준, 설계코드, 계산 및 규칙 등 설계를 위한 기술적 시방에서 얻을 수 있다.

### 1) 기계적 응력

- 정확한 계산, 제작방법 및 고정방법(예를 들면 볼트 조립, 용접 조립)을 시행하여 응력 제한
- 과부하 방지를 통한 응력 제한(파열판, 감압밸브, 파손지점, 토크제한장치 등)
- 변동 응력을 받는 요소의 피로파괴 방지(특히 반복 응력)
- 회전하는 요소의 정적 균형 및 동적 균형

**2) 재료와 재료의 기계적 성질 등과 같은 속성**

- 내식성, 내노후성, 내마모성 및 내마찰성
- 경도, 연성, 취성
- 동질성
- 독성
- 가연성

**3) 물리적 인자에 대한 배출값 등**

- 소음
- 진동
- 유해물질
- 방사선 등

기타 특정 구성부품이나 조립품의 신뢰성이 안전에 대단히 중요할 경우(예를 들면, 화물이나 사람을 들어 올리는 로프, 체인, 달기기구)에는 응력 한계에 적절한 작업 계수를 곱하여야 한다.

## 2.3 안전성을 위한 고려사항

기계를 설계할 때는 지정된 사용조건에서 안전하게 사용할 수 있도록 적절한 안정성을 갖도록 설계하여야 한다.

일반적으로 고려할 요인은 다음과 같다.

- 기초의 기하학적 구조
- 하중을 포함한 무게 분산
- 기계부품 또는 기계 자체 또는 기계에 구속된 요소의 움직임에 따라 전도 모멘트를 유발할 수 있는 동하중
- 진동
- 무게중심의 변동
- 지면이나 경사면 등 서로 다른 위치에서 이동하거나 서로 다른 위치에 설치된 경우 그 지지면의 특징
- 풍압과 인력 같은 외력

안정성은 취급, 이동, 설치, 사용, 분해, 사용, 중지, 폐기 등 기계 수명주기의 모든 단계에서 고려되어야 한다.

기계의 공압장비 및 유압장비는 다음과 같이 설계하여야 한다.

- 회로 내의 압력이 최대 정격압력을 초과하지 않도록 사용(예를 들면, 압력제한장치 사용)
- 압력변동이나 압력증가 또는 압력손실이나 진공에 의한 위험요인 제거
- 누출이나 부품 고장으로 위험한 유체의 분출이나 호스의 위험한 돌발동작이 야기되지 않도록 조치
- 공기탱크, 공기저장기 또는 이와 유사한 용기(예를 들면, 가스가 충진된 어큐뮬레이터) 등 이러한 요소에 적용 가능한 설계 표준 코드 또는 규정 준수
- 장치의 모든 요소, 특히 파이프와 호스가 유해한 외적 영향으로부터 보호
- 가스가 충진된 어큐뮬레이터와 같은 저장기는 기계를 동력원으로부터 분리시킬 때 자동으로 감압되어야 하며, 이것이 불가능하면 차단하고 부분적 감압 및 압력 표시 수단을 설치
- 기계의 전원 공급이 차단된 후에도 계속해서 압력을 받는 모든 요소에는 명확하게 파악 또는 식별이 가능한 배기장치를 제공하며, 기계조정 또는 기계정비 활동 전에 이러한 요소의 압력을 내려야 한다고 경고하는 라벨을 부착

## 2.4 제어시스템에 대한 고려사항

### 1) 안전제어시스템의 적용

기계의 제어시스템을 정확하게 설계하면 예측할 수 없는 기계의 잠재적 위험한 동작을 방지할 수 있다. 이와 같은 안전성을 확보하기 위한 기계의 안전제어시스템 설계기준은 국제코드(ISO 13849-1, IEC 62061)에 잘 나타나 있는데 상세한 것은 다음 장에서 다루기로 한다.

위험한 기계동작의 일반적인 예는 예상치 못한 시동, 제어되지 않은 속도 변화, 움직이는 부품의 정지 실패, 기계의 부품 또는 기계에 고정된 가공물의 낙하 또는 비산, 방호장치의 억제(무효화 또는 고장)로 인한 기계 작동 등이 있다. 이러한 위험한 기계동작의 일반적인 원인은 대체로 다음과 같다.

- 부적합한 설계 또는 제어시스템 논리 수정(우발적 또는 의도적)
- 제어시스템 구성부품의 하나 이상의 일시적이거나 영구적 결함 또는 고장
- 제어시스템의 전원공급 변동 또는 고장
- 제어장치의 부적절한 선택, 설계 및 위치 등

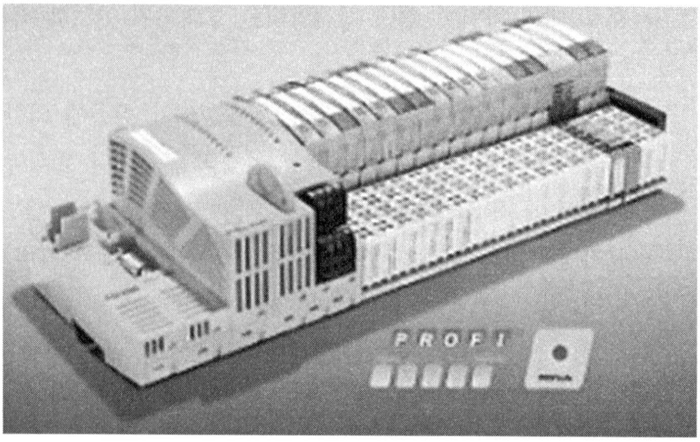


▌그림 2-3 Pilz사의 PSS Universal Multi PLC

제어시스템은 운전자가 기계와 안전하고 용이하게 상호작용할 수 있도록 설계하여야 한다. 이를 위해서는 다음과 같은 하나 이상의 해법이 필요하다.

- 시동조건 및 정지조건의 체계적 분석. 예를 들면, 정상정지 후 시동, 사이클 중단 또는 비상정지 후 재시동, 기계에 들어 있는 작업부품의 제거, 기계요소의 고장 시 기계부품의 작동 등과 같은 특정 동작모드에 필요한 조치를 제공
- 결함을 명확히 표시
- 위험한 기계동작을 야기할 수 있는 예기치 않은 시동명령의 돌발적 발생을 방지하는 조치

기계시스템은 비상정지, 방호장치에 의한 정지, 차단 및 에너지 분산을 위한 몇 가지 영역으로 구분해도 된다. 상이한 영역을 명확히 정의해야 하며 기계의 어떤 부분이 어떤 영역에 속하는지 명확히 하여야 한다. 그리고 어떤 제어장치(예를 들면 비상정지장치, 공급분리장치)와 방호장치가 어떤 영역에 속하는지도 명확히 하여야 한다.

제어시스템은 기계의 부품, 기계 자체 또는 기계에 있는 작업소재, 화물의 움직임이 범위, 속도, 가속, 감속, 하중 등과 같은 안전설계 파라미터에 제한되도록 설계하여야 한다.

특별히 중량물의 흔들림 등과 같은 동적 효과를 고려하여야 한다. 이와 관련된 예를 보면 다음과 같다.

- 원격으로 제어하지 않고 보행자가 제어하는 이동식 기계의 이동속도가 보행속도와 부합되어야 한다.

- 사람들을 위로 이동시키는 탑승 운반 기계와 운반차는 운전자와 기계의 전체 반응시간을 고려하여 그 이동범위, 속도, 가속 및 감속을 위험하지 않은 값으로 제한하여야 한다.
- 화물을 들어 올리는 기계의 부품의 이동범위는 지정된 한계를 벗어나지 않아야 한다.

충돌방지시스템과 같이 기계시스템에서 독립적으로 동작할 수 있는 다양한 요소가 있는 경우에는 조정 부재로 야기되는 위험을 방지할 수 있도록 제어시스템을 설계하여야 한다.

### 2) 내부 전원 시동 및 외부 전원 공급

내부 전원 시동 또는 외부 전원 공급 전환으로 위험한 상황이 야기되지 않아야 한다. 예를 들면,

- 내연기관의 시동으로 이동식 기계가 움직이지 않아야 한다.
- 주전원 연결이 기계의 작동부의 시동을 야기하지 않아야 한다.

### 3) 기계장치의 시동 및 정지

기계장치를 시동하거나 가속하기 위한 주동작은 전압이나 유체 압력을 인가하거나 증가시킴으로써 수행되는 것이 좋으며, 이진법 논리를 사용하는 요소가 고려되는 경우에는 0 상태를 1 상태로 변환함으로써 수행되는 것이 좋다.

또한 기계장치를 정지하거나 감속하기 위한 주동작은 전압이나 유체 압력을 제거하거나 감소시킴으로써 수행되는 것이 좋으며, 이진법 논리를 사용하는 요소가 고려되는 경우에는 1 상태를 0 상태로 변환함으로써 수행되는 것이 좋다.

### 4) 정전 후 재시동

위험요인이 발생할 수 있는 경우에는 정전 후 전원이 다시 공급될 때 기계가 자동으로 재시동 되는 것을 방지하여야 한다.

### 5) 전원 공급 중단

전원 공급의 중단이나 과도한 변동으로 인해 위험한 상황이 야기되지 않도록 기계

를 설계하여야 한다. 이를 위해 최소한 다음 요구사항을 충족하여야 한다.

- 기계의 정지기능이 유지되어야 한다.
- 안전을 위해 영구 작동이 필요한 모든 장치는 안전 지속을 위해 효과적인 방법으로 작동하여야 한다(예를 들면 잠금, 고정장치, 냉각장치 또는 가열장치, 자주식 이동기계의 동력조향장치).
- 잠재적 에너지에 의해 움직일 수 있는 기계부품 또는 기계에 있는 작업소재 또는 화물은 안전하게 내리는 데 필요한 시간 동안 제 위치에 유지되어야 한다.

### 6) 자동 모니터링

자동 모니터링의 목적은 구성부품이나 요소의 기능 수행능력이 저하되는 경우 또는 공정조건이 변경되어 위험요인이 발생할 경우에도 보호조치로 시행되는 안전기능이 계속 작동하도록 하는 것이다.

자동 모니터링은 결함을 즉시 감지하거나 정기점검을 통해 안전기능이 필요하기 전에 결함을 감지한다. 두 경우 모두 기계 사이클이 시작되는 특정 사건이 발생하기 전까지 보호조치를 즉시 개시하거나 지연한다. 이러한 보호조치의 예를 보면,

- 위험한 공정의 중단
- 고장에 따른 첫 번째 중단 후에 이 공정의 재시동 방지
- 경보 개시

▌그림 2-4 ABB사의 Safety PLC

### 7) 프로그램식 전자제어시스템

기계에 안전기능을 부여하기 위해서 프로그램식 전자제어장치가 있는 제어시스템을 사용하는 경우가 있다. 프로그램식 전자제어시스템을 사용하는 경우에는 안전기능 요구사항과 관련되는 성능 요구사항을 고려할 필요가 있다.

프로그램식 전자제어시스템은 안전관련 제어기능에 악영향을 미칠 수 있는 하드웨어의 임의적 고장 확률과 체계적 고장 확률이 충분히 낮도록 설계되어야 한다. 프로그램식 전자제어시스템이 모니터링 기능을 수행하는 경우에는 결함감지 시의 시스템 거동을 고려하여야 하는데 이는 다음 장에서 상세히 다루기로 한다.

센서, 액추에이터, 논리장치 등과 같은 하드웨어는 특히 다음을 통해 안전기능의 기능과 성능 요구사항을 모두 충족하도록 선택하고, 설계하며, 설치하여야 한다.

- 구조적 제약(시스템 구성, 결함허용 능력, 결함감지 시 행동 등)을 고려해야 한다.
- 하드웨어의 위험한 임의고장 확률수준을 고려하여 적절한 장비 및 장치를 선택하거나 설계하여야 한다.
- 시스템 고장을 피하고 시스템 결함을 제어할 수 있도록 설계하여야 한다.

내부 운영체제 소프트웨어(또는 시스템 소프트웨어) 및 응용 소프트웨어를 포함한 소프트웨어는 안전기능을 위한 성능 시방을 충족하도록 설계하여야 한다. 응용 소프트웨어는 사용자가 재프로그래밍할 수 없는 것이 좋다. 재프로그래밍이 불가능한 메모리에 내장 소프트웨어를 사용함으로써 이를 방지해도 된다.

사용자가 응용프로그램을 재프로그래밍할 필요가 있는 경우에는 안전기능과 관련되는 소프트웨어로 접근하는 것을 다음의 방법으로 제한하는 것이 좋다.

- 잠금장치
- 권한을 부여받은 자에게만 암호를 부여

### 8) 수동제어

수동제어장치에 대한 일반적인 원칙은 다음과 같은 것이 있다.

- 수동제어장치는 인간공학적 원칙에 따라 설계 및 배치되어야 한다. 정지 제어장치는 각 시동 제어장치 근처에 배치하여야 한다.
- 수동제어기는 위험영역에서 떨어진 곳에 배치하여야 한다. 다만, 비상정지 같은 위험영역 내부에 위치하는 특정 제어기는 제외된다.

- 가급적이면 제어장치와 제어위치는 운전자가 작업구역이나 위험요인영역을 관찰할 수 있도록 배치하여야 한다.
- 탑승형 이동식 기계 운전자는 다른 위치에서 제어하는 것이 더 안전한 기능을 제외하고는 운전위치에서 기계를 작동할 때 필요한 모든 제어장치를 작동시킬 수 있어야 한다.
- 사람들을 들어 올리는 기계에는 상승/하강 제어기와 필요한 운반구를 움직이는 제어기를 운반구에 배치하여야 한다. 안전한 작동을 위해 운반구 외부에 제어기가 있어야 할 경우에는 운반구내의 운전자에게 위험한 움직임을 방지할 수 있는 수단을 제공하여야 한다.
- 몇 가지 제어기로 동일한 위험요소가 시동될 가능성이 있을 때는 주어진 시점에 단 한 개의 제어기만 작동하도록 제어회로를 배치한다. 이것은 특히 운전자가 위험영역으로 들어갈 때 소지하는 휴대용 제어장치를 이용해 수동으로 제어할 수 있는 기계에 적용된다.
- 제어 액추에이터는 위험이 있을 때 의도한 작동 없이는 그 효과가 발생하지 않도록 설계하거나 보호조치가 되어야 한다.
- 기계 작동 시 직접적 조작에 좌우되는 경우에는 제어장치 설계나 위치선정을 통해서 조작자가 제어위치에 항상 있도록 보증할 수 있는 대책을 마련해야 한다.
- 무선조정의 경우, 통신장애 등으로 정확한 제어신호가 수신되지 않을 때는 자동정지기능이 수행되어야 한다.

### 9) 설정, 티칭, 공정변경, 결함발견, 청소, 정비를 위한 제어모드

설정, 티칭, 공정변경, 결함발견, 청소 또는 정비를 위해 가드를 열거나 제거하거나 무효화한 상태에서 기계 또는 기계의 일부를 동작시킬 필요가 있는 경우에는 다음과 같은 특정한 제어모드를 사용하여 운전자의 안전을 보장하여야 한다.

- 기타 모든 제어모드의 무효화
- 인에이블 장치 또는 가동유지 제어장치의 연속작동 시에만 위험한 요소의 작동 허용
- 감소된 속도, 감소된 동력 또는 작용력, 이동제한 제어장치를 이용한 단계별 작동과 같은 위험성이 낮은 조건에서만 위험한 요소의 작동 허용
- 기계센서의 자발적 또는 비자발적 작동에 의한 위험한 기능의 작동 방지

이와 같은 제어모드는 다음 조치 중 하나 이상을 충족하여야 한다.

- 위험영역의 접근은 가능한 한 제한한다.
- 비상정지 제어장치는 조작자가 곧바로 작동할 수 있는 범위에 있어야 한다.
- 휴대용 제어장치(티치 펜던트) 및 제어 대상 요소의 시야 확보가 가능한 부분 제어장치

다양한 보호조치나 설정, 교시, 정비, 검사 등의 작업을 위한 제어모드 또는 동작모드가 설계되고 설치된 경우에는 각 위치에서 잠글 수 있는 모드 선택기를 장착하여야 한다.

선택기의 각 위치마다 명확하게 파악 및 식별 표시를 해야 하며 제어모드 또는 동작모드가 오직 하나만 허용되어야 한다.

선택기는 특정 부류의 조작자가 특정 기능을 사용하지 못하도록 제한하는 또 다른 선택 방법으로 대체해도 된다.

### 10) 결함발견에 도움이 되는 진단시스템

보호조치를 무효화할 필요가 없도록 결함발견에 도움이 되는 진단시스템을 제어시스템에 포함시키는 것이 좋다.

이러한 시스템은 기계의 가용성과 유지보수성을 향상시킬 뿐만 아니라 유지보수 담당자가 위험요인에 노출되는 것을 감소시킨다.

## 2.5 유지보수를 위한 조치

기계를 설계할 때 기계의 유지보수를 가능하게 하는 다음의 유지보수성 요인을 고려하여야 한다.

- 작업복과 사용 공구의 치수를 포함한 환경조건과 인간의 신체치수를 고려한 접근성
- 인적 능력을 고려한 취급의 용이성
- 특수 공구와 장비의 수 제한

또한 정비, 윤활 및 설정위치를 위험영역 밖에 배치함으로써 위험영역에 접근해야 할 필요성을 최소화하여야 한다.

## 2.6 안전기능의 고장확률 최소화

기계의 안전은 제어시스템의 신뢰성뿐만 아니라 기계의 모든 부품의 신뢰성에 따라 좌우된다. 안전기능의 지속적인 작동은 기계의 안전한 사용에 있어서 매우 중요하다.

신뢰도 높은 부품이란 의도된 사용의 조건(환경조건 포함)에서 일정 시간 또는 정해진 작동 횟수만큼 장비를 사용했을 때 모든 외란과 응력을 견딜 수 있으며 기계의 위험한 오작동으로 이어지는 고장발생확률이 낮은 부품을 말한다.

기계의 안전관련부품을 설계할 때 부품을 이중화하여 하나에 문제가 생길 경우에 다른 부품이 해당 기능을 계속 수행하게 하여 안전기능을 유지한다.

정확한 작동이 시작되도록 자동 모니터링을 하거나 검사 간격이 부품의 예상수명보다 짧은 경우에 일부 상황에서는 정기검사를 통해 구성부품 고장을 감지하여야 한다. 또한 다양한 설계 및 적절한 기술을 사용하여 공통고장원인 또는 공통모드고장을 방지할 수 있다.

## 2.7 기계 신뢰도를 통한 위험요인 노출 제한

기계의 모든 구성부품의 신뢰도가 증가하면 개입을 요하는 사건의 빈도가 감소하여, 위험요인에 노출될 가능성이 감소한다.

이것은 제어시스템, 전원시스템, 안전기능 및 기계의 다른 기능에도 모두 적용된다.

안전관련부품(예를 들면, 특정 센서)은 신뢰도가 확실한 제품을 사용하여야 한다.

가드 및 방호장치의 요소는 특히 신뢰성이 높아야 한다. 이런 요소에 고장이 생길 경우 사람들이 위험요인에 노출될 수 있으며, 신뢰성이 낮을 경우 작업자가 사용을 기피하게 된다.

## 2.8 기계화 및 자동화를 통한 위험요인 노출 제한

기계 로딩과 언로딩 작업 그리고 좀 더 일반적으로는 작업소재, 재료 또는 물질의 취급 작업의 기계화 및 자동화는 작업지점에서 위험요인에 사람의 노출을 감소시킴으로써 이들 작업에 의해 발생되는 위험성을 제한한다.

자동화는 로봇, 취급장치, 이송장치, 공기분사장치로 달성할 수 있다. 기계화는 공급슬라이드, 푸시로드, 수동 인덱싱 테이블로 달성할 수 있다. 자동공급장치 및 자동

제거장치를 이용하여 기계 조작자의 사고를 줄이는 데 많은 기여를 할 수 있다. 이러한 장치를 사용할 때 장치와 기계 또는 이송되는 공작물 및 재료 사이에서 추가적인 위험요인이 발생하지 않도록 주의를 기울여야 한다. 이것이 보장되지 않는 경우에는 적당한 방호설비를 하여야 한다.

## 2.9 인간공학적 원칙 준수

기계를 설계할 때 인간공학적 원칙을 고려하여 운전자가 받는 정신적 스트레스 또는 육체적 스트레스와 긴장을 줄여야 한다.

이러한 원칙은 기본설계에서 운전자와 기계(자동화 정도)에 역할을 할당할 때 고려되어야 한다.

해당 작업자의 신체크기, 힘과 자세, 동작범위, 반복활동의 빈도를 고려하여야 한다.

제어기, 신호 또는 데이터표시 요소 같은 운전자와 기계 간 상호작용의 모든 요소는 운전자와 기계의 상호작용을 모호하지 않고 분명하게 알 수 있도록 쉽게 설계되어야 한다. 설계자는 기계설계에서 특히 다음과 같은 인간공학적 측면에 유의한다.

- 기계를 사용할 때 스트레스를 유발하는 자세와 동작이 없도록 한다(예를 들면 다양한 운전자에 맞게 기계를 조절할 수 있는 설비를 제공한다. 특히 휴대용 기계를 설계할 때는 인적 노력, 제어기의 작동, 손, 팔 및 다리의 해부학적 구조를 고려하여 쉽게 작동할 수 있게 설계한다).
- 기계 또는 그 방호장치의 설계 특징상 주변 조명이 부족할 경우 작업영역을 조정하고 조명을 설치하며, 나아가서는 잦은 정비구역을 밝히는 국소 조명을 기계 표면이나 내부에 제공한다. 위험성을 유발할 수 있는 깜박임, 눈부심, 그림자, 스트로보 효과를 방지하여야 한다. 위치나 광원을 조절해야 할 경우에는 위치를 조절하는 사람에게 위험이 발생하지 않도록 배치하여야 한다.
- 수동제어기(액추에이터)는 다음과 같이 선택하여 배치하고, 표시한다.
  - 명확하게 보이고, 파악이나 식별이 가능해야 하며, 필요할 경우 적절하게 표시하여 둔다.
  - 주저 없이 또는 시간손실 없이 그리고 모호함 없이 안전하게 동작할 수 있어야 한다.
  - 위치(푸시버튼의 경우)와 움직임(레버와 핸들)이 조작결과와 일치하여야 한다.

- 제어기를 배치할 때는 인간공학적 원칙을 고려하여 레이아웃, 이동 및 작동시의 저항이 수행하려는 동작에 부합되도록 배치하여야 한다. 개인보호구가 필요하거나 그 사용이 예측 가능한 경우 이로 인한 제약사항을 고려하여야 한다.
- 표시기, 다이얼 및 영상 디스플레이 장치를 다음과 같이 선택하여 설계하고 배치해야 한다.
  - 인간의 인식 파라미터 및 특성의 범주 내에 있도록 한다.
  - 표시된 정보를 용이하게 감지, 파악/식별 및 해석할 수 있게 한다. 즉, 운전자의 요구사항 및 사용의도와 관련하여 오래 지속되고, 명료하고, 명확하고, 이해하기 쉽도록 한다.
  - 운전자가 제어위치에서 인식할 수 있게 한다.

# 3. 방호조치

## 3.1 개요

본질적 안전설계조치로 위험요인을 제거하거나 위험성을 충분히 감소시키지 못할 경우에는 가드와 방호장치를 사용하여 사람을 보호하여야 한다. 방호조치로 충분한 안전성이 확보되기 어려울 경우에는 추가 장치와 관련된 추가적 보호조치(예를 들면, 비상정지장치)를 실시해도 된다.

어떤 방호설비의 경우에는 한 가지 이상의 위험요인에 대한 노출을 피하기 위하여 사용되기도 한다. 예를 들면 기계적 위험요인이 존재하는 영역으로의 접근을 막는 고정식 가드는 소음수준을 낮추고 독성 배출물을 포집하는 데 사용된다.

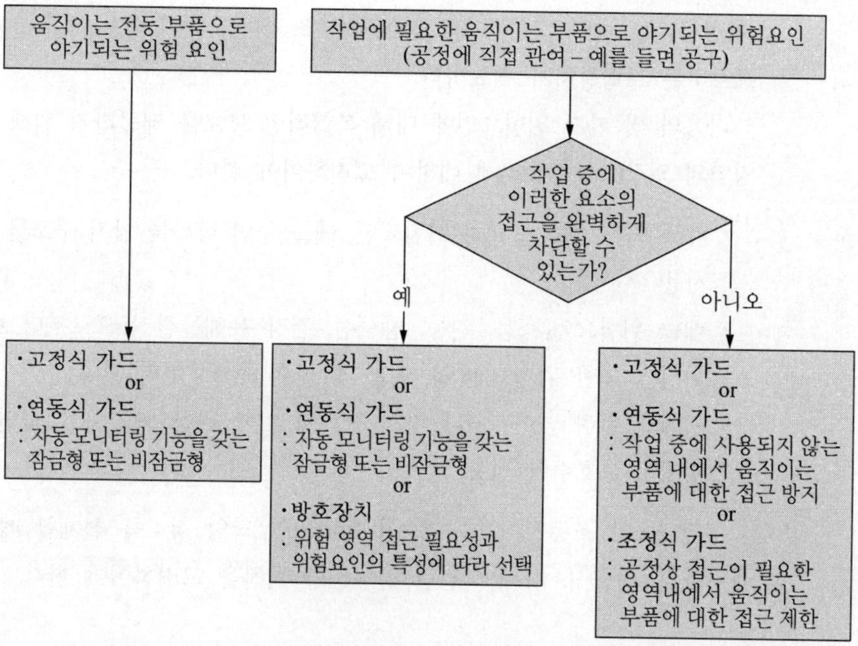


▌그림 2-5 움직이는 부품으로 인한 위험요인에 대한 방호장치 선정 방법

## 3.2 가드와 방호장치의 선정 및 시행

부품의 특성과 위험영역 접근 필요성에 따라 움직이는 부품으로 야기되는 위험요인으로부터 사람을 보호하는 것이 주된 목적인 가드와 방호장치의 선택지침 및 시행지침을 제시한다.

특정 기계에 맞는 방호설비는 기계의 위험성평가를 토대로 정확하게 선택하여야 한다. 특정 유형의 기계 또는 위험요인영역에 적합한 방호설비를 선택할 때는 고정식 가드가 단순해야 하며, 기계의 정상작동(오작동 없는 작동) 시에 위험영역으로 운전자가 접근할 필요가 없는 경우에 사용해야 한다는 점을 명심하여야 한다.

접근해야 하는 빈도가 증가하면 고정식 가드는 교체되어야 하므로 연동식 가드 또는 감지식 방호장치와 같은 보호조치가 필요하다.

때로 방호설비를 조합하여 사용할 것이 요구될 수 있다. 예를 들면, 고정식 가드를 설치하고 이와 연결하여 기계식 적재(공급) 장치를 사용하여 공작물을 기계에 공급함으로써 1차적으로 위험요인영역에 접근할 필요성을 제거하여도 2차적으로 기계식 적재(공급) 장치와 고정식 가드 사이에서 조작자의 손이 닿는 경우 2차 절단에 대해서 보호하는 트립장치가 필요하다.

다음의 몇 가지 위험요인에 대해 복합적인 보호를 제공하기 위해 제어위치나 개입영역의 외장(Enclosure)에 대하여 고려하여야 한다.

- 낙하 또는 분출 물체의 위험요인, 예를 들면 낙하물 방지 구조물 형태의 보호수단 사용
- 배출 위험요인(소음, 진동, 방사선, 건강 유해물질 등으로부터 보호)
- 환경에 의한 위험요인(열, 저온, 악천후 등으로부터 보호)
- 기계에 걸려 넘어지거나 기계 전복에 의한 위험요인, 예를 들면 전복방지구조물 형태의 보호수단 사용

운전실이나 조종실 같이 사방이 둘러싸인 작업 장소를 설계할 때는 가시성, 조명, 대기조건, 접근성, 자세에 관한 인체공학 원칙을 고려하여야 한다.

### 1) 정상작동 중에 위험영역에 접근할 필요가 없는 경우

기계의 정상작동 중에 위험요인영역 접근이 필요 없는 경우에는 다음 중에서 방호장치를 선택한다.

- 고정식 가드
- 잠금형 또는 비잠금형 연동식 가드
- 자동폐쇄식 가드
- 전자감지식 방호장치 또는 압력감지식 방호장치와 같은 감지식 방호장치

### 2) 정상작동 중에 위험영역에 접근이 필요한 경우

기계의 정상작동 중에 위험요인영역에 접근이 필요한 경우에는 다음 중에서 방호설비를 선택하는 것이 좋다.

- 잠금형 또는 비잠금형 연동식 가드
- 전자감지식 방호장치와 같은 감지식 방호장치
- 조정식 가드
- 자동폐쇄식 가드
- 양수조작식 장치

• 시동기능이 있는 연동식 가드(제어가드)

### 3) 보조작업을 위해 위험영역에 접근해야 할 필요가 있는 경우

가급적 기계를 설계할 때는 운전자를 보호하기 위해 제공된 방호장치가 작업 성능에 지장을 주지 않고 설정, 티칭, 공정전환, 결함발견, 청소 또는 정비하는 사람을 보호하도록 설계하여야 한다.

기계가 동력원에 연결되어 있지 않아도 수행이 가능한 작업(특히 정비나 수리 작업)을 하는 경우에는 기계의 동력을 끊어 동력원으로부터 분리하고 에너지를 소산시켜줌으로써 최고 수준의 안전을 보증할 수 있다.

### 4) 감지식 방호장치의 선정 및 시행

감지기능의 기초기술이 매우 다양하기 때문에 모든 유형의 감지식 방호장치가 안전 응용 부문에 동일하게 적합하기는 매우 어렵다. 다음 항목은 설계자에게 각 응용 부문에 가장 적합한 장치를 선택하기 위한 기준을 제시한 것이다.

감지식 방호장치의 유형은 다음과 같다.

• 라이트 커튼
• 레이저 스캐너
• 압력감지매트
• 트립 바, 트립 와이어

감지식 방호장치의 용도는 다음과 같다.

• 트리핑
• 물체 감지
• 트리핑 및 물체 감지
• 엄격한 조건을 만족해야 하는 재시동

다만 감지식 방호장치의 일부 유형은 물체 감지 또는 트리핑 목적으로 부적합할 수 있으므로 기계가 다음과 같은 특성을 갖는 경우에는 감지식 방호장치를 단독으로 사용할 수 없다.

• 기계에서 재료나 구성부품이 분출되는 경향
• 배출 요소(소음, 방사선, 먼지 등)에 대한 가드가 필요한 경우

- 기계정지 시간이 일정하지 않거나 과도하게 걸리는 경우
- 기계가 사이클 수행 중도에 정지가 불가능한 경우

감지식 방호장치를 사용할 때 고려해야 할 사항은 다음과 같다.

- 감지영역의 크기, 특성 및 위치 선정
- 결함조건에 대한 장치의 반응
- 회피 가능성
- 감지능력과 시간 경과에 따른 감지능력의 변동(예를 들면 반사 표면, 기타 인공광원과 햇빛, 공기 중 불순물 같은 다양한 환경조건의 영향을 받은 결과)

감지식 방호장치는 기계의 작동부에 결합되어 기계의 제어시스템과 다음과 같이 연결되어야 한다.

- 사람 또는 신체 일부가 감지되는 즉시 명령을 내린다.
- 감지된 사람이나 신체 일부가 감지영역을 벗어나도 위험한 기계기능이 재시동되지 않으며, 새로운 명령이 내려지기 전까지는 제어시스템이 감지식 방호장치가 내린 명령을 유지한다.
- 위험한 기계기능의 재시동은 운전자가 위험요인영역을 관찰할 수 있는 위험요인영역 밖의 장소에 놓인 제어장치를 의도적으로 작동함으로써 수행된다.
- 뮤팅(Muting)단계[6] 동안을 제외하고 감지식 방호장치의 감지기능이 중단된 상태에서는 기계가 작동하지 못한다.
- 사람 또는 신체 일부가 감지되지 않고 위험요인영역으로 들어가거나 위험요인영역에 존재하는 것이 방지되도록 가급적 고정식 가드와 함께 감지영역의 위치와 형태가 결정된다.

### 5) 안전성을 확보하기 위한 보호장치

하중을 포함한 무게 분산 같은 본질적 안전설계조치로 안정성이 달성되지 않을 경우에는 다음과 같은 보호조치를 사용하여 안정성을 유지하여야 한다.

- 고정볼트(Anchorage Bolt)
- 잠금장치

6) 라이트 커튼을 잠시 동안 무효화 시키는 것으로, 예를 들면 위험지역으로 계속해서 팔레트가 들어가야 한다거나 물건을 집어넣어야 하는 경우 등에 사용됨

- 동작 제한기 또는 기계식 억제장치
- 가속 제한기 또는 감속 제한기
- 하중제한기
- 안정성 또는 전도한계 접근을 경고하는 경보

### 6) 그 밖의 보호장치

운전자가 기계를 연속으로 제어할 것이 요구되며(예를 들면 이동식 기계, 크레인) 운전자 실수로 위험한 상황이 초래될 수 있는 경우, 예를 들면 운전자가 위험요인영역을 확실히 볼 수 없는 경우, 운전자가 안전관련 파라미터(거리, 속도, 질량, 각도 등)의 실제 값에 대한 지식이 부족한 경우, 그리고 위험요인이 운전자가 제어하는 운용범위 밖에서 발생하는 경우에는, 이러한 기계들이 규정된 범위 내에 기계가 작동되고 유지되도록 하여야 하는데 다음과 같은 필요한 장치가 설치되어야 한다.

- 동작 파라미터(거리, 각도, 속도, 가속도)를 제한하는 장치
- 과부하 및 모멘트 제한장치
- 다른 기계와의 충돌 또는 간섭을 방지하는 장치
- 이동식 기계를 보행하면서 제어하는 운전자 또는 기타 다른 보행자의 위험요인을 방지하는 장치
- 토크 제한장치, 부품과 조립품의 과도한 응력을 방지하는 파단점
- 압력 또는 온도 제한장치
- 배출 모니터링 장치
- 제어위치에 운전자가 없을 때 작동을 방지하는 장치
- 안정기가 없는 경우 들어 올리는 작업을 방지하는 장치
- 경사면에서 기계의 경사도를 제한하는 장치
- 이동전에 부품이 안전한 위치에 있는지를 확인하는 장치

## 3.3 가드 및 방호장치의 설계 요구사항

### 1) 일반적 요구사항

가드와 방호장치는 기계적 위험요인 및 기타 관련 위험요인을 고려하여 의도된 사용에 맞게 설계되어야 한다. 또한 가드와 방호장치는 기계의 작동환경에 적합하여야

하며 그 사용이 쉽게 무효화되지 않도록 설계되어야 한다. 특별히 작동 및 기계의 기타 수명기간 중에 최소의 간섭을 일으키게 설계하여 편리성을 위해 해제할 필요가 없게 하여야 한다.

가드와 방호장치의 일반적인 요구사항은 다음과 같다.

- 견고하게 제작하여야 하고
- 추가 위험요인을 발생시키지 않아야 하고
- 회피하거나 작동을 중지시키기 쉽지 않아야 하고
- 위험영역에서 적합한 거리를 두고 배치하여야 하고
- 생산 공정을 볼 수 있도록 시야 방해를 최소화하여야 하고
- 작업을 실시해야 하는 영역으로만 접근을 허용하고, 가급적 가드를 제거하거나 방호장치 사용을 중지할 필요 없이 설치 또는 공구 교체 그리고 정비에 필요한 작업만 실시할 수 있도록 하여야 한다.

### 2) 가드의 요구사항

가드가 달성할 수 있는 기능은 다음과 같다.

- 가드에 의해 둘러싸인 공간으로의 접근 방지
- 기계에 의해 분출 또는 낙하할 수 있는 재료, 공작물, 칩, 액체 등을 차단 또는 포집하고 기계로 인하여 발생할 수 있는 배출(소음, 방사선, 먼지, 품, 가스 같은 유해물질)의 감소

고정식 가드의 요구사항을 보면 다음과 같은 방법으로 제 위치에 단단히 고정하여야 한다.

- 용접과 같은 방법으로 영구적으로 고정
- 공구 없이는 제거나 개방이 불가능한 고정부품(나사, 너트)을 사용, 가드가 고정장치 없이 닫힌 상태로 있지 않는 것이 좋다.

움직이는 전동 부품에 의해 초래되는 위험요인에 대하여 보호하는 이동식 가드의 요구사항은 다음과 같다.

- 개방했을 때 가능한 한 기계나 다른 구조물에 고정된 채로 있어야 한다(일반적으로 힌지 또는 가이드 사용).
- 필요할 경우에 가드 잠금과 연동되어야 한다.

움직이는 비전동 부품에 의해 초래되는 위험원으로부터의 보호를 위한 이동식 방호장치는 기계 제어시스템과 연결하고 다음과 같이 설계하여야 한다.

- 이동부는 조작자가 닿는 영역 내에서는 가동이 되지 않도록 하고 한번 가동한 후에는 조작자가 접근할 수 없도록 한다. 이 기능은 필요한 경우 가드잠금장치를 갖는 연동식 가드로 구현할 수 있다.
- 공구나 열쇠 등을 사용하는 의도적인 동작을 통해서만 조절할 수 있게 한다.
- 부품 중 하나가 없거나 고장이 나는 경우, 이동부품의 시동을 방지하거나 정지시키도록 한다. 이 기능은 자동 모니터링 기능을 통해서 구현할 수 있다.

조정식 가드는 작동상의 이유로 위험요인영역을 완전히 에워쌀 수 없을 경우에만 사용한다. 수동조정식 가드는

- 작동 중에 조절이 고정된 상태를 유지하여야 하며
- 공구 사용 없이 쉽게 조절할 수 있도록 설계하여야 한다.

시동기능을 갖는 연동식 가드는 다음 경우에만 사용해도 된다.

- 연동식 가드의 모든 요구사항을 만족할 것
- 기계의 사이클 시간이 짧을 것
- 가드의 최대 개방시간을 최솟값으로 미리 설정한다(예를 들면, 사이클 주기와 같게). 이 시간이 초과되면, 시동기능을 갖는 연동식 가드의 문을 닫아도 위험한 기능이 시동되지 않으며 리셋을 실행해야만 기계를 작동시킬 수 있도록 한다.
- 기계의 치수 또는 형상으로 인하여 사람 또는 신체 일부가 위험요인영역에 머무를 수 없으며, 가드가 닫혀 있는 동안에는 가드와 위험요인영역의 사이에 머무를 수 없도록 한다.
- 시동기능을 갖는 연동식 가드의 연동장치는 위치검출 장치와 자동 모니터링 기능을 중복 설치하여 고장이 나더라도 의도하지 않은 또는 예상하지 않은 시동이 될 수 없도록 한다.
- 가드는 열린 채로 단단히 지지되어서(예를 들면, 스프링이나 균형추에 의해) 자체 무게에 의한 떨어짐으로 인해 기계가 시동하는 일은 없도록 해야 한다.

다음과 같은 요인으로 발생할 수 있는 위험이 방지되도록 주의하여야 한다.

- 가드의 구조(예리한 가장자리나 모서리, 재료, 소음 배출 등)
- 가드의 움직임(동력식 가드 및 떨어지기 쉬운 무거운 가드에 의해 발생하는 전단

또는 압착 영역)

### 3) 방호장치의 기술적 특성

안전제어시스템을 이용한 방호장치를 설치할 경우에는 안전기능이 정확히 시행되도록 방호장치를 선택하거나 설계하여 제어시스템에 연결해야 한다.

방호장치는 해당 제품 표준을 충족하는 것을 선택해야 하며 ISO 13849-1:2016(안전성능수준) 또는 IEC 62061(안전무결성수준)에 명시된 하나 이상의 원칙에 따라 설계하여야 한다.

방호장치의 사용이 쉽게 무효화되지 않도록 방호장치를 설치하여 제어시스템에 연결하여야 한다.

### 4) 다른 유형의 방호장치 제공

실시해야 하는 작업의 범위 때문에 방호장치를 변경해야 하는 경우에는 기계에 부합하는 다른 유형의 적절한 방호장치를 제공하는 것이 좋다.

# 4. 추가적 보호조치

## 4.1 비상정지기능을 달성하기 위한 부품과 요소

위험성평가 이후 실제 또는 임박한 비상상황을 피할 수 있는 비상정지기능을 달성하기 위한 부품과 요소를 기계에 장착해야 할 경우에는 다음 요구사항이 적용된다.

- 액추에이터는 명확하게 파악되고 식별되어야 하며 분명하게 보이고 쉽게 접근할 수 있어야 한다.
- 추가적 위험요인을 야기하지 않고 위험한 공정을 최대한 신속하게 정지시켜야 하지만, 이것이 어렵거나 위험성을 낮출 수 없을 때는 비상정지기능의 시행이 최상의 해법인지 확인하는 것이 좋다.
- 필요할 경우에 비상정지제어는 특정 방호장치를 작동시키거나 작동을 허용해야 한다.

비상정지명령 이후 비상정지장치의 능동 작동이 중단되면 재설정 전까지 이 명령의 효력이 지속되어야 한다. 이 재설정은 비상정지명령이 시작된 위치에서만 가능하여야 한다.

## 4.2 갇힌 사람의 구조와 대피조치

갇힌 사람의 구조 및 대피조치는 다음과 같이 계획하고 설치한다.

- 비상정지 후 손으로 일부 요소를 움직일 수 있는 장치
- 일부 요소의 동작을 거꾸로 돌리는 장치
- 비상탈출 시스템 추가
- 갇힌 운전자가 도움을 요청할 수 있는 통신수단

## 4.3 차단 및 에너지 분산조치

재해발생 가능성이 있는 저장된 에너지는 다음과 같다.

- 관성에 의해 계속해서 움직이는 기계적 부분
- 중력에 의해 움직이는 기계적 부분
- 응축장치, 완충장치
- 압축성 유체
- 스프링

저장된 에너지에 의하여 발생할 수 있는 재해를 방지하기 위하여 다음과 같은 행동으로 전원 공급을 차단하고 저장된 에너지를 분산하는 기술적 수단을 기계에 장착하여야 한다.

### 1) 기계(또는 기계의 정해진 부품)를 모든 전원공급장치로부터 격리

- 신뢰성 있게 격리
- 수동제어와 차단요소 사이에 신뢰성 있는 기계적 연결
- 수동제어의 각 위치에 일치하는 차단장치의 상태를 명백하고 확실하게 확인할 수 있도록 하여야 한다.
- 차단장치의 위치선정과 수량은 기계의 구성, 위험영역에서의 작업자의 존재 필요

성 및 위험성평가 결과에 따라 결정되어야 한다.

- 각 차단장치는 기계 또는 기계부품의 차단상태가 확실하게 확인될 수 있어야 한다.
- 기계장치가 차단되어 있는 동안 어떤 회로가 정보보호나 국부조명 등과 같이 부분적으로 연결해야 할 경우에는 특별한 방법으로 작업자의 안전이 확보되도록 하여야 한다.

### 2) 차단 위치에 있는 모든 차단 유닛 잠금(또는 고정)

- 차단장치는 차단 위치에서 잠금 또는 다른 방법으로 안전하게 할 수 있어야 한다.
- 잠금장치는 하나 이상의 잠금장치를 사용하는 설비, 트랩 키의 연동장치, 방호울 등을 포함한다.

### 3) 위험요인을 야기할 수 있는 저장 에너지를 배출 또는 억제(제한)

- 저장된 에너지의 분산 또는 제한장치는 저장된 에너지가 재해를 발생시킬 수 있는 기계에 설치되어야 한다.
- 저장된 에너지의 분산이 사용되는 기계에 과도하게 성능을 저하시킬 우려가 있을 때에는 추가적인 방법을 통해 저장된 에너지를 유지하도록 해야 한다.
- 에너지 분산과 제한에 필요한 절차는 기계의 매뉴얼이나 본체에 경고문으로 표시되어야 한다.
- 에너지를 제한하는 장치는 필요시마다 잠금상태로 되게 하거나 안전하게 하여야 한다.

### 4) 안전작업 절차에 따라 안전의 실효성이 확보되었는지 확인

- 차단 에너지의 소실 및 제한 기능을 확인하는 장치는 성능이 손상되지 않도록 하여야 한다.
- 동력공급의 차단에 대한 가시화(동력공급 회로의 차단 등에 대한 가시화) 또는 차단장치의 수동제어(액추에이터)의 명백한 위치 표시를 하여야 한다.
- 압력게이지 등과 같은 장치 또는 시험위치 등은 기계에 대한 부분적인 에너지의 존재 유무를 확인하는 조치에 사용되어야 한다.
- 압축된 상태의 스프링과 같이 저장된 에너지로 인한 위험을 경고하기 위하여 설치된 명판은 영구적으로 부착되어야 한다.

## 4.4 중량물을 쉽고 안전하게 취급하기 위한 조치

손으로 움직이거나 이송하기 어려운 기계 및 부품은 크레인 등과 같은 인양장치를 사용하여 이동할 수 있도록 적당한 연결장치를 갖고 있어야 한다. 이러한 연결장치로는 다음과 같은 종류가 있다.

- 슬링, 후크, 아이볼트, 나사구멍이 있는 표준 인양장치
- 지상에서 접속이 불가능한 경우 인양후크로 자동 그립하기 위한 장치
- 지게차로 이송하기 위한 안내그루브
- 인양장치 및 기계에 설치된 접속구

또한 운용 중에 수동으로 분리가 가능한 기계부품의 경우에는 분리 및 교체를 안전하게 하기 위하여 착탈식 부품과 같은 수단이 있어야 한다.

## 4.5 기계에 안전하게 접근하기 위한 조치

기계운전을 비롯해 설정이나 정비와 관련된 모든 일상작업을 가급적 지면에서 실시할 수 있도록 기계를 설계하여야 한다. 다만 이것이 현실적으로 어려운 경우에는 다음과 같은 사항을 고려하여 해당 기계장치와 관련하여 작업자를 위한 보조조치를 취하여야 한다.

- 작업을 위해 안전하게 접근할 수 있는 플랫폼, 계단 또는 기타 설비가 기계에 설치되어 있어야 한다. 그러나 이러한 플랫폼이나 계단이 기계의 위험영역으로 접근하는 경로가 되지 않도록 주의하는 것이 좋다.
- 걸어 다니는 영역은 작업조건에서 미끄럼을 최대한 방지하는 재료로 만들어야 하며, 지면에서의 높이에 따라 적절한 난간을 설치하여야 한다.
- 대형 자동화 설치물에서는 통로, 컨베이어 다리 또는 교차지점 같은 안전한 접근 수단에 특히 주의하여야 한다.
- 높은 곳에 있는 기계부품에 접근하는 수단에는 추락을 방지하는 종합적 수단(예를 들면 계단 난간, 발판 사다리, 사다리용 플랫폼, 안전케이지)이 제공되어야 한다. 필요할 경우에는 사람들을 위로 이동시키거나 제어스테이션이 있는 기계 운반차 안에 추락을 방지하는 개인보호장비를 고정하는 설비도 제공하여야 한다.
- 가급적 문은 안전한 위치를 향해 열려야 한다. 의도하지 않은 상태에서 문이 열릴

경우 위험요인을 방지하도록 설계하여야 한다.

- 기계장치에 안전한 접근을 위하여 계단과 손잡이 등 필요한 보조수단을 제공하여야 한다.
- 제어장치는 접근 보조수단으로 사용되지 않도록 설계하고 배치하여야 한다.
- 제품이나 사람을 들어 올리는 기계의 고정된 높이에 발판이 있는 경우에는 연동식 가드를 설치하여 플랫폼이 지면에서 떨어져 있는 경우에 추락을 방지하도록 하여야 하고, 가드가 열려 있는 동안에는 플랫폼의 상승이 억제되도록 하여야 한다.

# 5. 사용정보

## 5.1 개요

기계장치에 대한 사용정보는 기계설계의 핵심적인 부분이다. 사용정보는 문서, 단어, 표시, 기호, 신호, 선도 등의 전달 매체로 구성되며 개별 또는 조합으로 사용하여 사용자에게 정보를 전달한다. 정보 전달의 대상은 전문적인 사용자 또는 비전문적인 사용자이므로 다음 사항을 고려하여야 한다.

- 사용자에게 모든 동작모드를 고려한 기계의 의도된 사용에 대한 정보를 제공하여야 한다.
- 사용정보는 기계를 정확하고 안전하게 사용하기 위해 필요한 모든 지침을 포함하여야 하므로 이러한 측면에서 사용자에게 잔존위험성을 알리고 경고하여야 한다.
- 명칭과 설명에서 합리적으로 예상할 수 있는 기계사용이 제외되지 않아야 하며 사용정보에 기술된 것 이외의 방식으로 기계를 사용하여 야기되는 위험성, 특히 합리적으로 예측 가능한 오용을 고려할 때 야기되는 위험성에 관해서도 경고하여야 한다.
- 사용정보는 기계의 운반, 조립과 설치, 시험 가동, 사용(설정, 티칭/프로그래밍 또는 공정 전환, 운전, 청소, 결함발견, 정비) 및 필요할 경우 분해, 사용 정지 및 폐기 내용이 개별적으로 또는 종합적으로 다루어야 한다.
- 사용정보는 다음을 적절히 포함하여야 한다.

- 교육의 필요성
- 개인보호장비의 필요성
- 추가적 가드 또는 방호장치의 필요성

## 5.2 신호 및 경고장치

점멸등과 같은 시각적 신호와 사이렌 같은 청각적 신호를 사용하여 기계시동이나 과속 같이 임박한 위험한 사건을 경고해도 된다. 이러한 신호는 자동 보호조치가 작동하기 전에 운전자에게 경고하는 용도로도 사용해도 된다. 이러한 신호는

- 위험한 사건이 발생하기 전에 송출되어야 하며
- 모호하지 않아야 하며
- 사용되는 다른 모든 신호와 구별되어야 하고 명확하게 인식되어야 하며
- 운전자와 다른 사람들이 분명하게 알아볼 수 있어야 한다.

경고장치는 점검이 용이하도록 설계하고 배치하여야 한다. 사용정보에 경고장치의 정기점검을 명시하여야 한다.

시각이나 음성신호가 지나치게 남발될 경우 발생할 수 있고 경고장치의 무효화를 야기할 수 있는 작업자들의 다양한 정보취득에 따른 감각의 포화 가능성에 설계자들은 주의하여야 한다.

## 5.3 표지 및 문자 경고

기계에는 작업을 위한 설비정보와 안전을 위한 각종 필요한 정보 등이 표시되어야 한다.

- 설비에 대한 정보
  - 제조자의 이름과 주소
  - 시리즈 명칭 또는 종류
  - 일련번호(있는 경우)
  - 마크
  - 제조자 공인 대표, 기계 명칭, 제조년도, 잠재적 폭발성 대기에서의 기계용도 등을 표시한 문자 표시

- 작업자 안전을 위한 표시
  - 회전 부품의 최대 속도
  - 공구의 최대 지름
  - 기계 자체 또는 착탈식 부품의 질량(킬로그램)
  - 최대 사용하중
  - 개인보호장비의 착용 필요성
  - 가드 조정 데이터
  - 검사 주기

기계에 바로 인쇄된 정보는 기계의 예상 수명 기간 동안 볼 수 있도록 영구적인 것이 좋다. 단순히 “위험”이라고만 표시하는 표지나 문자 경고는 사용하지 않아야 한다. 마크, 표지 및 문자 경고는 관련 기계의 기능과 관련하여 쉽게 이해할 수 있어야 하며 모호하지 않아야 한다.

문자 경고보다 쉽게 이해할 수 있는 표지(그림 문자)를 우선하여 사용하는 것이 좋다. 표지와 그림 문자는 기계를 사용하는 곳의 문화적 배경에서 이해가 가능한 방법으로 사용하는 것이 좋다. 문자 경고는 기계가 처음 사용될 국가의 언어로 작성되어야 하며, 요청이 있을 경우에는 운전자가 아는 언어로 작성한다.

## 5.4 함께 제공되는 문서(특히 취급설명서)

### 1) 기계의 운반, 취급 및 보관에 관한 정보

- 기계의 보관 조건
- 치수, 질량 값, 무게중심 위치
- 취급설명서(예를 들면, 리프팅 장비의 적용 지점을 표시한 도면)

### 2) 기계의 설치와 시운전에 관한 정보

- 설치/고정 및 소음과 진동의 고정 및 감쇠 요구사항
- 조립 및 장착 조건
- 사용 및 정비에 필요한 공간
- 허용되는 환경조건(예를 들면 온도, 습도, 진동, 전자기 방사선)
- 기계의 전원 연결 지침(특히 전기 과부하 방지에 관한 지침)

- 폐기물 제거/처리 안내
- 필요할 경우, 사용자가 시행해야 하는 보호조치와 관련된 권고사항

### 3) 기계 자체에 관한 정보

- 기계 및 그 부속품, 가드 또는 방호장치에 관한 세부 설명
- 기계의 용도 내 모든 범위의 응용사항과 원래 모델 대비 변경으로 인하여 금지된 사용법 등
- 안전기능 구조도 등과 같은 도식
- 기계에서 발생하는 소음과 진동, 기계로 배출되는 방사선, 가스, 증기, 먼지에 관한 데이터와 사용된 측정 방법(측정 불확실성 포함)
- 전기장비의 기술문서
- 기계가 필수 요구사항을 준수한다는 것을 입증하는 문서

### 4) 기계 사용에 관한 정보

- 원래 용도
- 수동제어기(액추에이터)
- 설정 및 조정
- 정지(특히 비상정지)모드 및 수단
- 설계자가 시행하는 보호조치로 제거될 수 없는 위험
- 특정한 응용 및 구성에 의해서 발생하는 위험과 이러한 위험에 대한 방호조치
- 합리적으로 예측 가능한 오용과 금지된 활용
- 구입 이후 수리 및 재시동 및 수리를 위한 결함파악이나 식별 및 위치
- 사용할 필요가 있는 개인보호장비와 필요한 교육

### 5) 정비 관련 정보

- 안전기능의 성격과 검사의 주기
- 사용 시 운전자의 건강과 안전에 영향을 줄 수 있는 예비부품의 시방
- 명확한 기술지식 또는 특정 기술이 필요해 숙련자(예를 들면 정비 담당자, 전문 기술자)만 실시할 필요가 있는 정비작업에 관한 지침
- 특정 기술이 필요하지 않아 운전자가 직접 실시해도 되는 정비작업(부품 교체 등)

에 관한 지침

- 정비 담당자가 작업을 합리적으로 수행할 수 있게 해주는 도면과 도식

### 6) 분해, 사용중지 및 폐기에 관한 정보

### 7) 비상상황에 관한 정보

- 사고나 고장 시에 따를 동작방법
- 사용할 소화장비의 유형
- 유해물질의 배출 또는 누출 가능성에 대한 경고 그리고 가능한 경우 그 효과를 억제할 수 있는 수단 표시

Chapter 03

# 스마트공장 안전제어시스템 설계기술

## 1. 스마트공장 안전제어시스템의 개요

### 1.1 스마트공장 안전성 확보기술 개요

ICT 융합에 기반을 두어 전 공정 및 공급 망을 지능화 · 최적화한 미래형 공장으로, 제품기획 · 설계, 제조 · 공정, 유통 · 판매 등 전 과정을 IT로 통합하여 최소 비용과 최소 시간으로 고객 맞춤형 제품을 생산하는 공장으로 일반적인 정의를 갖는 스마트공장은 전술한 바와 같이 지속적으로 발전할 것이며, 특히 스마트공장의 기반기술이나 관련기술의 지속적인 발달과 아울러 더욱 고도화 하게 될 것이다.

이러한 스마트공장은 업종별 · 사용 설비별로 다양한 시스템 아래에서 기업의 규모와 시장의 요구에 따라 스마트공장 구축 수준에도 많은 차이가 있으나 스마트공장 구축 수준과 스마트공장 구축 프레임에 따른 하드웨어와 소프트웨어가 잘 도입되고 구현될 때만이 본래의 목적을 달성할 수 있을 것이다.

스마트공장의 전 단계인 공장자동화는 단순히 사람의 접근을 막아 사람과 설비를 격리하여 안전을 확보하는 설비 대체기술 또는 본질적인 안전을 확보하는 중요한 엔지니어링 기술로 선호되어 왔다.

그러나 4차 산업시대의 제조업을 주도해 나가는 스마트공장 생산설비는 설비와 사람 또는 로봇을 혼용하여 작업이 이루어지고 있으며, 특히 자동화 설비, 공정정보, 외부시스템, 시뮬레이션의 통합 연계 및 실시간 센싱 및 제어를 통해 생산성 향상, 에너지 절감, 맞춤형 제조를 이루기 위한 산업용 IoT(Industrial IoT)기능이 더욱 다양하게 사용될 것이므로 자동화 설비, 센서, 측정장치, 지그, 공구, 원재료 및 중간재와 생산제품의 공급장치 등 개별 기계 및 기구와 기계장치 등에 의하여 발생할 수 있는 고장이나 작동상의 오류 및 이들 상호간에 미치는 영향은 스마트공장의 시스템적인 고장을 야기하여 생산성 및 제품 품질에 큰 문제를 야기할 뿐만 아니라 이제껏 경험하지 못한 안전사고, 즉 기업의 지속경영을 저해하는 대형 안전사고를 유발시킬 수 있는 요인이 될 수 있다.

따라서 스마트공장은 안전관련 제어 개념을 확립하고, 기계류 안전을 확보하는데 가장 중요한 기술 엔지니어링에 대한 기준을 구축해야 한다. 제어 개념의 필수 구성요소는 표준 및 지침을 적용하되 안전무결성레벨(SIL) 또는 성능레벨(PL)의 정의와 안전 측면을 포함하는 기계 가용성 및 생산성을 고려하는 것이 중요하다. 또한 스마트공장을 구성하는 개별 기계 및 장치, 센서, 액추에이터와 함께 연동되어 사용되는 안전관련부품류와 스마트공장을 구성하는 개별 장치 및 통합 시스템의 안전과 관련된 제어시스템의 구성요소들에 대한 안전확보 기술이 스마트공장 구축 초기 단계에서 고려되고 검토되어 설계 및 설치된 후 주기적으로 운영관리 되어야 할 필요가 있다.

뿐만 아니라 스마트공장의 안전확보 기술과 시스템의 안전한 운영을 위한 세이프티 라이프사이클(Safety Life Cycle) 관리개념에 대한 기준이 제시되어야만 스마트공장에서 발생 가능한 잠재적인 위험으로부터 안전을 확보할 수 있고, 유럽이나 북미 선진국가들이 요구하는 스마트공장의 안전관련 국제코드의 준수로 향후 기술무역장벽으로부터 자유로워질 수 있게 될 것이다.

본장에서는 안전제어시스템 관련 국제표준을 중심으로 하여 스마트공장 구축 시 반드시 고려되어야 하는 안전과 관련한 제어시스템 설계에 대한 기술기준을 제시한다.

## 1.2 리스크와 안전관련 시스템

모든 설비나 기계에는 다소의 차이가 있을 수는 있지만 일정한 위험을 보유하고 있다고 전술한 바가 있다. 이러한 위험 중 허용할 수 있는 위험이 있는가하면, 허용할 수 없는 위험도 있는데 일반적으로 허용할 수 없는 위험을 제거하거나 감소시켜 모든 위험이 허용 가능한 범위에 있도록 하는 것이 안전의 목적이라고 할 수 있다.

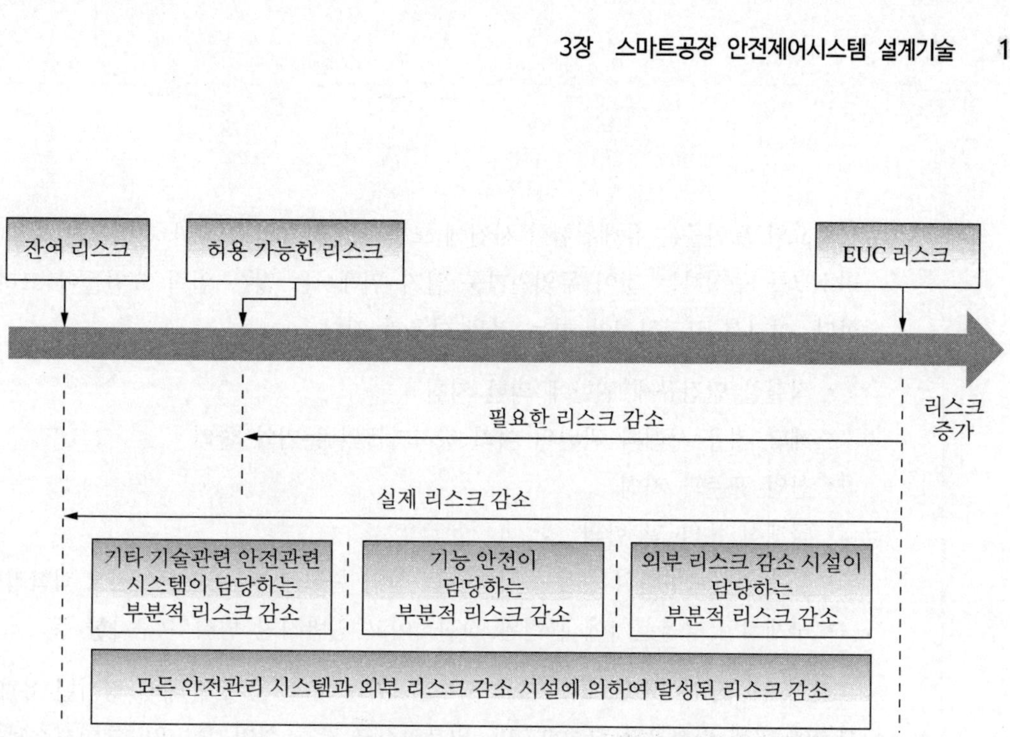


**▮그림 3-1 리스크 감소의 일반적 개념**

리스크는 명시된 유해위험한 사건 발생의 확률과 결과에 대한 하나의 기준이다. 이것은 여러 가지 상황 즉 EUC 리스크, 허용 가능한 리스크에 부합하는 리스크, 실제 리스크에 대해 측정될 수 있다.

[그림 3-1]은 일반화된 리스크 모델로서 일반적인 원칙을 보여준다. 제어할 수 있는 모든 장비는 위험을 보유하고 있으며, 그 중 허용할 수 없는 위험을 모두 제거하거나 감소하기 위하여 위험성평가를 실시한다.

위험성평가 결과 허용할 수 없는 위험을 제거하기 위해서는 그림에서 보여주는 바와 같이 기능안전관련 시스템, 기타 기술 안전관련 시스템, 외부리스크 감소 설비에 의해 필요한 리스크 감소가 실제로 달성되는 구체적 방법을 고려하여 해당 경우에 대한 리스크 모델을 개발할 필요가 있다.

[그림 3-1]에서 표시된 다양한 리스크는 다음과 같다.

EUC 리스크란 수동제어 혹은 자동제어 구분 없이 제어 하에 있는 설비(EUC) 자체 및 EUC 제어시스템에 대해 명시된 유해위험한 사건 및 관련된 인적 요소 문제에 존재하는 리스크로써 이러한 리스크를 결정하는 데에는 아무런 안전보호기구가 고려되지 않는다.

허용 가능한 리스크란 사회에 통용되는 가치에 근거하여 주어진 상황에서 수용되는 리스크로써 허용 가능한 리스크는 손상의 심각성, 위험에 노출된 사람의 숫자, 사람들이 위험에 노출되는 빈도, 노출의 지속성 등과 같은 많은 요인에 의존한다.

중요한 요인들은 유해위험한 사건에 노출되는 자들의 인식과 견해인데 허용 가능한 리스크를 구성하는 것이 무엇인가를 알기 위해서는 많은 입력 요인들이 고려되어야 한다. 여기서 고려하여야 하는 것은 다음과 같다.

- 적절한 안전규제 권한에 의한 지침
- 해당 적용 사례와 관련된 여러 당사자들의 논의와 합의
- 산업 표준과 지침
- 국제적 논의 및 합의
- 자문 기구로부터의 가장 독립적이고, 산업 현실에 맞는, 전문적이고 과학적인 자문
- 구체적인 응용분야에 관련된 직접적이고 일반적인 법적 요구사항 등

잔여 리스크는 EUC, EUC 제어시스템, 인적 요소 문제에 대해 명시된 유해위험한 사건에 대해 리스크가 잔존하지만, 외부리스크 감소 설비, E/E/PE 제어시스템을 포함한 기능 안전관련 시스템, 기타 기술 안전관련 시스템이 적용된 상태를 나타낸다.

그러므로 안전관련 시스템이란 기능 안전관련 시스템, 기타 기술 안전관련 시스템[7], 외부리스크 감소 설비[8]에 의하여 달성된 리스크 감소를 담당하는 시스템을 의미한다.

기능 안전관련 시스템은 접수된 명령에 따라 적절한 행동을 취함으로써 EUC가 위험한 상태에 이르지 못하도록 설계된다. 안전기능을 수행하는 다른 시스템들도 있기도 하지만, 자체적으로 요구되는 '허용 가능 리스크'를 달성하도록 지정된 것이 바로 기능 안전관련 시스템이다.

이러한 목적을 달성하기 위하여 안전관련 시스템은 EUC 제어시스템의 필수적 부분이 되거나 또는 센서 및 액추에이터를 통해 EUC와 인터페이스가 허용된다.

즉, 필요한 안전성능수준이나 안전무결성수준은 EUC 제어시스템에서 별도의 독립적인 시스템을 추가함으로써 안전기능을 구현하여 달성해도 된다.

또한 사람이 E/E/PE 제어시스템을 포함한 기능 안전관련 시스템을 구성하는 필수 부분이 될 수 있다. 예를 들면, 사람이 EUC의 상태에 대한 디스플레이 스크린에서 정보를 얻을 수 있고, 이런 정보에 기초한 안전 조치를 취할 수 있기 때문이다.

그중 많은 경우 기능안전은 전기/전자/프로그램 가능한 전자(E/E/PE) 제어시스템

7) 전기/전자/프로그램 가능한 전자장치를 포함한 기능안전에 의한 리스크 감소 및 외부리스크 감소 기술 이외의 기술에 토대를 둔 안전관련 시스템을 말한다. 릴리프 밸브는 기타 기술 안전관련 시스템이다.

8) 기능 안전관련 시스템이나 기타 기술 안전관련 시스템을 사용하지 않고, 이로부터 분리되거나 구별된 리스크를 완화하거나 감소시키기 위해 사용되는 수단을 말한다. 하수시스템, 방화벽, 제방 등이 외부리스크 감소 설비이다.

기술로 주로 구현되는데, 센서로부터 제어로직과 통신시스템을 통해서 최종 액추에이터까지(조작자인 사람이 하는 중요한 행위 포함) 연계된 안전기능을 실행하는데 필요한 시스템의 전 부분을 말한다.

## 1.3 안전제어시스템을 위한 기능안전

### 1) 기능안전 개념

기능안전의 개념을 소개하기 위하여 안전의 정의를 정확하게 명시하여야 한다.

안전이란 자산이나 환경에 손상을 입힌 결과로 인해 작업자에게 직간접적으로 물리적인 상해를 입히거나 작업자의 보건에 영향을 줄 수 있는 위험 중 허용할 수 없는 리스크로부터 자유로워지는 것을 의미하는 것이며 포괄적인 개념에서 기능안전을 포함한다.

기능안전은 시스템이나 장비에 의해 좌우되는 전체적인 안전의 일부분으로, 이 시스템이나 장비는 입력에 대한 반응이 올바르게 운영되어야 한다.

예를 들어, 전기 모터의 권선에 열 센서를 달아 과열되기 전에 동력을 차단하기 위한 과온 방지 장치는 기능안전의 한 예로 볼 수 있다. 그러나 고온을 견디기 위해 특수화된 절연체를 입히는 것은 기능안전의 예시가 아니다. 다만 안전과 기능안전 모두, 시스템 전체적인 측면과 상호작용하는 환경을 고려하지 않고서는 결정될 수 없다.

일반적으로 안전관련 시스템이라는 용어는 특정한 기능을 수행하거나 리스크를 허용 가능한 수준으로 유지되도록 보증하는 기능들을 수행하는 시스템을 말하고 이러한 시스템을 수행하는 이러한 기능을 안전기능이라 한다.

특별히 스마트공장에 설치되는 기계설비나 장비 및 자동화시스템 등은 의도된 환경에서 작동하도록 고안된 제어시스템이 다양한 작업을 위하여 프로그래밍 된 상태로 작동되게 된다. 이러한 제어시스템 중에서 특별히 안전과 관련된 제어시스템(이하, 안전제어시스템이라고 지칭함)에서 발생할 수 있는 주요 위험원은 명세자 또는 개발자에 의한 위험원 분석을 통해 식별되어야 한다. 이 분석을 통해서 주요 위험원에 대한 적절한 보호를 위해 기능안전이 꼭 필요한 것인지 결정한다. 만일 그렇다면 설계 시에 안전제어시스템이 안전하게 작동될 수 있는 적절한 방법을 고려해서 설계하여야 한다.

기능안전은 전체의 안전시스템 중에서 제어시스템에 의하여 발생하는 위험원을 다루는 다양한 안전기능 중 하나이므로 제어시스템에 의해 발생할 수 있는 위험원을 제거하거나 감소시키는 방법을 강구하는 것이 스마트공장과 자동화 설비에 있어서 가장 중요한 것이다.

다음 두 가지 형식의 요구사항은 기능안전을 달성하기 위해 필수적이다.

- 안전기능 요구사항(안전기능이 무엇을 수행한다.)
- 안전성능수준 및 안전무결성 요구사항(안전기능이 만족스럽게 수행될 가능성)

안전기능 요구사항은 위험원 분석을 통해 도출되고 안전성능수준 및 안전무결성 요구사항은 리스크 평가를 통해 도출된다. 좀 더 높은 안전성능수준 및 안전무결성수준일수록 위험한 고장 가능성이 더욱 낮아진다. 이는 안전성능수준 및 안전무결성이 높은 수준일수록 안전제어시스템에 대한 기술기준과 관련 시스템공학이 더욱 엄격하게 적용된다는 의미가 된다.

예를 들면 경첩이 달린 견고한 커버로 보호되는 회전칼날을 가진 기계를 생각해 보자. 일반적으로 청소를 하기 위해서 칼날 커버를 들어 올린다. 커버를 들어 올릴 때마다 전자 회로가 모터의 전원을 끊고 브레이크가 작동하도록 연동된다. 이렇게 하여 칼날은 조작자를 다치게 할 수 있기 전에 작동이 멈춘다.

여기에서 안전을 달성하기 위하여 위험원 분석 및 리스크 평가 모두 필수적이다.

위험원 분석을 통하여 회전하는 기계의 덮개를 열고 칼날을 청소하는 작업과 관련된 위험원을 식별한다. 이 기계의 안전을 확보하기 위해서 칼날이 회전하는 동안 기계를 멈추게 하는 브레이크 없이는 경첩이 달린 커버를 5 mm 이상 들어 올리는 것은 불가능하도록 하는 것이다. 여기에다 안전의 확률을 더욱 높이기 위하여 회전 중인 기계의 덮개를 들어 올리면 칼날이 멈추는 시간은 1초 이하로 제한하는 것이다. 이 분석 결과는 기능안전을 적용한 기계의 안전기능이다.

리스크 평가를 통해서는 동 기계에 적용될 기능안전의 성능 요구사항을 결정하게 된다. 그 목표는 기능안전의 안전성능 및 안전무결성이 이러한 유해·위험한 사건(Hazardous Event)과 관련된 수용할 수 없는 리스크에 전혀 노출되지 않도록 설계되고 제작되도록 보증하는 것이다.

안전기능의 고장으로 인해 발생한 피해로는 조작자의 손이 절단되거나, 상처만 약간 입는 것일 수 있다. 또한, 리스크는 커버가 들어 올려지는 빈도수와 관련이 있는데, 이 빈도수는 매일 운영하는 동안 몇 번이 될 수도 있고, 한 달에 몇 번 안 될 수도 있다. 요구되는 안전무결성수준은 입은 상해의 심각한 정도와 위험원에 노출된 빈도에 따라 증가한다.

기능안전의 안전성능 및 안전무결성은 해당 기계나 설비가 요구하는 안전기능을 정확히 수행되기 위하여 설치된 각종 안전관련 제어 부품류들에 의하여 결정된다. 그 예로는 센서, 제어기, 액추에이터, 인터록 시스템, 관련 전기회로, 모터 및 브레이킹 시스템 등의 부품 신뢰성과 이들 부품으로 구성된 제어시스템의 안전성에 따라 안전성능 및 안전무결성의 달성 정도가 다르다는 것이다.

기능안전을 위한 안전성능수준 및 안전무결성은 모두 특정한 작업여건이나 설비특성 등과 같은 환경 내에서 전체 시스템으로써 요구되는 행동을 나타낸다.

안전기능 요구사항과 안전성능수준이나 안전무결성 요구사항을 명확히 함으로서 기능안전성 요구사항 명세를 구성할 수 있다. 이 요구사항들은 반드시 E/E/PE 제어시스템을 포함한 기능 안전관련 시스템을 설계하기 전에 완전하게 결정되어야 한다.

위와 같은 특정한 유해위험한 사건에 대한 기능안전성 요구사항은 다음처럼 말할 수 있다.

- 경첩이 달린 커버가 5 mm 이상 올려질 때, 모터의 전원은 끊겨야 하고, 브레이크가 작동하여 칼날이 1초 이내에 멈춰진다.
- 이 안전기능에 대한 안전무결성수준은 SIL 2이거나 안전성능수준은 PL = d 이상이어야 한다.

이와 같이 기능안전의 요구사항 명세는 특정 환경 내에서 전반적으로 안전제어시스템의 행위와 관련된다. 본 예시에서, E/E/PE 안전관련 시스템은 가드 인터록스위치, 전기회로, 콘택트, 모터와 브레이크로 이루어져 있다.

### 2) 기능안전의 주요 기능과 요구 수준

기능안전 관련 시스템은 다음과 같은 두 기능을 한다.

첫째로 제어가 이루어지고 있는 장비(EUC: Equipment Under Control)가 안전한 상태를 달성하거나 또는 안전한 상태를 유지하는 데 필요한 기능안전을 구현한다. 예를 들면, 온도가 $x$에 달하면 밸브 $y$가 열려서 물이 관으로 입수되어야 한다는 기능안전 요구사항 명세를 수행한다.

둘째는 요구되는 안전기능에 대한 필요한 안전성능수준이나 안전무결성을 달성하는 것을 목적으로 한다. 즉 안전기능은 응용분야에 적합한 신뢰도를 가진 안전관련 시스템에 의해 허용 가능한 리스크를 달성하기 위하여 수행되어야만 한다.

또한 E/E/PE 제어시스템을 포함한 기능안전이 달성되었음을 보증하는 데 필요한 활동들의 기술적인 프레임워크로서 전체 안전수명주기를 사용하는데, 여기에는 최초 개념부터, 위험원 분석 및 리스크 평가, 안전요구사항 개발, 명세, 설계 및 구현, 운영 및 유지보수 그리고 변경을 통해, 최종적인 해체 및 폐기까지의 활동을 다룬다.

이 표준에는 하드웨어 및 소프트웨어로 이루어진, 안전기능들을 수행하는 모든 서브시스템들을 포함하는 시스템적인 측면과 우발적인 하드웨어 및 시스템적인 고장 메커니즘들을 다루고, 고장을 막기 위한 요구사항과 고장을 제어하기 위한(결함 발생 시에도 안전을 보증하기 위한) 요구사항 둘 다 다룬다.

다음 사항들은 E/E/PE 제어시스템을 이용한 기능안전관련 시스템의 예시이다.

- 유해위험한 화학 장치 공장에서 비상 가동 중단 시스템
- 크레인 안전 하중 지시계(Crane Safe Load Indicator)
- 철도 신호 시스템
- 기계 가드 연동 및 비상정지시스템
- 속도 제한을 위한 보호용 가변 속도 모터 드라이브
- 의료용 방사선 기계 노출량 제어 및 연동을 실시하는 시스템
- 동적 포지셔닝(해양시설 접근 시 선박 움직임 제어)
- 항공 비행 표면 제어의 플라이 바이 와이어 작동
- 자동차 표시등, 브레이크 잠김 방지 및 엔진 관리 시스템
- 네트워크 활성화 장치 설비의 원격 모니터링, 작동 또는 프로그래밍
- 안전에 영향을 미치는 잘못된 결과가 있는 경우 정보기반 의사결정 지원 도구

E/E/PE 제어시스템을 포함한 기능 안전관련 시스템은 저요구 작동모드 혹은 고요구 작동모드 또는 지속적인 작동모드로 운영될 수 있다.

저요구 작동모드는 안전관련 시스템 상에서 이루어진 작동 요구빈도가 연간 1회 이하이거나 증명 시험 빈도의 2배를 넘지 않는 경우를 말한다.

고요구 작동모드 또는 연속적인 작동모드는 안전관련 시스템 상에서 이루어진 작동 요구빈도가 연간 1회 이상이거나 증명 시험 빈도의 2배 이상인 경우를 말한다. 고요구 작동모드 또는 연속적인 작동모드는 기능안전성 유지를 위해 연속적인 제어를 구현하는 안전관련 시스템에 해당된다.

또한 저요구 작동모드와 고요구 작동모드 또는 연속적인 작동모드로 작동하는 안전관련 시스템을 위한 목표 고장기준(Target Failure Measure)이 제시되는데, 이는 안전무결성 요구사항에 대하여 달성해야 하는 위험 고장모드의 의도된 확률을 말한다. 예

를 들면 저요구 작동모드의 운영에서는 설계된 기능 요구 시 수행하지 못할 평균 확률을 말하는 것이며, 고요구 작동모드 또는 연속적인 작동모드의 운영에서는 시간당 위험한 고장의 확률을 말하는 것이다.

**표 3-1 안전무결성수준 - 저요구 작동모드에서 운영되는 안전기능에 대한 목표고장 기준**

| 안전무결성수준(SIL) | 안전기능 요구에 대한 위험한 고장 평균 확률($PFD_{avg}$) |
|---|---|
| 4 | $\geqq 10^{-5}$에서 $\angle 10^{-4}$ |
| 3 | $\geqq 10^{-4}$에서 $\angle 10^{-3}$ |
| 2 | $\geqq 10^{-3}$에서 $\angle 10^{-2}$ |
| 1 | $\geqq 10^{-2}$에서 $\angle 10^{-1}$ |

**표 3-2 안전무결성수준 - 고요구 작동모드 또는 연속적 작동모드에서 운영되는 안전기능에 대한 목표고장 기준**

| 안전무결성수준(SIL) | 시간당($h^{-1}$) 안전기능의 위험한 고장 평균 빈도(PFH) |
|---|---|
| 4 | $\geqq 10^{-9}$에서 $\angle 10^{-8}$ |
| 3 | $\geqq 10^{-8}$에서 $\angle 10^{-7}$ |
| 2 | $\geqq 10^{-7}$에서 $\angle 10^{-6}$ |
| 1 | $\geqq 10^{-6}$에서 $\angle 10^{-5}$ |

### 3) 기능안전의 적용 배경

각종 설비를 비롯한 자동화 설비 및 스마트공장에서 도입되고 있는 제조설비의 안전관련 시스템기능은 점점 더 전기, 전자 또는 프로그램 가능한 전자장치 시스템에 의해 수행되고 있다. 이러한 시스템은 보통 복잡하고, 모든 고장모드를 완전하게 결정하거나 가능한 모든 작동상태를 시험하는 것을 현실적으로 불가능하게 만든다. 시험은 여전히 필수적으로 수행해야 하지만, 안전성능을 예측하는 것은 어렵다.

기능안전성 달성을 위해 도전한다는 것은 위험한 고장을 방지하거나, 고장이 발생할 때 그것을 안전하게 제어하는 방식으로 시스템을 설계한다는 것이다.

안전을 확보하기 위하여 적용된 기능안전에 있어서 안전제어시스템에서 발생할 수 있는 위험한 고장은 다음과 같은 경우에 발생할 수 있다.

- 시스템, 하드웨어 또는 소프트웨어의 잘못된 명세
- 안전요구사항 명세에서 누락(예를 들면, 서로 다른 모드들로 운영되는 동안에 관련된 모든 안전기능 등이 나타나지 않는 고장)
- 하드웨어 우발 고장 메커니즘
- 소프트웨어 오류
- 공통고장원인
- 인적 오류
- 환경적인 영향(예를 들면, 전자기, 온도, 기계적인 현상들)
- 공급 시스템 전압 불안정(예를 들면, 공급 손실, 전압 감소, 공급의 재연결)

이상과 같은 스마트공장에 도입되어 있는 각종 설비나 자동화 설비에서 발생할 수 있는 위험한 고장을 최소화하여 원하는 수준의 기능안전을 달성하기 위하여서는 안전제어시스템을 설계하는 국제적인 기술기준이 필요하게 되는데 본 장에서 언급되고 제시되는 안전성능수준(PL)과 안전무결성수준(SIL)은 ISO 13849-1과 IEC 62061에서 구체적으로 제시되고 있다.

다만 IEC 62061은 일반적으로 전기/전자 시스템의 안전과 관련된 국제표준인 IEC 61508에서 파생된 기계장치를 위한 표준이지만 본서에서는 IEC 61508-3(소프트웨어 요구사항)을 제외한 전체 관련 표준을 검토하여 화학 프로세스공정이 아닌 기계장치 등 일반 제조설비에 필요한 부분에 대하여 독자들의 이해를 돕고자 하였다. 또한 독자들이 넓은 의미의 기능안전을 이해할 수 있도록 필요한 부분에 IEC 62061을 추가하였으나 비화학공장에서 대부분 적용되고 있는 ISO 13849-1을 기준으로 안전성능수준에 관련된 기술을 중심으로 제시하였다.

### 4) 기능안전의 적용 계획

기능안전 계획에는 각 안전제어시스템 설계프로젝트를 위한 문서화를 제시하고 필요할 경우 최신화하여야 한다. 또한 계획에는 안전기능을 구체화하는 활동을 관리하기 위한 절차들이 포함될 것이다.

기능안전 계획에는 아래와 같은 내용이 포함되는 구체적인 여건에 따라 내용이 달라질 수 있다.

- 프로젝트의 크기
- 복잡한 정도

- 설계와 기술의 독창성 정도
- 설계특성의 표준화 정도
- 고장 발생 시 발생할 수 있는 결과

특별히 계획에는 다음 사항들이 나타나게 될 것이다.

- 본 절 후반에 열거되는 안전수명주기관리와 관련된 구체적인 활동의 제시
- 구체적인 기능안전의 요구조건을 만족하는 정책과 전략의 제시
- 적용 소프트웨어, 개발, 통합, 검증 및 유효성 확인을 위한 기능안전을 달성하기 위한 전략의 제시
- 안전제어시스템의 기능안전과 관련된 정보를 기록하고 유지하기 위한 절차와 자료들을 제시하는데 아래와 같음
  - 위험의 분류 및 위험성평가 결과
  - 안전요구사항과 함께 안전에 관련된 기능들을 사용한 장비
  - 안전기능을 유지하는데 책임을 지는 조직
  - 안전기능을 달성하고 유지하기 위하여 필요한 절차
- 개략적인 관리를 통하여 권한 있는 자들과 조직의 내부구조와 같은 적절한 조직 이슈를 실행하기 위한 전략의 제시
- 다음 사항을 포함하는 검증계획의 제시
  - 검증을 위한 세부일정
  - 검증을 수행하기 위한 사람, 부서, 대상에 대한 세부내용
  - 검증을 위한 전략과 기술의 선택
  - 검증을 위한 활동 선택
  - 승인할 수 있는 적정 기준
  - 검증결과에 대한 평가에 사용될 수단
- 유효성 확인 계획에는 다음 사항들을 제시
  - 유효성 확인을 위한 구체적인 세부일정
  - 기계 작동을 위한 적절한 모드의 지정(예를 들면 정상 운전, 셋팅 등)
  - 안전제어시스템의 유효성 확인이 되었다는 것을 나타내는 조건들
  - 승인할 수 있는 적정 기준
  - 고장 발생 시 승인될 수 있는 기준으로 유지하기 위한 행위들

## 1.4 안전성능수준(PL)과 안전무결성(SIL)

생산량을 증가시키고 작업자의 육체적 노동은 감소하려는 노력의 일환으로 자동화가 진행됨에 따라 기계의 안전관련 전기전자 제어시스템은 전체적인 기계안전을 달성하는데 매우 큰 역할을 해왔다.

기계류 지침 2006/42/EC는 기계류의 안전관련 제어시스템이 위험한 상황의 발생이 되지 않도록 설계 및 설치, 운영될 것을 요구한다. 특별히 하드웨어 및 소프트웨어의 고장과 서브시스템을 포함한 안전제어시스템의 고장이 발생되지 않도록 요구한다. 이러한 기계류를 가동할 때 릴레이, 솔레노이드 밸브, 위치스위치, PLC 제어기, 양수조작식 스위치, 압력감지식 장치 등과 같이 제어시스템 중 안전과 관련된 부품과 이들이 구성된 안전관련 시스템에 대하여 예측 가능한 상태에서 안전기능을 수행할 수 있는 제어시스템의 안전관련부품의 능력을 규정하는 불연속적인 수준을 안전성능수준(PL: Performance Level)이라고 한다.

안전성능수준 PL은 제어시스템의 안전관련부품류에 대한 국제표준인 ISO 13849-1에서 보다 정확하게 제시되고 설명되어지고 있으며 기계류에 안전성능수준 PL을 도입하는 목적은 안전제어시스템에 영향을 미치는 고장이나 결함의 가능성을 줄이는 것이다. 이를 통하여 구성요소의 신뢰성을 높임으로써 기계류의 안전을 달성할 수 있는 것이다. 즉 심각한 고장이나 결함을 최소화하거나 제거하기 위하여 충분히 시험하고 검증한 부품이나 요소 및 검증된 안전원칙을 적용하는 기술을 말한다.

PL은 [표 3-3]에서 보여주는 바와 같이 PL = a, b, c, d, e 다섯 단계로 나누어진다.

PL은 주로 비화학공정에 사용되며 프로그램 가능한 전기전자제어시스템(PES)과 같이 안전기능을 수행하도록 설계된 복잡한 제어시스템의 설계는 IEC 61508과 IEC 62061을 적용하는 것이 더욱 바람직하다.

표 3-3 성능수준(PL)

| PL | 시간당 위험한 고장의 평균 확률(1/h) |
|---|---|
| a | $\geq 10^{-5} \sim < 10^{-4}$ |
| b | $\geq 3\times10^{-6} \sim < 10^{-5}$ |
| c | $\geq 10^{-6} \sim < 3\times10^{-6}$ |
| d | $\geq 10^{-7} \sim < 10^{-6}$ |
| e | $\geq 10^{-8} \sim < 10^{-7}$ |

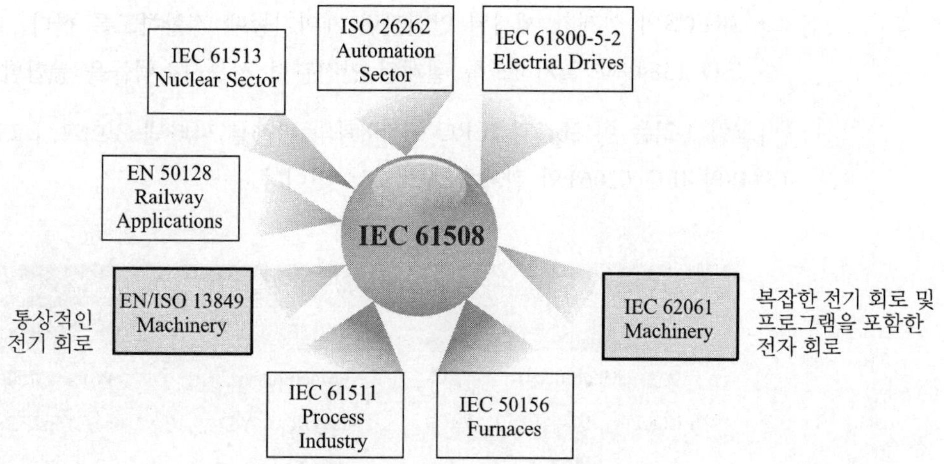


**▌그림 3-2 IEC 61508과의 관계**

IEC 62061이라는 표준이 제정되기 전에는 안전관련 전기전자제어시스템(SRECS: Safety Related Electronic Control System)에 대한 기술 성능의 불확실성 때문에 위험한 중요기계를 위한 안전관련 기능에 안전관련 전기전자제어시스템 기술을 적용하는 것을 꺼려왔다. 그러나 이 국제표준은 기계설계자, 제어시스템 제작자와 통합하는 자 그리고 SRECS를 정의하고 설계하고 유효성을 검증하는 기타의 사람들에 의하여 사용되고자 제정되었다.

이 표준은 IEC 61508의 프레임워크 범위 내에서 기계분야에 특화된 것인데, 기계의 중요한 위험요인과 관련된 SRECS의 실행을 위한 조건 등을 이용하고자 제시된 것이다. 또한 이는 SRECS의 수명과 관련하여 기계의 SRECS의 안전한 사용을 위한 정보를 제공한다.

SRECS를 기계의 위험을 감소시키기 위하여 적용되는 안전대책의 한 부분으로 사용하는 기계에는 여러 가지 상황이 있는데, 대표적인 것은 작업자가 위험한 지역에 접근하기 위하여 인터록가드를 열 때 전기적 제어시스템이 위험한 기계의 작동을 정지시키기 위하여 신호를 주는 인터록가드의 사용이다. 또한 자동화에 있어서 기계가동의 정상적인 운전을 하도록 사용되는 전기적 제어시스템은 제어시스템의 직접적인 고장을 발생시키는 위험과 관련한 리스크를 약화시킴으로써 안전을 확보하기도 한다.

이 표준은 다음과 같은 이러한 방법과 필요한 조건 등을 제시한다.

- 각각의 안전관련 제어기능이 SRECS에 의하여 수행되도록 필요한 안전무결성(SIL: Safety Integrated Level) 수준을 나타낸다.

- SRECS의 설계가 제시된 안전관련 제어기능에 적합하도록 한다.
- ISO 13849와 일치하도록 설계된 안전관련 서브시스템들을 통합한다.

[그림 3-2]는 이 표준과 IERC 61508과의 관계를 나타낸 것이고, [그림 3-3]은 ISO 13849와 IEC 62061의 관계를 보여주는 것이다.

| ISO 13849-1(SRP/CS) | IEC 61508(Functional Safety of E/E/PS) | |
|---|---|---|
| | IEC 62061 | IEC 61511 |
| Machinery | Machinery | Process Industry |
| Category B, 1, 2, 3, 4 | Subsystem A-D | 1oo1, 1oo2, 2oo3 등 |
| MTTF | Λ, T1, T2 | Λ, T1, T2 |
| DC | DC, SFF | DC, SFF |
| CCF | β | β |
| More focus on Architecture | More focused on Reliability(Λ, PFH)<br>Much more detailed | |

▌그림 3-3 IEC 62061 및 ISO 13849-1의 관계

본 절에서 다루는 안전무결성기준은 IEC 62061에 의한 것으로써 화학장치산업을 제외한 기계설비 및 장치 등에 대한 안전관련 전기, 전자 및 프로그램이 가능한 전자 제어시스템의 기능상 안전에 대한 내용을 다룬 것이다.

다시 말하면 기계에 대한 안전관련 전기, 전자 및 프로그램 가능 전자 제어시스템(SRE/CS)의 설계, 통합 및 유효성 확인에 대한 요구사항을 명시하고 권고 사항을 제시하고 있다.

나아가서는 조정 방식으로 함께 작동하는 기계 그룹을 포함하여 작업 중에 손으로 휴대할 수 없는 기계에서 안전관련 제어기능을 수행하기 위해 단독 또는 조합으로 사용되는 제어시스템에 적용할 수 있다.

기계와 관련해서는 3개의 안전무결성수준(SILs : 1, 2, 3으로 표현)으로 구분된다. 각각의 안전관련 제어기능(SRCF)에 대한 안전무결성 요구사항은 [표 3-4]의 안전무결성수준(SIL)에 따라 지정된다.

표 3-4 SIL 등급

| 구분 | 시간당 위험고장 발생 확률 $PFH_D$ |
|---|---|
| SIL 1 | $\geqq 10^{-6}$ to $< 10^{-5}$ |
| SIL 2 | $\geqq 10^{-7}$ to $< 10^{-6}$ |
| SIL 3 | $\geqq 10^{-8}$ to $< 10^{-7}$ |

안전기능에 대한 안전성능수준은 5개의 수준을 명시한다. 이것을 안전성능수준(PL)이라 한다. 안전성능수준 PL＝a은 성능수준의 가장 낮은 수준이고 PL＝e는 가장 높은 수준이다. 이 표준은 각 기능안전의 성능수준을 달성하기 위해 필요한 요구사항을 나타낸다. 이러한 요구사항들은 성능수준이 높을수록 더욱 엄격해지는데, 그 이유는 위험한 고장이 발생할 가능성이 낮게 요구되기 때문이다.

성능수준(PL) 및 안전무결성(SIL)은 주어진 모든 조건하에 있는 안전관련 시스템이 주어진 시간 내에 요구되는 안전기능을 만족스럽게 수행할 수 있는 확률로 정의된다. 성능수준(PL) 및 안전무결성은 안전기능(수행되어야 하는 안전기능은 안전기능 요구사항 명세에 명시된다)을 수행하는 안전관련 시스템의 성능과 관련이 있다.

성능수준 및 안전무결성은 다음 두 요소로 구성되는 것으로 간주한다.

- 하드웨어 랜덤고장(H/W안전무결성) : 위험한 고장모드에서 하드웨어 우발 고장과 관련된 안전관련 시스템의 안전무결성 부분을 말한다. 명시된 안전관련 하드웨어의 안전무결성수준 달성은 합리적인 정확도 수준에 의해 측정될 수 있다. 따라서 그 요구사항은 확률 조합에 관한 일반적인 규칙을 사용하는 서브시스템들 사이에 할당될 수 있다. 적당한 하드웨어 안전무결성을 달성하기 위해 중복 구조를 사용할 필요가 있을 수 있다.
- 시스템적 고장(시스템적 안전무결성) : 위험한 고장모드에서 시스템적인 고장과 관련된 안전관련 시스템의 안전무결성 부분을 말한다. 시스템적인 고장으로 인한 평균 고장률이 측정될 수 있다 하더라도, 설계 결함과 공통고장원인으로 인해 획득한 고장 데이터는 고장의 분포가 예측되기 어려울 수 있음을 보여준다. 이는 구체적 상황(예를 들면 안전관련 보호 시스템의 확률)에서의 고장 확률 계산의 불확실성을 증가시키는 결과를 가져온다. 따라서 이런 불확실성을 최소화할 수 있는 최선의 기술을 선택할 수 있도록 판단해야 한다. 주의할 점은 하드웨어 우발 고장의 확률을 감소시키는 수단이 반드시 시스템적인 고장에 대해서도 같은 효과가 있는 것은 아니라는 점이다.

## 1.5 안전제어부품의 신뢰성

### 1) 신뢰성 개요

신뢰성의 정의는 용도와 분야별로 다양한 관점에서 정의될 수 있다. 그러나 일반적인 정의는 "어떤 아이템이 규정된 조건에서 정해진 기간 동안 의도한 기능을 수행할 수 있는 확률적 가능성"이다. 다시 표현하자면 "제품 또는 부품이 어떤 사용자 환경에서 어느 시간 동안 고장이 발생하지 않을 확률적 가능성"이라고 할 수 있다.

이때 사용자 환경은 극단적으로 극지방 또는 열대우림 지역, 심지어는 해저공간 또는 우주공간을 예로 들 수 있다.

신뢰성분야는 크게 3가지 영역으로 구분될 수 있다. 물리적인 측면, 통계적인 측면, 관리적인 측면 세 가지이다. 첫 번째 물리적 측면은 신뢰성 최적 설계 및 고장 분석 등 다양한 공학적인 지식이 요구되는 분야이다. 두 번째는 방대한 고장 데이터 그리고 불량에 대한 데이터를 수식화하고 모델링 하여 신뢰성의 척도를 제시할 수 있는 통계적인 측면이 있다. 그리고 마지막 세 번째는 위의 두 가지 물리적인 측면과 통계적인 측면에 대한 결론으로 신뢰성 문제가 더 이상 발생하지 않도록 예방보전하는 관리적인 측면이 있다고 할 수 있다. 결국 신뢰성 공학이라는 것은 여러 학문분야에 걸친 종합적인 학문이라고 할 수 있다.

신뢰성 분석에서는 요구된 기능이 시작되는 시점부터 기능이 멈추는 시점까지가 매우 중요하다. 어떤 아이템이 규정된 또는 정의된 기능을 더 이상 수행하지 못하게 되는 사건을 고장이라고 말한다. 즉, 고장 발생 시간이 아이템의 수명이라고 할 수 있다.

아이템의 기능 수행을 위해 설정된 목표 수명으로 시간, 동작 횟수, 반복 횟수, 사이클 수, 거리 등의 여러 단위가 될 수 있다.

예를 들어 10만 사이클용 릴레이라고 하는 것은 그 릴레이에 신뢰성은 10만 사이클 동안 문제없이 사용이 가능하다와 같다고 할 수 있다. 가전제품의 경우 10년을 보증한다는 것은 10년이 사용기간일 것이다. 그리고 자동차의 경우 10년, 또는 10만 miles 미만의 보증이 예가 될 수 있다. 자동차 같은 경우는 10년 이내 또는 10만 miles 이내에 자체적으로 고장이 발생하는 경우 무상으로 수리를 해주어야 하는 상황이 될 수 있다.

다음으로는 사용자 환경을 고려한 규정된 조건이다. 즉, 아이템은 요구된 기능을 수행하는 동안 환경적인 측면에서 Stress를 받게 되고 결국 아이템은 고장이 발생하게 된다. 이처럼 아이템의 고장이 유발될 수 있는 사용 환경을 의미한다.

규정된 환경조건이란 크게 환경조건과 사용조건으로 구분될 수 있다.

환경조건은 사용되는 상태를 반영하며, 온도, 습도, 진동, 충격 등 다양한 외적인 조건들이 된다.

그리고 사용조건은 사용방법을 반영하며 설치된 장소, 사용시간, 횟수 등 실사용 조건을 의미한다. 가해지는 스트레스의 종류 또한 다양하며 연속동작 또는 간헐동작, 보관 또는 방치 등 모든 환경을 고려하게 된다.

표 3-5 기호별 세부 환경인자

| 기호 | 분류기준 | 세부 환경인자 | 비고 |
|---|---|---|---|
| K | 기후조건 | 온도, 상대습도, 온도변화, 압력, 일사, 열 방사, 공기의 이동, 응축, 비 또는 눈, 비 이외의 소스로부터 나온 물, 얼음 형성 | Climatic Conditions |
| Z | 특수 기후조건 | 온도, 압력, 열 방사, 공기의 이동, 비 이외의 소스로부터 나온 물 | Special Climatic Conditions |
| B | 생물학조건 | 곰팡이, 균, 설치류 또는 그 외 제품에 해로운 동물의 존재 | Biological Conditions |
| C | 화학적 능동물질 | 염분, 이산화황, 황화수소, 염소, 염화수소, 불화수소, 암모니아, 오존, 질산화물 | Chemically Active Subst. |
| S | 기계적 능동물질 | 모래, 먼지 | Mechanically Active Subst. |
| M | 기계적 조건 | 일정한 진동, 충격을 포함한 일정하지 않은 진동 | Mechanical Conditions |

이상의 환경조건과 사용조건의 다양한 표기법과 의미에 대해서 보다 많은 이해를 위해서 국제전기표준회의에서 규정한 환경조건의 분류표를 참조할 수 있다.

신인성은 가용도를 포함하며 가용도는 다시 신뢰도와 보전도로 분류가 된다. 이때 광의의 신뢰도는 가용도를 의미한다. 신뢰성 분야 세 가지 요소인 물리적 측면, 통계적 측면, 그리고 관리적 측면은 여기서 가용도를 말한다.

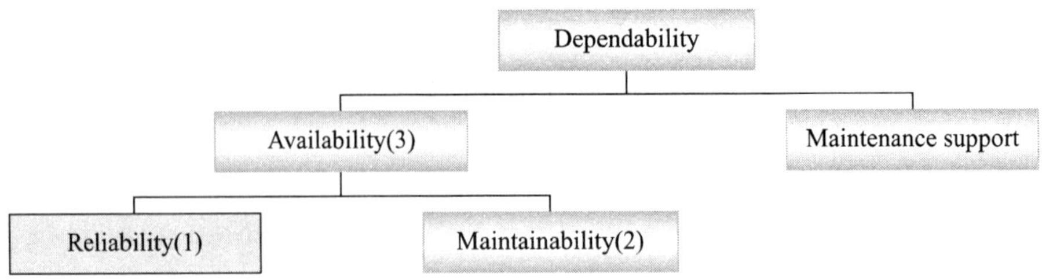


- 협의 reliability : (1)
- 광의 reliability : (3) = (1) + (2)

**▌그림 3-4 신뢰성 개념**

가용도는 수리가능 아이템이 어떤 시점 또는 기간에 주어진 요구기능을 유지하고 있는 확률을 의미한다. 평균 가동시간을 다시 평균 가동시간과 평균 수리시간을 합한 시간으로 나눈 값을 이야기한다.

아이템은 비수리 아이템과 수리가 가능한 아이템으로 분류되는 것을 알 수 있다. 비수리 아이템은 아이템의 기대수명 또는 그 수명기간 동안의 생존확률을 신뢰도로 정의하며, Hazard Rate이라고 하는 고장률함수와 MTTF라고 하는 평균 수명으로 신뢰도를 측정한다.

반면에 수리가능 아이템은 아이템이 한 번 이상의 고장이 발생할 때 요구기간 동안 고장이 발생하지 않을 확률을 신뢰도로 정의하며 Failure Rate이라고 하는 고장률함수와 MTBF라고 하는 평균 수명으로 신뢰도를 측정한다.

수리가능 아이템과 비수리 아이템 간의 차이는 결국 고장 발생시간이 중요한가와 고장 발생횟수가 중요한가의 차이라고 할 수 있다.

신뢰성 기술의 중요성을 이해하기 위한 단순한 룰은 1 : 10 : 100 법칙이라고 하는 페덱스 이론에 있다. 페덱스 이론의 의미는 최초 문제 발생 시, 신뢰성에서는 제품의 고장 또는 결함이 발견되었을 때 이를 즉각적으로 바로잡는데 드는 비용이 1이라면, 책임소재나 문책 등의 이유로 문제를 숨긴 체 계획이 진행되거나 제품이 시장에 출시된다면, 이제는 문제 해결을 위해 10의 비용이 발생하고, 더 나아가 이 문제를 무시하다가 결국 거래처나 고객의 클레임으로 발전되면 100의 비용이 소요된다는 법칙이다.

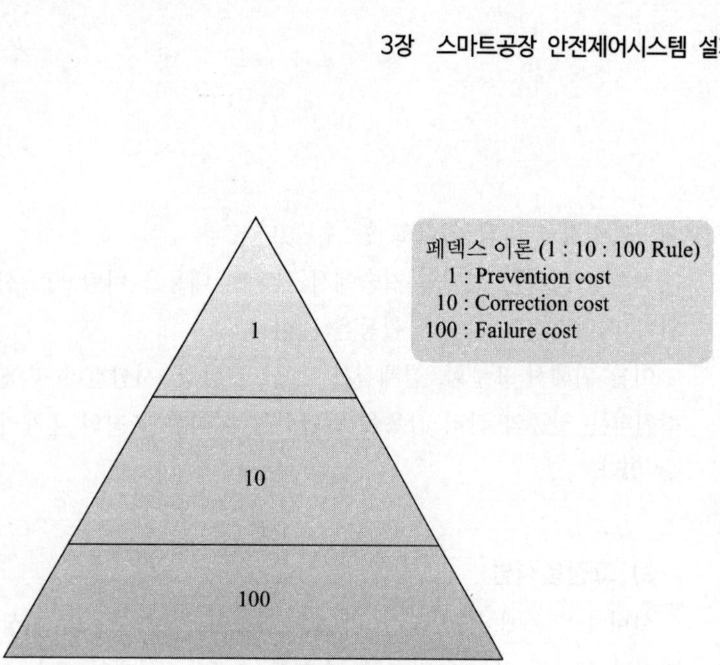


▮그림 3-5 페덱스 이론

최근에 발생한 사고 중 이러한 사례의 대표적인 경우를 보자.

실제 사례로 일본 굴지의 자동차 회사인 토요타의 리콜 사건을 들 수 있다. 2009년에 토요타 자동차는 신뢰성에 문제가 있었는데, 제조물책임제에 의해 제조사 즉 토요타 자동차가 모든 책임이 있다고 결정되어 대량의 리콜로 책임을 지게 되었다.

이전까지만 해도 토요타 자동차는 신뢰성이 굉장히 높은 차로 소비자들에게 인식이 되어, 그것을 마케팅 전략으로 자동차의 판매가 이뤄지는 상황이었다.

이 사건으로 토요타의 총 손실은 26조 원이었는데, 이중 A/S에만 해당되는 비용이 약 40억 불이었다. 더 큰 문제는 토요타 자동차의 신뢰도 하락이었다.

신뢰성에서는 아래에 대한 관리 항목들이 주요하고 신뢰성 문제의 개선을 위해서는 신뢰성 설계, 보증 및 서비스 부문을 강화하기 위한 활동들을 한다.

- 왜 고장이 일어나는가?
- 어떤 설계가 결함의 원인일까?
- 요구된 보증기간까지의 고장은 없는가?
- 예상되는 수명은 얼마나 될까?
- 이 신뢰성을 보증하기 위한 분석과 시험은 적절하게 이루어졌을까?

이를 위해서 주로 고장에 대한 지수분포, 또는 와이블분포 분석을 통해 고장률을 신뢰도의 척도로 제시한다.

신뢰성 기술은 신뢰도를 높이기 위한 모든 활동을 말하며, 신뢰도 예측, 수명 예측, 안전성 설계, 부품 보증, 보전 설계, 고장 해석, 시험 설계 등을 말하고 주로 설계기술에 큰 중점을 두고 있다고 할 수 있다.

신뢰성 관리는 신뢰성 기술에서 산출된 내용을 바탕으로 신뢰성 개선 또는 관리를 위한 메너지먼트 차원의 활동을 말한다.

이를 위해선 표준화, 설계심사 및 고장 관리, 시험관리 및 신뢰성 관련 분석 데이터 수집하는 일종의 관리 감독을 담당하는 신뢰성 조직의 존재가 반드시 필요하다고 할 수 있다.

### 2) 고장분석법

설비나 부품에 응력 또는 막대한 하중이 가해져서 더 이상 성능이 규정된 규격을 벗어나 요구된 기능을 더 이상 수행할 수 없는 상태와, 또는 기능은 수행하지만, 요구 수준을 만족하지 못하는 경우에 해당하는 상태가 발생할 수 있다.

엄격히 말하면 Fault는 신뢰성 대상이 고장이 발생하여 요구기능 수행이 더 이상 불가한 상태를 말하며 결함이라고도 하고 Failure는 현장에서 발생한 제품의 불량이나 고장을 말한다. [그림 3-6]에서 보는 바와 같이 고장은 기능의 허용편차를 벗어나게 되는 시점을 얘기하고 결함은 고장발생시점부터 고장이 지속되어 있는 상태를 말한다.

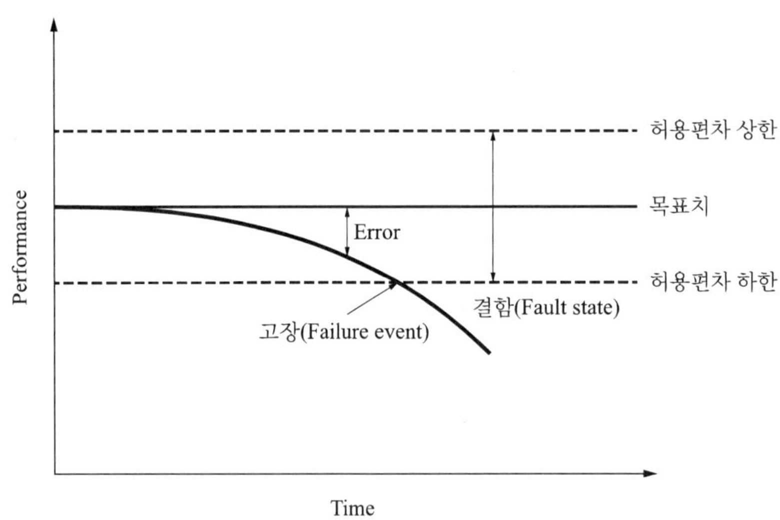


**▌그림 3-6 고장과 결함**

Bathtub Curve라고 하는 욕조 그래프로 설명된다. 이 욕조 그래프는 불량 발생률에 대한 시간별 변화를 보여준다. 설비나 부품과 같은 아이템이 개발되어 제조가 완료된 시점을 초기라고 하면 초기고장이라는 것은 생산제조의 품질 불량률에 해당하며, 비선형적으로 급감하는 양상을 보여준다고 할 수 있다. 이때의 급감하는 불량률을 Decreasing Failure Rate이라고 하며, DFR이라고 표기한다.

그 다음은 사용자로 전달되어 사용자가 사용하는 기간을 사용기간이라고 한다면 이때의 불량은 거의 발생하지 않으며, 발생하더라도 사용자 과실에 의해 우발적으로 발생한다고 할 수 있다. 이를 우발고장이라고 하고 고장률은 낮고 일정하다고 할 수 있다. 따라서 Constant Failure Rate라고 하고 CFR이라고 표기한다.

아이템이 사용자에 의해 주어진 기간 동안 사용이 된 다음 제품은 노후된다. 노후된 제품은 마모에 의해 주로 고장이 발생한다고 할 수 있으며 불량률은 증가한다.

따라서 Increasing Failure Rate이라고 하고 IFR이라고 표기한다.

고장이 발생하였을 때 고장분석(Failure Analysis)을 진행한다. 고장분석은 고장발생위치와 메커니즘을 규명하기 위해 아이템의 전기적 특성, 물리, 화학적인 최신 분석기술에 의해 고장 발생 후 고장의 원인을 조사하는 활동을 말한다. 결국 고장분석 활동은 아이템의 고장에 대해 메커니즘과 그에 대한 결과를 검토하여 시정 조치를 결정하기 위한 계통적 조사라고 할 수 있다.

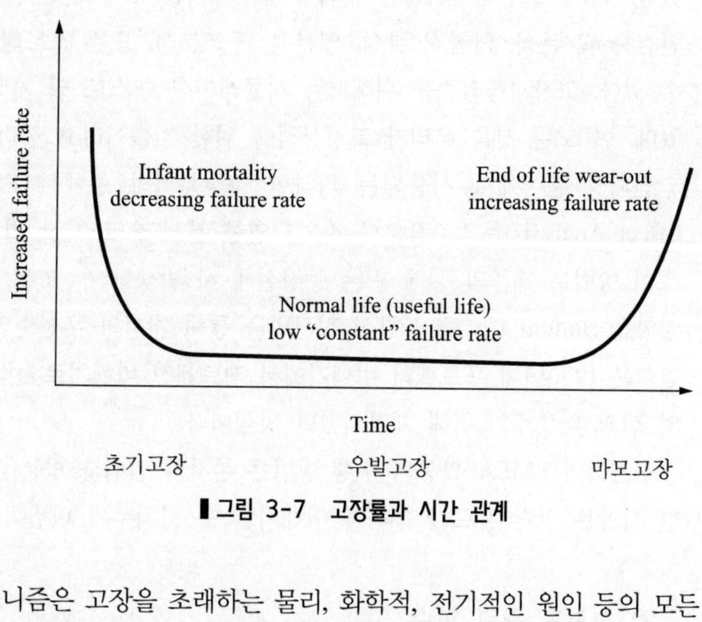


▌그림 3-7 고장률과 시간 관계

고장메커니즘은 고장을 초래하는 물리, 화학적, 전기적인 원인 등의 모든 과정을 말하며, 주로 외적인 원인이 있고 대상의 상태가 결정되며 결과를 초래하는 순서를 갖는다. 이 외적인 원인들 즉 고장메커니즘의 종류에는 마모, 부식, 경화, 또는 산화와 같은 것들이 있다.

고장 중 파손의 메커니즘에 대한 예를 들면 잘못된 자재 규격에 의한 설계 불충분, 규정에 벗어난 사용에 의한 오용, 그리고 정비 및 윤활 부주의에 의한 취급 부주의가 있다.

고장모드는 간단히 말하면 고장의 증거이다. 이는 곧 외부에서 관찰이 가능한 고장 상태의 형상이라고 할 수 있다. 예를 들면 전기선의 단선이나 단락, 또는 기계부품의 마모와, 기능의 열화 등을 외적인 고장의 증거라고 할 수 있다.

고장메커니즘은 불분명할 수 있어도 고장모드는 관찰이 가능하다.

다음은 고장과 고장메커니즘의 관계에 대한 예를 통하여 이해를 돕고자 한다.

고장메커니즘을 Failure Cause라고 하고, 고장형태를 Failure Mode, 고장의 결과를 Failure Effect라고 한다면, Failure Mode에 대한 인과관계로 메커니즘과 결과가 존재한다고 할 수 있다. 예를 들면 클러치의 파손이 발생한다면(고장모드), 원인은 클러치 재질의 강도가 약해 모서리 부분의 크랙이 발생(고장메커니즘)하였고, 결과적으로 자동차의 연료 소모량이 과다해지거나 동력 전달이 없음(고장결과)을 들 수 있다.

고장모드를 분석하기 위해서는 육안 관찰 또는 현장조사, 비파괴검사 등을 통할 수 있다. 그 후 고장메커니즘을 분석하기 위해서는 소재 및 부품의 기계적 특성평가, 표면검사 및 분석, 화학적 분석, 열분석, 구조분석, 또는 스트레스 분석을 통해 규명할 수 있다. 고장시험검증을 위해서는 시뮬레이션 테스트 및 가속수명시험이 진행될 수 있다. 이 모든 것을 우리가 고장분석을 위한 기술이라고 한다.

신뢰성 분야에서 사용되는 다양한 고장분석법 중에서 FMEA(Failure Mode & Effect Analysis)는 “고장모드 및 그 영향 분석”으로 가장 널리 사용되는 방법이다.

이 방법은 제품의 설계 또는 공정설계 시 발생할 수 있는 잠재적 고장모드 및 그 영향을 Bottom Up 즉 상향식 접근법을 통해 개선의 우선순위를 결정하는 도구이다. 연혁은 1950년대 프로펠러 비행기에서 제트엔진 비행기로 전환되는 시기에 제트엔진의 신뢰성 설계를 위해 개발되었던 방식이다.

구체적인 FMEA 활동의 수행 방법은 본서의 범위를 넘는 것이므로 생략하니 자세한 사항은 관련 자료를 통하여 이해의 폭을 넓혀주기 바란다.

### 3) 신뢰도 관련 함수

신뢰성 분야에서 중요한 신뢰도함수, 불신뢰도함수, 고장밀도함수, 그리고 고장률함수에 대해 이해를 할 필요가 있다.

신뢰성 척도의 정의는 시스템이나 제품의 성능이 지닌 시간적 만족도로써, 아이템이 주어진 조건하에 규정된 기간 중 요구되는 기능을 수행하는 확률이다. 수명은 부품이 작동을 시작하는 시점부터 처음으로 고장 날 때까지 경과한 시간을 의미하며, 확률 변수 $T$로 나타낸다. 이때 수명은 절대적인 시간으로만 측정되는 것이 아니라 사용시간, 스위치가 작동되는 횟수, 자동차의 운행거리, 베어링의 회전수, 또는 주기로 작동하는 부품의 사이클 수 등 여러 단위로 표현할 수 있다.

고장분포함수와 고장밀도함수를 기초로 정의되는 주요 신뢰성 척도는 신뢰도, 고장률, 평균 수명, 평균 잔여수명 등으로 나타낼 수 있다.

신뢰도(Reliability)함수는 대문자 $R$로 표현을 하는데 수명 $T$가 시간 $t$보다 더 큰 경우를 말하는 것이다.

$$R(t) = P(T > t) \tag{3-1}$$

신뢰도함수는 특정 시점에서의 신뢰도는 시스템 혹은 부품이 작동을 시작하여 그 시점까지 고장 나지 않고 여전히 작동하고 있을 확률로 정의되고, 임의의 시간까지 정상작동을 하고 있는 생존확률이다. 신뢰도함수는 주로 시간 $t$가 증가함에 따라서 신뢰도가 감소하는 함수이다.

불신뢰도함수는 $F(t)$로 표기하는데, 수명 $T$가 임의의 시간 $t$보다 작은 경우를 나타내는 것이므로 $P(T \le t)$에 대한 확률로 표시할 수 있다.

$$F(t) = P(T \le t) = 1 - R(t) = 1 - P(T > t) \tag{3-2}$$

불신뢰도함수는 아이템이 시간 0부터 임의의 시각 $t$ 이내에 고장이 나는 확률이다.

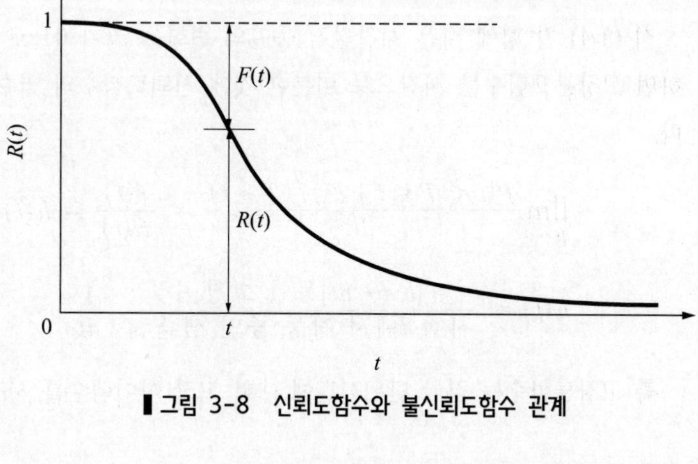


▌그림 3-8 신뢰도함수와 불신뢰도함수 관계

신뢰도함수 $R(t)$와 불신뢰도함수 $F(t)$를 더한 값은 1이 되므로 불신뢰도함수는 1 - 신뢰도함수와 같다. 이 불신뢰도함수는 고장분포함수(Failure Distribution Function)라고 한다.

고장밀도함수(Failure Density Function)는 단위시간당 고장발생비율을 나타내는 함수이다. 단위시간당 고장발생비율의 의미를 가지고 있으므로 불신뢰도함수 즉 고장분포함수를 시간으로 미분한 값으로 해석할 수 있다.

여기서 $f(t)$, 즉 고장밀도함수는 곧, 고장분포함수를 시간에 대해서 미분했으므로 $F$를 $dt$로 미분한 공식으로 볼 수 있다.

$$f(t) = \frac{dF(t)}{dt} = -\frac{dR(t)}{dt} \tag{3-3}$$
$$= \frac{[t,\ t+dt]\text{동안 고장 수}}{\text{전체 샘플 수}} \frac{1}{dt}$$

이것은 임의의 시간 $t$에서 임의의 작은 시간 구간 $dt$ 동안 발생하는 고장 아이템 수를 전체 샘플수로 나눈 값을 임의의 작은 시간 구간 $dt$의 역수로 곱한 값으로 해석될 수 있다.

고장률(Failure Rate)함수를 생각해보자. 고장밀도함수는 단위시간당 고장발생비율을 나타내는 함수였다면, 고장률함수는 현시점 $t$에서 고장 없이 정상작동 중인 아이템에 대해 작은 시간간격 $t+dt$ 동안 아이템이 고장 날 확률이다. 즉 특정 시점까지 고장 나지 않고 작동하던 부품이 다음 순간에 고장 나게 될 가능성이 어느 정도인가를 나타내는 척도이다.

$$P(t < T \leq t+dt) \Big/ (T > t) = \frac{F(t+dt) - F(t)}{R(t)} \tag{3-4}$$

식 (3-4) 각 항에 작은 시간간격 동안의 변화율 $dt$가 0으로 향하는 극한 값을 적용하면 고장분포함수를 시간으로 미분한 것에 신뢰도함수의 역수를 곱한 값으로 표현된다.

$$\lim_{dt \to 0} \frac{P(t < T \leq t+dt)/(T > t)}{dt} = \frac{f(t)}{R(t)} = h(t) \tag{3-5}$$

$$h(t) = \frac{[t,\ t+dt]\text{동안 고장 수}}{\text{시점 } t\text{에서 작동 중인 샘플 수}} \frac{1}{dt} \tag{3-6}$$

즉 고장률함수는 결국 단위시간에 대한 고장 아이템수를 시점 $t$에서 작동인 아이템수로 나눈 값으로 "아이템의 순간고장률"로 이해할 수 있다.

결과적으로 고장밀도함수 $f(t)$는 전체 부품에 대한 일정 구간의 고장률을 의미하는 반면, 순간고장률 $h(t)$는 가동하고 있는 제품들에 대한 일정 구간의 고장률을 나타내고 그 관계는 항상 $f$는 $h$보다 작거나 같게 된다.

고장률함수와 신뢰도함수와의 관계를 보자. 식 (3-5)에서 고장률함수는 고장밀도를 신뢰도로 나눈 값이므로 결국 마이너스 $R$분의 $R$프라임으로 정리된다. 여기에서 양변에 적분을 취하면 아래와 같이 결국 신뢰도함수 $R$은 고장률함수에 의해 유일하게 결정이 된다는 것을 알 수 있다.

$$R(t) = e^{-\int_0^t h(t)dt} \tag{3-7}$$

대략적인 그래프로 신뢰도함수를 표현하면 시간이 지날수록 제품의 고장률은 증가하며 신뢰도는 감소한다는 것을 이해할 수 있다.

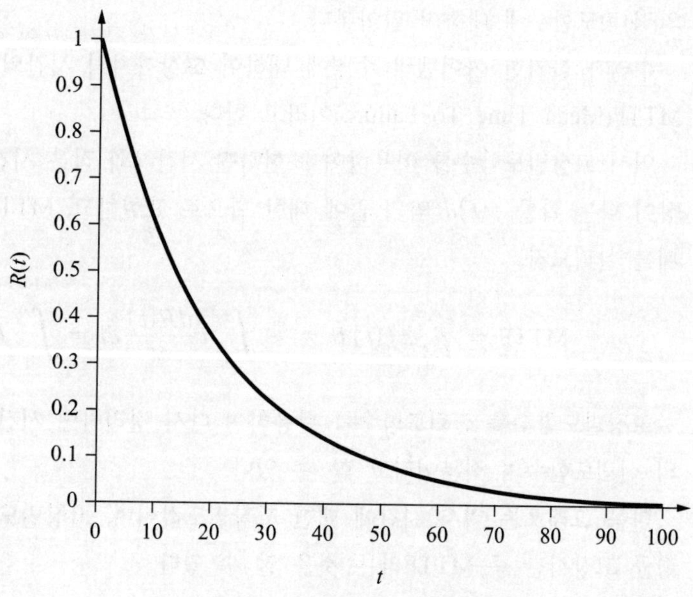


▌그림 3-9 시간에 따른 신뢰도 변화

신뢰성 척도는 첫 번째로 고장 발생까지 시간 길이의 길고 짧음으로 측정할 수 있고 두 번째는 일정시간 내 고장 발생 빈도수의 차이로 측정할 수 있다.

첫 번째의 경우는 고장 발생까지의 시간 길이에 착안해서 그 시간이 길면 제품의 신뢰성이 높다고 판단하는 것이다. 이 경우는 신뢰성 척도로써 고장까지의 시간을 확률변수 $T$로 표현한다면 신뢰도함수, MTTF라고 하는 평균 고장시간, 그리고 $B_{10}$ 수명으로 제시할 수 있다.

두 번째의 경우는 고장수의 많고 적음에 착안하여 고장이 적을수록 신뢰성이 높다고 하는 견해이다. 이에 대한 대표적인 신뢰성 척도로써는 고장률에 대해 고장 난 경우 수리를 생각하는 수리계(Repairable System)와 수리를 고려하지 않는 비수리계(Non-repairable System)로 그 정의를 구분시킨다.

비수리계는 예를 들면 한번 고장 나면 그냥 새것으로 교체를 해야 하는 전구와 같은 아이템이 있을 수 있고, 수리계는 펌프시스템, 또는 기계공작장비 등을 들 수 있다.

단지 이들은 동작이 멈추면 수리를 위한 시간이 필요할 것이므로 가동률이라는 개념이 평균 수명에 포함될 수 있다.

여기서는 안전장치에 대하여 다루고 있으며, 안전장치는 한 번의 위험으로부터 안전을 확보하기 위한 것이므로 첫 번째 견해 즉 고장 발생까지의 시간이 중요한 경우의 신뢰도함수에 대하여 알아본다.

수리가 불가한 아이템의 수명에 대하여 고장까지의 시간의 평균을 평균 고장시간 MTTF(Mean Time To Failure)이라고 한다.

역시 고장밀도함수를 이용하여 표현하면 시간 $t$와 작은 시간구간 $t+dt$ 사이에 고장이 나는 확률 $f(t)dt$와의 곱에 대한 합으로 표현하고, MTTF와 신뢰도함수와의 관계를 살펴보자.

$$\text{MTTF} = \int_0^\infty tf(t)dt = -\int_0^\infty t\frac{dR(t)}{dt}dt = \int_0^\infty R(t)dt \tag{3-8}$$

고장밀도함수를 신뢰도함수를 활용하여 다시 정리하면 시간구간 0부터 무한대까지의 신뢰도함수의 적분이라고 할 수 있다.

다음 그래프는 역시 시간에 대한 고장밀도값이며, 고장밀도가 최댓값일 때 이때가 평균 고장시간 즉 MTTF라는 것을 알 수 있다.

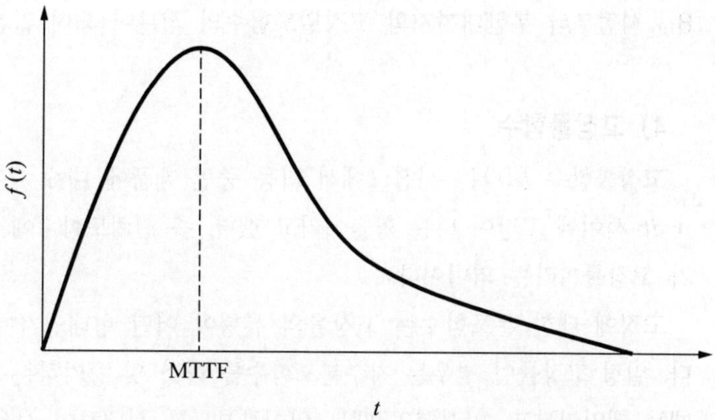


▌그림 3-10 MTTF와 고장밀도함수

신뢰성척도에서 고장발생시간이 중요한 경우 $B_{10}$ 수명이라고 하는 것을 알아보자. 신뢰성의 평가는 고객에 대한 제품의 보증을 중요하게 생각하는 입장에서 보면 평균에 대한 개념보다는 제품을 언제까지 안심하고 사용할 수 있는가와 같이 제품 하나하나에 대해 수명을 보증하는 한계보증치가 중요하다. $B_{10}$ 수명은 산포의 크기를 고려한 한계치 보증의 입장에서 고려되고 있는 척도이고, 전체의 10%가 고장 날 때까지의 시간을 나타내는 것이다.

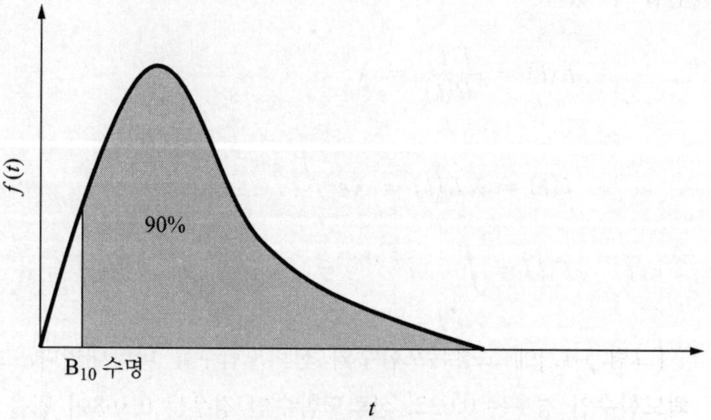


▌그림 3-11 $B_{10}$ 수명과 고장밀도함수 관계

즉 고장분포함수로 표현되는데, 시간구간을 0부터 $B_{10}$으로 결정하고, 이때 고장밀도값에 대한 적분이라고 할 수 있으며 값은 0.1이 된다. 역시 신뢰도함수로 바라보면

$B_{10}$ 시점부터 무한대까지의 고장밀도함수의 적분이 되며 값은 0.9가 된다.

### 4) 고장률함수

고장률함수 $h(t)$는 시점 $t$에서 가동 중인 제품에 대해 구간 $t$와 짧은 시간간격 $t + dt$ 사이에 고장이 나는 확률이라고 했다. 즉 신뢰도함수에 대한 고장밀도함수의 비가 고장률이라는 의미이다.

고장에 대한 분포함수는 고장률의 유형이 어떤 형태인가에 따라서 다르게 사용된다. 일정 고장률인 경우는 지수분포함수를 감소 및 증가하는 고장률인 경우는 선형일 때는 레일리분포, 비선형일 때는 와이블분포를 선택하여 사용한다.

일정 고장률인 경우는 확률분포는 지수분포를 따르기 때문에 고장밀도함수, 고장분포함수, 신뢰도함수는 모두 시간에 대한 지수함수가 되는 것을 뜻한다. 반면에 증가 또는 감소하는 고장률일 때는 레일리분포와 와이블분포를 따르게 되는데 이 두 분포함수 모두 조금 변형된 지수함수 형태를 갖는다.

우발고장에 가정하는 일정 고장률에 있어서 고장률함수 즉 $h(t)$는 $\lambda$인 상수로 확률분포는 지수분포를 따르고, 지수분포는 고장분포 가운데 가장 간단해서 수학식이 된다.

고장률함수는 상수 즉 $\lambda$로부터 고장분포함수와 신뢰도함수를 지수함수 형태로 확인할 수 있다.

$$h(t) = \frac{f(t)}{R(t)} = \lambda \tag{3-9}$$

$$f(t) = \lambda R(t) = \lambda e^{-\int_0^{\infty} \lambda dt} \tag{3-10}$$

$$F(t) = \int_0^{\infty} \lambda e^{-\lambda t dt} = 1 - e^{-\lambda t}, \qquad R(t) = e^{-\lambda t} \tag{3-11}$$

[그림 3-12]에 고장분포함수와 신뢰도함수를 나타내었다. 그래프 상에서 보면 불신뢰도함수인 경우는 0.632, 신뢰도함수인 경우는 0.368이 됨을 알 수 있다. 이 두 숫자의 합은 역시 1이다.

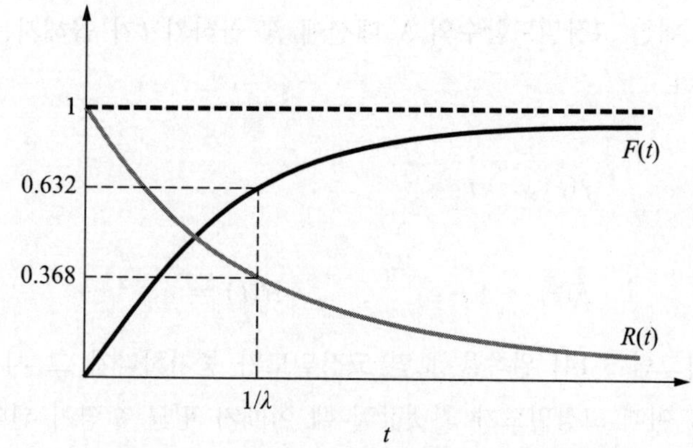


■ 그림 3-12 지수분포의 신뢰도함수와 고장분포함수

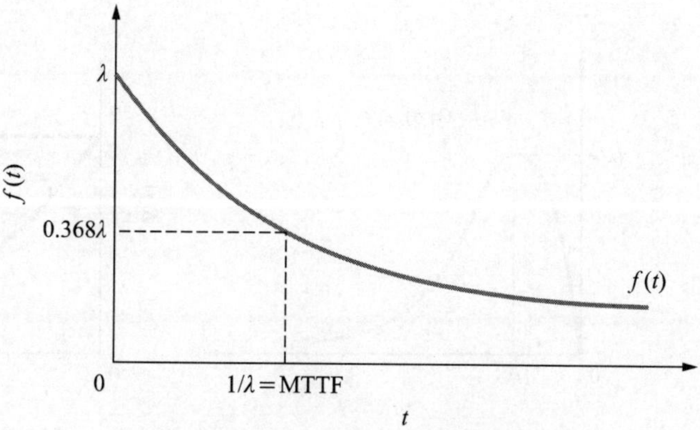


■ 그림 3-13 지수분포의 고장밀도함수

1년에 1.5번의 고장이 발생하는 경우의 MTTF는 1.5분의 1, 즉 8개월이 되는 것 같이 MTTF 평균 수명은 $\lambda$의 역수인데 고장밀도함수를 [그림 3-13]에서 보이는 것처럼 시간이 지나면서 고장밀도는 감소함을 알 수 있고 역시 MTTF시점의 고장밀도 값은 0.368을 $\lambda$에 곱한 것과 같다는 것을 알 수 있다. 결국 일정고장률일 때 신뢰성의 척도는 MTTF 즉 평균 수명으로 정리된다.

다음은 선형으로 증가 또는 감소하는 고장률을 보자. 고장률이 선형적으로 증가하기 때문에 고장률함수는 $k$라는 상수를 시간으로 곱해주는 형태를 갖는다.

즉 고장률은 시간에 대한 $k$의 배수로 증가하는 것이고 이때 고장밀도함수 $f(t)$는 레일리분포를 갖는다. 그래프에서 보다시피 고장률이 시간에 따라서 $k$의 배수로 증가하는 것을 알 수 있다. 그럼 고장밀도함수는 여전히 지수함수의 형태이고 일정고장률에 대한 고장밀도함수의 $\lambda$ 대신에 $K$ 곱하기 $t$가 곱해지는데 이것을 레일리분포라고 한다.

$$f(t) = kte^{-\frac{kt^2}{2}} \tag{3-12}$$

$$F(t) = 1 - e^{-\frac{kt^2}{2}}, \qquad R(t) = e^{-\frac{kt^2}{2}} \tag{3-13}$$

[그림 3-14] 왼쪽을 보면 고장밀도가 증가하다가 그 시점을 지나서는 감소하게 된다. 이때 고장밀도가 최댓값일 때 이때가 평균 수명이 된다. 일정고장률일 때의 지수분포의 고장밀도함수의 양상과는 다르다는 것을 알 수 있다. 오른쪽 그래프는 레일리분포의 신뢰도함수인데, 역시 시간에 따라서 신뢰도는 감소하게 된다.

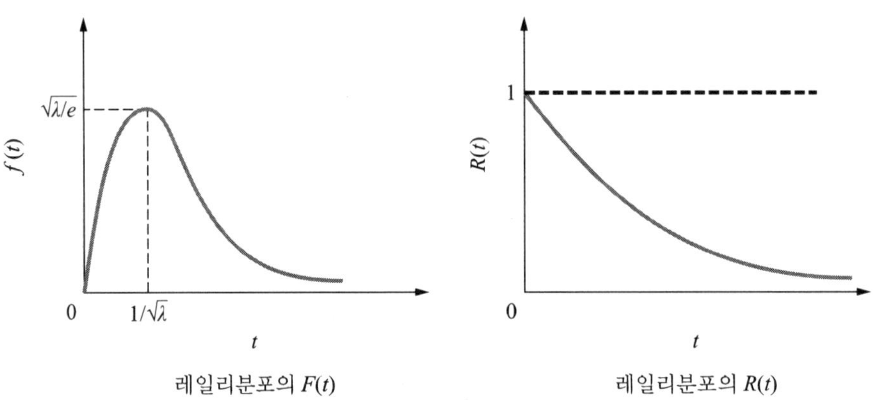


**▌그림 3-14 레일리분포의 신뢰도 및 불신뢰도함수**

다음은 비선형으로 증가 또는 감소하는 고장률에 대한 확률분포함수이다.

고장률에 대한 비선형 표현은 시간에 대해 고장률함수 $h(t)$가 선형으로 분명히 표시될 수 없을 때 사용된다.

이때 확률분포함수는 와이블분포라고 하는데, 와이블분포는 신뢰성 분석에서 가장 폭넓게 사용되는 고장분포 가운데 하나이다. 와이블분포는 물질의 강도를 모형화하기 위해 스웨덴의 와이블 교수에 의해 개발되었다.

와이블분포에서의 고장률함수는 $m$이라고 하는 형상모수와, $\eta$(에타)라고 하는 척도모수로 결정된다.

$$h(t) = \frac{m}{\eta^m} t^{m-1} \tag{3-14}$$

이 함수는 볼베어링, 모터 등 피로에 의해 고장 나는 일반적인 기계제품부터 반도체를 포함한 전자부품에 전반적으로 모두 적용된다.

첫 번째로 $m$이라고 표현된 형상모수가 1인 경우는 고장률함수는 $\eta$분의 1이 되므로 지수함수분포에 해당하게 된다. $m$이 2인 경우는 고장률함수는 $kt$와 같은 형태가 되어 레일리분포에 해당하게 된다.

세 번째로 $m$이 3.5 이상이면 고장밀도함수는 좌우대칭의 형태로, 정규분포에 가까워진다.

네 번째로 $m$이 1보다 작은 경우는 고장률이 감소하는 형태, 1인 경우는 고장률이 일정한 형태, 1보다 큰 경우는 고장률이 증가하는 형태로 도출된다.

중요한 건 형상모수의 값에 의해서 해당하는 분포함수의 종류도 결정되고, 고장률의 변화 유형까지 추정이 된다는 사실이다.

와이블분포에 따른 고장밀도함수, 고장분포함수, 그리고 신뢰도함수는 식 (3-15)와 식 (3-16)과 같이 표현될 수 있다.

$$f(t) = \frac{m}{\eta^m} t^{m-1} e^{-\left(\frac{t}{\eta}\right)^m} \tag{3-15}$$

$$F(t) = 1 - e^{-\left(\frac{t}{\eta}\right)^m}, \qquad R(t) = e^{-\left(\frac{t}{\eta}\right)^m} \tag{3-16}$$

와이블분포의 고장밀도함수를 보자. 형상모수와 척도모수에 의존하며 형상모수에 의해 $m$이 0.5인 경우 즉 1보다 작은 경우 고장밀도함수는 지수분포의 양상을 보여주는 것을 알 수 있고, 이는 곧 고장률함수는 일정한 상수값을 갖는다고 이해할 수 있다. 그리고 $m$이 2의 경우는 고장분포의 형태는 레일리함수의 양상임을 알 수 있고, 이는 곧 고장률함수는 선형적으로 증가하는 추세다라고 짐작할 수 있다.

$m$이 3인 경우는 고장밀도함수는 좌우대칭형태의 정규분포형태에 가까워지는 것을 볼 수 있다. 즉 적절한 형상모수의 값을 선택함으로써 세 가지 형태의 고장률을 모두 표현할 수 있다라는 것이다.

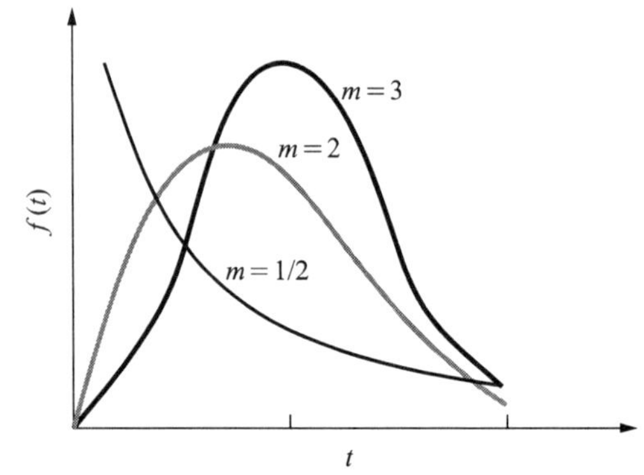


▮그림 3-15 $m$값에 따른 와이블분포함수 형태

다음은 와이블분포의 신뢰도함수와 불신뢰도함수를 동시에 그래프로 표현한 것을 보자. 이전 경우와 마찬가지로 신뢰도함수는 시간에 따라 감소하고 불신뢰도는 증가하는 것을 볼 수 있다. 또한 척도모수 $\eta$에 의해 특성수명이 정의되는 것도 알 수 있다. 즉 특성수명에서의 신뢰도는 형상모수와는 무관하게 0.368, 불신뢰도는 0.632로 결정되는 것이다. 이 말은 특성수명을 부를 때 어떤 고장분포 데이터가 있다면, 이때 약 고장분포율이 63.2%에 해당하는 시점, $\eta$가 되고 그것을 해당 아이템의 특성수명이라고 지칭한다.

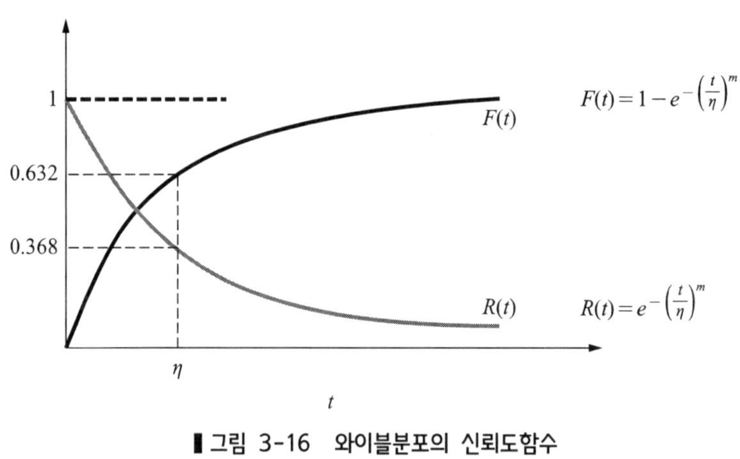


▮그림 3-16 와이블분포의 신뢰도함수

와이블분포와 욕조커브의 상관관계는 형상모수 $m$값에 의해서 좌우되는 것을 알 수 있었다.

특히 $m$값이 1을 기준으로 작을 경우, 같을 경우, 클 경우 세 단계로 나뉘어진다. 욕조커브에서 초기고장 즉 제조품질의 이슈단계에서는 형상모수는 1보다 작고 고장률이 일정한 유효수명기간에는 $m$값은 1이고, $m$이 1보다는 크거나 약 4보다는 작은 경우는 Low cycle에 대한 피로로 고장이 나는 베어링 같은 기계부품 또는 전기전자부품에 해당하고 4보다 클 때는 응력부식이나 취성재료의 특성에 의해 고장이 발생의 형태가 증가하는 단계로 이해할 수 있다.

# 2. 스마트공장 안전제어시스템 설계

## 2.1 안전성능수준(PL) 개요

기계에 대한 위험요인분석과 위험성감소 절차는 [그림 3-17]과 같은 반복적인 과정을 통해 아래와 같이 단계적 조치를 통한 위험요인의 제거 또는 감소를 요구한다.

- 설계에 의한 위험요인 제거 또는 위험성감소
- 방호조치 및 보조보호조치에 의한 위험성감소
- 잔존위험성에 대한 사용정보의 제공에 의한 위험성감소

제어시스템을 이용한 위험성감소 전략으로는 기계설비 제어시스템의 안전관련 구성품들에 의하여 수행될 수 있는 안전기능을 목록화 하고 각각의 안전기능에 필요한 특성을 지정한 후 [그림 3-18]과 같은 반복적인 설계절차를 수행한다.

즉, 각각의 안전기능에 대한 특성과 성능요구수준이 명시되어야 하고 안전요건 시방이 작성되어야 한다. 다섯 단계의 성능수준은 [표 3-3]과 같이 시간당 위험한 고장이 발생하는 확률의 범위로 규정되어 있다.

안전성능수준(PL) 결정평가 결과 성능요구수준(PLr)을 충족시키지 못할 경우 위험성을 감소하기 위한 보호조치는 주로 다음과 같이 적용한다.

- 안전기능에 영향을 미치는 고장이나 결함의 가능성을 줄이는 것이므로 구성요소의 신뢰성을 높인다.
- SRP/CS의 구조를 개선하여 결함의 위험한 영향을 회피하는 것이므로 어떤 결함은 감지될 수 있도록 중복 또는 감시되는 구조를 적용한다.
- 두 방법은 개별적으로 또는 조합하여 적용할 수 있다.

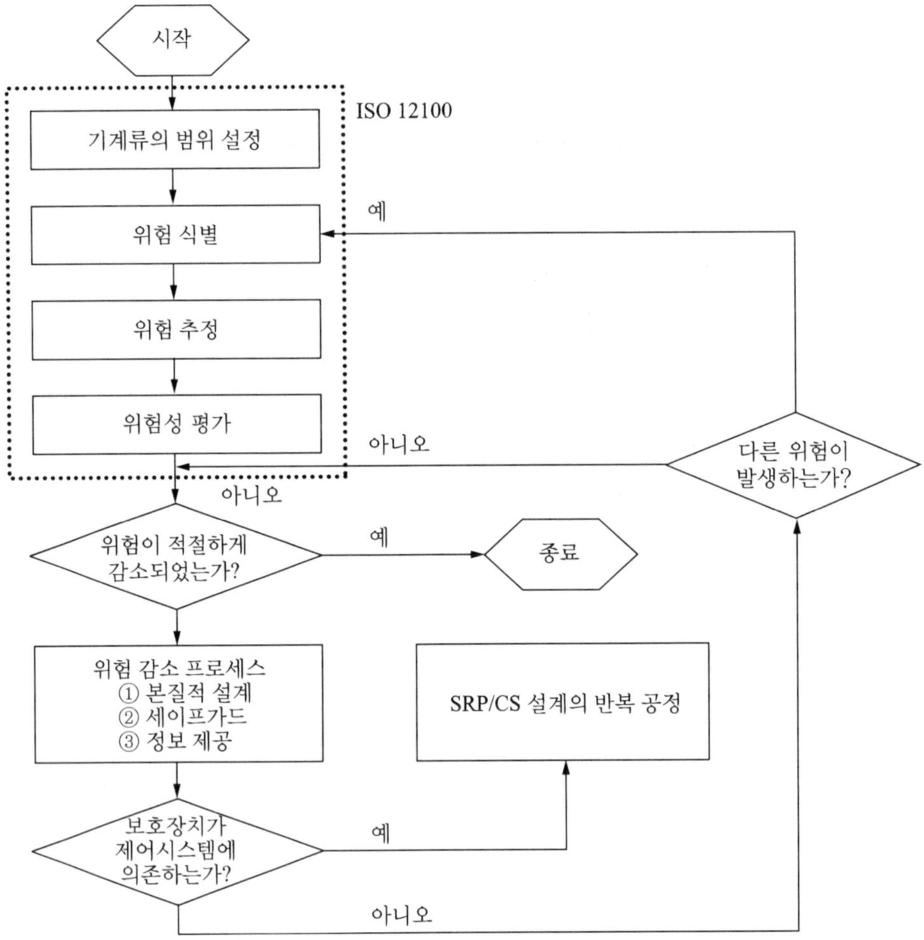


▌그림 3-17 위험성평가 프로세스

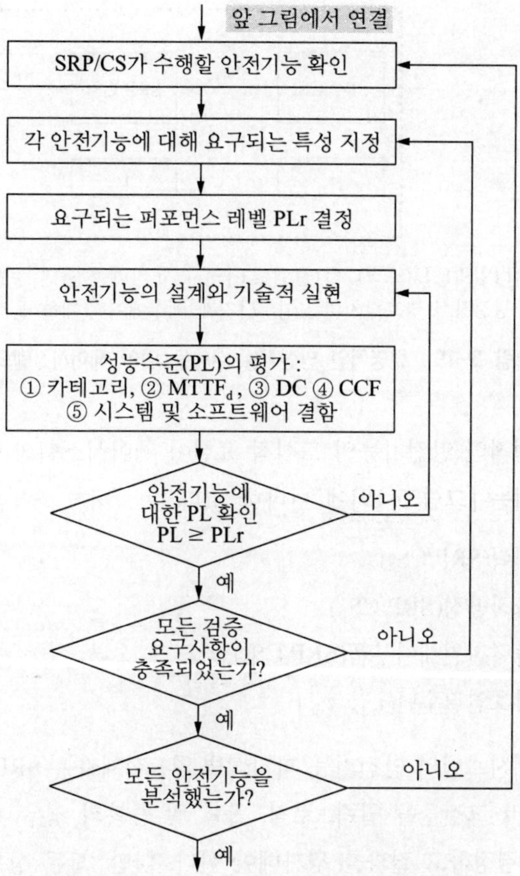


▮그림 3-18 SRP/PC 설계의 반복과정

## 2.2 제어시스템의 안전관련부품류(SRP/CS) 설계

### 1) 설계 개요

위험성감소 절차의 일부분은 기계의 안전기능을 결정하는 것이며, 이는 제어시스템의 안전기능을 포함한다.

안전기능은 하나 또는 그 이상의 안전제어시스템에 의해 구현될 수 있다. 여러 안전기능은 하나 이상의 SRP/CS을 공유할 수 있다.

하나의 SRP/CS은 안전기능 및 표준제어기능을 구현하는 것도 가능하므로 설계 시 기술을 단독이나 조합으로 사용할 수 있다.

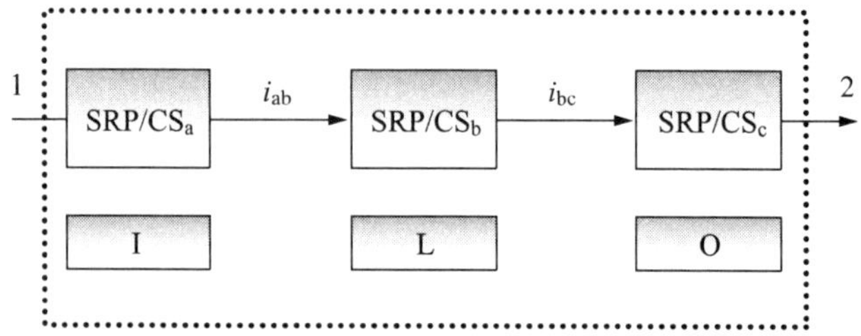


I (입력), L (로직), O (출력), 1 [개시 사건(예를 들면 누름단추의 수동 누름, 가드 열기, 광전자식 방호장치의 빔)], 2 [기계 액추에이터(예를 들면, 모터제동기)]

**▌그림 3-19 전형적인 안전기능 수행을 위한 제어시스템의 안전관련부품 조합의 도식적 표현**

전형적인 안전기능의 도식적 표현이 제어시스템의 안전관련부품(SRP/CS)의 조합을 나타내는 [그림 3-19]에 나타나 있다.

- 입력(SRP/CS$_a$)
- 로직공정(SRP/CS$_b$)
- 출력전원제어부품(SRP/CS$_c$)
- 상호연결수단($i_{ab}$, $i_{bc}$)

제어시스템의 안전기능 파악식별 후, 설계자는 SRP/CS를 파악/식별해야 하고 필요에 따라 그것들을 입력, 로직, 출력 및 중복의 경우 개별 채널로 할당한 후 성능수준 PL을 결정하고 결과를 평가해야 한다. 다만, 모든 상호연결수단은 안전관련부품에 포함되어 있다.

### 2) 설계 단계

안전제어시스템의 설계는 기본적으로 위험성평가의 결과로부터 시작될 것이다.

이러한 안전제어시스템을 설계하는 간단한 방법을 보자. [그림 3-18]과 같이 방호조치가 제어시스템에 의존하는 안전제어시스템에서 발생할 수 있는 위험을 감소시키기 위하여서 우선 안전제어시스템이 수행하여야 할 안전기능을 정의하고, 정의된 안전기능의 특성을 결정 짓는 사양을 지정하여야 한다.

이때 안전기능의 내용과 사양을 만족하기 위하여 요구되는 성능수준을 결정하여 PLr을 지정한다.

다음은 안전제어시스템에 적용되는 입력, 로직, 출력에 사용되는 각종 부품들의 우발적 고장과 시스템고장으로부터 신뢰성을 확보하여 방호장치의 요구되는 성능지수인

PL이 어떠한 수준을 갖는지를 확인하여야 한다. 이를 위하여 첫째 사용된 각종 부품에 결함이나 고장이 발생할지라도 위험성평가에 의한 안전기능이 충실히 이행될 수 있도록 안전제어시스템의 제어방식을 구성하는 카테고리를 선정하여야 한다.

둘째 부품의 신뢰성을 고려하여 위험한 평균 고장시간 간격을 결정하는 $MTTF_d$를 계산한 후 상, 중, 하로 분류하고, 다음은 발생할 수 있는 고장 중 감지 가능한 위험한 고장 비율을 계산한 진단범위인 DC를 정하여 등급을 나눈다.

이렇게 하여 결정된 카테고리, $MTTF_d$, DC값을 가지고 실제로 실행 가능한 안전제어시스템의 성능수준 PL값을 정한다.

다만 이때 공통고장원인인 CCF값을 구하여 65% 이상의 적합도가 나오면 카테고리, $MTTF_d$, DC값을 인정할 수 있는 값이 된다.

이후에는 PL, PLr을 비교하여 PL ≥ PLr조건을 만족하면 위험이 감소시키는데 성공하였으므로 계획한대로 시스템을 구성할 수 있으며, 만일 동 조건을 만족하지 못할 경우에는 카테고리, $MTTF_d$, DC값 등을 조정하여 다시 이러한 과정을 처음부터 반복하여 동 조건이 만족될 때까지 수행하게 된다.

이상과 같은 과정의 반복을 통하여 안전기능을 수행하는 안전관련부품의 필요한 성능수준을 결정하게 된다.

안전기능을 수행하는 선택된 개별 안전제어시스템 또는 조합된 안전제어시스템을 위한 PL의 예측이 수행되어야 한다. 보다 구체적으로 해석하면 제어시스템의 안전관련부품(SRP/CS)의 PL은 다음과 같은 측면의 파라미터에 대한 값들을 고려하여 결정되어야 한다.

- 단일 구성요소의 $MTTF_d$
- DC
- CCF
- 제어시스템 구조
- 결함상태에서의 안전기능의 동작
- 안전관련 소프트웨어
- 시스템적 고장
- 예상되는 환경조건에서 안전기능을 수행하는 능력

안전제어시스템의 실제적인 PL을 설계하는 단계를 보면 다음과 같은 순서에 따라 이루어진다.

- 1단계 : 제어시스템 중 안전과 관련된 부품류(SRP/CS)들에 의하여 수행될 안전기능 시방 및 각각의 안전기능에 필요한 특성 지정
- 2단계 : 요구되는 PLr 결정(안전제어시스템 설계 : Performance Level 결정)
- 3단계 : 범주 Category
- 4단계 : 위험한 평균 고장시간 $MTTF_d$
- 5단계 : 진단범위 DC
- 6단계 : 공통고장원인 CCF
- 7단계 : 안전관련 S/W개발(필요한 경우)
- 8단계 : PL ≥ PLr 확인
- 9단계 : 모든 요구사항 충족 확인

## 2.3 안전제어시스템을 위한 안전기능

설계자는 SRP/CS에 의해서 제공될 수 있는 안전기능의 목록과 세부사항들을 제시하고, 제어시스템에 요구되는 안전조치를 달성하기 위해 필요한 것들을 포함해야 한다. 예를 들면 안전관련 정지기능, 예상치 못한 시동의 방지, 수동 리셋 기능, 기능정지 기능, 실행유지 기능 등이 있다.

[표 3-6]은 각각 몇몇 전형적인 안전기능, 특징들의 일부와 안전관련 파라미터들을 열거하고 있으며 동시에 안전기능, 특징 또는 파라미터에 관련된 요구사항을 나타내는 다른 국제표준을 인용한 것이다. 설계자는 모든 해당되는 요구사항들이 표에 열거된 관련된 안전기능들을 만족하는 것을 확인해야 한다.

[표 3-6]의 인용표준들 대부분이 전기표준과 관계되므로 해당되는 요구사항들은 다른 기술(예 : 유압, 공압)의 경우에는 변형을 하여 사용한다.

안전기능을 확인하거나 명시할 때, 최소한 다음의 것들이 고려되어야 한다.

- 각각의 특정한 위험요인 또는 위험한 상황에 대한 위험성평가 결과
- 다음의 것들을 포함한 기계 작동 특징들
  - 기계의 의도된 용도(합리적으로 예측가능한 오용을 포함)
  - 작동모드(예를 들면 지역모드, 자동모드, 기계의 구역 또는 부품에 관련된 모드들)
  - 사이클 시간
  - 반응시간

**표 3-6 전형적인 기계안전기능들과 그 특징들의 일부분에서 적용 가능한 표준**

| 안전기능 / 특징 | KS B ISO 12100:2010 | 추가적인 정보 |
|---|---|---|
| 보호장치에 의해서 시작되는 안전관련 정지기능 [a] | 3.28.8, 6.2.11.3 | IEC 60204-1:2005, 9.2.2, 9.2.5.3, 9.2.5.5 |
| 수동 리셋 기능 | - | IEC 60204-1:2005, 9.2.5.3, 9.2.5.4 |
| 시동/재시동 기능 | 6.2.11.3, 6.2.11.4 | IEC 60204-1:2005, 9.2.1, 9.2.5.1, 9.2.5.2, 9.2.6 |
| 부분 제어기능 | 6.2.11.8, 6.2.11.10 | IEC 60204-1:2005, 10.1.5 |
| 기능정지 기능 | - | - |
| 실행유지 기능 | 6.2.11.8 [b)] | IEC 60204-1:2005, 9.2.6.1 |
| 가동장치 기능 | - | IEC 60204-1:2005, 9.2.6.3, 10.9 |
| 예상치 못한 시작 방지 | 6.2.11.4 | KS B ISO 14118 IEC 60204-1:2005, 5.4 |
| 끼인 사람의 탈출과 구조 | 6.3.5.3 | - |
| 격리와 에너지 방출 기능 | 6.3.5.4 | KS B ISO 14118<br>IEC 60204-1:2005, 5.3, 6.3.1 |
| 제어 모드들과 모드 선택 | 6.2.11.8, 6.2.11.10 | IEC 60204-1:2005, 9.2.3, 9.2.4 |
| 제어시스템들의 다른 안전관련부품들과의 상호작용 | 6.2.11.1<br>(마지막 문장) | IEC 60204-1:2005, 9.3.4 |
| 안전관련 입력 값의 감시 파라미터화 | - | - |
| 긴급정지 기능 [b] | 6.3.5.2 | KS B ISO 13850<br>IEC 60204-1:2005, 9.2.5.4 |
| 반응시간 | - | ISO 13855:2000, 3.2, A.3, A.4 |
| 속력, 온도 또는 압력과 같은 안전관련 파라미터 | 6.2.11.8 [e)] | IEC 60204-1:2005, 7.1, 9.3.2, 9.3.4 |
| 동력원의 변동, 손실과 회복 | 6.2.11.8 [e)] | IEC 60204-1:2005, 4.3, 7.1,7.5 |
| 알림과 경고신호 | 6.2.8 | ISO 7731, KS A ISO 11428<br>KS A ISO 11429, KS C IEC 61310-1<br>IEC 60204-1:2005, 10.3, 10.4<br>IEC 61131, IEC 62061 |

- 비상조치
- 다른 작업절차와 수동 활동(수리, 설정, 청소, 고장수리 등등) 사이의 상호작용에 대한 설명
- 안전기능이 달성하거나 방지하도록 의도된 기계의 거동
- 기계의 활성화 또는 비활성화를 결정짓는 기계의 상태(예를 들면 작동모드)

- 작동 빈도
- 동시에 활성화될 수 있고 모순되는 행동을 유발할 수 있는 기능들의 우선순위

### 1) 안전관련 정지기능(연동장치와 제한장치 포함)

위험한 상황을 초래할 수 있는 기계의 움직임은 감시되어야 하나 수동제어기계에서는 운전자가 감시기능을 할 수 있어야 한다. 다만 운전자가 감시할 수 없는 불가피한 경우에는 과속감지장치, 기계식 과부하 방지장치, 충돌방지장치 등을 포함한 별도의 방법이 강구되어야 한다.

보호장치에 의해서 시작되는 안전관련 정지기능(연동장치와 제한장치, 즉 과속, 과열, 과압 등을 포함)을 적용해야 하며 필요시 보호장치 및 연동장치에 연결되어야 한다.

안전관련 정지기능은 필요하다면 작동 즉시 기계가 안전한 상태가 되게 해야 한다. 이러한 정지는 작업상 이유에 의한 정지에 대해 우선권을 가져야 한다.

정지기능의 복귀 시에는 어떠한 위험상태도 유발되지 않아야 한다.

하나 이상의 조작반이 설치된 경우 모든 조작반에 정지명령이 유효하여야 한다.

비상정지는 기계에서 1차적인 위험의 축소수단이 아닌 보완적인 보호조치이다.

### 2) 수동 리셋 기능

리셋의 명령은 기계를 재시동해서는 아니 되고 단지 재시동을 허용하기만 해야 한다. 방호설비에 의해서 정지명령이 개시된 이후에, 정지상태는 재시작을 위해 안전상태가 존재할 때까지 유지되어야 한다.

방호설비의 리셋에 의한 안전기능의 복구는 정지명령을 취소시켜야 한다.

수동 리셋 기능은 다음 조건을 유지해야 한다.

- SRP/CS 내에서 분리되고 수동으로 작동되는 기구를 통해서 제공되어야 함
- 모든 안전기능들과 방호설비가 작동할 때에만 가능해야 함
- 스스로 동작 또는 위험한 상황을 시작하지 않아야 함
- 의도적인 작동에 의해야 함
- 제어시스템이 별도의 시작명령을 받아들일 수 있게 해야 함
- 액추에이터를 동력이 전달된 상태로부터 분리될 때에만 허용되어야 함

수동 리셋 기능을 제공하는 안전관련부품들의 성능수준은 수동 리셋 기능이 포함되어 있는 안전기능의 요구 안전성을 저하시키지 않도록 유지되어야 한다.

리셋 액추에이터는 위험영역의 외부와 위험영역에 사람이 있는지를 검사하기에 좋은 가시성이 있는 안전한 장소에 설치되어 있어야 한다.

위험영역에 대한 가시성이 완전하지 않은 곳에서, 특별한 리셋 절차를 구성하여 운영해야 한다.

- 한 가지 해결책은 두 번째 리셋 액추에이터를 사용하는 것임
- 리셋 기능은 위험영역 내에서 위험영역의 밖(방호설비 근처)에 위치한 두 번째 리셋 액추에이터와 조합된 첫 번째 액추에이터에 의해서 개시됨

### 3) 시동/재시동 기능

기계가 비정상적으로 정지된 이후(예를 들면 정전, 무선제어신호의 상실 등)에는 원치 않는 작동을 방지하는 조치가 되어 있어야 한다.

하나 이상의 조작반이 설치된 경우 다른 조작반의 명령개시가 위험한 상황을 초래하지 않도록 하여야 한다.

재시동은 위험한 상황이 존재할 수 없을 때에만 자동적으로 작동할 수 있어야 한다.

시동과 재시동에 대한 이 요구사항들은 원격으로 제어될 수 있는 기계들에도 적용해야 한다.

안전장치를 적용하기 곤란한 기계(이동기계)의 경우에는 적용 가능한 합법적인 장치와 함께 잡고 있을 때에만 가동되는 수동제어 작동이 되도록 하여야 한다.

기계의 기동제어반이 하나 이상일 경우에는 다음 조건이 만족되어야 한다.

- 각 제어반은 별도의 수동식 기동제어장치를 구비해야 함
- 기계 작동에 필요한 모든 조건이 만족되어야 함
- 모든 기동제어장치는 기동되기 전에 안전위치에 있어야 함
- 모든 기동제어장치는 동시에 작동되도록 설계되어야 함

### 4) 부분개별 제어기능(Local Control Function)

기계가 부분적으로 제어될 때, 예를 들면, 휴대용 제어장치나 펜던트의 경우 다음의 요구사항들이 적용되어야 한다.

- 부분제어를 선택하기 위한 수단은 위험영역의 밖에 위치되어야 함
- 위험한 상태를 개시하는 것은 위험성평가에 의해 정의된 영역인 부분제어에 의해서만 가능해야 함

• 부분제어와 주제어 사이의 전환은 위험한 상황을 유발하지 않아야 함

휴대형 및 펜던트(매달기형) 제어반과 그 제어장치는 운전원이 제어반을 떨어뜨리거나 부딪칠 경우에 충격이나 진동으로 인한 오동작의 우려가 최소화되도록 선정 및 배치되어야 한다.

### 5) 기능정지 기능

기능정지 기능은 기능정지 동안에 다른 수단을 통하여 안전조건들이 제공되어 어떤 사람도 위험한 상황에 노출되지 않도록 하여야 한다.

기능정지가 끝날 때, SRP/CS의 모든 안전기능들은 회복되어야 한다. 이때 기능정지 기능을 제공하는 안전관련부품들의 성능수준은 기능정지 기능이 포함된 안전기능의 요구되는 안전성을 저하시키지 않도록 선정되어야 한다.

### 6) 실행유지 기능

작동신호가 있을 때에만 제어하는 가동유지제어(Hold-to Run Controls)는 조작완료시까지 제어장치가 연속적으로 실행되어야 한다.

### 7) 허용제어장치

가동을 위한 제어장치는 다음과 같은 수동조작제어기능 연동장치이다.

• 작동 시 별도 기동제어에 의하여 기계 작동이 개시될 수 있음
• 비활성 시 정지기능을 활성화하여 기계 작동 개시를 방지해야 함

시스템의 일부로서 허용제어장치가 제공될 때에는 하나의 위치로만 조작을 허용하기 위해 허용신호를 보내어야 한다. 즉, 다른 위치로의 조작은 중지 또는 방지되어야 한다.

### 8) 예상치 못한 시작 방지 기능

유지 보수 도중에 기계의 기동으로 위험을 초래할 우려가 있는 경우에는 불시기동방지장치를 설치하여야 한다.

불시기동방지장치는 사용에 적합하고 편리하여야 하며, 용이하게 식별이 가능한 곳에 있어야 한다.

### 9) 격리와 에너지 방출 기능

기계 위에서 필요한 작업을 할 경우 기계동작에 의한 위험을 발생시키지 않도록 전기장비의 전원을 차단하여야 하나, 다음의 회로는 전원차단장치에 의하여 차단할 필요가 없고 자체 차단장치로 차단할 것을 권고한다.

- 유지 보수 수리 중에 필요한 조명용 전기회로
- 수리 또는 유지 보수용 도구 및 장비의 접속용 플러그 및 소켓 수구(핸드드릴, 시험장비 등)
- 전원 공급 실패 시 자동 차단용으로만 사용하는 부족 전압 보호회로
- 정상작동을 위하여 항상 전원이 공급되어야 하는 선로[온도제어 측정장치, 공정상(연속작업 시)의 가열기, 프로그램 저장장치]
- 연동장치용 제어회로

위의 회로들이 전원차단장치로 차단되지 않는다면 다음의 조치를 취하여야 한다.

- 전원차단장치 가까운 위치에 반영구적인 경고 표지를 부착
- 적용제외 회로를 다른 회로와 구별함

전원차단장치의 조작도구(손잡이)는 쉽게 접근이 가능한 위치에 설치하되 지면 위로부터 0.6～1.9 m 사이에 위치(가능한 1.7 m 이하 권고)하도록 한다.

에너지가 방출되는 기능으로부터 근로자를 보호하기 위하여 간접접촉방지 조치를 취하여야 한다. 즉, 전기장비의 각 회로 또는 각 부분은 "위험한 접촉 전압의 발생방지를 위한 조치" 또는 "접촉 전압이 위험한 준위까지 올라가기 전에 전원의 자동 차단" 조치 중 하나 이상의 방법을 적용하여야 한다.

위험한 접촉 전압의 발생억제 조치 방안은 다음과 같다.

- 기초절연 파괴 시 접촉이 우려되는 부위에 위험한 접촉 전압의 발생을 억제하기 위하여 절연에 의한 보호
- 선로 충전부의 기초절연 파괴에 의해 충전될 수 있는 노출 도전부와의 접촉을 통한 위험한 접촉 전압을 억제하기 위하여 각 선로의 전기적 분리에 의한 보호

### 10) 제어모드들과 모드 선택

각 기계는 그 형태 및 사용 용도에 따라 하나 이상의 작동방식을 가지게 되는데, 그 작동방식이 위험한 상황을 일으킬 수 있는 경우 적합한 수단에 의해 이를 방지하여야

한다.

모드 선택스위치 자체로 기계가 작동되어서는 안 되며 운전자에 의하여 별도의 작동이 요구되어야 한다.

각 특정한 작동방식, 관련 안전기능 및 보호장치가 이행되어야 한다.

### 11) 제어시스템들의 다른 안전관련부품들과의 상호작용

동시 작동 시 위험한 상태를 초래할 수 있는(예 : 역운동을 야기시키는 것) 접점, 릴레이 등 제어 기구는 상호 연동되어야 한다.

역회전용 접점(예 : 전동기 회전 방향을 제어하는 것)은 스위치 조작 시 회로 단락 사고가 일어나지 않도록 상호 연동되어야 한다.

기계 작동의 연속성과 안전상 기계의 여러 기능이 상호 연계되어 작동되는 경우(계단식 속도 제어 등), 상호 원만한 협조가 되도록 적절한 연동 기능을 구비하여야 한다.

여러 기계가 상호 연계되어 작업이 이루어지는 경우에는 제어기 사이에 적절한 상호 연동이 이루어져야 한다.

기계 제동 액추에이터의 고장이 해당 기계의 액추에이터를 작동시켜 위험 상태를 초래할 우려가 있는 경우의 연동장치는 해당 액추에이터의 전원이 차단되도록 되어야 한다.

### 12) 안전관련 입력값의 감시 파라미터화

파라미터화에 이용된 모든 데이터의 무결성은 유지되어야 하고, 이는 다음의 적용된 조치들에 의해서 이루어져야 한다.

- 유효한 입력 범위의 제어
- 전송 이전의 데이터 변조 제어
- 파라미터 전송과정으로부터의 오류효과의 제어
- 불완전한 파라미터 전송의 효과를 제어
- 파라미터화를 위해 사용된 하드웨어와 소프트웨어의 결함과 고장 효과의 제어

파라미터화 도구는 SRP/CS에 대한 다양한 모든 요구사항을 만족하여야 하나, 어려울 경우에는 별도의 안전관련 파라미터 설정을 위해서 특별한 절차가 사용되어야 한다.

- 파라미터화 도구로 수정된 파라미터의 재전송
- 차후 확인뿐만 아니라, 파라미터의 무결성을 확인하는 다른 적절한 방법(예를 들

면 적절하게 숙련된 사람과 파라미터화 도구에 의한 자동점검을 사용하는 것)

전송/재전송 과정에서의 엔코딩/디코딩을 위해 사용된 소프트웨어 모듈들과, 사용자에 대한 안전관련 파라미터들의 시각화를 위해 사용된 소프트웨어 모듈들은 계통적 고장을 피하기 위해서 함수에서의 다양성을 최소한으로 사용을 자제한다.

### 13) 긴급정지 기능(보조보호조치)

긴급정지 기능 등 비상조작은 다음 사항의 개별적 또는 조합을 포함한다.

- 비상정지 : 위험한 공정 또는 이동을 멈추게 하기 위한 비상조작
- 비상기동 : 위험한 상태의 제거 또는 회피하기 위한 공정 또는 이동을 시작하기 위한 비상조작
- 비상전원 차단 : 감전 또는 기타 전기적 위험과 관련된 경우, 설비의 일부 또는 전체에서 전기 에너지의 공급을 차단하기 위한 비상조작
- 비상전원 투입 : 비상 상태 시 사용하기 위한 설비의 일부에 전기 에너지의 공급을 하기 위한 비상조작

비상정지의 조작 또는 비상전원 차단 조작기가 작동되면 리셋 시까지 정지되어야 한다.

- 리셋은 명령이 개시된 해당 위치에서만 가능해야 하는데, 명령의 리셋은 기계를 재시동해서는 안 되고 단지 재시동을 허용하기만 해야 함
- 모든 비상정지 및 비상전원 차단명령이 리셋된 후에 기계 재시동이 가능해야 함

비상정지의 범주선정은 기계의 위험성평가에 의해 결정되어야 하며, 다음 사항을 만족해야 한다.

- 모든 방식에서 기타 다른 모든 기능 및 작동을 무효화하여야 함
- 위험한 상태를 유발시킬 수 있는 기계 액추에이터의 동력은 즉시 제거되거나, 기타 위험한 상태가 야기되지 않도록 가능한 한 신속히 차단하여야 함
- 복귀가 기계를 재 기동시켜서는 아니 됨

다음의 경우에는 비상전원 차단장치가 설치되어야 한다.

- 직접 접촉(예 : 컬렉터 선, 컬렉터 봉, 슬립 링 조립체, 전기 취급 지역의 제어장치) 방지를 위해 장애물이나 이격 설치한 경우

• 전기로 인하여 다른 위험요인의 발생 또는 손상 우려가 있는 경우

### 14) 반응시간

SRP/CS의 반응시간은 SRP/CS의 위험성평가에 의해 필요한 것으로 밝혀진 경우 결정되어야 한다.

• 제어시스템의 반응시간은 기계의 전체 반응시간의 일부분임
• 기계에 요구되는 전체 반응시간은 안전관련부품의 설계에 영향을 미칠 수 있음 (예를 들면 제동시스템의 제공 필요성)

### 15) 안전관련 파라미터(속도, 온도, 압력 등)

안전관련 파라미터들(예를 들면 위치, 속력, 온도 또는 압력)이 주어진 한계로부터 벗어날 때, 제어시스템은 적절한 조치를 시작해야 한다.

프로그램 가능한 전자시스템에 안전관련 데이터의 수동입력의 오류가 위험한 상황을 유발할 수 있다면, 그때 안전관련 제어시스템 내에 데이터 점검시스템이 제공되어야 한다.

### 16) 동력원의 변동, 손실과 회복 등

지정 작동범위 밖에서 에너지 공급의 손실을 포함하는 에너지 수준변동이 일어난다면, SRP/CS는 다른 기계시스템의 부품들이 안전한 상태를 유지할 수 있도록 하는 출력신호를 제공하거나 개시하는 것을 계속하여야 한다.

### 17) 알람과 경고신호

표시등은 작업자의 주의를 끌거나 지정된 절차를 준수하여야 하는 것을 나타내고자 할 경우, 적색, 황색, 녹색 및 청색으로 표시한다.

확인은 명령 상태를 확인하거나 변경 또는 전환 시간 종료의 확인이 필요할 경우, 황색과 흰색을 사용한다(필요 시 녹색도 사용 가능함).

• 표시등 및 디스플레이는 작업자의 정상 위치로부터 시각적으로 확인 가능한 방식으로 선정 및 설치되어야 함
• 경고등에 사용된 표시등 회로에는 이런 등의 조작을 점검하기 위한 장치가 장착

되어야 함

공급자와 사용자 사이에 별도의 약정이 없는 경우, 표시(안내)등의 렌즈는 기계의 조건(상태)에 관하여 색상 부호화하여야 하며, 기계의 표시 타워 색은 위에서 아래로 적색, 황색, 청색, 녹색, 흰색 순으로 한다.

다음과 같은 목적에 따라 그 이상의 식별이나 정보, 특히 추가적인 강조가 필요한 경우에는 점멸등을 설치할 수 있다.

- 주의를 환기시킬 필요가 있을 경우
- 즉각적인 조치가 필요할 경우
- 명령과 실제 상태의 불일치를 나타낼 경우
- 처리 과정 중 변경을 나타낼 경우(전이 과정 중 점멸)

우선순위가 높은 내용의 전달 시에는 점멸속도가 빠른 점멸등을 사용한다.

- 점멸등 또는 디스플레이가 더 높은 우선순위의 정보를 전달하기 위해 사용될 경우, 청각 경고 장치도 제공되어야 함
- 조광 누름버튼 액추에이터는 색상을 활용하여 부호화하여야 함
- 적절한 색상을 정하기 어려운 경우에는 흰색을 사용하되, 비상정지 액추에이터용 적색은 자체의 발광에 의존하여서는 아니 됨

## 2.4 성능요구수준(PLr) 결정

제어시스템의 안전관련 구성품(SRP/CS)에 의해 수행되는 안전기능에 대해 성능요구수준(PLr)을 결정하는 것이며, 이러한 성능요구수준의 결정은 위험성평가의 결과이다.

성능요구수준(PLr)은 제어시스템의 안전관련 구성품에 의해 수행되어야 할 위험성감소의 크기를 나타내는 것이며, 제어시스템의 안전관련 구성품에 의해 제공되는 위험성감소의 크기가 클수록 PLr 값이 높게 된다.

성능요구수준은 기계적 방호장치 또는 추가적인 안전기능들과 무관한 다른 기술적 방법에 의하여 위험성감소가 기대되는 안전기능에 의하여 결정한다.

상해의 심각도(S1, S2)를 정해야 한다. 안전기능의 고장으로부터 발생하는 위험성의 추정에서는 오직 경미한 부상들(보통 원상회복이 가능한)과 심각한 부상들(보통 원상회복이 불가능한) 그리고 사망만을 고려한다. 합병증이 없는 타박상 또는 열상은 S1으로 분류하고 절단 또는 사망은 S2로 설정한다.

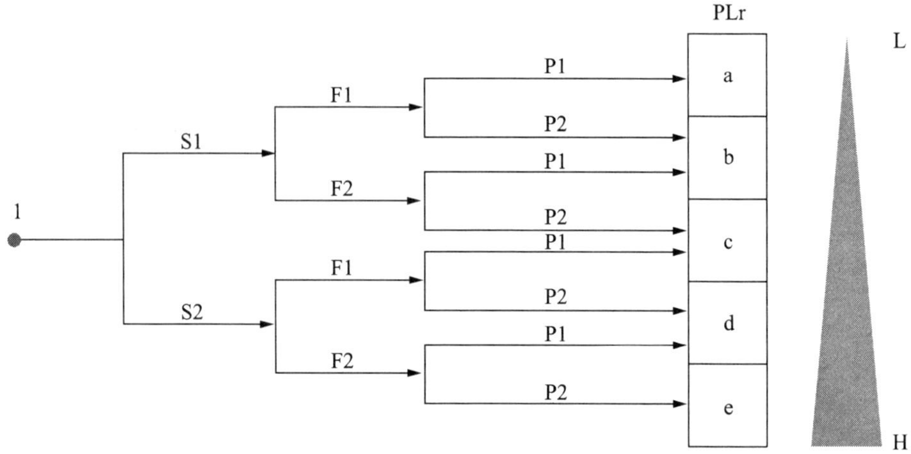


| 식별부호 | | 위험성 파라미터 | |
|---|---|---|---|
| 1 | 안전기능 결정/결과평가의 시작점 | S | 부상의 심각도 |
| | 위험성감소에 대한 기여도 | S1 | 경미(보통 원상회복이 가능한 부상) |
| L | 위험성감소에 대한 낮은 기여도 | S2 | 심각(보통 원상회복이 불가능한 부상 또는 사망) |
| H | 위험성감소에 대한 높은 기여도 | F | 빈도 또는 위험요인에 대한 노출 |
| PLr | 성능요구수준 | F1 | 가끔 - 빈번하지는 않은 또는 짧은 노출시간 |
| | | F2 | 자주 - 지속적 또는 긴 노출시간 |
| | | P | 위험요인 회피 또는 상해 제한의 가능성 |
| | | P1 | 특정 조건에서 가능 |
| | | P2 | 거의 불가능 |

**▮그림 3-20 안전기능에 요구되는 PLr 결정을 위한 위험성 그래프**

위험요인에 대한 빈도, 노출시간(F1, F2)을 정한다. 파라미터 F1 또는 F2에 대해 선택되는 일반적인 유효시간주기는 명시하기 어려우나 사람이 자주 또는 지속적으로 위험요인에 노출된다면 F2로 선택한다. 빈도 파라미터는 위험요인에 대한 접근빈도와 기간에 따라서 선택한다. 위험요인에 대한 노출기간은 장비가 사용되는 총 기간에 대하여 측정한 평균을 기준으로 결정하고 결과를 평가하는 것이 바람직하다. 예를 들면 작업물을 공급하고 이동시키기 위한 주기적 작업의 사이사이에 기계와 기구들 사이에 정기적으로 접근하는 것이 필요하다면 F2가 선택되는 것이 좋고, 간헐적인 접근만이 요구된다면 F1이 바람직하다.

위험요인(P1과 P2)을 회피할 수 있는 가능성을 추정해야 한다. 위험한 상황이 사고로 이어지기 전에 인지하고 회피할 수 있는지를 아는 것은 중요하므로 위험요인이 물체의 물리적 특성에 의해 직접 파악이나 식별되는지 또는 지시기와 같은 기술적 수단에 의해서만 인지되는지의 여부를 고려한다.

파라미터 P의 선택에 영향을 미치는 다른 중요한 측면은 감독 없는 경우나 감독이 있는 경우의 작동 여부, 전문가 또는 비전문가에 의한 작동 여부, 위험요인이 발생하는 속도(예를 들면 빠르거나 느리게), 위험요인 회피의 가능성(예를 들면 탈출에 의해) 여부, 공정에 관계된 실질적인 안전 경험의 보유 여부 등에 따라 설정한다.

위험한 상황이 발생했을 때 사고를 회피하거나 그 영향을 현저히 저하시킬 수 있는 가능성이 있는 경우에는 P1, 위험요인을 회피할 가능성이 거의 없는 경우 P2를 선택한다.

## 2.5 실제 시스템 성능수준 PL의 결정 방법

### 2.5.1 각 채널의 위험한 평균 고장시간($MTTF_d$)

각 채널의 평균 위험고장시간($MTTF_d$) 값은 3개의 수준으로 주어지고, 단일채널, 다중시스템의 각 채널마다 개별적으로 고려되어야 한다.

평균 위험고장시간($MTTF_d$) 값은 100년을 최댓값으로 고려한다.

표 3-7 각 채널의 평균 위험고장시간

| $MTTF_d$ | |
|---|---|
| 각 채널의 표기 | 각 채널의 범위 |
| 하 | 3년 ≤ $MTTF_d$ < 10년 |
| 중 | 10년 ≤ $MTTF_d$ < 30년 |
| 상 | 30년 ≤ $MTTF_d$ ≤ 100년 |

각 채널의 3년 미만의 $MTTF_d$ 값은 시장에 나온 1년 후에 모든 시스템의 약 30%가 고장 나거나 교체할 필요가 있다는 것을 의미하기 때문에 실제 SRP/CS에서 발견되지 않을 것으로 예상한 것이다.

고위험성에 대한 SRP/CS는 단일요소만의 신뢰성에 의존하지 않는 것이 좋으므로 각 채널의 100년 이상의 $MTTF_d$ 값은 허용되지 않는다.

시스템 고장과 우발적인 고장에 대하여 SRP/CS를 강화하기 위해 중복성과 시험과 같은 추가 수단이 요구되는 것이 좋으나 실용적인 목적을 위해 범위는 3개로 제한되어 있다.

구성품의 $MTTF_d$의 예측을 위해 데이터를 찾기 위한 계층적 절차는 다음 순서와 같아야 한다.

- 제조사의 데이터 사용
- 단일구성요소의 $MTTF_d$ 값 계산 또는 결정/결과평가
- 각각의 채널에 대한 $MTTF_d$ 추정의 간단한 방법
- 10년을 선택

### 1) 단일구성요소의 $MTTF_d$ 값 계산 또는 결정/결과평가

단일구성요소의 $MTTF_d$ 값을 계산하거나 결과를 평가하는 몇 가지 방법을 제공한다. 유압부품에 대한 $MTTF_d$의 산출방법, 유공압 및 기계전기관련부품에 대한 $MTTF_d$의 산출방법, 전기부품에 대한 $MTTF_d$ 값의 산출방법을 적용한 예시를 설명한다.

#### 가. 유압부품에 대한 $MTTF_d$의 산출방법

다음의 기준을 충족했을 때 밸브 같은 단일유압부품의 $MTTF_d$ 값은 150년으로 추정될 수 있다.

- 부품의 데이터 시트를 확인해본 결과 유압부품이 [표 3-8]과 [표 3-9]에 따라 유압부품의 설계를 위한 기본적이고 충분한 시험을 거친 안전원칙에 따라 제조된 경우
- 유압부품의 제조자가 사용자에게 적절한 적용범위와 작동조건을 지정했을 때 안전제어시스템(SRP/CS) 제조자는 유압부품의 구현 및 운영을 위해 [표 3-8]과 [표 3-9]에 의한 기본적이고 충분히 시험된 안전성의 원칙 적용의 책임에 관계된 정보를 제공한 경우

그러나 위의 두 가지 경우 중 하나가 충족되지 않았을 경우 단일유압부품의 $MTTF_d$ 값은 제조자가 제공해야 한다.

표 3-8 구성요소의 $MTTF_d$ 또는 $B_{10d}$에 대한 국제표준

| | 기타 관련 표준 | 전형적인 값 : $MTTF_d$(년), $B_{10d}$(주기) |
|---|---|---|
| 기계부품 | - | $MTTF_d = 150$ |
| 유압부품 | EN 982 | $MTTF_d = 150$ |
| 공압장비 | EN 983 | $B_{10d} = 20000000$ |
| 릴레이와 차단기<br>작은 부하를 갖는 릴레이(기계적 부하) | EN 50205<br>IEC61810, IEC 60947 | $B_{10d} = 20000000$ |
| 릴레이와 차단기<br>최대 부하를 갖는 릴레이 | EN 50205<br>IEC61810, IEC 60947 | $B_{10d} = 400000$ |
| 작은 부하를 가진 근접스위치<br>(기계적 부하) | IEC 60947<br>EN 1088 | $B_{10d} = 20000000$ |
| 최대 부하를 가진 근접스위치 | IEC 60947<br>EN 1088 | $B_{10d} = 400000$ |
| 작은 부하를 갖는 차단기(기계적 부하) | IEC 60947 | $B_{10d} = 20000000$ |
| 정격부하를 가진 차단기 | IEC 60947 | $B_{10d} = 2000000$ |
| 부하에 관계없는 위치스위치 [a] | IEC 60947<br>EN 1088 | $B_{10d} = 20000000$ |
| 부하에 관계없는 위치스위치 [a]<br>(독립적인 액추에이터, 보호잠금장치를 갖는 스위치) | IEC 60947<br>EN 1088 | $B_{10d} = 2000000$ |
| 부하에 관계없는 비상정지장치 [a] | IEC 60947<br>KS B ISO 13850 | $B_{10d} = 100000$ |
| 최대 작동요구에 따른 비상정지장치 [a] | IEC 60947<br>KS B ISO 13850 | $B_{10d} = 6050$ |
| 부하에 관계없는 누름버튼<br>(예 : 가동스위치) | IEC 60947 | $B_{10d} = 100000$ |

비고 1. $B_{10d}$는 $B_{10}$의 2배로 추정된다(50% 위험한 고장)
비고 2. 예를 들어 "작은 부하"는 정격의 20%를 의미한다.

a. 직접 열림 동작에 대한 결함 제외가 가능할 때

### 나. 유공압 및 기계전기관련부품의 $MTTF_d$

공압밸브, 릴레이, 차단기, 위치스위치, 위치스위치 캠 등과 같은 기계전자관련 부품에 대해서 위험한 평균 고장시간(구성요소의 $MTTF_d$)을 계산하는 것은 어

려울 수 있다.

대부분 이런 종류의 부품제작자는 단지 10%의 부품이 위험한 고장을 발생할 때까지의 평균 주기의 평균 숫자($B_{10d}$)만을 제공한다.

여기서는 제조자가 제공하는 $B_{10}$ 또는 $T$(수명)을 이용하여 부품에 대한 $MTTF_d$를 계산하는 방법을 제공한다.

부품들의 설계는 기본 안전원칙에 의하여 제조되고, 범주인 Cat. 1, 2, 3, 4에 사용되는 부품의 설계를 위하여서는 충분히 검증된 안전원칙을 따랐으며 부품제조사가 사용자에게 적절한 적용분야와 작동조건을 규정하여 부품의 구현이나 운영을 위하여 기본적이고 충분히 검증된 안전성의 원칙을 적용한 경우에는 다음 조건이 충족되었을 때 공압밸브, 릴레이, 차단기, 위치스위치, 위치스위치 캠 등과 같은 기계전자관련부품 $MTTF_d$ 값을 다음과 같이 추정할 수 있다.

부품의 10%가 위험한 고장($B_{10d}$)[9]을 발생할 때까지의 주기의 평균 숫자는 반드시 부품의 제조자에 의해 시험방법(예를 들면 IEC 60957-5-1, ISO 19973, IEC 61810)에 대한 관련제품표준에 따라 결정되는 것이 좋다.

연간작업의 평균 개수인 $B_{10d}$와 $n_{op}$로 부품의 $MTTF_d$는 다음과 같이 계산된다.

$$\mathrm{MTTF_d} = \frac{\mathrm{B_{10d}}}{0.1 \times n_{op}} \tag{3-17}$$

여기에서 $n_{op}$는 연간 작동횟수이며

$$n_{op} = \frac{d_{op} \times h_{op} \times 3600\,\mathrm{s/h}}{t_{cycle}} \tag{3-18}$$

각 인자는 다음과 같다.

$h_{op}$ : 하루에 작업하는 평균 시간

$d_{op}$ : 연간 일수로 나타내는 평균 작업

$t_{cycle}$ : 부품의 2개 연속사이클의 시작 사이의 평균 시간
(예를 들면, 밸브의 스위칭 주기당 시간을 초로 나타낸다.)

부품의 작동시간은 10%의 부품이 위험한 고장을 일으킬 때까지의 평균 시간인

9) 위험 마찰계수 $B_{10}$이 주어지지 않는다면 $B_{10d}$의 50%가 사용될 수 있다. 따라서 $B_{10d} = 2B_{10}$이 추천된다.

$T_{10d}$로 제한된다.

$$T_{10d} = \frac{B_{10d}}{n_{op}} \tag{3-19}$$

식 (3-19)을 해석하면 10%의 부품이 위험한 고장을 일으킬 때까지의 평균 작동수인 $B_{10d}$는, 연간 작업의 평균 작동수인 $n_{op}$을 사용하여, 10%의 부품이 위험한 고장을 일으킬 때까지의 평균 시간인 $T_{10d}$로 변환될 수 있다.

이것은 식 (3-2)와 식 (3-7)에 의하여 고장분포함수는 다음과 같으므로

$$F(t) = 1 - R(t) = 1 - e^{-\int_0^{\infty} \lambda_d dt}$$

지수적으로 분포한다고 가정한 신뢰성 방법과 Weibull의 분포로부터, 부품의 작동시간은 10%의 부품이 위험한 고장을 일으킬 때까지의 평균 시간($T_{10d}$)으로 제한된다면 시간에 대해 일정한 위험한 고장률($\lambda_d$)을 추정할 수 있다.

$$\lambda_d \approx \frac{1.0}{T_{10d}} = \frac{0.1 \times n_{op}}{B_{10d}} \tag{3-20}$$

이식은 일정한 고장률에 대해 가정한 적용분야에서 10%의 부품이 $B_{10d}$ [cycle]에 의해 $T_{10d}$ [년] 내에 고장 날 것을 고려하고 있다.

정확히는 $F(T_{10d}) = 1 - \exp(-\lambda_d T_{10d}) = 10\%$라는 것은

$$\lambda_d = -\frac{\ln(0.9)}{T_{10d}} = \frac{0.10536}{T_{10d}} \approx \frac{0.1}{T_{10d}} \tag{3-21}$$

을 의미한다.

지수분포에 대해 $MTTF_d = 1/\lambda_d$인 경우

$$MTTF_d = \frac{T_{10d}}{0.1} = \frac{B_{10d}}{0.1 \times n_{op}} \tag{3-22}$$

공압밸브에 대한 예시를 보고 이해도를 높이도록 하자.

공압밸브에 대해 제조사는 6,000만 주기의 평균치를 $B_{10d}$로 결정한다.

밸브는 일일 2교대로 연간 220작업일 동안 사용된다.

밸브의 연속되는 두 스위칭의 시작 사이 평균 시간은 5초로 추정된다.

따라서 다음 값이 얻어진다.

연간 220일의 $d_{op}$

일일 16시간의 $h_{op}$

주기당 5초의 $t_{cycle}$

6,000만 주기의 $B_{10d}$

이러한 입력데이터를 이용하여 다음의 값이 계산될 수 있다.

$$n_{op} = \frac{220 \text{ day/year} \times 16 \text{ h/day} \times 3600 \text{ s/h}}{5 \text{ s/cycle}} = 2.53 \times 10^6 \text{ cycles/year}$$

$$T_{10d} = \frac{60 \times 10^6 \text{ cycles}}{2.53 \times 10^6 \text{ cycles/year}} = 23.7 \text{ years}$$

$$\text{MTTF}_d = \frac{23.7 \text{ years}}{0.1} = 237 \text{ years}$$

이 값들은 공압밸브의 $\text{MTTF}_d$를 "높게" 만든다. 이러한 가정은 밸브의 제한 동작시간인 23.7년 동안만 유효하다.

### 다. 전기부품의 $\text{MTTF}_d$ 데이터

[표 3-9]~[표 3-14]는 전자부품에 대한 $\text{MTTF}_d$의 몇 가지 전형적인 평균값을 보여준다. 데이터는 SN 29500시리즈의 데이터베이스에서 추출되었다. 모든 데이터는 일반적인 유형이다. 다양한 전자부품의 $\text{MTTF}_d$ 값을 나타내는 다양한 데이터베이스 참고문헌의 목록 참조가 사용 가능하다. SRP/CS 설계자가 사용된 부품에 대한 다른 신뢰할 수 있고, 구체적인 데이터를 가지고 있다면 그 데이터를 대신 활용하는 것이 좋다. 이 표에 나와 있는 데이터 값은 40℃ 온도, 전류와 전압에 대한 정격부하에 대해서 유효하다.

표의 MTTF 열에서 SN 29500로부터 얻어진 값은 일반적 부품의 모든 가능한 고장모드(항상 위험한 고장은 아닌)에 적용된다. $\text{MTTF}_d$ 열에서는 일반적으로 모든 고장모드가 위험한 고장을 유발하지는 않는 것으로 가정된다. 이것은 주로 적용분야에 따라 다르다. 부품의 전형적인 $\text{MTTF}_d$를 결정하는 정확한 방법은 FMEA를 수행하는 것이다.

스위치로 사용되는 트랜지스터와 같은 몇몇의 부품은 고장으로 인해 합선 또는 기능중지가 발생될 수 있다. 이 두 가지 모드 중 단지 하나만이 위험할 수 있다. 따라서 "비고" 열은 단지 50%의 위험한 고장을 가정하게 된다. 이는 부품의

MTTF 값은 주어진 $MTTF_d$의 2배임을 의미한다. 사용하는데 의심스러운 경우, 부품의 $MTTF_d$가 부품의 최악의 경우에 대한 $MTTF_d$ 값은 안전계수가 10인 "최악의 경우" $MTTF_d$ 열에 주어져 있다.

**표 3-9 (스위치로 사용되는) 트랜지스터**

| 트랜지스터 | 부품의 $MTTF_d$ (년) | 부품의 $MTTF_d$(년) | | 비고 |
|---|---|---|---|---|
| | | 일반적 | 최악의 경우 | |
| 양극성 | 34,247 | 68,493 | 6,849 | 50% 위험한 고장 |
| 양극성, 낮은 전력 | 5,708 | 11,416 | 1,142 | 50% 위험한 고장 |
| 양극성, 전력 | 1,941 | 3,881 | 388 | 50% 위험한 고장 |
| FET | 22,831 | 45,662 | 4,566 | 50% 위험한 고장 |
| MOS, 전력 | 1,142 | 2,283 | 228 | 50% 위험한 고장 |

**표 3-10 다이오드, 전력 반도체와 집적회로**

| 다이오드 | 부품의 $MTTF_d$ (년) | 부품의 $MTTF_d$(년) | | 비고 |
|---|---|---|---|---|
| | | 일반적 | 최악의 경우 | |
| 일반적 목적 | 114,155 | 228,311 | 22,831 | 50% 위험한 고장 |
| 억제형 다이오드 | 15,981 | 31,963 | 3,196 | 50% 위험한 고장 |
| 제너다이오드 $P_{tot} < 1$ W | 114,155 | 228,311 | 22,831 | 50% 위험한 고장 |
| 정류 다이오드 | 57,078 | 114,155 | 11,416 | 50% 위험한 고장 |
| 정류 다이오드 | 11,415 | 22,831 | 2,283 | 50% 위험한 고장 |
| 사이리스터 | 2,283 | 4,566 | 457 | 50% 위험한 고장 |
| 트라이액, 다이액 | 1,484 | 2,968 | 297 | 50% 위험한 고장 |
| 집적회로(프로그램 가능하거나 프로그램 불가능한 것) | 제조사의 데이터 사용 | | | 50% 위험한 고장 |

표 3-11 커패시터

| 커패시터 | 예시 | 부품의 $MTTF_d$ (년) | 부품의 $MTTF_d$(년) | | 비고 |
|---|---|---|---|---|---|
| | | | 일반적 | 최악의 경우 | |
| 표준형, 무전력 | KS, KP, KC, KT, MKT, MKC, MKP, MKU, MP, MKV | 57,078 | 114,155 | 11,416 | 50% 위험한 고장 |
| 세라믹 | - | 22,831 | 45,662 | 4,566 | 50% 위험한 고장 |
| 전해질 알루미늄 | 비고체 전해질 | 22,831 | 45,662 | 4,566 | 50% 위험한 고장 |
| 전해질 알루미늄 | 고체 전해질 | 37,671 | 75,342 | 7,534 | 50% 위험한 고장 |
| 전해질 탄탈룸 | 비고체 전해질 | 11,415 | 22,831 | 2,283 | 50% 위험한 고장 |
| 전해질 탄탈룸 | 고체 전해질 | 114,155 | 228,311 | 22,831 | 50% 위험한 고장 |

표 3-12 저항

| 저항 | 예시 | 부품의 $MTTF_d$ (년) | 부품의 $MTTF_d$(년) | | 비고 |
|---|---|---|---|---|---|
| | | | 일반적 | 최악의 경우 | |
| 카본필름 | - | 114,155 | 228,311 | 22,831 | 50% 위험한 고장 |
| 금속필름 | - | 570,776 | 1,141,552 | 114,155 | 50% 위험한 고장 |
| 금속산화물과 와이어 와운드 | - | 22,831 | 45,662 | 4,566 | 50% 위험한 고장 |
| 가변형 | - | 3,767 | 7,534 | 753 | 50% 위험한 고장 |

표 3-13 인덕터

| 저항 | 예시 | 부품의 $MTTF_d$ (년) | 부품의 $MTTF_d$(년) | | 비고 |
|---|---|---|---|---|---|
| | | | 일반적 | 최악의 경우 | |
| MC 응용의 경우 | - | 37,671 | 75,342 | 7,534 | 50% 위험한 고장 |
| 저주파 인덕터와 변압기 | - | 22,831 | 45,662 | 4,566 | 50% 위험한 고장 |
| 주 변압기, 스위치모드 변압기 및 전원 공급기 | - | 11,415 | 22,831 | 2,283 | 50% 위험한 고장 |

표 3-14 광커플러

| 저항 | 예시 | 부품의 $MTTF_d$ (년) | 부품의 $MTTF_d$(년) | | 비고 |
|---|---|---|---|---|---|
| | | | 일반적 | 최악의 경우 | |
| 양극성 출력 | SFH610 | 7,648 | 15,296 | 1,530 | 50% 위험한 고장 |
| FET 출력 | LH 1056 | 2,854 | 5,708 | 571 | 50% 위험한 고장 |

## 2) 각각의 채널에 대한 $MTTF_d$ 추정의 간단한 방법

### 가. 부품수 계산방법

부품수 계산방법의 사용은 각 채널에 대한 $MTTF_d$를 추정하는데 적합하다. 그 채널의 부분인 모든 단일 부품의 $MTTF_d$ 값이 이 계산에 사용된다.

여기서 $d_{op}=220$시간/년, $h_{op}=8$시간/일, $t_{cycle}=10$ s/cycles와 같이 가정할 경우, $n_{op}=633{,}600$ cycles/year이 된다.

[표 3-9]로부터 트랜지스트(양극성, 저전력)의 $MTTF_d$, [표 3-12]로부터 저항(카본필름)의 $MTTF_d$, [표 3-11]로부터 커패시터(표준, 무전력)의 $MTTF_d$, [표 3-8]로부터 릴레이(작은 부하를 갖는 것)의 $MTTF_d$, 차단기(정격부하)의 $MTTF_d$, 값을 구하여 아래 표에 기입한다.

일반적으로, $MTTF_d$와 $B_{10d}$의 값을 제조사의 값 즉 채널에 대하여 더 높은 $MTTF_d$ 값으로 정할 때, 더 나은 결과를 얻을 수 있다.

일반적인 공식은 다음과 같다.

$$\frac{1}{MTTF_d}=\sum_{i=1}^{\tilde{N}}\frac{1}{MTTF_{di}}=\sum_{j=1}^{\tilde{N}}\frac{n_j}{MTTF_{dj}} \tag{3-23}$$

여기서 $MTTF_d$는 완전한 채널에 대한 값이다.

$MTTF_{di}$와 $MTTF_{dj}$는 안전기능에 기여도를 갖는 각 부품의 $MTTF_d$이다.

첫 번째 합은 각 부품들에 대해 각각 더한 값이다.

두 번째 합은 같은 $MTTF_{dj}$을 가진 모든 $n_j$개의 동일한 컴포넌트가 함께 묶인 동등하면서 단순화된 형태이다.

[표 3-15]에 제시된 예시는 21.4년 채널의 $MTTF_d$ 값을 보여주는데, '중간' 값을 나타낸다.

**표 3-15 회로판의 부품목록들의 예시**

| j | 부품 | 단위 $n_j$ | $MTTF_{dj}$ 최악의 경우 (년) | $1/MTTF_{dj}$ 최악의 경우 (1/년) | $n_j/MTTF_{dj}$ 최악의 경우 (1/년) |
|---|---|---|---|---|---|
| 1 | 트랜지스터, 양극성, 저전력 | 2 | 1,142 | 0.000876 | 0.001752 |
| 2 | 저항, 카본필름 | 5 | 22,831 | 0.000044 | 0.000219 |
| 3 | 커패시터, 표준, 무전력 | 4 | 11,416 | 0.000088 | 0.000350 |
| 4 | 릴레이(작은 부하를 갖는) ($B_{10d}$ = 20,000,000 cycle, $n_{op}$ = 633,600) | 4 | 315.66 | 0.003168 | 0.012672 |
| 5 | 차단기(정격부하) ($B_{10d}$ = 20,000,000 cycle, $n_{op}$ = 633,600) | 1 | 31.57 | 0.031676 | 0.031676 |
| $\sum n_j/MTTF_{dj}$ | | | | | 0.046669 |
| $MTTF_d = 1 / \sum n_j/MTTF_{dj}$ [years] | | | | | 21.43 |

### 나. 다른 채널의 $MTTF_d$, 각 채널에 대한 $MTTF_d$의 대칭화

아키텍처는 중복 SRP/CS 내의 다른 채널에 대한 각 채널의 $MTTF_d$ 값은 같다고 가정한다. 각 채널당 값은 [그림 3-27]에 입력이 된다.

채널의 $MTTF_d$ 값이 다를 경우 두 가지 가능성이 존재한다.

최악의 상황을 가정 했을 때, 낮은 값을 고려하는 것이 좋다.

식 (3-24)은 각 채널의 $MTTF_d$ 값으로 치환될 수 있는 추정값으로 사용될 수 있다.

$$MTTF_d = \frac{2}{3}\left[MTTF_{dC1} + MTTF_{dC2} - \frac{1}{\frac{1}{MTTF_{dC1}} + \frac{1}{MTTF_{dC2}}}\right] \tag{3-24}$$

여기서 $MTTF_{dC1}$과 $MTTF_{dC2}$는 두 개의 다른 중복 채널에 대한 값이다.

여기서 한 개의 채널은 $MTTF_{dC1}$ = 3 years의 값을 가지고, 다른 채널은 $MTTF_{dC2}$ = 100 years의 값을 가지면, 각 채널당 $MTTF_d$ = 66 years의 값을 가지게 된다. 이것은 한 채널에 100년의 $MTTF_d$ 값을 가지고 다른 채널에 3년의 $MTTF_d$ 값을 가진 중복시스템이 각 채널이 66년의 $MTTF_d$ 값을 가진 시스템과 동등하다는 것을 의미한다.

이러한 의미는 두 개의 채널과 각 채널당 다른 $MTTF_d$ 값을 가진 한 개의 중복

시스템이 각 채널에 동일한 $MTTF_d$ 값을 가진 한 개의 중복시스템으로 치환될 수 있다는 것을 의미하므로 이러한 과정은 실제 성능수준 PL을 올바르게 결정하는데 사용될 수 있을 것이다.

### 2.5.2 진단범위(DC)

진단범위(DC)는 감지된 위험한 고장률과 전체 위험한 고장의 고장률의 비율로 결정된다. 진단범위(DC)의 값은 [표 3-16]과 같이 4개의 수준으로 나누어진다.

표 3-16 진단범위(DC)

| DC 명칭 | DC 범위 |
|---|---|
| 해당 없음 | DC < 60% |
| 하 | 60% ≤ DC < 90% |
| 중 | 60% ≤ DC < 99% |
| 상 | 99% ≤ DC |

진단범위(DC)의 추정을 위해, 대부분의 경우 고장모드 영향분석(FMEA) 또는 이와 유사한 방법을 사용할 수 있다. 다만 이 경우 모든 관련 결함모드나 고장모드를 고려해야 하며, 안전기능을 수행하는 SRP/CS 조합의 PL이 성능요구수준(PLr)에 비추어 확인되는 것이 바람직하다.

기능과 모듈에 대한 진단범위의 간단한 추정방법은 [표 3-17]을 참조하여 구할 수 있다.

평균 진단범위($DC_{avg}$)의 예측은 다음과 같이 할 수 있다.

- 많은 시스템에서, 결함감지에 대해 다양한 방법들이 사용될 수 있다. 즉, 이러한 방법들은 SRP/CS의 다른 부품들을 검사할 수 있고 그리고 다른 DC를 가질 수 있다는 의미이다.
- [표 3-17]에 따른 PL 추정 시, 안전기능을 수행하는 전체 SRP/CS에 대해 유일하게 평균 DC만 적용할 수 있는 것이다.
- 평균 진단범위 $DC_{avg}$는 다음 공식에 의하여 추정된다.

$$\mathrm{DC_{avg}} = \frac{\dfrac{\mathrm{DC_1}}{\mathrm{MTTF_{d1}}} + \dfrac{\mathrm{DC_2}}{\mathrm{MTTF_{d2}}} + \cdots + \dfrac{\mathrm{DC_N}}{\mathrm{MTTF_{dN}}}}{\dfrac{1}{\mathrm{MTTF_{d1}}} + \dfrac{1}{\mathrm{MTTF_{d2}}} + \cdots + \dfrac{1}{\mathrm{MTTF_{dN}}}}$$

- 여기서 결함 제외가 없는 SRP/CS의 모든 부품이 고려되고, 더해지는 것이 좋고 각각의 블록에 대해 $\mathrm{MTTF_d}$와 DC가 고려되는 것이 바람직하다.
- 이 공식에서 DC는 부품의 모든 위험한 고장의 고장률과 부품의 감지된 위험한 고장률에 대한 비율을 의미한다.
- 고장감지가 없는 부품(예를 들면, 시험되지 않은)은 DC 값이 0이고, $\mathrm{DC_{avg}}$의 분모에만 기여한다.

**표 3-17 진단범위(DC)의 추정**

| 방 법 | 진단범위(DC) |
|---|---|
| 입력장치 | |
| 입력신호의 동적변화에 의한 반복실험자극 | 90% |
| 타당성 확인, 예를 들면 통상 NO, NC는 기계적으로 연결된 접점(Contacts)의 사용 | 99% |
| 동적시험 없이 입력을 교차감시 | 0～99%, 적용에 따라 얼마나 자주 신호변화가 일어나는지에 따라 다름 |
| 합선을 감지할 수 없을 때 동적시험을 통한 입력신호의 교차감시(여러 I/O에 대하여) | 90% |
| 논리(L) 내에서의 입력신호와 중간결과의 교차감시, 그리고 프로그램흐름의 순간적 그리고 논리적 소프트웨어 감시 및 정적인 결함과 합선의 감지(여러 I/O에 대하여) | 99% |
| 간접적인 감시(예를 들면 압력스위치, 액추에이터의 전기적 위치감시) | 적용에 따라 90～99% |
| 직접적인 감시(예를 들면 제어밸브의 전기적 위치감시, 기계적으로 연결된 접촉요소를 이용한 기전장치의 감시) | 99% |
| 공정에 의한 결함감지 | 적용에 따라 0～99%까지, 이 방법 하나만으로는 성능요구수준 e에 충분하지 않다! |
| 센서의 몇몇 특성 감시(응답시간, 아날로그 신호의 범위, 예를 들면 전기저항, 전기용량) | 60% |

| 방 법 | 진단범위(DC) |
|---|---|
| 논 리 | |
| 간접적인 감시(예를 들면 압력스위치를 이용한 감시, 액추에이터의 전기적인 위치감시) | 적용에 따라, 90~99% |
| 직접적인 감시(예를 들면 제어밸브의 전기적 위치감시, 기계적으로 연결된 접촉요소를 이용한 기전장치의 감시) | 90% |
| 간단한 논리의 순간적 시간 감시(예를 들면 트리거 지점이 논리 프로그램 내에 있는 경우 워치독으로서의 타이머) | 60% |
| 시험장치가 논리의 동작에 대한 타당성 검증을 하는 경우, 워치독을 이용하는 논리의 시간적 그리고 논리적 감시 | 90% |
| 논리의 일부분에 잠재하는 결함을 감지하기 위한 자가시험 개시(예를 들면 프로그램과 데이터 메모리, 입력/출력포트, 인터페이스) | 90%(시험 기술에 따라) |
| 시작점 또는 안전기능이 요구될 때마다 또는 외부신호가 입력장치를 통해 요구할 때마다 주 채널을 이용한 감시 장비의 반응 능력의 검증(예를 들면 워치독) | 90% |
| 동적원리(안전기능이 요구될 때 논리의 모든 부품은 상태를 ON-OFF-ON으로 바꿔야 함, 예를 들면 릴레이에 의해 구현되는 연동회로 | 99% |
| 불변메모리 : 한 워드(8 bit)의 특징 | 90% |
| 불변메모리 : 두 개의 워드(16 bit)의 특징 | 99% |
| 가변메모리 : 중복 데이터를 이용한 RAM-시험. 예를 들어, 플래그, 마커, 상수, 타이머와 이 데이터에 대한 교차비교. | 60% |
| 가변메모리 : 사용된 데이터 메모리 셀의 읽고 쓸 수 있는 능력에 대한 검증 | 60% |
| 가변메모리 : 수정된 Hamming 코드를 이용한 RAM 감시 또는 RAM 자가테스트(예를 들어 "galpat" 또는 "Abraham") | 99% |
| 프로세스 유닛 : 소프트웨어에 의한 자가테스트 | 60~90% |
| 프로세스 유닛 : 코드화된 처리 | 90~99% |
| 프로세스에 의한 결함감지 | 적용에 따라 0~99%, 이 방법 하나만으로는 성능요구수준 e에 충분하지 않다! |

| 방 법 | 진단범위(DC) |
|---|---|
| 출력장치 | |
| 동적시험 없는 단일채널에 의한 출력감시 | 0~99%, 응용에 의해 얼마나 자주 신호변화가 일어나는지에 따라 |
| 동적시험 없는 교차감시 | 0~99%, 응용에 의해 얼마나 자주 신호변화가 일어나는지에 따라 |
| 합선을 감지 없이 동적시험에 의한 출력신호의 교차감시 | 90% |
| 논리(L) 내에서의 출력신호와 중간결과의 교차감시, 그리고 프로그램흐름의 순간적 그리고 논리적 소프트웨어 감시 및 정적인 결함과 합선의 감지(여러 I/O에 대하여) | 99% |
| 액추에이터 감시 없는 중복 차단경로 | 0% |
| 논리 또는 시험장치에 의해 액추에이터 중 한 개를 감시하는 기능을 갖는 중복 차단경로 | 90% |
| 논리 또는 시험장치에 의해 액추에이터 감시기능을 갖는 중복 차단경로 | 99% |
| 간접적인 감시(예를 들면 압력스위치, 액추에이터의 전기적인 위치감시) | 90~99% 적용에 따라 |
| 프로세스에 의한 결함감지 | 0 적용에 따라 0~99%, 이 방법 하나만으로는 성능요구수준 e에 충분하지 않다! |
| 직접적인 감시(예를 들면 제어밸브의 전기적 위치감시, 기계적으로 연결된 접촉요소를 이용한 기전장치의 감시) | 99% |
| 논리에 대해 중간 혹은 높은 DC값이 요구될 때, 각 DC가 적어도 60%인 가변메모리, 비가변메모리, 그리고 처리장치에 대해 적어도 한 개의 방법이 적용되는 것이 좋다. | |

특별히 안전무결성수준을 정하기 위하여 구조적 한계를 달성할 때 사용되는 주요인자인 안전측 고장비율을 구하는 방법에 대하여 알아본다. 각 고장모드는 고장의 결과에 따라 분류되며, 안전측 고장과 위험측 고장으로 분류된다.

- 안전측 고장 : E/E/PE 안전관련 시스템의 안전무결성이 위태로운 상황을 초래하지 않음, 예를 들면 안전한 가동 중단 실행 또는 E/E/PE 안전관련 시스템의 안전무결성에 영향을 주지 않는 고장
- 위험측 고장 : E/E/PE 안전관련 시스템 또는 그것에 관한 부품의 기능이 고장 나거나 만약 그렇지 않으면 E/E/PE 안전관련 시스템의 안전무결성이 위태로운 상황을 초래하는 것

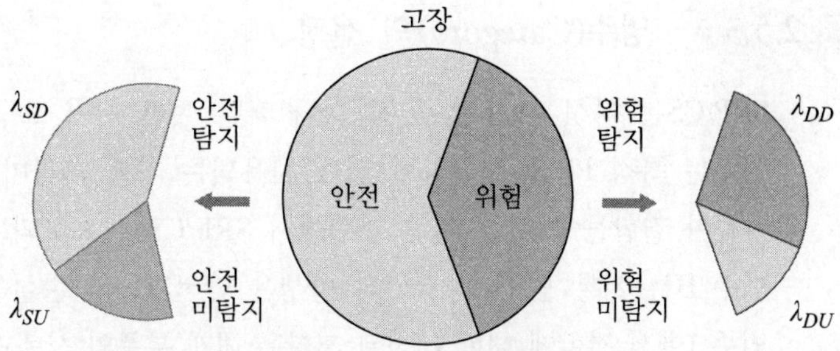


**▌그림 3-21 고장의 종류**

각 부품 또는 부품 그룹의 고장확률의 추정과 고장모드와 영향 분석의 결과로부터 각 부품과 부품 그룹의 안전측 고장확률 $\lambda_S$와 위험측 고장확률 $\lambda_D$를 계산한다.

각 부품 또는 부품의 그룹에 대하여, 진단시험에 의하여 검출될 수 있는 위험측 고장의 비율을 추정하고 이를 통해 얻어진 진단시험으로 검출될 수 있는 위험측 고장확률은 $\lambda_{DD}$이다.

- 서브시스템에 대하여, 전체 위험측 고장확률 $\Sigma\lambda_D$, 진단시험으로 검출될 수 있는 위험측 고장확률 $\Sigma\lambda_{DD}$, 그리고 안전측 고장의 전체 확률 $\Sigma\lambda_S$의 값을 계산한다.
- 서브시스템의 진단범위는 $\Sigma\lambda_{DD} / \Sigma\lambda_D$와 같이 계산한다.
- 서브시스템의 안전측 고장비율(SFF)은 $(\Sigma\lambda_S + \Sigma\lambda_{DD}) / (\Sigma\lambda_S + \Sigma\lambda_D)$와 같이 계산한다.

안전제어시스템에서 각 서브시스템 진단범위는 하드웨어 우발 고장확률의 계산에서 고려된다. 안전측 고장비율(SFF)은 [표 3-25], [표 3-26], [표 3-27]에서 보여주는 바와 같이 하드웨어 안전무결성에 대하여 구조적 제약을 결정할 때 고려된다.

진단범위와 안전측 고장비율을 결정하기 위하여 사용되는 분석 대상은 안전제어시스템이 요구하는 서브시스템에 대하여 안전기능을 수행하게 하는 데 필수적인 전기적, 전자적, 전기 기계적, 기계적 등 모든 부품을 포함하여야 한다.

안전제어시스템에 대하여 안전하지 않은 상태를 초래하고, 응답이 요구될 때 안전한 응답을 막거나 안전무결성에 손상을 줄 수 있는 모든 위험측 고장모드는 각 부품에 관하여 고려하여야 한다.

### 2.5.3 범주(Category)의 선정

SRP/CS는 다섯 가지 범주 중 하나 혹은 여러 개의 요구사항에 부합하여야 한다.

범주는 특정 PL을 성취하기 위해 사용되는 기본 파라미터들인데, 설계고려사항에 근거하여 결함들에 대한 저항 관점에서 SRP/CS에 요구되는 동작을 서술한다.

범주 B는 기본 범주다. 결함의 발생은 안전기능의 손실을 유발할 수 있다.

범주 1에서 결함에 대한 개선된 저항은 대개 부품의 선택과 활용에 의해서 달성된다.

범주 2에서는 특정 안전기능이 작동상태임을 주기적으로 점검함으로써 달성된다.

범주 3과 범주 4에서는 단일결함이 안전기능의 손실을 유발하지 않음을 보장함으로써 달성된다. 범주 3과 범주 4에서는 합리적으로 수행 가능할 때마다, 그러한 결함이 감지될 것이다.

[표 3-18]은 SRP/CS 범주들의 개요, 요구사항 그리고 결함상황에서의 시스템 거동을 제시한 것이고, 특정 SRP/CS에 대한 범주의 선택은 주로 다음 사항에 의해 결정된다.

- 부품이 기여하는 안전기능에 의해서 성취되는 위험성의 감소
- 성능요구수준(PLr)
- 사용된 기술들
- 그 부품에 결함 발생 시 발생하는 위험성
- 그 부품에서 결함을 피할 수 있는 가능성(시스템 결함)
- 그 부품에 결함이 발생할 가능성 및 관련 파라미터
- 위험한 평균 고장시간($MTTF_d$)
- 진단범위(DC)
- 범주 2, 범주 3 및 범주 4의 상황에서의 공통고장원인(CCF) 등

#### 1) 범주의 일반적 요구사항

각 SRP/CS는 관련된 범주의 요구사항들을 준수해야 한다.

이 절의 그림은 일반적인 아키텍처들을 보여준다. 이 아키텍처들로부터 벗어난 아키텍처는 언제나 가능하다. 그러나 어떠한 벗어난 아키텍처도 적절한 해석도구(예를 들면, 결함트리 해석)를 사용하여 정당화되어야 하며, 이로 인해 시스템이 성능요구수준(PLr)을 충족하도록 해야 한다.

범주 3과 범주 4의 경우, 이는 모든 부품들이 반드시 물리적으로 중복인 것이 아니

라 결함이 안전기능의 손실을 유발할 수 없는 것을 확인하는 다양한 방법이 있다는 것을 의미한다.

**표 3-18 범주들에 대한 요구사항 요약**

| 범주 | 요구사항의 요약 | 시스템동작상태 | 안전을 달성하는 원칙 | 각 채널의 $MTTF_d$ | 평균 진단 범위 $DC_{avg}$ |
|---|---|---|---|---|---|
| B | SRP/CS와 그들의 구성요소들뿐만 아니라 그들의 방호장치는 예상되는 영향을 견딜 수 있도록 관련표준에 맞추어 설계, 제작, 선택, 조립되어야 한다. 기본적 안전원칙이 적용되어야 한다. | 결함의 발생이 안전기능의 상실을 초래할 수 있다. | 주로 구성요소에 의한 특성화 | 낮음<br>중간 | 없음 |
| 1 | B의 요구사항이 적용되어야 한다. 충분한 시험을 거친 구성요소와 안전원칙들이 사용되어야 한다. | 결함의 발생이 안전기능의 상실을 일으킬 수 있지만, 발생확률은 범주 B의 경우보다 낮다. | 주로 구성요소에 의한 특성화 | 높음 | 없음 |
| 2 | B의 요구사항과 충분한 시험을 거친 안전원칙이 적용되어야 한다.<br>안전기능은 기계제어시스템에 의해 적절한 간격으로 점검되어야 한다. | 결함의 발생은 점검 간에 안전기능의 상실을 초래할 수 있다.<br>안전기능의 상실은 점검에 의하여 검출된다. | 주로 구조에 의한 특성화 | 낮음<br>높음 | 낮음<br>중간 |
| 3 | B의 요구사항과 충분한 시험을 거친 안전원칙이 적용되어야 한다.<br>안전관련부품은 다음과 같이 설계되어야 한다.<br>• 이 부품들 중의 어떠한 단일결함도 안전기능의 상실을 초래하지 않는다.<br>• 합리적으로 실현가능한 모든 경우 단일결함이 검출된다. | 단일결함이 발생하면 안전기능은 항상 수행된다.<br>모든 결함은 아니지만 일부 결함이 미검출된다.<br>미검출 결함의 축적이 안전기능의 상실을 초래할 수도 있다. | 주로 구조에 의한 특성화 | 낮음<br>높음 | 낮음<br>중간 |
| 4 | B의 요구사항과 충분한 시험을 거친 안전원칙이 적용되어야 한다.<br>안전관련부품은 다음과 같이 설계되어야 한다.<br>• 이 부품들 중의 어떠한 단일결함도 안전기능의 손실을 초래하지 않는다.<br>• 단일결함은 안전기능에 대한 다음 사용요구 시 또는 그 이전에 검출된다. 만약 이것이 불가능한 경우, 결함의 축적이 안전기능의 상실을 초래하지 않아야 한다. | 단일결함이 일어나면 안전기능은 항상 수행된다.<br>축적된 결함의 감지는 안전기능의 상실 확률을 낮춘다(높은 DC).<br>안전기능의 상실방지를 위하여 결함이 적시에 검출된다. | 주로 구조에 의한 특성화 | 높음 | 실패를 포함하여 높음 |

SRP/CS의 구조는 PL에 큰 영향을 미치는 핵심 특성이다.

- 가능한 구조들의 다양성이 높더라도, 기본개념은 종종 유사함
- 기계 분야에서 존재하는 대부분의 구조들은 범주들 중 하나로 대응될 수 있음
- 각각의 범주에 대해 전형적인 표현법이 안전관련 블록선도를 이용하여 만들어질 수 있음

[그림 3-27]에 보여지는 PL은 범주, 각 채널의 $MTTF_d$ 그리고 $DC_{avg}$에 의해 결정되고, 지정아키텍처에 기반한다.

- 만약 [그림 3-27]이 PL을 예측하는데 사용된다면 SRP/CS의 아키텍처는 요구되는 범주의 지정아키텍처와 동등하다는 것이 증명되는 것이 바람직함
- 일반적으로 각각의 범주들의 특성들을 만족하는 설계는 각각의 범주의 지정아키텍처와 동등하게 됨

### 2) 범주 B

SRP/CS는 다음 사항에 견디기 위해 적어도 관련된 표준들에 부합하고, 특정 응용에 대한 기본안전원칙의 사용을 통해 설계, 구성, 선택, 조립 그리고 결합되어야 한다.

국제표준에서 제시하는 기본안전원칙의 실제적인 예를 보면 다음과 같다.

- 적절한 재료의 사용과 적합한 제작
- 정확한 치수와 형상
- 부품이나 시스템을 위한 적절한 선택, 결합, 정렬, 조립 및 설치
- 에너지를 차단하는 원칙 사용(에너지 방출 및 공급, 다양한 모드 고려)
- 압력 제한
- 속도 제한/감속
- 교체시간에 대한 적절한 선정(배관작업, 릴리프능력, 스프링, 마찰, 윤활 등)
- 예상치 못한 시동으로부터의 보호
- 안전관련 시스템의 부품수 감소(단순화)
- 다른 기능과 안전관련 기능의 분리
- 예상되는 작업 스트레스
- 가공된 물질의 영향, 예를 들면 세탁기에서의 세제
- 관련된 다른 외부의 영향들, 예를 들면 기계적 진동, 전자기적 영향, 동력 공급중

단, 혹은 장애들

범주 B 내에는 진단범위($DC_{avg}$ = None)는 없고 각 채널의 $MTTF_d$는 중간보다 낮을 수 있다. 이러한 구조에서(보통 단일채널 시스템), CCF의 고려는 적절하지 않다.

범주 B에서 달성할 수 있는 최대 PL은 PL = b이다.

결함이 발생할 때 안전기능의 상실을 유발할 수 있다.

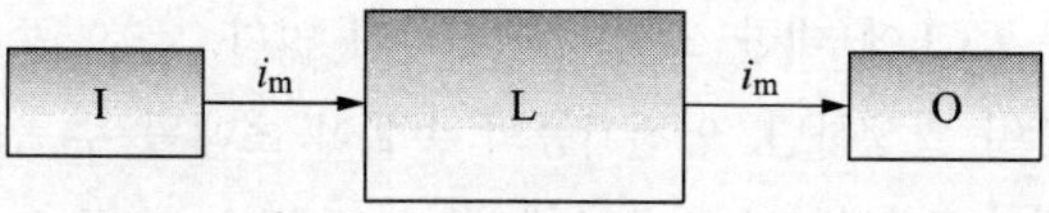


$i_m$ : 상호연결수단들, I : 입력장치, L : 논리, O : 출력장치

▌그림 3-22 범부 B를 위한 지정아키텍처

### 3) 범주 1

범주 1의 경우, 범주 B의 요구사항이 적용되어야 하고 다음 사항이 추가로 적용된다.

범주 1에 할당된 제어시스템의 안전관련부품들은 충분한 시험을 거친 구성요소들과 안전원칙들을 이용하여 설계되고 구성되어야 한다.

안전관련 응용에 대해 충분한 시험을 거친 구성요소란 다음 중 하나와 같다.

- 유사한 상황에서 성공적 결과를 얻어 과거 널리 사용되었던 구성요소.
- 안전관련 응용에 대해 적합성과 신뢰성을 증명한 원칙을 사용하여 만들어지고 검증된 것

새롭게 개발된 구성요소와 안전원칙들이 위의 조건을 충족한다면 "충분한 시험을 거친" 것과 동등하게 간주될 수 있다.

어떤 특정 구성요소를 충분한 시험을 거친 구성요소로 인정하는 것은 응용에 따라 다를 수 있다.

국제표준에서 제시하는 충분히 시험을 거친 검증된 안전원칙의 실제적인 예를 보면 다음과 같다.

- 오리피스나 스로틀(Throttle)에 의한 속도제한/감속
- Positive Mechanical Action(파지티브 기구작동)의 사용
- 정지힘의 증가 : ON용 스풀 대비 OFF용 스풀의 면적비를 훨씬 크게

- 여유있는 치수와 안전율 적용
- 유체의 상태 모니터링
- 운전조건에 대한 적절한 범위설정(PG, FM, TG)
- 검증된 릴리프밸브에 의한 힘의 제한/감소 등

각 채널의 $MTTF_d$는 높아야 한다. 범주 1에서 달성 가능한 최대 PL은 PL＝c이다.

범주 1 시스템에는 진단범위($DC_{avg}$＝None)가 없고, 이러한 구조(단일채널 시스템)에서는 CCF에 대한 고려는 적절하지 않다.

결함이 발생하면, 안전기능의 손실이 초래될 수 있다.

그러나 각 채널의 범주 1에서의 $MTTF_d$는 범주 B에서보다 높다. 결과적으로 안전기능의 손실이 발생할 가능성은 적다.

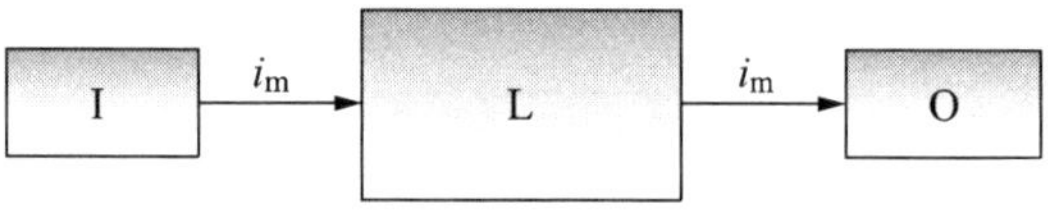


$i_m$ : 상호연결수단들, I : 입력장치, L : 논리, O : 출력장치

**▌그림 3-23 범주 1을 위한 지정아키텍처**

### 4) 범주 2

범주 2에 대해서는 범주 B에 대한 동일한 요구사항이 적용되어야 하며, 범주 1에 따라 "충분한 시험을 거친 안전원칙" 또한 적용되어야 한다. 추가로 다음 사항을 적용한다.

범주 2의 SRP/CS는 그들의 기능이 기계제어시스템에 의하여 적절한 간격마다 점검되도록 설계되어야 한다.

안전기능의 점검은 다음의 경우에 주기적으로 수행되어야 한다.

- 기계시동 시
- 위험한 상황의 개시 전, 예를 들면 새로운 주기의 시작, 다른 동작의 시작, 그리고 위험성평가 및 동작의 종류에 의해 필요하다고 판명될 경우 등

안전기능의 점검은 자동으로 시작될 수 있는데 결함이 검출되지 않았다면 작동을 허가하거나, 만약에 결함이 검출되면 적절한 제어행동을 촉발하는 출력을 발생시켜야 한다.

출력은 안전상태를 개시하여야 한다. 안전상태는 결함이 해결될 때까지 유지되어야 한다. 안전상태를 개시할 수 없을 때(예를 들면, 최종 스위치 장치에서 접촉부가 용접되는 경우), 출력은 위험요인에 대한 경고를 제공해야 한다.

범주 2의 지정아키텍처의 경우, [그림 3-24]에 나타난 대로, $MTTF_d$와 $DC_{avg}$의 계산은 시험채널의 블록이 아닌 기능채널의 블록만을 고려하는 것이 좋다.

결함감지를 포함한 전체 SRP/CS 진단범위($DC_{avg}$)는 낮음 이상이어야 한다. 각 채널의 $MTTF_d$는 성능요구수준(PLr)에 따라 낮음~높음 사이일 수 있다. CCF에 대한 조치가 적용되어야 한다.

점검 그 자체가 위험한 상황을 초래하지 않아야 한다. 점검 장비는 안전기능을 제공하는 안전관련부품들과 통합된 것일 수도 있고 또는 분리된 것일 수도 있다.

범주 2의 경우 성취할 수 있는 최대 PL은 PL＝d이다.

범주 2의 시스템 동작 상태는 다음을 허용한다.

- 결함발생은 점검과 점검 간에 안전기능의 손실을 초래할 수 있음
- 안전기능의 손실은 점검으로 감지됨

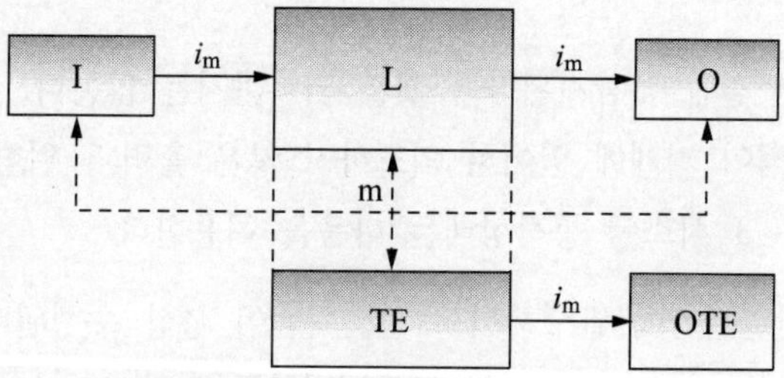


$i_m$ : 상호연결수단들, I : 입력장치, L : 논리, m : 감시,
O : 출력장치, TE : 시험장치, OTE : TE의 출력
(파선은 합리적으로 실현 가능한 결함감지를 나타냄)

**▌그림 3-24 범주 2에 대한 지정아키텍처**

### 5) 범주 3

범주 3의 경우, 3항에 따라 범주 B에 대한 요구사항이 동일하게 적용되어야 하며, 범주 1에 따라 "충분한 시험을 거친 안전원칙" 또한 적용되어야 한다. 추가로 다음 사항도 적용된다.

범주 3의 SRP/CS는 이 부품들 중 어느 한 개에 발생한 단일결함도 안전기능의 상

실을 유발하지 않도록 설계되어야 한다. 즉 합리적으로 실현 가능한 모든 경우, 단일 결함은 안전기능에 대한 다음 사용요구 시 또는 그 이전에 감지되어야 한다.

결함감지를 포함한 전체 SRP/CS의 진단범위 값($DC_{avg}$)은 낮음 이상이어야 한다. PLr에 따라 각 중복 채널의 $MTTF_d$는 낮음~높음이어야 한다. CCF에 대한 조치가 적용되어야 한다.

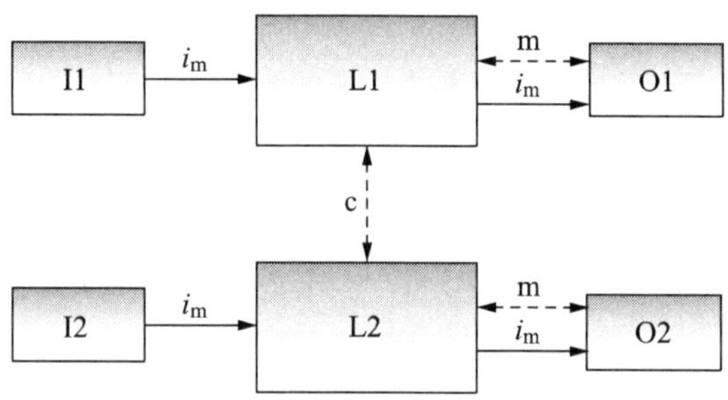


$i_m$ : 상호연결수단들, c : 교차감시, I1, I2 : 입력장치,
L1, L2 : 논리, m : 감시, O1, O2 : 출력장치

**▌그림 3-25 범주 3에 대한 지정아키텍처**

모든 결함이 감지된다는 것을 의미하지는 않는다. 결론적으로 감지되지 못한 결함의 축적이 기계에 있어서 의도하지 않은 출력과 위험한 상황을 초래할 수 있다.

범주 3 시스템 동작상태는 다음을 허용한다.

- 단일결함이 발생하여도 안전기능이 항상 수행된다.
- 모든 결함은 아니지만 일부 결함들이 감지된다.
- 감지되지 않은 결함의 축적은 안전기능의 상실을 초래할 수 있다.

### 6) 범주 4

범주 4의 경우, 범주 B의 요구사항이 동일하게 적용되어야 하며, 범주 1에 따라 "충분한 시험을 거친 안전원칙" 또한 적용되어야 한다. 추가로 다음 사항이 적용된다.

범주 4에 대한 SRP/CS는 다음과 같이 설계되어야 한다.

- 안전관련부품들 중 어느 것에서의 단일결함도 안전기능의 상실을 초래하지 않아야 한다.
- 단일결함은 안전기능에 대한 다음 번 사용요구 시 또는 그 이전에 감지된다. 그러

나 이 감지가 불가능하다면, 결함의 축적이 안전기능의 상실을 초래하지 않아야 한다.

결함의 축적을 포함한 전체 SRP/CS의 진단범위 값($DC_{avg}$)은 높아야 한다. 각 중복 채널의 $MTTF_d$는 높아야 한다. CCF에 대한 조치가 적용되어야 한다.

범주 4의 시스템 동작상태는 다음을 허용한다.

- 단일결함이 발생하여도, 안전기능은 항상 수행된다.
- 결함은 안전기능의 상실을 방지하기 위해 늦지 않게 감지된다.
- 감지되지 않은 결함의 누적을 고려한다.

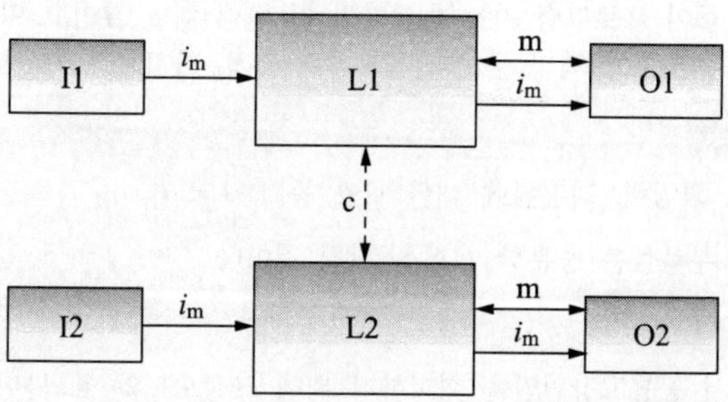


$i_m$ : 상호연결수단들, c : 교차감시, I1, I2 : 입력장치,
L1, L2 : 논리, m : 감시, O1, O2 : 출력장치
(감시에 대한 실선은 범주 3에 대한 지정아키텍처보다 높은 진단범위를 나타냄)

**▌그림 3-26 범주 4에 대한 지정아키텍처**

### 2.5.4 공통고장원인(CCF)에 대한 추정

공통고장원인(CCF)의 효과를 추정하기 위한 정량적인 절차는 전체시스템에 대하여 진행하는 것이 바람직하다.

제어시스템의 안전관련부품의 모든 부분이 고려되는 것이 좋다.

[표 3-19]는 공학적인 판단에 기초하여 방법을 나열하고 관련된 값을 포함하고 있는데, 이 값들은 공통고장원인을 줄이는데 기여한 정도를 나타낸다.

각각 나열된 방법에 대하여 오직 만점이나 0점만을 줄 수 있다. 만일 항목이 일부만 달성되었다면 동 항목에 대한 점수는 0점으로 처리한다.

각 항목의 값을 모두 합산한 값이 65점 이상일 경우에는 예측된 성능지수 PL의 요건이 충족된 것으로 인정하지만 65점 이하일 경우 추가적인 방법을 선택하여야 한다.

**표 3-19 CCF에 대응하는 방법의 점수배점**

| 번호 | CCF에 대응하는 방법 | 점수 |
|---|---|---|
| 1 | 구분격리 | |
| | 신호경로 사이의 물리적인 분리<br>배선/배관에서의 분리<br>인쇄기판상의 유격과 Creep Age 거리 | 15 |
| 2 | 다양성 | |
| | 다른 기술설계 또는 물리적 원리가 사용된다.<br>- 예를 들어 프로그램 가능한 전자의 첫 번째 채널 그리고 확실히 연결된 두 번째 채널, 시작의 종류, 압력과 온도거리와 압력 측정, 디지털과 아날로그, 다른 제조자의 부품들 | 20 |
| 3 | 설계/응용/경험 | |
| 3.1 | 과전압, 과압력, 과전류에 대한 보호 등 | 15 |
| 3.2 | 사용된 부품들은 충분한 시험을 거친 것이다. | 5 |
| 4 | 평가/분석 | |
| | 설계에서 공통고장원인을 회피하기 위해 고장모드와 효과분석의 결과를 고려하였는가? | 5 |
| 5 | 숙련도/훈련 | |
| | 설계자가 공통고장원인의 원인과 결과를 이해할 수 있도록 훈련을 받았는가? | 5 |
| 6 | 환경 | |
| 6.1 | - 적절한 표준에 따른 오염방지와 CCF에 대한 전자기 적합성(EMC)<br>- 유체시스템 : 압축 매개체의 여과, 먼지흡입 방지, 압축공기의 배출. 예를 들면 압축 매개체의 순도에 대한 부품제조사의 요구사항 준수<br>- 전기시스템 : 시스템이 전기자기적합성에 대하여 검사되었는가? 예를 들면, CCF 대응 표준에 명시된 대로<br>- 유체 및 전기 혼합 시스템의 경우 두 개의 관점을 모두 고려되는 것이 좋다. | 25 |
| 6.2 | 다른 영향들<br>- 온도, 충격, 진동, 습도와 같은 모든 관련된 환경적 요인들에 대한 적합성에 대한 요구사항들을 고려하였는가? | 10 |
| | 총합 | 100 |

## 2.6 달성된 성능수준 PL을 고려한 스마트공장의 안전성 평가

### 2.6.1 안전성능수준(PL)을 예측하기 위한 단순한 절차

범주와 각 채널의 $MTTF_d$, $DC_{avg}$ 그리고 CCF의 관계를 이용하여 안전성능수준 PL을 예측할 수 있다.

안전성능수준(PL)은 관련된 모든 매개변수와 계산을 위한 적절한 방법을 이용하여 예측할 수 있는데 여기서는 지정아키텍처를 기반으로 SRP/CS의 PL을 예측하기 위한 단순화된 절차를 보여준다.

유사한 구조를 갖는 몇 가지 다른 아키텍처는 PL의 예측을 얻기 위해 지정아키텍처로 변환할 수 있다 지정아키텍처는 블록다이어그램으로 표현되며 다음 절에서 각 범주의 내용에 제시되어 있다.

지정아키텍처는 각 범주의 시스템 구조의 논리적인 표현을 알려주는 것이다.

- 지정아키텍처는 결합된 SRP/CS에 대해 그려져 있는데 안전관련 신호가 시작되는 지점에서 시작하여 전원제어요소의 출력에서 마무리 한다.
- 지정아키텍처는 입력신호에 대응하고 관련 출력신호를 생성하는 제어시스템의 일부나 부속요소를 설명하는데 사용될 수 있다.
- 입력요소는 제어논리소자 입력회로나 입력스위치뿐만 아니라 라이트 커튼(AOPD)으로도 나타낼 수 있다.

지정아키텍처에 대해서는 다음과 같은 가정을 한다.

- 임무시간, 20년
- 임무시간 내의 일정한 고장률
- 범주 2 경우 요구빈도 ≤ 1/100 테스트 빈도
- 범주 2 경우 시험채널의 $MTTF_d$가 기능채널 $MTTF_d$의 절반보다 큼

각 SRP/CS의 성능수준은 아키텍처, 각 채널의 위험한 평균 고장시간($MTTF_d$)과 $DC_{avg}$에 따라 달라지며, 공통고장원인(CCF)도 고려하는 것이 좋다.

소프트웨어를 갖는 SRP/CS의 요구사항은 다음 절을 참고하고 정량적 데이터를 구할 수 없거나 사용하지 않는 경우(예를 들면, 복잡하지 않은 시스템), 모든 관련 파라미터는 최악의 경우를 선택하는 것이 좋다.

[그림 3-27]에서 안전기능의 요구되는 PL을 달성하기 위해 범주를 각 채널의 $MTTF_d$와 $DC_{avg}$를 조합하여 선택하는 절차가 나타나 있다.

- PL의 예측을 위해 그림은 $DC_{avg}$(가로축)와 각 채널의 $MTTF_d$(막대)를 갖는 다른 가능한 범주의 조합을 제공하고 있음
- 그림의 막대는 요구되는 PL을 달성하기 위해 선택할 수 있는 각 채널의 3개의 $MTTF_d$의 범위(낮음, 중간, 높음)를 나타낸 것임
- 그림을 이용한 단순화된 접근법을 사용하기 전에, 평균 진단범위와 각 채널의 $MTTF_d$뿐만 아니라 SRP/CS의 범주가 결정되어야 함

이 영역의 수직위치는 수직축으로부터 읽을 수 있는 달성된 PL을 결정한다.

- 구역이 2개 또는 3개의 가능한 성능수준을 포함하는 경우, 달성된 PL은 [표 3-20]에 기재되어 있음
- 정확한 PL 수치의 선택은 각 채널의 $MTTF_d$의 정확한 값에 따라 다름

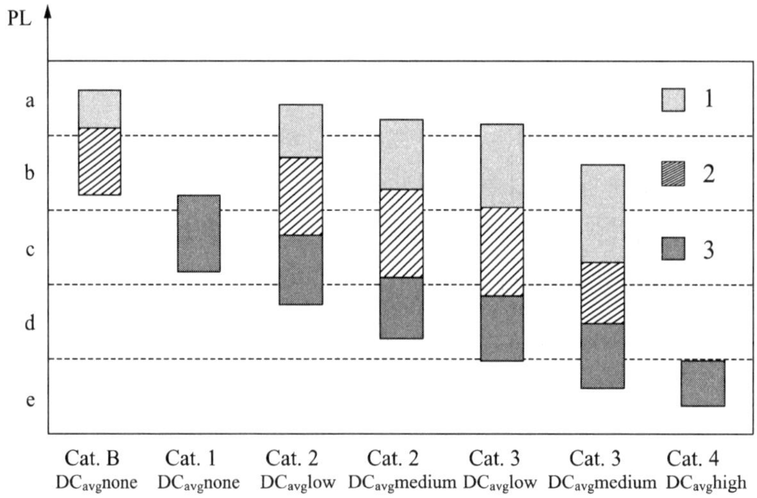


| PL | 성능수준 | 2 | 각 채널의 $MTTF_d$ = 중(medium) |
|---|---|---|---|
| 1 | 각 채널의 $MTTF_d$ = 하(low) | 3 | 각 채널의 $MTTF_d$ = 상(high) |

▌그림 3-27 범주, $DC_{avg}$, 각 채널별 $MTTF_d$과 PL 사이의 관계

표 3-20 SRP/CS에 의해 달성되는 PL을 평가하기 위한 단순화된 절차

| 범주 | B | 1 | 2 | 2 | 3 | 3 | 4 |
|---|---|---|---|---|---|---|---|
| $DC_{avg}$ | 해당 없음 (None) | 해당 없음 (None) | 하 | 중 | 하 | 중 | 상 |
| 각 채널의 $MTTF_d$ | | | | | | | |
| 하 | a | 포함하지 않음 | a | b | b | c | 포함하지 않음 |
| 중 | b | 포함하지 않음 | b | c | c | d | 포함하지 않음 |
| 상 | 포함하지 않음 | c | c | d | d | d | e |

## 2.6.2 전체 PL을 달성하기 위한 SRP/CS 조합

안전기능은 몇 개의 SRP/CS의 조합에 의해 구현할 수 있다. 예를 들면 입력시스템, 신호 처리 유닛, 출력시스템으로 구성된다.

SRP/CS는 하나 또는 다른 범주로 할당될 수 있다. 사용된 각각의 SRP/CS에 대해 적절한 범주가 선택되어야 한다.

SRP/CS의 전체적인 조합의 경우 전체 PL은 [표 3-21]을 이용하여 파악/식별될 수 있다. 이 경우, SRP/CS 조합에 대한 검증이 요구된다.

SRP/CS의 조합은 안전관련 신호가 개시된 지점에서 시작하고 동력 제어요소의 출력에서 끝난다. 그러나 조합된 SRP/CS는 선형적(직렬 배열) 또는 복수 방식(병렬 배열)으로 연결된 몇 개의 부품으로 구성될 수 있다.

모든 부품들의 개별 성능수준(PL)들이 이미 계산되어 있는 조합된 SRP/CS에 의해 달성되는 PL의 새롭고 복잡한 예측을 피하기 위해 직렬 배열 SRP/CS의 경우 다음의 예측방법이 제시된다.

- 전체로서 안전기능을 수행하는 직렬 배열된 A에의 분리된 SRP/CS을 가정하자. 각각의 $SRP/CS_i$에 대해 이미 $PL_i$는 결정/결과평가 되어 있다. 이 상황이 그림에 나타나 있다.

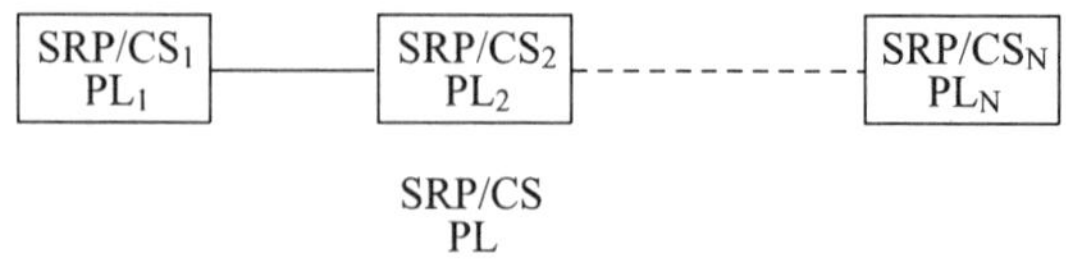


▮그림 3-28 전체 PL을 달성하기 위한 SRP/CS의 조합

- 다음 방법을 이용하면 안전기능을 수행하는 조합된 SRP/CS의 전체 PL을 계산할 수 있다.
  - 가장 낮은 $PL_i$을 파악/식별한다. 이 값이 $PL_{low}$이다.
  - $SRP/CS_i$의 숫자 $N_{low} \leq N$을 파악/식별한다. 이때 $PL_i = PL_{low}$
  - [표 3-21]에서 PL을 찾는다.

표 3-21 제어시스템의 안전관련부품 직렬 정렬을 위한 PL 계산

| $PL_{low.}$ | $N_{low}$ | ⇒ | PL |
|---|---|---|---|
| a | >3 | ⇒ | 없음, 허용 안 됨 |
|  | ≤3 | ⇒ | a |
| b | >2 | ⇒ | a |
|  | ≤2 | ⇒ | b |
| c | >2 | ⇒ | b |
|  | ≤2 | ⇒ | c |
| d | >3 | ⇒ | c |
|  | ≤3 | ⇒ | d |
| e | >3 | ⇒ | d |
|  | ≤3 | ⇒ | e |

## 2.7 안전성능수준 PL의 결정 및 결과평가 예시

여기서는 앞부분에서 이제껏 공부하였던 안전성능수준에 의한 안전기능의 규명과 PL의 결정 방법의 사용법에 대해 설명한다. 널리 사용되는 두 가지 제어회로의 정량화가 설명된다. 단계적 절차는 안전제어시스템의 위험성평가 방법을 참조하면 된다.

제어회로 A와 B에 대한 두 가지 다른 예를 검토해본다.

두 가지 모두 안전도어 연동기능과 같은 동일한 안전기능의 성능을 설명한다.

첫 번째 예는 높은 $MTTF_d$ 값을 갖는 기계전자부품으로 구성된 단일채널로 만들어진 반면, 두 번째 예는 시험을 포함하고 있는 하나의 기계전자부품과 다른 프로그램 가능한 전자 두 개의 채널로 구성되어 있으나 낮은 $MTTF_d$ 값을 갖는 부품으로 구성되어 있다.

## 2.7.1 안전기능과 성능요구수준(PLr)

두 가지 예 모두는 가드의 연동 안전기능은 다음과 같이 선택될 수 있다.

안전도어가 열릴 경우 전기모터의 전원차단에 의하여 위험한 움직임이 정지된다.

위험성 그래프 방법에 의한 위험성 변수들은 다음과 같다:

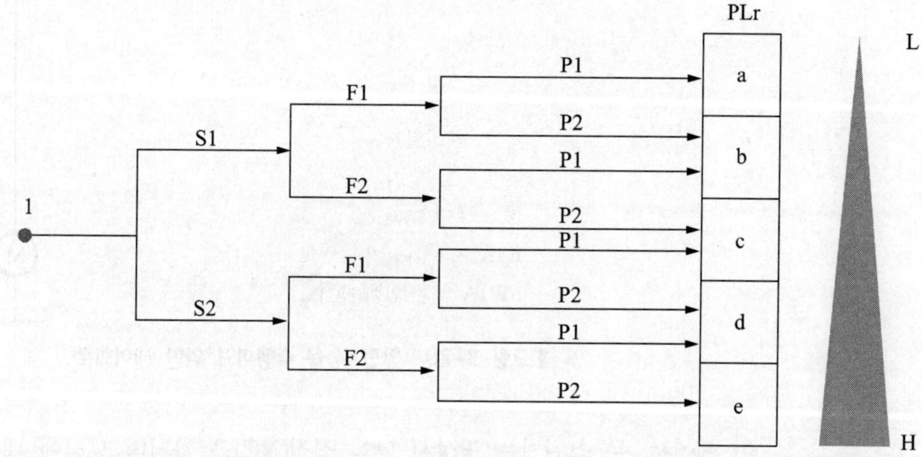


- 부상의 심각성, S = S2, 심각하고
- 위험요인에 대한 노출빈도 또는 노출시간, F = F1, 매우 드물거나 가끔으로 짧은 노출시간이며
- 위험요인을 피할 수 있는 가능성, P = P1, 특정 조건에서 가능하다.

이러한 결정은 성능요구수준 PLr = c로 결론지어진다.

범주와 $MTTF_d$, DC, CCF를 이용한 비교표에서 바람직한 범주의 결정은 성능수준 c는 매우 신뢰성이 매우 높은 범주 1의 단일채널 시스템 또는 범주 2나 범주 3의 중복 아키텍처에 의해 달성될 수 있다.

## 2.7.2 단일채널 시스템

### 1) 안전관련부품의 규명

안전기능에 기여하는 모든 구성요소가 [그림 3-29]에 표시되었다(시작과 정지 스위치 등과 같은). 연동 안전기능에 기여하지 않는 기능적 세부사항은 생략된다.

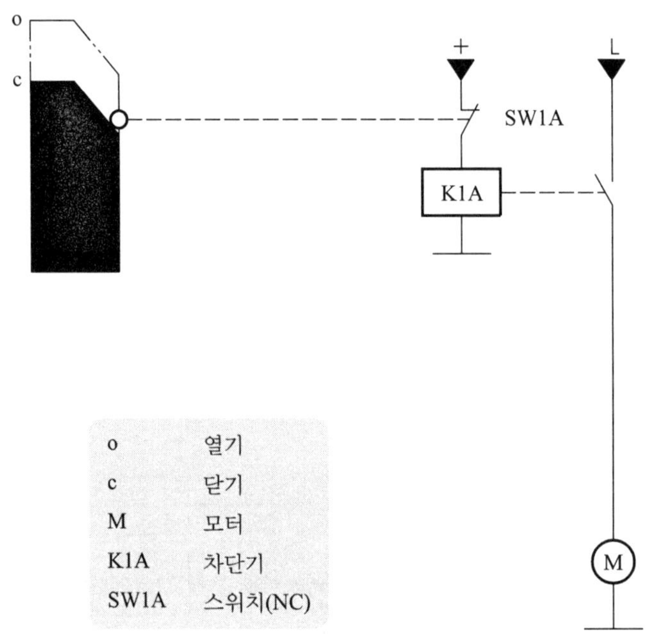


▮그림 3-29 안전기능을 수행하기 위한 제어회로

이 예에서, 문 스위치는 평상시 닫힘 접점(NC)을 가지며 모터에 대한 전원접속을 해제할 수 있는 차단기와 연결되어 있으며, 어떠한 결함 제외도 정당화 될 수 없다.

이 제어회로는 다음과 같은 가정을 한다.

- 기계전자부품으로 구성된 단일채널
- 스위치 SW1A는 중간 $MTTF_d$를 갖는다.
- 차단기 K1A은 낮은 $MTTF_d$를 갖는다.

차단기는 관련 국제표준에 의한 검증된 시험을 거친 부품으로 본다.

따라서 안전관련부품과 그것들의 채널로의 구분은 [그림 3-30]에 도시된 바와 같이 안전관련 블록다이어그램으로 나타낼 수 있다.

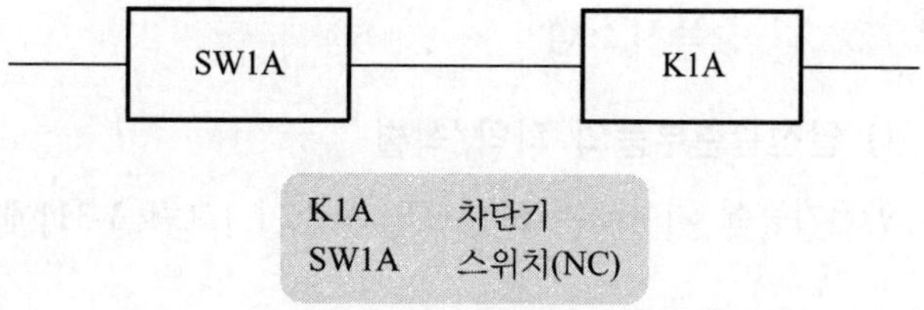


▌그림 3-30 예 1의 안전관련 블록다이어그램

### 2) 각 채널, $DC_{avg}$, 공통고장원인, 범주, PL에 대한 $MTTF_d$의 정량화

각 채널, $DC_{avg}$, 공통고장원인, $MTTF_d$에 대한 값은 본문에서 제시된 내용과 표 및 공식들에 따라 예측될 수 있거나 제조자에 의해 지정되는 것으로 가정된다.

가. $MTTF_d$

차단기 K1A 및 스위치 SW1A는 하나의 채널의 $MTTF_d$에 기여한다. 50년의 $MTTF_d$, K1A 및 20년의 $MTTF_d$, SW1A는 제조자에 의해 주어진 것으로 가정한다. 이를 이용하여 부품 계수법은 하나의 채널의 $MTTF_d$를 산출할 수 있다.

$$\frac{1}{MTTF_d} = \frac{1}{MTTF_{SW1A}} + \frac{1}{MTTF_{K1A}}$$

$$= \frac{1}{20\ years} + \frac{1}{50\ years} = \frac{0.07}{years}$$

단일채널에 대해 $MTTF_d = 14.3$년이므로 "중간"이 산출된다.

나. DC

제어회로에서는 어떠한 시험도 수행되지 않기 때문에 "None"이 된다.

다. 범주

이 제어회로에 대한 바람직한 범주는 1이지만, 채널의 최종적 $MTTF_d$는 "중간"이다. 이것은 이 설계에 의해서 도달할 수 있는 유일한 범주는 B임을 의미한다. [그림 3-27]에 적용되는 입력데이터를 보면 각 채널의 $MTTF_d$는 "중간"(14.3년)이며, $DC_{avg}$는 "None"이고 범주는 B이다.

이것은 성능수준 b로 해석될 수 있다.

이 결과는 위험성평가에 의하여 요구되는 성능요구수준 c와 일치하지 않는다. 따라서 이 회로는 위험성감소 요구사항을 만족하기 위해 성능수준 c가 도달될 때까지 재설계 및 재결과 평가되어야 한다.

## 2.7.3 중복시스템

### 1) 안전관련부품의 파악/식별

안전기능에 기여하는 모든 구성요소가 [그림 3-31]에 표시되어 있다.

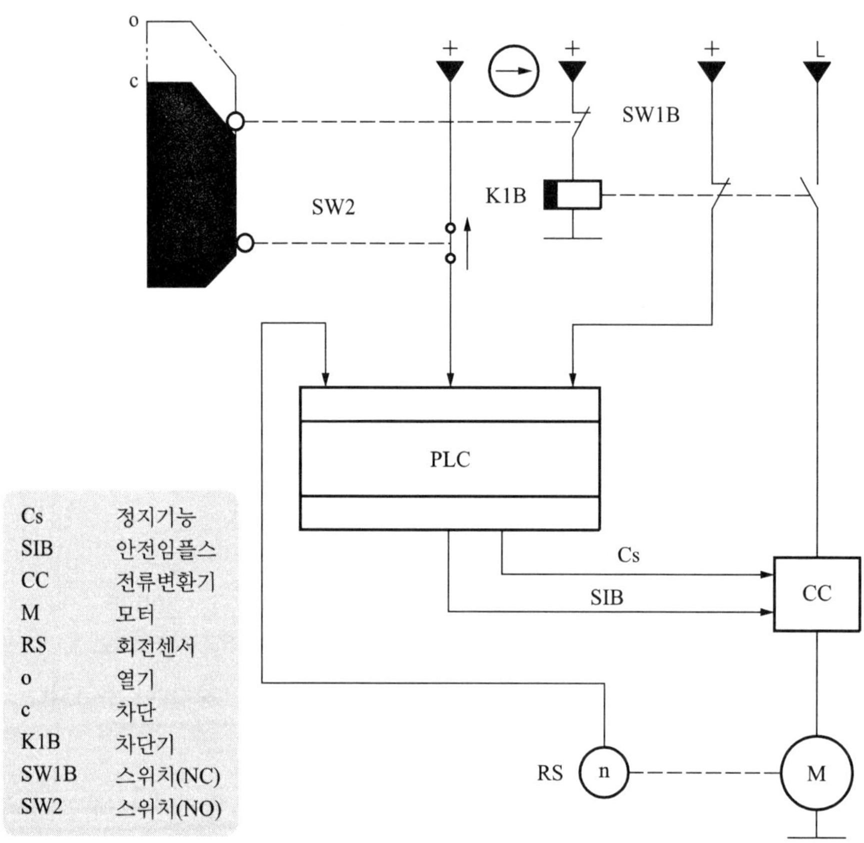


▌그림 3-31 안전기능을 수행하는 제어회로

다만 시작과 정지 스위치 또는 K1B의 지연전환 등과 같은 연동 안전기능에 기여하지 않는 기능적 세부사항은 생략되었다.

이 두 번째 예에서는 이중화를 제공하는 두 개의 채널이 사용되었으나 엄밀히 말하면 이중화에 다양화를 적용한 예제이다.

첫 번째 채널은, 앞의 예제에서와 마찬가지로 직접 열림 동작을 갖고 포지티브 동작모드에서 사용되는 문 스위치를 사용한다. 이 문 스위치는 모터에 연결된 전원연결을 해제할 수 있는 차단기에 접속된다.

두 번째 채널에서는 프로그램 가능한 추가적인 전자부품이 사용된다. 두 번째 문 스위치는 모터에 전원연결을 해제하는 전류변환을 제어할 수 있는 프로그램 가능한 논리 제어기에 접속되어 있다.

이 제어회로는 다음과 같은 조건을 가지는 것으로 본다.

- 중복 채널, 하나의 기계전자 부품 및 기타 프로그램 가능한 전자부품
- 스위치 SW1B는 접점의 포지티브한 기계적 작용을 가지며
- SW2는 중간 $MTTF_d$를 갖는다.
- 차단기 K1B는 중간 $MTTF_d$를 갖고, 이 예제에서 선택된 차단기는 충분히 시험된 구성요소가 아니다.
- 전자부품은 중간 $MTTF_d$를 갖는다.

안전관련부품과 그들의 분할은 [그림 3-32]에 도시된 바와 같이 안전관련 블록다이어그램에 표현될 수 있다. SW1B과 K1B는 첫 번째 채널을 구축하며, SW2, PLC와 CC는 두 번째 채널을 구축한다. RS는 전류변환기의 시험에만 사용된다.

다만 중복 다양성 관련하여, PLC 경로에 있어서 소프트웨어에 대한 요구사항은 관계없는 것으로 간주한다.

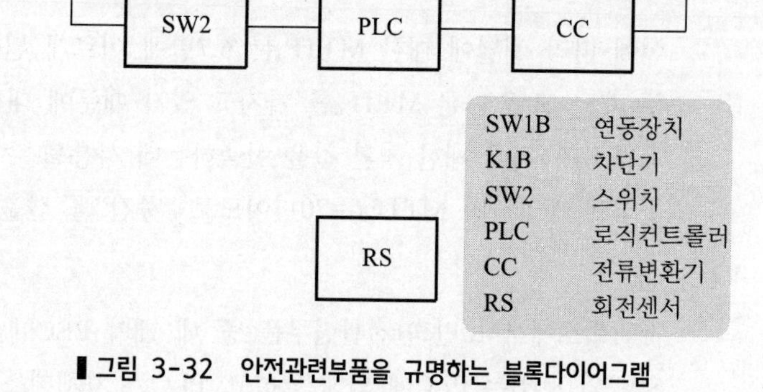


▌그림 3-32 안전관련부품을 규명하는 블록다이어그램

### 2) 각 채널, $DC_{avg}$, 공통고장원인, 범주 및 PL에 대한 $MTTF_d$ 정량화

각 채널, $DC_{avg}$, 공통고장원인, $MTTF_d$에 대한 값은 본문에서 제시된 내용과 표 및 공식들에 따라 예측될 수 있거나 제조자에 의해 지정되는 것으로 가정된다.

스위치 SW1B는 직접 열림 동작을 가지며, 양의 동작모드에서 사용된다. 따라서 플런저의 파손, 작동 캠의 마모, 잘못된 조정 등과 같은 기계적 고장에 의한 접점의 비개방 및 스위치의 미작동에 대하여 결함 제외가 만들어진다.

가. $MTTF_d$

스위치 SW1B는 직접 열림 동작을 가지며, 양의 동작모드에서 사용되므로 결함 제외 대상이므로 차단기 K1B는 하나의 채널의 $MTTF_d$에 기여하는 유일한 요소이다. 30년 $MTTF_{K1B}$는 제조자에 의해 제공된 것으로 가정한다. 부품 계수법에 의하여 하나의 채널의 $MTTF_d$을 산출한다.

$$\frac{1}{MTTF_{dC1}} = \frac{1}{MTTF_{dK1B}}$$

이에 따르면 채널에 대한 $MTTF_d$=30년에 이르게 된다.

두 번째 채널에서 SW2, PLC와 CC는 $MTTF_{dC2}$에 기여한다. RS뿐만 아니라 이들 세 개 요소에 대해서도 20년 $MTTF_d$가 제조자들에 의해 제공되는 것으로 가정한다. 부품 계수 방법에 의하여 두 번째 채널의 $MTTF_{dC2}$ 산출한다.

$$\frac{1}{MTTF_{dC2}} = \frac{1}{MTTF_{dSW2}} + \frac{1}{MTTF_{dPLC}} + \frac{1}{MTTF_{dCC}}$$

$$= \frac{1}{20\ years} + \frac{1}{20\ years} + \frac{1}{20\ years} = \frac{0.5}{years}$$

이에 따라 채널에 대한 $MTTF_d$는 6.7년에 이르게 된다.

두 채널 모두 다른 $MTTF_d$를 가지고 있기 때문에 대칭적 2 채널시스템의 단일 채널 $MTTF_d$에 대한 치환 값을 산출하는데 사용될 수 있다. 따라서 식 (3-24)의 공식에 대입하면 $MTTF_d$=20년이므로 "중간"을 산출한다.

나. DC

제어회로에서 보면 안전관련부품 중 네 개가 PLC에 의해 테스터 되고 있다. SW2와 K1B는 PLC에 의해 읽히고, PLC는 자체테스터를 수행하고 전류변환기(CC)는 모터의 회전센서(RS)를 통해 PLC에 의해 읽힌다.

시험된 모든 부품의 관련 DC를 보면

- 동적 시험 없는 입력신호의 감시 때문에 $DC_{SW2}=60\%$, "낮음"(입력장치 부품의 세 번째 행 참조)
- 평상시 열려 있고 평상시 닫혀 있는 기계적으로 연결된 차단기이므로 $DC_{K1B}=99\%$,이고 이는 "높음"임(입력장치부품의 두 번째 행 참조)
- PLC는 자체시험만을 수행하므로 유효성인 낮아 $DC_{PLC}=30\%$, "해당 없음"으로 적용한다(이 값은 제조자의 FMEA에 의해 계산된 것으로 가정한다).
- 전류변환기는 제어로직에 의한 액추에이터가 정상적으로 작동하는지 감시경로인 회전센서에 의하여 모니터링되고 있으므로 $DC_{CC}=90\%$, "중간"로 적용한다(출력장치부품의 여섯 번째 행 참조).

PL의 추정을 위해, 평균 DC 값($DC_{avg}$)을 계산하면

$$DC_{avg} = \frac{\dfrac{DC_{SW2}}{MTTF_{DSW2}} + \dfrac{DC_{K1B}}{MTTF_{dK1B}} + \dfrac{DC_{PLC}}{MTTF_{dPLC}} + \dfrac{DC_{CC}}{MTTF_{dCC}}}{\dfrac{1}{MTTF_{dSW2}} + \dfrac{1}{MTTF_{dK1B}} + \dfrac{1}{MTTF_{dPLC}} + \dfrac{1}{MTTF_{dCC}}}$$

$$= \frac{\dfrac{0.6}{20y} + \dfrac{0.99}{30y} + \dfrac{0.3}{20y} + \dfrac{0.9}{20y}}{\dfrac{1}{20y} + \dfrac{1}{30y} + \dfrac{1}{20y} + \dfrac{1}{20y}} = \frac{0.123}{0.183} = 67.1\%$$

따라서, $DC_{avg}$는 "낮음"에 해당한다.

### 다. CCF

공통고장원인을 통하여 적용된 시스템의 PL값 유효성을 검증하기 위하여 CCF 값을 고려해본다. CCF에 대한 조치의 추정이 예시의 제어회로에 대해 수행된 것으로 가정한다. 점수는 [표 3-22]에 주어진 것으로 간주한다.

CCF에 대한 충분한 대책은 최소 65점을 요구하므로 본 예제의 경우, 80의 점수는 CCF에 대한 요구사항을 충족하기에 충분하다.

표 3-22 예제의 CCF에 대한 조치의 추정

| 번호 | 항 목 | 제어회로에 대한 점수 | 최대로 가능한 점수 |
|---|---|---|---|
| 1 | 분리구분 | | |
| | 신호경로들 사이의 물리적 분리 | 15 | 15 |
| 2 | 다양성 | | |
| | 다른 기술설계 또는 물리적 원리가 사용된다. | 20 | 20 |
| 3 | 설계/응용/경험 | | |
| 3.1 | 과전압, 과압, 과전류 등에 대한 보호 | 없음 | 15 |
| 3.2 | 사용되는 구성요소는 충분히 시험된다. | 5 | 5 |
| 4 | 평가/분석 | | |
| | 고장모드 및 효과분석의 결과는 설계 시 공통 고장원인을 방지하기 위해 고려되는가? | 5 | 5 |
| 5 | 역량/교육 | | |
| | 설계자가 공통고장원인의 원인과 결과를 이해하는 교육을 받았는가? | 없음 | 5 |
| 6 | 환경 | | |
| 6.1 | 적절한 표준에 따른 CCF에 대한 오염방지 및 전자기파 적합성(EMC) | 25 | 25 |
| 6.2 | 다른 영향<br>온도, 충격, 진동, 습도(예, 관련기준에 규정된) 등과 같은 관련된 모든 환경적 영향에 대한 적합성 요구사항이 고려되었는가? | 10 | 10 |
| | 총 합 | 80 | 최대 100 |

이상을 정리하여 [그림 3-27]에 적용해본다. 부품 중 어느 하나의 단일고장은 안전기능의 손실로 연결되지 않는다.

합리적으로 실행 가능한 경우, 단일고장은 안전기능의 호출 시 또는 전에 검출된다. 진단범위($DC_{avg}$)는 60%에서 90% 범위이다. CCF에 대한 조치는 충분하다. 이러한 특성은 범주 3에 대해 적용할 수 있다.

결과적으로 예시 채널에 대한 $MTTF_d$는 “중간”(20년)이며, $DC_{avg}$는 “낮음”이고 범주는 3을 적용하였을 경우 본 예시의 안전성능수준 c로 해석될 수 있다.

이 결과는 위험성평가에서 요구하는 성능요구수준 c와 일치한다.

따라서 제어회로는 예제의 위험성감소를 위한 요구사항을 만족한다.

## 2.8 시스템 고장

시스템 고장을 피하기 위한 방법으로는 기본적으로 다음 방법들이 적용되어야 한다.

- 응력 내구성, 탄성, 마찰, 마모, 부식, 온도, 전도성, 유전체의 강도 등에 관계된 재료와 제조방법, 처리법의 선택 등을 고려하여 적합한 재료와 적절한 제조법을 적용한다.
- 응력, 변형률, 피로, 온도, 표면 거칠기, 공차, 생산법 등을 고려하여 바른 치수 설정 및 바른 형태를 형성하도록 한다.
- 케이블, 배선 및 모든 상호연결을 포함한 부품의 적절한 선택, 조합, 배열, 조립 및 설치한다. 즉 적절한 표준과 제조사의 적용 지침을 사용한다. 예를 들면 목록 시트, 설치지시서, 시방서, 우수한 공학적 근거를 이용한다.
- 호환동작 특성을 갖는 부품의 사용으로 호환성을 확보한다.
- 명시된 환경조건에 대한 내성을 갖도록 한다. 즉 모든 예상되는 환경과 예상되는 나쁜 조건, 예를 들면 온도, 습도, 진동, 전기자기 간섭에서도 작동할 수 있도록 SRP/CS를 설계한다.
- 발견하지 못한 결함의 위험성을 줄이기 위하여 특정한 특성을 갖는 부품을 사용하는 등 적절한 표준에 맞게 설계되고 잘 정의된 고장모드를 갖는 부품을 사용한다.

다만 추가로 SRP/CS와 그 PL의 복잡성을 고려하여 다음 중 하나 혹은 그 이상이 적용되는 것이 좋다.

- 시방서와 구현결과 사이의 불일치 분석과 검토를 통해 하드웨어 고장을 찾아내기 위하여 하드웨어에 대한 검사나 단계별 확인 등을 실시한다.
- 설계 절차를 체계적으로 수행하고 이미 이용 가능하고 시험된 적절한 자동 구성요소를 포함하여 시뮬레이션 또는 분석이 가능한 컴퓨터지원 설계를 도구화 한다.
- 부품의 기능적인 성능과 올바른 수치설계 관점에서 SRP/CS의 체계적이고 완벽한 검사를 수행하기 위한 시뮬레이션을 실시한다.

그러나 시스템 고장을 피하기 위하여 설계단계에서부터 노력하였음에도 불구하고 발생되는 시스템적인 고장을 통제하기 위해서는 기본적으로 다음 방법들이 적용되는 것이 좋다.

- 제어시스템의 안전관련부품(SRP/CS)은 전력공급이 중단되어도 기계의 안전한 상태가 달성되거나 유지되도록 설계되는 것이 좋다.
- 절연파괴전압, 전압변동, 과전압, 부족전압의 상황에 대한 SRP/CS의 반응은 SRP/CS가 기계의 안전상태를 달성하거나 유지하도록 미리 설계 시 조치를 한다.
- 온도, 습도, 액체, 진동, 먼지, 부식을 일으키는 물질, 전기자기 간섭 및 그것들의 영향을 통제하거나 회피하도록 물리적인 환경의 영향을 통제하거나 회피하는 방법을 적용한다.
- 프로그램의 개별적인 요소(예를 들면 소프트웨어 모듈, 부프로그램, 명령)가 잘못된 단계나 시기에 수행되거나 프로세서의 클럭(clock)에 오류가 있다면 결함이 있는 프로그램 단계가 존재하게 되기 때문이므로 프로그램 단계 감시(program sequence monitoring)는 결함 있는 프로그램의 단계를 발견하기 위한 소프트웨어를 SRP/CS에 적용하는 것이 좋다.
- 오류의 영향 및 데이터 통신 과정에서 발생하는 다른 영향들을 통제하는 방법들을 미리 고려하여 조치한다.

다만 추가로 SRP/CS와 PL의 복잡성을 고려하면 다음 방법 중 하나 혹은 그 이상이 적용되는 것이 좋다.

- 자동화시험을 통한 오류감지
- 복수 하드웨어에 의한 시험
- 다양한 하드웨어
- 양의 모드(포지티브 모드)로 작동
- 기계적으로 연결된 차단기
- 직접 열리는 동작
- 고장의 의도된 모드
- 제조자가 신뢰성을 향상시킨다는 것을 증명할 수 있을 경우 적절한 배수에 의한 초과설계를 고려하되 초과설계가 적절할 경우 적어도 1.5의 초과설계 인자가 적용되는 것이 좋다.

## 2.9 소프트웨어 안전요구사항

### 2.9.1 안전관련 임베디드 소프트웨어(SRESW)

PLr이 a~d를 갖는 요소의 SRESW는 다음과 같은 기본적인 조치가 적용되어야 한다.

- 소프트웨어 안전수명주기의 검증 활동과 타당성 확인 활동
- 시방과 설계문서
- 모듈, 구조설계 및 코딩
- 계통적 고장의 제어
- 무작위한 하드웨어 고장 및 올바른 구현의 검증을 위하여 소프트웨어 기반의 제어대책 사용
- 기능 테스트
- 수정 후 적절한 소프트웨어 안전수명주기 활동

PLr이 c나 d인 SRESW는 다음의 추가조치가 적용되어야 한다.

- 소프트웨어 안전수명주기 동안 관련된 모든 활동의 문서화
- SRESW 출시 관련 모든 구성 항목 및 문서의 파악식별을 위한 구성관리
- 안전요구사항과 설계를 포함한 구조화된 시방
- 적절한 프로그래밍 언어 사용과 능숙한 컴퓨터 기반도구 사용
- 모듈과 구조적 프로그래밍, 비안전관련 소프트웨어의 분리, 완전하게 정의된 인터페이스와 한정된 모듈크기, 설계 및 코딩규격의 사용
- 제어흐름 분석을 포함한 단계별 수행검토에 의한 코딩검증
- 확장된 기능테스트(예를 들면 성능테스트 및 시뮬레이션)
- 수정 후 충격분석과 적절한 소프트웨어 안전수명주기 활동

PLr=e인 경우의 SRESW는 SIL 3에 적합한 기준을 준수해야 한다. 다만 시방 범주 3 또는 4를 갖는 SRP/CS의 두 채널에 대해 설계, 코딩의 다양성을 이용하는 경우, PLr=e는 위에서 언급한 c나 d의 PLr에 대한 조치로 달성 가능하다.

### 2.9.2 안전관련 응용 소프트웨어(SRASW)

소프트웨어 안전수명주기는 SRASW에도 적용된다.

PLr이 a~e를 가지는 SRASW의 구성요소는 다음의 기본적인 조치가 적용되어야 한다.

- 검증 활동과 확인 활동을 포함한 수명주기의 개발
- 시방과 설계의 문서화
- 모듈과 구조적 프로그래밍
- 기능 테스트
- 수정 후 적절한 개발 활동

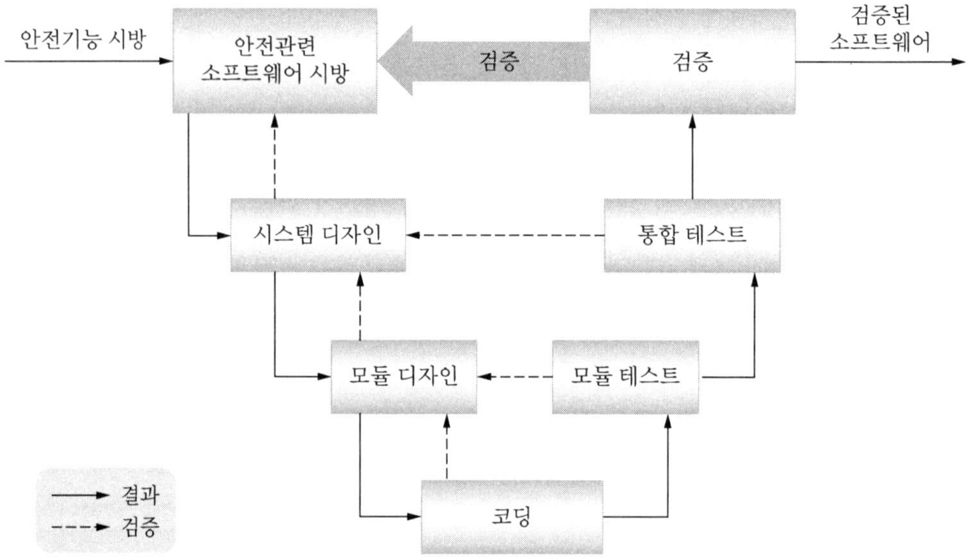


▌그림 3-33　소프트웨어 안전수명주기의 단순화된 V 모델

PLr이 c~e를 가지는 구성요소의 SRASW는 다음의 효율 증대를 수반한 추가적인 조치가 필요하거나 권장된다.

- 안전관련 소프트웨어의 시방은 반드시 검토되어야 하고, 수명주기에 관련된 모든 사람이 이용 가능해야 하며 아래 설명을 포함해야 한다.
  - 요구되는 PL을 갖춘 안전기능 및 관련된 동작모드
  - 성능기준, 예를 들면 반응시간
  - 외부 신호 인터페이스를 갖춘 하드웨어 아키텍처
  - 외부 고장의 감지와 제어

- 도구, 라이브러리 및 언어의 선택
  - 사용자가 능숙한 도구 : 하나의 구성요소와 도구를 사용하여 달성된 PL = e에 대한 도구는 적절한 안전표준을 준수해야 한다. 만약 다양한 도구를 포함한 두 다양한 구성요소가 사용되는 경우, 사용자의 숙련도만으로도 충분하다.
  - 시스템 오류를 유발할 수 있는 조건을 검출하는 기술적 특징(예를 들면 데이터 형식 불일치, 애매한 동적 메모리 할당, 불완전한 인터페이스, 포인터 연산 등)이 사용되어야 한다.
  - 검사는 실행 중일 때뿐만 아니라 주로 컴파일하는 동안 실시하는 것이 보다 효과적이다.
  - 도구는 언어의 부분집합 및 코딩 지침을 적용하도록 감독하고 개발자들이 사용하도록 유도한다.
  - 합리적이고 실행 가능한 경우, 검증된 기능블록(FB) 라이브러리를 사용하는 것이 좋다: 도구 제조자(PL = e가 권장 됨)에 의해 제공되는 안전관련 검증된 FB 라이브러리 혹은 특화되고 이 표준에 부합하는 검증된 FB 라이브러리 중 하나를 사용한다.
  - 모듈 방식에 적합한 정당화된 LVL의 부분집합(일부분)을 사용하는 것이 좋다.
- 소프트웨어 설계는 다음 특징을 가져야 한다.
  - 데이터와 제어의 흐름을 설명하기 위한 준 정형화된 방법, 예를 들면 상태 다이어그램이나 프로그램 흐름 차트
  - 주로 안전관련 검증된 기능블록 라이브러리에서 파생된 기능블록에 의해 구현된 모듈화 및 구조화된 프로그래밍
  - 제한된 크기의 코딩 기능블록
  - 하나의 입구와 하나의 출구 지점을 가져야만 하는 내부 기능블록의 코드 실행
  - 3단계의 아키텍처 모델 : 입력 ⇒ 처리과정 ⇒ 출력
  - 한 프로그램 지점에서만의 안전출력의 할당
  - 외부고장 검출 및 안전한 상태를 도출하는 입력블록, 처리블록 및 출력블록에서의 방어프로그래밍 기술의 사용
- SRASW 및 non-SRASW가 하나의 구성요소에 결합되는 경우
  - SRASW 및 non-SRASW는 잘 정의된 데이터 링크를 갖는 다른 기능블록으로 코딩해야 함
  - 안전관련 신호의 무결성의 하향 조정으로 이어지는 비안전관련 데이터와 안전

관련 데이터의 논리적 조합이 없어야 함

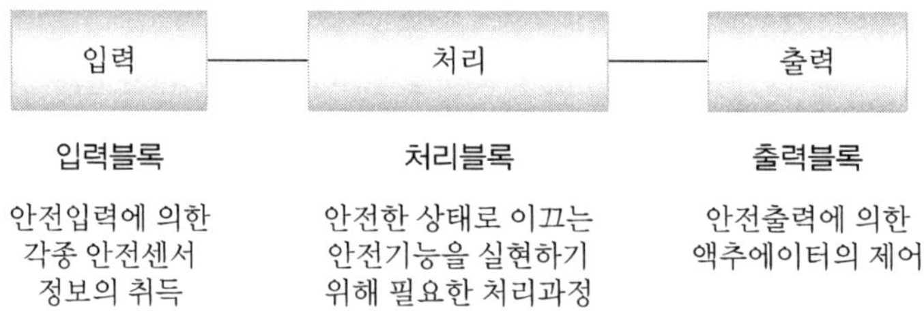


**▌그림 3-34 소프트웨어의 일반 아키텍처 모델**

- 소프트웨어 구현/ 코딩
  - 코드는 읽기 쉽고, 이해하기 쉽고, 시험하기 쉬워야 하며 이로 인해 기호변수(명시적인 하드웨어 주소 대신)를 사용
  - 정당화되거나 허용된 코딩 지침을 사용
  - 데이터 무결성 및 응용프로그램 계층(방어 프로그래밍)에 사용할 수 있는 타당성 검사(예를 들면 범위 검사)를 사용
  - 코드는 시뮬레이션에 의하여 테스트
  - 검증은 PL=d 또는 e에 대한 데이터 흐름 분석과 제어에 의해서 수행
- 테스트
  - 적절한 검증방법은 기능적인 동작 및 성능기준(예를 들면 타이밍 성능)을 입증하는 블랙박스 테스트
  - PL=d 또는 e의 경우 경계값 분석에서의 시험 케이스 실행 권장
  - 시험 계획이 권장되며 완료 기준과 요구되는 도구들을 갖춘 시험 사례들을 포함
  - 입출력 시험은 안전관련 신호가 SRASW 내에서 올바르게 사용되고 있는지 확인
- 문서화
  - 모든 수명주기 및 수정 활동은 문서화
  - 문서는 완전해야 하고 사용 가능하여야 하며 읽기 쉽고 이해 가능
  - 원본 텍스트 내의 코드 문서는 법인명, 기능, 입출력 설명, 버전, 사용되는 라이브러리 기능블록의 버전, 네트워크명령 그리고 선언 행에 대한 충분한 설명을 수반한 모듈 헤더를 포함
- 검증[10] : 검토, 조사, 단계별 수행 또는 다른 적절한 활동
- 수정

- SRASW의 수정 후 영향 분석은 시방을 보장하기 위해 수행해야 함
- 적절한 수명주기 활동을 수정 후에 수행해야 함
- 변경에 대한 접근 권한은 관리되어야 하고 변경 내역은 문서화해야 함

### 2.9.3 소프트웨어 기반 파라미터화

안전관련 파라미터들의 소프트웨어 기반 파라미터화는 소프트웨어 안전요구 시방서에 설명될 SRP/CS 설계의 안전관련 측면으로 고려되어야 한다.

파타미터화는 SRP/CS 공급자에 의해 제공된 전용 소프트웨어 도구를 이용하여 수행되어야 한다.

이 도구는 고유식별(이름, 버전 등등)을 가지고, 승인되지 않은 수정을 방지할 수 있어야 한다(예를 들면 비밀번호의 사용).

파라미터화에 이용된 모든 데이터의 무결성은 유지되어야 하고, 이는 다음의 적용된 조치들에 의해서 이루어져야 한다.

- 유효한 입력 범위의 제어
- 전송 이전의 데이터 변조 제어
- 파라미터 전송과정으로부터의 오류효과의 제어
- 불완전한 파라미터 전송의 효과를 제어
- 파라미터화를 위해 사용된 하드웨어와 소프트웨어의 결합과 고장 효과의 제어

파라미터화 도구는 SRP/CS에 대한 다양한 모든 요구사항을 만족하여야 하나, 어려울 경우에는 별도의 안전관련 파라미터 설정을 위해서 특별한 절차가 사용되어야 한다. 이 절차는 다음 두 절차 중 하나에 의해서 SRP/CS 입력 파라미터를 확인하는 것을 포함한다.

- 파라미터화 도구로 수정된 파라미터의 재전송
- 차후 확인뿐만 아니라, 파라미터의 무결성을 확인하는 다른 적절한 방법(예를 들면, 적절하게 숙련된 사람과 파라미터화 도구에 의한 자동점검을 사용하는 것)

전송/재전송 과정에서의 엔코딩/디코딩을 위해 사용된 소프트웨어 모듈들과, 사용자에 대한 안전관련 파라미터들의 시각화를 위해 사용된 소프트웨어 모듈들은 계통적

10) 검증은 특정 응용 코드에 대해서만 필요할 뿐 인증된 라이브러리함수에 대해서는 필요하지 않다.

고장을 피하기 위해서 기능의 다양성을 최소화하여 사용해야 한다.

다음 내용은 소프트웨어 기반 파라미터화에 적용되어야 한다.

- 안전관련 파라미터(최소, 최대 그리고 대표적인 값들) 각각의 정확한 설정의 확인
- 안전관련 파라미터의 타당성 점검의 확인, 예를 들어, 무효한 수치의 사용 등
- 안전관련 파라미터들의 승인되지 않은 수정의 방지를 확인
- 파라미터화를 위한 데이터신호들이 결함이 안전기능의 상실로 이어질 수 없는 방식으로 생성되고 처리되는지를 확인

## 2.10 결함 고려사항

### 1) 일반적 요구사항

선택된 범주에 따라, 안전관련부품들은 성능요구수준(PLr)을 달성할 수 있도록 설계되어야 한다. 결함에 저항할 수 있는 능력이 평가되어야 한다.

### 2) 결함 고려사항

한 가지 결함의 결과로 후속요소가 고장 나면, 최초의 결함과 그에 따르는 모든 결함들은 하나의 결함으로 간주되어야 한다.

한 개의 공통원인을 갖는 두 개 또는 그 이상의 분리된 결함은 하나의 결함(CCF로 알려진)으로 간주되어야 한다.

독립적인 원인을 갖는 두 개 또는 그 이상의 결함의 동시 발생은 거의 발생하지 않을 것으로 볼 수 있으므로 고려할 필요가 없다.

### 3) 결함 제외

어떤 결함들은 제외될 수 있다는 가정 없이 SRP/CS을 결정하고 결과를 평가하는 것이 항상 가능한 것은 아니다.

결함 제외는 기술적 안전요구사항과 결함발생의 이론적 가능성 사이의 절충이다.

결함 제외는 다음 사항에 근거할 수 있다.

- 어떤 결함발생이 기술적으로 일어날 것 같지 않음
- 고려하는 응용분야와 무관하게 일반적으로 인정되는 기술적 경험
- 응용과 특정한 위험요인에 관계되는 기술적 요구사항

결함이 제외되는 경우 상세한 근거가 기술문서에 제시되어야 한다.

## 2.11 검증

SRP/CS의 설계는 검증되어야 한다. 검증은 각 안전기능을 제공하는 SRP/CS들의 조합이 이 표준의 모든 관련 요구사항을 충족시킨다는 것을 증명하여야 한다.

## 2.12 정비

예방정비 또는 사후정비는 통상 안전관련부품들의 규정된 성능을 유지하기 위하여 필요할 수 있다.

시간이 지남에 따라 규정된 성능으로부터 벗어나게 되는 경우 안전성 저하나 심지어 위험한상황이 초래될 수도 있으므로 SRP/CS의 사용자 정보는 SRP/CS의 보전에 대한 지침(주기적 검사 포함)을 포함해야 한다.

제어시스템의 안전관련부품들의 정비에 관한 규정은 KS B ISO 12100:2010의 6.2.7의 원칙을 따라야 한다.

## 2.13 기술 문서화

SRP/CS의 설계 시, 안전관련부품에 관련된 다음 정보에 대해 문서화해야 한다.

- SRP/CS에 의해 제공된 안전기능
- 각 안전기능의 특징
- 안전관련부품들의 정확한 시작과 끝
- 환경조건
- 성능수준(PL)
- 선택된 범주 또는 범주들
- 신뢰성에 관련된 파라미터($MTTF_d$, DC, 및 임무시간)
- 체계상의 고장에 대한 조치
- 사용된 기술 또는 기술들
- 고려한 모든 안전관련 결함

- 결함 제외에 대한 정당성
- 설계의 논거(예를 들면 고려된 결함, 제외된 결함)
- 소프트웨어 문서화
- 합리적으로 예측 가능한 오용에 대한 조치

## 2.14 사용자 정보

SRP/CS들의 안전한 사용을 위하여 중요한 정보는 사용자에게 제공되어야 한다. 사용자 정보에는 다음 사항들이 포함되어야 하지만 이들에 국한되는 것은 아니다.

- 선택된 범주에 대한 안전관련부품들의 한계와 결함 제외
- SRP/CS의 한계와 결함 제외에 대해 선택된 범주와 안전성능의 유지가 중요할 때 결함 제외에 대한 지속적인 정당성을 확보하기 위해 적절한 정보(수정, 보전 및 수리)가 반드시 주어져야 한다.
- 규정된 성능으로부터의 이탈이 안전기능에 미치는 영향
- SRP/CS들과 방호장치에 대한 인터페이스의 명확한 설명
- 반응시간
- 환경조건을 포함하는 작동한계
- 지시와 경보
- 안전기능의 중지와 차단
- 제어모드
- 보전 점검목록 및 보전관련 사항
- 접근과 내부부품 교체의 용이성
- 쉽고 안전한 고장수리를 위한 수단
- 참고한 범주에 관련된 응용분야에 대한 정보
- 검사시험 주기(해당되는 경우)

SRP/CS들의 범주와 성능수준에 대한 구체적 정보가 다음과 같이 주어져야 한다.

- 이 표준에 인용된 문헌의 시기 (예를 들면 “ISO 13849-1:2006”)
- 범주 : B, 1, 2, 3 또는 4
- 성능수준 : a, b, c, d, 또는 e

표 3-23 그림 3-27의 수치표시

| | 시간(1/H)당 위험한 고장의 평균 확률과 해당 성능수준(PL) | | | | | | | | | | | | | |
|---|---|---|---|---|---|---|---|---|---|---|---|---|---|---|
| 각 채널에 대한 $MTTF_d$년 | Cat.B $DC_{avg}$ = 없음 | PL | Cat.1 $DC_{avg}$ = 없음 | PL | Cat.2 $DC_{avg}$ = 낮음 | PL | Cat.2 $DC_{avg}$ = 중간 | PL | Cat.3 $DC_{avg}$ = 낮음 | PL | Cat.3 $DC_{avg}$ = 중간 | PL | Cat.4 $DC_{avg}$ = 높음 | PL |
| 3 | $3.80\times 10^{-5}$ | a | | | $2.58\times 10^{-5}$ | a | $1.99\times 10^{-5}$ | a | $1.26\times 10^{-5}$ | a | $6.09\times 10^{-6}$ | b | | |
| 3.3 | $3.46\times 10^{-5}$ | a | | | $2.33\times 10^{-5}$ | a | $1.79\times 10^{-5}$ | a | $1.13\times 10^{-5}$ | a | $5.41\times 10^{-6}$ | b | | |
| 3.6 | $3.17\times 10^{-5}$ | a | | | $2.13\times 10^{-5}$ | a | $1.62\times 10^{-5}$ | a | $1.03\times 10^{-5}$ | a | $4.86\times 10^{-6}$ | b | | |
| 3.9 | $2.93\times 10^{-5}$ | a | | | $1.95\times 10^{-5}$ | a | $1.48\times 10^{-5}$ | a | $9.37\times 10^{-6}$ | b | $4.40\times 10^{-6}$ | b | | |
| 4.3 | $2.65\times 10^{-5}$ | a | | | $1.76\times 10^{-5}$ | a | $1.33\times 10^{-5}$ | a | $8.39\times 10^{-6}$ | b | $3.89\times 10^{-6}$ | b | | |
| 4.7 | $2.43\times 10^{-5}$ | a | | | $1.60\times 10^{-5}$ | a | $1.20\times 10^{-5}$ | a | $7.58\times 10^{-6}$ | b | $3.48\times 10^{-6}$ | b | | |
| 5.1 | $2.24\times 10^{-5}$ | a | | | $1.47\times 10^{-5}$ | a | $1.10\times 10^{-5}$ | a | $6.91\times 10^{-6}$ | b | $3.15\times 10^{-6}$ | b | | |
| 5.6 | $2.04\times 10^{-5}$ | a | | | $1.33\times 10^{-5}$ | a | $9.87\times 10^{-6}$ | b | $6.21\times 10^{-6}$ | b | $2.80\times 10^{-6}$ | c | | |
| 6.2 | $1.84\times 10^{-5}$ | a | | | $1.19\times 10^{-5}$ | a | $8.80\times 10^{-6}$ | b | $5.53\times 10^{-6}$ | b | $2.47\times 10^{-6}$ | c | | |
| 6.8 | $1.68\times 10^{-5}$ | a | | | $1.08\times 10^{-5}$ | a | $7.9.\times 10^{-6}$ | b | $4.98\times 10^{-6}$ | b | $2.20\times 10^{-6}$ | c | | |
| 7.5 | $1.52\times 10^{-5}$ | a | | | $9.75\times 10^{-6}$ | b | $7.10\times 10^{-6}$ | b | $4.45\times 10^{-6}$ | b | $1.95\times 10^{-6}$ | c | | |
| 8.2 | $1.39\times 10^{-5}$ | a | | | $8.87\times 10^{-6}$ | b | $6.43\times 10^{-6}$ | b | $4.02\times 10^{-6}$ | b | $1.74\times 10^{-6}$ | c | | |
| 9.1 | $1.25\times 10^{-5}$ | a | | | $7.94\times 10^{-6}$ | b | $5.71\times 10^{-6}$ | b | $3.57\times 10^{-6}$ | b | $1.53\times 10^{-6}$ | c | | |
| 10 | $1.14\times 10^{-5}$ | a | | | $7.18\times 10^{-6}$ | b | $5.14\times 10^{-6}$ | b | $3.21\times 10^{-6}$ | b | $1.36\times 10^{-6}$ | c | | |
| 11 | $1.04\times 10^{-5}$ | a | | | $6.44\times 10^{-6}$ | b | $4.53\times 10^{-6}$ | b | $2.81\times 10^{-6}$ | c | $1.18\times 10^{-6}$ | c | | |
| 12 | $9.51\times 10^{-6}$ | b | | | $5.84\times 10^{-6}$ | b | $4.04\times 10^{-6}$ | b | $2.49\times 10^{-6}$ | c | $1.04\times 10^{-6}$ | c | | |
| 13 | $8.78\times 10^{-6}$ | b | | | $5.33\times 10^{-6}$ | b | $3.64\times 10^{-6}$ | b | $2.23\times 10^{-6}$ | c | $9.21\times 10^{-6}$ | d | | |
| 15 | $7.61\times 10^{-6}$ | b | | | $4.53\times 10^{-6}$ | b | $3.01\times 10^{-6}$ | b | $1.82\times 10^{-6}$ | c | $7.44\times 10^{-6}$ | d | | |

| | | | | | | | | | | | | | | |
|---|---|---|---|---|---|---|---|---|---|---|---|---|---|---|
| 16 | $7.13\times10^{-6}$ | b | | | $4.21\times10^{-6}$ | b | $2.77\times10^{-6}$ | c | $1.67\times10^{-6}$ | c | $6.76\times10^{-6}$ | d | | |
| 18 | $6.34\times10^{-6}$ | b | | | $3.68\times10^{-6}$ | b | $2.37\times10^{-6}$ | c | $1.41\times10^{-6}$ | c | $5.67\times10^{-6}$ | d | | |
| 20 | $5.71\times10^{-6}$ | b | | | $3.26\times10^{-6}$ | b | $2.06\times10^{-6}$ | c | $1.22\times10^{-6}$ | c | $4.85\times10^{-6}$ | d | | |
| 22 | $5.19\times10^{-6}$ | b | | | $2.93\times10^{-6}$ | c | $1.82\times10^{-6}$ | c | $1.07\times10^{-6}$ | c | $4.21\times10^{-7}$ | d | | |
| 24 | $4.76\times10^{-6}$ | b | | | $2.65\times10^{-6}$ | c | $1.62\times10^{-6}$ | c | $9.47\times10^{-7}$ | d | $3.70\times10^{-7}$ | d | | |
| 27 | $4.23\times10^{-6}$ | b | | | $2.32\times10^{-6}$ | c | $1.39\times10^{-6}$ | c | $8.04\times10^{-7}$ | d | $3.10\times10^{-7}$ | d | | |
| 30 | | | $3.80\times10^{-6}$ | b | $2.06\times10^{-6}$ | c | $1.21\times10^{-6}$ | c | $6.94\times10^{-7}$ | d | $2.65\times10^{-7}$ | d | $9.54\times10^{-8}$ | e |
| 33 | | | $3.46\times10^{-6}$ | b | $1.85\times10^{-6}$ | c | $1.06\times10^{-6}$ | c | $5.94\times10^{-7}$ | d | $2.30\times10^{-7}$ | d | $8.57\times10^{-8}$ | e |
| 36 | | | $3.17\times10^{-6}$ | b | $1.67\times10^{-6}$ | c | $9.39\times10^{-7}$ | d | $5.16\times10^{-7}$ | d | $2.01\times10^{-7}$ | d | $7.77\times10^{-8}$ | e |
| 39 | | | $2.93\times10^{-6}$ | c | $1.53\times10^{-6}$ | c | $8.40\times10^{-7}$ | d | $4.53\times10^{-7}$ | d | $1.78\times10^{-7}$ | d | $7.11\times10^{-8}$ | e |
| 43 | | | $2.65\times10^{-6}$ | c | $1.37\times10^{-6}$ | c | $7.34\times10^{-7}$ | d | $3.87\times10^{-7}$ | d | $1.54\times10^{-7}$ | d | $6.37\times10^{-8}$ | e |
| 47 | | | $2.43\times10^{-6}$ | c | $1.24\times10^{-6}$ | c | $6.49\times10^{-7}$ | d | $3.35\times10^{-7}$ | d | $1.34\times10^{-7}$ | d | $5.76\times10^{-8}$ | e |
| 51 | | | $2.24\times10^{-6}$ | c | $1.13\times10^{-6}$ | c | $5.80\times10^{-7}$ | d | $2.93\times10^{-7}$ | d | $1.19\times10^{-7}$ | d | $5.26\times10^{-8}$ | e |
| 56 | | | $2.04\times10^{-6}$ | c | $1.02\times10^{-6}$ | c | $5.10\times10^{-7}$ | d | $2.52\times10^{-7}$ | d | $1.03\times10^{-7}$ | d | $4.73\times10^{-8}$ | e |
| 62 | | | $1.84\times10^{-6}$ | c | $9.06\times10^{-7}$ | d | $4.43\times10^{-7}$ | d | $2.13\times10^{-7}$ | d | $8.84\times10^{-8}$ | e | $4.22\times10^{-8}$ | e |
| 68 | | | $1.68\times10^{-6}$ | c | $8.17\times10^{-7}$ | d | $3.90\times10^{-7}$ | d | $1.84\times10^{-7}$ | d | $7.68\times10^{-8}$ | e | $3.80\times10^{-8}$ | e |
| 75 | | | $1.52\times10^{-6}$ | c | $7.31\times10^{-7}$ | d | $3.40\times10^{-7}$ | d | $1.57\times10^{-7}$ | d | $6.62\times10^{-8}$ | e | $3.41\times10^{-8}$ | e |
| 82 | | | $1.39\times10^{-6}$ | c | $6.61\times10^{-7}$ | d | $3.01\times10^{-7}$ | d | $1.35\times10^{-7}$ | d | $5.79\times10^{-8}$ | e | $3.08\times10^{-8}$ | e |
| 91 | | | $1.25\times10^{-6}$ | c | $5.88\times10^{-7}$ | d | $2.61\times10^{-7}$ | d | $1.14\times10^{-7}$ | d | $4.94\times10^{-8}$ | e | $2.74\times10^{-8}$ | e |
| 100 | | | $1.14\times10^{-6}$ | c | $5.28\times10^{-7}$ | d | $2.29\times10^{-7}$ | d | $1.01\times10^{-7}$ | d | $4.29\times10^{-8}$ | e | $2.47\times10^{-8}$ | e |

# 3. 안전제어시스템을 위한 안전수명주기 관리

## 3.1 안전수명주기 관리 개요

안전수명주기란 프로젝트의 개념 구상 단계부터 기능 안전관련 시스템, 기타 기술 안전관련 시스템, 외부리스크 감소 설비 모두가 더 이상 이용할 수 없어 종결되는 기간까지 계속 발생하는 안전관련 시스템의 구현에 요구되는 필수적인 활동들을 말한다.

전체 안전수명주기는 주로 E/E/PE 안전관련 시스템과 관계가 되어 있지만 기계적, 유압, 공압 시스템의 기술과 관계없이 모든 안전관련 시스템을 고려하여 기능안전성을 확보하는데 필요한 활동을 체계적으로 다루기 위한 기술적인 프레임워크로서 전체적 안전수명주기 모델을 이용한다.

기능안전수명주기 관리의 목적은 자동화설비나 스마트공장의 안전확보 기술과 안전제어시스템의 안전한 운영을 위한 안전수명주기(Safety life cycle)의 하나 이상의 단계에 대해 책임이 있는 사람들의 기능안전성 관리 책임을 규정하는 것이다.

안전수명주기 관리를 위하여 조직은 책임자를 지정하여 아래 사항을 관리하도록 하여야 하며 안전관련 활동 또는 안전수명주기에 대한 책임은 다른 전문가들에게 위임할 수 있으나 조정과 전체 기능안전성에 대한 책임은 충분한 관리 권한을 가진 한 명 또는 소수의 사람들에게 있어야 한다.

- 시스템 및 그 수명주기 단계에서 수행하는 안전관련 활동의 조정
- 이들 단계와 타 조직에 의해 수행되는 다른 단계 사이의 인터페이스
- 기능안전성 평가의 조정 특히 기능안전성 평가들이 단계별로 서로 다른 경우 통신, 계획 및 문서화, 판단, 권고의 통합을 포함
- 기능안전성이 시스템의 목적 및 요구사항에 따라 달성 및 입증되고 있는지 확인

특별히 기능안전과 관련된 안전제어시스템의 체계적이고 안전한 작업을 위하여 안전수명주기 각 단계에서 기능안전 관련 안전관리시스템을 구축하고 운영하기 위한 절차를 개발해야 하며 다음을 포함해야 한다.

- 공식적인 구성 제어가 실행되는 특정 단계에 대한 포인트
- 품목(하드웨어와 소프트웨어)의 모든 구성부품을 고유의 방식으로 확인하기 위해

사용되는 절차

- 허가받지 않은 품목이 사용되는 것을 방지하기 위한 절차
- 변경사항을 관리하기 위하여 안전제어시스템에 대한 변경 및 변경에 대한 승인과 권한에 관한 사항을 위한 절차
- 아래 사항을 포함하여 주기적인 기능안전성 심사에 대한 절차
  - 기능안전성 심사의 빈도
  - 심사를 수행하는 자들의 독립성 수준
  - 필요한 문서화와 후속 활동

## 3.2 전체 안전수명주기 관리

안전제어시스템에 의해 수행되는 안전기능에 대해 필요한 안전성능수준이나 안전무결성수준을 달성하기 위한 모든 활동을 체계적인 방법으로 다루기 위하여, 기술 프레임워크로서 전체 안전수명주기를 채택한 것이다.

전체 기능안전수명주기 활동이 만족스럽게 실시되기 위해서는 다음 사항을 준수해야 한다.

- EUC에 필요한 제어기능 및 물리적 환경에 대해 완벽히 이해하고 있어야 한다.
- 위험원, 위험한 상황 및 유해한 사건을 발생시킬 수 있는 원인을 결정해야 한다.
- 결정된 위험원에 대한 정보를 획득해야 한다(예 : 기간, 강도, 독성, 노출한도, 기계적인 힘, 폭발조건, 반응성, 인화성 등).
- 현재의 안전규정(국내 및 국제)에 관한 정보를 획득해야 한다.
- EUC(설치되었거나 설치될)의 다른 장비 또는 시스템과의 상호작용으로 인한 위험원, 위험한 상황 및 유해한 사건을 다른 EUC와 함께 고려해야 한다.
- 위에서 얻은 결과와 정보를 문서화해야 한다.

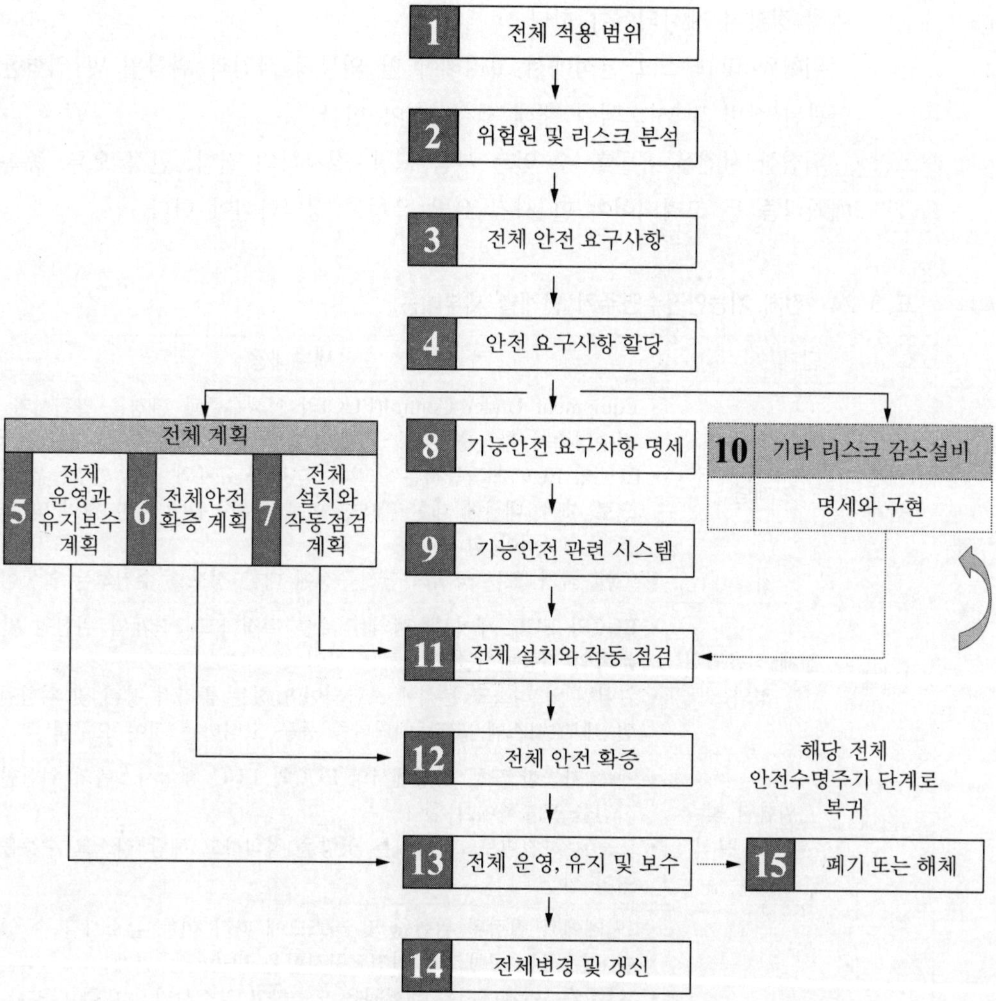


▮그림 3-35 전체 기능안전수명주기

## 3.2.1 전체 적용범위 정의

전체 적용범위를 정하는 목적은 EUC와 EUC 제어시스템의 경계를 결정하는 것과 위험원 및 리스크 분석의 적용범위를 명시하는 것이다.

EUC와 EUC 제어시스템의 경계는 관련 위험원 및 유해위험한 사건과 연관된 모든 장비 및 시스템(해당되는 경우 인간을 포함)을 포함하여야 하는데, 이는 EUC 및 EUC 제어시스템을 포함하여 위험원 및 리스크 분석의 범위에 포함될 물리적 장비에 대해 정확히 제시되어야 한다.

위험원 및 리스크 분석에서 고려해야 할 외부적 사건과 위험원 및 위험한 사건과 연관된 장비 및 시스템에 대해 제시하여야 한다.

위험한 사건을 유발할 수 있는 부품 고장, 절차상의 결함, 인적 오류, 종속적 고장 메커니즘 등 고려되어야 할 사건 유발 유형을 정의하여야 한다.

**표 3-24 전체 기능안전수명주기 단계별 세부내용**

| 단계 | | 세부내용 |
|---|---|---|
| 사전 단계 | 개념 | • Equipment Under Control(EUC)의 이해수준과 환경을 발전시켜 다른 안전수명주기 활동을 만족스럽게 수행할 수 있도록 하는 것이 목적임<br>• EUC와 EUC가 작동하는 물리적 및 법적 규제와 같은 환경들을 적용 대상으로 하며, 대상에 대한 완벽한 이해와 위험원에 대한 정의 및 관련 정보를 수집하여야 함<br>• 또한, 국가 또는 국제적 안전규정에 대한 정보를 수집하는 활동이 요구됨 |
| 1단계 | 전체 적용범위 정의 | • EUC와 EUC 제어시스템의 경계를 결정하고 2단계의 위험원 및 리스크 분석의 적용범위를 명시하는 것임<br>• 위험원 및 리스크 분석에 포함되어야 하는 물리적 장비 및 위험원과 연관된 세부 시스템, 고장 메커니즘 등을 고려하는 것이 요구됨 |
| 2단계 | 위험원 및 리스크 분석 | • 예측 가능한 모든 상황에서의 EUC와 EUC 제어시스템의 위험원과 위해 사건을 도출하여야 함<br>• 도출된 사건별로 그에 따른 영향을 정의하고 해당 리스크 수준을 결정하여야 함 |
| 3단계 | 전체 안전요구사항 | • 2단계에서 결정된 위험원 및 리스크에 따라 이를 감소시킬 수 있는 방법이 결정하는 구체적인 안전요구사항을 도출하는 단계<br>• 2단계와 3단계에서는 위험원을 도출하고 감소시키기 위한 다양한 정량 및 정성적 위험도 분석기법들이 적용될 수 있음<br>• 대표적인 위험도 분석기법으로는 HAZOP, LOPA, ALRAP, Risk Graph, Risk Matrix 등이 존재함<br>• 이러한 기법들은 단일 적용되기도 하나 보다 많은 잠재 위험원 도출을 위하여 두 기법 이상을 복합적으로 적용되기도 함 |
| 4단계 | 안전요구사항 할당 | • 3단계에서 도출된 전체 안전요구사항을 바탕으로 안전기능에 각각의 PL이나 SIL을 할당하는 단계<br>• 이 경우 기능안전관련 시스템과 함께 외부리스크 감소방법을 고려하여 안전요구사항을 할당함으로써, 기존의 리스크를 낮추고 목표하는 기능안전을 만족할 수 있음 |

| 단계 | | 세부내용 |
|---|---|---|
| 5단계 | 전체 운영과 유지보수 계획 | • 운영 및 유지보수 기간 중 요구되는 기능이 안전하게 유지될 수 있도록 계획을 수립하는 단계<br>• 이를 위하여 기존 기능안전을 위한 일반적인 활동뿐만 아니라 고장발생 및 돌발적인 상황에서 리스크를 감소시키기 위한 활동을 수립하여야 함<br>• 또한, 결함을 사전에 발견하기 위한 체계적인 유지보수 계획의 수립이 요구됨 |
| 6단계 | 전체 안전 확증 계획 | • 전체 안전요구사항 할당의 결과를 바탕으로 기능안전관련 시스템의 안전 확증을 위한 계획을 수립하는 단계<br>• 이때, EUC의 작동모드 및 방법, 환경에 대한 명세가 포함되어야 하며, 하드웨어 및 소프트웨어의 평가를 위한 다양한 분석적 기법 중 활용 기법이 결정되어야 함 |
| 7단계 | 전체 설치 및 작동점검 계획 | • 기능안전관련 시스템의 설치 일정, 설치 엔지니어링, 호환성 등을 고려하여 설치를 위한 계획과 작동점검에 대한 구체적인 계획을 수립하는 단계<br>• 요구되는 기능안전을 달성하여야 함 |
| 8단계 | 기능안전관련 시스템 요구사항 명세서 | • 기능안전관련 시스템의 구현에 앞서 도출된 안전요구사항을 바탕으로 이를 달성하기 위하여 안전제어시스템의 성능수준 및 안전무결성을 명세하여 개발자에게 제공하는 단계<br>• 해당 명세서에는 목표하는 안전성능수준 및 안전무결성뿐만 아니라 보증기간 및 수명, 요구 및 제약사항, 보증시험을 위한 설비, 노출가능성이 있는 극한의 환경조건 등을 포함되어야 함 |
| 9단계 | 구현 : 안전제어시스템 | • 현 단계까지 도출된 안전제어시스템의 안전요구사항을 바탕으로 하드웨어 및 소프트웨어를 구현하는 단계<br>• 10단계에서는 하드웨어와 소프트웨어에 대한 구현이 병렬적으로 진행되며, 소프트웨어의 경우 확증 단계 이전에 하드웨어와 통합한 안전요구사항 검증이 요구됨<br>• 하드웨어에 대한 안전요구사항은 정량적인 평가 및 분석을 통하여 PL이나 SIL을 결정하게 됨<br>• 반면, 소프트웨어의 경우 정량적인 평가보다는 체크리스트를 통한 요구 또는 권장 기법을 명시하는 방식으로서 높은 SIL가 요구될수록 요구되는 기법의 수가 증가되게 됨 |
| 10단계 | 기타 리스크 감소방법 : 명세 및 구현 | • 안전제어시스템의 안전요구사항과 목표 PL 또는 SIL에 부합하기 위하여 추가적인 안전관련 시스템을 구현하는 단계<br>• 추가적인 안전관련 시스템은 안전요구사항에 따른 리스크 감소를 위하여 유압, 공압과 같은 안전관련 시스템 또는 배수로, 방화벽 같은 물리적인 기술에 기초하여 고려되어야 함<br>• 단, 이러한 리스크 감소방법에 대한 내용은 본서에서는 포함되어 있지 않음 |

| 단계 | | 세부내용 |
|---|---|---|
| 11단계 | 전체 설치 및 작동점검 | • 7단계에서 수립된 계획에 따라 기능안전관련 시스템의 실질적인 설치 및 작동점검을 수행하는 단계<br>• 모든 단계와 마찬가지로 수행되는 모든 활동들은 반드시 기록되어야 함 |
| 12단계 | 전체 안전 확증 | • 4단계에서 할당된 안전요구사항에 9단계에서 하드웨어 및 소프트웨어별 안전 확증을 마친 후 기능안전관련 시스템의 전체적인 안전 확증을 수행하여 전체 안전요구사항 명세에 대한 만족 여부를 판단하는 단계 |
| 13단계 | 전체 운영 및 유지보수 | • 앞서 수립된 운영계획에 따라 요구되는 기능안전을 만족시키기 위한 활동을 수행하는 단계<br>• 이러한 활동을 통하여 기능안전관련 시스템의 지속적인 정상운영을 유지하고 기록함으로써, 추후 보완사항을 도출하고 변경 및 갱신활동이 이뤄질 수 있도록 관리하는 단계 |
| 14단계 | 전체 변경 및 갱신 | • 기능안전관련 시스템의 변경 및 추가적인 기능이 요구될 경우 이를 위한 활동 및 활동 후의 기능안전을 보장하는 단계<br>• 변경 및 갱신이 요구될 경우 이에 대한 영향분석이 실시되어야 하며, 수정된 부분에 대한 위험도 분석 및 검증 절차를 수행하여야 함 |
| 15단계 | 폐기와 해체 | • 대상 EUC의 제거에 따른 주변 EUC 및 기능안전에 미치는 영향을 측정하는 영향분석을 수행으로 진행됨<br>• 폐기와 해체 작업으로 인한 영향과 작업 이후 잔여 EUC에 대하여 요구되는 안전기능이 수행여부를 평가하기 위하여 폐기 및 해체가 발생되는 하드웨어, 소프트웨어 및 시스템 수준의 단계의 안전수명주기로 되돌아가 순차척인 안전요구사항, 평가, 위험원 분석 등이 실시가 요구됨 |

### 3.2.2 위험원 및 리스크 분석

위험원 및 리스크 분석 목적은 결함 상황 및 예상 가능한 오용을 포함하여 모든 합리적으로 예측 가능한 상황에 대하여 EUC와 EUC 제어시스템(모든 운영 모드에서)과 관련된 위험원과 위험한 사건 및 상황을 결정하는 것이다.

위험원의 제거 또는 감소를 고려해야 한다. EUC의 위험원으로 확정된 것을 근본적으로 제거하는 것은 매우 중요하다. 예를 들면, 고유한 안전 원칙을 적용하고 바람직한 엔지니어링 경험(Practice)을 적용시킴으로써 가능하다.

결함 상황과 합리적으로 예측 가능한 오용 및 악의적 또는 허가되지 않은 행동을 포함하여 EUC와 EUC 제어시스템의 위험원과 위험한 사건 및 상황은 합리적으로 예측 가능한 모든 상황 하에서 결정해야 한다.

결정된 유해위험 사건으로 이어지는 사건 순서를 결정해야 한다. 사건 순서는 안전정책 및 리스크 관리 결정을 고려해야 한다. 또한 설계 절차 또는 장비 사용의 변경으로 사건 순서의 일부라도 제거될 수 있다면, 일반적으로 고려할 만한 가치가 있다.

정량적 또는 정성적인 위험원 및 리스크 분석 기법을 적용함으로써 만족시킬 수 있으며, 기법의 적절성과 기법을 적용할 필요가 있는 범위는 다음과 같은 요인에 따라 좌우된다.

- 명시된 위험원과 그 결과
- EUC 및 EUC 제어시스템의 복잡성
- 응용 분야와 그에 대해 승인된 바람직한 관행
- 법적 및 안전 규제 요구사항
- EUC 리스크
- 위험원 및 리스크 분석의 기초가 되는 정확한 데이터의 이용가능성

특별히 위험원 및 리스크 분석은 다음 사항을 고려해야 한다.

- 결정된 각 '위험한 사건'과 그것의 원인이 되는 요소들
- 각 위험한 사건과 관련 있는 연속된 사건의 결과 및 가능성
- 각 위험한 사건에 대해 허용 가능한 리스크
- 위험원과 리스크의 감소 또는 제거를 위해 취한 조치
- 예상 요구율과 장비 고장률을 포함하여 리스크 분석기간 동안 만들어진 가정; 운영상의 제약 또는 인적 개입에 대한 원인을 상세하게 설명

### 3.2.3 전체 안전요구사항

전체 안전요구사항의 목적은 기능안전관련 시스템 및 기타 리스크 감소 설비에 대해 필요한 기능안전성을 달성하기 위해 안전성능수준 요구사항 및 안전무결성 요구사항의 측면에서 전체 안전요구사항에 대한 명세를 개발하는 것이다.

각각의 전체 안전기능을 위해 목표 성능수준이나 안전무결성 요구사항을 허용 리스크에 부합되도록 결정 한다. 각각의 요구사항은 정량적 또는 정성적 방법으로 결정할 수 있다. 이는 전체 안전무결성 요구사항의 명세를 구성한다.

- 전체 안전무결성 요구사항 명세는 기능안전관련 시스템에 의해 수행될 안전기능의 목표 고장 기준 및 관련 성능수준 및 안전무결성수준을 결정하기 위한 중간

단계이다.

- EUC 리스크는 위험한 사건의 결과를 경감시키거나 EUC 및 EUC 제어시스템의 위험한 사건율을 경감시킴으로써 감소될 수 있다.
- 위험한 사건이 발생할 빈도에 있어서 필요한 감소는 기능안전관련 시스템을 포함하는 추가적인 설비 또는 다른 기술 안전관련 시스템이나 이탈(Escape), 점유(Occupancy) 또는 노출 시간과 같은 관리 수단을 포함하는 다른 리스크 감소 설비에 의해 달성될 수 있다.
- 허용 가능 리스크 기준을 만족하기 위해서는 각 안전기능의 목표 성능수준이나 안전무결성을 결정할 때 각각은 다른 소스로부터의 리스크에 노출될 수 있음을 고려할 필요가 있다.

EUC 리스크를 평가할 때 단일 EUC 제어시스템 기능의 위험한 고장의 평균 빈도가 시간당 $10^{-5}$ 이하일 경우 그 EUC 제어시스템은 이 표준의 요구사항에 따르는 안전관련 제어시스템으로 간주한다.

### 3.2.4 안전요구사항 할당

안전요구사항 할당의 목적은 지정된 기능안전관련 시스템 및 기타 리스크 감소 설비에 전체 안전요구사항에 대한 명세를 포함 하여 안전기능을 할당하기 위한 것이다. 이때 기타 리스크 감소 설비는 반드시 고려해야 한다.

또 다른 목적으로는 기능안전관련 시스템에 의해 수행될 각 안전기능에 목표고장기준과 관련한 성능수준이나 안전무결성수준을 할당하는 것이다.

필요한 기능안전성을 달성하기 위해 사용될 지정된 안전관련 시스템 즉 기능안전관련 시스템이나 기타 리스크 감소 설비로 할당한다.

지정된 기능안전관련 시스템 및 기타 리스크 감소 설비에 대해 안전기능을 할당할 때, 전체 안전수명주기의 모든 단계에서 이용할 수 있는 기술과 자원을 고려해야 한다.

- 복합 기술이 사용된 안전관련 시스템을 이용하는 것에 대한 전체 의미가 종종 과소평가되지 않도록 하여야 한다.
- 운영 및 유지보수를 위한 기술과 자원의 가용성 및 운영 환경은 실제 운영에서 필요한 기능 안전성을 달성하는 데 있어서 중요할 수 있다.

또한 각 안전기능과 관련 안전무결성 요구사항을 하나 이상의 지정된 기능안전관련 시스템 또는 기타 리스크 감소 설비에 할당하여 안전기능을 위한 허용 가능 리스크가 달성될 수 있도록 한다. 이런 할당은 반복적이며, 허용 가능 리스크가 달성되기 어렵다고 판단되면 EUC 제어시스템, 지정된 기능안전관련 시스템 및 기타 리스크 감소 설비를 위한 명세를 변경하고, 할당을 반복해야 한다.

할당은 공통고장원인의 가능성을 고려하여 진행해야 한다. EUC 제어시스템, E/E/PE 안전관련 시스템 및 기타 리스크 감소 설비가 할당을 위해 서로 독립적으로 취급되기 위해서는, 다음과 같아야 한다.

- 둘 이상의 서로 다른 시스템 또는 설비 사이의 동시 고장 가능성이 필요한 안전 무결성과 관련하여 충분히 낮아지도록 독립적이어야 한다.
- 기능적으로 다양해야 한다(즉, 같은 결과를 얻기 위해서 전체적으로 서로 다른 접근법을 사용한다).
- 다양한 기술에 기초해야 한다(즉, 같은 결과를 얻기 위해서 전체적으로 서로 다른 유형의 장비를 이용한다).
- 고장 시 모든 시스템에 위험한 고장모드를 발생시킬 수 있는 공통부품, 서비스 또는 지원 시스템(예 : 전원공급장치)을 공유하지 않는다.
- 공통의 운영, 유지보수 또는 시험 절차를 공유하지 않는다.
- 물리적으로 분리되어 있으면 예측 가능한 고장이 중복된 안전관련 시스템과 외부 리스크 감소 설비에 영향을 미치지 않도록 한다.

### 3.2.5 전체 운영과 유지보수 계획

전체 운영과 유지보수 계획의 목적은 기능안전관련 시스템을 운영하고 유지하는 계획을 개발하는 것이며, 운영 및 유지보수 기간 중에 필요한 기능안전성이 유지될 수 있도록 하는 것이다.

계획에는 기능안전관련 시스템의 필요한 기능안전성을 유지하기 위해 수행해야 할 일상적인 조치를 포함하여 불안전한 상태를 방지하거나, 기능안전관련 시스템에 대한 요구를 감소시키거나, 정상 가동, 정기 시험, 예측 가능한 장애, 결함, 가동 중단 등과 같은 위해 사건의 결과를 감소시키기 위해 필요한 조치와 제약도 포함되어야 한다.

아래 사항과 같은 제약, 상황 및 조치는 기능안전관련 시스템과 관련된 것이다.

- 기능안전관련 시스템의 결함 시, EUC 가동에 대한 제약

- 기능안전관련 시스템의 유지보수 시, EUC 가동에 대한 제약
- EUC 운영에 제약이 제거될 수 있는 경우 정상가동 상태로 복귀하는 절차
- 정상가동이 이루어짐을 확인하는 절차
- 작업 절차 및 권한 수준에 대한 허가를 포함하여 E/E/PE 안전관련 시스템을 바이패싱하기 전, 중 및 후에 준수해야 하는 절차

또한 계획에는 기능안전성 감사 및 시험의 결과를 보여주기 위해 보관해야 하는 문서, 모든 위험한 사건과 위험한 사건을 발생시킬 잠재력이 있는 모든 사고에 관해 보관해야 할 문서, 유지보수 활동의 범위(변경 활동과 분명히 구별되는 것), 위험한 사건이 발생할 경우에 취해야 할 조치, 운영 및 유지보수 활동에 대한 순차적 문서의 목록 등이 포함되어야 한다.

대부분의 기능안전관련 시스템에는 일상적인 유지보수 활동 중의 시험을 통해서만 발견할 수 있는 고장모드가 있다. 이런 경우, 시험이 충분히 자주 실시되지 않으면 기능안전관련 시스템에 필요한 성능수준이나 안전무결성이 달성되지 않는다.

### 3.2.6 전체 안전확증 계획

전체 안전확증 계획의 목적은 기능안전관련 시스템의 전체 안전 검증을 용이하게 하기 위한 계획을 개발하는 것이다. 계획을 개발할 때에는 다음 사항을 포함하여야 한다.

- 검증을 실시해야 할 시기에 대한 상세사항
- 검증을 실시할 담당자에 대한 상세사항
- 기능안전관련 시스템과 관계된 EUC 운영의 관련 모드와 해당되는 경우 다음을 포함한다.
  - 설정 및 조정을 포함하여 사용을 위한 준비(Preparation for use, including setting and adjustment)
  - 시동(Start up)
  - 티칭(Teaching)
  - 자동(Automatic)
  - 수동(Manual)
  - 반자동(Semi-automatic)

- 작동의 정상 상태(Steady state of operation)
- 재설정(Re-setting)
- 작업 중단(Shut down)
- 유지보수(Maintenance)
- 합리적 예측 가능한 비정상 상태(Reasonably foreseeable abnormal conditions)

• 작동점검을 시작하기 전, 각 EUC의 각 작동모드에 대한 검증을 수행할 필요가 있는 기능안전관련 시스템에 대한 명세
• 안전기능의 할당이 제대로 실행되었는지 확인하기 위해 이용하는 수단, 기법 및 절차로써 여기에는 각 안전기능이 다음 사항에 대한 부합하는지 여부를 확인하는 것이 포함되어야 한다.
  - 전체 안전기능 요구사항에 대한 명세
  - 전체 안전무결성 요구사항에 대한 명세
• 전체 안전요구사항 및 안전요구 할당사항에 의한 산출물에 포함된 각 요소에 대한 구체적 기준
• 검증 활동을 실행하는 데 필요한 환경(예 : 시험을 위해 교정된 공구나 장비를 포함할 것)
• 합격 및 불합격 기준
• 검증의 결과, 특히 고장을 평가하기 위한 절차와 방침

다만 전체 검증을 계획할 때, 기능안전관련 시스템 소프트웨어 안전 검증을 위해 계획한 작업을 고려해야 한다. 둘 이상의 기능안전관련 시스템 또는 기타 리스크 감소 설비 간의 모든 상호작용을 고려하고 모든 안전기능이 달성되었는지 확인하는 것이 중요하다.

### 3.2.7 전체 설치 및 작동점검 계획

전체 설치 및 작동점검 계획은 EUC 수명 동안 관리가 필요한 기타 리스크 감소 설비에 관해 이미 시행한 가정을 특별히 감안하여 기타 리스크 설비의 맥락에서 고려해야 한다.

목적은 통제된 방법으로 기능안전관련 시스템의 설치 계획을 개발하고, 필요한 기능안전성을 달성할 수 있도록 하는 것이며, 통제된 방법으로 기능안전관련 시스템의 작동점검 계획을 개발하고, 필요한 기능안전성을 달성할 수 있도록 하는 것이다.

기능안전관련 시스템의 설치 계획 개발 시 다음을 명시해야 한다.

- 설치 일정
- 서로 다른 부분의 설치에 대한 책임
- 설치 절차
- 다양한 구성요소를 통합하는 순서
- E/E/PE 안전관련 시스템 전체 또는 부분이 설치 대기 상태임을 알리는 기준과 설치 활동 완료를 알리는 기준
- 고장과 비호환성의 해결 절차

기능안전관련 시스템의 작동점검 계획 개발 시 다음을 명시하여야 한다.

- 작동점검 일정
- 서로 다른 부분의 작동점검에 대한 책임
- 작동점검 절차
- 다른 설치 단계와의 관계
- 검증에 대한 관계

## 3.2.8 기능안전관련 시스템 안전요구사항 명세

기능안전관련 시스템 안전요구사항 명세의 목적은 필요한 기능안전성을 달성하기 위해 안전제어시스템 안전기능 요구사항과 안전성능수준 및 안전무결성 요구사항의 측면에서 안전제어시스템 안전요구사항을 규정하는 것이다

기능안전관련 시스템 안전요구사항 명세는 안전기능과 관련 성능수준 또는 안전무결성수준에 대한 요구사항을 포함하되 아래 사항을 유념해야 한다.

- 필요한 기능안전성을 달성하는 데 필요한 모든 안전기능의 설명 시 다음 사항들을 고려하여야 한다.
  - 기능안전관련 시스템의 설계 및 개발을 위한 충분한 포괄적인 상세 요구사항을 제공해야 한다.
  - 안전제어시스템이 EUC에 대해 안전 상태를 달성 또는 유지하도록 하는 방법을 포함해야 한다.
  - 연속적인 제어가 EUC에 대해 안전한 상태를 달성 또는 유지하는 데 필요한지의 여부와 어떤 기간에 대한 것인지를 명시해야 한다.

- 안전기능이 저요구, 고요구 또는 연속적인 작동모드에서 작동하는 기능안전관련 시스템에 적용될 수 있는지의 여부를 명시해야 한다.
- 응답시간 성능(즉, 안전기능이 완료되는 데 필요한 시간)
- 필요한 안전기능을 달성하는 데 필요한 기능안전관련 시스템과 운영자 인터페이스
- 안전제어시스템의 설계에 영향을 미칠 수 있는 기능안전성에 관련된 모든 정보
- 안전제어시스템과 기타 시스템 간의 기능안전성에 필요한 모든 인터페이스
- 다음을 포함하여 EUC 운영의 모든 관련모드
  - 설정 및 조정을 포함하여 사용을 위한 준비
  - 시동, 티칭, 자동, 매뉴얼, 반자동, 작동의 정상 상태
  - 비작동의 지속 상태, 재설정, 작업 중단, 유지보수
  - 합리적 예측 가능한 비정상 상태
- 안전제어시스템의 동작에 필요한 모든 모드를 명시해야 한다. 특히 안전제어시스템의 고장(예 : 경보, 자동 작업 중단 등) 시 고장 거동 및 필요한 반응

또한 안전제어시스템의 성능수준이나 시스템 안전무결성 요구사항 명세는 다음을 포함해야 한다.

- 각각의 안전기능에 대한 성능수준이나 안전무결성수준이 필요한 경우 목표고장 기준의 지정값
  - 목표고장 기준의 지정값은 정량적 방법을 이용하여 구할 수 있다. 그 대신에 안전무결성 요구사항이 정성적 방법을 이용하여 개발되고 안전무결성수준으로 표현될 경우에는 안전무결성수준에 따라서 적절하게 [표 3-1] 또는 [표 3-2], [표 3-3]으로부터 구한다.
  - 안전기능의 안전무결성수준에 따라 저요구 작동모드에서 운영되는 안전기능의 경우, 목표고장 기준은 [표 3-1]과 같이 요구 시 위험한 고장의 평균 확률로 표현된다.
  - 안전기능의 성능수준이나 안전무결성수준에 따라 고요구 또는 연속적인 작동모드에서 운영되는 안전기능의 경우 목표고장 기준은 [표 3-2], [표 3-3]과 같이 위험한 고장[$h^{-1}$]의 평균 빈도로 표현된다.
- 각 안전기능의 작동모드(저요구, 고요구 또는 연속)
- 요구되는 사용률(duty cycle) 및 수명
- 요구사항, 제약, 기능 및 수행될 안전제어시스템 하드웨어의 보증 시험을 가능하

게 하는 특징들
- 공통고장원인의 가능성에 기인한 안전제어시스템 구현에 대한 제한 및 제약 조건

### 3.2.9 안전제어시스템 구현(Realization)

구현의 목적은 안전제어시스템의 안전요구사항 명세(안전제어시스템의 안전기능 요구사항에 대한 명세와 안전제어시스템 성능수준이나 안전무결성 요구사항에 대한 명세로 구성)에 부합하는 기능안전관련 시스템을 생성하는 것이다.

안전제어시스템 설계와 개발의 목적은 기능안전관련 시스템의 설계와 구현이 명시된 안전기능 및 성능수준 또는 안전무결성 요구사항을 만족함을 보장하는 것이다. 따라서 안전제어시스템의 설계(전체 하드웨어와 소프트웨어 구조, 센서, 액추에이터, 프로그램 가능한 전자장치, 내장 소프트웨어, 응용 소프트웨어 등)는 다음 요구사항을 충족하여야 한다.

- 다음을 포함하는 하드웨어 안전무결성을 위한 요구사항
  - 하드웨어 안전무결성에 관한 구조적 제약
  - 위험한 하드웨어 우발 고장의 확률에 대한 요구사항
- 다음을 포함하는 시스템적인 안전무결성을 위한 요구사항
  - 고장 회피를 위한 요구사항
  - 시스템 결함을 제어하기 위한 요구사항
- 결함 검출에 관한 시스템 작동행태에 대한 요구사항

기능안전관련 시스템이 안전기능과 비안전기능을 모두 구현하는 경우, 안전 및 비안전 기능의 구현이 충분히 독립적이라는 것이 증명되지 않는다면 모든 하드웨어와 소프트웨어는 안전과 관련된 것으로 취급되어야 한다(즉, 어떠한 비안전관련 기능의 고장이 안전관련 기능에 대하여 위험측 고장을 발생시키지 않도록 하는 것이다).

그러나 실제적으로 안전관련 기능은 비안전관련 기능과 분리하는 것이 좋다. 만약 동일 기능안전관련 시스템에서 비안전기능과 안전기능이 구현된다면 주의를 기울이는 것이 좋다. 이것이 표준에서 허용된다고 하더라도, E/E/PE 안전수명주기 활동(예 : 설계, 확인, 기능안전성 평가, 유지)의 실행을 더욱 복잡하고 어렵게 할 것이다.

특별히 하드웨어 안전무결성에 있어서 어떤 안전기능에 대하여 주장할 수 있는 최대 안전무결성수준은 해당 안전기능을 수행하는 서브시스템의 하드웨어 결함 허용수

준(HFT)과 안전측 고장비율(SFF)에 의해 제약된다.

[표 3-25]와 [표 3-26]은 서브시스템의 하드웨어 결함 허용수준과 안전한 고장비율을 고려하여, 해당 서브시스템을 이용하는 안전기능에 대하여 주장할 수 있는 최대 안전무결성수준을 명시한다.

다만 하드웨어 결함 허용수준 N이 의미하는 바는 N+1의 결함이 안전기능의 손실을 초래할 수 있다는 것이다. 단일결함이 하나 이상의 연속적인 결함을 직접적으로 야기시킬 때 이들을 하나의 결함으로 간주한다. 서브시스템의 안전한 고장비율(SFF)은 "서브시스템의 전체 평균 고장비율"에 대한 "서브시스템의 안전한 고장과 발견된 위험한 고장의 합의 평균 비율"로 정의된다.

**표 3-25 H/W 안전무결성 : 유형 A 안전관련 서브시스템에 대한 구조적 제약**

| 안전한 고장비율 (Safety Failure Fraction) | 하드웨어 결함 허용수준 | | |
|---|---|---|---|
| | 0 | 1 | 2 |
| SFF ∠ 60% | SIL 1 | SIL 2 | SIL 3 |
| 60% ≤ SFF ∠ 90% | SIL 2 | SIL 3 | SIL 4 |
| 90% ≤ SFF ∠ 99% | SIL 3 | SIL 4 | SIL 4 |
| 99% ≤ SFF | SIL 3 | SIL 4 | SIL 4 |

**표 3-26 H/W 안전무결성 : 유형 B 안전관련 서브시스템에 대한 구조적 제약**

| 안전한 고장비율 (Safety Failure Fraction) | 하드웨어 결함 허용수준 | | |
|---|---|---|---|
| | 0 | 1 | 2 |
| SFF ∠ 60% | 허용되지 않음 | SIL 1 | SIL 2 |
| 60% ≤ SFF ∠ 90% | SIL 1 | SIL 2 | SIL 3 |
| 90% ≤ SFF ∠ 99% | SIL 2 | SIL 3 | SIL 4 |
| 99% ≤ SFF | SIL 3 | SIL 4 | SIL 4 |

표 3-27 유형 A와 유형 B 구분

| 유형 A(모든 조건 만족 시) | 유형 B(하나의 조건이라도 만족 시) |
|---|---|
| • 모든 구성부품들의 고장모드가 잘 정의되어 있다.<br>• 결함 발생 조건하에서 서브시스템 행태를 완전히 결정할 수 있다.<br>• 현장 경험에서 얻은 고장 데이터가 발견되거나 발견되지 않은 위험측 고장에 대하여, 요구되는 고장률이 충족되고 있음을 증명하기에 충분하다. | • 최소 하나 이상의 구성부품의 고장모드가 잘 정의되어 있지 않다.<br>• 결함 발생 조건하에서 서브시스템의 행태를 완전히 결정할 수 없다.<br>• 현장 경험에서 얻은 고장 데이터가 발견되거나 발견되지 않은 위험측 고장에 대하여, 요구되는 고장률이 충족되고 있음을 증명하기에는 불충분하다. |

단일채널을 통해 안전기능이 구현되는 E/E/PE 안전관련 시스템에서 안전기능에 대해 주장할 수 있는 가장 높은 하드웨어 안전무결성수준은 [그림 3-36]과 같이 가장 낮은 하드웨어 안전무결성수준의 요구사항을 만족하는 서브시스템에 의해 결정되어야 한다.

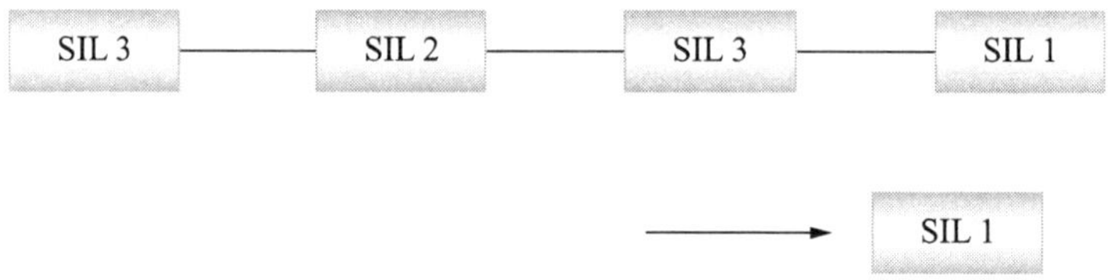


▌그림 3-36 단일채널 안전기능의 하드웨어 안전무결성에 대한 제약의 예

복합채널의 서브시스템들을 통해 안전기능을 구현하는 안전제어시스템에서, 안전기능에 대해 주장할 수 있는 가장 높은 하드웨어 안전무결성수준은 [그림 3-37]과 같이 구조적 제약을 근거로 각 서브시스템을 평가하고, 서브시스템들을 그룹화하여 조합시킨 다음 전체 하드웨어 안전무결성수준을 결정하기 위하여 이러한 조합들을 분석하여 결정되어야 한다.

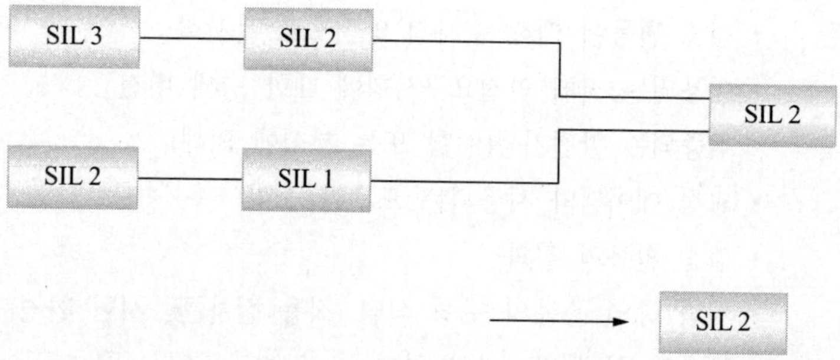


▌그림 3-37 복합채널 안전기능의 하드웨어 안전무결성에 대한 제약의 예

## 3.2.10 전체 설치와 작동점검

전체 설치와 작동점검은 안전제어시스템에 한정된다. 이들은 EUC 수명 동안 관리가 필요한 기타 리스크 감소 설비에 관해 이미 시행한 가정을 특별히 감안하여 기타 리스크 설비의 맥락에서 고려해야 한다.

전체 설치와 작동점검의 목적은 E/E/PE 안전관련 시스템을 설치 및 작동점검을 실시하는 것이다.

따라서 설치 활동은 안전제어시스템의 설치 계획에 따라 수행해야 하며 설치 활동에 대한 문서화와 고장과 비호환성에 대한 해결책을 제시하여야 한다.

작동점검 활동은 안전제어시스템의 작동점검 계획에 따라 수행하되 작동점검 중에 문서화해야 할 정보는 다음을 포함해야 한다.

- 작동점검 활동에 대한 기록
- 고장 보고서에 대한 참고자료.
- 고장과 비호환성에 대한 해결책

## 3.2.11 전체 안전 검증

전체 안전 검증의 목적은 안전제어시스템에 대한 안전요구사항 할당을 고려하여, 기능안전관련 시스템이 전체 안전기능 요구사항과 전체 성능수준이나 안전무결성 요구사항의 측면에서 전체 안전요구사항 명세를 만족하는지 검증하는 것이다.

검증 단계에서 문서화해야 할 정보는 다음을 포함하여야 한다.

- 검증 활동에 대해 순차적 양식으로 문서화
- 이용되는 전체 안전요구사항에 대한 명세 버전
- 검증되는 안전기능(시험 또는 분석에 의해)
- 교정 데이터와 사용되는 도구와 장비
- 검증 활동의 결과
- 시험 중인 품목의 구성 식별, 적용 절차 및 시험 환경
- 예측과 실제 결과와의 차이
- 데이터 측정과 더불어 사용되는 도구와 장비

예측과 실제 결과 사이에 차이가 발생할 때, 검증을 계속할지, 혹은 변경 요청서를 발급하고 검증 단계의 이전 단계를 재수행할 것인지 여부를 판단하고 분석한 것을 문서화해야 한다.

### 3.2.12 전체 운영, 유지보수 및 수리

운영, 유지보수 및 수리를 위한 기술적 요구사항의 효과적인 시행을 위해 제공하며, 오로지 안전제어시스템의 기능안전성을 달성하고 유지하는 것을 목적으로 한다. 기능안전성을 유지하기 위해 필요한 기술적 요구사항은 안전제어시스템과 그 요소 및 구성부품의 공급자가 제공하는 정보의 일부로 규정된다.

전체 운영, 유지보수 및 수리의 목적은 안전제어시스템의 기능안전성이 지정된 수준으로 유지되도록 하는 것이다. 또한 안전제어시스템의 전체 운영, 유지보수 및 수리에 필요한 기술적 요구사항이 규정되고, 시스템의 미래 운영 및 유지보수에 대한 책임이 있는 사람들에게 제공되도록 하는 것이다.

안전제어시스템의 운영 및 유지보수, 수리 시에는 다음 사항을 유념하여야 한다.

- 절차의 시행
- 유지보수 일정 준수
- 문서의 유지 관리
- 기능안전성 심사의 정기적인 수행
- E/E/PE 안전관련 시스템의 변경사항 문서화

안전제어시스템의 운영, 유지보수 및 수리에 대해 순차적으로 기록한 문서를 유지관리해야 하며, 다음의 정보를 포함해야 한다.

- 기능안전성의 심사 및 시험 결과
- 안전제어시스템에 대한 요구의 발생시간과 원인(실제 운영에서) 및 요구에 따른 성능, 그리고 일상적인 유지보수 중에 발견된 고장의 문서화
- EUC, EUC 제어시스템 및 안전제어시스템에 관한 변경의 문서화

### 3.2.13 전체 변경 및 갱신

전체 변경 및 갱신의 목적은 변경과 갱신 단계를 실시하는 동안과 이후에도 안전제어시스템의 기능안전성을 적절히 유지하기 위함이며 이를 위하여 다음과 같이 필요한 절차를 구성하고 이행하여야 한다.

- 변경이나 갱신 활동을 수행하기 전에 절차를 계획해야 한다.
- 변경 및 갱신 단계는 기능안전성 관리를 위한 절차에 따라 허가된 요청서의 발급에 의해서만 개시되어야 한다. 요청서는 다음에 대해 나타내야 한다.
  - 영향을 받을 수 있는 결정된 위험원
  - 제안된 변경(하드웨어와 소프트웨어 모두)
  - 변경의 이유
- 변경 요청서의 이유의 예는 다음과 같을 수 있다.
  - 명시된 것 이하의 기능안전성
  - 체계적 고장 경험
  - 신규 또는 개정된 안전 법규
  - EUC나 그 사용에 대한 변경
  - 전체 안전요구사항에 대한 변경
  - 운영 및 유지보수 성능이 목표 이하임을 나타내는 분석
  - 일상 기능안전성 심사

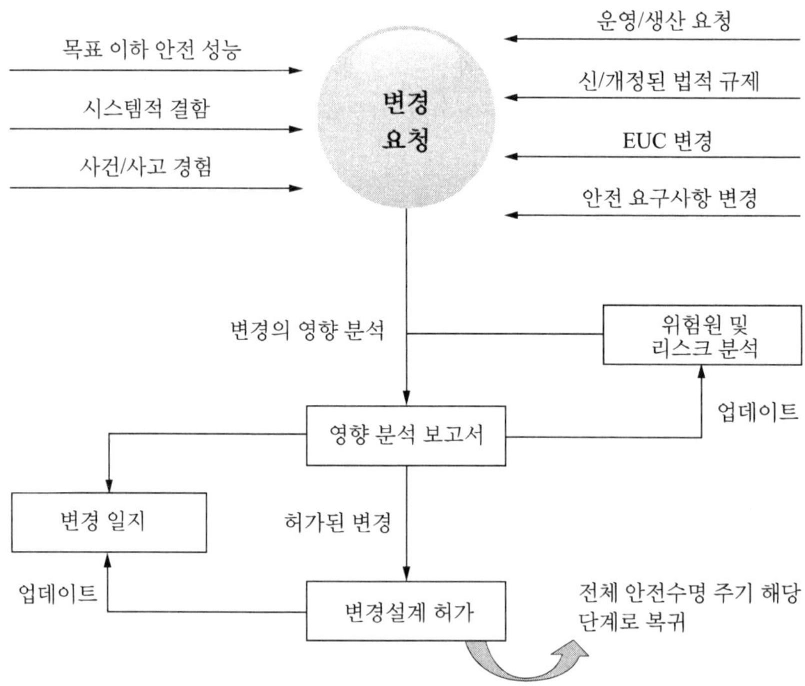


**▌그림 3-38 변경절차 모델의 예**

- 안전제어시스템의 기능안전성에 대한 계획된 변경 또는 개선 활동의 영향 평가를 포함하여 영향 분석을 수행해야 한다. 평가는 이후 수행해야 할 전체 안전제어시스템 또는 소프트웨어 안전수명주기 단계의 폭과 깊이를 결정하기에 충분한 위험원과 리스크 분석을 포함해야 한다. 또한, 평가 시 동시에 발생하는 기타 변경 및 갱신 활동의 영향도 고려해야 하며, 변경 및 갱신 활동이 이루어지는 동안과 이후의 기능안전성도 고려해야 한다.
- 필요한 변경 또는 갱신 활동 수행에 대한 허가는 영향분석의 결과에 따라 결정되어야 한다.
- 안전제어시스템의 기능안전성에 영향을 미치는 모든 변경은 전체 안전제어시스템 또는 소프트웨어 안전수명주기의 해당 단계로 돌아가는 것에서부터 시작되어야 한다.
- 안전제어시스템에 의해 시행될 안전기능에 대해 현재 지정되어 있는 것과 다른 성능수준이나 안전무결성수준의 요구를 생성할 수 있는 전체 위험원 및 리스크 분석을 수행할 필요가 있다.

- 모든 변경 및 갱신의 세부내용을 담은 날짜순으로 정리한 기록을 작성 및 유지해야 하며, 다음에 사항에 대한 참조를 포함해야 한다.
  - 변경 또는 갱신 요청
  - 영향 분석
  - 데이터와 결과의 재검증
  - 변경과 갱신 활동에 의해 영향 받는 모든 문서

### 3.2.14 폐기 또는 해체

폐기 및 해체의 목적은 안전제어시스템의 기능안전성이 EUC의 폐기 및 해체 활동 동안 및 이후에도 기능안전성이 환경에 적합하도록 하기 위함이다.

폐기 또는 해체 활동 이전에 EUC와 관련된 모든 안전제어시스템의 기능안전성에 대한 계획된 폐기 또는 해체 활동의 영향 평가를 포함하여 영향 분석을 수행해야 한다. 또한, 영향 분석은 전체 시스템이나 소프트웨어 안전수명주기의 후속 단계들의 필요한 폭과 깊이를 결정하기에 충분한 위험원과 리스크 분석을 포함해야 한다.

안전제어시스템의 기능안전성에 영향을 미치는 모든 폐기 및 해체 활동은 전체 안전제어시스템 또는 소프트웨어 안전수명주기의 해당 단계로 복귀하는 것에서부터 시작되어야 한다. 그 다음의 모든 후속 단계는 안전제어시스템에 의해 구현되는 안전기능의 성능수준이나 안전무결성수준을 위해 규정된 절차에 따라 수행해야 하고 문서화한다.

### 3.2.15 검증

검증은 전체 안전제어시스템과 소프트웨어 안전수명주기의 각 단계에 대해 산출물이 모든 면에서 규정된 목적과 요구사항에 충족한다는 것을 입증하는 것이다.

따라서 전체 안전제어시스템과 소프트웨어 안전수명주기의 각 단계에 대해 각 단계를 개발하면서 동시에 검증 계획을 수립해야 한다. 검증 계획은 검증 활동에 이용되는 기준, 기법, 도구를 문서화하거나 참조하도록 해야 한다.

검증은 검증 계획에 따라 수행해야 하는데 검증 기법 및 수단의 선택과 검증 활동의 독립성 정도는 많은 요인에 의존하며 이러한 요인의 예는 다음과 같다.

- 프로젝트의 규모

- 복잡성 정도
- 설계의 신규성 정도
- 기술의 신규성 정도

# 4. 기능안전성 평가

## 4.1 기능안전성 평가 목적

기능안전성 평가의 목적은 안전제어시스템에 의해 달성되는 기능안전성의 적절성에 대한 조사와 판단을 내리는 데 필요한 활동과 관련 항목의 준수에 기반한 호환항목(예 : 요소/서브 시스템)을 규정하는 것이다.

## 4.2 수행사항

기능안전성 평가자는 한 명 이상 임명하여야 하며, 이들은 다음의 적절성에 대한 평가를 수행해야 한다.

- 기술기준 관련 항목에 대하여 특정 환경 내에서 안전제어시스템에 의해 달성되는 기능 안전성
- 요소/서브 시스템에 대하여 달성되는 이 표준의 관련 항목에 대한 준수

기능안전성 평가자들은 전체 안전제어시스템 또는 소프트웨어 안전수명주기 활동과 모든 관련 정보 및 장비(하드웨어와 소프트웨어 모두)에 관련된 모든 사람들에 대한 접근권한이 있다. 다만 이전에 안전수명주기 단계에 참여한 사람들에 대한 접근은 어려울 수도 있으며, 이러한 경우의 신뢰성은 필연적으로 현재 관련 책임자들에게 놓이는 것으로 인식된다.

기능안전성 평가는 문서화, 검증 및 기능안전성 관리를 포함하여 전체, 안전제어시스템과 소프트웨어 안전수명주기의 모든 단계에 적용해야 한다.

기능안전성 평가자들은 전체, 안전제어시스템과 소프트웨어 안전수명주기의 각 단계에서 수행된 활동과 그 산출물을 검토하여야 하고, 이 표준의 목적과 요구사항에

근거하여 적절한 기능안전성이 달성되었는지를 판단해야 한다.

기능안전성 평가는 기능안전성 심사가 그 범위와 (전체 또는 부분적으로) 관련되어 수행되었다는 증거의 평가를 포함해야 한다.

각 기능안전성 평가는 다음 사항을 고려해야 한다.

- 이전의 기능안전성 평가 이후에 수행된 작업
- 전체 안전제어시스템 및 소프트웨어 안전수명주기의 추가 기능안전성 평가를 시행하기 위한 계획이나 전략
- 이전의 기능안전성 평가와 평가에 부합하도록 진행된 변화 정도에 대한 권고

각각의 기능안전성 평가를 계획해야 한다. 계획은 다음을 포함하여 효과적인 평가가 가능하도록 필요한 모든 정보를 명시해야 한다.

- 기능안전성 평가의 적용범위
- 관련 조직
- 필요한 자원
- 기능안전성 평가자
- 기능안전성 평가자들의 독립성 정도
- 기능안전성 평가에 관련된 각 사람들의 자격
- 기능안전성 평가의 산출물
- 기능안전성 평가가 다른 기능안전성 평가와 적절히 연관 및 통합되는 방법

기능안전성 평가의 결말에서, 평가자들은 평가 계획과 기준 조건에 따라 다음의 내용을 문서화해야 한다.

- 수행된 활동
- 만들어진 결과
- 도달한 결론
- 이 표준의 요구사항에 따라 기능안전성의 적절성에 대한 판단
- 평가로부터 발생한 권고사항, 승인, 조건부 승인 또는 거절에 대한 권고사항 포함

준수 항목에 따른 기능안전성 평가 관련 산출물은 안전제어시스템의 설계자와 평가자를 포함하여 전체 안전제어시스템이나 소프트웨어 안전수명주기 활동에 대한 책임이 있는 사람들에게 제공하되, 준수 항목에 대한 기능안전성 평가의 산출물은 더 큰 시스템에서 재사용할 수 있도록 다음의 정보를 포함해야 한다.

- 하드웨어와 소프트웨어의 버전을 포함하는 준수 항목의 정확한 식별. 또한 준수 항목이 더 큰 시스템이나 장비군의 일부로서 평가된 경우 시스템이나 장비군의 정확한 식별도 문서화해야 한다.
- 평가 시 가정한 조건(예 : 안전관련 시스템의 사용 조건)
- 평가 결론의 근거가 되는 문서화된 증거에 대한 언급
- 그 효과의 타당한 이유와 함께 체계적인 능력을 평가하는 데 사용된 절차, 방법 및 도구
- 적용된 접근법과 데이터 품질의 타당한 이유와 함께 하드웨어 성능수준이나 안전 무결성을 평가하는 데 사용된 절차, 방법 및 도구(예 : 고장률/분배 데이터 소스)
- 이 표준의 요구사항 및 안전 매뉴얼에 있는 준수 항목의 안전 특성 사양과 관련하여 획득한 평가 결과
- 문서화에 포함된 증거에 대응하는 설명 및 언급과 표준에서 요구하는 사항에 대한 승인된 변경사항

Chapter

04

# 스마트공장 주요 안전장치 및 추가적 조치

## 1. 안전장치

### 1.1 안전가드

#### 1.1.1 가드의 종류

작업자 신체를 보호하기 위하여 기계의 일부로 설계된 물리적 장벽을 가드(Guard)라고 한다. 기계장치에서 가드만을 사용하는 경우에 이동식 가드에서는 닫을 때, 고정식 가드에서는 제 위치에 단단히 고정할 때만이 효과를 발휘할 수 있다. 또한 가드의 잠금식 여부와 상관없이 연동장치와 함께 사용하는 경우에는 가드의 위치에 상관없이 보호가 보장될 수 있다.

가드는 구조에 따라서 케이싱, 실드, 커버, 스크린, 문, 밀폐식(Enclosing) 가드 등으로 나눌 수 있다.

고정식 가드(Fixed Guard)는 공구를 사용하거나 부착수단을 파괴함으로써만 개방하거나 제거할 수 있도록 부착된 가드, 예를 들면 나사, 너트, 용접 등으로 고정된 것을 말한다.

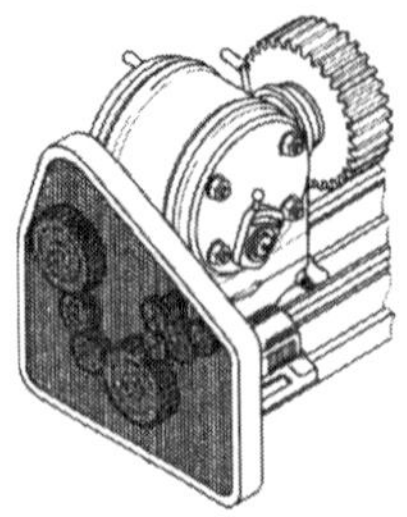

▌그림 4-1 변속기에 설치된 밀폐식 가드 예

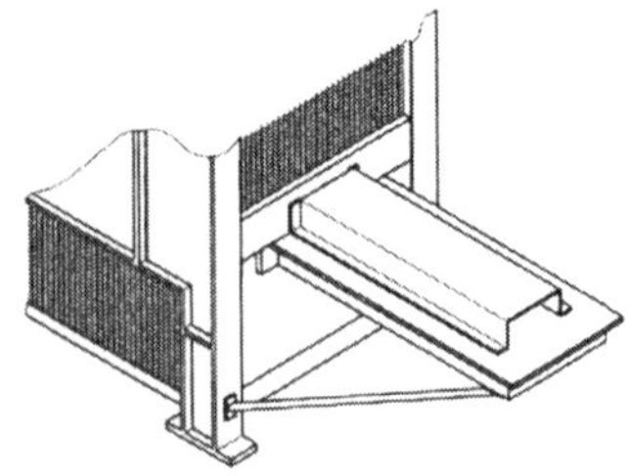

▌그림 4-2 기계의 송급, 배출영역을 보호하는 터널식 가드 예

밀폐식 가드(Enclosing Guard)는 작업자가 모든 방향에서 위험영역으로 접근하는 것을 막는 가드이다.

간격식 가드(Distance Guard)는 위험영역을 완전히 감싸지는 못하지만 위험영역으로부터의 치수 및 거리 때문에 접근을 막거나 감소시키는 가드로, 예를 들면 경계 울타리나 터널식 가드로 일부 또는 전체를 둘러쌀 수 있다.

이동식 가드(Movable Guard)는 공구를 사용하지 않고 개방할 수 있는 가드이고, 동력식 가드(Power-Operated Guard)는 인력이나 중력을 제외한 공급원으로부터 동력의 도움을 받아 작동되는 이동식 가드이다.

자동 폐쇄식 가드(Self-Closing Guard)는 이동 테이블이나 공작물 또는 가공 지그의 부품에 의해서 작동되는 이동식 가드로서, 공작물이 통과하기 위해 허용된 개구부가 열리는 순간 중력, 스프링, 그 밖의 외부 동력 등에 의해 자동으로 닫힘 위치로 복귀하는 가드이다.

조정식 가드(Adjustable Guard)는 전체를 조정할 수 있거나 조절 가능한 부품이 포함된 고정식 가드 또는 이동식 가드를 말하며, 수동 조정식 가드(Manually Adjustable Guard)는 조정이 수동으로 이루어지며, 조정이 특정 작동 중에 고정된 상태를 유지하는 가드를 말한다.

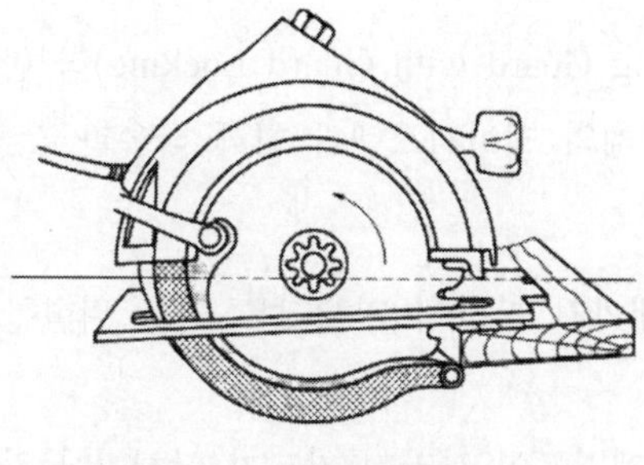

▌그림 4-3 자동 폐쇄식 가드 예

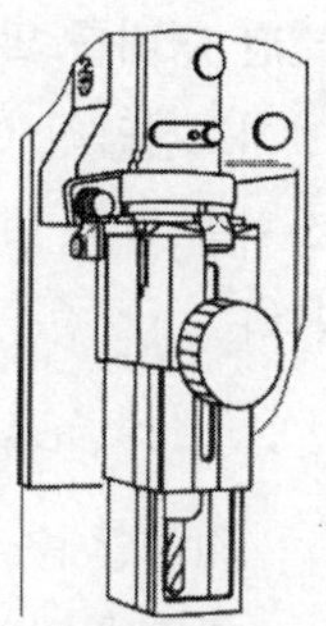

▌그림 4-4 드릴링머신의 조정식 가드 예

연동식 가드(Interlocking Guard)는 기계의 제어시스템과 함께 다음 기능이 수행되도록 연동식 장치와 관련된 가드이다.

- 가드가 닫힐 때까지 가드에 의해 "보호를 받는" 위험한 기계기능은 작동할 수 없다.
- 만약 위험한 기계기능이 작동하는 동안 가드가 열리면 정지명령이 주어진다.
- 가드가 닫힌 경우에는 가드에 의해 "보호되는" 위험한 기계기능이 작동할 수 있다. 다만 가드의 닫힘은 스스로 위험한 기계기능을 시작하지 않는다.

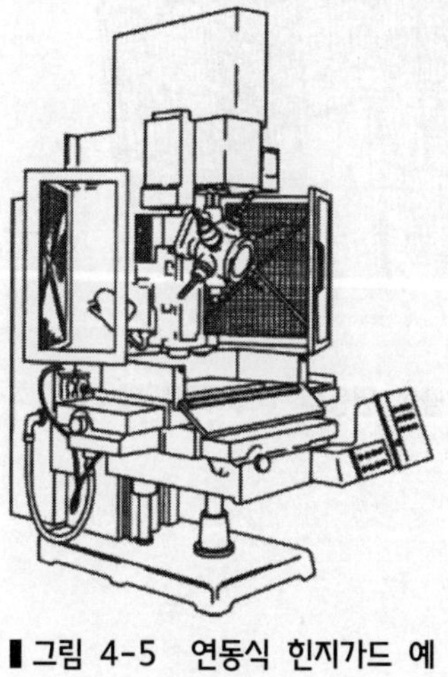

▌그림 4-5 연동식 힌지가드 예

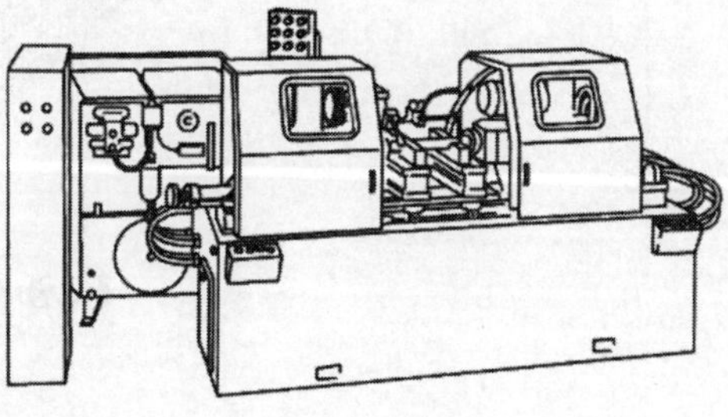

▌그림 4-6 연동식 슬라이드 가드 예

시동기능을 갖는 연동식 가드(Interlocking Guard with a Start Function)는 제어 가드(Control Guard)라고도 하는데 일단 닫힘 위치에 도달하면 별도의 시동제어기능을 사용하지 않고 위험한 기계기능을 시작하기 위한 명령을 제공하는 연동식 가드의 특별한 형태를 말한다.

가드잠금식 연동식 가드(Interlocking Guard with Guard Locking)라 함은 가드잠금 장치를 갖는 연동장치를 말하는데 기계의 제어시스템과 함께 다음과 같은 기능을 갖는다.

- 가드가 닫히고 잠금상태가 될 때까지 가드에 의해 보호되는 위험한 기계기능은 작동할 수 없다.
- 가드에 의해 보호되는 위험한 기계기능이 사라져 가드가 닫히거나 잠금상태를 유지한다.
- 가드가 닫히고 잠금상태인 경우에는 가드에 의해 보호되는 위험한 기계기능이 작동될 수 있다. 그러나 가드의 닫힘 및 잠금 그 자체로서 위험한 기계기능이 시작되지는 않는다.

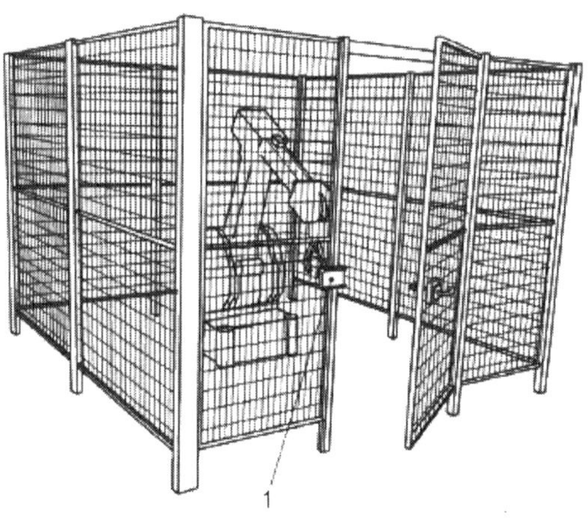


▌그림 4-7 가드잠금식 연동식 가드 사용 예

## 1.1.2 가드의 설계 및 시공

### 1) 기계적 관점

기계의 예측 가능한 수명 전체에 대하여 기계의 환경 및 운용에 대한 예측 가능한 사항을 적절하게 고려하는 것이 가드의 설계와 적용에 필수적이다. 이런 고려사항을 부적절하게 고려하면 기계류 운용이 방해를 받는 위험한 상황으로 이어질 수 있다. 따라서 제공된 가드를 무효화시키는 사람에게 이러한 위험이 초래될 수 있으며, 그들은 더 큰 위험에 노출될 수 있다.

무엇보다도 가드는 위험영역으로의 접근을 최소화하기 위해 가드를 열거나 제거하지 않고 주기적인 조정, 윤활, 유지보수가 가능하도록 가드와 기계를 설계해야 한다. 다만 적재 및 적하, 공구 교체 및 설정, 측정, 보정 및 샘플링, 정비 및 수리, 윤활, 폐기물 제거(예를 들면 스크랩, 찌꺼기, 유출물 등), 장애물 제거, 세척 및 위생 등과 같이 가드영역 안으로 접근이 필요한 경우에는 가능한 한 동작이 자유롭고 방해 받지 않도록 해야 한다.

기계에서 부품의 방출(예를 들면, 공작물 또는 깨진 공구), 기계류 부품에 의한 충격, 또는 운전자로부터의 충격 등과 같이 예측 가능한 위험성이 있는 경우에는 가드는 가급적 방출과 충격을 억제하고 견디도록 설계하고 시공하여야 한다.

냉각재, 증기, 가스, 찌꺼기, 스파크, 고온 또는 용융 물질, 먼지, 고체 또는 액체 물질 등과 같은 것이 기계로부터 배출의 위험성이 예측 가능한 경우 가드는 가급적 이들 위험물질을 억제할 수 있도록 설계해야 한다. 가드가 추출 시스템의 일부를 구성하는 경우, 이 기능은 가드의 설계, 재료 선정, 시공 및 위치 선정에 있어서 고려하여야 한다.

위험한 방사선에 노출될 수 있는 위험성이 예측 가능할 경우, 가드는 사람을 위험으로부터 보호하기 위해 설계하고 시공에 있어 적절한 재료를 사용해야 한다.

예측 가능한 폭발의 위험성이 있는 경우, 가드는 안전한 방법과 방향으로 방출된 에너지를 억제하거나 소멸시키도록 설계해야 한다. 특히 가드는 점화원이 되어서는 아니 되므로 가드가 점화원이 되는 것을 방지하기 위해 이러한 관점을 고려하여야 한다.

### 2) 인적 관점

원료나 제품의 적재, 점검유지 관리, 및 윤활 등 기계류와의 인간 상호작용에 대하여 합리적으로 예측 가능한 관점은 가드의 설계 및 시공 시에 적절히 고려하여야 한다.

작업자가 위험영역으로 접근을 방지하기 위하여 설치한 연동식 가드는 신체의 일부가 위험영역에 접근하는 것을 방지할 수 있도록 안전거리 등을 고려하여 설계, 시공 및 위치를 선정하여야 한다.

이동식 가드는 정상 운전 중에 위험영역 내에 있는 사람들이 갇히지 않도록 설계 및 위치 선정을 하여야 한다. 이것을 실행할 수 없을 경우에는 위험영역 내 있는 사람이 감지되지 않는 것을 방지하기 위해 다른 방법이 사용하여야 한다.

공정의 관찰이 필요한 경우, 가드는 적절한 시야가 확보되도록 설계하고 시공하여야 한다. 이것은 가드 무효화 필요성을 없앨 수 있다.

가드는 인간 공학적 원리를 고려하여 설계하고 시공하여야 하는데 취급이 용이하도록 알맞은 크기, 무게 및 디자인으로 설계하여야 한다. 손으로 쉽게 이동하거나 운반할 수 없는 가드는 인양장치를 사용하여 운반이 가능하도록 부가장치를 설치하거나 설치 가능하도록 해야 한다.

이러한 장치나 방법은 다음과 같다.

- 슬링, 훅, 아이볼트가 있는 표준 인양장치 또는 고정용 나사 구멍
- 지면에 고정이 불가능한 경우 인양 훅이 있는 자동으로 잡을 수 있는 장치
- 가드에 조립되는 인양장치

가드 또는 가드의 제거할 수 있는 부품의 무게가 일반적인 인양 기계류의 사용을 요구하기에 충분한 경우에는 가드 자체와 가드의 떼어낼 수 있는 부품 또는 사용정보에 무게를 뉴턴(N) 단위로 표기해야 한다.

이동식 가드나 제거할 수 있는 가드의 부분은 작동이 쉽도록 설계하여야 한다. 가드의 설계에 있어 인간 공학적 원리를 준수하면 운전자의 스트레스와 육체적 노동을 감소시킴으로써 안전을 증가시키는 데에 기여할 수 있다. 운전자의 능력과 신뢰성이 개선됨에 따라 기계 사용의 모든 단계에서 실수의 확률이 감소된다.

### 3) 가드의 설계 및 시공 관점

가드 운영에서 예측 가능한 모든 관점은 가드 자체의 설계와 시공이 추가적인 위험요인을 야기하지 않도록 설계 단계에서 적절히 고려하여야 한다. 특히 가드는 기계의 일부나 다른 가드와의 사이에 위험한 압착이나 끼임이 발생하지 않도록 설계해야 한다.

가드는 기계의 예측 가능한 수명 동안에 제 기능을 적절히 수행하도록 설계하여야 한다. 이를 실행할 수 없는 경우에는 분해 가능한 부품을 교체할 수 있어야 한다. 내구성 저하는 다양한 온도, 빛, 산소, 화학물질(예 : 세척제)과 같은 환경적 영향으로 야기될 수 있다.

가드는 식품 입자 및 정제된 유체 등과 같은 물질을 가둠으로써 위생에 위험요인을 발생시키지 않도록 설계하여야 한다. 특히 식품과 의약품의 가공에 대한 요구사항이 있는 경우에 가드는 안전하게 사용할 수 있을 뿐만 아니라 쉽게 세척할 수 있도록 설계하여야 한다.

식품, 제약, 전자, 관련 산업 분야와 같이 공정상 필요한 경우에 가드는 공정 중의 오염 물질을 배제하도록 설계하여야 한다.

가드는 노출된 날카로운 가장자리와 모서리 또는 기타 위험한 돌출부가 없도록 설계 및 시공하여야 한다.

용접 접합 또는 기계적으로 고정된 결합부는 합리적으로 예측 가능한 하중에 적합하도록 충분한 강도를 가져야 한다. 기계적 고정을 사용하는 경우 강도, 수, 간격은 가드의 안정성과 강성을 보장하기 위해 충분하여야 한다.

고정식 가드는 쉽게 제거할 수 없도록 설계되어야 하며, 분해 가능한 가드의 고정 부품은 공구를 사용하여 제거할 수 있어야 한다. 가드영역의 내부에서 신속하게 풀릴 수 있는 고정장치의 사용은 비상 출구를 제공하는 대안으로 간주되어서는 안 된다. 제거할 수 있는 고정식 가드는 가능한 한 고정되지 않은 채로 공간상에 있지 않도록 하여야 한다.

조정식 가드는 가드의 개방 정도가 통과 물질과 연관하여 최소화되도록 설계 및 시공하여야 한다.

수동 조정식 가드와 자동 조정식 가드(자동 폐쇄)는 고정식 가드와 함께 사용될 수 있는데 수동 조정식 가드는 주어진 동작 동안 조정이 유지되도록 설계 및 시공하여야 하고 공구의 사용 없이 쉽게 조정할 수 있어야 한다. 그리고 자동 조정식 가드는 가드와 재료 사이의 간격이 항상 작업에 필요한 최소한으로 제한되도록 설계 및 시공하여야 하며 가능한 한 자동 조정이 중단되지 않도록 설계하여야 한다.

이동식 가드의 개방은 신중한 조치가 요구된다. 가능한 경우 이동식 가드는 기계나 인접한 고정 요소에 장착되어서 개방 위치에서도 힌지나 슬라이드를 통하여 구속되도록 하여야 한다. 이러한 부착물은 공구를 사용하는 경우에만 분리할 수 있어야 한다. 이동식 가드의 닫힘 위치는 모호하지 않고 명확해야 한다. 가드는 중력, 스프링, 걸쇠, 기타 수단을 사용하여 정지 위치에 고정하여야 한다.

시동기능을 갖는 연동식 가드는 아래 조건이 만족될 때에만 적용이 가능하다.

- 기계의 크기 및 형상이 기계에 접근해야 하는 운전자 또는 다른 사람이 기계나 공정에 대한 전체적인 시야의 확보를 허용한 경우
- 시동기능을 갖는 연동식 가드가 있는 기계를 시동하는 것이 기계의 가능한 제어 모드 중의 하나인 경우

### 4) 재료, 강성, 충격 등에 대한 요구사항

가드 시공에 적합한 재료를 선정하는데 다음과 같은 관점을 고려하여야 한다. 이러한 특성은 가드의 예측 가능한 수명 동안 유지되어야 한다.

가드는 적절하게 예측할 수 있는 충격 및 방출을 견디고 방지할 수 있도록 설계하고 재료를 선정하여야 한다. 또한 관찰 패널의 재료는 방출 물체 또는 물질의 질량과 속도를 견디는데 적합한 특성으로 선정하여야 한다. 관찰 패널이 장착된 가드의 경우에는 재료 선정 및 수리 방법에 대한 특별한 고려가 요구된다. 가드는 위험성평가에 따라 정적 및 동적 힘(압력, 충격)을 견뎌야 한다.

지지대, 가드 프레임, 탑재(Mounting) 및 충전재는 견고하고 안정적인 구조물을 제공하고 변형에 견딜 수 있도록 선정하고 배치하여야 한다. 이는 재료의 변형이 안전거리를 유지하는데 유해가 될 수 있는 경우 특히 중요하다.

가드 또는 가드의 부품은 적절한 강도, 간격 및 개수를 가지는 고정점에 고정되어 예측 가능한 어떤 하중이나 충격에 견딜 수 있도록 안전한 상태로 유지하여야 한다. 고정은 기계적 고정구, 클램프, 용접, 접착 또는 적용에 적합한 다른 방법으로 할 수 있다.

힌지, 슬라이드, 손잡이, 걸쇠와 같은 움직이는 부품은 예측 가능한 사용 및 작업 환경에서 신뢰할 수 있는 작동을 보장하도록 선정하여야 한다.

재료는 예측되는 제품, 공정 또는 환경적 요인으로 인한(예를 들면 기계 가공 시의 절삭액, 식품 가공 기계의 세척 및 살균제 등) 산화 및 부식에 내성이 있는 것을 선정하여야 한다. 이는 적절한 보호 코팅을 적용하여 달성할 수 있다.

박테리아와 곰팡이 성장에 의해 건강상 위험성이 예측 가능한 경우에 가드를 시공하는 재료는 미생물의 성장을 억제할 수 있고 세척이 쉬우며 필요한 경우 소독이 가능한 재료를 선정하여야 한다.

사용하는 재료 및 마감은 예측 가능한 모든 사용 조건에서 무독성이어야 하며 특히 식품, 제약, 및 관련 산업에 관련된 공정에 적합하여야 한다.

가드를 통해 기계 작동의 관찰이 요구될 때에는 이를 위한 적절한 특성을 가지는 재료를 선정하여야 한다. 다공성 재료나 그물망의 경우, 시야를 확보하기 위해 적절한 개구면적과 적합한 색상이어야 한다.

기계 작동을 관찰하는데 사용되는 재료는 가능한 한 오래 사용하여도 투명도가 유지되는 재료를 선정하여야 한다. 가드는 열화 물질을 대체할 수 있도록 설계하여야 한다.

어떤 경우에는 마모, 화학적 침투, 자외선 방사선에 의한 퇴화, 정전기 방전에 의한 분진, 투명성을 떨어뜨리는 액체에 의한 표면 침식 등을 막기 위한 재료 또는 재료간의 조정을 선정해야 하는 경우도 있다.

먼지, 섬유, 입자를 포함하는 환경에서 이들 물질들이 축적되는 것을 방지하기 위한 가드의 재료를 선정하여야 한다. 만약 정전기 전하량 축척이 위험한 수준까지 있는 경우, 가드는 정전기 전하량 축척을 피하기 위해 전기 전도도가 높은 물질로 설계하거나 위험한 정전기 전하량 축척을 방지하기 위해 다른 방법으로 설계하여야 한다.

재료는 예측 가능한 온도 변화 또는 급격한 온도의 변화의 범위에 노출되어도 변질되지 않는 것으로 선정하여야 한다. 예를 들어 적절한 재료는 취성 파괴, 과도한 변형, 독성이나 인화성 증기를 유발하지 않는 물질이어야 한다. 선정된 재료는 예측 가능한 기후 및 작업 환경에서 그들의 특성을 유지하여야 한다.

화재의 예측 가능한 위험이 있을 경우에 선정한 재료는 스파크 저항 및 내화재여야 하며, 가연성 액체, 증기 등을 흡수하거나 방출하지 않아야 한다.

필요 시 재료는 소음 및 진동 저감을 위해 선정하여야 한다. 이는 차음(소음 경로에 방음벽을 설치) 또는 흡음(적절한 음향학적 흡음 물질을 가지는 가드) 또는 이 둘의 조합에 의한 방법으로 달성할 수 있다. 가드 패널은 소음을 전달하거나 증폭시킬 수 있는 공명 효과를 최소화하기 위해 적절한 감쇠기를 필요로 할 수 있다.

용접이나 레이저 사용과 같은 특정 적용에 있어서 사람을 유해한 방사선으로부터 보호할 수 있는 재료를 선정하여야 한다. 예를 들어 유해한 방사선은 차단하기 위해 적절하게 색을 입힌 투명 스크린에 의한 방법이 될 수 있다.

가드에 오르는 것은 가급적 설계를 통해 금지하여야 한다. 이러한 가능성은 그것들의 시공과 재료 및 형태의 선정에 있어서 고려하여야 한다. 예를 들어 가드 외부 표면에서 수평 구조 부재와 그물의 수평 요소를 제거함으로써 가드에 오르는 것을 더욱 어렵게 만든다.

유지 보수의 경우처럼, 고정식 가드를 제거해야 하는 상황이 예측될 경우, 고정장치들은 가드 또는 기계에 부착된 상태로 유지하여야 한다. 이 요구사항은 반드시 가드를 제거해야 하는 경우에만 적용될 수 있는 것은 아니다. 예를 들어 기계를 완전히 분해하여 검사하거나 기계가 심각한 손상을 입었거나 혹은 다른 장소로 이동을 위하여 분해하는 경우에도 적용될 수 있다.

가드의 헐거움을 방지하고 체결을 유지하기 위해 고정장치는 잠금 너트와 스프링 와셔 등과 함께 장착되어 있어야 한다.

가드영역 내 접근이 사람들에게 잔존위험성(예 : 방사선)을 노출시킬 수 있는 경우, 접근 지점에 적절한 경고 표지를 부착하여야 한다.

적절한 색상을 사용하여 위험요인을 강조함으로써 가드가 개방되거나 방치될 때 위험요인에 대한 주위를 끌 수 있다. 예를 들어, 만약 가드가 기계와 같은 색으로 칠해진 경우, 위험한 부분은 대조적으로 밝은 색상으로 칠한다.

혼란을 야기하지 않기 위해서 색상의 선정과 조합에는 주의를 기울여야 한다. 예를 들어 적색과 노란색의 조합이 보통 비상정지에 사용된다.

공정의 관찰이 요구되는 경우, 다공성 재료의 가드는 공정의 시야를 방해할 수 있는 노란색과 같은 밝은 색으로 칠해져서는 아니 된다.

### 1.1.3 가드 종류의 선정

일반적으로 적절한 가드를 선정함에 있어서는 기계의 수명을 고려하여야 하나 가장 중요한 선정기준은 다음과 같다.

- 위험성평가에 명시된 어떤 상해의 확률 및 예측 가능한 심각성
- 기계의 의도된 사용
- 가드의 예측 가능한 오용 및 무효화
- 기계에 존재하는 위험요인
- 접근의 성격 및 빈도

#### 1) 다른 가드 또는 다른 장치를 가지는 가드와의 조합

다양한 종류의 가드를 조합하여 사용하는 것이 적절할 수 있다. 예를 들면 기계에 여러 가지 위험영역이 있고 작동 단계 중에 하나에 대한 접근이 필요한 경우에 가드는 연동식 가드와 결합된 고정식 가드로 구성될 수 있다. 또한 만약 경계 울타리가 기계의 위험영역에 접근을 방지하기 위해 사용된다면 안전한 접근을 위해 일반적으로 연동식 문이 필요할 수 있다.

이와 유사한 방법으로 방호장치와 가드의 조합이 때때로 필요할 수 있다. 기계에 공작물을 공급하기 위해 고정식 가드와 함께 기계식 이송장치를 사용하는 경우(위험영역에 접근하기 위한 필요성을 제거함으로써), 감지식 방호장치가 기계적 이송장치와 고정식 가드 사이의 2차 끼임 또는 전단 위험으로부터 보호하기 위해 필요할 수 있다.

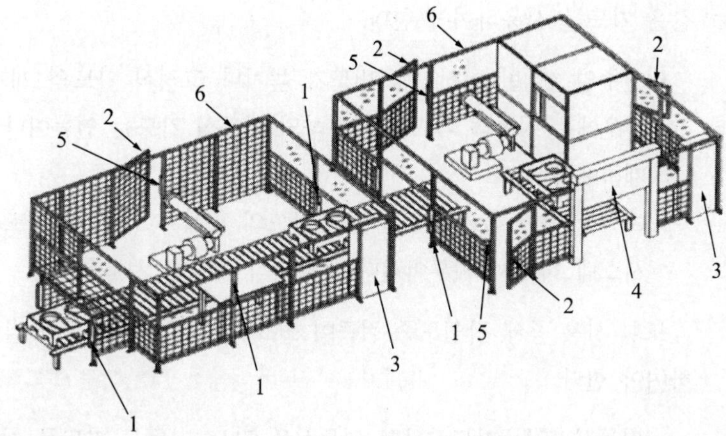


1. 광전자식 방호장치 2. 연동식 가드 3. 전기 캐비닛
4. 압력감지식 가장자리를 갖는 연동식 이동식 가드 5. 재설정 장치 6. 간격식 가드

**▌그림 4-8 다양한 가드와 방호장치의 조합 예**

### 2) 위험요인의 수와 크기에 따른 가드의 선정

가능한 위험요인은 밀폐식 가드로 보호하여야 한다. 밀폐식 가드가 가능하지 않을 경우에만 가장 적절한 종류의 가드를 선정하여야 한다. 예를 들면 고정식 가드(거리 또는 주변), 이동식 가드, 조정식 가드(자동 또는 수동)를 선정한다.

한 개의 가드는 다수의 위험요인이나 위험한 영역을 보호할 수 있다. 예를 들면 기계의 조립 작업 주위의 연동식 접근 문을 갖는 둘레 가드를 설치할 수 있다. 만약 한 개의 가드가 다수의 위험요인을 보호할 경우에 가드는 모든 위험요인의 보호를 위해 적합하여야 한다.

다른 영역에서 기계 작동에 영향을 주지 않고 한 영역에서 작업을 수행가능 하도록 하기 위해 보호영역을 다른 영역으로 나누는 것이 생산 공정에 유익할 수 있다.

### 3) 요구되는 접근의 성격 및 빈도에 따른 가드의 선정

동력 전달 부품(예 : 풀리, 벨트, 기어, 랙, 피니언, 축 등)에 의해 발생한 위험요인으로부터 보호하기 위한 가드는 고정식 가드 또는 연동된 가드이어야 한다.

사용 중에 접근이 필요하지 않는 경우에는 고정식 가드를 선정하는 것이 바람직하나 간편성과 신뢰성을 고려하여 사용하여야 한다.

사용 중에 기계 설정, 절차 보정, 유지 보수 등으로 접근이 필요한 경우에는 다음과 같은 가드를 사용하여야 한다.

- 일주일 한 번 이상 접근빈도가 높거나 고정식 가드의 제거 또는 교체가 어려울 경우에는 이동식 가드를 사용하되 이동식 가드는 연동이나 가드잠금식 연동과 연계하여야 한다.
- 예측 가능한 접근빈도가 낮고 가드의 교체가 쉽고 제거 또는 교체가 안전한 작업 시스템 하에서 이루어진다면 고정식 가드를 사용한다.

또한 사용 중에 작업도중 접근이 필요한 경우에는 다음과 같은 종류의 가드를 사용하여야 한다.

- 연동식 또는 가드잠금식 연동식을 갖는 이동식 가드를 사용한다.
- 매우 짧은 작업 주기 또는 인체 공학적 이유가 있는 경우(예 : 무거운 가드, 고온 공정)에는 전동 연동식 가드가 선호될 수 있다. 다만 때때로 작업 주기 중 빈번한 접근이 필요할 경우, 다른 종류의 방호장치들(예 : 라이트 커튼)이 보다 실용적일 수 있다.
- 사용상 특수한 조건이 충족될 경우에는 시동기능을 갖는 연동식 가드(제어식 가드)를 사용한다.

작업의 특성상, 톱날과 같은 공구가 부분적으로 노출되어 위험영역에 대한 접근을 완전히 막을 수 없는 경우에는 다음과 같은 가드가 적합하다.

- 자동 폐쇄식 가드
- 조정식 가드

## 1.2 인터록 장치

### 1.2.1 연동장치 동작원리

일반적으로 가드가 닫히지 않은 상태에서 위험한 기계기능의 작동을 방지하는 것을 목적으로 하는 기계, 전기 또는 기타 유형의 장치를 연동(Interlock)이라 한다. 연동식 가드(Interlocking Guard)는 기계의 제어시스템과 함께 다음 기능이 수행되도록 하여야 한다.

- 가드가 닫힐 때까지 가드에 의해 보호되는 위험한 기계기능은 작동할 수 없다.
- 만약 위험한 기계기능이 작동하는 동안 가드가 열리면 정지명령이 주어진다.

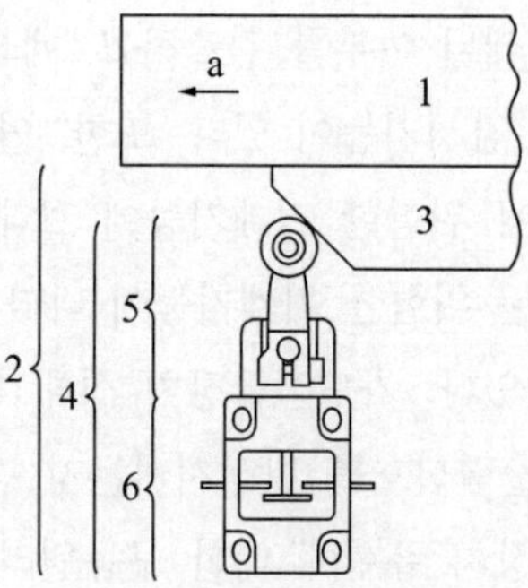


▮그림 4-9 연동장치의 예

- 가드가 닫힌 경우에 가드에 의해 보호되는 위험한 기계기능이 작동할 수 있지만 가드의 닫힘은 스스로 위험한 기계기능을 시작해서는 아니 된다.

시동기능을 갖는 연동식 가드(Interlocking Guard with a Start Function)는 제어가드(Control Guard)라고도 하며 일단 닫힘 위치에 도달하면 별도의 시동제어기능을 사용하지 않고 위험한 기계기능을 시작하기 위한 명령을 제공하는 연동식 가드의 특별한 형태이다.

가드잠금장치(Guard Locking Device)는 닫힘 위치에서 가드를 고정시키기 위해 의도한 대로 제어시스템에 연결된 장치를 말하며 가드잠금식 연동식 가드(Interlocking Guard with Guard Locking)라 함은 연동장치와 가드잠금장치와 관련되는 가드인데 기계의 제어시스템과 함께 다음과 같은 기능을 갖는다.

- 가드가 닫히고 잠금상태가 될 때까지 가드에 의해 보호되는 위험한 기계기능은 작동할 수 없다.
- 가드에 의해 보호되는 위험한 기계기능이 사라져 가드가 닫히거나 잠금상태를 유지한다.
- 가드가 닫히거나 잠금상태인 경우에는 가드에 의해 보호되는 위험한 기계기능이 작동될 수 있다. 그러나 가드의 닫힘 및 잠금 그 자체로서 위험한 기계기능이 시작되지는 않는다.

연동기법은 광범위한 기술적 측면을 포함한다. 연동장치의 다양한 기준 예를 들면, 가드와 출력시스템간의 링크 특성 또는 출력시스템의 기술적 유형(전기기계, 공압, 전자 등)을 가지고 분류할 수 있다.

연동장치에는 가드가 폐쇄된 여부를 검출하고, 폐쇄된 위치에 있지 않을 때 정지명령을 발생시키는 가드위치 감시기능이 있다. 또한, 연동장치는 다른 기능을 제어(예를 들면 접근이 가능하기 전에 위험한 기계기능에 브레이크를 거는 기능)할 때에도 쓸 수 있다. 일부 연동장치에는 위험한 기계기능이 나타나는 동안 가드를 잠금상태로 유지시키는 가드잠금기능이 있다. 가드잠금장치 상태감시 기능은 가드잠금장치가 결합되거나 해제되고 적절한 출력신호를 발생시키는지 감시하는 기능이다.

[표 4-1]은 규정된 연동장치 유형에 대한 구동원리와 액추에이터를 보여준다. 연동장치의 4가지 유형은 계층 순서로 제시되지 않는다. 각각 유형의 연동장치의 정확한 적용은 특정 기계에 매겨지는 위험성평가에 의존할 것이다.

**표 4-1 연동장치의 개요**

| 구동원리의 예 | | 액추에이터의 예 | 코드화 유무 | 유형 |
|---|---|---|---|---|
| 기계식 | 물리적 접촉 | 회전자리 캠 | 비코드화 | 유형 1 |
| | | 선형 캠 | | |
| | | 힌지 | | |
| | | 혀(-형 액추에이터) | 코드화 | 유형 2 |
| | | 트랩 키 | | |
| 비접촉 | 유도성 | 적합한 철 금속 | 비코드화 | 유형 3 |
| | 자기 | 솔레노이드 자석 | | |
| | 용량성 | 적합한 물체 | | |
| | 초음파 | 적합한 물체 | | |
| | 광 | 적합한 물체 | | |
| | 자기 | 자석 | 코드화 | 유형 4 |
| | RFID | RFID 태그 | | |
| | 광 | 광 태그 | | |

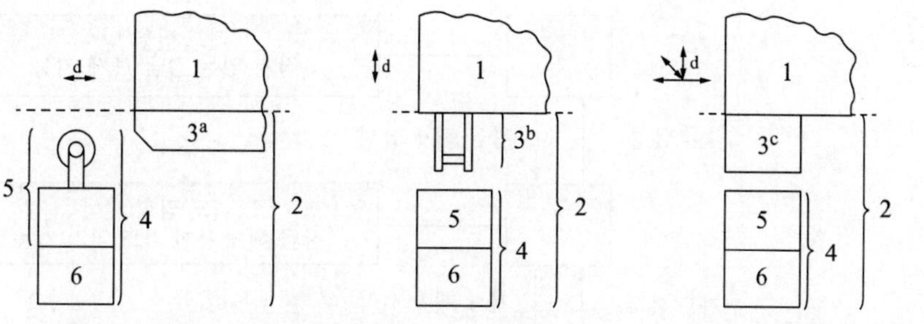


(a) 유형 1 연동장치 (캠 작동식, 가드 폐쇄) (b) 유형 2 연동장치 (혀 작동식, 가드 미폐쇄) (c) 유형 3 또는 4 연동장치 (비접촉 구동식, 가드 폐쇄)

1. 이동식 가드 2. 연동장치 3. 액추에이터
4. 위치스위치 5. 구동시스템 6. 출력시스템
a : 캠 b : 혀(Tongue) c : 예; RFID, 표면 d : 동작방향

▌그림 4-10 유형별 연동장치 원리

### 1) 가드 잠금이 없는 가드연동의 원리

가드 잠금이 없는 가드연동 기능이 사용될 경우에 가드는 기계기능과 관계없이 항상 열릴 수 있다. 만약 가드가 닫혀 있지 않으면 연동장치는 정지명령을 생성하여야 한다. 접근시간은 전체 시스템의 정지성능보다 더 길어야 한다.

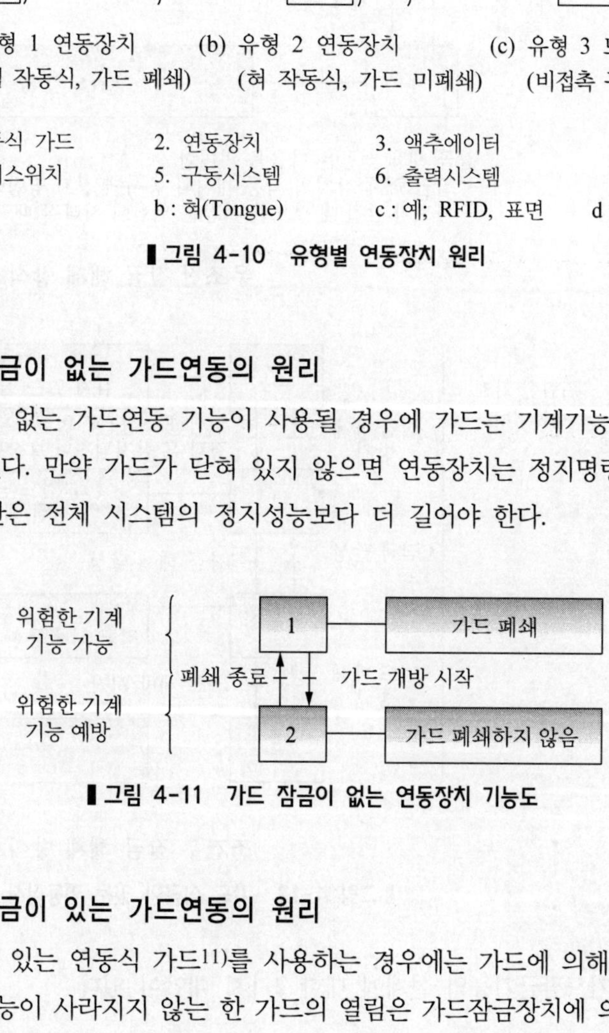


▌그림 4-11 가드 잠금이 없는 연동장치 기능도

### 2) 가드 잠금이 있는 가드연동의 원리

가드 잠금이 있는 연동식 가드[11])를 사용하는 경우에는 가드에 의해 보호되는 모든 위험한 기계기능이 사라지지 않는 한 가드의 열림은 가드잠금장치에 의해 방지되어야 한다.

11) 연동장치와 가드잠금장치와 관련되는 가드는 기계의 제어시스템과 함께 다음과 같은 기능을 갖는다. 가드가 닫히고 잠금상태가 될 때까지 가드에 의해 보호되는 위험한 기계기능은 작동할 수 없다. 또한 가드에 의해 보호되는 위험한 기계기능이 사라져 가드가 닫히거나 잠긴 상태를 유지한다.

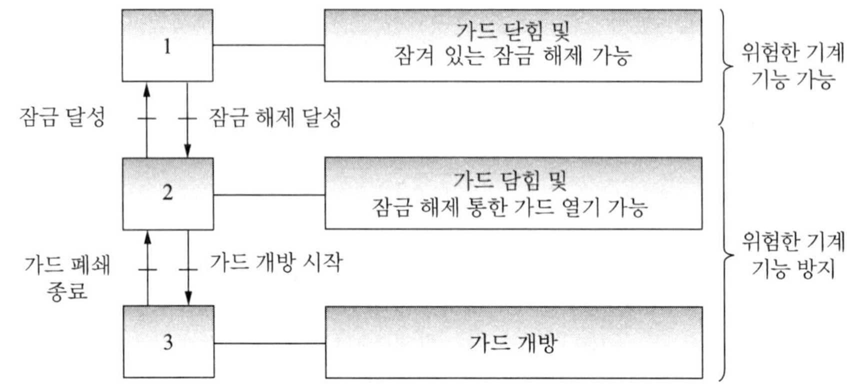


잠금 해제 성공은 다음을 의미함
– 잠금 해제 장치의 작동 개시와 동시에 정지 명령이 개시
– 가드가 잠길 때 필요한 시간은 위험이 사라질 때 필요한 타이(tie)보다 큼

**무조건 잠금 해제 방식**

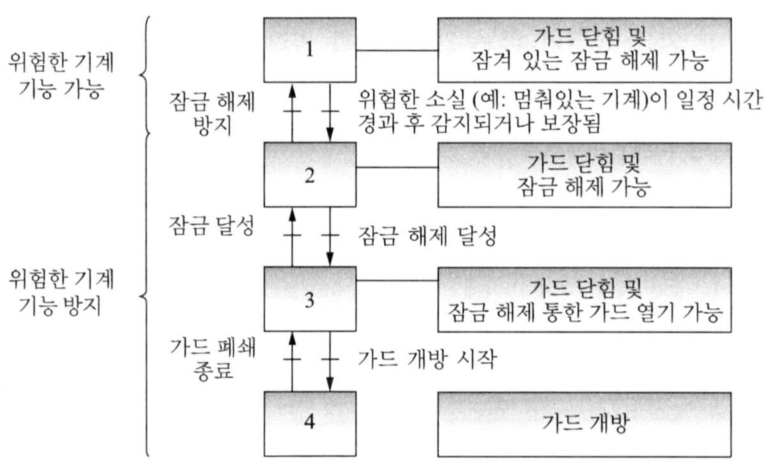


**조건부 잠금 해제 방식**

**▌그림 4-12 가드 잠금이 있는 연동장치 기능도**

가드잠금기능의 설계에 대한 2가지 대안이 있다.

- 가드의 풀림은 조작자에 의해 항상 개시될 수 있다. 풀림이 시작되면 가드잠금장치는 정지명령을 생성한다. 이를 무조건 풀림이라 한다. 가드를 풀기 위하여 필요한 시간은 위험한 기계기능이 사라지기 필요한 시간보다 커야 한다.
- 가드의 풀림은 위험한 기계기능이 없어질 경우에만 가능하다. 이를 조건 풀림이

라 한다.

기계 작동식 가드 잠금이 있는 연동장치에서는 연동식 가드를 잠그는 기능을 하는 기계 부품(예를 들면, 볼트)은 다음과 같을 수 있다.

- 수동으로 결합되고 해제된다.
- 스프링(또는 유사한 부품)에 의해 결합되고 전원 켬에서 해제된다(표 4-2a).
- 전원 켬에서 결합되고 스프링(또는 유사한 부품)에 의해 해제된다(표 4-2b).
- 전원 켬에서 결합되고 해제된다(표 4-2c).
- 전자기 가드 잠금은 전원 켬에서 적용되고 전원 끔에서 해제되는 원리로 작동한다(표 4-2d).

**표 4-2 동력 구동식 가드잠금장치의 가드잠금장치 동작모드**

<table>
<tr><td rowspan="2">a</td><td>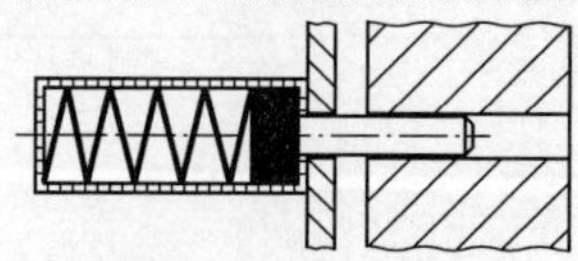</td><td>스프링 적용</td><td>결합</td></tr>
<tr><td>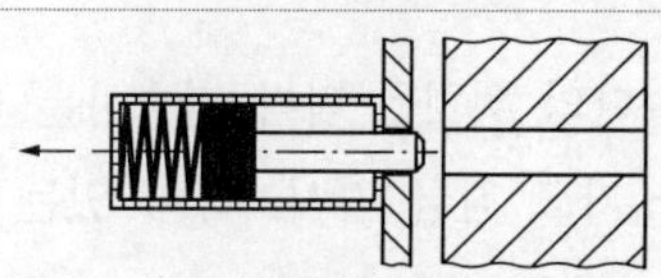</td><td>전원 켬/작동 해제</td><td>해제</td></tr>
<tr><td rowspan="2">b</td><td>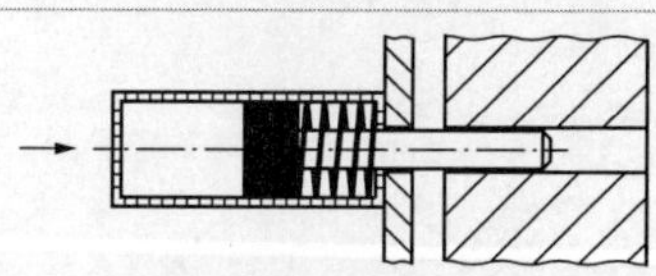</td><td>전원 켬 적용</td><td>결합</td></tr>
<tr><td>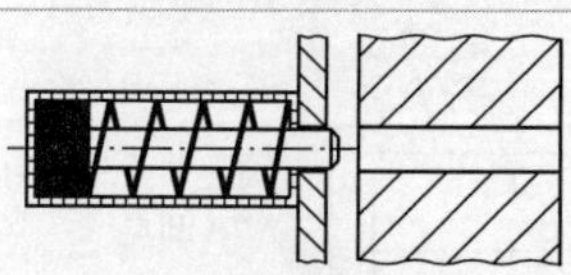</td><td>스프링 해제</td><td>해제</td></tr>
<tr><td rowspan="2">c</td><td>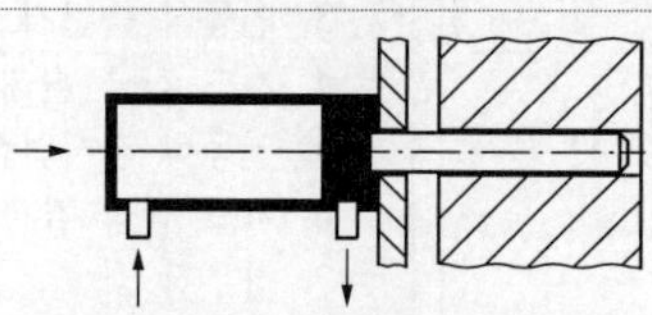</td><td>전원 켬 적용</td><td>결합</td></tr>
<tr><td>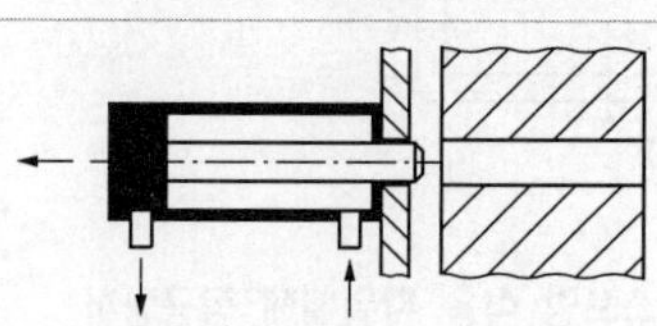</td><td>전원 켬 해제</td><td>해제</td></tr>
</table>

| d | 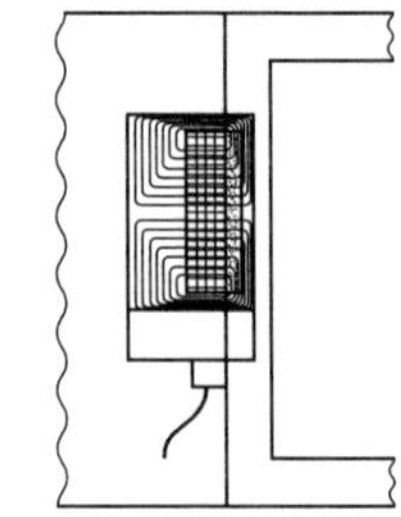 | 전원 켬 적용 | 결합 |
|---|---|---|---|
| | 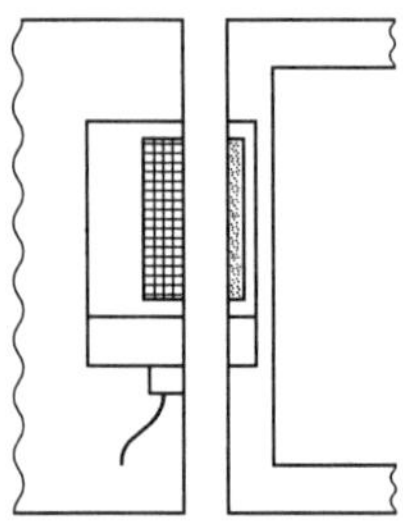 | 전원 켬 해제 | 해제 |

### 3) 가드잠금장치의 예

[그림 4-13]은 가드 위치와 잠금수단의 위치를 각각 검출하는 연동장치의 예를 나타낸 것으로 일체형 가드잠금장치와 가드 잠금 감시기능이 있는 유형 2 연동장치에 관한 것이다.

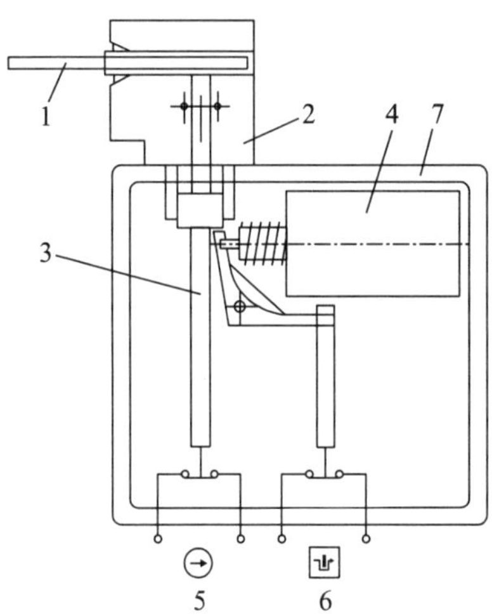


1. 액추에이터
2. 헤드
3. 연동식 플런저
4. 가드 잠금 솔레노이드
5. 연동식 감시접점
6. 가드 잠금 감시접점
7. 하우징

**▮그림 4-13 스프링 적용 파워해제 잠금장치**

액추에이터와 연결된 이동식 가드의 닫힘 위치에 액추에이터가 보인다. 가드 잠금 솔레노이드는 스프링으로 고정되는 잠금 위치에 있다. 솔레노이드에 전원이 공급되면 솔레노이드 플런저는 우측으로 이동하게 되어 스프링을 압축한다. 솔레노이드 플런저에 연결된 레버를 통해 문 감시접점이 열린다. 이때 연동식 플런저는 가드의 열림 동작과 부착된 액추에이터에 의해 아래로 이동할 수 있다.

가드가 열림 위치에 있을 때, 연동식 플런저의 넓은 부분이 잠금 위치로 잠금장치가 이동하는 것을 방지하는 역할을 한다(우연한 잠금 방지기구). 접점에 연동식 플런저를 연결하여 연동 및 가드 잠금 위치를 하나의 장치 내에서 감시할 수 있다.

가드 위치와 가드잠금장치 위치를 따로 검출하여 이루어지는 연동기능을 보면 $C_1$은 이동식 가드의 위치를 검출하고 $C_2$는 잠금장치의 위치를 검출한다[그림 4-14].

[그림 4-15]는 잠금장치 위치와 잠금 위치를 검출하여 가능한 연동기능에 관한 것으로 잠금장치의 위치를 검출하여 하나의 검출기(C)를 이동식 가드 위치를 감시하는데 이용할 수 있다. 이때 가드잠금장치 접점과 이동식 가드 어셈블리의 훌륭한 설계와 구성에 따라 가드가 단단히 안정적으로 닫힌 위치에 있어야 한다.

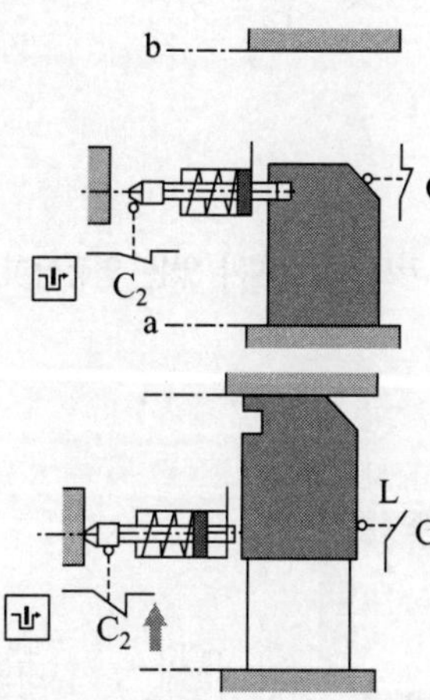


$C_1$ 이동식 가드 위치
$C_2$ 잠금장치 위치를 검출, a 닫힘, b 열림

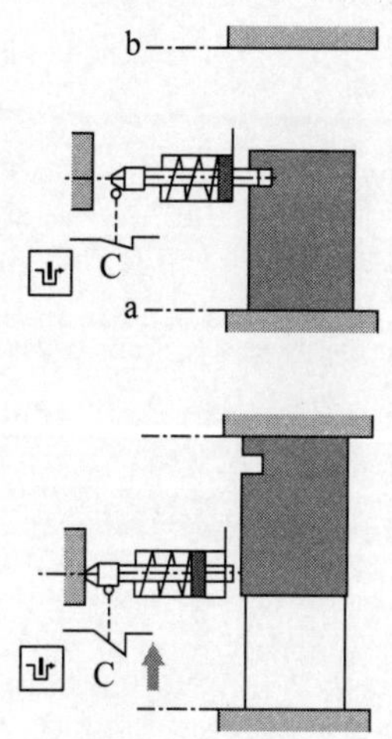


C 잠금장치 위치를 검출
a 닫힘, b 열림

▌그림 4-14 (좌) 이동식 가드 위치와 가드잠금장치 위치에 대한 개별검출
▌그림 4-15 (우) 이동식 가드 위치와 가드잠금장치 위치에 대한 통합검출

[그림 4-16]은 전자기 가드잠금장치가 있는 연동장치를 나타낸 것으로 닫힌 이동식 가드는 전자기로 잠긴다(전자기 작동원리). 가드 위치가 검출되면 연동기능이 제공된다. 잠금기능에는 전자기력 감시가 포함된다.

전자기 가드잠금장치가 있는 연동장치는 밀봉 때문에 세척이 용이하고 분진과 액체에 강하다. 그러나 설계에 따라 정전이 될 경우 풀릴 수 있다.

[그림 4-17]은 수동 작동식 지연장치가 있고 가드잠금기능이 있는 연동장치에 대한 것으로 손으로 나사 핀(Threaded Pin)이 돌려진다. 위험한 기능을 정지시키는데 걸리는 시간보다 길도록 스위치 열림과 가드 해제 중간에 경과하는 시간이 결정된다.

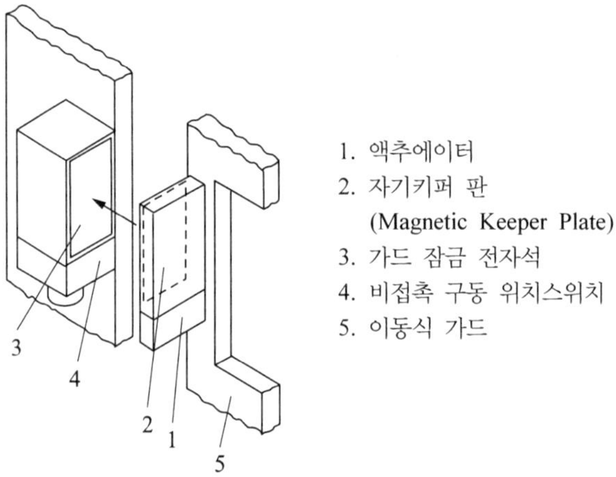


▌그림 4-16 전자기 가드잠금장치가 있는 연동장치

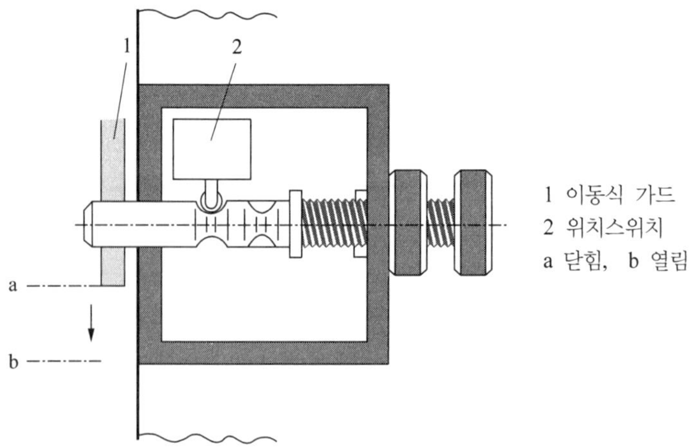


▌그림 4-17 수동 작동식 지연장치가 있고 가드잠금기능이 있는 연동장치

### 1.2.2 유형별 연동장치

#### 1) 유형 1

[그림 4-18]은 회전식 캠을 나타낸 것으로 위치스위치가 직접적 기계 작동을 하는 유형 1 연동장치이며 이동식 가드의 위치를 감시한다.

위치스위치(C)의 구동시스템인 액추에이터(B)의 직접적 기계 작동방식이다. 직접적 기계 작동으로 인한 위치스위치가 NC 접점의 직접적 개방 작동 가능성이 있다. 회전식 캠 또는 위치스위치 없이 구동시스템을 수동으로 작동하여 기능실패가 불가능하다. 다만 다음의 경우에는 위험을 유발하는 고장이 발생할 수 있다.

- 가드와 위치스위치 사이의 기계식 링크 고장(마모 또는 액추에이터 파손)
- 위치스위치와 캠 간의 오정렬

회전식 캠은 공구를 사용하지 않고는 이동식 가드를 분해할 수 없도록 하여야 한다.

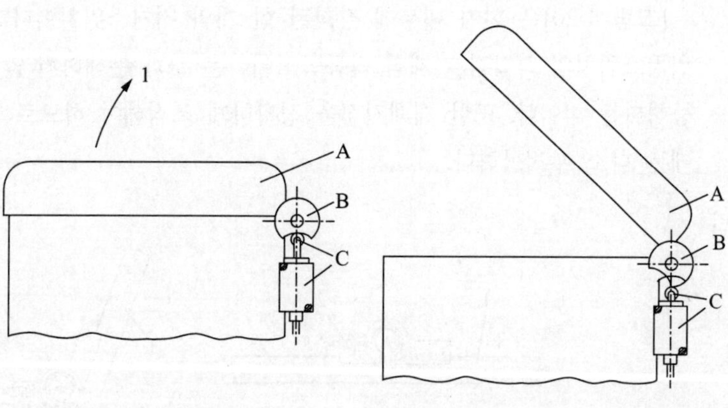


(a) 닫혀 있는 이동식 가드 (b) 닫혀 있지 않은 이동식 가드

A : 이동식 가드, B : 액추에이터(캠), C : 위치스위치, 1 : 열림방향

**▮그림 4-18 회전식 캠 구동 위치스위치가 있는 유형 1 연동장치**

[그림 4-19]는 선형 캠을 나타낸 것으로 위치스위치가 직접적 기계 작동을 하는 유형 1 연동장치이며 이동식 가드의 위치를 감시한다.

위치스위치(C)의 구동시스템인 액추에이터(B)의 직접적 기계 작동방식이다. 직접적 기계 작동으로 인한 위치스위치가 NC 접점의 직접적 개방 작동 가능성이 있다. 선형 캠 또는 위치스위치 없이 구동시스템을 수동으로 작동하여 기능실패가 불가능하다.

다만 다음의 경우에는 위험을 유발하는 고장이 발생할 수 있다.

- 가드와 위치스위치 사이의 기계식 링크 고장(마모 또는 액추에이터 파손)
- 위치스위치와 캠 간의 오정렬

선형 캠은 공구를 사용하지 않고는 이동식 가드를 분해할 수 없도록 하여야 한다.

(a) 닫혀 있는 이동식 가드 (b) 닫혀 있지 않은 이동식 가드

A : 이동식 가드, B : 액추에이터(캠), C : 위치스위치, 1 : 열림방향

**▌그림 4-19 선형 캠 구동 위치스위치가 있는 유형 1 연동장치**

[그림 4-20]은 힌지 내부에 장착된 한 개의 위치스위치이다. 일반적 특성은 내장된 위치스위치의 직접적 기계식 작동방식이라는 것과 분해하지 않고는 기능 실패가 불가능하다는 점이다. 또한 개폐지점을 정확하게 조정해야 하므로 넓게 이동 가능한 가드에는 다소 부적합하다.

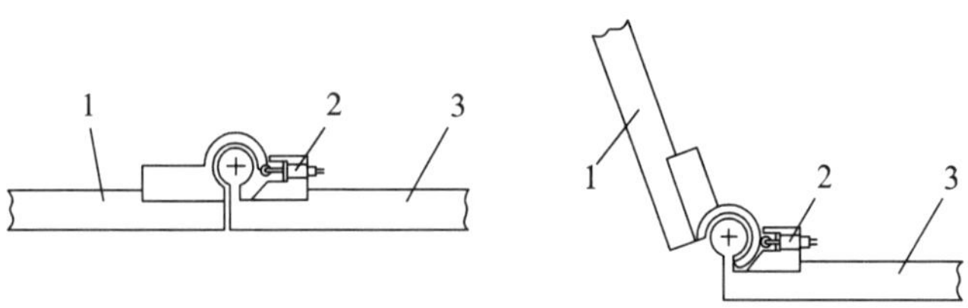


(a) 닫혀 있는 이동식 가드 (b) 닫혀 있지 않은 이동식 가드

1. 이동식 가드, 2. 힌지를 단 연동장치, 3. 가드의 고정 부품

**▌그림 4-20 힌지를 단 연동장치**

공압 및 유압 연동장치의 예를 다음 [그림 4-21]과 [그림 4-22]에서 볼 수 있다. [그림 4-21]은 단일밸브를 사용한 경우의 예이고, [그림 4-22]는 복수밸브를 사용한 경우의 예이다.

[그림 4-23]과 같은 하이브리드 연동장치는 고온에서 작동하는 기계의 도체 절연층의 용융과 같은 동일한 기술의 구성요소들에 의한 공통고장원인(예를 들면, 동일한 원

인이 있는 동시 고장) 또는 전기 또는 전자기 간섭 영향을 받는 2개의 근접 검출기의 동시 고장을 유도할 수 있는 매우 심각한 환경조건과 특히 관계가 있다.

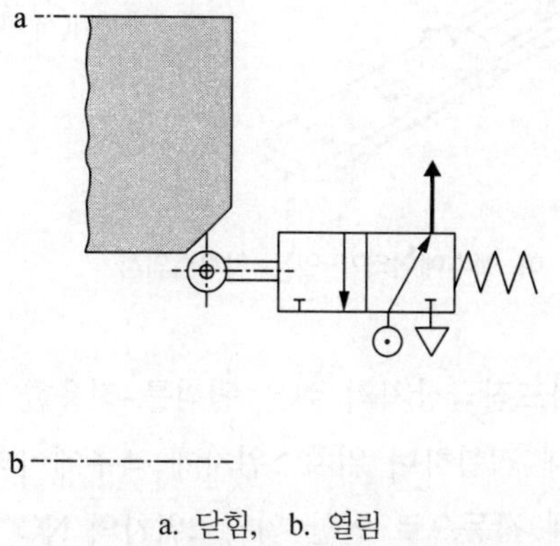


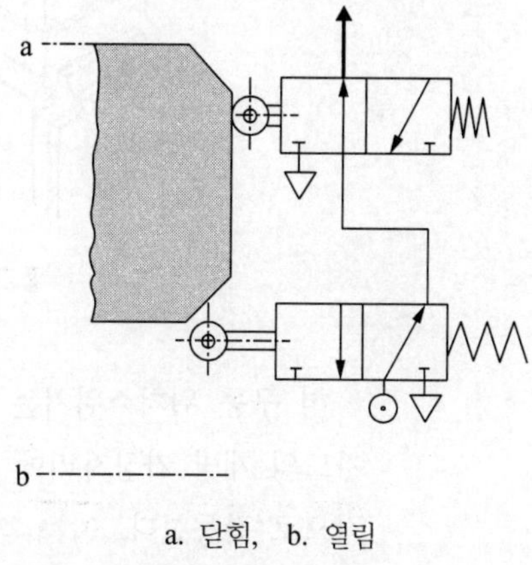


▮그림 4-21 이동식 가드에 의한 단일밸브 직접적 기계 작동을 하는 단일밸브
▮그림 4-22 2개의 밸브

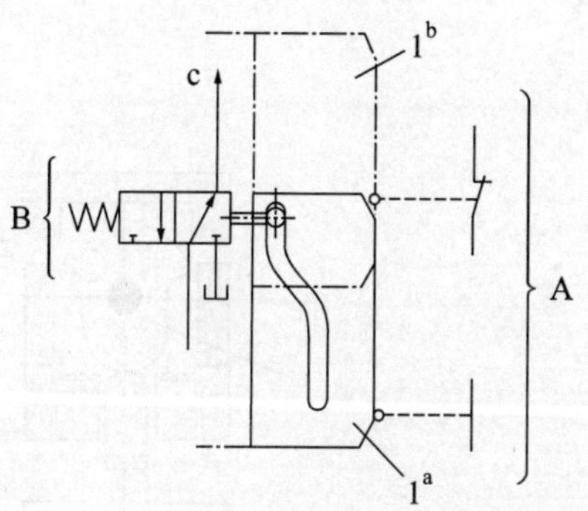


1 이동식 가드
a 닫힌 이동식 가드
A 전기 제어회로에 작용하는 독립형 연동장치(자동감시 포함)
b 열린 이동식 가드
c 기계 액추에이터
B 전력회로의 직접차단이 가능한 경우, 유압회로에 작용하는 독립형 연동장치

▮그림 4-23 하이브리드(전기와 유압) 연동장치

## 2) 유형 2

[그림 4-24]와 같은 혀 구동 위치스위치는 위치스위치가 직접적 기계 작동을 하는 유형 2 연동장치의 한 가지로 이동식 가드의 위치를 감시한다.

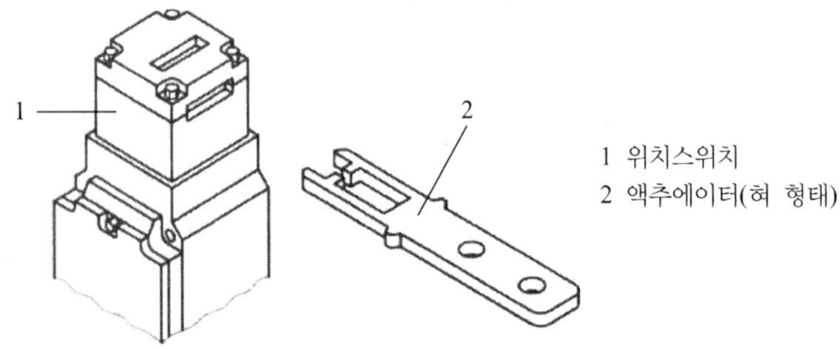


▌그림 4-24 혀 액추에이터가 있는 위치스위치

혀 구동 위치스위치는 일체형 가드잠금장치의 쉬운 원리를 적용한 것으로 이동식 가드의 개방 가장자리에 사용하는데 적합하며 위치스위치에 액추에이터가 직접 기계적으로 작동한다. 이는 직접적 기계 작동으로 인한 위치스위치의 NC 접점의 직접적 개방하여 작동할 수 있다. 다만 저수준 코딩으로 인해 기능실패에 대한 추가 조치가 필요할 수 있으며, 기계 수명주기 동안 오정렬에 의하여 손상가능성이 있고 오염으로 기능이 저하될 수 있을 뿐만 아니라 액추에이터의 충격으로 사람에게 상해를 입힐 수도 있다.

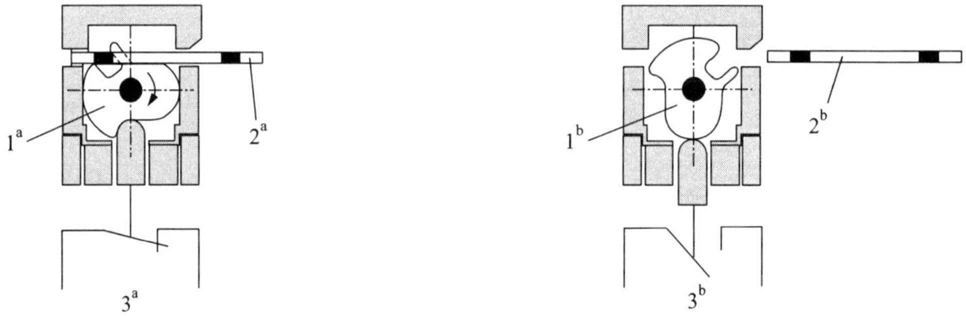


(a) 닫혀 있는 이동식 가드

1a 이동식 가드가 닫혀 있을 때 내부 회전식 캠
2a 삽입된 혀
3a 닫혀 있는 개폐요소

(b) 닫혀 있지 않은 이동식 가드

1b 이동식 가드가 열려 있을 때 내부 회전식 캠
2b 삽입되지 않은 혀
3b 열려 있는 개폐요소

▌그림 4-25 혀 구동 위치스위치 작동원리

[그림 4-26]과 같은 트랩드 키 연동장치는 제어요소와 가드에 고정된 잠금(가드잠금) 사이에 있는 키의 이동에 의존하는 연동장치다.

트랩드 키 연동장치에서 잠금이 통합된 가드 잠금과 개폐요소는 하나의 유닛으로 결합되지 않고 분리되어 있다.

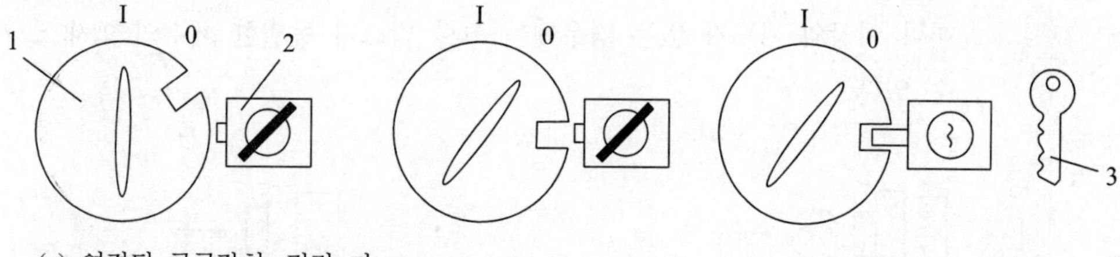


(a) 연결된 공급장치, 걸린 키
(b) 분기된 공급장치, 키를 제거할 수 있음
(c) 볼트 잠금을 통해 분리되고 잠긴 공급장치, 해제된 키

1 : 스위치, 2 : 볼트 잠금, 3 : 액추에이터(키)

**▌그림 4-26 트랩드 키 연동원리**

시스템의 필수 기능에서는 가드 잠금 또는 스위치 잠금 내에 걸리는 키를 떼어낼 수 있다. 가드가 닫혀 있거나 잠긴 상태에 있는 동안에만 키가 해제될 수 있도록 가드에 잠금을 배치한다. 이렇게 함으로써 가드에서부터 스위치 잠금까지 키가 이동할 수 있다. 스위치를 닫으면 키가 걸리므로 스위치가 온 위치에 있는 동안 키가 제거되지 않는다.

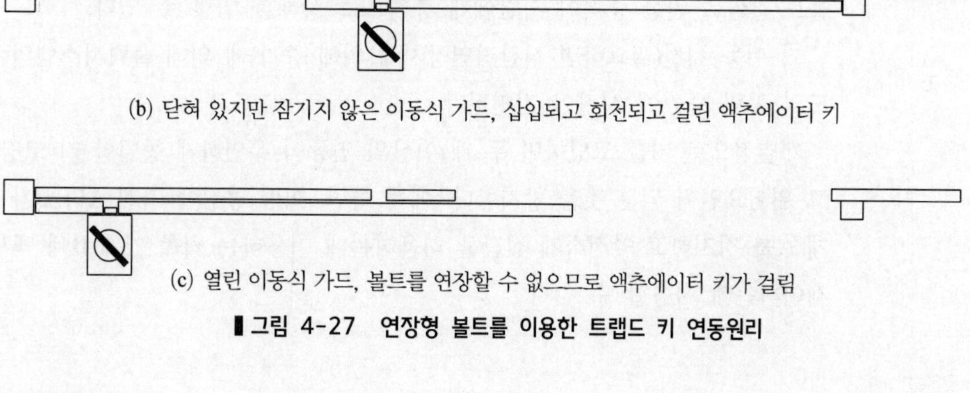


(a) 닫히고 잠긴 이동식 가드

(b) 닫혀 있지만 잠기지 않은 이동식 가드, 삽입되고 회전되고 걸린 액추에이터 키

(c) 열린 이동식 가드, 볼트를 연장할 수 없으므로 액추에이터 키가 걸림

**▌그림 4-27 연장형 볼트를 이용한 트랩드 키 연동원리**

하나 이상의 전력원이 있어서 출력시스템 내에 하나 이상의 요소가 있는 경우에는 키 교환 박스가 필요하다. [그림 4-28]과 같이 상이한 키 코드로 된 액세스 키가 가드 잠금으로 이동되기 위해 해제되기 전에 이 박스로 키가 이동되고 고정되어야 한다. 하나 이상의 가드가 있는 경우에는 교환 박스가 동일한 개수의 액세스 키를 수용할 수 있다.

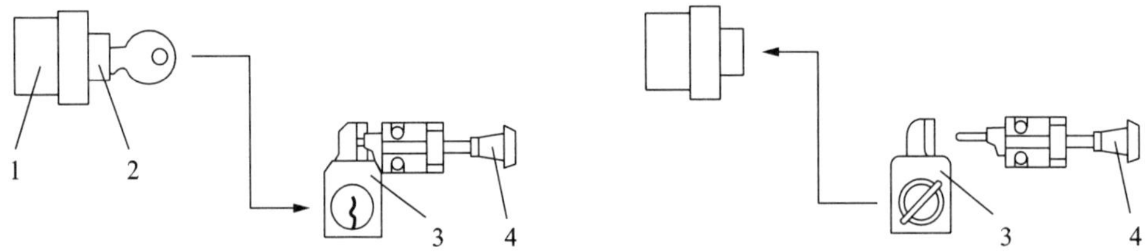


(a) 액세스가 거부된 상태에서 전원 연결됨　　(b) 액세스가 가능한 상태에서 전원 끊김

1. 출력시스템　　2. 출력시스템에 있는 잠금
3. 가드에 있는 잠금　　4. 이동식 가드에 부착된 잠금 볼트/걸쇠(Catch)

**▌그림 4-28 기본 시스템**

공정 또는 안전 목적으로 확정된 순서로 많은 작업을 수행해야 하는 경우에는 단계마다 이동 가능한 키가 내부에 고정되고 다른 키로 교환된다. 교환 박스는 잠금과 통합될 수 있다.

액세스 키를 적용한 유형 2의 연동장치는 이동식 가드와 제어시스템 사이의 거리로 인한 무결성 감소가 없으나 구식의 키를 사용하면 쉽게 기능 실패를 가져올 수 있다. 또한 이는 이동식 가드를 완전히 제거할 수 있을 때 사용 가능하고 전력연동을 위해 여러 다른 형식의 전력원이 기계에 있을 때 특히 적합하다. 다만 매우 빠른 액세스 시간이 요구되는 용도에는 부적합하다. 기능실패 시 복제 키를 이용할 수 있으며 잠금 볼트/걸쇠로 인한 충격이 사람에게 충격으로 상해를 입힐 수 있다.

키 이동 시간(필요하면 시간지연장치에 의해 증가)에 의해 출력시스템의 열림과 가드의 풀림 중간에 시간이 지연된다.

개별적으로 키를 코딩하면 두 개 이상의 연동이 우연하게 동일한 키 코딩을 공유하고 위험요인이 되는 것을 방지한다. 예를 들면, 어떤 공장에 기계 A와 B가 있다면 기계 A를 정지하고 안전하게 접근을 허용하는데 이용하는 키를 기계 B에 액세스하거나 제어하는데 사용할 수 없다.

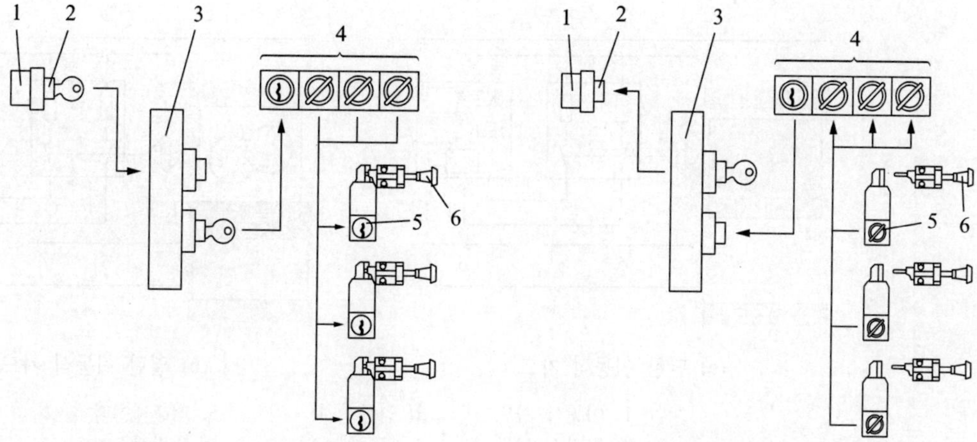


(a) 시간 지연, 교환 박스, 다수의 입구
- 액세스 거부 상태에서 전원 연결됨

(b) 시간 지연, 교환 박스, 다수의 입구
- 액세스 가능한 상태에서 전원 끊김

1. 출력시스템 2 출력시스템에 있는 잠금 3. 시간지연장치
4. 키 교환 박스 5. 가드에 있는 잠금 6. 이동식 가드에 부착된 잠금 볼트/걸쇠

▌그림 4-29 복합 시스템

고유 키 코드를 제공하는 연동 제조자 또는 개별 현장 관리자에 의해 공장/현장 또는 조직별로 개별 키 코드를 관리할 수 있다. 혼란을 막기 위해 키와 액추에이터에 모호하지 않게 명확히 표시하는 것이 좋다.

### 3) 유형 3

유형 3 연동장치는 이동식 가드에 연결된 액추에이터에 의해 구동되는 하나 이상의 비기계 작동식 위치스위치(유도성, 자기, 용량성, 초음파, 또는 광 근접스위치)로 구성되어 있다.

대부분의 경우 안전무결성 요구조건을 충족하기 위하여서는 감시기능이 있는 두 개의 단일 위치스위치가 필요하다.

유형 3 연동장치는 비기계식이므로 가동부품이 없어 쉽게 세척이 가능하고 분진이나 액체에 잘 견딜 수 있으나 기능실패에 대한 추가조치가 필요하다.

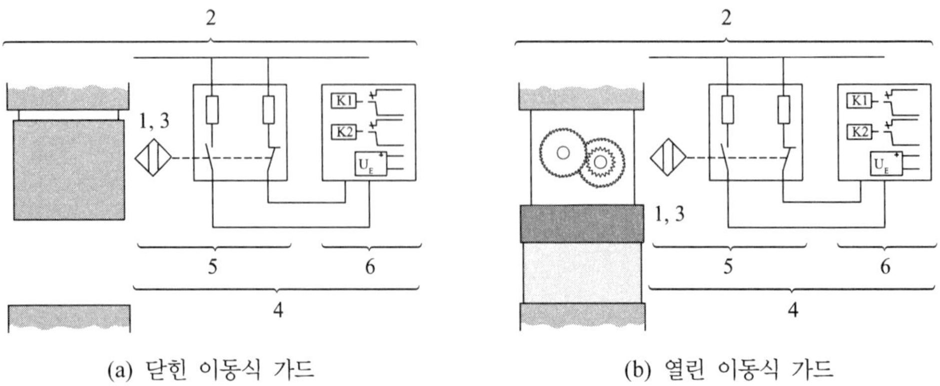


**그림 4-30 근접스위치가 있는 유형 3 연동장치**

### 4) 유형 4

자기 작동식 연동장치는 이동식 가드와 결합된 자기 액추에이터에 의해 구동되는 위치스위치가 있는 유형 4 연동장치를 말하며 이는 가드가 열려 있을 때 해당 접점을 연다.

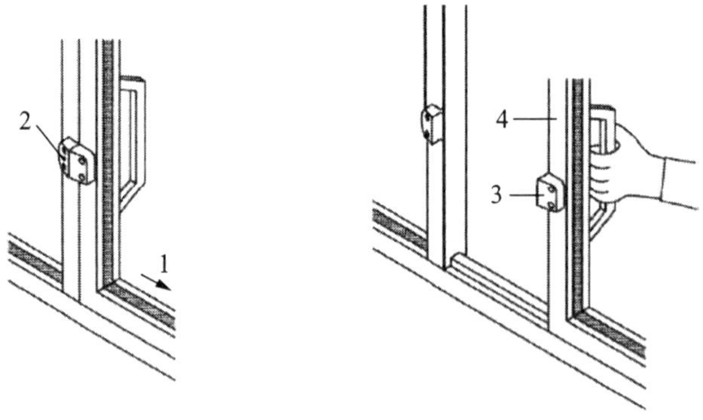


**그림 4-31 자기 액추에이터로 구동되는 위치스위치가 있는 유형 4 연동장치 예**

자기 작동식 연동장치는 소형이고 외부에 가동부품이 별도로 없다. 그러므로 분진이나 액체에 잘 견디고 쉽게 세척할 수도 있지만 가드 오정렬에 의한 허용한계가 있으며 전자기 간섭에 감도가 높다.

RFID 작동식 연동장치는 이동식 가드와 결합된 RFID 태그 액추에이터에 의해 구동되는 위치스위치가 있는 유형 4 연동장치는 가드가 열려 있을 때 해당 접점을 연다. RFID 작동식 연동장치는 소형이고 외부에 가동부품이 별도로 없다. 그러므로 분진이나 액체에 잘 견디고 쉽게 세척할 수도 있지만 가드 오정렬에 의한 허용한계가 있으며 전자기 간섭에 감도가 높을 뿐만 아니라 기능실패를 최소화하기 위한 조치를 하여야 한다.

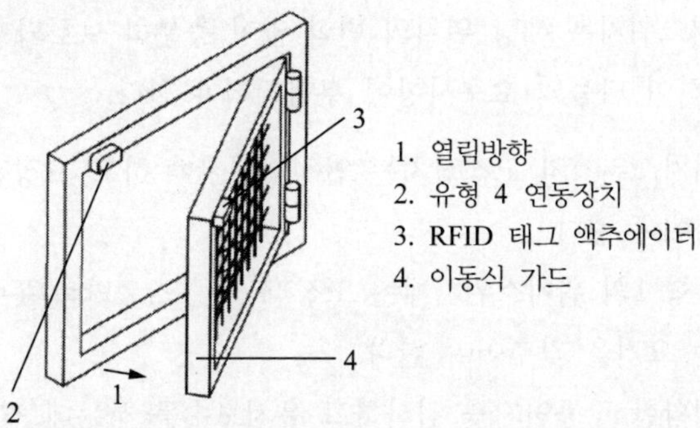


▌그림 4-32 RFID 태그 액추에이터로 구동되는 위치스위치가 있는 유형 4 연동장치의 예

### 5) 기타 연동장치

이동식 가드와 위험한 이동형 요소간의 직접 기계적 연동을 이용한 것으로 가드잠금기능이 있는 연동식 가드의 기능을 가지고 있다.

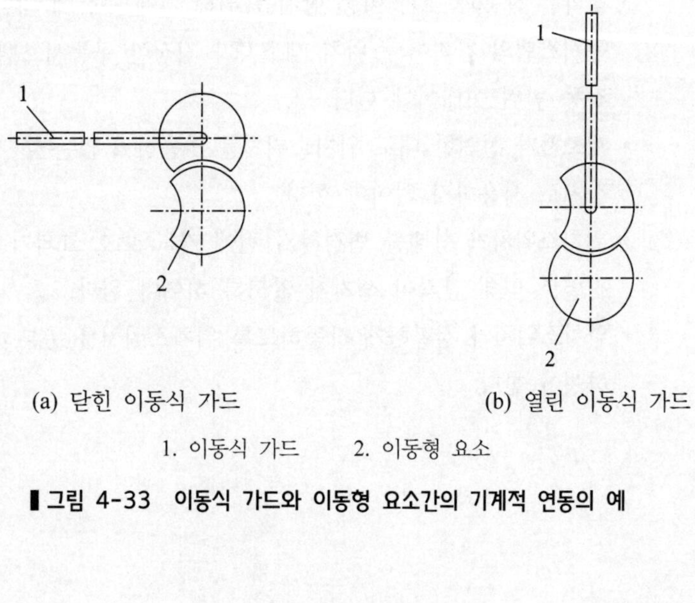


▌그림 4-33 이동식 가드와 이동형 요소간의 기계적 연동의 예

이는 매우 간단한 기구에 적용할 수 있고 이동식 가드를 여는데 가동부품을 수동으로 위치시켜야 할 수 있다. 이는 위험한 영역에 미치지 않는 것이 좋다.

### 1.2.3 가드 잠금이 있거나 없는 연동장치 설계 및 설치

#### 1) 위치스위치 배치와 고정

위치스위치는 해당 위치의 변화 없이 충분히 보호되기 위하여 배치되어야 한다. 이를 위하여 다음의 요구사항이 부합되어야 한다.

- 위치스위치의 고정장치는 안정적이어야 하고 고정장치를 푸는 것은 공구가 필요하여야 한다.
- 유형 1의 위치스위치에는 조정 후 핀 또는 맞춤 못에 의하여 위치를 영구 고정하는 요건을 갖추어야 한다.
- 정확한 작동인지를 검사하고 유지보수를 하는데 필요한 위치스위치 접근 수단을 갖추어야 한다. 또한 접근 수단을 설계할 때 예측 가능한 작동 불가 상황의 방지가 고려되어야 한다.
- 자체적인 느슨해짐이 방지되어야 한다.
- 예측 가능한 위치스위치의 작동 불가가 방지되어야 한다.
- 위치스위치가 있어야 하며 필요 시 예측 가능한 외부 원인으로부터 손상을 받지 않도록 보호되어야 한다.
- 정확한 작동과 초과 이동 방지를 위해 기계 구동에 의한 이동 또는 근접 장치 구동시스템의 간격이 스위치 제조자가 지정한 구동시스템 또는 위치스위치의 지정 작동 범위 이내여야 한다.
- 제조자가 선언한 대로 위치스위치를 사용하지 않는 한 위치스위치를 기계식 고정장치로 사용하지 않아야 한다.
- 위치스위치가 상태를 변경하기 전에 가드 보호 효과가 저해될 정도로 가드의 오정렬로 인해 간격이 생기지 않도록 하여야 한다.
- 위치스위치가 정확하게 작동하도록 위치스위치를 충분히 단단히 고정시키고 지지하여야 한다.

### 2) 액추에이터 배치와 고정

수명주기 동안 구동시스템에 대한 위치가 변경되거나 느슨해질 가능성을 최소화하도록 액추에이터를 단단히 고정시켜야 하며 다음의 요구사항이 충족되어야 한다.

- 액추에이터의 파스너가 풀 때 공구가 필요하도록 안정적이어야 한다.
- 자체적으로 느슨해짐을 방지하여야 한다.
- 액추에이터가 예상하는 외부 원인으로부터 손상을 받지 않도록 보호하여야 한다.
- 제조자가 선언한 대로 액추에이터를 사용하지 않는 한 액추에이터를 기계식 고정장치로 사용하지 않아야 한다.
- 액추에이터가 올바르게 작동되도록 액추에이터를 충분히 단단히 고정하고 지지하여야 한다.

유형 1 연동장치용 회전자리 및 선형 캠은 다음 요구사항을 충족하여야 한다.

- 풀 때 공구가 필요한 파스너로 고정한다.
- 고정 무결성을 보장하는 형태(예를 들면, 스플라인 또는 핀) 또는 다른 방법에 의해 최종적으로 고정한다.
- 위치스위치 또는 그 내구성을 손상시키지 않는다.

### 3) 연동장치의 동작모드

안전도어에 연결된 연동장치와 같은 안전제어시스템에 있어서 가드, 액추에이터, 구동시스템끼리 연결되어 사용된다면 이들은 직접적 기계식 작동방식에 의해 구동되어야 한다[표 4-3]. 직접적 기계식 작동방식이란 표에서 보는 바와 같이 열린 상태에서 캠에 의하여 눌려 있는 상태로 작동하는 방식을 말한다. 이러한 직접적 기계식 작동방식은 스프링이 파손되어도 출력시스템이 안전한 상태를 유지할 뿐만 아니라 안전접점이라는 NC접점(b접점)에서 접점의 융착과 같은 불안전한 상태에서도 안전도어를 열 경우 강제로 접점을 격리시킬 수 있도록 함으로써 안전기능의 실패를 사전에 막을 수 있는 구조이다.

따라서 유형 1 연동장치의 비직접적 기계식 작동방식은 가드, 액추에이터, 출력시스템끼리 직접적 기계식 작동방식이 가능한 유형 1 연동장치 또는 유형 2 연동장치와 함께 사용되어야 한다. 비직접적 기계식 작동방식이 있는 제2 연동장치와 직접적 기계식 작동방식이 있는 연동장치를 결합하면 공통고장원인을 방지한다.

표 4-3 유형 1 연동장치의 직접적/비직접적 기계식 작동방식

| 기계식 작동방식 | 닫힌 가드 | 열린 가드 | 동작모드 | 고장 시 거동보기 |
|---|---|---|---|---|
| 직접적 | 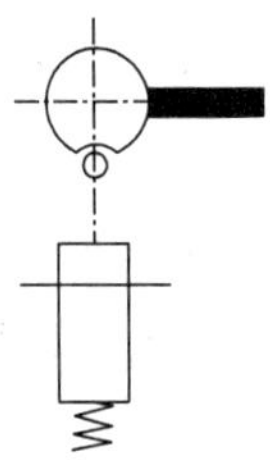 | 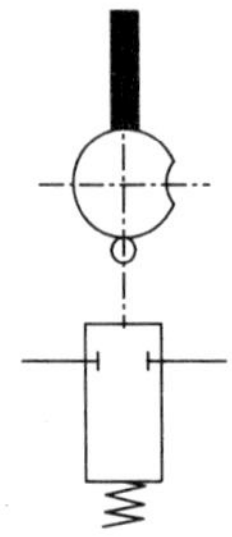 | • 가드가 닫혀 있지 않는 한 캠에 의해 눌려 있는 플런저<br>• 가드가 닫혀 있으면 리턴 스프링 작용으로 출력시스템이 상태를 변경 | • 스프링이 파손되어도 가드가 닫혀 있지 않으면 출력시스템은 안전한 상태 유지 |
| 비직접적 | 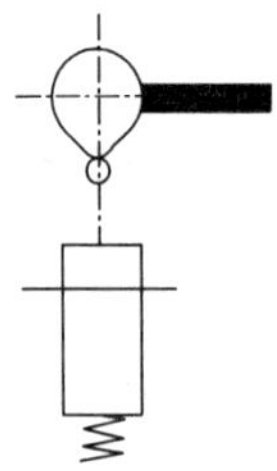 | 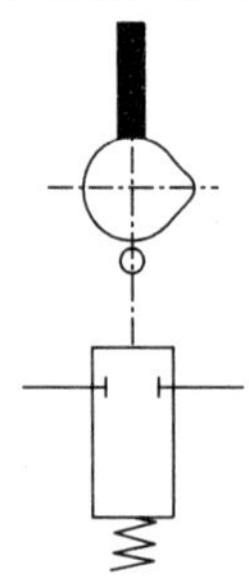 | • 가드가 닫혀 있는 한 캠에 의해 눌려 있는 플런저<br>• 가드가 닫혀 있지 않으면 리턴 스프링 작용으로 출력시스템이 상태를 변경 | • 스프링이 파손되면 가드가 닫혀 있지 않아도 출력시스템은 불안전한 상태를 거칠 수 있음 |

### 4) 기계식 가드잠금장치

두 개의 견고한 부품이 맞물리는 잠금장치는 기계 작동식 가드 잠금이 되어야 한다[표 4-2 a, b, c]. 다만, “스프링 적용 - 전원 켬 해제” 또는 “전원 켬 적용 - 전원 켬 해제” 시스템[표 4-2 a, b, c]에 대해 비상 시 접근이 필요하다고 예상되면 비상해제 기능이 있는 가드잠금장치를 갖추어야 한다.

잠금요소의 결합 위치를 제어시스템 인터페이스 요구조건에 따라 감시하여야 한다.

감시 결과 가드가 닫힌 위치에 있고 잠금요소가 결합된 위치에 있을 때만 기계의 위험한 기능이 작동되도록 하여야 한다.

가드잠금장치를 효율적으로 감시하기 위해서는 다음의 방법을 채택하여야 한다.

- 잠금요소들을 감시한 결과, 닫힘 및 잠금 위치에 있는 가드를 확인할 수 있는 경우, 이동식 가드가 닫힌 위치에 있으면 잠금요소가 결합된 위치에만 있을 수 있다.
- 연동에 대해 추가로 가드 위치를 감시하고 잠금요소를 감시하여야 한다.

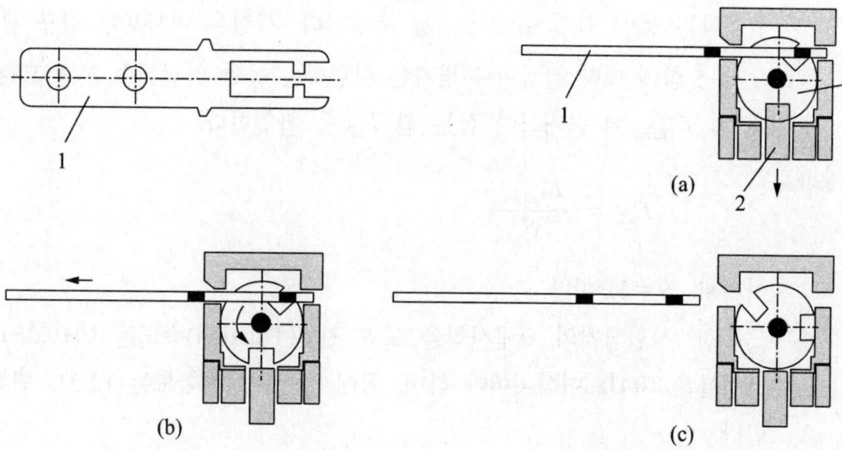


(a) 닫히고 잠긴 가드
(b) 닫혀 있지만 잠기지 않은 가드
(c) 열려 있지만 잠기지 않은 가드

1. 액추에이터(혀)
2. 잠금요소(볼트)
3. 구동시스템(내부 회전 캠)

**▮그림 4-34 가드잠금기능이 있는 유형 2 연동장치 보기**

### 5) 전자기 가드잠금장치

전자기장이 발생하면서 가드 잠금에 필요한 힘이 가해진다. 잡는 힘을 감시하여 지정한 잡는 힘이 달성되고 지속되는지를 확인하여야 한다. 확인결과 지정한 잡는 힘이 달성되고 가드가 닫힌 위치에 있는 경우에만 기계의 위험한 기능이 작동되도록 하여야 한다.

전자기 가드잠금장치의 실패 가능성을 최소화하기 위한 기본조치는 전자기 가드잠금장치가 강제로 열리면 이 공정이 즉시 중단되어야 한다. 기계식 가드잠금방식과는 달리 전자기 가드잠금방식에서는 강제로 열린 후에도 손상이 없다.

### 6) 잡는 힘(Holding Force)

가드잠금장치 제조자는 결합 위치에서 가드잠금장치가 최소 특정 잡는 힘 $F$를 지탱하도록 하여야 한다. 제조자는 다음의 시험을 통해 결정되는 잡는 힘 $F_{Zh}$ 이하인 잡는 힘을 지정하여야 한다.

잡는 힘을 시험하기 위하여 제조자가 선정한 베이스에 가드잠금장치를 고정한다. 그 다음엔 최대 운전각에서 잠금수단이 "열린 가드" 방향으로 일정한 속도로 이동하는 상태에서 가드잠금장치를 가드잠금기능 고정점까지 로딩한다. 로딩하면서 변형이 일어나는 동안 최대 힘 $F_{1\max}$를 측정한다. 시험은 미사용한 신규 샘플을 활용한다.

잡는 힘에 대한 결정이나 평가는 시험하는 동안 안전계수 $S$를 고려하여 측정한 최대 힘 $F_{1\max}$에 근거하여 잡는 힘 $F_{Zh}$을 확인한다.

$$F_{Zh} = \frac{F_{1\max}}{S}$$

여기서, $S = 1.3$이다.

또한, 시험장치의 요구사항을 보면 견인(Traction)속도는 10±0.25 mm/min이고 샘플링률은 10 Hz 이상이어야 하며, 최대 힘 측정 정확도는 ±2.5% 범위를 만족하여야 한다.

가드잠금장치에 탈출해제[12] 기능이 갖추어진 경우에 다음 요구사항을 충족하여야 한다.

- 동작조건과 관계없이 보조수단 없이 보호영역 안에서 가드 잠금이 쉽게 풀려야 한다.
- 풀림수단이 수동으로 조작되고 잠금 기구 원리로 직접적으로 작동하여야 한다.
- 풀리면 정지명령이 생성되어야 한다.
- 탈출해제용 풀림수단은 보호영역 내에서만 접근 가능해야 한다.

가드 잠금의 비상해제[13] 기능이 갖추어진 가드잠금장치인 경우 다음의 요구사항을 충족하여야 한다.

- 동작조건과 관계없이 보조수단 없이 보호영역 안에서 가드 잠금이 쉽게 풀려야 한다.
- 풀림수단이 수동으로 조작되고 잠금 기구 원리로 직접적으로 작동하여야 한다.
- 풀리면 정지명령이 생성되어야 한다.
- 풀리면 해제 상태의 잠금수단이 차단되어야 한다.
- 비상상황에서만 비상 가드 잠금 해제 기능을 반드시 사용하고 잠금을 우연히 열지 않도록 배치하거나 차폐하여야 한다.
- 공구를 이용하거나 다른 방법(예를 들면, 구성요소 변경)으로만 비상해제 리셋이 가능하여야 한다. 제어시스템 수준에서 요구사항에 따를 수 있다. 안전제어시스템

12) 보호영역 안에 있는 경우 보호영역 밖으로 보내기 위해 가드 잠금을 보조물 없이 수동으로 해제하는 것을 말한다.

13) 비상 시 보호영역 밖에 있는 가드잠금을 보조물 없이 수동으로 해제하는 것으로 예를 들면, 사람이 갇혀 있거나 진화작업 시 필요할 수 있다.

수준에서 요구사항에 따르고자 하는 경우(가드잠금장치에서가 아닌) 필요한 지침을 가드잠금장치 사용설명서에 명시하여야 한다.

가드 잠금의 보조해제[14)]가 있는 가드잠금장치이면 다음 요건에 따라야 한다.

- 동작조건과 관계없이 공구 또는 키를 사용하여 보호영역 밖에서 가드 잠금을 풀어야 한다. 예를 들면, 전원 켬일 때 잠금 해제되고 전력이 손실되어 가드잠금기능에 비상해제 기능이 없는 예외적인 경우에 보조해제를 사용하므로 보조해제가 예상치 않게 작동하지 않도록 한다. 사용설명서에 정상작동이 재개되기 전에 보호 복구가 필요하다고 명시하여야 한다.
- 보조해제가 풀리면 정지명령이 생성되어야 한다.
- 공구를 이용하거나 다른 방법(예를 들면, 구성요소 변경)으로만 보조해제 리셋이 가능하여야 한다. 제어시스템 수준에서 요구사항에 따를 수 있다. 안전제어시스템 수준에서 요구사항에 따르고자 하는 경우(가드잠금장치에서가 아닌 경우) 필요한 지침을 가드잠금장치 사용설명서에 명확히 제공하여야 한다.

## 1.2.4 연동장치 선정

### 1) 가드잠금장치 선정

기계의 연동장치를 선정할 때 기계 수명주기 단계를 전부 고려할 필요가 있다. 연동장치에 대한 선정 시 다음의 기준을 고려하여야 하나 이에 국한되는 것은 아니다.

- 기계 사용조건과 용도
- 기계에서 나타나는 위험요인
- 부상 가능성의 심각도
- 연동장치의 고장 확률
- 전체 시스템의 정지성능 및 접근시간
- 안전기능에 대해서 안전무결성수준 SIL 또는 안전성능수준 PL
- 연동장치에 대한 사용정보

참고로 가드를 기계에서 완전히 제거할 수 있거나 환경 또는 공정 조건에서 높은 보호수준이 요구되는 경우에는 유형 1 및 유형 2 연동장치에서 야기되는 문제를 극복

14) 가드잠금의 고장 시에 보호영역 밖에 있는 가드잠금을 공구나 키를 사용하여 수동으로 해제하는 것으로 보조해제가 있는 가드잠금은 가드잠금의 비상해제나 탈출해제에 적합하지 않다.

하기 위해 유형 3 또는 유형 4 연동장치를 추가 사용할 수 있다.

가드잠금장치 선정 시 전체 시스템의 정지성능 시간이 사람이 위험요인영역에 도달하는데 걸리는 접근시간 이상이거나 같으면 가드잠금기능이 있는 연동장치를 사용하여야 한다. 이때 접근속도와 함께 위험요인영역과 가드 사이의 거리를 이용하여 접근시간을 계산하여야 한다.

가드잠금장치에 대한 선정 시 예측되는 모든 힘을 지탱할 수 있도록 하기 위하여 장치를 선정하여야 한다. 바운싱[15](Bouncing) 또는 채터링[16](Chattering)과 같은 동적 효과도 고려하여야 한다.

예상하는 충격 반응력이 장치가 지탱할 수 있는 힘보다 크다면 이 힘을 줄이거나 피하기 위한 조치를 설계에 적용하여야 한다.

[그림 4-35]를 보면 문이 닫혀 있고 잠금장치가 이미 작동되면 동력이 발생하게 된다. 가드가 닫힌 위치에 도달하면 자동적으로 작동되는 가드잠금장치의 경우에 선정된 가드잠금장치는 기계적 힘을 견뎌야 한다. 쇠지렛대 또는 유사한 육중한 공구를 이용하지 않고 닫힌 위치에서 가드가 열리지 않도록 방지하는데 기계식 잠금요소의 강도 또는 전자기 잠금장치의 잡는 힘이 충분하도록 하여야 한다.

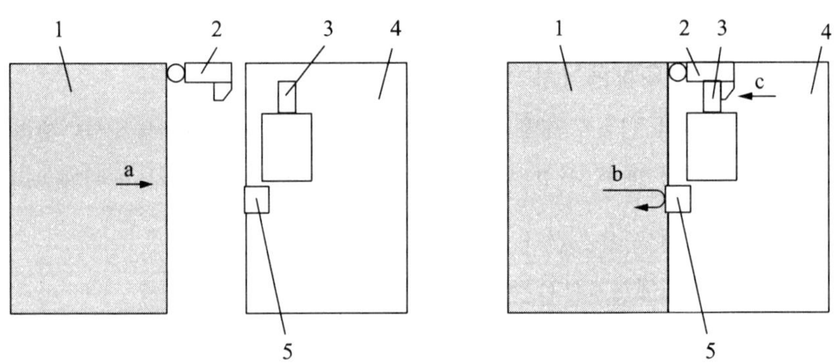


(a) 열려 있는 문　　　　(b) 닫혀 있고 잠긴 문

1. 이동식 가드　　2. 액추에이터　　3. 가드잠금기구(잠금)
4. 가드의 고정된 부품　　5. 가드정지　　a. 닫힘
b. 가드정지에서 리바운드　　c. 잠금기구에서 소모되는 전력

**▌그림 4-35　동력의 영향을 받는 가드잠금장치의 보기**

15) 차체 전체가 위・아래로 진동하는 것으로 바운싱은 앞뒤가 동시에 같은 방향으로 진동하는 상태를 말한다.

16) 계전기(릴레이)의 접점이 닫힐 때 한 번에 닫히지 않고 여러 번 단속(斷續)을 반복하는 것을 말하는데, 이는 회로의 오동작 원인이 되는 동시에 접점의 소모를 재촉하게 되므로 방지 조치가 필요하다.

필요한 잡는 힘은 가드의 의도된 용도 및 구성에 적합하여야 한다.

가드잠금장치에는 용도에 따라 해제에 대한 보충적 방법이 필요할 수 있다. 이 조치에는 다음 사항이 포함될 수 있으나 이에 국한되는 것은 아니다.

- 가드 잠금의 탈출해제
- 가드 잠금의 비상해제
- 탈출을 허용하는 가드의 특수 설계
- 특수한 상황에서(예를 들면, 전원 켬에서 잠금 해제되고 전력이 손실되어 가드잠금기능에 비상해제 기능이 없는 경우에 보호영역에 도달할 필요성이 예상되는 경우) 가드 잠금의 보조해제가 필요할 수 있다.

### 2) 환경조건 고려사항

기계 용도와 작업환경 등 사용조건에 적합하도록 연동장치 형식 및 기술을 고려하여야 한다. 적합한 연동장치 선정 시 고려하여야 하는 환경조건은 다음과 같다.

- 온도
- 먼지
- 습도
- 진동과 충격
- 작업환경
- 전자기 영향

연동장치는 기계의 예상 수명동안 예측 가능한 영향력을 견디어야 하므로 염분, 산 또는 알칼리(예를 들면, 해수)로 인한 부식으로 고장이 유발될 수 있으며, 특히 시간에 걸친 이러한 영향 가능성을 고려하는 것이 좋다. 특정 인터록 설계 및 기술 유형이 화학물질이나 입자가 유입되기 쉬운 원인이 될 수 있다. 오염이 심각하게 나타나는 영역에서 제조자의 지침대로 따르는 것이 좋다.

유형 2 연동장치를 사용하는 경우 장착 위치에서 발생할 수 있는 오염을 고려해야 한다. 적절한 조치(예를 들면, 먼지방지 덮개)가 취해지지 않으면, 입자 부스러기 또는 먼지가 유입되는 경우에 유형 2 연동장치는 적합하지 않을 수 있다.

액추에이터를 위치스위치에 삽입하면 구멍이 생겨 먼지가 유입될 수 있다. 기계 부품이 오염되면 기능이 저하되고 연동장치에 위험한 고장이 발생할 수 있다.

## 1.2.5 연동장치 실패 가능성을 최소화하기 위한 설계

### 1) 일반적인 고려사항

연동장치 기능이 실패하는 동기가 최소화되도록 기계를 설계한다. 연동장치 기능실패를 유발하는 것을 줄이기 위하여 작동하는 동안 그리고 기계 수명의 다른 단계에서 방해가 최소화되도록 한다. 특히 유지보수 및 서비스 작업 시 용이한 기계조작이나 고장이 없는 기계기능 작동을 확보하여야 하는데, 이와 같이 예상되는 연동장치 기능실패를 방지하기 위하여 다음 절차를 준수한다.

- 위험성평가에 의해 장치 기능실패가 예상되지 않는 한 유형 3 연동장치를 사용하지 않아야 한다.
- 연동장치 기능실패 동기가 예측되는지 확인한다.
- 설계적인 조치나 대체모드를 이용하여 연동장치 기능이 실패할 동기를 제거하거나 최소화할 수 있는지 확인한다. 대체 동작모드를 구현하면 기능실패 동기를 피할 수 있다. 대체 동작모드는 예를 들면, 설정을 위한 특별모드, 공구 변경, 결함 탐지, 유지보수 또는 공정 주시가 될 수 있다.
- 예측 가능한 기능실패 동기가 지속되면 추가 조치가 필요하다.

### 2) 연동장치 기능실패 가능성을 최소화하기 위한 추가 조치

예측 가능한 기능실패가 방지되도록 연동장치를 선택하거나 설치하여야 하므로 아래에 예측 가능한 기능실패에 대한 추가 조치를 언급하였다.

- 연동장치 요소에 대한 접근성을 방지한다.
  - 손에 닿지 않는 곳에 장착(예를 들면 도로 건설용 기계에서 손에 닿지 않는 곳에 뒤틀림 각에서 작동하는 연동장치의 기능실패를 방지하는 것)
  - 물리적 장애물이나 차폐물[그림 4-36]
  - 은폐된 위치에 장착

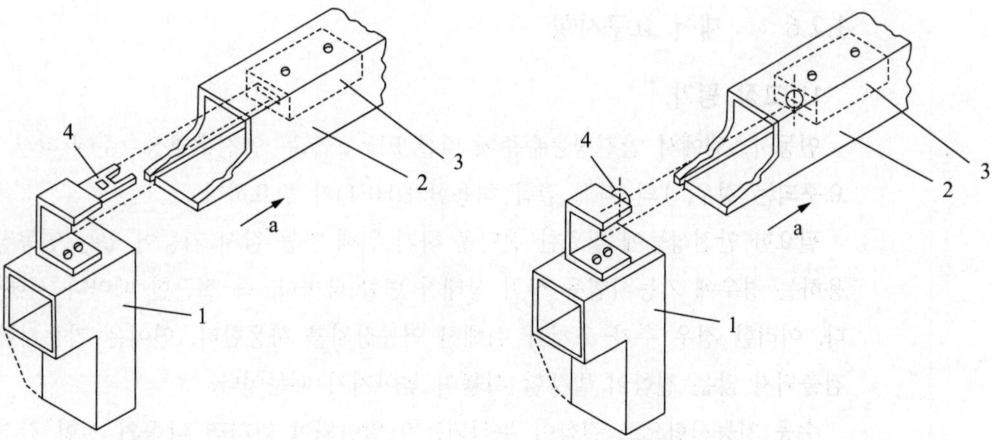


(a) 유형 2 연동장치　　　(b) 유형 3 또는 4 저수준 코드화 연동장치

1. 슬라이딩 가드(열린 상태), 2. 덮개(고정부품), 3. 위치스위치, 4. 액추에이터, a. 닫힘방향

**▌그림 4-36 물리적 장애물 또는 차폐물로 기능실패를 방지하는 예**

- 쉽게 이용할 수 있는 물체로 연동장치가 대신 구동하는 것을 방지한다.
- 용접, 접착, 일방향 나사, 리벳 등과 같이 비착탈식 부속물을 사용하여 연동장치 구성요소가 분해되거나 분리되는 것을 방지한다. 다만, 기계 수명 시기에 연동장치 고장이 예측되는 경우 비착탈식 부속물 사용이 부적합한 해결책이 될 수 있으며, 신속한 변경이 필요하다.
- 실패 방지
  - 상태감시[17] 및 주기시험[18](Cyclic Testing)과 같이 제어시스템 기능실패 감시 통합
  - 추가 조치로 기능실패가 있을 수 있는 연동장치를 추가로 사용하여 타당성 확인(예를 들면, 별도의 장착 및 배선 또는 여러 구동 원리에 따라 기능실패에 대한 추가 조치가 필요함)

---

17) 상태 감시에서 기계 주기 동안 타당성 시험에 의해 기능실패를 초래하는 연속적인 이상 상태가 검출된다. 예를 들면, 시스템 제어에서 기계 주기 동안 문 열림을 예상한다. 제어 신호가 없으면 기능실패로 나타난다.

18) 주기시험에서 제어기능에 의해 조작자는 방호설비의 구동을 요청 받는다. 예상하는 제어신호가 없으면 기능실패로 나타난다.

## 1.2.6 제어 요구사항

### 1) 고장 평가

연동시스템에서 안전성능수준에 따른 PLr e 또는 안전무결성수준에 따른 SIL 3이 요구되는 경우, 1의 최소 결함 허용한계(HFT)가 필요하다.

필요한 안전성능에 필요한 진단을 하기 위해 자동 감시 기능이 있는 연동장치를 이용하는 경우에 기능시험을 장치 상태가 변할 때마다, 즉 접근할 때마다 시행할 수 있다. 이러한 경우 추가 조치가 취해진 연동장치를 사용한다. 연이은 기능시험 중간에 검출되지 않은 결함이 발생할 확률이 높아지기 때문이다.

수동 기능시험으로 결함이 누적되는지 알아봐야 한다면 다음의 시험 간격을 두고 시험하여야 한다.

- 범주 3 또는 범주 4(안전성능수준과 관련된)의 PLr e 또는 HFT(하드웨어 결함 허용한계) = 1(안전무결성수준 관련 코드에 따른)의 SIL 3에 대해서는 적어도 매월
- 범주 3(안전성능수준과 관련된)의 PLr d 또는 HFT(하드웨어 결함 허용한계) = 1 (안전무결성수준 관련 코드에 따른)의 SIL 2에 대해서는 적어도 12개월

기계의 제어시스템에서 필요 시간 간격을 두고 이 시험을 시행해야 한다. 예를 들면, 시각디스플레이 유닛 또는 신호 조명을 통해 제어시스템은 시험을 감시하는 것이 좋으며, 시험이 누락되거나 실패하는 경우 기계를 정지시키는 기능을 가지는 것이 좋다.

### 2) 공통고장원인 방지

연동장치가 중복되는 곳에서는 공통고장원인을 피한다. 이를 위해 단순 중복 대신에 다양성(Diversity)을 활용한다.

일반적으로 공통고장원인을 방지하기 위해 유형 1 연동장치의 위치스위치의 직접 및 비직접적 기계 작동이 활용된다.

[그림 4-37]은 유형 1 연동장치의 위치스위치의 직접 및 비직접적 기계 작동을 보여준다.

기계 구동식 위치스위치의 고장 원인은 일반적으로 다음과 같다.

- 구동시스템(예 : 플런저 또는 롤러) 또는 가드에 부착된 액추에이터에 발생한 과도한 마모
- 액추에이터와 위치스위치 사이의 오정렬

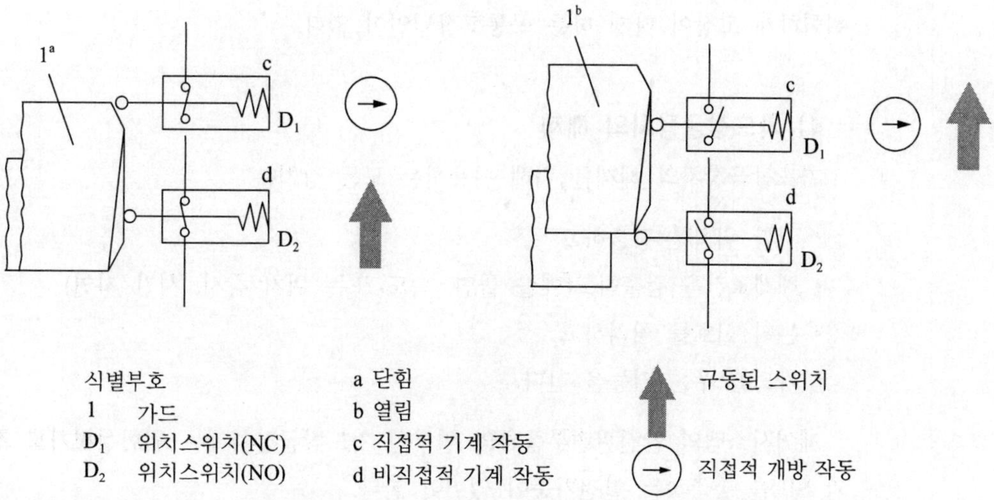


▌그림 4-37 직접/비직접적 기계 작동에 의한 2개의 기계 구동식 위치스위치 공통고장원인 방지

• 스프링에 의한 구동을 불가능하게 하는 구동시스템(플런저)의 끼임(Jamming)

[그림 4-37]에서 $D_1$ 또는 $D_2$에 고장이 발생한 경우 다른 위치스위치에 의해 회로 파손이 확인된다.

직접 및 비직접적 기계 작동을 하는 2개의 기계 구동식 위치스위치 또는 하나의 기계 구동식 위치스위치와 하나의 비기계 구동식 위치스위치를 사용하는 경우, 서브시스템에 대한 안전성능수준에 따른 공통고장원인(CCF)을 정량화하기 위해 다양성에 대해 20의 스코어를 매길 수 있다.

### 3) 전력 매체 다양성

공통고장원인 가능성을 최소화하기 위해 에너지원의 공급을 중단하는 다른 2개의 독립형 연동장치는 가드와 결합해도 된다. 이 경우 안전성능수준(PL)에 따른 공통고장원인을 정량화하기 위해 다양성에 대해 20의 스코어를 매길 수 있다.

예를 보면 생산 공정을 실행하는데 필요한 힘을 가하기 위한 유압식 구성요소가 기계에서 이용되는 반면에 기계 제어장치는 전기/전자식으로 구동된다.

인터록 이동식 가드가 열리면 2개의 독립형 위치스위치 작동이 개시된다. 제1 위치스위치에 의해 유압을 차단하는 유압밸브가 직접 작동된다. 제2 위치스위치는 또 다른 밸브를 작동시키는 제어 전압을 차단한다.

밸브 각각은 위험한 동작을 사라지게 한다. 여러 기술이 적용되므로 위치스위치가 위험하게 고장이 나게 하는 공통고장원인이 없다.

#### 4) 가드잠금장치의 해제

가드잠금장치의 해제를 위해 사용하는 모든 장치는

- 결합 위치를 검출하고
- 해제조건을 검출하고(예를 들면, 속도 또는 위치 감시, 시간 지연)
- 논리 신호를 처리하고
- 가드를 푸는 기능을 한다.

제어시스템의 안전관련부품류의 일부인 가드잠금장치에는 위험성평가로 정한 PLr과 SIL을 충족하는 안전기능이 있어야 한다.

위험성평가에서 의도하지 않은 가드 풀림 검출과 기계의 안전한 상태 검출 중간에 경과한 시간에 따른 위험한 상황이 발생할 수 있어서 가드 잠금의 안전기능으로 위험성이 감소되어야 한다고 밝혀진 경우에는 잠금/풀림 신호를 제공하는 장치는 제어시스템의 안전관련부품류(SRP/CS) 일부에 해당하여야 한다.

또한 PLr 또는 SIL은 용도에 특정한 위험성평가에 따라 달라진다. 대부분의 경우에는 가드잠금기능의 PLr 또는 SIL은 연동기능의 PLr 또는 SIL보다 낮다. 사람이 접근하는 동시에 가드잠금기능의 오작동 확률은 매우 낮기 때문이다.

## 1.3 전기 감응 보호장치

기계의 위험한 부분으로부터 사람들을 보호하기 위하여 사람의 존재여부를 감지하는 보호장치의 선택, 위치지정, 구성 및 시운전을 위한 필수사항을 제시한다.

위험성평가로 인하여 발굴된 위험감소 대책을 제시하기 위해서는 기계적 특성, 환경적 특성, 인간 특성 및 보호장비 특성 등을 고려하여야 한다.

### 1.3.1 보호장치의 선택 요건

#### 1) 기계적 특성

기계 작동이 잦은 출입, 기계와 작업자의 상호작용, 기계 또는 공정의 양호한 가시성을 필요로 하거나 또는 고정가드를 설치하기 어려운 경우에 보호장치를 선택하게 된다. 그러나 다음 경우에는 보호장치 외에 추가 또는 다른 안전 조치가 필요하다.

- 기계류에서 재료, 찌꺼기, 부품이 배출될 가능성
- 열 또는 다른 방사선에 의한 부상 위험
- 수용 불가한 소음
- 보호장치의 기능에 악영향을 미칠 수 있는 환경
- 보호조치의 효과에 영향을 줄 수 있는 가공 재료

보호장치가 사람의 접근이나 사람의 신체의 일부를 감지한 경우에 차단장치로 사용될 때, 기계는 기계의 위험한 부분에 도달하기 전에 정지할 수 있는 신뢰성을 가져야 한다. 그러나 다음과 같이 기계의 정지성능이 불명확, 불일치, 부적절한 경우에는 보호장치를 차단장치로 사용하는 것이 부적절하다.

- 기계 제어 회로의 응답 특성이 부적절
- 부적절한 정지
- 사이클 중에 정지할 수 없는 기계
  - 정지가 추가 위험을 일으킬 때
  - 사이클이 완료된 때에만 기계가 정지될 때
  - 공기압 또는 수압의 형태로 에너지를 저장할 때

### 2) 환경적 특성

보호장치의 기능은 온도, 오염, 전자파 장해, 방사선 등과 같은 환경에 영향을 받을 수 있다. 환경 영향이 보호장치의 기능에 영향을 줄 수 있는 정도는 보호장비에 사용되는 감지 기술에 따라 달라질 수 있다. 보호장치 선택 과정에서는 예상되는 환경 및 보호장치의 감지 기술에 대한 신중한 평가를 수행하여야 한다.

보호장치가 전체 작동 수명주기 동안 노출될 수 있는 합리적으로 예측가능한 모든 환경에서 적합한지 확인하기 위한 적절한 정보를 확보해야 한다. 고려해야 할 환경의 예는 다음과 같다.

- 전자기 간섭 - 정전기 전하량 축척
  - 무선 주파수 간섭
- 진동/충격
- 빛의 간섭 - 적외선

- 표면 반사
- 간섭을 일으킬 수 있는 다른 장치

- 오염
  - 물
  - 먼지
  - 부식성 화학물질
- 온도
- 습도
- 날씨
- 방사선

다음 경우에 대한 보호장치에는 추가적인 특별한 조건이 필요하다.

- 개방된 공간에서 사용
- 폭발성물질의 생산/처리/사용
- 잠재적 폭발성이나 가연성 분위기에서 사용
- 특별한 위험이 있는 경우
- 광산에서 사용

### 3) 인간 특성

가. 보호장치 선택에서 고려해야 할 인간의 특성은 다음과 같다.

- 접근속도와 방향
- 감지되는 신체 부위(예 : 손가락, 팔, 다리, 신체 전부)
- 예측 가능한 오용을 포함한 기계와 사람의 상호작용

나. 접근속도($K$)

접근속도는 다음 절에 제시한 바와 같이 보통의 걷기가 1600 mm/s, 서두르지 않은 보통의 접근이 2000 mm/s로 정해지지만, 위험성평가 등에 따라 더 높은 속도로 할 수 있다.

예를 들면 AGV와 같은 움직이는 기계에 적용할 경우 위험성평가는 사용될 적절한 접근속도를 결정하도록 해야 한다. 그러나 사용되는 속도의 최솟값은 움직이는 기계보다 크게 하거나 1.6 m/s로 하여야 한다.

### 다. 침범 요소($C$)

신체의 많은 부분을 탐지하도록 설계된 보호장비는 신체의 작은 부분이 감지영역을 통과할 수 있게 한다. 그러면 신체의 더 작은 부분이 탐지 없이 위험에 접근할 수 있다. 최소 거리를 계산할 때 이를 고려하여 추가 거리($C$)를 추가해야 한다.

이 추가 거리($C$)는 예를 들어, 보호장비가 전체 몸체를 탐지하기 위해 의도되었지만 팔이 감지되지 않거나, 보호장비가 손을 감지하도록 의도되었지만 손가락이 감지되지 않은 채로 유지될 수 있는 경우에 사용한다. 또한 허리 높이를 설정하였을 경우에 팔을 뻗어 접근할 수 있는 거리를 추가하고, 지면을 통하여 들어가는 경우를 대비하여 첫 번째 보폭을 고려하여 추가한다.

### 라. 보호장치 추가

필요에 따라 보호장치 및 추가 보호수단을 선택하여 위험구역으로의 접근을 방지해야 한다. 추가 보호수단으로는 예를 들면 고정식 또는 연동식 가드 또는 스크린 또는 추가 보호장비를 들 수 있다.

보호장치는 사람이 다음과 같은 우회로 인해 위험에 노출될 수 있는 가능성을 최소화할 수 있도록 다른 보호수단을 선택하여 설치해야 한다.

- 탐지구역 위, 아래 또는 주위에 도달
- 감지구역 위의 굽힘
- 탐지영역을 넘어감
- 지상 감지영역을 걸침
- 보호장비 감지장치의 위치 변경
- 탐지영역을 변형시키는 반사 표면을 사용하여 빔을 편향시키는 것

필요에 따라 보호장치 및 추가 보호수단을 선택하여 위험 지대로의 접근을 방지해야 한다. 추가 보호수단에는, 예를 들면 고정식 또는 연동식 가드 또는 스크린 또는 추가 보호장비가 포함될 수 있다.

감지영역 위로 오거나 감지장치를 재배치하는 등의 원인으로 인해 사람이 위험에 노출될 가능성을 최소화하도록 보호장비를 선택하고 다른 보호수단도 함께 설치한다.

### 4) 보호장치의 특성

보호장치는 다음과 같이 사용될 수 있다.

- 차단(Trip)장치
- 감지장치(대상이 있음을 감지)
- 차단장치와 감지장치의 혼합

#### 가. 트립장치의 위험까지 거리

보호장치가 차단장치로 사용되는 경우, 접근하는 사람의 일부가 위험에 도달하기 전에 기계가 정지하거나 또는 안전 조건에 도달할 수 있도록 특정 기계 위험으로부터 충분한 최소 이격거리를 모든 접근방향에 두어야 한다.

이격거리는 다음을 고려해야 한다.

- 인간의 특성과 관련된 보호장비 탐지 능력은 다음을 포함한다.
  - 접근속도
  - 신체 부위 침투 또는 침해
  - 우회 가능성
- 전체 시스템 정지성능
- 기계의 움직이는 부분(예 : 펀치 프레스, 표면 그라인더) 또는 이격거리를 줄일 수 있는 이동하는 공작물의 경우에, 사용된 이격거리는 접근방향에 대하여 움직이는 부분의 최대 연장거리를 적용하여야 한다.

#### 나. 트립장치의 정지성능

이격거리 계산을 위한 시스템의 정지 시간에는 다음이 포함된다.

- 보호장치의 응답 시간
- 최악의 조건(예를 들면 최대 하중, 최대 속도 등)에서 보호장치로부터 출력신호를 수신한 후 기계가 정지 또는 안전 조건에 도달할 때까지의 최대 시간
- 공압, 전기 및 기계 구성요소의 성능 저하(예 : 마모, 노후화, 온도)를 야기할 수 있는 조건을 고려하거나 정지성능의 변화, 설치 허용 오차, 시간 측정 정확도, SPM 정확도 등과 같은 요인이 누적될 때 위의 최대 시간 10% 미만의 여유값

#### 다. 보호장치 또는 감지지역의 위치

보호장치 또는 감지구역의 위치는 다음 절에서 상세히 설명한다.

검출능력 또는 응답시간의 조정이 가능한 경우, 최소한의 이격거리를 계산하는 데 사용된 파라미터들은 응용프로그램이 사용되도록 실제 설정값이 되거나, 그러지 않으면 그러한 설정값이 무단 변경으로부터 보호되지 않는 경우, 최대 (최악의 경우) 값이 된다.

최소 이격거리의 초기계산이 수용할 수 없을 정도의 결과 값을 준다면(계산된 이격거리가 너무 크다면), 다음 절에서 요구하는 조건을 만족시키기 위하여 적절한 정지성능이 달성되도록 다음을 고려해야 한다.

- 보다 우수한 탐지능력 또는 더 빠른 응답시간을 가진 보호장비 선택
- 전체 정지시간의 감소, 예를 들면 향상된 제동, 감소된 속도 또는 관성
- 전체 시스템 응답시간의 감소, 예를 들면 필드버스 대신 유선 연결 사용, 보다 빠른 응답시간을 가진 구성요소를 사용, 삽입장치의 수 감소
- 위험에 대한 침입을 줄이기 위해 다른 접근 방식을 사용한다. 예를 들면, 지상장치를 들어 올려 첫 번째 페이스 허용치가 낮아지도록 한다.

라. 추가적인 보호대책

사람이 보호장비와 위험지역 사이에 출입하는 것을 방지하기 위해 추가적인 조치(예 : 장애물)가 사용되어야 한다.

그러한 보충 조치가 필요한 곳에서는 다음과 같이 방법을 포함한 기술적 대책이 필요할 수 있다.

- 사람이 보호장비에 의해 보호되지 않는 방향에서 기계 위험에 접근할 수 없도록 하는 장벽
- 재시동 인터록의 제공
- 존재 감지장치의 제공
- 보호장비와 위험지역 사이에 사람이 있지 못하도록 하는 예방 조치

추가 수단이 설계되어 있다면 안전관련 제어시스템과 연동되어 추가 수단이 없는 경우에는 위험한 기계 작동이 불가능하도록 해야 한다.

마. 존재 감시기능

보호장비가 존재 감지기능을 제공하는 데 사용되는 경우(즉, 감지영역에 있는 사람이나 사람의 일부분을 계속 감지하는 경우) 위험지역 내에 사람이나 사람의 일부분이 존재하면 위험하지 않는 상태를 유지하도록 기계에 지속적으로 신호를

주어야 한다.

감지에 따라 보호장치 OSSD는 OFF 상태가 되어야 하며 사람이 탐지구역 밖에 완전히 나올 때까지 OFF 상태를 유지해야 한다.

탐지구역과 위험구역 사이에 남아 있거나 위험구역에 도달하는 등 탐지구역을 우회할 수 없도록 보장하기 위해 필요에 따라 추가 조치가 제공되어야 한다. 예를 들면, 탐지구역과 위험구역 사이에 사람이 남아 있지 못하도록 하는 대책들이 다음과 같다.

- 기계 프레임/기계 바닥 위에 서있는 것을 방지하기 위해 경사진 표면을 사용하는 것
- 울타리의 안쪽 표면에 올라갈 수 있는 돌출부가 없도록 하는 것

## 1.3.2 보호장치별 작동 원리

### 1) 전기 감응 보호장치 (ESPE: Electro-Sensitive Protective Equipment)

전기 감응 보호장치인 ESPE의 감지기술로 능동 광전자 보호장치(AOPD: Active Opto-electronic Protective Device)와 확산반사형 능동 광전자 보호장치(AOPDDR: Active Opto-electronic Protective Device Responsive to Diffuse Reflection)를 다루고 있다.

ESSP는 3가지 유형이 있는데 이들 유형의 특징을 보면 아래와 같은데 이들은 안전성능지수(PL)에서 제시하는 각 범주의 추가사항을 포함하고 있다.

- 유형 2 : AOPD에 대한 것으로 위험한 고장을 밝히기 위하여 주기적인 테스트를 사용한다. 다만 기능 테스트 중에 감지기능이 없는 상태에서 사람이 위험지역에 들어갈 수 없도록 반드시 조치하여야 한다. 또한 테스트 지속시간이 150 ms를 초과할 수 있는 경우에는 재시동 인터록이 제공되어야 한다.
- 유형 3 : AOPDDR에 대한 것으로 단일결함에 의하여 위험한 고장이 발생하지 않도록 설계되었으나 결함이 축적되면 위험한 고장이 발생될 수 있다.
- 유형 4 : AOPD에 대한 것으로 단일결함 또는 누적결함으로 인하여 위험한 고장이 발생하지 않도록 설계되어 있다.

### 2) 능동 광전자 보호장치
(AOPD: Active Opto-electronic Protective Device)

AOPD는 발신기와 수신기 사이에서 광선이 차단되는 원리를 이용한다. 물체가 광선을 차단하면, 수신기는 방출된 빛을 받지 못하게 되고 출력신호가 생성된다. [그림 4-38]은 원리를 보여준다.

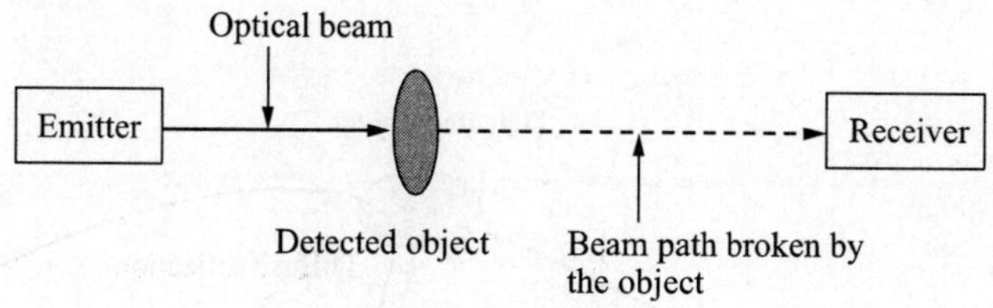


▮그림 4-38 빔 관통 AOPD 감지 원리

관통형 장치는 보호된 개구부의 반대쪽 면에 사용하고 [그림 4-39]와 같이 영역을 둘러싸는 거울을 사용하여 경로를 구성할 수도 있다.

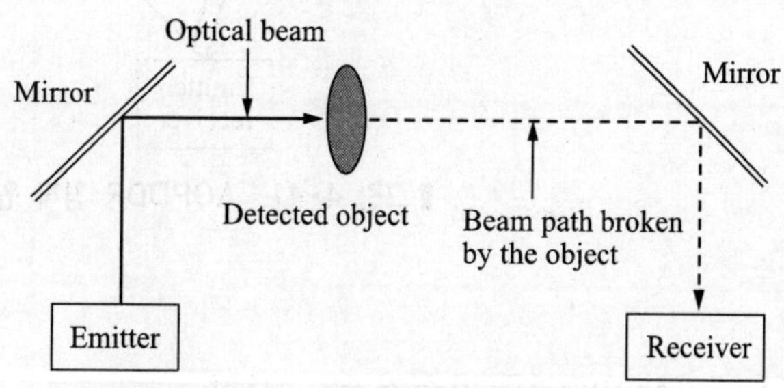


▮그림 4-39 거울을 사용한 빔 관통 AOPD

역 반사형 장치는 동일한 하우징에 발신기와 수신기를 가지고 있으며, 그림과 같이 역 반사기를 사용하여 방사된 광을 수신기로 반사시킨다.

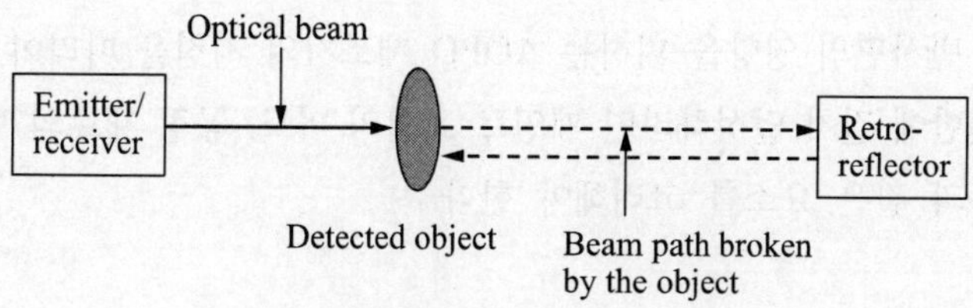


▮그림 4-40 역 반사기 AOPD

### 3) 확산반사형 능동 광전자 보호장치(AOPDDR: Active Opto-electronic Protective Device Responsive to Diffuse Reflection)

AOPDDR은 빛을 방출하고 그 빛이 확산반사에 의해 물체에서 반사되면 대상의 위치를 결정한다.

물체가 감지영역 내에서 감지되면, 출력신호가 생성된다. 이러한 작동 원리가 [그림 4-41]에서 보여준다.

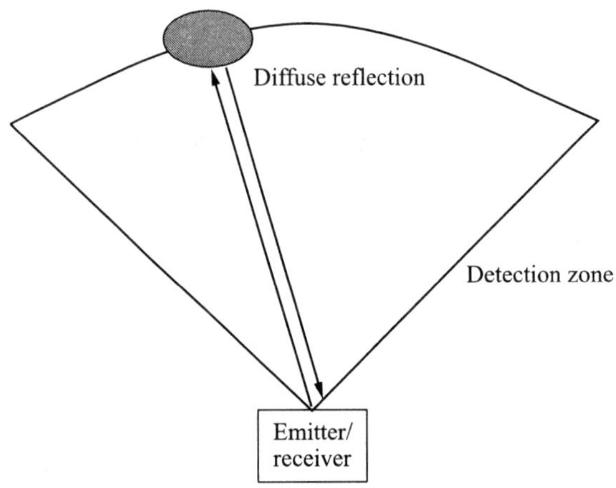


▌그림 4-41 AOPDDR 감지 원리

## 1.3.3 AOPDs의 기술적 요구사항

### 1) 일반적 사항

라이트 빔 장치 및 라이트 커튼은 하나 이상의 광선에 라이트 빔 차단에 따라 활성화된다. 광선(들) 부근의 반사 표면은 AOPD가 의도한 물체를 감지하는 능력을 감소시킬 수 있다.

반사면의 영향을 피하는 AOPD 제조자의 지침을 따라야 한다. 이를 기계 수명주기 전반에 걸쳐 달성하려면 페인트 표면의 마모, 공정 재료의 변화, 빔 발산, 환경적 영향 등과 같은 요소를 고려해야 한다.

### 2) 라이트 빔 장치

광선 장치는 하나 이상의 광선으로 구성될 수 있다. 광선 장치는 일반적으로 특정 탐지 기능이 없고 단지 광선의 방해를 감지하기 때문에 효과적인지 확인하기 위해 신중한 위치 지정이 필요하다.

최소 이격거리의 계산을 위해 각 높이에서 통과할 신체 부위의 크기와 속도에 대한 각 빔의 응답시간을 고려해야 한다.

또한 포지셔닝은 다음과 같은 가능성을 고려해야 한다.

- 빔 사이, 빔 위나 아래에 침입
- 신체의 부분, 예를 들어 팔이나 발등의 감지되지 않은 침투
- 아래에서 크롤링, 등반 또는 점프

[표 4-4]에 주어진 2, 3 및 4 빔에 대한 높이는 적용 분야에서 가장 실용적인 것으로 밝혀졌다.

**표 4-4 라이트 빔 장치를 위한 빔 높이**

| No. of beams | Heights above reference plane, for example floor (mm) |
|---|---|
| 4 | 300, 600, 900, 1200 |
| 3 | 300, 700, 1100 |
| 2 | 400, 900 |

라이트 빔 장치는 인접한 광선 사이 또는 인접한 장치 사이에서 상호 간섭을 일으킬 수 있다. 교차 간섭의 위험을 줄이기 위한 조치가 취해져야 한다. 그러한 조치에는 다음이 포함될 수 있다.

- 장치 제조업체가 제공한 측정값
- 안전한 설치 및 고정
- 인접한 보의 방향 전환
- 빔 방향의 방향
- 송신기가 다른 광선 장치의 수신기에 에너지를 공급하는 것을 막기 위하여 장치 정렬, 가벼운 배플 사용 및 반사 표면 회피

라이트 빔 장치를 사용하여 기계의 작은 개구부에 대한 접근을 탐지하는 경우 빔의 위 또는 아래에 도달하여 위험에 도달할 수 없음을 보장하는 라이트 커튼이 사용된

것과 동일한 요구사항이 적용된다.

단일 빔의 경우 최소 안전거리 계산에 사용되는 검출능력 값은 유효 빔 직경과 빔과 개구부 가장자리 사이의 최대 간격의 합이어야 하고, 다중 광선 장치의 경우 사용된 값은 다음 중 더 커야 한다.

- 최대 유효 빔 직경과 빔과 개구부 가장자리 사이의 최대 간격의 합, 또는
- 최대 유효 빔 지름의 2배와 빔 사이의 최대 간격의 합

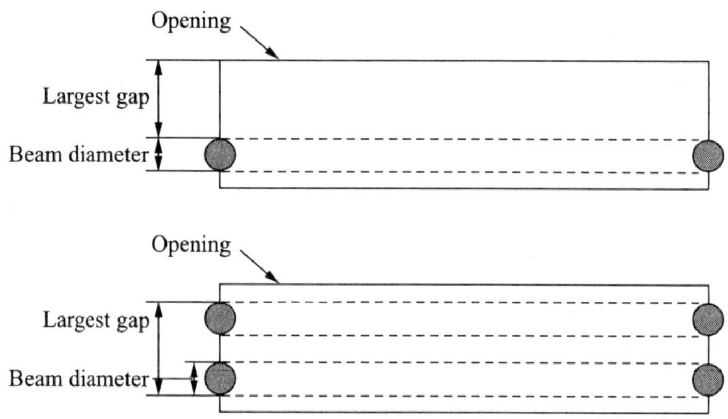


### 3) 라이트 커튼

라이트 커튼의 감지구역 방향은 6가지 형식 중 하나를 지향할 수 있다.

- 수직 접근 : 탐지영역이 접근 방향에 수직인 경우
- 평행 접근 : 탐지영역이 접근 방향과 평행한 곳
- 경사 접근 : 탐지영역이 접근 방향에 대해 다른 각도에 있는 경우
- 결합 접근 : 탐지영역이 위의 두 가지 이상을 결합하는 곳
- 고정식 이중 접근방식 : 감지영역을 접근 방향에 대해 수평 또는 평행하게 선택할 수 있다. 이격거리는 감지구역의 두 방향 모두에서 유지되어야 한다.
- 회전식 이중 접근방식 : 감지영역은 피벗에 대해 라이트 커튼을 회전시켜 접근 방향에 대해 수평 또는 평행한 위치로 전환할 수 있다. 최소한의 이격거리가 유지되지 않는다면 라이트 커튼을 위험한 부분으로 회전시킬 수 없어야 한다.

접근 각도가 30°보다 큰 이격거리 계산의 경우, 일반적인 접근방식으로 간주되고 접근 각도가 30° 미만인 경우 병렬 접근방식으로 간주된다.

라이트 커튼의 상부 및 하부 빔 높이는 사람이 보호받는 영역 위 또는 아래에 도달함으로써 위험구역에 접근하는 것을 방지하기 위해 다음 절에 정의된 대로 충분해야 한다.

라이트 커튼은 인접한 장치 간 교차 간섭을 일으킬 수 있다. 교차 간섭의 위험을 줄이기 위한 조치가 취해져야 한다.

그러한 조치에는 다음이 포함될 수 있다.

- 라이트 커튼 제조업체가 제공한 조치(예 : 다른 코드)
- 안전한 설치 및 고정
- 인접한 장치들의 빔 방향을 번갈아 가며 작동 확인
- 송신기가 다른 라이트 커튼의 수신기에 에너지를 공급하는 것을 방지하기 위해 장치 정렬, 라이트 배플 사용 및 반사 표면 방지

오용을 방지하기 위해 블랭킹은 기계 작동에 필요한 경우를 제외하고는 사용할 수 없다. 블랭킹영역 또는 빔 수는 정확한 기계 작동에 필요한 것보다 커서는 안 된다. 필요한 것보다 더 많은 보들을 비우면 탐지되지 않은 액세스가 발생할 수 있으므로 블랭킹은 탐지되지 않은 전신을 허용하지 않아야 한다.

필요한 경우를 제외하고는 기계 작동주기 중에 정상 작동 모드에서 블랭킹 모드(또는 블랭킹 유형 변경)로 전환할 수 없어야 한다.

특정 애플리케이션의 경우 기계주기의 일부분만 블랭킹 기능을 활성화해야 하는 경우 블랭킹 기능이 자동으로 시작되고 종료되어야 한다. 이는 적절하게 선정되고 배치된 센서의 사용이나, 또는 경우에 따라 안전관련 제어시스템의 신호에 의해 달성될 수 있다.

부적절한 신호, 시퀀스 또는 블랭킹 센서의 타이밍은 블랭킹 상태를 허용해서는 안 된다.

블랭킹 기능을 시작하는 제어시스템의 부품 또는 부분은 적절한 안전관련 성능(SIL 또는 PL)을 가져야 하며, 보호 기능의 안전관련 성능에 악영향을 미치지 않도록 하여야 한다. 또한 설치는 블랭킹 구역의 반사 표면으로 인한 감지 능력의 손실 가능성을 최소화하는 것이어야 한다.

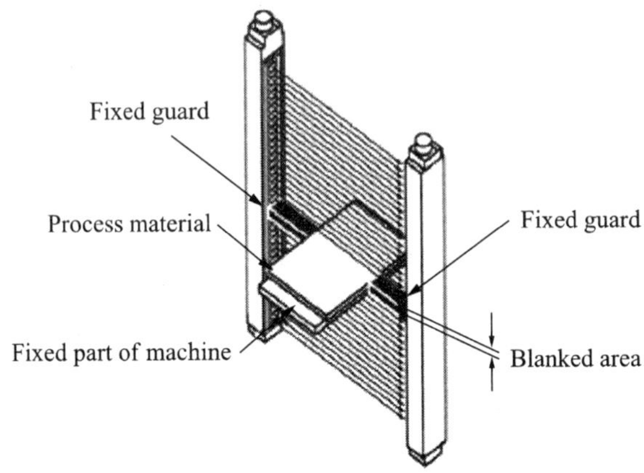


▌그림 4-42 블랭킹 사용 예

## 1.3.4 AOPDDR의 기술적 요구사항

확산반사형 능동 광전자 보호장치(AOPDDR: Active Opto-electronic Protective Device Responsive to Diffuse Reflection)는 물체로부터 반사된 빛을 받지만 발신기 결함(광 방출 없음) 또는 수신기 결함으로 인해 감지가 손실된다.

발신기 오류가 있는 경우 AOPDDR의 오류 감지 기능으로 인해 지정된 응답시간 내에서 잠금상태(Lockout Condition)를 야기한다.

검출영역은 일반적으로 고정된 장애물을 고려하고, AOPDDR의 OFF 상태로 유도하는 출력신호의 원하지 않는 생성을 피하기 위해 다양한 모양으로 구성될 수 있어야 한다.

AOPDDR은 트립 및 존재 감지장치를 결합하여 사람이 접근할 때 기계를 정지시키고 사람이 위험구역에 있는 동안 기계가 시동되는 것을 방지한다. AOPDDR에 대하여서는 아래와 같은 구체적인 특별 요구사항을 준수해야 한다. AOPDDR은 정적 및 모바일 응용프로그램에서 모두 사용하여야 한다.

AOPDDR의 감지영역의 경계는 바닥에 표시하는 것이 유용할 수 있으며, 탐지영역을 구성할 때 다음 사항을 보장하도록 주의를 기울여야 한다.

- 감지구역은 위험구역을 완전히 덮는다.
- 작업자가 계산된 최소 이격거리보다 위험영역에 더 가까이 접근할 수 없도록 객체 뒤에 그림자영역이 생성되지 않도록 한다.

- 주변 반사 표면 및 배경 간섭에 대한 AOPDDR 제조업체의 지침이 고려되어야 한다.
- 허용 오차영역의 고려를 포함하여 감지영역을 설정하기 위한 지침이 고려되어야 한다.
- 감지영역의 경계와 감지될 필요가 없는 물체(예 : 벽 또는 기계 부품) 사이의 최소 거리를 고려해야 한다.
- 제한된 탐지능력을 지닌 구역이 있기 때문에 특정 응용프로그램에서 위험요소가 발생할 수 없도록 하여야 한다.

이동식 응용 분야에서는 전체 감지구역 가장자리에 트랩이나 치명적인 위험이 없어야 한다.

모바일 애플리케이션에서 적절한 이격거리를 유지하기 위해 몇 가지 추가 요소를 고려해야 한다. 예를 들면 다음과 같다.

- 어려운 환경조건
- 움직임 결과에 의하여 반사조건 등과 같은 물리적 환경의 변경
- 정지 시스템 성능 및 가능할 수 있는 약화조건
- 정지거리에 영향을 줄 수 있는 바닥 또는 지면 조건(예 : 물, 기름 또는 얼음이 때때로 존재함)
- 위험 지대는 기계와 함께 움직인다(주요 위험은 움직이는 기계로 인하여 발생하는 충격과 압착).
- 물체의 접근 방향은 예를 들어 차량의 이동 방향의 변화로 인해 달라질 수 있다.
- 사람의 접근 방향은 차량이나 사람의 움직임 방향의 변화로 인해 달라질 수 있다.
- 기계가 고르지 않은 표면 위로 이동하면 감지영역의 유효높이가 의도한 위치와 다를 수 있다.
- 다른 이동속도가 고려되어야 한다.
  - 기계의 속도(및 AOPDDR)
  - 기계 및 검출될 물체의 상대속도

    예를 들면 사람이나 자전거, 지게차나 다른 차량

## 1.3.5 보호장치 적용을 위한 기계제어시스템

### 1) 외부장치 감시(EDM)

외부장치 감시(EDM: External Device Monitoring)는 전기감응 방호장치(ESPE)가 이 장치의 외부에 있는 제어장치의 상태를 감시하는 수단으로서, 이는 외부장치(즉 MPCE[19], FSD[20], 뮤팅 제어장치 등)의 상태를 명확하게 감시할 수 있도록 외부장치의 신호 접속 수단을 구비하여야 한다.

부적절한 상태가 EDM에 의하여 감시되는 장치 중의 하나에서 검출될 때에는 ESPE는 잠금상태로 되어야 한다.

다음 사항들이 검사와 시험에 의하여 검증하여야 한다.

- EDM이 사용되도록 의도된 장치의 모니터링을 위해 ESPE에 필요한 수단이 제공되는지 여부
- ESPE는 모니터링되는 장치 중의 하나가 잘못된 상태에 있는 경우 잠금상태로 전환되는지 여부
- ESPE는 EDM에서 발생하는 결함에 대해 응답하는지 여부

ESPE 공급자는 EDM을 장치에 연결하기 위한 적절한 정보를 제공하여야 하며, EDM을 사용하고자 하는 장치의 형식을 구체화하여야 한다. 특수한 요구사항(예를 들면 기계적으로 연결된 접점, 이중 입력, N/O, N/C)을 필요로 하는 경우에는 이러한 것 또한 구체화하여야 한다.

### 2) 정지성능 모니터(SPM)

정지성능 모니터(SPM: Stopping Performance Monitor)는 전반적인 설비 정지성능이 이미 설정된 한계 내에 있는지 아닌지를 감지하는 수단으로, 정지 상태 또는 안전한 상태로 복귀하는 동안 기계의 위험부에 의하여 취해진 시간, 또는 운동량과 관련된 신호를 ESPE에 제공하여야 한다.

SPM으로부터의 신호가 사전 설정된 정지성능의 제한값을 초과했음을 나타낼 때에

19) 기계의 1차 제어요소(MPCE: Machine Primary Control Element)로서 기계가 작동하기 시작하거나 정지되었을 때 적시에 최종요소가 기능하는 것과 같은 방법으로 기계의 정상작동을 직접 제어하는 전기작동요소

20) 최종 개폐장치(FSD: Final Switching Device)로서 출력신호 개폐장치(OSSD)가 꺼진 상태로 될 때 기계의 1차 제어소자(MPCE)에서 회로를 차단하는 기계의 안전관련 제어설비의 구성요소

는 ESPE는 잠금상태로 있어야 한다.

안전성능수준에 따른 범주 3 또는 범주 4에 속하는 ESPE에 대하여 SPM은 ESPE에 적어도 2개의 신호 채널을 제공하여야 한다. 각 채널은 ESPE의 잠금상태를 초기화할 수 있어야 한다.

SPM은 전반적인 시스템 정지성능 감시를 위하여 자동정지성능시험을 하여야 한다. SPM은 감지 소자를 실제로 또는 모의로 즉각 작동시키는 ESPE로부터 나오는 신호에 응답하는 자동정지성능시험을 초기화할 수 있어야 한다.

SPM 내의 조절 가능한 사전 설정을 위한 모든 수단은 잠글 수 있는 용기 내에 있어야 한다.

ESPE는 다음 조건의 그 어느 경우의 응답 시에도 잠금상태로 하여야 한다.

- 자동 시험의 시작이나 완료를 못하는 경우
- 복제된 전송 수단을 사용할 때 SPM에 움직임 전송 실패 또는 여러 전송 수단 중의 하나의 결함의 경우
- ESPE로부터 SPM이 분리된 경우

SPM은 다음 검사에 의하여 검증하여야 한다.

- 사전 설정된 정지성능의 제한값을 넘을 때 SPM의 출력신호는 ESPE를 잠금상태로 한다.
- 안전성능수준에 따른 범주 4에 속하는 ESPE에 대하여 SPM은 ESPE로 최소한 2개의 독립된 신호원이 있고, 이들 중 하나의 결함은 잠금상태를 일으킨다.
- SPM은 ESPE의 신호에 응답하는 자동 시험을 초기화한다.
- ESPE는 감지기능을 실제로 또는 모의 작동에 의하여 SPM 자동 시험을 초기화한다.
- 모든 조정 수단은 잠글 수 있는 용기 내에 있어야 한다.
- 자동 시험의 미실시 또는 완료되지 않았을 때에는 잠금상태로 한다.
- 모든 이동수단의 전송이 실패했을 때에는 잠금상태로 한다.
- SPM이 ESPE 또는 안전관련 제어 설비로부터 분리되었을 때 잠금상태로 한다.

공급자는 공급자 이름과 주소, 모델 형식번호와 일련번호, SPM이 설계되는 ESPE의 형식번호, 단위의 정확도와 같은 정보를 나타내는 표시를 SPM에 영구적으로 부착하여야 한다.

### 3) 기동 연동

기동 연동장치가 기계 제어시스템의 다른 부분에 의해 이미 제공되는 경우와 같이, 위험성평가에 의하여 기동 연동에 의한 부상의 가능성이 감소되었다면 기동 연동장치가 제공되어야 한다.

시동 인터록은 전원 공급 장치가 켜져 있거나 중단 및 복원될 때 기계의 위험한 작동이 자동으로 시작되는 것을 방지하는 수단이다. 시작 인터록은 고의적인 인간 행동에 의해 재설정된다.

스위치 작동 또는 감지 소자의 작동 및 해지에 의해 기동 연동이 켜진 상태로 복귀될 때까지 OSSD의 꺼진 상태를 수동으로 유지하여야 한다.

잠금상태 하에서 OSSD를 켜진 상태로 복귀하기 위한 기동 연동이 가능해서는 안 된다.

기동 연동이 실패한 경우, 예를 들면 켜진 상태로 가거나 영구적인 켜진 상태로 남아 있는 기동 연동이 실패할 때는 ESPE는 잠금상태로 가거나 잠금상태로 남아 있어야 한다.

검사와 시험에 의하여 다음을 검증하여야 한다.

- 기동 연동이 꺼진 상태에 있을 때 OSSD는 꺼진 상태이다.
- 전원이 켜져 있을 때 기동 연동이 수동으로 작동될 때까지 OSSD는 꺼진 상태로 남아 있다.
- 잠금상태 중에 기동 연동의 재복귀 시도는 OSSD를 켜진 상태로 하지 않는다.
- 기동 연동이 실패할 경우 잠금상태는 초기화된다.

### 4) 재기동 연동

감지 없이 위험 지대에 있을 수 없는 경우와 같이, 재시험 연동장치는 재시동 인터록에 의해 부상의 가능성이 감소되었다고 확신한 경우에는 제공되어야 한다.

ESPE와 같은 보호장비가 주변 보호를 위한 트립장치로 사용되는 경우 재시동 인터록이 제공되어야 한다.

재시동 인터록은 시간 지연을 가져서는 안 된다. AOPD 애플리케이션의 재시작 인터록을 리셋 하는 것은 항상 안전관련 작업이다.

다음의 경우에는 OSSD가 켜진 상태로 되는 것을 방지하기 위하여 재기동 연동해야 한다.

- 기계의 작동이 작동 주기의 위험부에 있는 동안 검출영역의 차단 또는 정의된 신호 범위를 초과하는 경우
- 기계가 자동 또는 반자동 상태에 있는 동안 검출영역의 차단 또는 정의된 신호 범위를 초과하는 경우
- 기계 작동방식 또는 형식의 변화가 있는 경우

재기동 연동이 수동으로 복귀될 때까지 연동 상태는 계속하여야 한다. 그러나 감지 소자가 작동되거나 정의된 신호 범위를 초과하는 동안에는 재기동 연동을 복귀시킬 수 없어야 한다.

위의 기능 요구사항에 부합되지 않는 경우에는 OSSD를 잠금상태로 가게 하여야 한다.

검사 및 시험에 의하여 다음을 검증하여야 한다.

- 재기동 연동이 꺼진 상태에 있을 때에는 OSSD는 꺼진 상태이다.
- 감지 소자가 작동되는 동안에는 재기동 연동은 켜진 상태로 복귀되지 않는다.
- 위험한 기계의 작동 중 감지 소자 작동 시에는 재기동 연동은 꺼진 상태로 된다.
- 기계의 작동방식 또는 작동형식이 바뀌는 경우 재기동 연동은 꺼진 상태로 된다.
- 재기동 연동이 실패할 경우 잠금상태가 초기화된다.
- 감지 소자가 작동되거나 규정된 신호 범위를 초과하는 경우에 재기동 연동을 복귀시킬 때 켜진 상태로 되지 않는다.

### 5) 뮤팅(Muting)

뮤팅은 제어시스템의 안전관련부품에 의한 안전기능의 일시적인 자동 중단을 하는 기능이므로 ESPE의 일시 기능중지가 되어도 OSSD는 감지장치의 작동 시 ON 상태를 유지해야 한다.

뮤팅은 기계에서 수행되는 공정에 필요한 경우에만 제공되어야 한다. 실행 가능한 곳에서 사람이 발견되지 않은 채로 있을 수 없도록 보장되어야 한다.

뮤팅은 예를 들어 컨베이어에 적재된 팔레트가 있어 사람이 위험구역에 접근하지 못하게 하는 경우와 같이 다른 수단으로 안전을 유지하는 경우에만 자재로 접근할 수 있다. 따라서 다음의 조치가 제공되어야 한다.

- 뮤팅 감지영역을 통과하는 데 충분한 시간으로 제한한다. 이 시간을 초과하면 뮤팅 기능이 취소되고 모든 위험한 움직임이 중지된다.
- 감지구역을 통과할 수 있는 물질과 사람을 구별하기 위한 뮤팅 센서를 구성한다. 팔레트 또는 운송장치로 올라가는 사람들이 위험구역으로 들어오는 것을 막기 위해 운반되는 하중은 감지하지만 팔레트 또는 운반장치는 감지하지 못하도록 뮤팅 센서를 선택하고 배치한다.
- 뮤팅 기능이 활성화되어 있는 동안 사람이 팔레트 또는 운송시스템의 바로 앞이나 뒤에서 탐지되지 않은 위험지대에 들어 올 수 없게 하기 위해 뮤팅 센서를 ESPE에 충분히 가깝게 설치한다.
- 예를 들어 ESPE 또는 뮤팅 센서(또는 설비의 고정 요소)와 운송장치 또는 제품 사이의 신체 부위의 끼임 가능성으로 인해 생기는 위험을 피하기 위해 ESPE 또는 뮤팅 센서의 위치 지정
- 뮤팅 기능이 활성화되어 있고 제품 또는 운송장치가 움직이는 동안 운반되는 짐과 고정된 고정요소 사이의 틈새를 통과할 때 사람이 감지되지 않은 상태에서 사람이 위험지대에 접근하지 못하도록 설계
- 제품(팔레트 또는 운송장치)이 감시구역(통제접근구역)을 떠날 때 보호 기능(AOPD에 의한 접근 제어)이 복원되어야 한다.

뮤팅 기능의 적용을 고려할 때 다음 사항을 고려해야 한다.

- 뮤트 인에이블(Mute Enable) 기능의 제공에 따라, 동작 사이클의 적절한 시간에만 뮤팅 기능의 개시 및 종료
- 하나 이상의 고장이 뮤팅 상태를 유발할 수 없도록 2개 이상의 독립적인 뮤팅 센서에 의한 뮤팅 기능의 개시
- 기능을 유지하는 뮤팅 센서 중 하나가 비활성화 될 때 뮤팅 기능의 종료
- 올바른 뮤팅 작동을 보장하기 위해 뮤팅 센서의 타이밍 또는 시퀀스 제어 사용
- 보호장치의 우회를 방지하기 위한 대체 조치 제공
- 뮤팅 센서를 기계적 손상 또는 오정렬로부터 보호
- 조작을 포함하여 예기치 않은 오용으로부터 보호
- 이송되는 재료에 의한 차단이나 치명적 위험 제거.

뮤팅 기능을 사용할 때 준수하여야 할 안전조건은 다음과 같다.

- 위험성평가에 따라 뮤팅 기능이 작동할 때를 나타내는 표시기가 필요할 수 있다.

이 표시등은 정상적인 보호 기능이 중지되었음을 나타낸다. 뮤팅 인디케이터는 충분한 밝기를 가져야 하며 사람이 위험구역에 접근할 수 있는 예상되는 위치에서 쉽게 볼 수 있도록 설치해야 한다.

- 뮤팅 기능은 자동으로 시작되고 종료되어야 한다. 이는 적절하게 선정되고 배치된 센서를 사용하거나 경우에 따라 안전관련 제어시스템의 신호를 사용하여 수행할 수 있다.
- 뮤팅 센서 또는 신호의 잘못된 신호, 시퀀스 또는 타이밍은 뮤팅 조건을 허용해서는 아니 된다. 뮤팅 기능을 수행하는 제어시스템의 부품은 적절한 안전관련 성능(SIL 또는 PL 참조)을 가져야 하며, 보호 기능의 안전관련 성능을 저하시켜서는 아니 된다.
- 보호장치 OSSD가 OFF 상태에 있는 경우와 보호장치가 잠금상태에 있는 경우에는 뮤팅 기능을 시작할 수 없다.
- 신호선의 접지 단락이나 개방 회로 또는 뮤팅 센서에 대한 전원 공급으로 뮤팅이 시작되지 않아야 한다. 뮤팅 기능을 시작할 수 있는 모드를 선택하거나, 뮤팅이 발생하는 위치 또는 타이밍을 수동으로 조정하려면 키, 키워드 또는 도구를 사용해야 한다.
- ESPE가 뮤트 상태에 있을 때 OSSD는 감지 소자의 작동으로 켜진 상태로 남아있어야 한다.
- 안전성능수준(PL)과 관련된 범주 3과 범주 4를 적용하는 ESPE는 독립된 2개의 하드와이어 뮤팅 신호원 연결용 기구가 있어야 한다. 뮤팅 신호의 충격이 발생할 때 ESPE는 뮤트 상태가 발생하지 않아야 한다.

장애물이 뮤팅 유지시간을 초과하여 제거되지 않을 경우, 장애물을 보호장비의 감지영역으로부터 제거되도록 하기 위하여 수동으로 작동되는 뮤트 의존 무시 기능[21], 즉 오버라이드(Override) 기능이 필요할 수 있다.

오버라이드 기능이 활성화되면 트립 기능을 작동시키지 않고도 위험지대에 액세스할 수 있다. 오버라이드 기능은 위험요소가 감소된 상태에서만 위험요소의 작동을 허용해야 한다.

예를 들어 부정확 한 뮤팅 시퀀스 또는 타임 아웃으로 인해 뮤팅 기능이 취소되면

21) ESPE의 감지영역이 중단되어 팔레트 또는 뮤팅영역의 재료를 배출할 수 있을 때 기계를 수동으로 작동시키는 기능으로, 이 기능은 뮤팅 시퀀스에 오류가 있거나 전송시스템에서 막힘이 발생하거나 “전원이 켜지면” 뮤팅 센서 앞에 팔레트가 이미 있는 경우에 필요할 수 있다.

ESPE 또는 뮤팅 센서의 감지영역에서 정지된 제품 또는 이송장치가 발생하므로 모든 위험한 동작이 중지된다. 오버라이드 기능은 ESPE를 재설정하기 전에 뮤팅영역을 지우는데 사용된다. 기계를 재시작하는 것은 고의적인 조치를 통해서만 가능하다.

뮤트 의존 무시 기능인 오버라이드 기능은 적어도 하나의 뮤팅 센서가 작동할 때만 작동해야 한다. 다만 출구전용 뮤팅 애플리케이션의 특수한 경우, 오버라이드 기능은 ESPE가 OFF 상태이지만 뮤팅 센서가 활성화되지 않은 경우에도 허용된다. 잠금상태(위험한 결함이 검출된 경우)에서 오버라이드 기능을 작동시켜서는 아니 된다.

### 6) 블랭킹(Blanking)

블랭킹은 ESPD의 감지영역 중 하나 이상의 정의된 영역이 소재, 기계 부품 또는 기계 부분품이 OFF 신호를 생성하지 않고 감지영역으로 돌출할 수 있도록 구성된 기능이다.

OSSD의 OFF 상태를 유발하지 않고 ESPE의 감지 능력보다 큰 크기의 물체가 감지영역 내에 위치하도록 허용하는 선택적 기능을 말한다.

블랭킹은 재료, 공작물 또는 기계의 부품이 OFF 신호를 생성하지 않고 감지영역으로 투영될 수 있도록 AOPD 감지영역의 하나 이상의 정의된 영역을 구성하는 기능이다.

사람이나 사람의 일부가 예상하지 못한 액세스를 방지하게 하는 다른 방법에 의하여 안전이 유지될 때, 블랭킹은 감지영역에서 소재 또는 기계 부품의 존재를 허용하기 위해 사용할 수 있다.

블랭킹 기능을 시작하는 제어시스템의 부품 또는 부분은 적절한 안전관련 성능(SIL 또는 PL)을 가져야 하며, 보호 기능의 안전관련 성능에 악영향을 미치지 않는다. 또한 설치는 블랭킹구역의 반사 표면으로 인한 감지 능력의 손실 가능성을 최소화하는 것이어야 한다.

고정 블랭킹은 작동 중에 감지영역의 블랭킹영역 위치가 변경되지 않는 기술이다. 감지영역의 다른 부분의 감지 기능은 변경되지 않는다.

플로팅 블랭킹은 작동 중 감지영역의 블랭킹영역이 움직이는 물체의 위치를 따라가는 기술이다. 다른 영역의 감지 기능은 변경되지 않는다.

모니터링 된 블랭킹은 블랭킹영역이 객체에 의해 점유되고 있는지 여부를 결정하기 위해 모니터링 기능을 사용하는 블랭킹 시스템이며, 블랭킹영역이 점유하는 객체가 아닌 다른 영역으로 자유로워지는 즉시 OSSD를 OFF 상태로 만든다.

플로팅 블랭킹(Floating Blanking)은 작동 중에 감지영역의 블랭킹영역이 움직이는 물체의 위치를 추적하는 기술이다.

- 플로팅 블랭킹은 재료 또는 공작물이 감지영역 내에서 움직일 수 있는 애플리케이션에 사용된다.
- 플로팅 블랭킹 시스템에서 모니터링 된 블랭킹은 블랭킹영역에서 빔 인터럽트의 상태를 모니터링 한다.
- 빔이 의도한대로 중단되지 않으면 OSSD가 OFF 상태가 된다.
- 모니터링 되는 플로팅 블랭킹의 한 종류는 블랭킹영역을 인접 빔으로 구성한다. 이 종류에서는 차단된 광선이 서로 인접하는지 여부를 모니터링 한다.
- 인터럽트 된 빔이 서로 분리되어 있는 것으로 밝혀지면 OSSD가 OFF 상태가 된다.

## 1.3.6 보호장치의 성능

### 1) 위험성평가와의 관계

선택된 감지 기술은 적용 시 요구되는 위험성평가에 의한 위험 감소에 적절해야 하며, 보호장비의 작동특성은 요구되는 위험감소에 적합해야 한다.

특정 기계에 대한 표준(범주 C 표준)에서 보호장치를 추천할 수 있다.

보호장치에서 요구되는 위험 감소 기여는 전반적인 위험, 허용 가능한 위험의 정도 및 기타 보호수단에 의한 위험 감소 기여 정도에 따라 달라진다. 보호장치가 제공하는 위험 감소 기여는 감지 기술에 달려 있다.

유형 2 ESPE는 테스트 사이에 고장이 발생할 수 있으므로, 높은 위험도 감소가 요구되는 경우에는 사용하지 않는다.

유형 3 또는 유형 4 ESPE는 중간 또는 높은 위험도 감소가 요구되는 경우에 적합할 수 있다.

### 2) 목표 PL 또는 SIL

방호장치로 사용하기 위한 장치의 적합성을 나타내는 지표로 SILCL 또는 PL만으로는 충분하지 않다.

적합성은 적절한 감지 수단, 환경조건, 특히 감지능력, 오류조건 하에서의 동작특성 등에 영향을 줄 수 있는 환경에 달려 있다.

ESPE가 안전관련 제어시스템 내에서 사용되는 경우, 그 ESPE를 포함하는 안전기능에 의해 달성될 수 있는 최대 PL 또는 SIL은 [표 4-5]에 제시되어 있다.

[표 4-5]에서 안전기능 SIL 2가 필요한 경우 AOPD가 유형 2, SILCL 2, $PFH_d = 2\times10^{-7}$이라고 주장되더라도 유형 2를 사용할 수 없음을 알 수 있다. 결과적으로 유형 3 혹은 유형 4가 필요하다.

표 4-5 목표 PL 또는 SIL에 일치하는 ESPE 타입

| 구분 | ESPE 유형 | | | |
|---|---|---|---|---|
| | 1 | 2 | 3 | 4 |
| 각각의 ESPE 타입에 있어서 안전기능을 달성할 수 있는 최대의 PL이나 SIL | 미적용 | SIL 1 또는 PLr c | SIL 2 또는 PLr d | SIL 3 또는 PLr e |

## 1.4 안전매트

압력감지매트와 압력감지바닥은 사람이 유효감지영역 위에 서 있거나 유효감지영역으로 발을 옮겨 밟는 것을 감지하는 것인데 이들의 요구되는 안전성능수준(PL), 치수 및 방향의 적합성을 결정하는데 도움을 주고자 한다.

### 1.4.1 구동력

#### 1) 단일센서

압력감지매트나 압력감지바닥은 [그림 4-43]의 시험편이 작동온도 범위 내에서 최대 2 mm/s 속도로 유효감지영역으로 힘을 가할 때 [표 4-6]에 나타낸 구동력에 대하여 반응하도록 하여야 한다.

시험편 1, 2 및 3은 체중 35 kg 초과인 자를 감지하도록 설계된 압력감지매트와 압력감지바닥에 적용한다. 시험편 4는 체중 20 kg 초과인 자(예를 들면, 어린이)를 감지하도록 설계된 압력감지매트와 압력감지바닥에 추가로 적용한다.

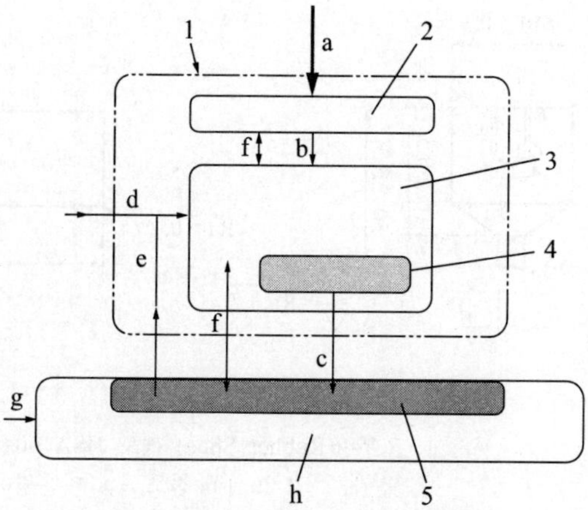


1. 압력감지매트(바닥), 2. 센서, 3. 제어유닛, 4. 출력신호 스위칭장치, 5. 압력감지매트(바닥)의 출력신호처리를 위한 기계제어시스템, a. 구동력, b. 센서출력, c. ON/OFF 상태신호, d. 수동리셋신호, e. 제어기에서 매트로 보내는 리셋신호 f. 감시신호(선택), g. 기계제어시스템으로 가는 수동리셋신호, h. 기계제어시스템

**▮그림 4-43 압력감지매트를 기계와 연결한 구성도**

**표 4-6 구동력**

| 적용대상 | 시험편 | | 구동력 |
|---|---|---|---|
| | 번호 | *d*(mm) | (N) |
| 체중 35 kg 초과인 자를 감지하도록 설계된 압력감지매트와 압력감지바닥 | 1<br>2<br>3 | 11<br>80<br>200 | 300<br>300<br>600 |
| 체중 20 kg 초과인 자(예를 들면 어린이)를 감지하도록 설계된 압력감지매트와 압력감지바닥 | 4 | 40 | 150 |

### 2) 센서의 조합

유효감지영역이 2개 이상의 센서로 구성된 경우, 연결부위는 1항의 요구사항을 만족하되 체중 35 kg 초과인 자를 감지하도록 설계된 압력감지매트와 압력감지바닥의 경우에는 [표 4-6]에 주어진 시험편 2와 구동력을 사용한다.

또한 체중 20 kg 초과인 자(예를 들면, 어린이)를 감지하도록 설계된 압력감지매트와 압력감지바닥의 경우에는 [표 4-6]에 주어진 시험편 2, 4와 구동력을 사용한다.

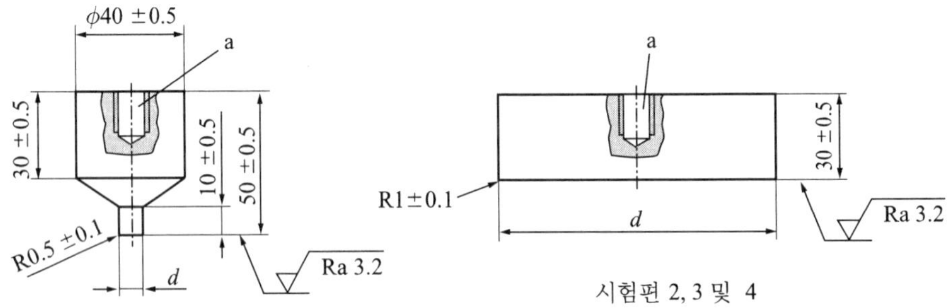


시험편 1

시험편 2, 3 및 4

1. 고무판(Rubber Shoe) 경도 HSA 60±5 접착제로 고정,
2. 강재, *d* 표 4-6 참조, a. 마운팅하는 경우만 사용

**▌그림 4-44 시험편 1-4**

## 1.4.2 응답시간

응답시간이 명시되어야 하며 작동온도 범위에서 200 ms를 초과하지 않아야 한다. 응답시간의 한계를 200 ms로 하는 것은 아주 짧은 순간적 스텝으로도 방호설비가 해제되는 것을 방지하기 위한 것이다.

응답시간은 다음 두 가지 사항간의 시간을 말한다.

- 시험편이 0.25 m/s 속도로 유효감지영역을 수직으로 접촉하는 시각
- 출력신호 스위칭장치[22]의 OFF 상태가 시작되는 시각

응답시간에 대한 시험방법을 보면 응답시간이 가장 길 것으로 예상되는 센서 형상을 사용하여야 한다. 응답시간은 중량이 30 + 0.5 kg이고 [표 4-6]의 시험편 2와 같이 지름이 *d*인 시험편 7로 측정한다.

## 1.4.3 정하중 적용

시험편 2를 사용하여 유효감지영역 경계의 120 mm 이내의 임의 위치에 있는 센서에 2000 ± 50 N의 정적인 힘을 8시간 동안 수직으로 적용하여야 한다.

22) 압력감지매트나 압력감지바닥의 부분으로 센서나 감지장치가 구동할 때 이에 대응하여 OFF 상태가 생기게 하는 장치

출력신호 스위칭장치는 힘을 제거한 후 2분 내에 ON 상태로 바뀌어야 한다. 시스템에 리셋이 있는 경우, 리셋이 구동되어야 한다. 시험편에 의해 발생한 유효감지영역 표면의 변형은 힘을 제거한 뒤 1시간 후에 측정하여야 한다. 이 때 상부면 최저점까지의 측정 깊이가 2 mm를 초과하지 않아야 한다.

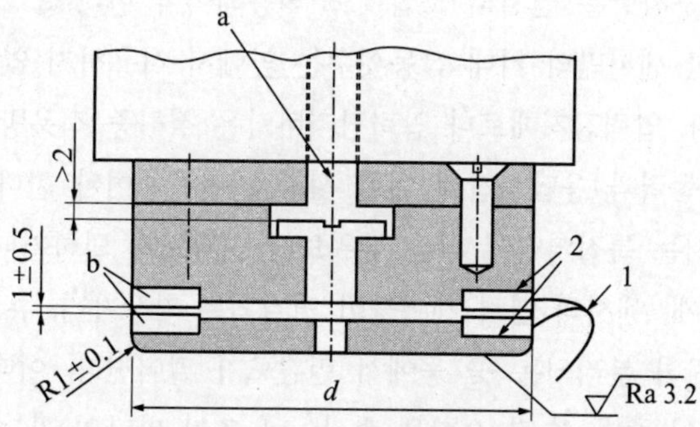


1. 연결 케이블, 2. 절연체, *d* 지름, a. 마운팅하는 경우만 사용, b. 도체

**▌그림 4-45 시험편 세팅 사례**

시험편 1을 사용하여 유효감지영역 경계에서 120 mm 이내의 또 다른 위치에 750 ± 20 N의 정적인 힘을 8시간 동안 수직으로 적용하여야 한다.

출력신호 스위칭장치는 힘을 제거한 후 2분 내에 ON 상태로 바뀌어야 한다. 시스템에 리셋이 있는 경우, 리셋이 구동되어야 한다. 시험편에 의해 발생한 유효감지영역 표면의 변형은 힘을 제거한 뒤 1시간 후에 측정하여야 한다. 이 때 상부면 최저점까지의 측정 깊이가 2 mm를 초과하지 않아야 한다.

위와 같이 변형을 측정한 후, 30분 이내에 시험한 위치에서 구동력과 응답시간을 점검하여야 한다. 구동력과 응답시간 시험 시에는 시험편 2를 사용하여야 한다. 압력감지매트나 압력감지바닥이 체중 20 kg 초과인 자(예를 들면, 어린이)를 감지하도록 설계되는 경우에는 시험편 4도 사용하여야 한다.

기계 내에 통합된 압력감지바닥은 바닥이 기계 안에 설치되거나 의도된 설치를 가장하는 조건으로 설치된 뒤에 위의 과정을 되풀이하는 시험을 수행하여야 한다.

힘을 가하는데 사용되는 위치는 가장 큰 예측 가능한 변형이 될 수 있는 곳을 선정하여야 한다(예를 들면, 지지점 또는 센서판 지지표면으로부터 가장 먼 곳).

### 1.4.4 작동횟수

압력감지매트나 압력감지바닥은 특정 기대 횟수만큼 기능을 수행할 수 있어야 한다. 압력감지매트나 압력감지바닥의 기대 작동횟수는 5곳을 기준으로 각각 100,000회 이상이어야 한다(합계 500,000회). 유효감지영역이 센서의 조합으로 구성되는 경우, 이 요구사항은 센서의 조합에도 적용되어야 한다.

또한 센서만의 기대 작동횟수는 앞에서 사용하지 않은 위치에서 추가로 1,000,000회이다. 압력감지매트나 압력감지바닥은 정하중 적용방법과 위의 사항을 만족한 후에도 구동력과 응답시간에 대한 사항을 만족하여야 한다.

센서는 특정영역이 다른 부위보다 민감도가 덜하거나 손상에 취약할 수 있다. 센서는 대개, 센서의 입력 케이블이 연결되는 가장자리, 튜브, 광섬유 또는 리드선 연결부 감지판이 분리되는 곳 등에서 민감도가 떨어진다. 이때에는 규정된 구동력을 고려하는 것이 좋다. 수명 시험은 손상이나 조기 파단의 가능성이 높은 곳에서 실시하는 것이 좋다. 이러한 부위로는 케이블 입력부, 입력 케이블과 센서의 연결부 및 센서 내부의 납땜이나 기타 연결부 등이 있다.

### 1.4.5 센서의 출력상태

구동력이 유효감지영역에 작용할 때, 전원이 켜질 때, 유효감지영역에 존재할 때, 센서의 출력신호는 어떤 값이나 상태로 바뀌어서 출력신호 스위칭장치를 OFF 상태로 전환하도록 하여야 한다.

이러한 값이나 상태는 적어도 구동력이 제거될 때까지는 출력신호 스위칭장치를 OFF 상태로 유지하여야 한다.

압력감지매트나 압력감지바닥에 리셋이 있는 경우, 구동력의 제거에 이어 리셋신호가 적용된 후에만 출력신호 스위칭장치의 상태가 바뀌어야 한다.

시험방법을 보면 [표 4-6]의 구동력을 가진 시험편 2를 전원이 켜진 센서뿐만 아니라 힘이 가해진 후 전원이 켜진 OFF 상태인 센서의 유효감지영역의 임의의 한 위치에 수직하게 위치시킨 후 최소 8시간 동안 작용시켜야 한다.

리셋이 있는 경우에는 리셋이 구동되어야 한다. 센서의 출력상태는 이 구동력이 가해질 때와 구동력이 있는 상태로 전원이 켜질 때 변화되어야 한다.

센서의 출력상태는 구동력이 제거될 때까지 유지되어야 한다. 이 시험이 진행되는 동안 센서의 출력은 출력신호 스위칭장치의 ON 상태로 복귀되는 수준까지 변화되지는 않아야 한다.

## 1.4.6 출력신호 스위칭장치의 응답

### 1) 일반적인 요구사항

구동력이 유효감지영역에 작용할 때 출력신호 스위칭장치는 ON 상태에서 OFF 상태로 바뀌어야 한다. 유사하게 전원이 켜졌을 때 유효감지영역에 구동력이 이미 존재하는 경우에도 OFF 상태가 되어야 한다.

출력신호 스위칭장치는 적어도 구동력이 유효감지영역에 존재하는 한 OFF 상태를 유지하여야 한다.

### 2) 리셋이 있는 장치

리셋이 있는 압력감지매트나 압력감지바닥의 경우 리셋신호는 수동으로 안전장치의 제어유닛[23]에 작용하거나 기계제어시스템을 통해서 작용하여야 한다.

리셋이 수행하는 기능은 다음 2가지이다.

- 가동억제 연동장치의 경우 전원을 켜면 출력신호 스위칭장치는 리셋신호가 가해지기 전까지는 OFF 상태로 유지되어야 한다.
- 재가동억제 연동장치의 경우 구동력이 제거된 후 출력신호 스위칭장치는 리셋신호를 가한 이후에만 ON 상태로 바뀌어야 한다.

구동력이 제거된 후 출력신호 스위칭장치는 리셋신호를 가한 후에만 ON 상태로 바뀌어야 한다.

구동력이 가해지기 전이나 가해지는 동안 연속적으로 리셋신호를 가하는 경우에는 추가적인 리셋신호가 가해지지 않은 채로 구동력을 제거하였을 때에도 출력신호 스위칭장치가 ON 상태로 바뀌지 않아야 한다.

리셋신호는 센서의 출력과 출력신호 스위칭장치의 출력을 제어하여야 하거나 출력신호 스위칭장치의 출력만을 제어하여야 한다.

---

23) 센스의 상태에 응답하고 출력신호 스위칭장치의 상태를 제어하는 장치를 말하며, 이는 압력감지매트나 압력감지바닥의 이상 유무를 감지하는 기능도 수행가능하며 리셋신호를 처리하는 설비도 포함할 수 있다. 제어유닛은 기계제어시스템과 일체형으로 구성할 수 있다.

### 3) 리셋이 없는 장치

리셋이 없는 압력감지매트나 압력감지바닥의 경우 출력신호 스위칭장치의 출력신호는 구동력이 제거된 후에 전원을 켜면 ON 상태로 바뀌어야 한다. 리셋이 없는 장치를 사용하는 경우에는 기계제어시스템에 리셋기능을 제공하는 것이 좋다.

## 1.4.7 장비를 위한 접근

압력감지매트나 압력감지바닥의 어떤 부위 내부로 접근할 필요가 있는 경우, 열쇠나 공구 등을 이용해서만 접근이 가능하도록 하여야 한다. 개방용 열쇠나 공구를 제외한 외장보호수단은 고정시켜야 한다.

## 1.4.8 조정

구동력이나 응답시간은 사용자가 임의로 조정할 수 없도록 하여야 한다. 공급업체가 압력감지매트나 압력감지바닥의 부품 교체 가능성을 명기하는 경우에는 부품 교체 시 압력감지매트나 압력감지바닥의 전체적인 성능의 저하가 없어야 하고 추가적인 조정이 필요 없도록 하여야 한다.

## 1.4.9 연결

플러그, 소켓 등은 종류, 형상, 표시 또는 명칭(또는 이들의 조합을 이용)을 통해서 연결방향이 명확히 맞도록 해주어야 한다.

압력감지매트나 압력감지바닥 내부의 부품 중 형태는 다르지만 호환성이 있는 부품인 경우에는 이 부품을 잘못 연결하거나 교환하더라도 위험유발 고장이 발생하지 않아야 한다.

센서나 하부시스템이 플러그나 소켓으로 연결되어 있는 경우 제어유닛의 플러그나 소켓에서 센서나 하부시스템을 제거 또는 분리할 경우 출력신호 스위칭장치가 OFF 상태로 바뀌도록 하여야 한다.

### 1.4.10 환경조건

압력감지매트를 보호장치로 선택할 때 고려해야 하는 환경조건은 다음과 같다.

- 매트의 표면 오염으로 인해 미끄러질 위험이 있다.
- 매트의 감도를 손상시킬 수 있는 매트 장착 표면의 불규칙성 위험이 있다.
- 매트 위의 바퀴 달린 차량은 위험하다. 지게차 또는 기타 대형 차량은 특히 제동, 가속 또는 회전 시 매트에 손상을 줄 수 있다
- 오일, 솔벤트, 절삭유와 같은 물질의 팽창 또는 경화와 같이 매트의 특성을 변화시켜 감도를 변화시킬 수 있는 화학물질의 위험이 있다. 매트 제조업체는 일반적으로 데이터 시트에 허용되는 화학 환경에 대한 정보를 제공한다. 특수 표면 덮개도 사용할 수 있다.
- 온도에 영향 받을 수 있는 위험이 있다. 관련 국제표준에서 요구하는 최소 온도 범위는 +5～+40℃이다. 추운 환경은 매트의 재료를 뻣뻣하게 만들 수 있고 뜨거운 환경은 재료를 부드럽게 만들어 매트의 감도를 변경할 수 있다.
- 용접 튄 자국, 부스러기 또는 모래와 같은 이물질은 매트를 마모시키거나 손상시킬 수 있다. 제조업체가 지정한 추가 보호덮개를 사용할 수 있는데 다른 추가 덮개는 매트의 감도를 손상시킬 수 있다.

압력감지매트나 압력감지바닥은 본 절에서 제시하는 환경조건뿐만 아니라 제조자가 제시하는 더 광범위한 조건에서 작동을 지속하여야 한다.

습도를 고려할 때 내습성에 대한 요구사항은 4일 동안 내습성 관련 국제코드(IEC 60068-2-78)에 따라야 한다.

진동을 고려할 때 진동 요구사항은 제어유닛과 출력신호 스위칭장치에만 적용되어야 하며 다음이 적용되어야 한다.

- 진동수 범위 10～55 Hz
- 변위 0.15 mm
- 축당 10사이클

특별히 센서가 기계의 일부에 고정된 경우 진동의 영향을 고려하는 것이 좋다. 그러나 대부분의 경우 센서는 바닥에 고정되므로 이러한 경우 진동은 중요하지 않다.

### 1.4.11 동력공급장치

전기식 동력공급장치에 있어서 압력감지매트나 압력감지바닥은 기계류의 안전성을 확보하기 위한 기계의 전기장비와 관련된 안전기술을 만족하여야 한다.

비전기식 동력공급장치에 있어서는 비전기식 동력공급장치에 명기되어 있는 공급 동력과 정상작동이 유지될 수 있는 허용차 범위를 제조자가 제시하도록 하여야 한다.

과압방호장치가 제공되지 않는 경우에는 장비에 명기되어 있는 압력범위를 초과하는 과압변동으로 인하여 위험유발 고장이 발생하지 않아야 한다. 또한 압력변동이 운용 범위를 밑도는 경우에도 위험유발 고장이 발생하지 않아야 한다.

### 1.4.12 전기장비

압력감지매트나 압력감지바닥의 전기장비(부품)는 해당 표준을 만족하여야 하며, 용도에 적합하여야 하고, 규정된 급에 맞게 사용하여야 한다.

또한 전기충격에 대한 보호기능이 있어야 하고 과전류에 대한 보호기능이 있어야 한다.

압력감지매트나 압력감지바닥의 사용자에게 퓨즈의 최대 용량이나 출력신호 스위칭장치의 출력 단자에 접속되는 회로의 과전류 보호장치 설정 관련 정보를 제공하여야 하는 경우도 있다.

### 1.4.13 SRP/CS에 대한 성능수준(PL) 및 범주

압력감지매트와 압력감지바닥은 안전성능수준(PL)과 범주의 요구사항을 규정되고 표시된 대로 만족시켜야 한다.

압력감지매트와 압력감지바닥은 적어도, 안전성능수준 PL＝c의 요구사항을 만족시켜야 한다.

안전기능에 영향을 주지 않는 센서 표면의 기계적 손상(예를 들면, 절삭 조각에 의한 스크래치)은 고장으로 취급하지 않는다.

부품의 위험유발 고장의 10%까지의 평균 사이클 수($B_{10d}$ 압력감지매트와 압력감지바닥 값)는 시험방법에 따라 결정되어져야 하나 테스트 결과는 문서화하여야 하며 최소한 다음 정보를 포함하여야 한다.

- 온도(환경)
- 로딩 형식
- 시험장소
- 작동속도
- $B_{10d}$의 값
- 시험자, 시험실, 시험일자 및 서명
- 작동전압과 작동전류
- 전환의 빈도
- 시험부하
- 작동횟수
- 고장의 형식

압력감지매트가 범주 3에 따를 것이 요구되는 경우에 설계값이 요구되는 안전성능수준(PL)을 달성한 경우 안전성능수준에 따른 지정된 설계값에서 벗어나도 된다.

결함 제외는 사용설명서에 나열되고 설명되어야 한다. 압력감지매트나 압력감지바닥의 합리적으로 예측 가능한 오용으로 인해 용인할 수 없는 결함 제외는 없어야 한다.

결함 제외가 PL 결정에 사용되는 경우, 진단범위는 PL을 결정할 때 계산하거나 포함할 필요가 없다. 이러한 조건에서 위험한 평균 고장시간($MTTF_d$)의 높은 기대값은 안전성능수준 d에 도달하기 위해 나타내어야 한다.

### 1.4.14 표시

모든 라벨과 표시는 압력감지매트나 압력감지바닥의 부착 부위에 단단히 고정되어 예상 수명기간 동안 내구성을 갖도록 하여야 한다.

제어유닛의 표시에는 다음 정보가 포함되어야 하며 그렇지 못한 경우는 이들 정보를 찾을 수 있는 근거를 명시하여야 한다.

- 압력감지매트나 압력감지바닥의 PL값과 범주
- 압력감지매트나 압력감지바닥의 응답시간
- 리셋의 존재 여부
- 부품번호, 구별되는 형식과 같은 식별 수단

센서 라벨에는 다음 정보가 포함되어야 하며 그렇지 못한 경우는 이와 관련된 정보를 찾을 수 있는 근거를 명시하여야 한다.

- 체중 20 kg 초과인 자(예를 들면, 어린이)를 감지할 수 있는지의 여부
- 부품번호, 구별되는 형식과 같은 식별 수단

### 1.4.15 사용정보

사용설명서(예를 들면, 핸드북)에는 안전한 설치 및 장치의 사용과 정비 등에 필요한 모든 정보가 포함되어야 한다.

#### 1) 장치의 특징

- 안전성능수준에 따른 범주, PL 및 시간당 위험한 고장의 평균 확률
- 유효감지영역을 포함한 각 센서의 크기와 형상의 한계
- 하나의 제어유닛으로 사용할 수 있는 센서의 수와 크기 조합의 한계
- 부품 간의 연결
- 압력감지매트나 압력감지바닥의 부품 간 연결 길이의 한계와 연결부의 형태, 예를 들면 케이블 명세, 플러그, 소켓 등
- 조립 배치
- 센서의 연결 방법
- 센서와 제어유닛의 고정 배치
- 단위 제곱미터당 센서의 질량과 제어유닛의 질량
- 센서 추가 덮개의 세부사항(적용되는 경우)
- 응답시간
- 동력공급장치의 요구사항
- 제어유닛 외장 명세
- 출력신호 스위칭장치의 스위치 용량
- 출력신호 스위칭장치의 형상
- 목발, 보행기와 같은 보행보조장치를 감지하기 위한 적합성
- 위험요인의 위치와 관련하여 요구되는 유효감지영역의 계산을 위한 공식이 제공되어야 한다. 공식의 대표적인 적용사례로 주어져야 한다.
- 의도되거나 인가된 장치가 따라야 하는 범주 및 PL을 포함한 적용범위와 조건, 부적절한 응용 사례도 제공하는 것이 좋다.
- 안전기능과 기계제어 인터페이스 회로 선도를 나타내는 도해
- 모든 입출력 터미널의 용량, 특성 및 위치
- 화학적, 물리적 및 환경적 저항에 관련된 지침(예를 들면 용제에 대한 저항 허용 중량, 작동온도 조건, 허용 전압 변동 등)

- 센서 표면에서 기동, 제동 또는 선회 등을 수행하는 차량의 적합성에 관한 지침

### 2) 포장, 수송, 취급 및 저장

- 장치의 손상을 방지하기 위한 포장 및 포장 뜯기 방법에 대한 기술
- 제품 손상이나 사람의 부상을 방지하기 위한 수송 및 취급 방법
- 저장 요구사항(예를 들면 평편한 자세, 온도 범위 등)

### 3) 설치와 시운전

- 어떤 설치 작업을 수행하기 이전에 사용설명서를 완전히 숙지하는 것이 좋다는 지침
- 센서를 설치할 표면에 관련된 요구사항
- 필요한 공구를 포함하는 설치방법
- 유효감지영역과 미감지영역의 설계 특성과 설치시의 최적화 방법(필요한 경우 도면 포함)
- 트리핑[24)]을 방지하기 위한 감지 높이를 줄이기 위한 바닥 리셋의 상세한 요구사항
- 설치 후에 시운전을 하여 장치의 작동을 확립하기 위한 시험계획 수립
- 기계와 안전장치의 안전은 이들 간의 연결 정도에 의존한다는 경고
- 안전성능수준에 의한 범주 및 PL의 적합성을 검토하기 위한 지침
- 결함 제외에 대한 지침
- 다양한 파라미터 평균 작동시간(하루당 가동시간 및 연간 가동일 수)과 관련한 PL 계산방법에 대한 설명과 고려되는 구성요소의 두 성공적인 사이클 간의 평균 시간(사이클 타임)
- 완성자가 적용을 위해 PL을 결정하여야 한다는 기술

### 4) 운용지침

- 액추에이터와 지시계의 용도와 작동 방법(예를 들면, 가동과 재가동)
- 사용 한계와 관련된 정보

24) 수동 또는 전자코일의 전류변화에 따라 개폐기의 억제기구를 풀어 축적된 에너지를 방출하여 개폐장치 등을 조작하는 것

• 결함 파악 및 식별에 관한 지침

### 5) 정비

• 정비를 하기 전에 핸드북의 정비 관련 내용을 완전히 숙지하여야 한다는 경고
• 확고한 기술적 지식 또는 특정 기술을 필요로 하기 때문에 적절한 훈련을 받은 기술자만이 수행하는 것이 좋은 임무의 파악 및 식별
• 검사와 정비의 형태 및 주기의 명세
• 세척 지침
• 훈련 받은 기술자가 결함탐지, 정비 및 수리를 할 때 필요한 도면 개략도 등의 정보
• 부품 교체 후 장치가 설계대로 기능하는 것을 확인하기 위해 필요한 시험 관련 세부사항
• 정비 중에 분해한 덮개, 클립 및 체결류 등은 정비 후에 재조립하여야 하며 이러한 부품이 바르게 조립되지 않으면 장치의 요구사항이 만족되지 않을 수도 있다는 경고
• 이 표준에 부합하는 시스템의 유지를 위하여 사용자가 교체 가능한 부품의 세부 목록
• 사용자가 교체해도 되는 부품의 지시와 제조자에 의해 사용해도 된다는 승인을 받은 부품만 사용하여야 한다는 경고
• 제조사 상호, 주소 및 유수 정비업체

## 1.4.16 기타

매트의 물리적 특성은 일부 응용 분야에서 문제를 일으킬 수 있다. 최소한 다음 사항을 고려해야 한다.

• 매트 표면의 영구적인 변형 또는 경화는 감지 필드의 일부를 고형시켜 "다리"를 형성할 수 있다.
• 대부분의 디자인에는 매트 내부에 내부 에어 갭이 있다. 이로 인하여 물질(작거나 큰 입자), 해충, 부식성 가스 또는 유체의 침입으로 인해 매트가 고장 날 수 있다. 따라서 유지 보수 중에는 작은 구멍이 감지되지 않을 수 있다.

바닥 또는 기타 장착 표면의 불규칙성은 매트의 기능을 손상시킬 수 있으므로 매트 제조업체가 명시한 한계 이내여야 한다.

매트는 우발적이거나 의도된 매트의 움직임을 방지하여 위험 구역에 대한 보호되지 않은 접근을 방지하기 위해 제자리에 단단히 고정되어야 한다.

## 1.5 양수조작 제어

### 1.5.1 양수조작식 방호장치의 종류

양수조작식 방호장치는 위험 조건이 존재하는 경우 작업자가 동시에 양수를 사용해야 가동 및 유지가 가능하다. 오직 작동하는 사람만 보호되는데 입력신호, 제어작동장치, 양수제어장치, 신호전환기, 신호처리기, 출력신호, 논리장치로 구성되어 있다.

양수조작식 방호장치의 종류는 작동방식에 따라 구별된다.

### 1.5.2 양수조작식 방호장치의 구조

정상동작표시등은 녹색, 위험표시등은 붉은색으로 하며, 쉽게 근로자가 볼 수 있는 곳에 설치해야 한다. 슬라이드 하강 중 정전 또는 방호장치의 이상 시에 정지할 수 있는 구조이어야 한다.

표 4-7 양수조작식 방호장치 종류

| 분류 | 작동방식 | 기능 |
|---|---|---|
| B-1 | 유・공압 밸브식 | 1행정 1정지식 프레스에 사용되는 것으로서 양손으로 동시에 조작하지 않으면 기계가 동작하지 않으며, 한 손이라도 떼어내면 기계를 정지시키는 방호장치 |
| B-2 | 전기버튼식 | |

방호장치는 릴레이, 리밋스위치 등의 전기부품의 고장, 전원전압의 변동 및 정전에 의해 슬라이드가 불시에 동작하지 않아야 하며, 사용전원전압의 ±(100분의 20)의 변동에 대하여 정상으로 작동되어야 한다.

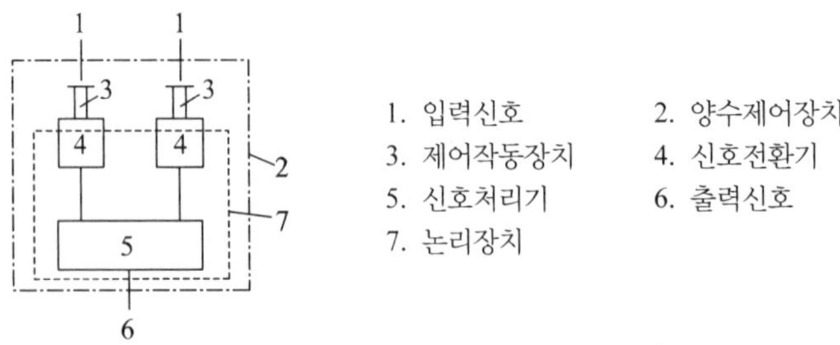


▮그림 4-46 양수제어장치 개략도

1행정 1정지 기구에 사용할 수 있어야 한다.

누름버튼을 양손으로 동시에 조작하지 않으면 작동시킬 수 없는 구조이어야 하며, 양쪽 버튼의 작동시간 차이는 최대 0.5초 이내일 때 프레스가 동작되도록 해야 한다.

1행정마다 누름버튼에서 양손을 떼지 않으면 다음 작업의 동작을 할 수 없는 구조이어야 한다.

램의 하행정 중 버튼(레버)에서 손을 뗄 시 정지하는 구조이어야 한다. 누름버튼의 상호간 내측거리는 300 mm 이상이어야 한다. 누름버튼(레버 포함)은 매립형의 구조로서 다음 각 세목에 적합해야 한다. 다만, 시험 콘으로 개구부에서 조작되지 않는 구조의 개방형 누름버튼(레버 포함)은 매립형으로 본다.

- 누름버튼(레버 포함)의 전 구간(360°)에서 매립된 구조
- 누름버튼(레버 포함)은 방호장치 상부표면 또는 버튼을 둘러싼 개방된 외함의 수평면으로부터 하단(2 mm 이상)에 위치

버튼 및 레버는 작업점에서 위험한계를 벗어나게 설치해야 한다.

양수조작식 방호장치는 풋스위치를 병행하여 사용할 수 없는 구조이어야 한다.

### 1.5.3 방호기능의 특성

양수제어장치는 작업자가 동시에 각 제어작동장치에 한 손씩 양수를 사용하여 양수제어장치를 작동하도록 설계하여야 한다. 이것이 동시작동이며 2개의 입력신호 간 시간 뒤짐에는 무관하다(그림 4-47 참조).

양수제어작동장치에 공급되는 입력신호는 양수제어장치의 출력신호를 양쪽 입력신호가 부가된 동안만 함께 개시 및 유지한다. 출력신호의 형태(예를 들면 채널 수, 펄스, 형태 등)는 경우별 설계 요구 조건에 따라 다르다. 기계 제어 회로에서는 항상 단일 출력신호로 간주하고 식별한다.

입력신호의 중지는 양수제어작동장치 중 하나를 놓는 경우 출력신호가 중지되고 우발적 작동 방지를 위하여 제어작동장치를 우발적으로 작동할 확률은 최소화하여야 한다.

출력신호의 재개는 양쪽 제어작동장치를 놓아준 후에만 가능하다.

양쪽 제어작동장치가 일정한 시간의 뒤짐이 발생하는 동기 작동은 다음 사항이 고려되어야 한다.

- 출력신호는 양쪽 제어작동장치가 0.5 s 이내의 시간 뒤짐을 갖는 경우에만 생성된다(그림 4-48 참조).
- 기계적인 양수제어장치는 양쪽 제어작동장치가 움직이도록 특별한 공간상 요구 조건이 만족되는 경우에만 출력신호를 생성한다.
- 제어작동장치가 동기되어 작동되지 않는 경우에는 출력신호가 억제되며, 양수제어작동장치를 놓고 양쪽 입력신호를 재인가하는 것이 필요하다. 다만, 2개 이상의 양수제어장치가 사용되어 하나의 기계를 작동하는 경우 동기작동은 각각의 양수제어장치 내에서만 필요하며 장치 간에는 필요하지 않다.

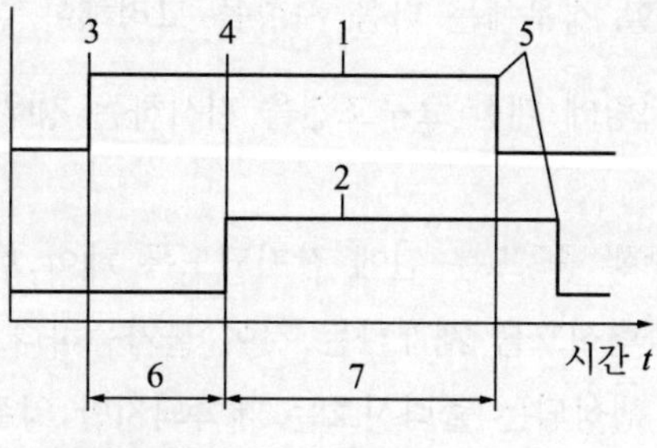


1. 첫째 손
2. 둘째 손
3. 첫째 입력신호의 시작
4. 둘째 입력신호의 시작
5. 입력신호의 중지
6. 시간 뒤짐이 정의되지 않는 동시작동
7. 동시작동의 시간 주기

**▌그림 4-47 동시작동의 입력신호**

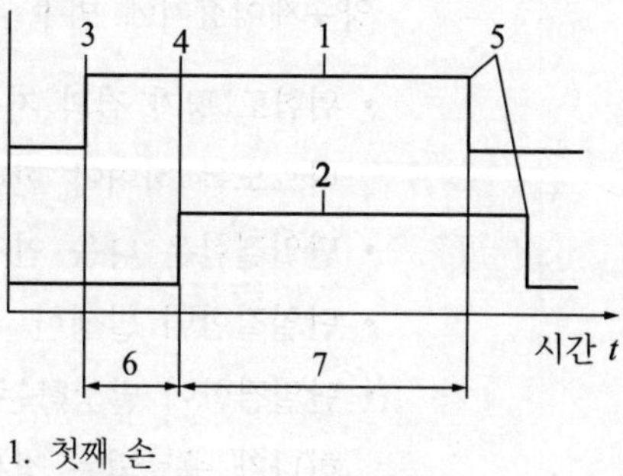


1. 첫째 손
2. 둘째 손
3. 첫째 입력신호의 시작
4. 둘째 입력신호의 시작
5. 입력신호의 중지
6. 시간 뒤짐 ≤ 0.5 s 동기작동
7. 동시작동의 시간 주기

**▌그림 4-48 동기작동의 입력신호**

### 1.5.4 제어범주와 연관된 요구조건

고장이 발생하는 경우 양수제어장치 부품의 거동은 안전성능수준(PL)과 관련된 기술기준에서 제시하는 해당 범주에 준하여야 하며 양수제어장치의 제어범주는 기계제어장치의 해당 안전관련부품의 제어범주보다 작지 않아야 한다.

양수제어장치에 범주 1을 사용할 경우에는 안전성능수준(PL)과 관련된 기술기준에서 제시하는 범주 1에 준하는 검증된 안전 구성품과 안전 원리를 적용하여야 한다. 특별히 높은 신뢰성과 가용성을 얻기 위해서는 모든 종류의 양수제어장치에서 검증된 구성품과 안전 원리를 적용해야 한다.

양수제어장치에 범주 3을 사용할 경우에는 다음 사항을 고려해야 한다.

- 위험도 평가 결과 단일결함 안전에 대한 요구조건을 지시하는 경우에는 범주 3을 적용하여야 한다.
- 양수제어장치의 단일결함으로 안전기능이 상실되어서는 안 된다.
- 양수제어장치는 단일결함에 의해 한 손 제어장치로 변화되어서는 안 된다.
- 출력신호는 단일결함의 결과로 인해 생성된다.

이러한 요구조건은 모든 결함이 감지된다는 것을 의미하지 않는다. 따라서 미감지된 결함의 축적으로 인하여 안전기능의 상실과 양수제어장치의 의도하지 않은 출력을 일으킬 수 있다.

양수제어장치에 범주 4를 사용할 경우에는 다음 사항을 고려해야 한다.

- 위험도 평가 결과 자동 모니터링에 대한 요구조건을 지시하는 경우에는 범주 4를 따르도록 하여야 한다.
- 단일결함은 다음 안전기능 수행 중 또는 전에 감지되도록 해야 한다.
- 단일결함이 발생한 후에는 출력신호를 재개하는 것이 불가능하다.
- 단일결함이 발생하는 시점에 생성되는 출력신호는 계속되지만 양쪽 입력신호 중 하나가 종료되는 경우 중지된다. 단일결함이 감지되지 못하면 결함의 조합도 안전기능의 상실을 가져오지 않는다.

### 1.5.5 우발적 작동 및 의도적 해제 방지

양수제어장치의 제어작동장치는 양수제어장치의 보호 효과를 손쉽게 해제할 수 없고, 특정 적용 분야의 위험도 평가에 준하여 우발적인 작동이 최소화되도록 설계 및 구성되어야 한다.

한 손만을 사용하는 경우와 한 손과 신체의 다른 부분의 가능한 조합을 이용하는 경우 및 단순한 보조기구를 사용하여 보호 해제하는 경우를 고려하여 위험 상황으로 접근하는 것이 가능하지 않도록 해야 한다.

우발적 작동(예를 들면, 작업자 옷에 의한)도 같은 방식으로 고려하여야 한다. 단순한 보조기구로는 브리지, 선 및 테이프 등이 있다. 작동 방향, 덮개, 형태 등을 다르게 하면 해제의 가능성을 줄일 수 있다. 양수제어장치를 두 사람이 작동하여 두 손이 자유롭게 되는 가능성은 동기작동을 통해서 극복할 수 있다.

다음은 해제가 가능한 독립된 개별적 방법과 예를 위한 예방적 방법을 보여준다. 해제 방법은 양수제어장치의 설계, 운용 조건, 양수제어장치의 부착 방법 및 위치 선정, 규정된 안전거리 요구조건 등에 의존한다. 다만 나열된 예방적 방법은 이 기술을 만족시키기 위해 단독 또는 조합으로 사용될 수 있다.

- 한쪽 손을 이용한 해제를 방지하기 위해서는 한쪽 손을 이용한 해제 방지를 위한 아래와 같은 대책을 마련해야 한다.
  - 제어작동장치를 최소 260 mm(국내 기준은 300 mm) 이격하여 설치한다.
  - 하나 이상 차단막을 두거나 제어작동장치 간에 위로 돌출된 영역을 만들어서 제어작동장치가 차단막 주위로 최소 260 mm(국내 기준은 300 mm) 이상 분리되어 있도록 한다.
- 같은 팔의 손과 팔꿈치를 이용한 해제를 방지하기 위하여서는 아래와 같은 대책을 마련한다.
  - 제어작동장치를 최소 550 mm(내부치수) 분리한다. 인간 공학적인 이유로 이 거리는 600 mm를 넘지 않아야 한다.
  - 하나 이상 차단막을 두거나 제어작동장치 간에 위로 돌출된 영역을 만들어서 제어작동장치가 팔꿈치와 손가락 끝으로 동시에 접촉될 수 없도록 한다.
  - 제어작동장치가 팔꿈치로 작동될 수 없게끔 덮개를 설계한다.
  - 제어작동장치를 다른 종류로 하고 작동 방향이 다르게 한다.

- 팔뚝과 팔꿈치를 사용함으로써 위험으로부터 손까지의 거리가 요구 안전거리보다 짧아지는 경우에는 팔뚝과 팔꿈치를 이용한 해제를 방지하기 위한 대책을 마련해야 한다.
  적당한 대책으로는 팔뚝과 팔꿈치를 사용함으로써 제어작동장치 조작이 불가하도록 덮개와 칼라(Collar)를 설계하는 방법이 있다.
- 한 손과 신체의 일부(무릎, 엉덩이 등)를 이용한 해제 방지를 위하여 다음과 같이 대책을 마련하여야 한다.
  - 제어작동장치를 바닥으로부터 최소 1,100 mm 높이의 수평면 또는 준수평면에 놓이게 하는 방법이 있다. 이 방법은 엉덩이를 이용한 작동을 막기 위한 것이다.
  - 수직이나 준수직의 표면에 장착하는 경우에는 제어작동장치 주변에 보호 칼라를 설치해야 한다.
  - 한 손과 신체의 다른 부위를 이용하여 제어작동장치의 작동이 불가하도록 덮개나 칼라를 설계한다.
- 한쪽 제어작동장치 억제를 통한 해제 방지를 위하여 대책을 마련해야 한다. 이 해제 방법은 양수제어장치를 한 손 제어장치로 만들어서 억제된 작동장치에서 영구적인 입력신호가 생성되도록 한다. 이것은 결과적으로 양수제어장치의 출력신호를 한 손으로 생성할 수 있게 해준다. 이러한 해제 방법에 대한 적당한 대책으로는 다음과 같다.
  - 계속되는 작동에서 한 손으로 출력신호가 재개되는 것을 막기 위해 양수제어장치의 재개 특성을 부여할 필요가 있다.
  - 한 손으로 최초 개시되는 것을 방지하기 위해서 양수제어장치 설계 시 동기작동 특성을 부여할 필요가 있다.
- 또한 양수제어장치의 우발적 작동 확률을 최소화하여야 한다. 위에서 제시된 대책들은 우발적인 작동을 최소화하는 데 도움이 된다. 그 밖에 우발적 작동을 방지하기 위한 적당한 대책으로는
  - 기계식 작동장치의 경우 힘주어 누름으로써 의도적으로 작동을 시키도록 설계한다.
  - 비기계식 제어작동장치의 경우(예를 들면 광전자식 장치, 정전 용량 장치) 의도적으로 작동해야 나타날 수 있는 민감도 수준을 설정한다.

## 1.6 안전스캐너

### 1.6.1 일반적 요구사항

안전스캐너(Safety Laser Scanner)는 일종의 광전자방호장치와 유사한 안전장치로 작업자가 위험한 기계기구로의 접근을 막거나 기계 상호간의 충돌을 예방하기 위하여 다양하게 사용될 수 있다. 다만 안전스캐너를 사용하면 별도의 반사기 또는 수신기를 사용하지 않고 가변 형상의 수직 또는 수평영역에 대한 방호가 가능하다.

또한 안전스캐너는 안전기능이 내장되어 있어 외부 제어장치가 불필요하며, 스마트 공장 구축에 매우 중요한 활용기기로 사용되고 있다. 위험영역에서의 안전작업을 위한 방호장치로 활용될 뿐 아니라 산업용 로봇, 자동창고, AGV 자동유도차량 등 매우 다양한 영역에서 활용된다.

안전스캐너는 사람과 시스템을 보호하기 위하여 사용되어 지는데 건물 내의 위험한 지역에 대한 보안을 확보하는데도 많이 사용된다. 안전스캐너는 다음과 같은 경우에 작업자를 기계로부터 보호하는데 주로 사용된다.

- 안전스캐너에 의하여 위험한 상태가 제거되는 경우
- 기계의 가동 시작을 안전스캐너를 이용하여 제어하는 경우

안전스캐너는 안전을 위한 출력이 2개 채널모드로 안전관련기능을 수행할 경우에는 안전성능지수 PL＝d, 범주 3 이상이어야 한다.

▌그림 4-49 Pilz사의 안전스캐너

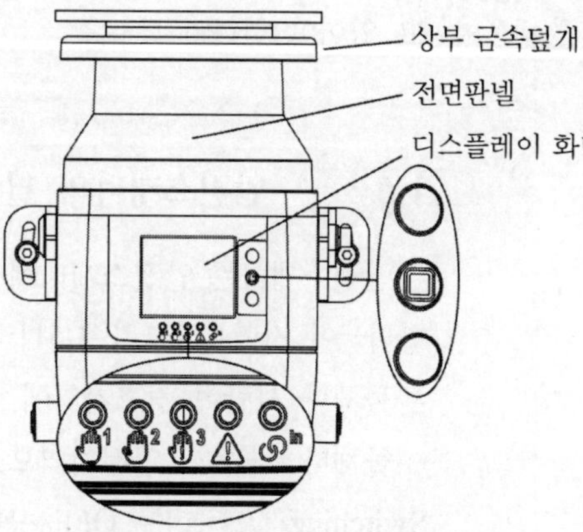


▌그림 4-50 안전스캐너 개략도

또한 무인운반차나 기계의 재시동을 자동이나 수동으로 할 경우 위험한 영역 내에서는 수동으로 재시동을 하기 위한 누름버튼을 작동할 수 없도록 하여야 한다. 다만 안전스캐너를 사용할 때 위험한 지역으로 우회하는 것을 방지하여야 한다. 이를 위해서는 별도의 전자적 센서를 활용하는 보호장비나 장치를 안전스캐너와 동시에 추가 설치해야 하는 경우도 있다. 이것은 구체적인 적용범위와 설치조건에 기반하여 위험성평가 결과에 따라 결정되어야 한다.

### 1.6.2 안전기준

안전스캐너를 사용하기 전에 기계안전에 대한 기준에 부합할 수 있도록 위험성평가를 실시하여야 한다. 기능안전은 제품의 한 가지 부분품에 대해서만 적용한다. 즉, 설비나 기계 전체에 대한 기능안전을 약속하지는 않는다는 것이다. 설비나 기계 전체에 대하여 필요한 안전레벨을 달성하기 위해서는 설비나 기계를 위한 안전조건을 먼저 정의하고 이들을 기술적 관점이나 조직적 관점에서 어떻게 수행할 것인지를 정의하여야 한다.

안전스캐너는 적합한 자격을 가진 자에 의하여서만 조립되고 설치되고, 프로그래밍되고, 시운전되고, 유지・보수되어야 한다. 적합한 자격을 가진 자라 함은 교육 및 훈련을 받고 현재 전문적인 활동을 하는 자들로서 필요한 전문적인 지식을 가진 자격있는 해박한 지식을 가진 자들을 말한다. 장치, 시스템 및 기계를 검사하고 평가하고 운전하기 위해서는 최신의 국가의 법이나 국제적인 법률 및 기준에 대한 지식을 가지고 있어야 한다.

### 1.6.3 안전스캐너의 필수 기능

안전스캐너는 안전스캐너에서 방출되는 빔에 의하여 스캐닝 되는 지역을 모니터링한다. 이 지역은 [그림 4-51]과 같이 안전지역과 경고지역으로 나눠진다.

물체나 사람이 경고지역에 들어가면 필요한 기능이 작동하기 시작한다.

물체나 사람이 안전지역으로 침범하면 출력신호개폐장치(OSSD: Output Signal Switching Device)는 OFF 상태로 전환된다.

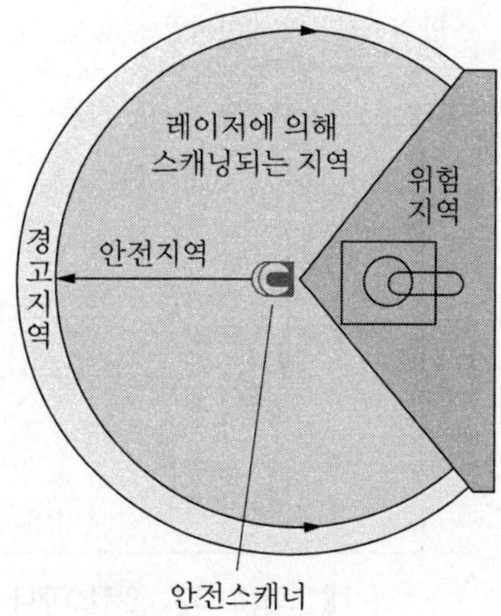


▮그림 4-51 안전스캐너의 주된 동작

안전 레이저 스캐너는 제어 입력에서 정의된 신호를 사용하여 이 모니터링 케이스에 할당된 존 세트를 활성화하므로 특정 머신 상태에 할당된다. 기계가 예를 들어, 여러 가지 작동 상태를 모니터링하기 위해 안전 레이저 스캐너를 사용할 수 있다.

두 개의 지역 세트를 사용하면 지역 세트 1의 모니터링을 지역 세트 2의 모니터링으로 전환할 수 있다. 스위칭은 구성 가능한 입력에 의해 제어된다.

모니터링 사례를 전환할 때 표준 동작은 영역 집합의 겹침을 계획하지 않는다. 한 대의 구체적인 기계에 대하여 한 대의 구체적인 모니터링이 이루어진다. 안전스캐너는 구성된 지역을 활성화하기 위하여 정의된 제어입력신호를 사용하는데 이것은 모니터링에 관련되어 있으며 구체적인 기계에 대하여 이루어진다. 기계가 다른 작동조건을 가질 때에는 안전스캐너가 여러 개의 작동상태를 모니터링하도록 사용되어야 한다.

### 1.6.4 제한된 보호능력지역

레이저 스캐너 앞 최대 100 mm의 지역은 제한된 보호능력지역이 발생한다. 이러한 보호능력 제한지역은 물체나 사람의 접근을 허용하지 말아야 한다. 어떠한 물체도 제한된 보호능력지역으로 들어가지 않도록 안전스캐너를 설치하여야 한다. 케이블트레이 밑으로 안전스캐너를 설치하지 않도록 하여 케이블이 제한된 보호능력지역에 들어가는 것을 방지한다.

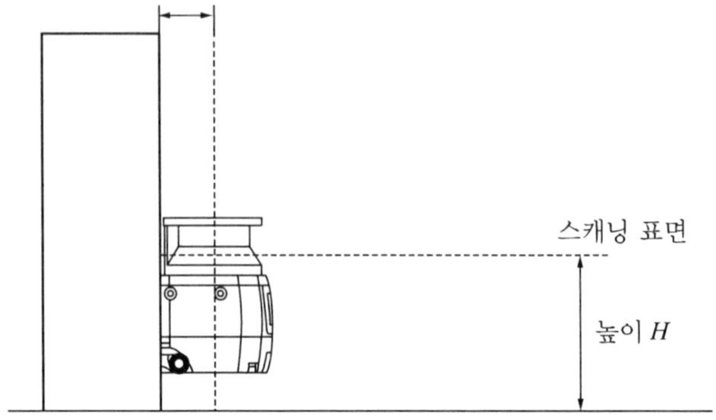


▌그림 4-52 안전스캐너 설치에 따른 명세

# 2. 안전거리

## 2.1 위험점 접근속도와 방호설비의 위치선정

인체부위의 접근속도와 관련한 방호설비의 위치선정에 관한 기술은 작업자의 인체부위의 접근속도 값에 기초한 설계 변수를 명시하고, 방호설비의 구동장치 또는 감지영역에서 위험요인영역까지의 최소 거리[25]를 결정하는 방법을 제시한다.

여기에서 고려된 방호설비는 다음을 포함한다.

- 라이트 커튼과 레이저 스캐너 등을 포함하는 전자감지식 방호장치
- 압력감지식 방호장치, 특히, 압력감지매트
- 양수조작식 장치
- 잠금장치가 없는 연동식 가드

본 기술은 감지영역, 면, 선, 점 또는 연동식 가드 진입지점으로부터 기계에 의해 유발된 위험요인(예를 들면 압착, 잘림, 끌어들임 등)에 대한 위험요인영역까지의 최소 거리를 명시한다.

25) 위험한 기계기능이 종료되기 전에 사람 또는 사람의 인체 일부가 위험요인영역에 다다르는 것을 방지하기 위하여 필요한 위험요인영역과 방호설비 사이의 계산된 거리

다만 여기에서는 고체 또는 유체의 분출, 배출, 방사능 또는 전기로 인해 발생하는 위험요인으로 인한 위험성에 대한 보호는 다루지 않는다.

해당 방정식에 사용된 침범거리[26) "C" 값의 결정은 14세 이상인 자 중 5~95% 사이에 해당하는 사람들의 인체계측 자료가 사용되었다.

### 2.1.1 방법론

[그림 4-53]은 이 표준에 따르는 방호설비의 감지장치 또는 구동장치의 올바른 위치선택을 결정하기 위한 방법론의 체계적인 표현을 나타낸 것이다.

- 위험요인을 파악/식별하기 위하여 위험성을 평가한다.
- 만약 고려대상 기계에 대한 C형 표준이 존재한다면 기계용 표준으로부터의 방호설비의 규정된 종류의 하나를 선택하고 그때 규정된 거리를 사용한다.
- 만약 고려대상 기계에 대한 C형 표준이 존재하지 않는다면 선택된 방호설비에 대한 최소 거리는 제시된 방정식을 이용하여 계산한다.
- 만약 감지영역을 회피(우회)하는 것이 가능한 경우에는 방정식을 이용하여 추가적 계산이 이루어져야 한다.
- 만약 복수 개의 방호설비로 이뤄진 조합이 사용된 경우, 각 방호설비와 그에 대한 회피가능성 등을 고려하여 최소 거리 계산이 이루어져야 한다.
- 위험요인영역에 도달할 수 있는 각각의 가능성에 대하여 최소 거리를 계산한다. 그 때 최소 거리의 가장 높은 보호가능성(가장 큰 보호가능성)을 선택한다.
- 만약 가능하다면, 기계 설계 시에 최소 거리를 반영한다. 만약 그렇지 않으면, 단계 다음 단계를 확인한다.
  - 방호설비의 설치가 감지되지 않는 접근을 허용하지 않는지 확인한다. 만약 감지되지 않는 접근이 가능하다면 재설계를 하거나 다음 단계로 이동한다.
  - 설계파라미터가 변경될 수 있는가 또는 다른 방호설비로 대체될 수 있는가 만약 두 가지 다 불가능하다면 추가 방호설비가 설치되어야 한다.
- 결정된 위치 적용의 결과 방호설비와 감지되지 않는 위험요인영역 사이에 사람이 있는지 여부를 확인한다. 이 경우에 추가적인 조치가 추가적인 위험성평가에 따라 요구될 것이다.

26) 인체의 일부(주로 손)가 방호설비의 구동 이전에 위험요인영역으로 다가갈 수 있는 거리

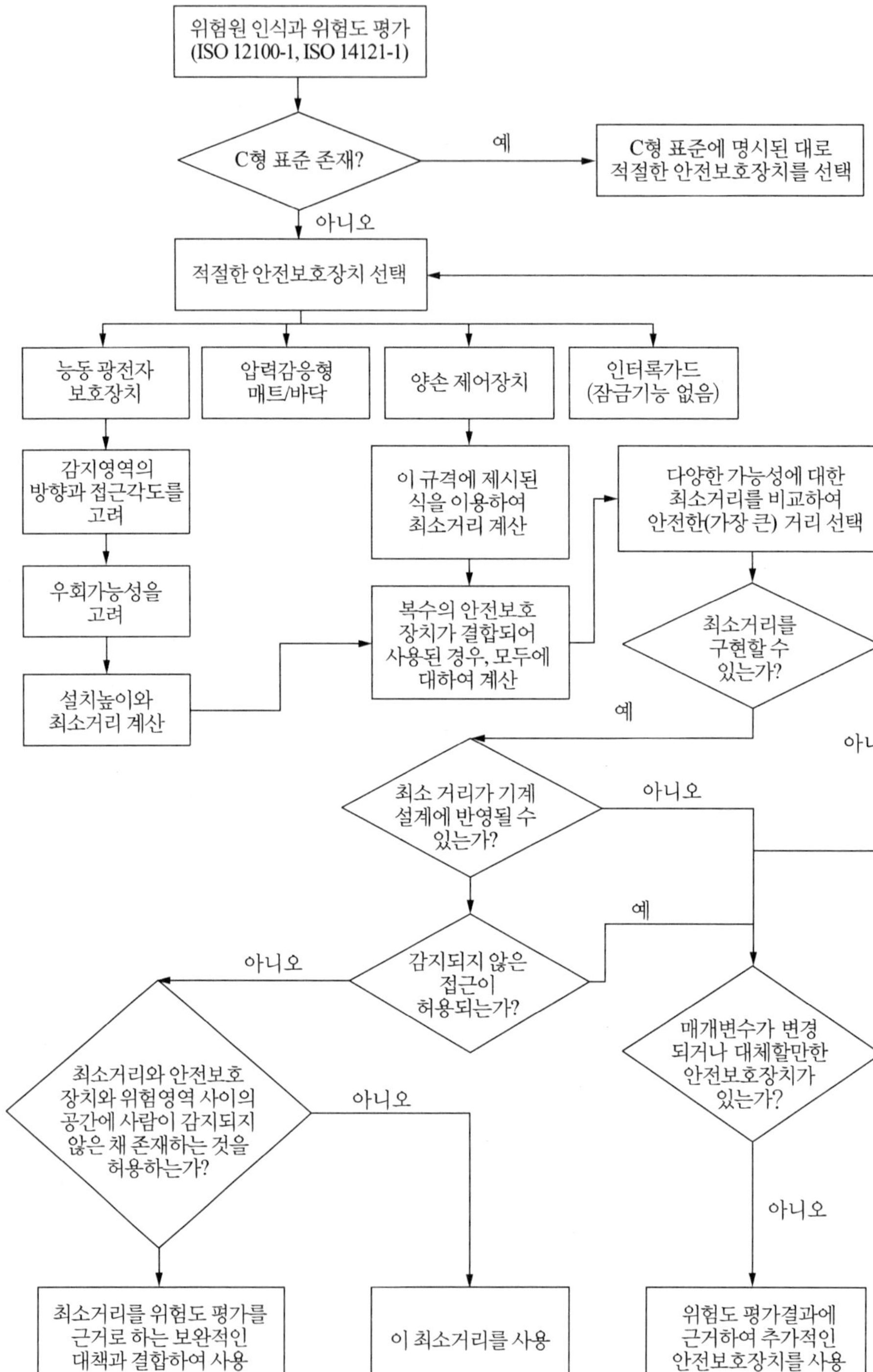
위험원 인식과 위험도 평가
(ISO 12100-1, ISO 14121-1)
C형 표준 존재?
예
C형 표준에 명시된 대로 적절한 안전보호장치를 선택
아니오
적절한 안전보호장치 선택
능동 광전자 보호장치
압력감응형 매트/바닥
양손 제어장치
인터록가드 (잠금기능 없음)
감지영역의 방향과 접근각도를 고려
우회가능성을 고려
설치높이와 최소거리 계산
이 규격에 제시된 식을 이용하여 최소거리 계산
복수의 안전보호 장치가 결합되어 사용된 경우, 모두에 대하여 계산
다양한 가능성에 대한 최소거리를 비교하여 안전한(가장 큰) 거리 선택
최소거리를 구현할 수 있는가?
예
아니오
최소 거리가 기계 설계에 반영될 수 있는가?
아니오
예
감지되지 않은 접근이 허용되는가?
아니오
매개변수가 변경되거나 대체할만한 안전보호장치가 있는가?
최소거리와 안전보호 장치와 위험영역 사이의 공간에 사람이 감지되지 않은 채 존재하는 것을 허용하는가?
아니오
아니오
최소거리를 위험도 평가를 근거로 하는 보완적인 대책과 결합하여 사용
이 최소거리를 사용
위험도 평가결과에 근거하여 추가적인 안전보호장치를 사용

▌그림 4-53 방법 개략도

## 2.1.2 전체시스템의 정지성능과 최소 거리의 계산을 위한 일반식

### 1) 전체시스템의 정지성능

전체시스템의 정지성능[27]은 최소한 두 단계로 구성된다. 두 단계는 다음 식 (4-1)에 의해서 보여준다.

$$T = t_1 + t_2 \tag{4-1}$$

여기서, $T$ : 전체시스템의 정지성능

$t_1$ : 방호설비가 구동된 시간과 출력신호가 OFF 상태로 전환되는 시간 사이의 최대 시간

$t_2$ : 정지시간, 방호설비의 출력신호가 OFF 상태로 된 후 위험한 기계기능을 종료하는데 소요되는 최대 시간. 제어시스템의 응답시간은 $t_2$에 포함되어야 한다.

$t_1$과 $t_2$는 온도, 밸브의 스위칭 시간, 구성요소의 노화 등 다양한 요소에 의하여 영향을 받는다. $t_1$과 $t_2$의 관계는 [그림 4-54]에서 볼 수 있다.

$t_1$과 $t_2$는 각각 방호설비와 기계의 기능이며 이 값들은 설계에 의해 확정되며 확정된 값은 측정을 통해 결정되고 평가된다. 이 두 값의 결정과 평가는 측정, 계산 및 제조 과정으로부터 발생하는 불확실성을 포함하여야 한다.

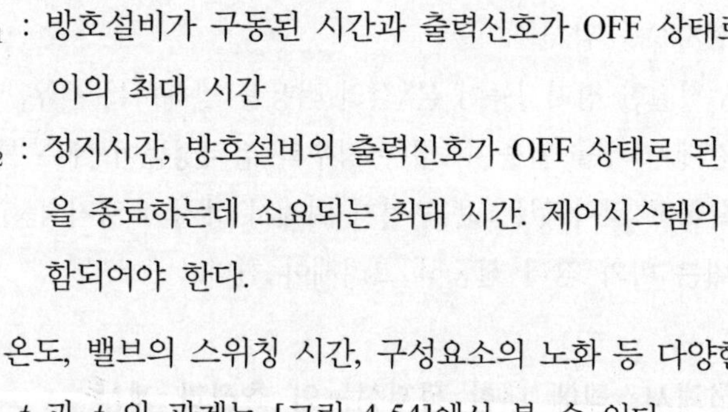


▌그림 4-54 $t_1$과 $t_2$의 관계

전체시스템의 정지성능 $T$는 방호장치의 위치를 위해서 필수적인 특성이다. $T$값을 추정하는 과정에서 기계의 정지시간 $t_2$의 모든 편차는 고려되어야 한다. 기계의 수명

27) 감지기능의 구동과 위험한 기계 기능 종료사이의 시간 간격

주기 동안 정지시간이 약화될 수 있는 경우에는 장치의 전반적 정지기능을 정확히 보장하기 위해 기술적 또는 조직적 조치가 이뤄져야 한다.

예를 들면 이러한 조치는 다음과 같다.

- 제동성능 제어장치
- 점검, 사용자 매뉴얼에 정의되어 있어야 하는 특성과 주기
- 다음과 같은 추가적 사항이 고려될 수도 있다.
  - 방호기능의 온전성(결함 발생 시 안전성)
  - 정지성능 감시
  - 부적절한 정지성능이 본 절의 적용을 방해하는 경우, 예를 들면 일정 사이클 중간에 기계를 멈출 수 없는 경우와 정지성능이 예측 불가능한 경우에는 보다 정확하고 의미 있는 값을 얻기 위해서 장치의 정지성능 측정은 다음 절에서 나타내는 바와 같이 신중히 고려해야 한다.

### 2) 전체시스템에 대한 정지성능의 측정과 계산

정지 신호를 보내는 시기를 측정하기 위해서는 방호장치를 구동하는 신호(즉, 정지 신호)를 최대의 정지시간을 갖는 순간, 위치, 운동단계에서 기계에 부여되는 것이 좋다.

기계의 정지시간에 대한 최악의 시나리오(현실적 범위 내에서)가 사용되는 것이 좋다. 이런 시나리오를 결정할 때 도구의 무게, 온도, 밸브의 스위치를 조작하는 시간, 구성요소의 노화 등을 고려하는 것이 좋다. 대부분의 경우에 최악의 시나리오는 기계가 최대 속도로 움직이는 때이다.

이 표준에 따라 최소 거리를 계산하기 위해서, 움직이는 장비의 설계된(또는 프로그램 된) 속도를 사용할 수 있다. 다만 움직이는 장비의 고장상황에서의 속도는 고려될 필요가 없다.

장치의 전체시스템의 정지성능을 계산하는 방법에 있어서 최소 거리를 계산하는데 한 번의 측정은 충분하지 않다. 최소한 10번의 측정이 요구된다.

정규분포에서 모든 개인의 99.7%를 다루는 통계적 방식은 평균값의 ±3 표준편차를 계산하는 것이다.

최소 거리 계산을 위해서는 "측정값 중 최대치" 또는 "평균치 더하기 표준편차의 세 배 값" 중 더 큰 값이 사용되는 것이 좋다.

피해야 할 사항으로 기계의 운영사례 중 50%의 경우는 더 긴 전체시스템의 정지성능을 가질 것이기 때문에 평균값만을 사용하여 최소 거리를 계산하지 않는 것이 좋다. 정지시간이 모니터 되는 경우에만 평균값을 사용할 수 있다.

통계적 이상치가 측정 오류에 의한 것이라는 확신이 있는 경우가 아니라면 통계적 이상치를 고려대상에서 제거하는 것은 추천되지 않는다.

그 외 계산된 최소 거리를 시작하는 것과 측정이 이루어지는 기계를 확인하는 것을 제외하고 시행된 측정과 계산이 어떻게 결정되고 어떻게 안전한 조건으로 정의되는지에 관해 사용자의 편의를 위하여 다음과 같은 목록을 포함하여 제시하는 것이 좋다.

- 기계의 정보
- 사용된 방호설비
- 사용된 측정기기
- 측정기기의 검증(교정을 포함)
- 측정을 수행한 사람/회사의 정보
- 측정일자
- 사용된 측정방법
- 측정과 계산에 사용된 가정
- 기계와 측정 시나리오에 대한 추가 정보
- 계산된 전체시스템의 정지성능
- 식에 사용된 값을 제공하는 계산된 최소 거리

### 3) 최소 거리

위험요인영역까지의 최소 거리는 방정식 (4-2)를 이용하여 계산되어야 한다.

$$S = (K \times T) + C \tag{4-2}$$

여기서, $S$ : 최소 거리(mm)

$K$ : 인체의 전부나 일부의 접근속도 데이터에서 얻어지는 파라미터(mm/s)

$T$ : 전체시스템의 정지성능(s)

$C$ : 침범거리(mm)

## 2.1.3 전자감지식 방호장치의 최소 거리 계산

### 1) 접근방향에 수직한 감지영역

[그림 4-55]는 감지영역이 접근방향에 수직한 3가지 예를 보여주고 있다. 방호설비가 전신접근 감지만을 위해 사용되는 경우 감지영역 아래로 접근하는 것을 방지하기 위해 빔의 최저 높이는 300 mm 이하이어야 한다. 예를 들면 아이가 주변에 있어서 전자감지식 방호장치(ESPE)가 비산업적 용도로 사용될 수 있는 가능성이 있는 경우, 빔의 최저 높이는 200 mm 이하이어야 한다. 또한 감지영역 위로 넘어가는 것을 방지하기 위해서 빔의 최대 높이는 900 mm 이상이어야 한다.

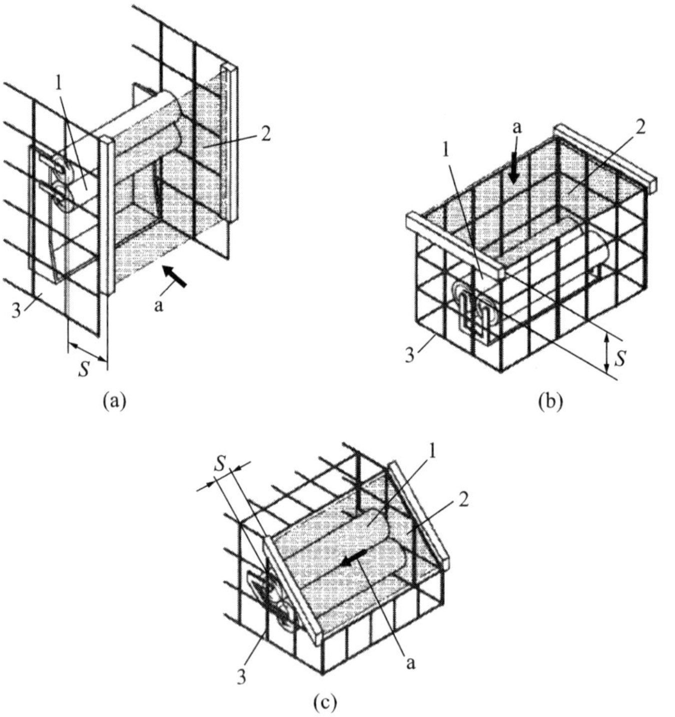


1 : 위험요인영역 2 : 감지영역 3 : 고정식 가드 $S$ : 최소 거리 a : 접근방향

**▮그림 4-55 감지영역이 접근방향에 수직한 경우의 3가지 예**

40 mm 이하의 센서 감지능력을 갖는 광전자식 방호장치를 사용하는 전자감지식 방호장치를 계산하는 방법을 보자.

감지영역에서 위험요인영역까지의 최소 거리 $S$ (mm)는 식 (4-2)를 이용하여 계산한 값보다 작아서는 안 된다.

$$S = (K \times T) + C \qquad (4\text{-}2)$$

여기서, $K = 2000$ mm/s

$C = 8(d-14)$ 그러나 0보다는 작을 수 없다.

$d$는 장치의 센서 감지능력(mm)이고, 이 값들을 식에 대입하면

$$S = (2000 \times T) + 8(d-14) \qquad (4\text{-}3)$$

식 (4-3)은 500 mm 이하의 모든 최소 거리에 적용된다. $S$ 값의 최솟값은 100 mm 이다.

식 (4-3)을 이용하여 계산된 $S$ 값이 500 mm를 초과하는 경우에는 식 (4-4)를 사용한다. 이 경우 $S$값의 최솟값은 500 mm이다.

$$S = (K \times T) + C \qquad (4\text{-}2)$$

여기서, $K = 1600$ mm/s

$C = 8(d-14)$ 그러나 0보다는 작을 수 없다.

$d$는 장치의 센서 감지능력(mm)이고, 이 값들을 식에 대입하면

$$S = (1600 \times T) + 8(d-14) \qquad (4\text{-}4)$$

예를 들면, 아이가 주변에 있어서 광전자식 방호장치를 포함하는 전자감지식 방호장치가 비산업적으로 사용될 가능성이 있는 경우, 최소 거리 $S$는 식 (4-3)을 이용하여 계산된 후 최소한 75 mm 증가되어야 한다. 그와 같은 경우에는 식 (4-4)는 적용할 수 없다.

만약 제어기능을 갖춘 광전자식 방호장치가 기계의 사이클 재개 용도로 사용되는 경우에는 장치의 감지능력은 30 mm 이하이어야 하고 식 (4-3)을 적용하여야 하며, 또한 최소 거리 $S$는 150 mm를 초과하여야 한다.

만약 장치의 감지능력이 14 mm 이하인 경우에는 식 (4-3)을 적용하여야 하고, 또한 최소 거리 $S$는 100 mm를 초과하여야 한다.

다만 유의할 것은 장치의 감지능력이 30 mm를 초과하는 전자감지식 방호장치는 손이 감지된 이후 손목 또는 아래팔을 감지하지 못할 가능성이 있다. 이 경우 예상하지 못한 사이클 재개가 발생할 수 있다.

센서의 감지능력이 지름 크기 기준 40 mm 초과 70 mm 이하인 전자감지식 방호장

치는 손이 침범하는 것을 감지하지 못하므로 위험성평가 결과 손의 침범을 감지할 필요가 없는 경우에만 사용되어야 한다.

이 장비는 다음 파라미터와 부합되도록 설치되어야 한다.

감지영역에서 위험요인영역까지의 최소 거리는 식 (4-5)를 이용하여 계산되어야 한다.

$$S = (K \times T) + C \qquad (4\text{-}2)$$

여기서, $K$ = 1600 mm/s

$C$ = 850 mm

이고 이 값들을 식에 대입하면

$$S = (1600 \times T) + 850 \qquad (4\text{-}5)$$

이다. 이때 팔길이는 850 mm로 간주한다.

다중 독립 빔이 설치된 경우 2～4개의 독립 빔의 배열은 몸 전체가 위험요인영역으로 침범하는 것을 감지하기 위해 사용될 수는 있지만 인체 일부(예를 들면, 손 또는 손가락)를 감지하기에는 적합하지 않다.

만약 다중 독립 빔이 적합하다는 것을 위험성평가가 보여준다면, 이들의 배열은 식 (4-5)를 이용하여 계산된 최소 거리만큼 위험요인영역으로부터 떨어진 곳에 위치되어야 한다.

위험성평가를 하는 동안 이와 같은 경우의 수를 회피하기 위해 사용될 수 있는 방법이 고려되어야 한다. 위험성평가는 빔 배열들이 회피될 수 있는 방법을 고려하여야 한다.

단일 빔은 바닥과 수평하게 사용되어 똑바로 서 있는 사람이 빔을 차단하는 경우에만 사용이 고려된다. 보호의 유일한 수단으로서의 단일 빔은 몸 전체 접근을 막기 위하여 적합하지 않다. 단일 빔 장치는 통상 다른 방호설비 또는 개구부를 제한하여 감지되지 않은 채 보호장비를 통과하지 못하도록 하는 다른 구조물과 함께 사용된다.

최소 거리 $S$는 식 (4-6)에 따라 계산되어야 한다.

$$S = (1600 \times T) + 1200 \qquad (4\text{-}6)$$

지면 또는 기준면으로부터 750 mm의 높이는 산업 현장에서 부주의로 빔을 넘어가거나 빔 아래로 숙이는 등의 접근 문제를 해결하는데 실용적이라는 것이 알려져 있다.

### 2) 접근방향에 평행한 감지영역

[그림 4-56]은 접근방향에 평행한 감지영역을 나타낸다. 접근방향이 감지영역과 평행한 경우 최소 거리 $S$는 식 (4-7)을 이용하여 계산되어야 한다.

$$S = (K \times T) + C \qquad (4\text{-}2)$$

여기서, $K = 1600\,\text{mm/s}$

$C = 1200\,\text{mm} - 0.4\,H$ 또는 최소 850 mm

$H$는 감지영역의 기준면(예를 들면 바닥면) 위의 높이(mm)

이고 이 값들을 식에 대입하면

$$S = (1600 \times T) + (1200 - 0.4H) \qquad (4\text{-}7)$$

접근방향이 감지영역에 평행한 방호설비의 경우, 감지영역의 높이 $H$가 1000 mm 이하이어야 한다. 그러나 $H$가 300 mm보다 크게 되면(비산업용의 경우에는 200 mm, 예를 들면 어린이가 주변에 있는 경우), 감지영역 아래에서 부주의에 의한 감지되지 않은 접근의 위험성이 있다.

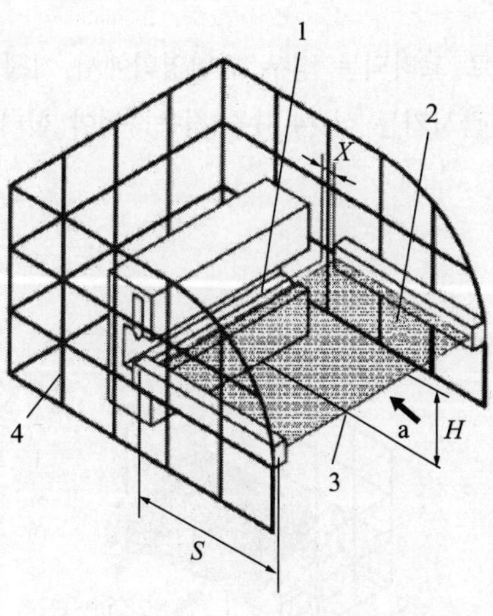


1 : 위험요인영역
2 : 감지영역
3 : 감지영역의 경계
4 : 고정식 가드
$H$ : 기준면 대비 감지영역 높이
$S$ : 최소 거리
$X$ : 감지영역 끝과 위험요인영역 사이의 거리
a : 접근방향

▌그림 4-56 접근방향에 평행한 감지영역

위험성평가 시에는 이를 고려해야 하고, 만약 필요하다면 추가적인 조치가 적용되어야 한다.

감지영역의 최저 허용높이는 다음 식 (4-8)로 계산되어야 한다.

$$H = 15(d - 50) \tag{4-8}$$

만약 $d$가 50 mm보다 작다면, $H$는 0보다 작아서는 안 된다.

그러므로 주어진 감지영역의 높이에 대해서 이에 상응하는 감지능력 $d$는 식 (4-9)로 계산되어야 한다.

$$d = \left(\frac{H}{15}\right) + 50 \tag{4-9}$$

즉, 감지영역의 높이를 알거나 높이가 고정된 경우에는, 최대 감지능력이 계산될 수 있다. 예를 들면 L자형 전자감지식 방호장치의 수평 단면을 계산하는 경우, 감지능력을 알거나 감지능력이 고정된 경우에는 최소 높이를 허용 가능한 최댓값 1,000 mm까지 계산될 수 있다.

### 3) 감지영역에 경사진 접근

감지영역이 접근방향의 ±30°보다 크게 경사지도록 설치한다면 수직적 접근으로 처리하고 감지영역이 접근방향의 ±30°보다 작게 경사지도록 설치한다면 평행한 접근으로 처리한다.

비스듬한 접근이 평행한 접근으로 고려되는 경우 위험영역에서 가장 멀리 떨어진 감지영역의 경계선에 $H$와 $d$를 연관시키는 식 (4-8)을 적용하여야 한다. [그림 4-57]을 참조하라.

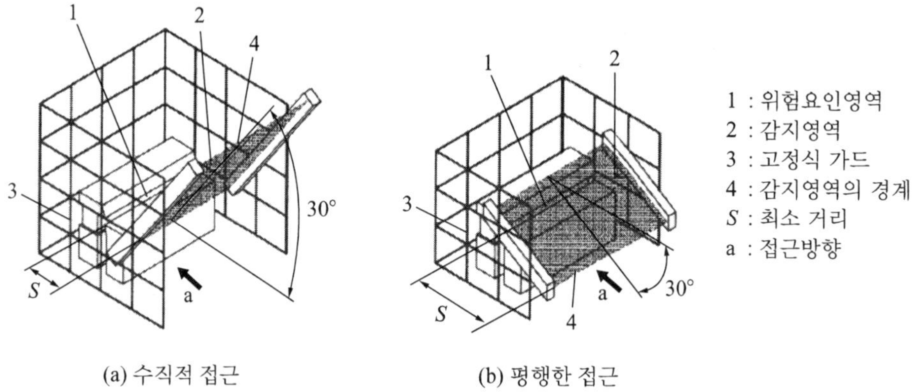


**▌그림 4-57 접근방향에 경사진 감지영역**

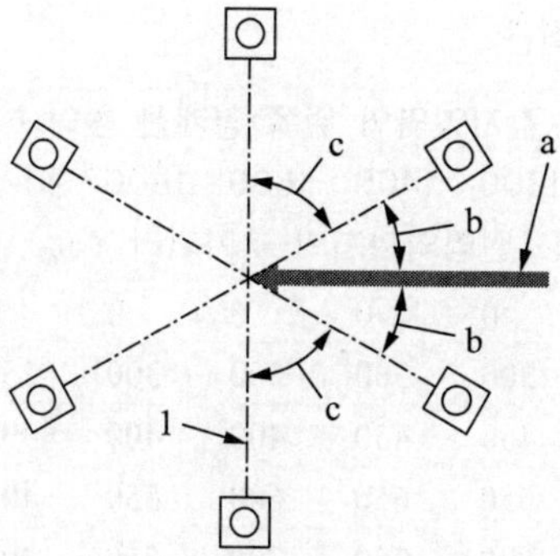


▌그림 4-58 접근방향에 대한 다양한 각도

#### 4) 감지영역 위로 손을 뻗어서 전자감지식 방호장치를 우회할 가능성에 대한 대응

전자감지식 방호장치를 우회하여 위험요인영역에 접근하는 것은 방지되어야 한다. 만약 수직으로 설치된 전자감지식 방호장치 위로 손을 뻗어 위험요인영역에 접근하는 것이 완전히 차단되지 않으면, 방호설비의 높이와 최소 거리 $S$가 결정되어야 한다. $S$는 팔다리 또는 인체 일부가 접근하는 경우에 대한 계산값들과 손을 뻗어 올리는 행동에 대한 계산값들을 비교하여 결정되어야 한다. 비교 결과 더 큰 값이 적용되어야 한다.

추가적인 보호용 구조물 없이 전자감지식 방호장치의 수직 감지영역 위로 손을 뻗는 접근의 방지를 위해서 최소 거리 $S$(mm)는 식 (4-10)을 이용해서 계산한 값보다 작아서는 안 된다.

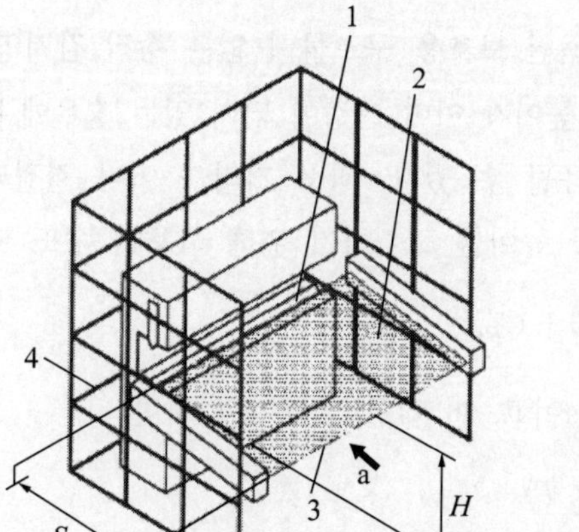


▌그림 4-59 감지영역의 높이(최저 빔)

표 4-8 ESPE의 수직 감지영역 위로 접근

| 위험요인 영역높이 $a$ | ESPE 감지영역의 위쪽 경계선 높이 $b$ | | | | | | | | | | | |
|---|---|---|---|---|---|---|---|---|---|---|---|---|
| | 900 | 1000 | 1100 | 1200 | 1300 | 1400 | 1600 | 1800 | 2000 | 2200 | 2400 | 2600 |
| | 위험요인영역까지의 추가거리 $C_{RO}$ | | | | | | | | | | | |
| 2600 | 0 | 0 | 0 | 0 | 0 | 0 | 0 | 0 | 0 | 0 | 0 | 0 |
| 2500 | 400 | 400 | 350 | 300 | 300 | 300 | 300 | 300 | 250 | 150 | 100 | 0 |
| 2400 | 550 | 550 | 550 | 500 | 450 | 450 | 400 | 400 | 300 | 250 | 100 | 0 |
| 2200 | 800 | 750 | 750 | 700 | 650 | 650 | 600 | 550 | 400 | 250 | 0 | 0 |
| 2000 | 950 | 950 | 850 | 850 | 800 | 750 | 700 | 550 | 400 | 0 | 0 | 0 |
| 1800 | 1100 | 1100 | 950 | 950 | 850 | 800 | 750 | 550 | 0 | 0 | 0 | 0 |
| 1600 | 1150 | 1150 | 1100 | 1000 | 900 | 850 | 750 | 450 | 0 | 0 | 0 | 0 |
| 1400 | 1200 | 1200 | 1100 | 1000 | 900 | 850 | 650 | 0 | 0 | 0 | 0 | 0 |
| 1200 | 1200 | 1200 | 1100 | 1000 | 850 | 800 | 0 | 0 | 0 | 0 | 0 | 0 |
| 1000 | 1200 | 1150 | 1050 | 950 | 750 | 700 | 0 | 0 | 0 | 0 | 0 | 0 |
| 800 | 1150 | 1050 | 950 | 800 | 500 | 450 | 0 | 0 | 0 | 0 | 0 | 0 |
| 600 | 1050 | 950 | 750 | 550 | 0 | 0 | 0 | 0 | 0 | 0 | 0 | 0 |
| 400 | 900 | 700 | 0 | 0 | 0 | 0 | 0 | 0 | 0 | 0 | 0 | 0 |
| 200 | 600 | 0 | 0 | 0 | 0 | 0 | 0 | 0 | 0 | 0 | 0 | 0 |
| 0 | 0 | 0 | 0 | 0 | 0 | 0 | 0 | 0 | 0 | 0 | 0 | 0 |

$C_{RO}$를 위하여 [표 4-8]에 나타낸 값을 적용하여야 한다. $C_{RO}$는 인체의 일부(보통 손)가 전자감지식 방호장치의 구동 이전에 위험요인영역 쪽으로 이동할 수 있는 거리에 근거한 최소 거리를 보여주는 것이다. 이 표는 ESPE의 감지영역 위로 손을 뻗는 경우만을 다룬 것이다.

[그림 4-60]은 추가적인 보호용 구조물이 없는 수직 감지영역 위로 접근하는 상황을 보여준다. ESPE의 높이가 이미 확정이 되어 있는 경우에 [표 4-8]은 최소 거리 $S$를 도출하기 위해 사용될 수 있다. 최소 거리가 이미 결정되어 있는 경우에는 [표 4-8]은 요구되는 ESPE 높이를 도출하기 위해 사용될 수도 있다.

$$S = (K \times T) + C_{RO} \tag{4-10}$$

여기서 $K = 2000$ mm/s이고, 이 값을 식에 대입하면

$$S = (2000 \times T) + C_{RO} \tag{4-11}$$

식 (4-10)은 500 mm 이하의 최소 거리 $S$값에 적용한다. $S$의 최솟값은 100 mm 이상이어야 한다. 먼저 식 (4-11)을 이용하여 $S$를 계산한다. 이 값이 500 mm를 넘는

경우에는 식 (4-12)가 적용될 수 있다. $S$값은 500 mm보다 작아서는 안 된다.

$$S = (K \times T) + C_{RO} \tag{4-10}$$

여기서 $K = 1600$ mm/s이고, 이 값을 식에 대입하면

$$S = (1600 \times T) + C_{RO} \tag{4-12}$$

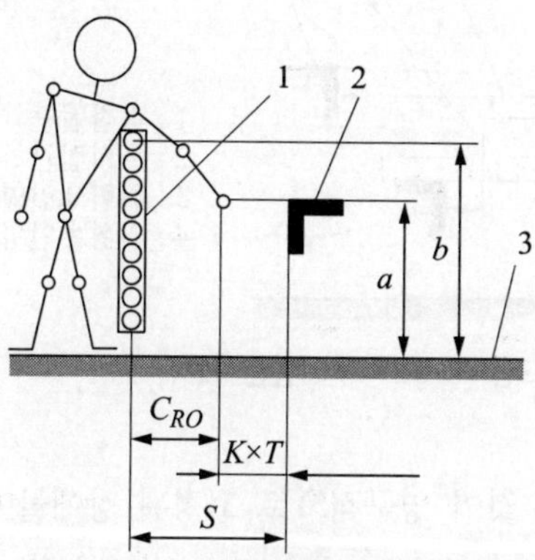


1 : 전자감지식 방호장치(ESPE)
2 : 위험요인영역
3 : 기준면
$a$ : 위험요인영역의 높이
$b$ : ESPE 감지영역의 위쪽 경계의 높이
$C_{RO}$ : 방호설비를 구동하기 전에 인체의 일부가 위험요인영역 쪽으로 진입할 수 있는 추가거리

**▌그림 4-60 ESPE의 수직 감지영역 위로 접근**

고정식 가드와 같은 보호용 구조물이 결합된 전자감지식 방호장치의 수직 감지영역 위로 손을 뻗는 접근에 대한 방지를 위한 최소 거리 $S$는 [표 4-9]와 [표 4-10]에서 볼 수 있는데 인체의 상지와 하지의 위험요인영역 접근을 방지하기 위한 안전거리 중 보호용 구조물의 높이(고위험성과 저위험성)에 의해 결정되는 수평안전거리 $C$보다 적어서는 안 된다.

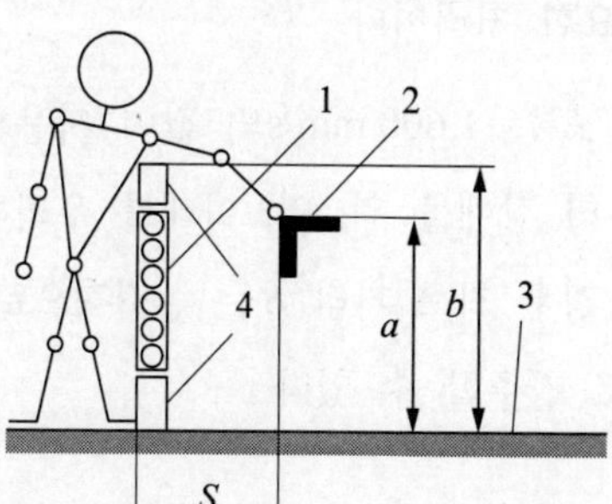


1 : 전자감지식 방호장치(ESPE)
2 : 위험요인영역
3 : 기준면
4 : 보호용 구조물(예를 들면 고정식 가드)
$a$ : 위험요인영역의 높이
$b$ : 보호용 구조물의 위 쪽 경계선의 높이
$S$ : 방호설비 위로 손을 뻗어 접근하는 경우의 최소거리[인체의 상지와 하지의 위험요인영역 접근을 방지하기 위한 안전거리 중 보호용 구조물의 높이(고위험성과 저위험성)에 의해 결정되는 수평안전거리 $C$]

**▌그림 4-61 보호용 구조물이 결합된 전자감응식 방호장치의 수직 감지영역 위로 손을 뻗는 접근에 대한 예시**

### 5) 우회접근 - 감지영역으로부터 위험요인영역으로 가는 경로가 장애물에 의해 제한된 경우

두 개 이상의 위험요인영역이 존재하는 곳에 ESPE를 사용한 경우에는 각각의 위험요인영역에 대한 최소 거리가 계산되어야 한다.

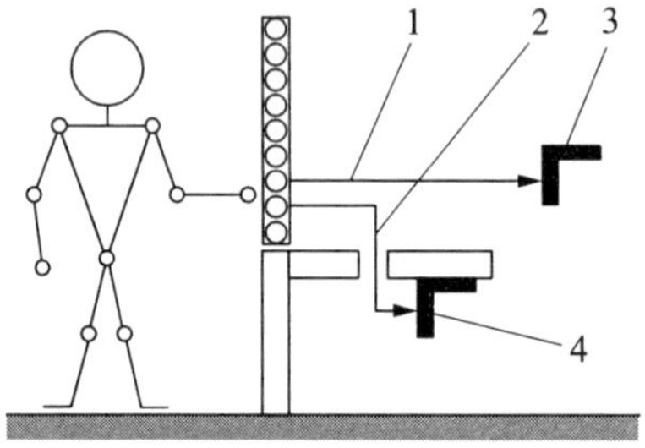


▌그림 4-62 우회접근 예시

위험요인영역에 팔이 접근하는 것이 영구적으로 고정된 장애물에 의해 방해받는 경우에는 최소 거리는 이 장애물을 우회하는 가장 짧은 경로가 될 수 있다. 이 경우에 접근속도는 직접 접근하는 속도와 다르다. 그러므로 1,600 mm/s로 감소되어도 된다. 또한 최소 거리 $S$를 위하여 모든 최소 거리를 비교한 결과 최댓값이 적용되어야 한다.

우회접근에 대한 최소 거리를 계산해보면 우회접근의 경우 ESPE로부터 위험요인영역까지 실질적으로 적용되는 거리는 식 (4-13)을 사용하여 계산된다.

$$S^* = (K \times T) + C = l_1 + l_2 + l_3 \tag{4-13}$$

여기서, $S^*$는 실질적으로 도달에 필요한 거리이다.

이 계산에서 접근속도용 파라미터 $K$는 1,600 mm/s의 값이 사용되어야 한다. $l_1$, $l_2$, $l_3$는 감지영역의 임의의 점으로부터 장애물 위, 옆, 아래를 우회하는 최단경로를 따라서 측정되어야 한다. 우회접근의 경우 최소 거리 $S$는 실질적으로 도달에 필요한 거리 $S^*$의 수평면에 대한 투영거리로 간주할 수 있다.

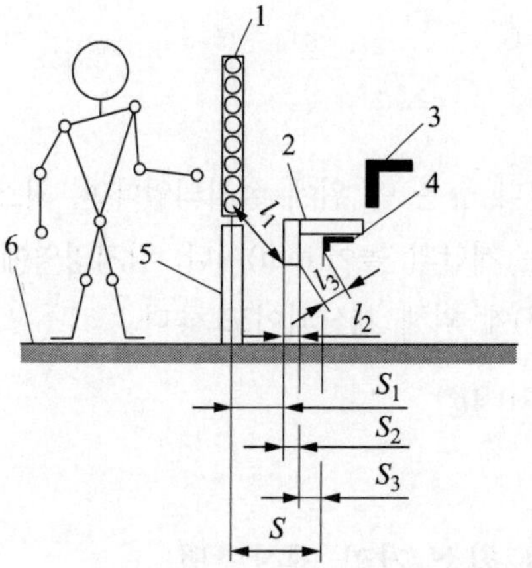


1 : ESPE
2 : 장애물
3 : 위험요인영역 2
4 : 위험요인영역 1
5 : 보호용 구조물
6 : 기준면
$l_1, l_2, l_3$ : 위험요인영역 방향으로의 장애물 우회 최소거리
$S$ : 위험요인영역으로부터 감지영역의 최외곽경계까지의 수평면 상의 최단거리

$S = S_1 + S_2 + S_3$
$S_1$ : $l_1$이 수평면에 투사된 거리
$S_2$ : $l_2$이 수평면에 투사된 거리
$S_3$ : $l_3$이 수평면에 투사된 거리

**▮그림 4-63 실질적으로 도달에 필요한 거리**

우회접근이 가능한 경우에 감지영역을 위치하기 위해 필요한 최소 거리는 위에 설명된 방법에 따라 계산될 수 있다.

우회접근만이 가능한 특정 간헐적 작업에서는 보다 낮은 접근속도가 사용될 수도 있다. 예를 들면, 최소 높이 500 mm의 두 개의 장애물이 1 m 이하의 간격으로 위치한 경우에 감소인자 0.8을 적용할 수 있다는 것이 연구를 통해 증명되었다.

## 2.1.4 압력감지매트의 위치선정을 위한 최소 거리 계산방법

압력감지매트 또는 압력감지바닥의 선택과 사용은 적절한 C형 표준에 의해 의존하며, C형 표준이 없는 경우에는 위험성평가를 따른다.

압력감지매트 또는 압력감지바닥의 최소 폭은 장치의 구동 없이 쉽게 건너뛰는 가능성을 방지하기 위하여 적어도 750 mm이어야 한다.

이에 대한 근거는 다음과 같다. 두 걸음(즉, 같은 발에서 시작하고 끝남)의 거리의 95번째 백분위는 보행속도로 이동하는 경우 발뒤꿈치 접촉점에서 측정한 결과 1,900 mm임이 증명되었다. 이 값을 2로 나누고 신발 길이의 5번째 백분위 값을 제하면, 700 mm의 보폭 거리가 얻어진다. 감지영역과 보폭 길이 사이에 50 mm 정도의 여유분이 고려되어야 한다는 가정을 받아들인다면 감지영역의 최소 폭은 750 mm가 된다.

압력감지매트 또는 압력감지바닥을 위해 이 절에서 유도된 최소 거리는 위험요인영역으로의 접근속도는 보행속도가 1,600 mm/s일 것이라는 점을 가정한 것이다.

위험요인영역으로부터 방호장치의 감지영역 최외곽 경계까지의 최소 거리 $S$(mm)

는 식 (4-14)에 의해 계산되어야 한다.

$$S = (1600 \times T) + 1200 \tag{4-14}$$

만약 방호장치가 계단 또는 주변보다 높은 단 위에 설치되었다면, 최소 거리는 0.4 $h$까지 감소되어도 된다. 여기서 차는 계단의 높이(mm)이다. 감지영역에서 위험요인영역까지의 최소 거리 $S$는 식 (4-15)에 의해 계산되어도 좋다.

$$S = (1600 \times T) + (1200 - 0.4h) \tag{4-15}$$

### 2.1.5 양수조작식 방호장치의 최소 거리 계산방법

가장 가까운 액추에이터에서 위험요인영역까지의 최소 거리 $S$는 식 (4-16)으로 계산한다.

$$S = (K \times T) + C \tag{4-2}$$

여기서, $K = 1600$ mm/s

$C = 250$ mm

이고, 이 값들을 식에 대입하면

$$S = (1600 \times T) + 250 \tag{4-16}$$

만약 액추에이터를 작동시키는 동안에 보호판 등을 이용하여 위험요인영역으로 손이나 손 일부가 들어갈 수 있는 가능성이 제거된다면, 100 mm의 $S$를 위한 최소 허용거리를 갖는 $C$는 0으로 해도 된다.

### 2.1.6 잠금장치가 없는 연동식 가드 최소 거리 계산방법

위험한 기계동작이 정지하기 전에 잠금장치가 없는 연동식 가드를 열 때 위험요인영역에 접근할 수 없도록 하기 위하여, 최소 거리 $S$가 결정되어야 한다.

잠금장치가 없는 연동식 가드의 개구부의 가장 가까운 경계로부터 위험요인영역까지의 최소 거리는 식 (4-2)에 따라 계산된다.

$$S = (K \times T) + C \tag{4-2}$$

여기서, $K = 1,600$ mm/s

$C$ : [표 4-14]와 [표 4-15]의 "인체의 상지와 하지의 위험요인영역 접근을 방지하기 위한 안전거리에서 필요한 규칙적인 개구부를 통한 접근"으로부터 구한 안전거리이다. 이는 만약 정지신호가 발생하기 전에 손가락이나 손을 위험요인영역 쪽으로 개구부를 통해 밀어 넣을 수 있다는 가정에서 구한 값이다.

어떤 경우에 $T$는 여는 시간 $t_3$만큼 감소되기도 하는데, 이 시간은 관련된 인체 일부의 접근을 허용할 수 있는 만큼 가드를 여는데 필요한 시간이다.

계산을 할 때에는 "인체의 상지와 하지의 위험요인영역 접근을 방지하기 위한 안전거리에서 필요한 규칙적인 개구부를 통한 접근"에서 주어진 개구부의 크기 $e$가 고려되어야 한다. 또한 계산은 위험요인영역에 도달할 수 있는 인체의 가장 작은 부위와 함께 시작하여야 한다.

만약 여는 시간 $t_3$가 연동식 가드에 의존하면 그 값은 계산 또는 실험을 통해 결정되고 사용되어야 한다.

연동식 롤러 문을 포함하는 파워구동식 연동식 가드의 경우에 $t_3$는 식 (4-17)에 따라 계산될 수 있다.

$$t_3 = \frac{e}{\nu} \tag{4-17}$$

여기서, $e$ : 개구부 크기(mm)

$\nu$ : 파워구동식 연동식 가드의 여는 동작 속도(mm/s)

## 2.2 작업자 상지와 하지를 위한 안전거리

안전거리는 규정된 조건하에서 기계류 위험요인영역에 접근하려는 사람들을 보호하기 위한 것으로 보호용 구조물에 적합하게 사용될 수 있다. 또한 하지의 자유로운 접근을 방지하기 위한 거리에 관한 기술자료도 제공한다.

안전거리는 다음 가정으로 도출되었다.

- 보호용 구조물과 구조물의 일부 개구부는 모양과 위치를 유지한다.
- 안전거리는 인체 또는 인체의 관련부분을 제한하는 표면에서 측정된다.
- 사람은 위험요인영역에 접근하기 위하여 보호용 구조물을 넘거나 개구부를 통하여 인체의 일부를 밀어 넣을지도 모른다.

- 기준면은 사람이 정상적으로 서있을 수 있지만 바닥일 필요는 없는 높이이다(예를 들면, 작업대가 기준면이 될 수 있다).
- 신발을 착용하는 동안 기준면과 약간의 접촉이 있다(높은 굽 신발의 사용, 등반 및 점프는 포함되지 않는다).
- 기준면을 변경하기 위하여 의자나 사다리와 같은 보조장비는 사용하지 않는다.
- 상지의 자연스러운 접근거리를 확장하기 위하여 막대나 공구 같은 보조장비는 사용하지 않는다.

사람이 위험요인영역에 접근하는 것을 방지하기 위한 안전거리를 결정하기 전에 고위험성 또는 저위험성에 관한 값을 사용할지 여부를 결정하는 것이 필요하다. 따라서 위험성평가가 수행되어야 한다.

위험성평가는 상해 발생 가능성과 상해의 예측 가능한 심각도에 근거하여야 한다. 위험성평가가 의존해야 하는 기술적 요소와 인적 요소의 분석은 본분으로부터 데이터의 적합한 선택을 하기 위하여 필수적이다.

위험성평가는 모든 접근을 고려하여야 한다. 여러 개의 표가 사용되는 경우에는 최대 제한 값을 선택하여야 한다. 또한 상해의 위험성을 평가할 때에는 주파수의 양상, 지속시간, 에너지, 속도 및 접촉면의 형태를 고려할 필요가 있다. 다만, 저위험성과 고위험성에 대해서는 구분하여 데이터를 활용하여야 하는데 인체에 장기적 또는 되돌릴 수 없는 손상이 예측 불가능한 경우에 단순히 마찰이나 마모 등과 같은 위험요인으로 인해 발생하는 위험성만이 저위험을 초래하는 것으로 간주하여야 한다.

### 2.2.1 상지와 하지의 접근을 방지하기 위한 안전거리

[그림 4-64]는 상부 접근에 대한 안전거리를 제공한다. 만약 위험요인영역에 저위험성이 있다면 위험요인영역의 높이 $h$는 2,500 mm 이상이어야 한다. 만약 위험요인영역에 고위험성이 있다면, 위험요인영역의 높이 $h$는 2,700 mm 이상이어야 한다.

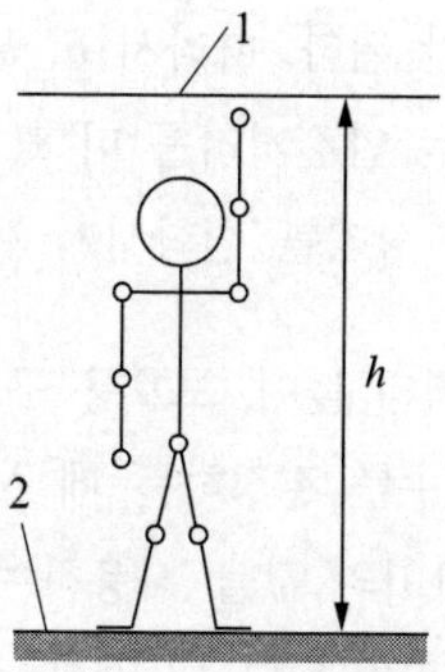


▌그림 4-64 상부접근

[그림 4-63]은 보호용 구조물 접근에 대한 안전거리를 제공한다. [표 4-9]의 값은 위험요인영역의 높이, 보호용 구조물의 높이 및 위험요인영역까지의 수평안전거리에 해당하는 치수를 결정하는 데 사용하여야 한다. 만약 위험요인영역에 저위험성이 있다면 [표 4-9]의 값은 최솟값이 사용되어야 한다.

### 표 4-9 보호용 구조물 접근 - 저위험용

| 위험요인 영역의 높이($a$) | 보호용 구조물의 높이($b$) | | | | | | | | |
|---|---|---|---|---|---|---|---|---|---|
| | 1000 | 1200 | 1400 | 1600 | 1800 | 2000 | 2200 | 2400 | 2500 |
| | 위험요인영역까지의 수평안전거리($C$) | | | | | | | | |
| 2500 | 0 | 0 | 0 | 0 | 0 | 0 | 0 | 0 | 0 |
| 2400 | 100 | 100 | 100 | 100 | 100 | 100 | 100 | 100 | 0 |
| 2200 | 600 | 600 | 500 | 500 | 400 | 350 | 250 | 0 | 0 |
| 2000 | 1100 | 900 | 700 | 600 | 500 | 350 | 0 | 0 | 0 |
| 1800 | 1100 | 1000 | 900 | 900 | 600 | 0 | 0 | 0 | 0 |
| 1600 | 1300 | 1000 | 900 | 900 | 500 | 0 | 0 | 0 | 0 |
| 1400 | 1300 | 1000 | 900 | 800 | 100 | 0 | 0 | 0 | 0 |
| 1200 | 1400 | 1000 | 900 | 500 | 0 | 0 | 0 | 0 | 0 |
| 1000 | 1400 | 1000 | 900 | 300 | 0 | 0 | 0 | 0 | 0 |
| 800 | 1300 | 900 | 600 | 0 | 0 | 0 | 0 | 0 | 0 |
| 600 | 1200 | 500 | 0 | 0 | 0 | 0 | 0 | 0 | 0 |
| 400 | 1200 | 300 | 0 | 0 | 0 | 0 | 0 | 0 | 0 |
| 200 | 1100 | 200 | 0 | 0 | 0 | 0 | 0 | 0 | 0 |
| 0 | 1100 | 200 | 0 | 0 | 0 | 0 | 0 | 0 | 0 |

* 높이가 1000 mm 미만인 보호용 구조물은 인체의 움직임을 충분히 제한하지 않으므로 포함되지 않는다.

[표 4-9]의 값을 보간해서는 안 된다. 따라서 $a$, $b$ 또는 $C$의 알려진 값이 [표 4-9]의 두 값 사이에 존재할 경우에는 안전거리를 더 크게 하거나 보호용 구조물을 더 높게 하거나 위험요인영역의 높이 상태를 변화시켜 사용되어야 한다.

[표 4-10]의 값은 위험요인영역의 높이, 보호용 구조물의 높이 및 위험요인영역까지의 수평안전거리에 해당하는 치수를 결정하는 데 사용하여야 한다. 만약 위험요인영역에 고위험성이 있다면 [표 4-10]의 값을 사용하여야 한다.

[표 4-10]의 값을 보간해서는 안 된다. 따라서 $a$, $b$ 또는 $C$의 알려진 값이 [표 4-10]의 두 값 사이에 존재할 경우에는 안전거리를 더 크게 하거나 보호용 구조물을 더 높게 하거나 위험요인영역의 높이 상태를 변화시켜 사용되어야 한다.

**표 4-10 보호용 구조물에 접근 - 고위험성**

| 위험요인 영역의 높이($a$) | 보호용 구조물의 높이($b$) | | | | | | | | | |
|---|---|---|---|---|---|---|---|---|---|---|
| | 1000 | 1200 | 1400 | 1600 | 1800 | 2000 | 2200 | 2400 | 2500 | 2700 |
| | 위험요인영역까지의 수평안전거리($C$) | | | | | | | | | |
| 2700 | 0 | 0 | 0 | 0 | 0 | 0 | 0 | 0 | 0 | 0 |
| 2600 | 900 | 800 | 700 | 600 | 600 | 500 | 400 | 300 | 100 | 0 |
| 2400 | 1100 | 1000 | 900 | 800 | 700 | 600 | 400 | 300 | 100 | 0 |
| 2200 | 1300 | 1200 | 1000 | 900 | 800 | 600 | 400 | 300 | 0 | 0 |
| 2000 | 1400 | 1300 | 1100 | 900 | 800 | 600 | 400 | 0 | 0 | 0 |
| 1800 | 1500 | 1400 | 1100 | 900 | 800 | 600 | 0 | 0 | 0 | 0 |
| 1600 | 1500 | 1400 | 1100 | 900 | 800 | 500 | 0 | 0 | 0 | 0 |
| 1400 | 1500 | 1400 | 1100 | 900 | 800 | 0 | 0 | 0 | 0 | 0 |
| 1200 | 1500 | 1400 | 1100 | 900 | 700 | 0 | 0 | 0 | 0 | 0 |
| 1000 | 1500 | 1400 | 1000 | 800 | 0 | 0 | 0 | 0 | 0 | 0 |
| 800 | 1400 | 1300 | 900 | 600 | 0 | 0 | 0 | 0 | 0 | 0 |
| 600 | 1400 | 1300 | 800 | 0 | 0 | 0 | 0 | 0 | 0 | 0 |
| 400 | 1400 | 1200 | 400 | 0 | 0 | 0 | 0 | 0 | 0 | 0 |
| 200 | 1200 | 900 | 0 | 0 | 0 | 0 | 0 | 0 | 0 | 0 |
| 0 | 1100 | 500 | 0 | 0 | 0 | 0 | 0 | 0 | 0 | 0 |

* 높이가 1000 mm 미만인 보호용 구조물은 인체의 움직임을 충분히 제한하지 않으므로 포함되지 않는다.
* 높이가 1400 mm 미만인 보호용 구조물은 추가 안전대책 없이 사용되지 않는 것이 좋다.

주변으로 접근할 경우에 대한 것으로서는 [표 4-11]에서 14세 이상인 자(키가 대략 1.4 m 이상)에 관한 기본적인 움직임의 예를 볼 수 있다.

표 4-11 제한적인 움직임을 갖는 주변으로 접근

| 움직임 제한 | 안전거리 $S_r$ | 도해 |
|---|---|---|
| 어깨와 겨드랑이에서만 움직임 제한 | ≥850 | 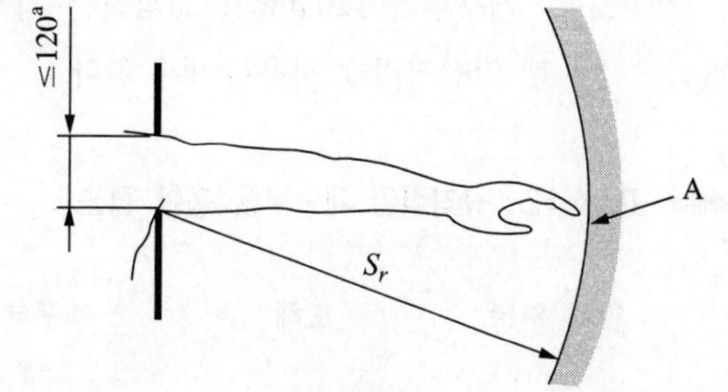 |
| 팔꿈치까지 지지된 관 | ≥550 | 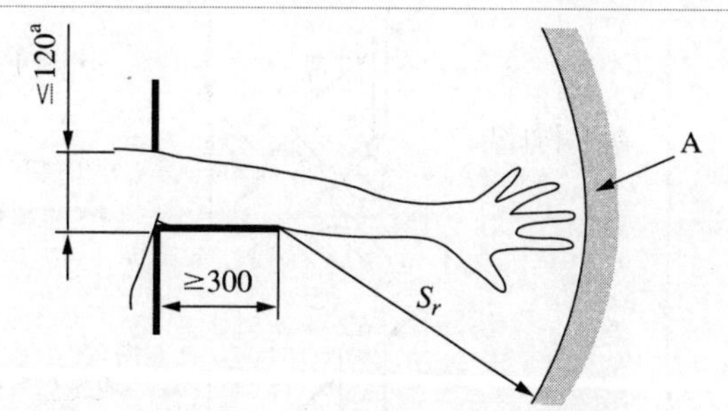 |
| 손목까지 지지된 관 | ≥230 | 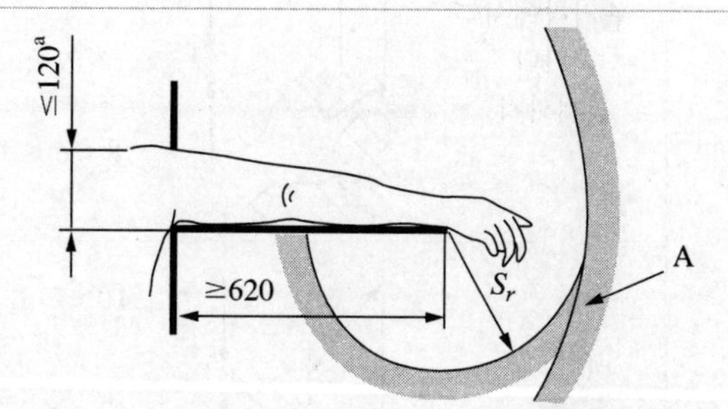 |
| 손가락 관절까지 지지된 팔과 손 | ≥130 | 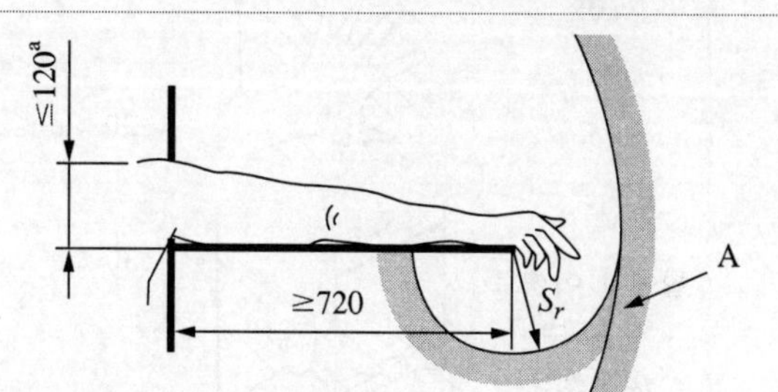 |

개구부를 통한 접근에 경우에는 [표 4-12]를 통하여 14세 이상인 자가 규칙적인 개구부를 통하여 접근할 경우에는 개구부에 방사상의 안전거리 $S_r$을 볼 수 있다.

개구부의 치수인 $e$는 정사각형 개구부의 측면, 원형 개구부의 지름 및 슬롯 개구부의 가장 좁은 치수에 해당한다.

개구부가 120 mm를 초과하는 경우에는 [표 4-9] 또는 [표 4-10]을 참조하여 적절한 안전거리를 사용하여야 한다.

**표 4-12 규칙적인 개구부를 통한 접근**

| 인체 부분 | 도해 | 개구부 | 안전거리 $S_r$ | | |
|---|---|---|---|---|---|
| | | | 슬롯 | 정사각형 | 원형 |
| 손가락의 끝 | 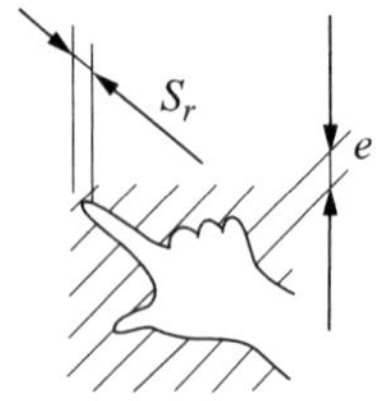  | $e \le 4$ | $\ge 2$ | $\ge 2$ | $\ge 2$ |
| | | $4 < e \le 6$ | $\ge 10$ | $\ge 5$ | $\ge 5$ |
| 손가락에서 손가락 관절까지 | 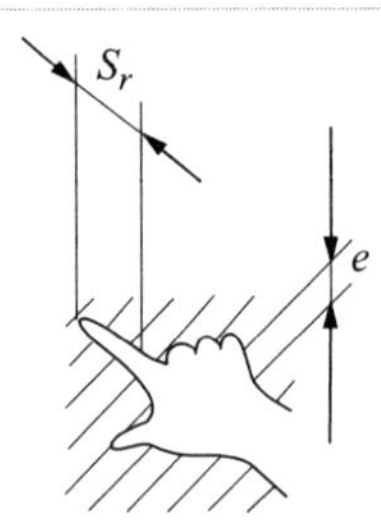  | $6 < e \le 8$ | $\ge 20$ | $\ge 15$ | $\ge 5$ |
| | | $8 < e \le 10$ | $\ge 80$ | $\ge 25$ | $\ge 20$ |
| 손 | 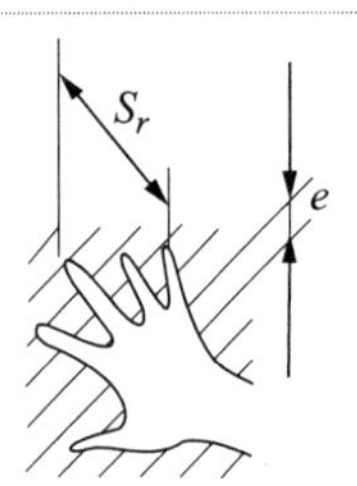  | $10 < e \le 12$ | $\ge 100$ | $\ge 80$ | $\ge 80$ |
| | | $12 < e \le 20$ | $\ge 120$ | $\ge 120$ | $\ge 120$ |
| | | $20 < e \le 30$ | $\ge 850$[a] | $\ge 120$ | $\ge 120$ |
| 팔에서 어깨로 연결되는 지점까지 | 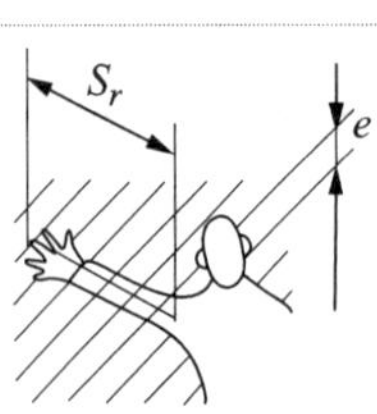  | $30 < e \le 40$ | $\ge 850$ | $\ge 200$ | $\ge 120$ |
| | | $40 < e \le 120$ | $\ge 850$ | $\ge 850$ | $\ge 850$ |

불규칙한 모양의 개구부가 있을 경우에는 다음 단계와 같이 주어진 순서로 수행되어야 한다.

- 불규칙적인 개구부가 완벽히 삽입될 수 있도록 다음을 결정한다.
  - 가장 작은 원형 개구부의 지름
  - 가장 작은 정사각형 개구부의 측면
  - 가장 좁은 슬롯 개구부의 너비
- [표 4-13]에 따라 해당하는 3개 거리를 선택한다.
- 이에서 선택한 세 가지 값의 가장 짧은 안전거리를 사용해도 된다.

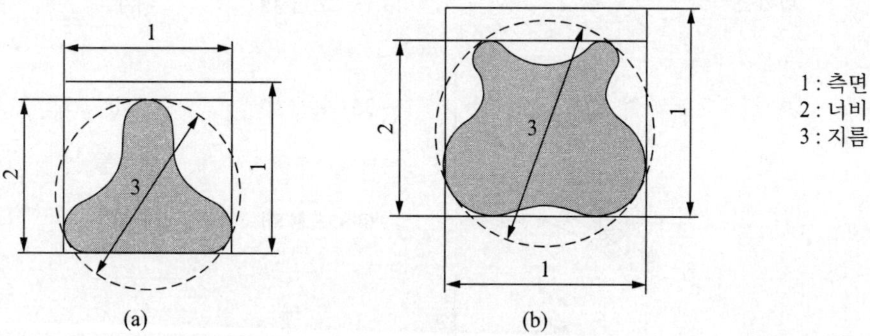


▮그림 4-65 불규칙한 모양의 개구부

## 2.2.2 하지의 접근을 방지하기 위한 안전거리

하지의 접근을 방지하기 위한 안전거리를 구할 때에는 [표 4-13]의 값을 사용하여 하지의 안전거리를 구할 수 있다.

개구부의 치수인 $e$는 정사각형 개구부의 측면, 원형 개구부의 지름 및 슬롯 개구부의 가장 좁은 치수에 해당한다.

[표 4-13]의 값은 옷이나 신발의 마모 여부와는 관련이 없고, 14세 이상인 자에 적용할 수 있다. $e$가 180 mm를 초과하는 슬롯 개구부와 $e$가 240 mm를 초과하는 정사각형 또는 원형 개구부는 전체 몸체의 접근을 허용한다. 만약 슬롯 개구부의 길이가 75 mm 이하이면, 거리를 50 mm 이상 줄일 수 있다.

표 4-13 하지로 규칙적인 모양의 개구부를 통한 접근

| 하지 부분 | 도해 | 개구부 | 안전거리 $S_r$ | |
|---|---|---|---|---|
| | | | 슬롯 | 정사각형 혹은 원형 |
| 발가락 끝 | 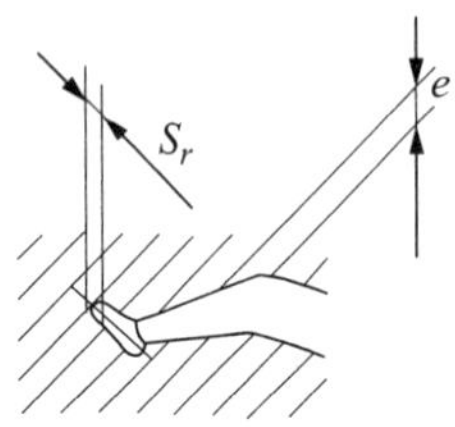  | $e \le 5$ | 0 | 0 |
| | | $5 < e \le 15$ | $\ge 10$ | 0 |
| 발가락 | | $15 < e \le 35$ | $\ge 80$[a] | $\ge 25$ |
| 발 | 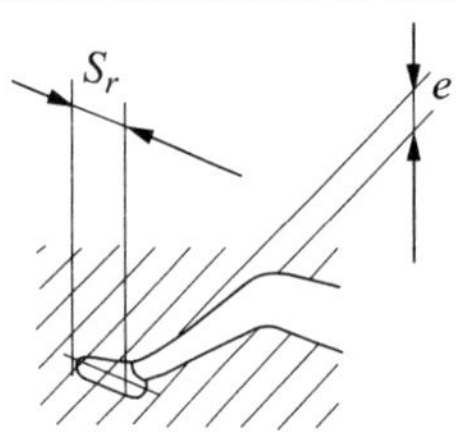  | $35 < e \le 60$ | $\ge 180$ | $\ge 80$ |
| | | $60 < e \le 80$ | $\ge 650$[b] | $\ge 180$ |
| 다리 (발가락 끝에서 무릎까지) | 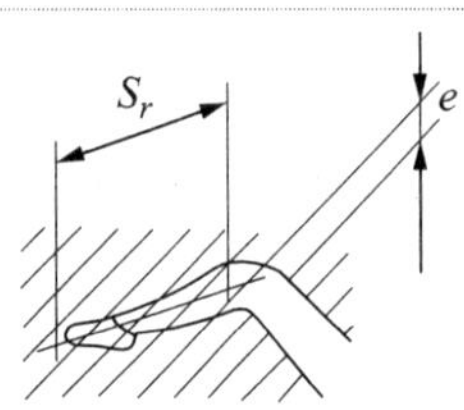  | $80 < e \le 95$ | $\ge 1100$[c] | $\ge 650$[b] |
| 다리 (발가락 끝에서 가랑이까지) | 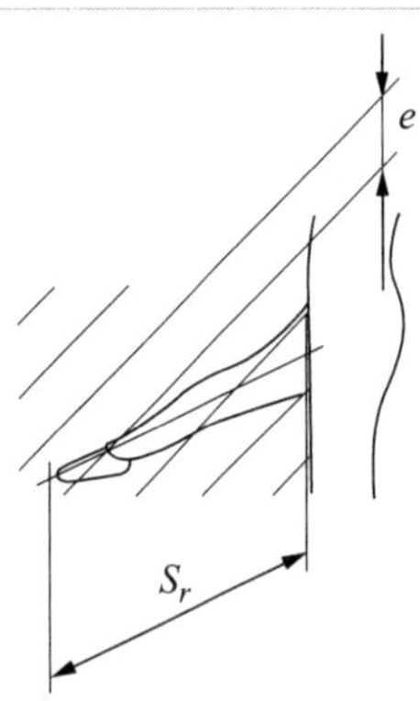  | $95 < e \le 180$ | $\ge 1100$[c] | $\ge 1100$[c] |
| | | $180 < e \le 240$ | 허용되지 않음 | $\ge 1100$[c] |

일부 경우(예를 들면, 고르지 않은 지면에서 이동하도록 설계된 이동식 농업용 기계)에는 이 기준을 안전거리로 적용할 수 없다. 이러한 경우에 하지의 자유로운 움직임을 제한하기 위하여 별도의 최소한의 보호용 구조물이 사용되는 것이 좋다.

### 2.2.3 하지의 자유로운 접근을 방지하는 거리

추가적인 보호용 구조물은 기존의 보호용 구조물의 사용 하에서도 하지의 자유로운 움직임을 제한하기 위하여 사용될 수 있다. 이를 위해 여기에서 주어진 거리는 지면으로부터의 거리 또는 보호용 구조물의 기준점과 관련이 있다.

중요한 것은 이 방법이 제한된 보호를 제공한다는 것이다. 대부분의 경우 다른 방법이 더 적합하다. 이러한 거리는 안전거리가 아니며 접근을 제한하기 위한 추가적인 예방책이 요구될 수 있다.

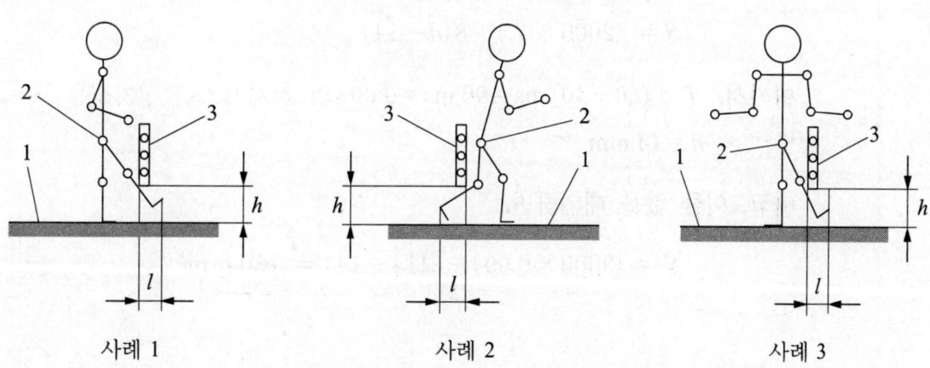


1. 기준면, 2. 관절, 3. 보호용 구조물
*h*. 보호용 구조물까지 높이, *l*. 저지거리

**▌그림 4-66 보호용 구조물 하에서 자유로운 움직임 저지**

[표 4-14]는 작업자가 추가 지지대 없이 서 있는 자세를 유지할 때 하지의 접근을 저지하는 특별한 경우의 거리를 제공한다. 다만 미끄러짐 또는 오용의 위험성이 있을 경우에는 [표 4-14]에 명시된 값을 적용하는 것이 부적합할 수 있다.

**표 4-14 하지 접근이 제한되는 경우의 거리**

| 보호용 구조물까지의 높이 $h$ | 거리 $l$ | | |
|---|---|---|---|
| | 사례 1 | 사례 2 | 사례 3 |
| $h \le 200$ | $\ge 340$ | $\ge 665$ | $\ge 290$ |
| $200 < h \le 400$ | $\ge 550$ | $\ge 765$ | $\ge 615$ |
| $400 < h \le 600$ | $\ge 850$ | $\ge 950$ | $\ge 800$ |
| $600 < h \le 800$ | $\ge 950$ | $\ge 950$ | $\ge 900$ |
| $800 < h \le 1000$ | $\ge 1125$ | $\ge 1195$ | $\ge 1015$ |

## 2.3 안전거리 계산 예제

### 2.3.1 예제 1

어떤 기계의 정지시간이 60 ms($t_2$)이다. 감지능력 14 mm에 응답시간 30 ms($t_1$)인 수직 광전자식 방호장치를 갖춘 전자감지식 방호장치가 설치되어 있다.

이 예제에서 ESPE 위로 손을 뻗어 도달하는 것이 불가능하다고 가정한다. 따라서 2단계 이후는 불필요할 것이다.

식 (4-3)을 이용하여

$$S = (2000 \times T) + 8(d - 14)$$

여기서, $T$ : $(60 + 30)$ ms $= 90$ ms $= 0.09$ s의 전체시스템 정지성능

$d = 14$ mm

이고, 이들 값을 대입하면

$$S = (2000 \times 0.09) + 8(14 - 14) = 180 \text{ mm}$$

### 2.3.2 예제 2

수직으로 설치된 ESPE의 감지영역에 대한 최소 거리 $S$를 계산하고 감지영역의 뒤쪽 경계의 높이 $b$를 결정한다.

기계는 제어시스템 응답시간을 포함하여 250 ms의 정지시간($t_2$)를 갖는다. 이 기계는 감자능력 30 ms, 응답시간 30 ms($t_2$)의 수직 광전자식 방호장치(AOPD)를 포함하는 ESPE와 적합하다.

위험요인영역의 높이는 기준면으로부터 800 mm($a$)이다. 광전자식 방호장치는 200 mm 높이부터 활성화된다.

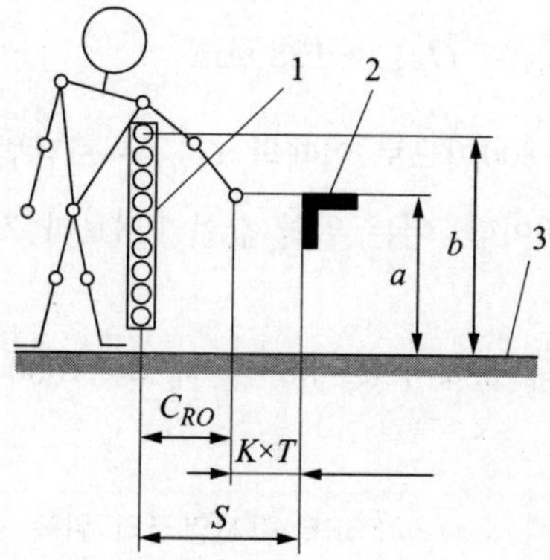


**1단계**

ESPE를 관통하여 도달하는 상황에 대한 최소 거리 $S_{RT}$를 계산한다.

식 (4-3)을 이용하여

$$S_{RT} = (K \times T) + C_{RT} = (2000 \times T) + 8(d - 14)$$

여기서, $T$ : $(250 + 30)$ ms = 280 ms = 0.28 s의 전체시스템 정지성능

$d = 30$ mm

이고, 이 값을 대입하면

$$S_{RT} = (2000 \times 0.28) + 8(30 - 14) = 688 \text{ mm}$$

이것은 $S_{RT} > 500$ mm이므로 식 (4-4)가 적용된다.

$$S_{RT} = (K \times T) + C_{RT} = (1600 \times T) + 8(d - 14)$$

이고, 이 값들을 대입하면

$$S_{RT} = (1600 \times 0.28) + 8(30 - 14) = 576 \text{ mm}$$

**2단계**

위험요인영역까지의 추가거리 $C_{RO}$를 구하고 $b$ 위로 손을 뻗어 접근하는 상황을 감지하기 위한 ESPE의 최소 높이를 구한다.

$$S = (K \times T) + C$$

에서 $S_{RO} = S_{RT}$라고 하면 다음을 의미한다.

$$C_{RO} = C_{RT} = 128 \text{ mm}$$

표에서 $a=800$이므로 이때의 $C_{RO}$는 보간법을 적용하지 않으므로 가장 가까운 값을 적용하면 0이다. 이는 위의 값인 128보다 적은 값으로 보다 안전한 값이라는 것을 알 수 있다.

따라서 아래 표에서 $a=800$일 때 $b=1600$ mm이다.

| 위험요인 영역높이 $a$(mm) | ESPE 감지영역의 위쪽 경계선 높이 $b$(mm) | | | | | | | | | | | |
|---|---|---|---|---|---|---|---|---|---|---|---|---|
| | 900 | 1000 | 1100 | 1200 | 1300 | 1400 | 1600 ③ | 1800 | 2000 | 2200 | 2400 | 2600 |
| | 위험요인영역까지의 추가거리 $C_{RO}$(mm) | | | | | | | | | | | |
| 2600[a] | 0 | 0 | 0 | 0 | 0 | 0 | 0 | 0 | 0 | 0 | 0 | 0 |
| 2500 | 400 | 400 | 350 | 300 | 300 | 300 | 300 | 300 | 250 | 150 | 100 | 0 |
| 2400 | 550 | 550 | 550 | 500 | 450 | 450 | 400 | 400 | 300 | 250 | 100 | 0 |
| 2200 | 800 | 750 | 750 | 700 | 650 | 650 | 600 | 550 | 400 | 250 | 0 | 0 |
| 2000 | 950 | 950 | 850 | 850 | 800 | 750 | 700 | 550 | 400 | 0 | 0 | 0 |
| 1800 | 1100 | 1100 | 950 | 950 | 850 | 800 | 750 | 550 | 0 | 0 | 0 | 0 |
| 1600 | 1150 | 1150 | 1100 | 1000 | 900 | 850 | 750 | 450 | 0 | 0 | 0 | 0 |
| 1400 | 1200 | 1200 | 1100 | 1000 | 900 | 850 | 650 | 0 | 0 | 0 | 0 | 0 |
| 1200 | 1200 | 1200 | 1100 | 1000 | 850 | 800 | 0 | 0 | 0 | 0 | 0 | 0 |
| 1000 | 1200 | 1150 | 1050 | 950 | 750 | 700 | 0 | 0 | 0 | 0 | 0 | 0 |
| 800 ① | 1150 | 1050 | 950 | 800 | 500 | 450 | 0 ② | 0 | 0 | 0 | 0 | 0 |
| 600 | 1050 | 950 | 750 | 550 | 0 | 0 | 0 | 0 | 0 | 0 | 0 | 0 |
| 400 | 900 | 700 | 0 | 0 | 0 | 0 | 0 | 0 | 0 | 0 | 0 | 0 |
| 200 | 600 | 0 | 0 | 0 | 0 | 0 | 0 | 0 | 0 | 0 | 0 | 0 |
| 0 | 0 | 0 | 0 | 0 | 0 | 0 | 0 | 0 | 0 | 0 | 0 | 0 |

[a] ESPE 위로 손을 뻗어 위험요인영역에 접근하는 것은 불가능

이 경우 $C_{RO}=0$이므로 $S_{RO}$는 $S_{RT}$보다 적으므로 $S_{RT}$를 사용한다.

$$S = S_{RT} = 576 \text{ mm}$$

### 2.3.3 예제 3

높이 1300 mm의 감지영역의 위쪽 경계 높이 $b$를 갖는 수직으로 설치된 ESPE의 감지영역에 대한 최소 거리 $S$를 계산한다.

기계는 제어시스템 응답시간을 포함하여 250 ms의 정지시간($t_2$)를 갖는다. 이 기계는 감지능력 30 ms, 응답시간 30 ms($t_2$)의 수직 광전자식 방호장치(AOPD)를 포함하는 ESPE와 적합하다.

위험요인영역의 높이는 기준면으로부터 650 mm($a$)이다. 광전자식 방호장치는 200 mm 높이부터 활성화된다.

광전자식 방호장치는 200 mm 높이부터 활성화되고 해당 감지영역의 위쪽 경계의 높이($b$)는 1340 mm이다.

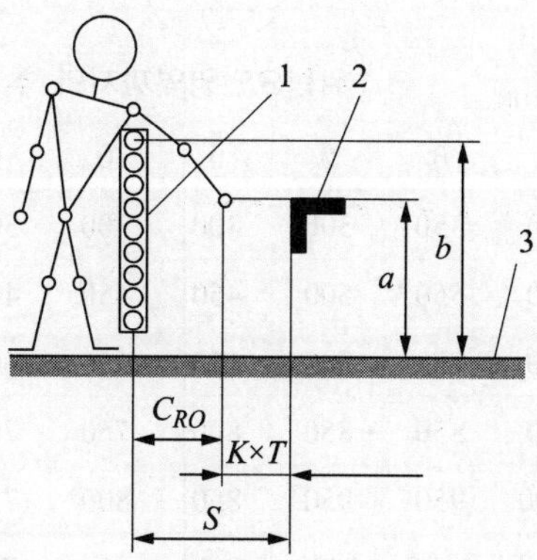


**1단계**

ESPE를 관통하여 도달하는 경우에 대한 최소 거리 $S_{RT}$를 결정한다.

식 (4-3)을 이용하여

$$S_{RT} = (K \times T) + C_{RT} = (2000 \times T) + 8(d - 14)$$

여기서, $T$ : $(250 + 30)$ ms $=$ 280 ms $=$ 0.28 s의 전체시스템 정지성능

$d = 30$ mm

이고, 이 값을 대입하면

$$S_{RT} = (2000 \times 0.28) + 8(30 - 14) = 688 \text{ mm}$$

이것은 $S_{RT} > 500\text{ mm}$이므로 식 (4-4)가 적용된다.

$$S_{RT} = (K \times T) + C_{RT} = (1600 \times T) + 8(d - 14)$$

이고, 이 값들을 대입하면

$$S_{RT} = (1600 \times 0.28) + 8(30 - 14) = 576\text{ mm}$$

### 2단계

아래 표는 보감법을 사용할 수 없고 가장 가까운 값을 사용하여야 한다.

| 위험요인 영역높이 $a$(mm) | ESPE 감지영역의 위쪽 경계선 높이 $b$(mm) | | | | | | | | | | | |
|---|---|---|---|---|---|---|---|---|---|---|---|---|
| | 900 | 1000 | 1100 | 1200 | 1300 ② | 1400 | 1600 | 1800 | 2000 | 2200 | 2400 | 2600 |
| | 위험요인영역까지의 추가거리 $C_{RO}$(mm) | | | | | | | | | | | |
| 2600[a] | 0 | 0 | 0 | 0 | 0 | 0 | 0 | 0 | 0 | 0 | 0 | 0 |
| 2500 | 400 | 400 | 350 | 300 | 300 | 300 | 300 | 300 | 250 | 150 | 100 | 0 |
| 2400 | 550 | 550 | 550 | 500 | 450 | 450 | 400 | 400 | 300 | 250 | 100 | 0 |
| 2200 | 800 | 750 | 750 | 700 | 650 | 650 | 600 | 550 | 400 | 250 | 0 | 0 |
| 2000 | 950 | 950 | 850 | 850 | 800 | 750 | 700 | 550 | 400 | 0 | 0 | 0 |
| 1800 | 1100 | 1100 | 950 | 950 | 850 | 800 | 750 | 550 | 0 | 0 | 0 | 0 |
| 1600 | 1150 | 1150 | 1100 | 1000 | 900 | 850 | 750 | 450 | 0 | 0 | 0 | 0 |
| 1400 | 1200 | 1200 | 1100 | 1000 | 900 | 850 | 650 | 0 | 0 | 0 | 0 | 0 |
| 1200 | 1200 | 1200 | 1100 | 1000 | 850 | 800 | 0 | 0 | 0 | 0 | 0 | 0 |
| 1000 | 1200 | 1150 | 1050 | 950 | 750 | 700 | 0 | 0 | 0 | 0 | 0 | 0 |
| 800 ① | 1150 | 1050 | 950 | 800 | 500 ③ | 450 | 0 | 0 | 0 | 0 | 0 | 0 |
| 600 | 1050 | 950 | 750 | 550 | 0 | 0 | 0 | 0 | 0 | 0 | 0 | 0 |
| 400 | 900 | 700 | 0 | 0 | 0 | 0 | 0 | 0 | 0 | 0 | 0 | 0 |
| 200 | 600 | 0 | 0 | 0 | 0 | 0 | 0 | 0 | 0 | 0 | 0 | 0 |
| 0 | 0 | 0 | 0 | 0 | 0 | 0 | 0 | 0 | 0 | 0 | 0 | 0 |

[a] ESPE 위로 손을 뻗어 위험요인영역에 접근하는 것은 불가능

만약 $a = 650$ mm이면 가장 안전한 값(가까운 값)은 $a = 800$ mm이다. 만약 $b =$ 1340 mm이면 가장 가까운 값은 $b = 1300$ mm이다.

ESPE 위로 손을 뻗어 접근하는 경우에 대한 최소 거리 $S_{RT}$를 결정한다.

$a = 800$, $b = 1300$에 대해 ESPE 위로 손을 뻗어 접근하는 경우에 대한 추가거리로 $C_{RO}$를 구하면 $C_{RO} = 500$ mm를 선택한다.

식 (4-11)을 사용하면

$$S = S_{RO} = (2000 \times T) + C_{RO}$$

여기서,

$$S_{RO} = (2000 \times 0.28) + 500$$

이것은 $S_{RO} > 500$ mm이므로 식 (4-12)가 적용된다.

$$S_{RO} = (1600 \times T) + C_{RO}$$

이므로

$$S_{RO} = (1600 \times 0.28) + 500 = 948 \text{ mm}$$

다음은 $S_{RO}$와 $S_{RT}$를 비교하여 최소 거리 $S$를 결정한다.

$$S_{RT} < S_{RO}$$

이므로 따라서 위험요인영역까지의 최소 거리는 $S = S_{RO} = 948$ mm

## 2.3.4 예제 4

기계의 위험요인영역으로 의도하지 않은 접근은 광전자식 방호장치에 의해 감지된다. 위험요인영역의 높이는 600 mm라고 가정한다.

위험성평가는 다중 독립 빔을 사용하는 것이 적절하다고 결정되어 3개의 빔을 갖는 ESPE가 선택된다.

기계는 300 ms의 정지시간($t_2$)을 갖고 안전방호장치의 응답시간 35 ms($t_2$)이다.

### 1단계

3개의 다중 빔을 갖는 것은 바닥으로부터 300 mm, 700 mm, 1100 mm에 설치해야 하며, 빔의 경우 $40 < d < 70$

이때 최소 거리는 식 (4-5)에 의해 주어진다.

$$S_{RT} = (1600 \times T) + 850$$

이고, 여기서 $T$는 (300 + 35) ms = 335 ms = 0.335 s이므로

$$S_{RT} = (1600 \times 0.335) + 850 = 1386 \text{ mm}$$

**2단계**

가장 높은 빔의 높이가 1100 mm이므로 손을 뻗어 접근하는 경우를 고려하여야 한다. 위험요인영역 높이가 600 mm이고, 빔의 높이 1100 mm를 고려하면 [표 4-8]에서 $C_{RO}$는 750이 된다.

$$S_{RO} = (1600 \times 0.335) + 750 = 1286 \text{ mm}$$

따라서

$$S_{RO} < S_{RT}$$

이므로 따라서 위험요인영역까지의 최소 거리는 $S = S_{RT} = 1386$ mm이다.

### 2.3.5 예제 5

기계의 위험요인영역으로 의도하지 않은 접근은 광전자식 방호장치에 의해 감지된다. 위험요인영역의 높이는 600 mm라고 가정한다.

위험성평가는 바닥에 설치하는 압력감지매트 또는 광선자식 방호장치가 사용된다. 기계는 300 ms의 정지시간($t_2$)을 갖고 안전방호장치의 응답시간 35 ms($t_2$)이다.

**1단계**

이때 최소 거리는 식 (4-14)에 의해 주어진다.

$$S = (1600 \times T) + 1200$$

이고, 여기서 $T$는 (300 + 35) ms = 335 ms = 0.335 s이므로

$$S = (1600 \times 0.335) + 1200 = 1736 \text{ mm}$$

**2단계**

가장 높은 빔의 높이가 1100 mm이므로 손을 뻗어 접근하는 경우를 고려하여야 한다. 위험요인영역 높이가 600 mm이고, 빔의 높이 1100 mm를 고려하면 [표 4-8]에서 $C_{RO}$는 750이 된다.

$$S_{RO} = (1600 \times 0.335) + 750 = 1286 \text{ mm}$$

따라서

$$S_{RO} < S_{RT}$$

이므로 따라서 위험요인영역까지의 최소 거리는 $S = S_{RT} = 1736$ mm이다.

### 2.3.6 예제 6

우회접근을 고려한 예로써 기계는 제어시스템 응답시간을 포함하여 250 ms의 정지시간($t_2$)를 갖는다. 이 기계는 감지능력 30 ms, 응답시간 30 ms($t_2$)의 수직 광전자식 방호장치(AOPD)를 포함하는 ESPE와 적합하다.

위험요인영역에 도달하기 위하여 장애물을 우회하여야 한다.

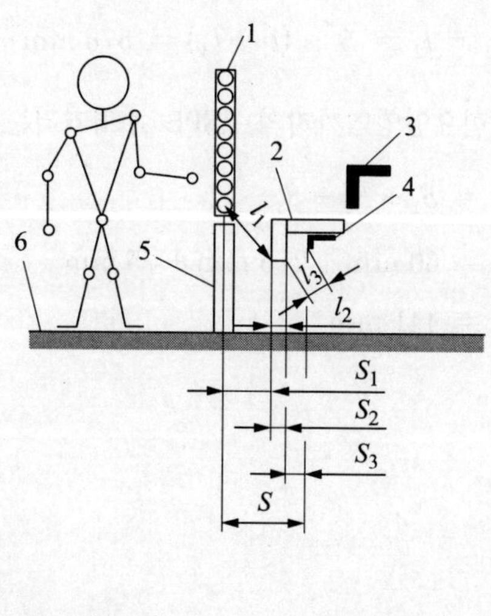


여기서 다음의 설계정보를 갖는다.

$$l_1 = 100 \text{ mm}$$

$$l_3 = 200 \text{ mm}$$

식 (4-4)를 사용하면

$$S^* = (1600 \times T) + 8(d - 14)$$

이고, 여기서 식 (4-13) $S = (K \times T) + C = l_1 + l_2 + l_3$는 위험요인영역부터 감지영역 사이의 실제로 포함된 거리(mm)이다.

$T$는 (250 + 30) ms = 280 ms = 0.28 s의 전체시스템 정지성능이고

$d = 30$ mm

이므로 이 값들을 대입하면

$$S^* = (1600 \times 0.28) + 8(30 - 14)$$
$$= 576 \text{ mm}$$

이 예제에서 가정된 수평거리는 설계에서 결정된 $l_1$과 $l_2$ 값으로부터 유도되며 그 값은 다음과 같다.

$$S_1 = 60 \text{ mm}$$
$$S_3 = 75 \text{ mm}$$

수평방향의 접근거리 요소 $l_2$를 $S_2$와 같다고 하면 그 결과는

$$S_2 = l_2 = S^* - (l_1 + l_3) = 576 \text{ mm} - 300 \text{ mm} = 276 \text{ mm}$$

따라서 위험요인영역까지의 ESPE 수평거리는

$$S = S_1 + S_2 + S_3$$
$$= 60 \text{ mm} + 276 \text{ mm} + 75 \text{ mm}$$
$$= 441 \text{ mm}$$

# 3. 비상정지

비상정지기능이란 기계류 또는 진행 중인 작업에 미칠 피해나 사람에게 미칠 위험요인을 방지 또는 제거하고자 의도된 기능을 말하며 사람의 단순한 동작에 의해 작동

되도록 의도된 기능을 말한다.

비상정지설비는 비상정지기능을 실행하는 제어시스템의 안전관련부분을 말하며, 일반적으로 비상정지설비는 입력, 가동 및 출력요소로 구분된다. 또한 비상정지장치는 비상정지기능을 작동하기 위하여 사용되어지는 수동구동 제어장치를 말하며 기계 액추에이터는 가동을 위해 사용되는 기계의 동력장치인데 주로 전동기, 솔레노이드, 공압 및 유압실린더 등이 있다.

본 장에서는 동력원과는 별개로 기계의 비상정지기능에 대한 기능적 요구사항과 설계원칙에 대하여 나타내고자 한다.

## 3.1 비상정지기능

비상정지기능의 목적은 사람의 행동이나 예상치 못한 위험 사건으로부터 발생하는 실제 상황이나 임박한 비상상황을 방지하는 것이며 비상정지기능은 사람의 단순 동작으로 작동되는 것이다.

비상정지기능은 언제라도 작동되어야 하며, 다른 보호 기능(예를 들면, 갇힌 사람의 탈출이나 화재 진압 등)을 손상시키지 않고 기계류의 모든 기능과 작동이 정지되어야 한다.

비상정지기능이 활성화된 경우에는 비상정지기능을 수동으로 재설정될 때까지 유지되어야 하며, 비상정지기능의 작동으로 인해 정지된 작동에 대해 어떠한 시작명령도 효력을 발휘할 수 없도록 하여야 한다.

비상정지기능은 의도적인 사람의 동작으로 재설정되어야 한다. 비상정지기능의 재설정은 비상정지장치의 해제에 의해 작동되어야 한다. 초기화는 기계 시동을 작동하지 않아야 한다.

비상정지기능은 보완적 보호 조치이고, 방호 수단이나 다른 기능 또는 안전기능을 대체하여서는 안 된다. 또한 비상정지기능은 다른 안전기능의 효과를 저해하지 않아야 한다. 따라서 자석, 척이나 제동장치와 같은 보조장치의 지속적인 작동을 보장해야 한다.

비상정지기능은 비상정지장치의 구동 이후에 추가적인 위험요인이나 다른 간섭의 발생이 없이 적절한 방법으로 기계의 위험한 이동이나 작동이 정지될 수 있도록 설계되어야 한다. 적절한 방법으로는 다음 사항을 통하여 알 수 있다.

- 기계의 필요한 설계 구속력을 고려한 최적 감속 비율 선택
- 정지 범주의 선택
- 사전 종료된 정지 시퀀스의 필요

다만 기계와 특정 위험에 따라서 비상정지기능은 설비의 손상 등과 같은 위험을 최소화하기 위해 여기서는 깊이 다루지 않지만 정지 이외의 비상정지기능의 일부분이 될 수 있는 다른 기능들(예를 들면, 동작의 전환이나 제한, 제동 비율)을 동작시킬 수 있다.

## 3.2 비상정지장치

비상정지장치는 운전자와 작동할 필요가 있는 다른 사람이 쉽게 식별하고 작동할 수 있도록 설계되어야 한다. 비상정지장치의 액추에이터는 다음 중 하나일 수 있다.

- 손바닥으로 쉽게 활성화되는 누름버튼
- 와이어로프, 바(Bar)
- 핸들
- 다른 대안의 적용이 어려운 곳에서는 보호덮개가 없는 발 - 페달

비상정지장치는 다음과 같은 위치에 설치하여야 한다.

- 각 운전자 제어 스테이션, 다만 위험성평가가 불필요하다고 판단되는 경우는 제외할 수 있다.
- 위험성평가에 의해 결정된 다른 장소들에도 설치한다. 예를 들면 다음과 같다.
  - 입구와 출구 위치
  - 기계에 개입이 필요한 위치(예를 들면, 스위치를 누르고 있는 동안에 기계를 작동시키는 홀드 투런 제어기능이 필요한 경우)
  - 설계로 인해 사람과 기계의 상호작용이 예상되는 모든 장소(예를 들면, 적재와 하역 구역)

비상정지장치는 바로 접근 가능하고 운전자나 작동할 필요가 있는 다른 사람에 의해 위험하지 않은 구동을 할 수 있도록 위치하여야 한다.

수동으로 작동하도록 의도된 비상정지장치의 액추에이터는 접근 레벨인 바닥레벨이나 플랫폼레벨 위로 0.6 m 및 1.7 m 사이에 설치하여야 한다.

발 - 페달은 접근 수준이 용이한 바닥레벨에 직접 위치할 수 있도록 설치하여야 한다.

전기 비상정지장치는 기계적 잠금을 동반한 직접 개방작용의 원리를 적용해야 한다. 직접 개방작용 원리의 적용 예는 누름버튼으로 견고한 직접 접속방식에 의해 열리는 전기적 접촉을 이용하는 비상정지장치이다. 접촉요소에 의한 직접적 차단 동작은 비탄성적 구성요소들(예를 들면, 스프링에 의존하지 않는 요소들)을 통한 스위치 액추에이터의 특정한 동작의 직접적인 접촉 분리의 결과물이다.

공압 혹은 유압식 비상정지장치는 기계적 잠금을 동반한 능동적(직접적)인 기계적 동작원리를 따라야 한다. 공압 및 유압 시스템은 일반적으로 스프링에 의존하지 않고 밸브를 직접 닫는 작동을 한다.

비상정지장치 구동은 비상정지장치 액추에이터가 체결(잠금)되지 않더라도 정지명령을 생성해야 한다. 비상정지장치의 액추에이터는 빨간색이어야 한다. 액추에이터의 배경이 존재한다면 배경은 가능한 노란색이어야 한다. 또한 비상정지장치는 단순한 방법으로 설계되고 설치하되 쉽게 무효화할 수 없도록 설계되고 설치되어야 한다. 왜냐하면 물체가 작동 표면 아래로 떨어지거나, 무력화 의도가 있을 때 무효화되는 것을 방지하기 위함이다.

잠김이 해제되기 위해 액추에이터에 열쇠를 필요로 하는 비상정지장치는 가능한 피해야 한다. 부득이 비상정지장치가 열쇠를 이용해서만 해제될 수 있을 때에는 손의 부상을 피하기 위해 기계의 사용설명서는 열쇠의 정확한 사용을 서술해야 하며, 열쇠는 액추에이터를 해제하기 위해 장치의 액추에이터 안에만 있어야 한다는 경고를 해야 한다.

액추에이터나 배경에는 텍스트나 기호로 라벨이 표시되지 않아야 한다. 설명을 위해 기호가 필요한 경우, 예를 들면 버튼식 액추에이터의 잠금장치 해제방향을 식별할 필요가 있는 경우에는 동 식별이 액추에이터와 같거나 거의 비슷한 색을 가져야 한다. 화살표와 같은 잠금 해제의 식별기호는 구동방향으로 잘못 해석될 수 있으므로 주의해야 한다.

비상정지장치가 분리될 수 있거나 플러그형 휴대용 티칭 펜던트형과 같이 무선 운전자 제어 스테이션에 설치되었다면 적어도 하나의 비상정지장치는 기계에 영구적으로 고정된 위치에 설치되어야 한다.

비상정지장치의 의도치 않은 구동을 막기 위한 방법들은 구동을 방해할 위험을 일으키거나 비상정지에 대한 접근을 해치지 않아야 한다. 그러한 방법들은 비상정지장치나 그 액추에이터 가시성도 해치지 않아야 한다.

## 3.3 비상정지장치 제어범위

각 비상정지장치의 제어범위는 전체 기계를 포함해야 한다. 그러나 연결된 모든 기계를 정지시키는 것이 추가적인 위험요인이나 생산에 영향을 미치는 경우에는 단일 제어범위가 적절하지 않을 수 있다.

각 제어범위는 기계의 부분, 기계 전체 혹은 기계의 그룹을 모두 포함할 수 있다. 각기 다른 제어범위는 겹칠 수 있다. 제어범위 할당은 다음 사항을 고려하여 결정되어야 한다.

- 기계의 가시적인 영역을 기준으로 한 기계의 물리적 배치
- 위험 상황을 인식할 수 있는 가능성(예 : 가시성, 소음, 냄새)
- 생산 공정과 관련된 안전상의 영향
- 예측 가능한 위험요인에 대한 노출
- 가능한 주변 위험요인

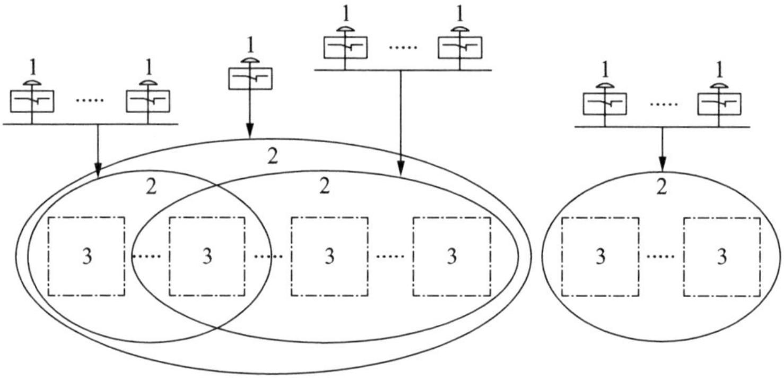


식별부호
1 : 비상정지장치 2 : 제어범위 3 : 기계의 전체 또는 일부분

**▌그림 4-67 제어범위에 대한 예**

다음의 요구사항을 충족한다면 하나 이상의 제어범위가 적용될 수 있다.

- 제어범위는 명확히 정의되어야 하고 인식 가능하여야 한다.
- 비상정지장치는 비상정지가 필요한 위험요인과 쉽게 연결되어야 한다.
- 비상정지장치의 제어범위는 각 비상정지장치의 작동 위치에서 인식 가능해야 한다. 명확한 식별은 픽토그램 또는 위치 자체에 의해 인식될 수 있어야 하며, 그러

한 픽토그램은 비상정지장치 바로 옆에 위치하여 기기 자체의 제어범위를 표시할 수 있어야 한다.

- 비상정지장치의 구동은 어떠한 제어범위에서 추가적인 위험요인을 초래하거나 위험을 증가시키지 않아야 한다.
- 한 제어범위에서의 비상정지장치의 구동은 다른 제어범위에서 비상정지기능의 작동을 방해하지 않아야 한다.
- 기계 사용에 대한 정보는 비상정지장치의 제어범위에 관한 정보를 포함해야 한다. 가능한 한 다른 제어범위를 가진 비상정지장치는 서로 가까이 배치되어서는 안 된다.

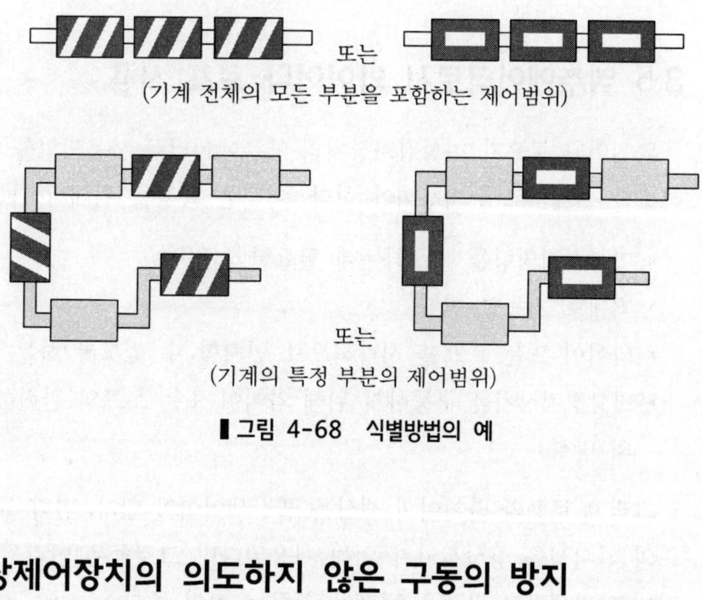


▌그림 4-68 식별방법의 예

## 3.4 비상제어장치의 의도하지 않은 구동의 방지

비상정지장치는 의도하지 않은 구동을 방지하도록 설계하여야 한다. 실시 가능하다면 의도하지 않은 구동은 다른 설계방법을 적용하기보다 적절한 위치를 설정함으로써 방지되어야 한다.

비상정지장치의 구동은 손상되지 않아야 한다. 비상정지장치의 의도하지 않은 구동을 방지하기 위해 어떤 예방 조치를 취할 수 있는 예를 아래에서 볼 수 있다.

- 예견할 수 있는 극심한 혼잡영역에서 비상정지장치를 멀리 위치시킴
- 비상정지장치의 종류 선택
- 비상정지장치의 적절한 크기나 형태 선택

• 주변 제어 패널의 오목한 표면에 비상정지장치를 설치

비상정지장치의 주변에서 보호덮개의 사용은 의도치 않은 구동을 방지하기 위해 필요할 때와 다른 방법을 실시할 수 없을 때를 제외하고는 피해야 한다.

보호덮개는 부상을 초래할 수 있는 날카로운 모서리나 끝부분, 거친 표면을 가지지 않아야 한다. 모서리나 끝부분은 날카로운 부분을 제거하여야 하고, 표면은 만지기에 부드러워야 한다.

비상정지장치를 의도치 않은 구동에 대비하여 수동으로 작동하도록 의도된 비상정지장치의 경우에는 예견할 수 있는 기계 운전자의 어떤 위치나 그것들을 구동하기 위해 필요로 하는 다른 사람들의 손으로 구동되는 것을 방해하거나 막지 않아야 한다.

## 3.5 액추에이터로서 와이어나 로프 사용

와이어나 로프가 비상정지장치의 액추에이터로 사용되었을 때, 이들은 사용이 용이하도록 설계되고 위치하여야 한다. 이러한 목적을 위해서 다음이 고려되어야 한다.

• 비상정지명령을 생성하는데 필요한 처짐량
• 최대로 가능한 처짐
• 와이어 또는 로프를 시각적으로 인지할 수 있도록 하는 것
• 비상정지장치를 구동하기 위해 와이어 또는 로프와 관련하여 가해지는 힘과 그것의 방향

그리고 로프와 와이어의 색상은 빨간색이어야 한다. 만약 표시 깃발이 와이어와 로프의 가시성을 향상시키기 위해 사용된다면 그것들은 빨간색 그리고 노란색 줄무늬 또는 빨간색과 노란색을 번갈아 칠하는 것이 좋다.

와이어의 축을 따라 와이어를 잡아당김으로써 구동이 시도될 가능성이 있는 경우에는 어느 쪽으로 와이어를 당기든 간에 비상정지명령이 발생해야 한다.

비상정지명령은 와이어나 로프가 느슨하거나 파손되거나, 해제되었을 때 발생되어야 한다. 비상정지장치를 해제하기 위한 수단은 와이어나 로프의 전체 길이가 해제 지점의 위치에서 볼 수 있도록 배치되어야 한다. 와이어나 로프의 설정 및 후속 조정과 같은 정보는 설명하여야 한다.

## 3.6 비상정지장치의 해제

활성화된 비상정지장치의 영향은 비상정지장치의 액추에이터가 분리될 때까지 유지되어야 한다.

그러나 비상정지장치의 해제는 명령이 작동된 장치에 대해 사람의 의도적 조작으로만 가능하여야 한다. 이러한 장치의 해제는 기계를 재기동하는 것이 아니라 재기동에 필요한 준비만 허용해야 한다.

기계의 사용설명서에는 장치의 구동 후와 해제 전, 기계 동작 원인을 감지하기 위해 검사를 실시해야 함을 명시하여야 한다.

## 3.7 비상정지장치의 안전제어 수준

비상정지기능을 수행하는 제어시스템 또는 서브시스템의 안전관련부품은 안전성능수준과 안전무결성수준에서 요구되는 관련 요구사항을 준수해야 한다.

필요한 안전성능수준(PL) 또는 안전무결성수준(SIL)의 결정은 비상정지기능의 목적을 고려해야 하지만 필요한 최소 요구수준은 PLr c 또는 SIL 1이다.

## 3.8 휴대용 운전자 제어 스테이션

휴대용 운전자 제어 스테이션에 대한 비상정지기능은 휴대용 운전자 제어 스테이션이 기계를 제어하는 동안 모든 비상정지장치는 활성화되어야 한다. 분리 가능한 운전자 제어 스테이션의 플러그를 차단하거나 접속할 때의 위험성평가에 반영하여야 한다.

무선 운전자 제어 스테이션에 대한 비상정지 재설정은 무선 제어시스템 부분의 중단이나 오류 이후에 동력의 복원은 무선 비상장치에 의해 이전에 작동한 비상정지 조건을 재설정하지 않아야 한다.

무선 제어장치로 비상정지가 발동되었을 때 재설정은 비상정지장치가 잠김 위치에서 분리된 이후에만 가능하여야 한다.

비상정지장치의 제어범위가 관측될 수 없다면 휴대용 제어 스테이션의 비상정지 액추에이터를 해제하는 것 외에도 기계나 기계 주위에 고정된 하나 이상의 추가적인 재설정 장치가 제공되어야 한다.

Chapter

# 05

# 로봇시스템 등 안전대책

## 1. 로봇시스템 이해

### 1.1 로봇시스템의 개요

로봇(Robot)의 어원은 체코어의 노동을 의미하는 단어 "Robota"에서 나왔다고 알려져 있다. 1920년 체코슬로바키아의 극작가 카렐 차페크(Karel Capek)의 희곡 "로숨의 유니버설 로봇(Rossum's Universal Robots)"에서 로봇이라는 말이 처음 사용되었다.

그 후 1956년에 미국의 George C. Devol가, 자동적으로 기계부품을 반송(搬送)하는 기계 "Programmed Article Transfer"의 특허를 출원하였는데 이것이 산업용 로봇의 근원이 되었지만 실제로는 1959년 Unimate사에서 Joseph Engelber 등에 의해 최초의 산업용 로봇 개발이 개발되어 사용되기 시작하여 그동안 인간이 해 오던 많은 일들을 지금은 로봇이 대신하고 있다.

현재 로봇은 산업 현장에서의 단조로운 반복 작업이나 따분한 작업, 불쾌한 작업들에 대하여 다양한 형태로 인간을 대신하여 작업하고 있다. 조립 공장에서 리벳 박는 일, 용접, 자동차 차체를 칠하는 일 등은 로봇을 이용하여 효율적으로 작업할 수 있는 좋은 사례인데 로봇은 언제나 일정한 수준의 정밀도와 정확도로 작업을 계속할 수 있으며, 결코 지칠 줄 모르므로 제품의 품질은 항상 일정하며 게다가 휴식을 취할 필요가 없기 때문에 많은 양의 제품을 만들 수 있는 대량생산체계에서부터 다양한 종류의 소량생산에도 적합한 기계이다.

또한 로봇은 위험한 작업을 대신할 수가 있다. 방호복을 입지 않고 원자력 공장에서 방사성 물질을 취급하거나, 유독 화학 물질을 취급할 수가 있으며, 인간을 대신하여 인간의 생명이 위험에 노출될 수 있는 곳에서도 로봇을 사용할 수 있다. 예를 들면 폭발물을 수색하거나 폭탄의 뇌관을 제거하는 일, 그리고 우주 공간에서의 작업도 그 중의 하나이다. 로봇은 우주 공간에서의 작업에 특히 이상적이다. 지구를 돌고 있는 인공위성을 수리하거나 유지하는 데 사용되기도 하고, 보이저(Voyager)호와 같이 탐사와 발견을 목적으로 먼 천체까지 비행하는 데도 로봇이 사용되기도 한다.

가정에서도 점점 많은 로봇이 가사를 돕기 위해 사용되고 있다. 향후 애완용 로봇, 의료・복지 로봇 등 다양한 형태의 로봇은 육체적인 장애를 가진 사람들을 돌보는 일에도 많이 이용될 것으로 기대되며, 로봇 간호보조자는 장애자나 노령으로 인해 체력이 약해진 사람들이 가족들에게서 독립하여 혼자서도 살 수 있도록 해주며, 병원에 입원하지 않아도 될 수 있도록 도와주게 될 것이다.

로봇의 지능화는 로봇 기술개발 초기부터 늘 주목받아 온 과제이지만 최근 IT기술과 디지털 기술의 경이적인 진보와 센서 및 액추에이터 등 하드웨어의 기술 혁신 등에 따라 보다 다양한 분야에 정교한 로봇이 대체되는 시대가 다가 올 것이다.

뿐만 아니라 최근 산업현장에서 다양하게 구축되고 운영되고 있는 스마트공장의 확산과 자동화설비의 고도화에 로봇을 활용한 로봇시스템과 로봇이 포함되고 기존 다른 설비 및 장비들을 하나의 시스템으로 통합하여 사용하는 로봇시스템 통합이 급속히 도입되고 있다. 또한 로봇과 사람이 협업하는 협동 로봇의 사용이 크게 증가하고 있으므로 이들 시스템에 있어서의 국제적으로 요구하는 안전요구사항과 이들에 대한 대응 기술은 작업자의 생명에 관한 문제이기에 법적인 사항을 떠나 매우 중요해질 것이다.

위험은 종종 특정 로봇시스템에 대하여 고유하다고 한다. 즉 위험의 수와 유형은 자동화 프로세스 및 스마트공장의 특성 및 설치의 복잡성과 직접적인 관련이 있다. 이러한 사항과 관련된 위험은 사용되는 로봇의 유형과 목적, 설치, 프로그래밍, 작동 및 유지보수 방식에 따라 다르다.

본 장에서는 산업용 로봇의 적용에 따른 위험의 다양한 특성을 인식하여 로봇의 통합 및 설치에서 안전을 보장하기 위한 지침을 제공한다. 산업용 로봇 사용 시 안전은 특정 로봇시스템의 설계에 영향을 받기 때문에 안전한 로봇시스템 또는 셀을 제공할 책임은 로봇시스템 및 셀 사용을 위한 설계방법, 시스템 구성 및 정보에 대한 지침을 공유하는 다양한 이해관계자의 협력에 달려 있다.

이해관계자는 제조업체, 공급업체, 통합업체 및 사용자(로봇 사용을 책임지는 주체)로 식별될 수 있지만 모두 안전한(로봇) 기계의 공통목표를 공유해야 한다.

특히 우리나라의 산업현장에서 이미 많은 양이 도입되고 있으며 향후에도 급격히 많은 양이 도입될 수 있는 로봇을 이용한 자동화 설비나 스마트공장이 급격히 증가하고 있음에도 불구하고 근로자의 안전과 보건을 확보하기 위한 산업안전보건법은 국제적인 기술기준 중 극히 적은 부분만을 인용하고 있다.

이를 보완하기 위하여 안전검사와 안전인증 제도를 도입하고 있으나 실제로 로봇시스템 통합 운전이나 협동 로봇 작업 시 산업안전보건을 위하여 반드시 적용하여야 할 안전제어시스템에 대한 기술을 충분히 이해할 필요가 있다.

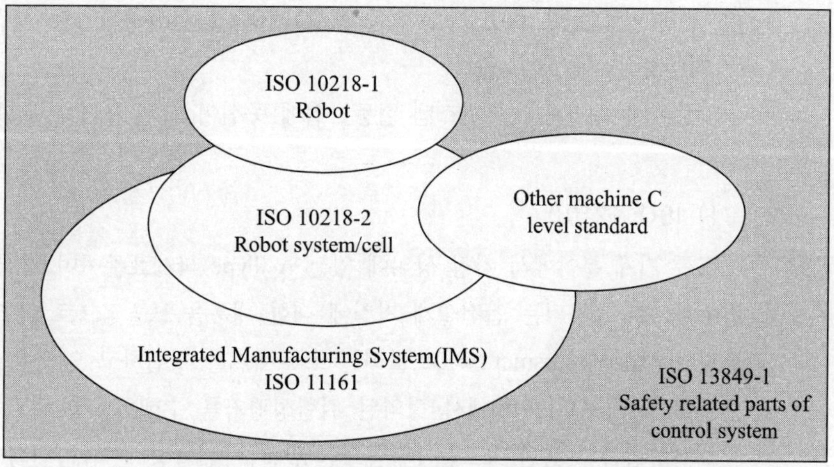


▮그림 5-1 로봇시스템과 관련된 국제표준 사이의 관계

## 1.2 로봇시스템 관련 기술 규격

로봇시스템 통합 및 로봇시스템 협동운전에 적용되는 국제규격은 매우 많은 내용이 제시되어 있으므로 이들을 모두 시스템에 적용하여야 한다.

일반적으로 적용되고 있는 규격을 보면 ISO 12100(기계안전 - 설계 일반원칙 - 위험성평가와 위험성감소), ISO 13849-1(기계안전 - 제어시스템의 안전관련부품 - 제1부: 설계의 일반원칙), ISO 13849-2(기계안전 - 제어시스템의 안전관련부품 - 제2부: 검증),

ISO 13850(기계안전 비상정지 - 설계원리), ISO 13854(기계안전 - 인체 부분의 협착을 방지하기 위한 최소 틈새), ISO 13855(기계안전 - 신체 일부의 접근속도에 따른 보호장치 위치설정), ISO 13856(기계안전 - 압력 감지식 보호장치), ISO 13857(기계안전 - 인체의 상지와 하지의 위험요인영역 접근을 방지하기 위한 안전거리), ISO 14118(기계안전 - 예기치 않은 시동의 방지), ISO 14119(기계안전가드와 관련된 연동장치 - 설계 및 선택에 대한 원칙), ISO 14120(기계안전 - 가드 - 고정식 및 이동식 가드의 설계와 시공에 대한 일반요구사항), ISO 14122(기계안전 - 기계설비에 대한 영구적 접근수단), IEC 60204-1(기계류의 안전성 - 기계의 전기 장비 - 일반요구사항), IEC 61496-1(기계류의 안전성 - 전기감응 방호장치 - 제1부: 일반요구사항 및 시험), ISO 10218-1(로봇 및 로봇장치 - 산업용 로봇의 안전에 관한 요구사항 - 제1부), ISO 10218-2(로봇 및 로봇장치 - 산업용 로봇의 안전에 관한 요구사항 - 제2부: 로봇시스템 및 통합), ISO TS 15066(로봇 및 로봇장치 - 협동 로봇), ISO 11161(통합 제조시스템), 2006/42/EC(기계류지침) 등 매우 많다.

그중에서 특별히 로봇시스템 협동작업에 중심이 되는 규격을 보면 [표 5-1]과 같다.

#### 1) ISO 12100

모든 기계 분야에서 가장 상위에 있는 A Type 국제표준이며 기계를 설계하는 데에 필수적으로 요구되는 안전설계 지침에 대한 내용을 포괄적으로 담고 있다. 특히 위험성평가(Risk Assessment)라고 불리는 프로세스를 정립하고 있으며 로봇 관련 국제표준들에서는 ISO 12100에서 정의된 위험성평가를 수행하도록 하고 있다.

위험성평가의 핵심 요소는 [위험요인 발굴], [위험성 분석], [위험성 감소 조치]이며 산업용 로봇시스템을 설치하고 협동운전을 하기 위해서는 이러한 위험성평가 절차를 성실히 수행해야 한다.

#### 2) ISO 10218-1

산업용 로봇에 대한 안전 요구조건이 정의된 제품단위의 국제 안전규격이다. 이 표준의 주요 내용은 산업용 로봇의 위험성평가, 안전관련 제어시스템의 신뢰성, 로봇의 필수 안전기능, 위험방지 대책 등에 대한 요건으로 구성되어 있다.

표 5-1 협동운전 관련 표준

| 국제표준 | 표준형 및 주요내용 |
|---|---|
| ISO 12100:2010 | ○ 기계안전 - 설계 일반원칙 - 위험성평가와 위험성감소<br>- 기계류에 포괄적으로 적용되는 설계원칙<br>- 기계류의 수명주기 전반에 대한 위험성평가 원칙 정의 |
| ISO 10218-1:2011 | ○ 산업용 로봇의 안전에 관한 요구사항 - 제1부: 로봇<br>- 로봇 제품에 적용되어야 할 필수 안전보건 요구사항<br>- 로봇의 설계원칙, 제어시스템 요구사항, 안전기능 및 요건 등 |
| ISO 10218-2:2011 | ○ 산업용 로봇의 안전에 관한 요구사항 - 제2부: 로봇시스템 및 통합<br>- 로봇시스템 및 통합 시 적용되어야 할 필수 안전보건 요구사항<br>- 로봇시스템 구성, 제어시스템 요구사항, 운용방식, 사용자 안전대책 등을 규정함 |
| ISO TS 15066:2016 | ○ 로봇 및 로봇장치 - 협동 로봇<br>- 협동운전이 가능한 로봇 및 로봇시스템의 요구사항을 정의함<br>- 4가지 협동운전모드에 따른 기술 시방을 서술함 |
| ISO 13849-1:2015 | ○ 제어시스템의 안전관련부품 - 제1부: 설계의 일반원칙<br>- 일반적인 기계 시스템에서 안전관련 제어시스템의 요구조건을 규정함<br>- 포괄적인 범위의 기계에 적용되는 규격으로 기능안전의 수준인 PL(Performance Level) 등급에 따른 세부사항을 정의함 |
| IEC 62061:2022 | ○ 기계안전 - 전기전자 및 프로그램 가능한 전자제어시스템의 기능안전<br>- IEC 61508을 모 규격으로 사용하는 제조공정에서 전자제어시스템에 관한 기능안전 표준을 규정함<br>- 안전무결성기준 SIL(Safety Integrated Level)에 따른 세부사항을 정의와 더불어 안전관련 제어시스템의 신뢰성 문제를 취급하며 및 안전기능 검증에 관한 사항 규정함<br>- 2022년 버전은 전기전자분야에 한정하지 않고 유・공압에도 적용할 수 있도록 함<br>※ 기존 2005년 버전은 2023.10.11.에 만료 예정 |

미국, 유럽 등의 주요 국가에 로봇 제품을 판매하기 위해서는 CE, UL 등 각 나라에 해당하는 강제인증 마크를 획득하여야 하며, 산업용 로봇의 경우 ISO 10218-1이 인증 기준으로 채택되어 있다.

로봇을 개발 또는 생산하는 기업은 본 표준의 요구사항을 모두 만족하는 경우 자기적합선언(DOC) 또는 제3자 인증(COC)을 통해 주요 국가별 필수 인증을 취득할 수 있다.

국내에서 산업용 로봇 제품을 생산하여 판매하기 위해서는 KCs 마크(자율안전확인

신고)를 획득하여야 한다. 다만, 산업용 로봇시스템이 협동운전을 하는 경우에는 관련 법적 요건을 만족하기 위해 반드시 ISO 10218-1의 요건을 만족하는 로봇 제품을 사용해야 한다.

### 3) ISO 10218-2

산업용 로봇시스템 및 로봇시스템 통합과 관련한 안전요구사항을 정의한 국제 안전 규격이다. 여기서 로봇시스템 통합은 다음을 포함한다.

- 산업용 로봇시스템의 설계, 제작, 설치, 운전, 유지보수, 해체
- 설계, 제작, 설치, 운전, 유지보수와 산업용 로봇시스템 또는 셀의 해체에 있어서 필요한 정보
- 산업용 로봇시스템의 요소장치

이 표준의 주요 내용은 산업용 로봇시스템 및 통합에 대한 위험성평가, 안전관련 제어시스템의 신뢰성, 주요 위험요인을 고려한 안전 대책, 로봇시스템의 협동운전 요건 등으로 구성되어 있다.

산업용 로봇시스템의 국제표준 요구사항을 적용하고자 한다면, 로봇을 설치하고 시스템을 구성하는 주체에서 본 표준의 내용을 명확히 이해하여야 한다. 이 표준이 작성되는 시점에서 협동운전에 대한 기술 정립이 부족하였기 때문에 관련 요구사항에 대한 내용이 다소 미흡하며, 이후에 발간된 표준문서 ISO/TS 15066을 통해 협동운전 관련 기술 요구사항이 제시되었으므로 동 표준도 함께 파악되어야 한다.

### 4) ISO TS 15066

이 표준은 산업용 로봇시스템의 협동운전 요건을 정의하기 위한 별도의 부속서 형태로 각 협동운전모드에 대한 상세한 기술 시방을 포함하고 있다.

산업용 로봇시스템의 협동운전 요구사항을 적용하기 위해 ISO 10218-2를 참조하는 경우에는 반드시 ISO/TS 15066 표준이 함께 사용되어야 한다.

특히, 본 표준은 로봇시스템의 중요한 협동운전모드 중 하나인 '힘 - 압력 제한'을 구현하기 위한 생체역학적 기준값을 제시하고 있다. 현재 국제표준 ISO 10218-1, 2는 개정 작업을 진행 중이며 향후 ISO/TS 15066은 ISO 10218에 통합될 예정이다.

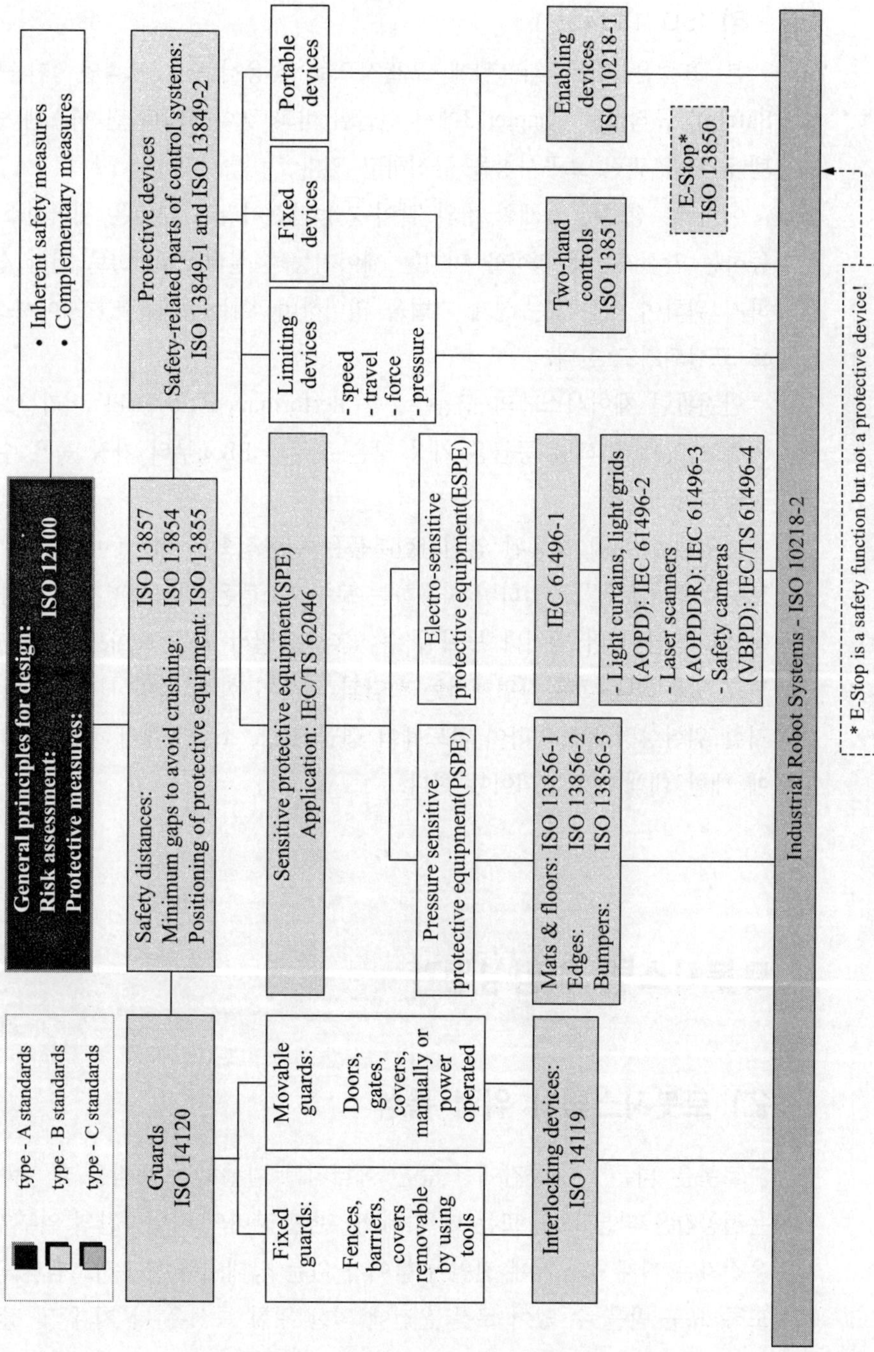


▌그림 5-2 안전장치와 관련된 국제표준의 관계성

### 5) ISO 13849-1

본 표준은 기계 시스템에 포괄적으로 적용하는 대표적인 '기능안전(Functional Safety)' 규격으로 Chapter 3에서 언급한 바와 같이 안전관련 시스템 중 안전제어시스템에 대한 관련 요구사항을 규정하고 있다.

이미 앞 장에서 소개한 바와 같이 기능안전이라는 개념은 제어시스템에 의하여 작동하는 안전기능에 영향을 미치는 제어기능의 실패(Failure)로 인한 산업재해를 예방하기 위하여 적용하는 설계 기법을 의미하며, 이는 안전관련 제어시스템의 신뢰성으로 표현되기도 한다.

안전관련 제어시스템의 성능수준을 Performance Level(PL)이라는 등급 체계로 정의하고 있으며, 해당 등급은 가장 낮은 수준인 PL a부터 가장 높은 수준인 PL e까지 정의되어 있다.

산업용 로봇에 적용된 안전관련부품은 일반적으로 PL d 수준을 요구하고 있지만, 로봇과 타 설비를 도입하여 사용하는 로봇시스템은 위험성평가의 결과에 따라 요구되는 PL 등급이 더 낮거나 높아질 수 있다. 특별히 최근 스마트공장에서 도입 및 운영되고 있는 협동 로봇작업에서는 사람과 로봇이 함께 협업하는 시스템이므로 보다 철저한 위험성평가에 의하여 하드웨어 랜덤 고장, 소프트웨어 고장 그리고 시스템 고장에 대한 대책이 도입되어야 한다.

# 2. 로봇시스템 위험성평가

## 2.1 로봇시스템의 위험 특성

로봇은 넓은 운전공간에서 높은 에너지를 발생하는 동작을 할 수 있으며, 로봇의 운전공간은 다른 로봇 또는 타 기계 및 관련 장비의 작업공간의 일부와 겹칠 수 있고, 운전자는 기계 구동기에 전원이 들어가 있는 상태에서 로봇시스템과 근접하여 작업하도록 요구 받을 수 있어 로봇 운전에 의한 위험 특성은 타 기계 및 장비에 비하여 상대적으로 매우 높은 치명도를 보유하고 있다.

이러한 위험 특성을 기술적으로 해결하기 위한 바람직한 방법은 설계에 의한 유해

위험요인 제거하거나 대체에 의한 유해위험요인을 감소하는 것, 그리고 운전자가 유해위험요인에 접하지 않도록 사전에 접촉 금지하거나 운전자가 유해위험요인을 접촉하기 전에 유해위험요인을 안전한 상태로 만드는 것이 중요하며 교시작업과 같이 운전원의 개입이 있을 때 위험성을 감소하기 위한 대책이 시행되는 것이라 할 수 있다.

이를 위하여 로봇시스템은 보호영역 및 제한영역을 설정하고, 보호영역 외부에서 작업을 수행하도록 로봇시스템을 설계하며 보호영역 내부에서 개입이 발생할 경우를 대비한 다른 보호대책을 적용하여야 한다.

특별히 로봇시스템의 배치설계는 관련 작업에서 발생할 수 있는 유해위험요인을 제거하거나 감소하는데 주요한 요소이므로 로봇시스템의 배치설계 과정에서 다음 요소들을 반드시 고려해야 한다.

- 작업영역, 접근 및 여유 공간을 확보한다.
  - 로봇시스템의 최대 공간을 확인하고, 제한 및 작동 공간을 설정하며, 건물 지지대와 같은 장애물 주변에 여유 공간이 필요한지 확인한다.
  - 보행자 통로, 방문자 경로, 셀 또는 라인의 경계 보호 바깥쪽의 물질적 이동과 같은 통행 경로를 고려하여야 한다.
  - 전기, 가스, 수도, 진공, 유압, 환기 등을 위한 지원 서비스 및 제어시스템을 위한 접근 및 안전한 경로를 확보한다.
  - 서비스, 청소, 문제 해결 및 유지 관리를 위한 접근 및 통행 경로를 확보한다.
  - 케이블 및 작업장 바닥 등 기타 위험으로 인한 미끄러짐 및 넘어짐을 고려한다.
  - 케이블 트레이를 고려한다.
- 수동 개입을 고려한다.
  - 보호 공간 외부에서 수동 개입이 필요한 작업을 수행할 수 있도록 레이아웃을 설계해야 한다. 이것이 실행 가능하지 않지 않다면 적절한 동작허가장치(Enabling devices)가 제공되어야 한다.
  - 동작허가장치는 전체 로봇셀, 로봇셀 하나의 구역, 셀 내의 특정 기계 또는 설비를 제어하도록 설계될 수 있다.
- 인체 공학을 고려하여 작업자와 장비와의 휴먼 인터페이스를 고려한다.
  - 작업의 가시성
  - 제어의 명확성
  - 로봇과 제어기의 명확한 연관성
  - 지역의 전통적인 운전 형태

- 작업자와 작업물의 상대적 위치
- 예측 가능한 오용성
- 협동 운영
- 환경조건
- 환경조건
  - 환풍 여부
  - 용접 불꽃
- 공작물의 로딩 및 언로딩과 공구 교환 등을 고려한다.
- 주변 안전보호에 대한 사항을 고려한다.
- 비상정지장치의 요구사항과 로컬 정지 또는 완전한 셀 정지 등과 같이 장소나 셀의 구획화(Zoning) 가능성을 고려한다.
- 동작허가장치에 대한 요구사항과 적용 위치 등을 고려한다.
- 모든 구성요소들의 사용용도를 고려한다.

## 2.2 로봇시스템 위험성평가

기계 시스템에서 위험원이 존재하는 경우 적절한 보호대책을 취하지 않으면 사고로 이어질 수밖에 없다. 위험성평가를 통해 위험성을 결정하게 되면, 적절한 위험성감소 조치를 수행하고, 조치된 결과를 포함하여 위험성평가를 다시 시행하여 그 위험성이 충분히 낮은 수준으로 감소되었는지 확인하여야 한다.

그 중 로봇시스템은 항상 특정응용프로그램에 통합되기 때문에 통합자는 위험평가를 수행하여 통합 응용프로그램에서 발생하는 위험을 적절하게 줄이는 데 필요한 위험감소조치를 결정해야 한다. 통합 애플리케이션을 달성하기 위해 개별 기계에서 보호장치가 제거된 경우에 특히 주의해야 한다.

위험성평가를 통해 시운전, 설정, 생산, 유지 보수, 수리, 전자 시운전 등 전체 수명주기에 걸쳐 로봇시스템과 관련된 위험을 체계적으로 분석하고 평가해야 한다.

산업용 로봇시스템을 설치하여 협동운전을 하는 경우에도, 시스템을 통합하는 과정에서 이러한 위험성평가가 반드시 선행되어야 한다.

### 1) 로봇시스템의 제한

로봇시스템의 통합 시 적용되는 제한 규정은 국제규격의 C Type 표준에서 설명하는 사용용도와 제한 규정에 의하여 시작되는데 이를 구체적으로 보면 다음과 같다.

- 사용 제한
  - 기능, 의도된 사용 및 합리적으로 예측 가능한 오용에 대한 설명
  - 다양한 사용자 모드에 대한 설명
  - 수동 개입을 포함한 프로세스 순서 분석
  - 인터페이스, 도구 및 장비에 대한 설명
  - 유틸리티 연결
  - 위험 감소를 위한 적용 조치를 포함하여 로봇에 관하여 제조업체가 제공한 정보
  - 필요한 전원공급장치 및 해당 기기
  - 필요하거나 예상되는 사용자 기술(역량)
- 공간 제한
  - 필요한 기계 이동 범위
  - 설치 및 유지보수에 필요한 공간
  - 운영자 작업 및 기타 인간 개입에 필요한 공간
  - 재배치 가능성
  - 규정된 접근
  - 설치 기초
  - 공급 및 배출 장치 또는 설비를 위하여 필요한 공간
- 시간 제한
  - 기계 및 그 구성요소(마모 부품, 도구 등)의 의도된 수명 제한
  - 프로세스 작업공정도 및 그 시간정보(타이밍)
  - 권장 정비 주기
- 기타 제한
  - 환경(온도, 실내외 사용, 먼지와 습기에 대한 내성 등)
  - 의도된 사용 및 환경에 필요한 청결 수준
  - 가공재료의 특성
  - 위험한 환경
  - 사고 및 사건 보고서를 포함한 유사한 운영 및 시스템에 대한 교훈

### 2) 로봇시스템 위험성평가

로봇시스템에 대한 유해위험요인은 [표 5-2]에서 보여주는 것을 참고할 수 있지만 연기, 가스, 화학제품 누출 및 고온의 노출 등과 같은 특정 유해위험요인들은 용접, 레이저 절단, 특수 기계가공 등과 같은 특정 응용 프로세스에 의하여 발생하는 것이므로 유해위험요인을 발굴할 경우에는 이러한 사항에 대해서도 별도로 함께 고려되어야 한다.

위험한 상황의 잠재적인 유해위험요인을 식별한 경우에 문서화하여야 한다. 간접적인 상호작용(예 : 시스템과 관련된 작업은 없지만 위험에 노출된 사람)을 포함하여 로봇 셀과 관련된 합리적으로 예측 가능한 모든 위험 상황(작업 및 위험 조합)을 제시하여야 한다.

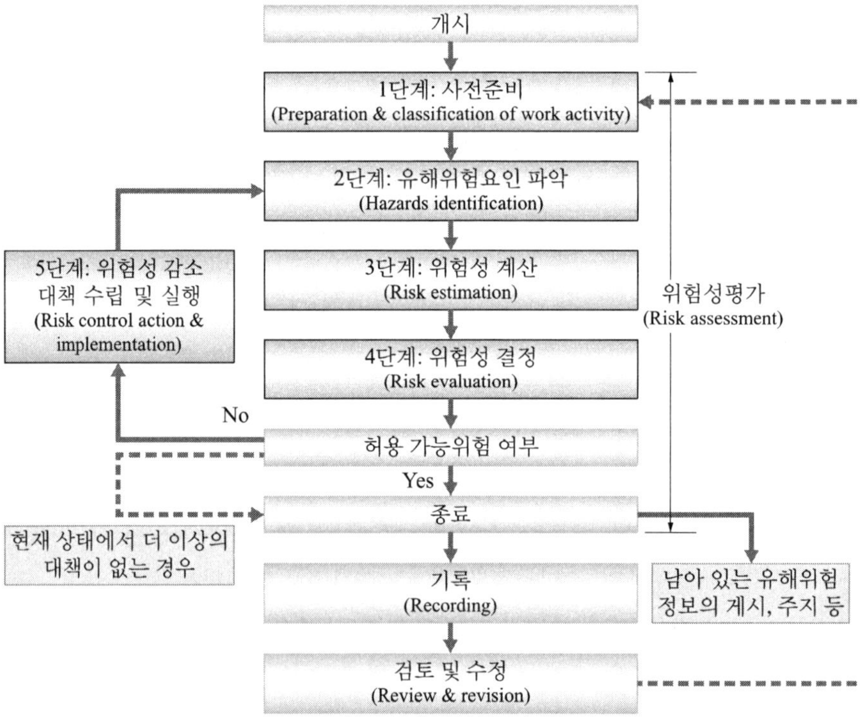


▌그림 5-3 위험성평가 절차

관련 작업에는 다음과 같은 작업 등이 포함되지만 이것이 전부가 아님을 명시하여 적극적이고 능동적으로 유해위험요인을 식별하기 위한 노력을 꾸준히 하여야 한다.

• 공정 제어 및 모니터링
• 공작물 로딩
• 프로그래밍 및 검증
• 해제를 요구하지 않는 간단한 작업자 개입
• 설정(예 : 고정구 변경, 공구 변경)
• 고장처리
• 오작동 수정(예 : 장비 걸림, 부품 낙하, 이벤트 복구 및 비정상 상태)
• 위험 에너지 제어(비품, 클램프, 턴테이블 및 기타 장비 포함)
• 유지보수 및 수리
• 장비 청소.

**표 5-2 로봇시스템의 발생 가능한 유해위험요인의 예**

| 번호 | 종류 | 유해위험요인(위험원)의 예 | |
|---|---|---|---|
| | | 유해위험요인 | 상해 종류 |
| 1 | 기계적 요인 | • 로봇 팔의 모든 부분, 말단장치 또는 로봇 셀의 이동 부위의 동작<br>• 장비위치에서 말단장치를 포함한 외부 축 동작<br>• 말단장치 또는 외부 축상 날카로운 도구, 잡고 있는 부품 및 관련 장비의 동작 또는 회전<br>• 모든 로봇 축의 회전 동작<br>• 재료와 제품의 추락 또는 방출<br>• 말단장치의 고장(분리)<br>• 헐거운 옷이나 머리<br>• 로봇 팔과 모든 고정된 물체 사이<br>• 말단장치와 모든 고정된 물체 사이(울타리, 기둥 등)<br>• 고정장치 사이(떨어짐), 왕복 움직임 장치(셔틀) 사이, 설비 사이<br>• 자동모드에서 운전자가 로봇 셀을 빠져나가는 것이 불가능한 상태<br>• 우발적 지그 또는 그리퍼의 동작<br>• 우발적 도구의 풀림<br>• 작업물 처리 중 우발적인 기계 또는 로봇 셀 부분의 동작<br>• 말단장치 또는 관련 장비의 우발적인 동작 또는 기동<br>• 예상치 못한 축적 에너지원으로부터의 위치에너지의 분출 | • 압착(Crushing)<br>• 베임(Shearing)<br>• 절단(Cutting or Severing)<br>• 끼임(Entanglement)<br>• 갇힘(Trapping)<br>• 충격(Impact)<br>• 찔리거나 구멍 난 상처 (Puncture or Stabbing)<br>• 마찰(Friction), 찰과상 (Abrasion)<br>• 고압 유체 및 가스의 주입 또는 방출 |

| 번호 | 종류 | 유해위험요인(위험원)의 예 | |
|---|---|---|---|
| | | 유해위험요인 | 상해 종류 |
| 2 | 전기적 요인 | • 전기가 통하고 있는 부품이나 연결부위와의 접촉(전기 캐비닛, 터미널 박스, 제어패널 등)<br>• 시스템, 전기 캐비닛, 단자 안에서의 여러 전압 간의 혼동(제어전압과 구동전압의 혼동 등)<br>• 전기(전자)회로 상의 다수의 부품(축전기 등) 등과의 접촉<br>• 아크 섬광에 노출<br>• 고압 또는 고주파, 유도가열장치 등을 사용하는 작업<br>• 고압을 사용하는 용접작업 | • 감전<br>• 충격<br>• 화상<br>• 용해된 입자의 분출 |
| 3 | 열에 의한 요인 | • 말단장치 또는 관련 장비 또는 작업물의 뜨거운 표면(용접토치, 주조작업, 연삭, 디버링의 고온재료 등)<br>• 차가운 표면 또는 물체(극저온 작업 등) | • 화상(고온 또는 냉동으로)<br>• 방사선 부상 |
| 4 | 소음에 의한 요인 | • 높은 소음의 원인인 특정응용(물분사 절단기, 압축 프레스, 펌프 및 밸브, 금속 제거작업 등)<br>• 위험경고 신호를 듣거나 또는 이해하는 것을 막는 것으로 사람들의 정상적인 대화를 통한 행동 조정이 불가능한 것을 포함 | • 청각 손실<br>• 균형감각 손실<br>• 의식의 손실, 방향감각의 상실<br>• 주변조건 또는 혼란으로 인한 기타 손실 |
| 5 | 진동원에 의한 요인 | • 진동원과의 직접 접촉<br>• 느슨해진 연결 및 잠금장치<br>• 부분 또는 부품의 어긋남 | • 피로<br>• 신경적 손상<br>• 혈관 이상<br>• 충격 |
| 6 | 방사선에 의한 요인 | • 로봇시스템의 적절한 운전에 대한 전자기적 간섭<br>• 프로세스와 관계된 방사선 즉 아크용접, 레이저 | • 화상<br>• 눈과 피부에 손상<br>• 관련된 질병 |
| 7 | 재료/물질에 의한 요인 | • 해로운 유체로 덮인 부품과의 연결<br>• 기계적이거나 전기적인 부품의 고장<br>• 부식성 가스 및 먼지 | • 민감화<br>• 화재<br>• 화학적 화상<br>• 호흡기 질환 |
| 8 | 인체공학적 요인 | • 잘못된 교시상자, 인간 기계 인터페이스(HMI), 터치스크린, 운전자 조작판(너무 멀거나 높은 것)<br>• 잘못 설계된 이적재 위치(부품상자의 위치와 이적재 구역사이의 긴 거리)<br>• 잘못 설계된 동작허가장치<br>• 제어장치의 부적절한 위치 또는 표시 | • 건강에 해로운 자세 또는 과도한 노력(반복피로)<br>• 피로 |

| 번호 | 종류 | 유해위험요인(위험원)의 예 | |
|---|---|---|---|
| | | 유해위험요인 | 상해 종류 |
| | | • 접근이 필요한 부품(수리, 조정 등)의 부적절한 위치<br>• 부족한 지역 조명으로 인하여 위험원과 위험상황의 인식 방해<br>• 지역조명을 막거나 부적절하거나 차단하는 것 | |
| 9 | 기계가 사용되는 환경과 관련된 요인 | • 지진지역 안에 설치<br>• 전자기 간섭 또는 에너지원 급상승(Surge)<br>• 수분<br>• 온도 | • 화상<br>• 질병<br>• 미끄러짐, 낙상<br>• 호흡기 손상<br>• 충격 |
| 10 | 여러 위험원의 결합 요인 | • 로봇시스템이 한 사람에 의해 기동되었지만 다른 사람이 이 동작을 예상하지 못하고 있는 경우<br>• 다중고장/상황에 따라 발생한 위험원<br>• 실제문제에 대한 오인 및 잘못된 또는 불필요한 행동을 함으로써 야기된 복합문제<br>• 손상의 심각성을 증가 시키는 행동 또는 고장(예를 들면 날카로운 날을 피하려고 하면 대신 뜨거운 표면과 접촉하게 되는 것)<br>• 잡고 있는 장치의 우발적 열림으로 인하여 잔여 힘(관성, 중력, 스프링 힘, 에너지 저장 수단 등)에 의하여 동작함<br>• 예상대로 작동하지 않는 보호장치의 고장 | • 위험원과 위험한 상황의 조합의 결과 |

# 3. 로봇시스템 안전요구사항

## 3.1 안전제어시스템 성능

로봇시스템 및 통합된 모든 장비의 안전관련 제어시스템은 국제표준에서 SRP/CS (제어시스템의 안전관련부품류)라고 하는데 로봇 및 로봇시스템, 그리고 로봇시스템에 의한 통합 제조시스템에 적용되는 안전관련 제어시스템의 성능은 다음과 같은 국제표준을 반드시 준수하도록 하고 있다.

- ISO 13849-1:2006에 설명된 성능수준(PL) 및 범주(Cat.)
- IEC 62061:2005에 설명된 안전무결성수준(SIL) 및 하드웨어 내결함성 요구사항

안전제어시스템에 고장이나 기능상실이 발생할 경우에 로봇시스템의 정지 카테고리는 IEC 60204-1에 따라 0과 1에 따라 정지하여야 한다.

제어시스템의 안전관련부품은 ISO 13849-1:2006에 설명된 대로 제어구조인 범주(Cat.) 3을 적용하여 안전성능지수 PL＝d 이상이 되도록 하거나 증명 테스트를 통해 하드웨어 내결함성이 1이 되도록 하여 안전무결성수준인 SIL 2를 만족하도록 설계되어야 한다. 이것은 이미 Chapter 3 안전제어시스템 설계에서 설명한 바가 있듯이 특히 다음을 의미한다.

- 이러한 부품의 단일 오류가 안전기능의 손실로 이어지지 않으며,
- 합리적으로 실행 가능할 때마다 단일결함은 안전기능에 대한 다음 요구 시 또는 그 전에 감지되어야 하고
- 단일 고장이 발생한 경우에는 항상 안전기능을 수행하고 검출된 오류가 정정될 때까지 안전한 상태를 유지하여야 한다.
- 또한 합리적으로 예측 가능한 모든 결함이 감지되어야 한다.

이러한 사항은 안전성능수준(PL)에 설명된 구조 범주 3과 동등한 것으로 간주되고 있으나 단일 오류 감지 요구사항이 모든 오류가 감지된다는 것을 의미하지는 않는다. 결과적으로 감지되지 않은 결함이 누적되면 의도하지 않은 출력이 발생하고 기계에 위험한 상황이 발생할 수 있다는 것이다.

관련 국제적인 표준에 대한 상세한 내용과 적용방법에 대한 사항은 이미 본서의 Chapter 3에서 배운바 있으니 여기서는 생략되지만 안전관련 제어시스템 성능을 결정하는 데 필요한 데이터 및 기준은 사용정보에 포함되어야 한다.

## 3.2 설계 및 설치

### 1) 제어기의 위치

자동 운전 중에 접근이 필요한 운전 제어기와 관련 장비(예 : 용접 컨트롤러, 공압 밸브 등)는 제어 액추에이터를 사용하는 사람을 보호하기 위하여 보호 공간 외부에 위치해야 한다.

제어기와 장비는 로봇 제한영역이 확실하게 보이는 곳에 배치되고 구성되어야 한다.

운전을 위한 제어기는 기계장비에 적용되는 전기설비에 대한 국제표준인 IEC 60204-1의 요구사항을 충족해야 하고 우발적 운전을 방지하기 위하여 제작되고 위치되어야 한다. 구동 제어의 상태는 구동 ON, 고장검출, 자동운전 등으로 표시되고 명확하게 인식할 수 있도록 기능이 표시되어야 한다.

로봇시스템은 위험한 상황을 유발할 수 있는 외부 원격명령이나 조건에 응답하지 않아야 한다.

로봇 및 기타 장비 전원(예 : 공압, 유압, 기계, 전기)의 모든 소스는 기계 및 구성요소 제조업체에서 지정한 요구사항을 충족해야 한다.

### 2) 에너지원 통제

작업자를 위험에 노출시키지 않고 위험한 에너지원을 격리할 수 있는 수단이 제공되어야 하는데, 이러한 수단은 잠글 수 있거나 전원이 차단된 위치에서만 고정되어야 한다.

로봇시스템에는 각 유형의 에너지원에 대해 단일 공급차단장치가 있어야 한다. 여러 로봇 또는 대규모 설치의 경우 각 에너지 유형에 대해 여러 개의 차단장치가 필요할 수 있다. 이러한 각 장치에 대한 제어범위는 분리 장치의 핸들 부근에 명확하게 표시되어야 한다(예 : 텍스트 또는 기호).

저장된 에너지원은 공기 또는 유압 유닛, 축전기, 배터리, 스프링, 플라이휠, 중력 등이 될 수 있는데 이러한 저장된 유해위험한 에너지의 제어 또는 제어 방출을 위한 수단이 제공되어야 하고, 저장된 에너지 위험을 식별하기 위해 라벨이 부착되어야 한다. 또한 로봇을 설정하는 동안 로봇 팔 아래에 작업자가 서 있을 경우 매달린 부분은 노출 빈도와 기간에 따라 심각한 위험을 초래할 수 있으므로 기계적 차단 또는 유지 제어시스템을 사용하는 것이 좋다.

### 3) 비상정지기능

모든 로봇시스템 또는 셀에는 보호정지기능과 독립적인 비상정지기능이 있어야 한다.

동작 또는 기타 위험한 기능을 시작할 수 있는 각 제어 스테이션에는 수동으로 시작되는 비상정지기능(Emergency Stop Function)이 있어야 한다. 비상정지기능의 작동은 셀에서 또는 작업공간의 다른 영역과 셀 사이의 인터페이스에서 작동 가능하여야 하며 모든 로봇 동작 및 기타 위험한 기능을 중지해야 한다.

로봇시스템에는 시스템의 모든 관련부분에 영향을 미치는 단일 비상정지기능이 있어야 한다. 더 큰 시스템(예 : 다중 로봇 또는 다중 셀)의 경우 제어범위의 분리가 필요할 수 있다. 이러한 경우 제어범위는 수행할 작업의 요구사항 또는 시스템의 특성(예 : 장비 구조, 주변 보호 위치)에 따라 설정되어야 한다.

제어범위는 비상정지장치 부근에 문자 또는 기호로 명확하게 표시되어야 한다.

두 개 이상의 로봇의 제한된 공간이 겹치거나 공통보호공간 내에서 두 개 이상의 로봇에 접근할 수 있는 경우 이 공간은 하나의 작업공간이 된다. 그러므로 작업공간의 모든 비상정지장치는 동일한 제어범위를 가져야 한다.

또한 제어범위에는 여러 작업공간이 포함될 수 있으므로 사용정보는 각 비상정지장치의 제어범위에 대한 정보를 포함하여야 한다.

로봇시스템 비상정지는 제어 스테이션이 활성화되지 않은 경우에 해당 기능을 유지해야 하고, 비상정지기능은 정지 카테고리 0 또는 정지 카테고리 1로 적용하여 위험성평가 시 결정되어야 한다.

위험평가에서 다른 성능기준이 적절하다고 결정하지 않는 한 비상정지기능은 최소한 안전제어시스템의 안전성능 요구사항을 준수해야 한다.

비상정지 출력신호가 제공되는 경우에는 다음 중 한 가지를 만족하여야 한다.

- 로봇시스템 전원이 제거된 이후에도 비상정지 출력이 계속되어야 한다.
- 로봇시스템의 전원이 차단되어도 출력이 계속 되지 않는 경우에도 비상정지신호는 생성되어야 한다.

#### 4) 보호정지

로봇시스템에는 외부 보호장치의 연결을 위해 설계된 하나 이상의 보호정지회로(Protective stop)가 있어야 하며, 정지 카테고리 0 또는 1의 선택은 위험성평가 시 결정되어야 한다.

그러나 만일 외부 전원 구동시스템이 변환속도 전기전원 구동시스템의 조건을 만족한다면 정지 카테고리 2가 적용될 수 있는데, 이 보호정지기능은 모든 로봇시스템 동작을 중지하고 로봇시스템이 제어하는 다른 위험한 기능을 중지해야 한다. 이 정지는 수동으로 시작하거나 제어 로직에 의해 시작될 수 있다.

보호정지기능 성능은 안전제어시스템의 안전성능 요구조건을 모두 준수해야 하며 로봇시스템은 관련 설비의 중단으로 인한 유해위험요인 또는 위험조건이 유발되지 않도록 설치되어야 한다.

표 5-3 비상정지와 보호정지의 비교

| 변수 | 비상정지 | 보호정지 |
|---|---|---|
| 가동수단의 위치 | 운전자가 신속하고 방해없이 접근 가능한 곳 | 보호장치의 위치는 안전거리 계산식에 따라 결정 |
| 기동 | 수동 | 수동 또는 자동 안전관련 기능에 의해 자동으로 시작될 수 있음 |
| 안전제어시스템 성능 | 안전성능수준(PL)이나 안전무결성수준(SIL)의 성능 요구사항을 준수해야만 함 | 안전성능수준(PL)이나 안전무결성수준(SIL)의 성능 요구사항을 준수해야만 함 |
| 초기화 | 수동에 의해서만 가능 | 수동 또는 자동 |
| 사용빈도 | 가끔 | 가변적이며, 드물게 발생하는 모든 작업 |
| 목적 | 비상시 | 안전보호 또는 위험 감소 |
| 영향 | 모든 위험원에 에너지 공급 제거 | 보호된 위험원을 안전 제거 |

### 5) 말단장치

엔드 이펙터는 다음과 같이 설계 및 구성되어야 한다.

- 에너지 공급(예 : 전기, 유압, 공압, 진공 공급)의 손실 또는 변경으로 인해 위험한 상태를 초래할 수 있는 부하 방출이 발생되지 않도록 한다.
- 부하 및 엔드 이펙터에 의해 생성된 정적 및 동적 힘은 로봇의 부하 용량 및 동적 응답 내에 있어야 한다.
- 손목 플레이트(장착 플랜지)와 액세서리가 올바르게 정렬되어야 한다.
- 분리 가능한 도구는 사용 중에 단단히 부착되어 있어야 한다.
- 분리 가능한 도구의 방출은 불시 방출로 인해 위험한 상황이 발생할 수 있는 경우 지정된 위치 또는 특정 통제된 조건하에서만 이루어져야 한다.
- 엔드 이펙터는 예상 수명 동안 예상되는 힘을 견뎌야 한다.

실행 가능한 경우 로봇 액추에이터에 동작 에너지를 공급하지 않은 상태에서 문제 해결을 위해 엔드 이펙터에 전원을 공급할 수 있어야 한다.

사용정보에는 엔드 이펙터의 고장이 잠재적으로 위험한 상태를 초래할 경우 정상 작동에서 예상되는 매개변수를 기반으로 엔드 이펙터의 의도된 수명이 포함되어야 한다.

로봇시스템을 작동하기 전에 로봇 도구 중심점(TCP)은 로봇 제조업체에서 제공하는 오프셋 기능을 사용하여 조정해야 한다. 예를 들면 기계적으로 보호되는 공압 또는 진공 호스, 스프링이 장착된 부가적인 잡는 장치와 같이 자체 유지 장치와 같이 위험한 조건을 피하기 위한 조치가 제공되어야 한다.

▮그림 5-4 로봇 말단장치의 유형 사례

### 6) 동작허가장치

교시상자 및 추가적인 동작허가장치(Enabling Device)와 그 통합은 로봇 안전기준에 따라야 한다. 보호된 공간 내에서 두 명 이상의 사람이 보호되어야 하는 경우 각 사람에게 동작허가장치가 제공되어야 한다. 단일 로봇 제어와 관련된 모든 동작허가장치는 동일한 기능(제어범위)을 가져야 한다.

작업자가 수동 작업 중 위험한 상황(예 : 보조 장비 또는 기타 로봇 작업 중 제한된 공간이 겹치는 인접 로봇의 제한된 공간에 서 있는 경우)에 노출될 수 있는 경우 제어 시스템은 동작허가장치가 모든 위험을 제어할 수 있도록 연동되어야 한다.

해당 로봇 셀 외에 연동된 위험 기계 기능은 동작허가장치에 의해 제어(중지)된 후 다시 시작하기 위해 별도의 조치가 요구되어야 한다.

### 7) 기타 비상회복 절차 등

사용정보에는 로봇시스템 관련 장비의 고장 복구에 대한 자세한 지침과 구동 전원이 없는 로봇의 비상 또는 비정상 동작에 대한 로봇 제조업체의 지침이 포함되어야 하고 필요한 경우 표시 또는 라벨 부착 지침을 제공해야 한다.

로봇 또는 로봇시스템에 의하여 다른 장비에 대한 경고 표시가 시스템에 의해 가려지는 경우에는 설치/통합 후에 동등한 효과적인 다른 경고 수단이 제공되어야 한다.

필요한 작업 조명의 수준은 사용정보에 식별되고 지정되어야 한다. 로봇시스템에는 관련 작업에 적합한 통합 조명이 제공되어야 한다. 로봇시스템은 방해가 될 수 있는 그림자영역이 없고, 자극적인 눈부심이 없도록 설계 및 시공되어야 한다.

자주 필요로 하는 내부 부품 점검 및 조정, 유지보수 구역에는 적절한 조명이 제공되어야 하는데, 조도는 빈번한 검사 및 조정이 필요한 영역에서 최소 500 lx 이상이어야 한다.

로봇시스템의 통합은 프로세스 및 공구(예 : 용접, 레이저 절단, 기계가공)와 관련된 추가 위험(예 : 연기, 가스, 화학물질, 고온 재료)을 고려해야 하므로 타 기계와의 연결 요구사항은 사용정보에 규정된 바에 따라서 제조자의 지시를 준수하여야 한다.

## 3.3 로봇 동작 제한

로봇 설치는 작업자가 위험원에 노출되는 가능성을 감소시키도록 설계되고 통합되어야 한다. 로봇 및 말단장치를 포함하는 로봇시스템은 작업물과 함께 고려할 때, 로봇이 수행되도록 요구되는 작업공간(운전영역)보다 매우 큰 운전영역(최대영역)을 가질 수 있다. 이런 상황에서, 로봇시스템에 의한 위험원으로부터 작업자를 보호하기

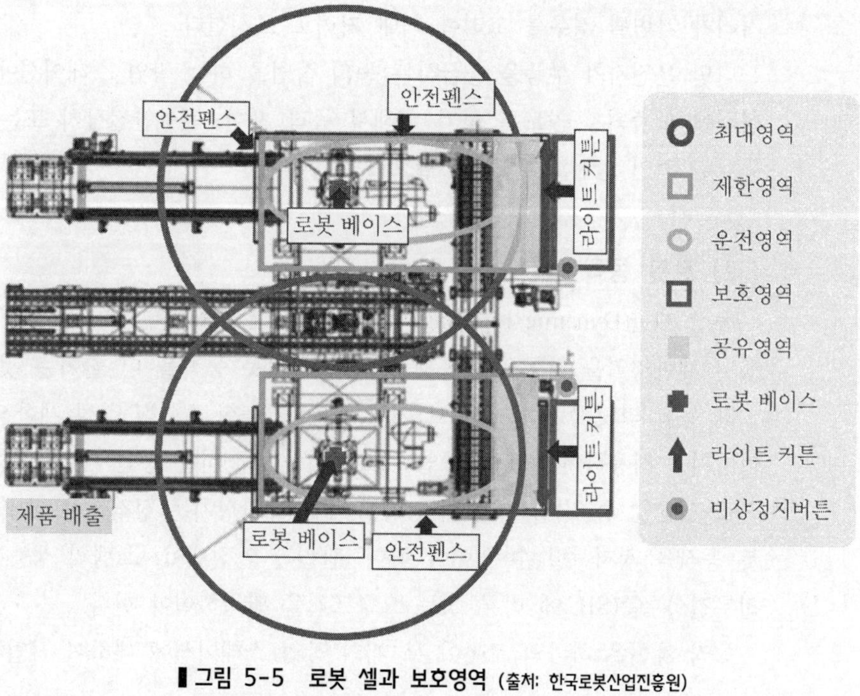


▌그림 5-5 로봇 셀과 보호영역 (출처: 한국로봇산업진흥원)

위하여 제공되는 고정 또는 이동 경계 안전장치(보호영역)는 불필요하게 넓은 지역을 지정하게 될 수 있다. 보호영역을 축소하기 위하여 로봇시스템의 동작을 제한하는 자체 또는 외부 장치를 통하여 최대영역을 제한할 수 있다(제한영역).

### 1) 보호영역

보호영역(Safeguarded Spaces)은 주변 방호장치에 의하여 위험이 감소된 영역으로 일반적으로 경계 방호벽에 의하여 설정되어야 한다. 이것은 보호영역 내의 기계 및 위험원의 위치 및 배치를 고려하여 결정되어야 한다.

운전영역(Operating Spaces)은 제한영역의 일부로서 로봇시스템이 작업 프로그램에 의하여 모든 동작을 수행하기 위하여 사용되는 작업영역을 말한다. 운전영역은 로봇이 실제로 작업하는 영역으로 제한영역보다는 더욱 제한된 공간이다.

제한영역(Restricted Spaces)은 로봇, 말단장치, 고정장치 그리고 작업 대상물을 둘러싸는 영역을 제한하는 수단에 의하여 설정되는데, 최대영역보다 작아야 한다. 제한영역은 최대영역의 일부로서 초과할 수 없도록 제한을 설정한 울타리, 안전펜스 등과 같은 제한장치(Limiting Devices)에 의해 제한된 로봇 셀 내부를 일반적으로 지칭한다.

최대영역(Maximum Spaces)은 각 공정에서 엔드 이펙트나 작업물에 의해 최대영역 거리가 가변될 경우를 고려한 최대 거리로 표시한다.

다만 운전자가 부품을 공급하는 등의 작업을 하는 작업 스테이션에는 운전자가 위험원에 노출되지 않도록 하기 위해서 동작 제한, 연동안전장치 또는 기타 안전장치 등 추가적인 안전보호장치가 필요할 수 있다.

### 2) 로봇 동작 제한

동작 제한(Dynamic Limiting)의 목적은 로봇시스템의 주기 일부분 동안 로봇의 설정된 제한영역을 자동으로 통제 변화하여 로봇 동작을 더 줄이는 것이다.

캠 동작 리밋 스위치, 라이트 커튼, 제어 가능한 접이식 경성 제한장치를 비롯한 제어장치를 사용하여 로봇이 작업 프로그램을 수행하는 동안 제한영역 내에서 로봇 동작을 제한할 수 있다. 이를 위하여, 기계적 제한장치는 정격부하 및 속도 조건에서 로봇 동작을 정지시킬 수 있어야 하며, 관련된 안전제어시스템의 성능수준(PL)이나 안전무결성수준(SIL)에 따른 성능 요구조건을 만족하여야 한다.

동작 제한은 하나의 로봇이 두 개의 작업 스테이션에 대하여 작업하도록 함으로써 작업 셀의 생산성을 증대시키기 위하여 두 개의 제한영역을 번갈아 선택하게 하는 것을 설계할 때 유용할 수 있다.

로봇 동작 제한(Limiting Motion)은 제조자가 제공하는 안전정격 연성제한 또는 공간제한과 같은 로봇에 필수적인 수단에 의하거나 통합자에 의하여 제공될 수 있는 외부 제한장치를 설치하거나, 아니면 둘 다 사용하여서 달성될 수 있다. 동작 제한수단(Means for Limiting Motion)은 로봇이 작업을 수행하는 공간을 제한하도록 하여 제한영역은 최대영역보다 작게 설정된다.

제한장치는 기계적 제한장치 및 비기계적 제한장치의 두 부류로 나눌 수 있다. 기계적 제한장치는 지정된 한계 이상으로 로봇이 넘어가는 것을 기계적으로 저지한다. 비기계적 제한장치는 로봇 동작 자체를 제한하는 것이 아니라, 로봇 제어시스템을 통하여 정지를 개시한다. 따라서 비기계적 제한장치는 통합자가 로봇의 제한영역을 설정 시에 로봇의 정지거리를 고려하여야 한다.

제한장치는 올바르게 조정되고 고정되어야 한다. 설계에 의한 동작범위 제한방법이 요구되는 경우에는 다음 사항들을 고려하여야 한다.

- 기계적 정지장치가 제공된다면 로봇의 제한영역을 자동제어로 변경하는 동작 제한장치의 요구사항을 만족하여야 한다. 동작 제한장치는 로봇이 작업프로그램을 수행하는 동안 제어장치에 의하여 제한영역 내에서 로봇의 동작을 추가로 제한하는 것으로 라이트 커튼 또는 경성 정지장치 등이 될 수 있다.
- 동작범위 제한을 위한 별도의 대안을 제공할 경우 로봇 자체 안전을 위한 요구사항에 따라 설계, 제작, 설치되어야 한다. 이 기능은 위험성평가에 의해서 타 성능기준이 적정하다고 결정된 경우를 제외하고는 안전제어시스템의 성능수준(PL)이나 안전무결성수준(SIL)에 따른 요구사항을 준수해야 한다. 제한영역을 계산할 때에 제한장치와 관련된 정지거리도 고려되어야 한다.
- 안전정격 연성 축 및 공간제한을 비롯한 비기계적 제한장치가 사용되는 경우에 제한영역은 실제 부하를 가진 로봇을 기준으로 결정되어야 한다. 즉 로봇의 속도가 안전제어시스템의 성능수준(PL)이나 안전무결성수준(SIL)에 따른 요구사항을 만족하는 검출시스템에 의하여 제한된다면 제한영역은 설정된 로봇 속도조건에서 결정하되, 그렇지 않을 경우에 제한영역은 로봇의 최대 속도를 기준으로 결정되어야 한다.

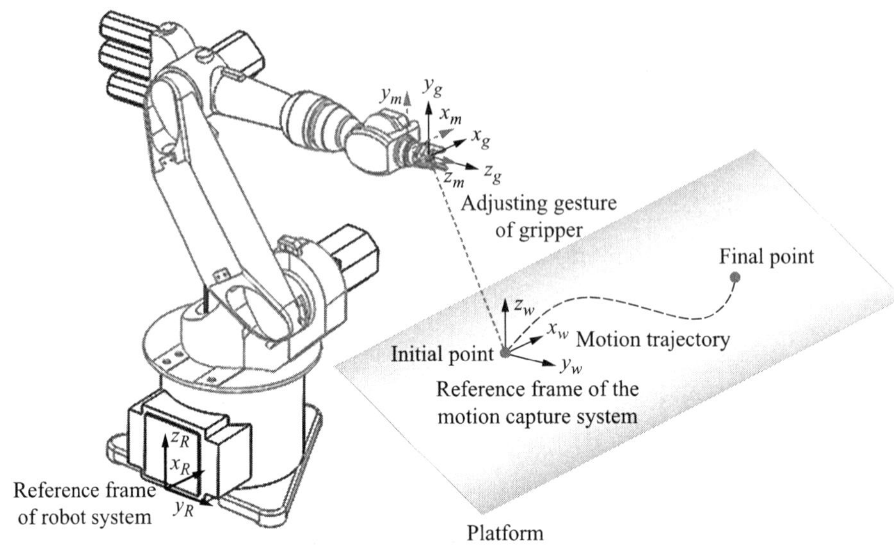


**▌그림 5-6 로봇의 궤도 제어** (출처: JVE Journals)

다만, 경계 방호벽이 제한장치로 사용되는 경우에는 방호벽의 설계, 강도, 굴절 등 위험한 변형을 야기하지 않도록 하는 요구사항을 준수하되, 결정된 제한영역은 정지 신호가 개시된 곳에서 정의되어서는 안 되고, 동작이 실제로 정지되는 위치에서 정의되어야 한다.

## 3.4 로봇시스템 배치

경계 안전보호장치(Perimeter Safeguarding)는 방호벽이나 감지보호장치로 구현되어야 한다. 이러한 보호장치는 다음을 반드시 고려하여야 한다.

- 예상되는 작업자 행동
- 로봇시스템에서의 공급 및 배출과 관련되어 처리된 부품의 영향
- 먼지가 많은 환경에서는 광전자 보호장치를 사용할 수 없으므로 기타 관계된 외부 영향

기계적 방호벽 상부 및 통과 안전거리는 팔 및 다리가 위험지역에 도달하는 것을 금지하기 위한 안전거리, 연동 방호벽 및 기타 트립(Trip)장치로부터의 최소 거리, 그리고 압착(Crushing)을 방지하려는 최소 간격은 본서 Chapter 4를 참고하여 관련 요

구사항을 만족하여야 한다.

로봇시스템을 설치하는 경우에 로봇의 제한영역 내에 갇힘 또는 끼임 가능성을 판단하기 위하여 구체적인 설치 및 예상 작업을 대상으로 작업 기반 위험도 평가를 수행하여야 한다.

고속 수동모드의 사용을 필요로 하는 작업은 최소 0.5 m의 여유 공간이 제공되어야 하는데 이 여유 공간은 계산된 정지 위치와 건축물, 구조물, 경계 방호벽, 공급 설비, 기타 로봇 기능을 지원하지 않는 기계 및 설비와의 사이에, 갇힘 또는 끼임이 발생 가능한 경우를 대비하여 확보해야 한다.

작업은 가능한 모든 경우에 운전자의 작업이 보호영역 외부에서 수행되도록 배치되어야 하며, 보호영역 내부에서 작업을 수행해야 하는 경우에는 작업 장소로의 안전하고 적절한 접근방법이 확보되어야 하고 접근 경로와 수단은 운전자에게 미끄러짐, 헛디딤, 넘어짐 등의 원인이 되는 위험원을 노출하지 않아야 한다.

보호영역 내부에서의 접근 설계는, 예를 들면 다음을 고려하여야 한다.

- 전선관 등으로 넘어지기 쉬운 지역 여부
- 수동 이적재를 위해 필요한 접근의 빈도
- 부하의 물리적 특징
- 체재 및 관측 지역
- 공구 끝단 교체 등의 작업 위치
- 안전지역 바깥에서 쉽게 접근 가능한 유지보수 여부

교시상자, 로봇 제어 캐비닛과 같은 제어장치는 운전자가 쉽게 사용하도록 접근 수단 근처에 위치하여야 한다. 접근이 필요한 요소를 가지고 있는 전기설비가 정상적인 높이보다 높은 곳에 있는 경우에는 작업 플랫폼과 같은 접근수단이 제공되어야 한다.

운전자가 셀 사이로 접근하는 것을 금지하거나, 인접 셀의 위험원을 운전자가 접근하기 전에 안전한 상태로 변환하도록 안전보호장치를 제공하여야 한다.

인접한 셀의 내·외부로의 부품 이동으로 인한 운전자에 대한 위험을 막기 위하여 안전보호장치가 제공되어야 한다.

## 3.5 운전모드 응용

다중 로봇시스템이 있는 셀의 경우에는 운전모드는 각각의 로봇시스템에 대하여 선택될 수도 있고 셀 내부의 모든 로봇시스템에 공동모드로 선택될 수도 있다.

각 로봇시스템에 대한 개별모드가 선택된 경우에 모든 로봇시스템이 수동모드로 전환할 필요는 없다. 수동으로 운전되지 않는 로봇은 선택된 운전모드에서 독립적으로 안전한 상태에 머물러 있어야 한다.

다음 요구사항들은 로봇시스템 또는 로봇 셀에 적용된다. 이것은 로봇 작업과 관계가 없는 로봇 셀 내부의 다른 장비에는 적용되지 않지만 이들 장비로 인한 발생될 수 있는 유해위험요인에 대해서 추가적 수단을 결정하기 위하여 별도의 위험성평가가 수행되어야 한다.

### 1) 운전모드 선택

운전모드를 선택(Selection)함에 있어서 부주의한 모드 선택은 적당한 수단에 의하여 방지되어야 한다. 이러한 수단은 선택된 모드만을 기동하여야 하며, 자체적으로 로봇시스템 운전 또는 관련된 기계류로부터 기타 위험 운전을 기동하여서는 안 된다. 로봇시스템 운전을 시작하기 위하여 별도의 기동이 필요해야 한다.

선택된 운전모드에 대한 명백한 표시가 제공되어야 하며, 운전모드 변환이 위험 상황을 유발하여서는 안 된다.

### 2) 자동모드

자동모드(Automatic Mode)에서 보호영역으로 사람이 들어가게 되면 위험원 또는 위험상황을 유발할 수 있는 모든 설비는 보호정지를 발생하여야 한다.

로봇시스템의 자동모드 선택으로 인하여 모든 보호정지 또는 비상정지를 리셋하거나 무효화하여서는 안 된다. 자동운전의 기동은 모든 관련 안전장치가 활성화되어 있을 때만 가능하도록 하여야 한다.

자동모드의 선택은 보호영역 외부에서 수행되어야 하며, 교시상자나 교시제어기를 사용하여 자동모드를 선택하는 경우에는 자동운전의 기동을 위한 보호영역 외부에서의 별도의 의도된 동작이 필요하다.

### 3) 기동과 재기동

로봇시스템의 기동과 재기동(Start and Restart)은 명확하고 간단하여야 한다. 기동과 재기동은 관련 안전기능 및 보호대책이 작동하도록 요구하여야 하며, 안전제어시스템의 성능수준(PL)이나 안전무결성수준(SIL)에 따른 성능 요구조건을 만족하여야 한다.

기동과 재기동 제어는 수동으로 조작되어야 하며, 보호영역 밖에 위치하여야 하고, 보호영역 안에서의 활성화는 불가능해야 한다.

수동 재기동 기능은 다음을 만족하여야 한다.

- 안전정격 제어시스템 내에서 별도의 수동조작을 통하여 이루어져야 한다.
- 모든 안전기능과 안전장치가 작동 중인 경우에만 동작 가능해야 한다.
- 그 자체로 인하여, 동작이나 위험상황을 개시하지 말아야 한다.
- 고의적 행동으로 작동되어야 한다.
- 제어시스템이 별도의 기동명령을 수락하게 만들어야 한다.
- 시스템에 동력이 공급되어 작동이 가능한 경우에만 동작되도록 해야 한다.

다만, 제어장치의 위치는 보호영역을 확실하게 볼 수 있도록 시야를 가리지 않는 곳이어야 한다. 만약 이것이 어렵다면 보호영역 안에 있는 운전자를 검출할 수 있는 존재감지장치가 있어야 한다.

### 4) 수동모드

수동 개입이 필요한 경우의 수동제어(Manual Control)는 단일 교시상자 또는 유사한 제어장치 스테이션에 의해서 동작되어야 한다. 이 사항은 로봇 축 또는 말단장치에 전원이 가해진 상태에서 보호영역 내부에서 로봇을 제어하려는 모든 장치에 적용된다. 이것은 로봇에 설치된 수동제어장치를 사용하거나, 교시 제어장치를 사용하거나, 또는 전원이 가해진 상태에서 이끌기(Lead-through) 교시장치를 사용하는 로봇을 포함한다.

제어장치 및 제어위치는 운전자가 작업지역 또는 위험지역을 관찰할 수 있도록 위치되어야 하며 정지 제어장치가 각각의 기동 제어장치 근처에 위치되어야 한다.

시스템이 지역 제어에 놓인 경우, 다른 곳으로부터의 동작기동 또는 지역 제어변환이 금지되도록 시스템이 설계 및 제작되어야 한다.

수동 감속(Manual Reduced Speed)모드에서, 선택된 TCP의 속도는 250 mm/s를 넘지 않도록 하고 위험성평가 결과에 따라 최대 감속속도를 250 mm/s보다 낮게 하는 것이 필요한지, 그리고 로봇시스템의 다른 장비들도 감속속도로 운전하여야 할 것인지를 결정하여야 한다.

수동 감속모드에서 로봇시스템 부분의 동작은 동작허가장치와 연동할 때만 가능하도록 하여야 한다. 참고로 [그림 5-7]에서 보여주듯이 동작허가장치(Enabling Device)는 세 개의 위치를 가지고 중앙의 작동허가 위치에 계속 있는 경우에 로봇에 의해 제어가 활성화 되도록 하여야 하며 성능특징은 다음과 같다.

- 동작허가장치는 교시상자제어와 통합적인 형태이거나, 또는 물리적으로 구분되어 있을 수 있으며 다른 동작 제어기능 또는 장치와 독립적으로 동작하여야 한다.
- 장치를 놓거나 중앙 작동 위치를 지나도록 누르면 로봇 동작을 정지시켜야 한다.
- 동작허가장치가 완전히 눌러진 상태에서 중앙 위치를 지나가는 경우에 로봇 동작을 허가해서는 안 된다.
- 안전영역에 둘 이상의 사람이 동작허가장치를 가지고 있는 경우에 각각의 동작허가장치가 동시에 중앙 위치(허가 위치)에 있을 때에만 동작이 허가되어야 한다.
- 동작허가장치를 떨어뜨린 경우에, 동작을 가능하게 하는 고장이 발생하여서는 안 된다.
- 동작허가장치가 중앙 동작허가 위치에 있는 동안 모드가 변경되면, 보호 정지가 시작되어야만 한다. 제어시스템은 구동 전원이 가해지기 전에, 동작허가장치가 놓아지고 재허가 되도록 하여야 한다.

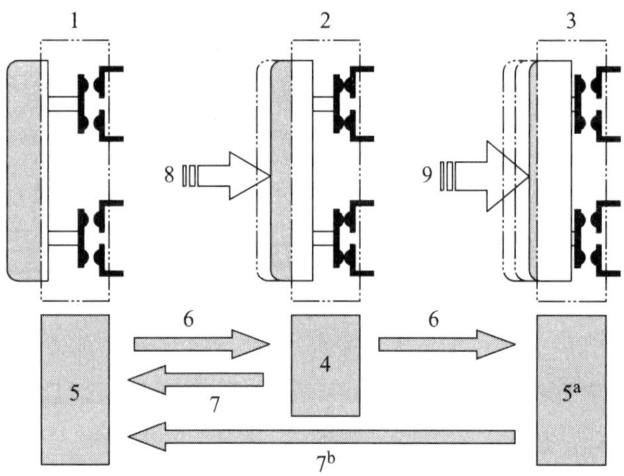


1. 위치1
2. 위치2
3. 위치3
4. ON
5. OFF
6. 누름
7. 놓음
8. 약하게 잡음
9. 세게 잡음

a 작업자 부분이 위치3이 될 때까지 완전히 눌러진 경우에 접촉은 다시 끊어짐
b 작업자 부분이 위치3에서 위치1로 돌아올 때 접촉은 기능적으로 위치2를 거치지 않고 계속 끊어져 있어야 함

**▌그림 5-7 3-위치 동작허가장치의 기능적 특성**

### 5) 수동 고속

수동 고속(Manual High-speed)모드는 프로그램 검증에만 국한되어야 하며, 생산에는 이용되면 안 된다. 모든 수동 조정은 감속에서만 되어야 한다. 이 모드는 응용 작업으로 인하여 로봇시스템이 수동 고속으로 이동하여야 하는 상황에서만 제공되어야 한다. 수동 고속모드에서, 선택된 TCP의 속도는 250 mm/s를 초과할 수 있다.

수동 조정을 위한 원격 접근(Remote Access for Manual Intervention)은 로봇 또는 로봇시스템의 네트워크(즉, LAN, 모뎀, 인터넷 등)에 연결되어 진단, 기술적 문의 및 시험 등을 위하여 사용될 수 있다.

로봇 또는 로봇시스템과 물리적으로 이격된 운전자에 의하여 원격제어 되는 경우에는 다음 사항을 만족하여야 한다.

- 수동 원격제어는 로봇 또는 로봇시스템이 수동모드에 있는 경우에만 가능하도록 한다.
- 한 순간에 단 하나만의 제어(지역 또는 원격)가 활성화되어야 한다(단일 제어점).
- 수동 원격제어의 기동은 오직 지역 제어에서만 가능하도록 한다.
- 로봇 동작, 위험장비 제어출력 발생, 로봇을 위험하게 만들 수 있는 값의 변경, 안전기능 승인, 손으로 잡아야 동작하는 장치 등 위험원을 유발할 수 있는 모든 제어기 기능은 오직 선택된 단일 제어점에서만 가능하도록 하여야 한다.
- 안전정격 연성 축 및 공간 제한 기능에 의한 로봇 동작 제한 관련 변수를 지역에서 변경을 승인하고 위험원을 생성하지 않는다는 보장 없이는 원격에서 변경할 수 없어야 한다.
- 로봇시스템이 원격제어 중임을 나타내는 표시가 지역 제어기(제어반, 교시상자 등)에 표시되어야 한다.
- 만약 보호영역에 아무도 없고 안전장치가 가동 중이라면, 지역 제어 없이 원격 기능을 수행할 수 있다.
- 보호영역 안에 사람이 꼭 필요한 경우에는 위험을 초래할 수 있는 원격 운전자의 조작기능은 오직 지역 운전자가 동작허가장치를 눌러 기능을 허용했을 때만 사용하도록 하여야 한다.
- 원격제어 없이도 위험원을 만드는 작동이 가능한 장비는 안전한 상태로 잘 유지시켜야 한다.

## 3.6 교시상자

보호영역 내에서 사용되는 교시상자 및 교시제어장치는 감속제어를 하여야 하며 동작허가장치의 성능 특성을 잘 준수하여야 한다.

교시상자에서의 비상정지기능은 아래와 같은 조건을 만족하여야 한다.

- 기계안전을 위하여 기계류에 적용되는 전기안전 작업기준을 만족하여야 한다.
- 다른 모든 로봇 제어보다 우선권을 가진다.
- 모든 위험원을 정지시킨다.
- 로봇 구동기로부터 구동동력을 제거한다.
- 로봇시스템에 의해 제어되어 위험원을 제어하는 능력을 제공한다.
- 초기화되기 전까지 작동상태를 유지한다.
- 초기화는 수동으로만 이루어져야 하고 초기화 후에 바로 재기동이 아닌 재기동 동작 후에 기동되도록 하여야 한다.

교시상자에 줄이 달린 경우, 교시자가 안전하게 예상되는 작업을 수행할 수 있도록 줄의 길이가 충분하여야 하며 이 줄은 사용되는 예상 환경조건을 견딜 수 있어야 한다.

교시상자의 보관은 위험원이 될 수 있는 손상 가능성을 최소화하도록 준비되어야 한다. 분리형 교시상자 또는 무선 교시상자의 보관은 비활성화된 비상정지장치를 실수로 사용할 가능성을 최소화하도록 하여야 한다.

### 1) 무선 또는 분리형 설치/통신에 관한 요구사항

로봇시스템에 무선 또는 분리(Cableless or Detachable)형 교시상자가 사용되는 경우에는 다음이 만족되어야 한다.

- 우발적으로 로봇시스템을 제어할 가능성은 다음에 의하여 피해야 한다.
  - 운전하는 로봇을 가리키는 명확한 수단
  - 통신 완전성을 보장하는 접속 수단(예 : 로그인, 암호화, 방화벽)
  - 접속 연속성을 나타내는 명확한 수단(예 : 화면 표시)
- 단일 무선 교시상자는 오직 단일 로봇 또는 두 대 이상의 로봇으로 구성된 단일 로봇시스템과 연결되어야 하고, 동시에 다중 로봇시스템과 연결되어서는 안 된다.
- 수동모드에서 활성화된(즉 로봇과 연결된) 교시상자의 통신 단절은 모든 제어 장비에 보호정지 또는 비상정지를 유발하여야 한다. 통신복구는 별도의 의도된 행

위 없이 로봇 동작을 재기동하여서는 안 된다.

- 교시상자로부터 로봇 제어를 분리하기 위한 명백한 수단이 제공되어야 한다. 장치가 로그아웃되면, 관련된 안전기능들이 더 이상 동작하지 않는다는 것을 명확하게 인지할 수 있게 하거나, 또는 장치가 완전히 꺼져야 한다. 적절한 보관 또는 설계 및 사용정보를 제공함으로써, 활성과 비활성 비상정지장치 사이에 혼동을 피할 수 있도록 주의하여야 한다.

#### 2) 동시 동작제어

로봇시스템은 단일 교시상자에서 다중 로봇시스템의 동시 동작제어(Control of Simultaneous Motion)를 할 수 있다. 각 로봇들은 활상화되기 전에 선택되어야 한다. 모든 로봇들은 동일한 운전모드이어야 한다. 활성화된 로봇들은 표시되어야 하고 오직 선택된 로봇만이 활성화되며, 선택되지 않은 로봇시스템은 움직여서는 아니 된다.

#### 3) 핸드가이딩 로봇시스템(협동 로봇)

협동 운전을 위하여 설계된 로봇시스템은 협동 운전 동안 핸드가이딩 제어장치를 사용할 수 있다. 동일한 제어장치가 이끌기(Lead-through) 교시방법에 적용될 수 있다.

### 3.7 유지보수 및 수리

로봇시스템은 로봇과 로봇시스템의 연속된 안전 운전을 보장하기 위한 검사 및 유지보수 절차가 포함되도록 설계되어야 한다. 검사 및 유지보수 프로그램은 제조자의 권장사항을 고려하여야 한다.

사용정보에는 올바른 운전을 보장하도록 안전관련 장비 부품의 주기적 기능 시험에 대한 요구사항이 포함되어야 한다.

#### 1) 유지보수를 위한 안전보호 요구사항

로봇시스템은 운전, 조정, 유지보수 동안 개입이 필요한 경우, 모든 영역에 안전한 접근이 허용되도록 설계 및 제작되어야 한다. 다만 가능한 유지보수는 보호영역 외부에서 수행되어야 한다.

보호영역 내에서 유지보수를 하여야 하는 경우에는 다음과 같은 안전조치를 취한 후 실시하여야 한다.

- 시스템은 주회로 분리, 압력제거장치, 에너지 분리 제어시스템 등과 같이 위험에너지를 제어하고 분리할 수 있는 지역적 수단을 제공하여야 한다. 사용정보는 에너지 제어 및 분리가 요구되고 위험에너지가 요구되는 경우에 예상되는 유지보수 작업에 관한 세부사항을 포함하여야 한다.
- 에너지 분리 없이 수행되는 생산 중에 수행되는 부수적 정비에 대하여서는 사전에 대상을 지정하되, 수행 시에는 효과적인 대안 보호대책이 제공되어야 한다. 위험에너지 제어 또는 위치 모니터링에 대한 제어 수단은 다음 중 하나 또는 그 이상을 포함한다.
  - 작업의 안전한 수행을 위한 안전조치를 취할 것
  - 작업할 장비는 지정된 안전위치 또는 안전조건 상태에서 이루어져야 하며, 조건이 맞지 않을 경우 보호정지 발생
  - 사람이 보호영역에 들어가는 것에 대한 독점적이고 우선적인 제어를 제공하는 것. 달성되어야 할 실행절차가 정의되고 제공되어야 함.
  - 시스템 통합은 특정 인지작업에 대하여 안전제어시스템의 성능수준(PL)이나 안전무결성수준(SIL)에 따른 성능 요구조건을 만족하는 구체적 운전모드 또는 절차를 제공하여야 함.

### 2) 유지보수 접근지점의 안전보호

유지보수 혹은 정비작업을 위한 접근을 위하여 방호벽이 제공되는 경우, 방호벽은 필요한 도구나 재료 그리고 인력에 쉽게 접근할 수 있도록 충분한 크기여야 한다.

드문 유지보수 혹은 정비작업을 위하여 방호벽이 제거될 때, 이들은 오직 도구를 사용해서만 제거될 수 있어야 한다.

유지보수 혹은 일상적 정비작업을 위하여 빈번한 접근이 필요한 경우, 접근지점은 안전장치(가급적이면 이동식 방호벽)에 의하여 보호되어야 한다. 이러한 이동식 방호벽이 안전장치 지역에 도달하더라도 시작 요구를 개시해서는 안 된다.

만약 이동식 방호벽이 닫힌 상태에서 보호영역에 남는 것이 가능하다면, 추가적인 장치로 재기동을 방지하도록 해야 한다. 이러한 장치에는 재기동 연동장치, 존재 감지장치, 또는 방호벽이 개방되도록 고정하는 장치가 포함된다. 만약 재기동 연동장치가 존재 감지장치와 함께 제공된다면, 위험성평가에 따라서 존재 감지장치는 최소한 전

자 감응식의 유형(Type) 2의 요구조건을 충족시켜야 한다.

### 3) 유지보수 시 인접 셀 안전보호

수직으로 탐지지역이 설정된 전기 감응 보호장치(Electro-Sensitive Protective Equipment, ESPE)가 유지보수 개입 시 인접 셀로의 우발적 접근을 차단하기 위하여 사용되는 경우에는 접근속도와 침투요소 등을 고려하여 계산된 최소 거리를 적용하여야 한다.

## 3.8 통합 제조시스템(IMS) 인터페이스

로봇시스템과 관련되지만 로봇 제어기에 의하여 직접 제어되지 않는 기타 기계류 및 장비는 위험성평가, 지역설정 구성, 안전장치, 제어실행의 범위에 포함되어야 한다. 로봇시스템 통합은 관련 기계류나 장비로 인하여 보호영역 내부에 있고 보호영역을 들어오거나 나가는 모든 위험원(로봇에 의하여 제어되고 제어되지 않는 모든 사항)을 고려하여야 한다.

로봇시스템은 기계의 모든 관련부분에 영향을 주는 단일 비상정지(Emergency Stop)기능을 가져야 한다. 사용정보는 각각의 비상정지장치의 제어범위에 대한 정보를 포함하여야 한다.

통합 제조시스템 내 로봇시스템에 대한 안전관련 제어 부품류(Safety-related Parts of the IMS)는 안전제어시스템의 성능수준(PL)이나 안전무결성수준(SIL)에 따른 성능 요구조건을 만족하여야 한다. 보호장치는 통합 제조시스템 지역 내에서 위험원에 대한 접근을 방지하고, 부가적으로 경계지역의 인터페이스에 영향을 준다.

### 1) 지역 제어

운전 요구사항은 지역 제어의 필요성을 결정하여야 한다. 지역 제어가 선택된 경우, 통합 제조시스템의 제어시스템은 이 조건을 통지받아야 하며 지역 제어를 무효화할 수 없어야 한다.

지역 제어를 실시하는 동안 비상정지 및 보호정지 기능이 남아 있어야 한다. 지역 제어의 선택 및 해지 수단은 지역 제어에 놓이게 되는 로봇, 기계 또는 부분 조립품의 근처에 위치하여야 한다. 지역 제어의 해지 수단은 보호영역 내에서 위험한 조건을 기동하여서는 안 된다. 보호영역 내에서 지역 제어가 해지되면, 위험 조건이 발생하기 전에 보호영역 외부에서 별도의 확인이 필요하다.

동작허가장치(Enabling Device) 기능은 통합 제조시스템의 지역과 일치하게 연동되어야 하는데 통합된 로봇시스템, 기계류 및 관련 절차가 수동운전에 의하여 동시 동작을 가능하게 한다.

### 2) 모드 선택

운전모드는 각 위치에서 들어가고 나오는 열쇠스위치와 같이 잠기도록 하는 모드 선택기에 의해 선택될 수 있어야 한다. 선택기의 각 위치는 명확하게 확인 가능하여야 하며, 하나의 제어 또는 운전모드만을 가능하게 하여야 한다.

이러한 선택기는 접근 비밀번호 등과 같이 로봇의 특정 기능을 제한하는 다른 선택 수단으로 대신할 수 있다. 이러한 수단들은

- 선택된 운전모드를 혼동되지 않도록 명확하게 표시하여야 하며
- 스스로 로봇동작 또는 다른 위험원을 기동하여서는 안 된다.

#### 가. 자동모드

자동모드에서 로봇은 작업프로그램을 실행하여야 하며 보호수단이 작동하고 있어야 한다. 어떠한 정지조건이라도 검출되면 자동운전은 금지되어야 한다.

자동모드로부터의 변환 시 정지가 발생되어야 한다.

#### 나. 수동 감속모드

수동 감속모드는 로봇이 사람의 간섭에 의하여 동작하는 것을 가능하게 하여야 한다. 본 모드에서는 자동운전이 금지된다. 본 모드는 로봇의 조깅, 교시, 프로그램 작성, 프로그램 검증 시 사용된다. 로봇의 정비작업 중에 본 모드가 선택될 수 있다.

보호영역 안에서의 로봇의 수동제어는 다음 중 하나와 함께 감속이 수행되어야만 한다.

- 교시상자 제어의 요구조건을 만족하는 동작허가장치와 결합된 Hold-to-Run 장치
- 프로그램 검증에 대해서만, 시작/정지 제어장치와 교시상자 제어의 요구조건을 만족하는 동작허가장치의 결합

수동모드에서 자동모드로 돌아가기 전에, 중지되어 있는 모든 안전장치를 완전한 작동상태로 돌려놓아야 한다.

다. 수동 고속모드

본 모드가 제공된다면, 250 mm/s 이상의 속도가 가능하다. 본 모드는 프로그램 검증에만 사용된다. 이 경우, 로봇은 다음을 만족해야 한다.

- 수동 고속모드를 선택하기 위해서 로봇 제어 패널의 열쇠스위치와 같은 고의적인 동작과 부가적인 확인동작을 필요로 하는 수단을 제공하여야 한다.
- 로봇 동작을 계속하도록 허락하는 동작허가장치 외에 Hold-to-Run 기능을 갖는 교시상자를 제공하여야 한다.
- 수동 고속모드를 선택 시에 초기속도가 250 mm/s 이하가 되어야 한다.
- 교시상자에 속도를 초기치부터 최대 프로그램 값까지 다단계로 증가시킬 수 있는 수단을 제공하여야 한다.
- 교시상자에 조정된 속도 표시를 제공하여야 한다.
- 다음을 보장해야 한다.
  - 동작허가장치가 놓아지거나 완전히 눌린 후 중앙 위치로 돌아와 재기동 되었을 때의 속도를 초기제한속도로 제한
  - 동작허가장치가 놓아지거나 완전히 눌리기 이전에 설정된 고속으로 돌아가기 위하여 별도의 고의적인 행위가 필요하게 조치
  - 별도의 고의적인 행위를 사용하여 고속으로 재개하는 기능이 동작허가장치가 놓아진 후 5분 이후에는 작동이 불가능하도록 조치

### 3) 작업지역 설정

IMS는 유지보수를 포함한 안전 수동 개입이 용이하도록 설계되어야 한다. 어떤 수동 개입의 경우 전체 IMS를 중지하는 것이 비현실적일 수가 있는데, 이러한 경우 IMS는 지역으로 분리시켜 특정지역은 운전자가 안전하게 작업을 수행하는 동시에 나머지 지역은 다른 운전모드로 동작할 수 있도록 하여야 한다.

## 3.9 안전보호장치

본질적 안전설계에 의해서 위험원이 제거되거나 또는 적절하게 위험도가 감소되지

않은 경우, 안전장치가 적용되어야 한다. 위험지역에의 접근은 안전펜스와 같은 보호장치에 의하여 보호되어야 한다.

안전펜스와 같은 보호장치는 다음 목적으로 사용될 수 있다.

- 위험원에 접근 방지
- 접근 전에 위험원이 중지되도록 유도
- 우발적 운전 방지
- 부품 및 공구 움직임 방지
- 기타 프로세스 위험원(소음, 레이저, 방사선 등)

경계 안전보호장치(Perimeter Safeguarding)로는 안전펜스 또는 감지식 보호장치 등이 경계 안전보호장치로 사용되어야 한다.

적정한 경계 안전보호장치의 선택 시 로봇시스템과 관련된 것 외에 보호영역 내에 있는 다음과 같은 것을 포함하여 모든 위험원을 고려하여야 한다.

- 타 기계류, 설비, 프로세스
- 낙하 또는 방출 물체
- 불규칙적이거나 과도한 기계 정지 시간
- 한 주기 중간에 기계류를 정지시킬 수 없는 것.
- 분출 위험원(즉, 소음, 진동, 방사, 해로운 물질)

경계 안전보호장치의 선택 시 다음의 작업 요구사항을 또한 고려하여야 한다.

- 접근빈도
- 부품의 적재 및 이재
- 유지보수
- 품질 검사
- 위험원과의 근접성

그 외 설치된 안전펜스와 보호장치와 같은 안전장치들을 설치할 때 고려하여야 하는 최소 안전거리, 안전펜스, 고정식 가드와 연동식 가드, 잠금장치가 있는 이동식 가드 등과 같은 안전장치의 안전요구사항, 라이트 커튼 및 레이저스캐너 등과 같은 전기 감응 보호장치, 안전매트 등과 같은 압력 감지 보호장치, 존재감시장치, 보호장치의 일시적인 비활성화를 인정하는 뮤팅기능(Muting)과 로봇시스템에 적용될 수 있는 다양한 형식의 안전장치에 대해서는 본서의 전장인 Chapter 4를 참고할 수 있다.

표 5-4 감응식 안전센서의 장단점

| 센서명 | 적용 사례 | 장점 | 단점 |
|---|---|---|---|
| 안전매트 | 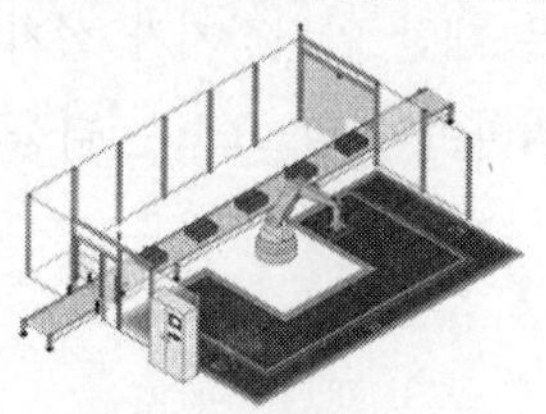 | • 설치가 간편하며 작업자에게 감지영역을 직관적으로 알려줌<br>• 타 센서와 같이 사용할 경우 보다 효율적임 | • 매트넓이에 따라 뛰어넘거나 개구부가 발생할 여지가 많음 |
| 라이트 커튼 | 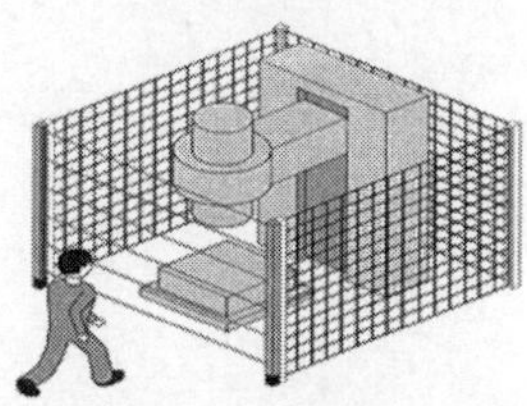 | • 작업자 위험 행동 및 로봇의 이상동작 모두 감지가 가능하며 가격이 비교적 저렴함<br>• 다양한 형태로 적용할 수 있음 | • 센서가 설치될 구조물이 별도로 필요할 수 있으며 감지영역을 우회할 수 있음 |
| 레이저스캐너 | 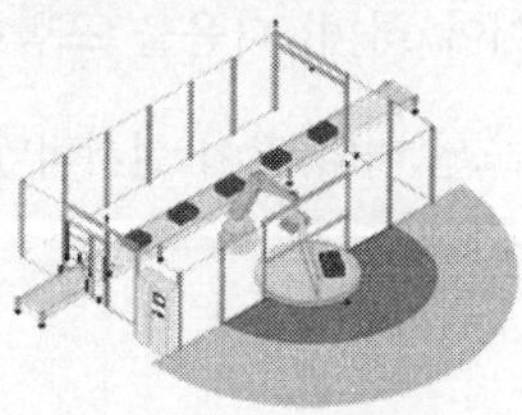 | • 넓은 반경의 감시가 가능하며 감시지역의 형태를 다양하게 설정할 수 있음<br>• 2개를 동 사용 시 4면을 방어할 수 있음 | • 가격이 다소 고가이며 감지영역이 평면이어 입체적으로 감시가 필요한 경우에는 별도의 조치가 필요함 |

## 3.10 로봇시스템의 시운전

시운전 계획에는 로봇시스템을 시운전(Commissioning of Robot Systems)하는 동안의 보호대책들에 대한 정보가 포함되어 있어야 한다. 또한 이러한 대책들은 안전운전에 영향을 줄 수 있는 중대한 사항이므로 변경이나 유지보수 작업 이후에도 로봇시스템에 적용해야 한다.

### 1) 임시 안전장치의 선택

임시 안전장치는 위험성평가에 의해서 원래 확인된 동일한 위험원에 대하여 사람이 보호될 수 있도록 제공하여야 한다. 전원을 넣는 기동 시험 및 검증 전에 의도한 안전장치가 준비가 되지 않았거나 설치되지 않은 경우, 진행하기 전에 적절한 보호장치 수단이 설치되어야 한다.

모든 최종 안전장치가 설치되기 전, 로봇 셀의 초기 조립 동안에 보호장치가 필요할 수 있다. 따라서 장비의 초기 기동 동안에 인력에 대한 효과적인 안전보호를 제공하기 위하여 체인 또는 간이 벽과 같은 대안 안전장치가 설치되어야 한다.

대안 보호장치를 선정함에 있어 고려하여야 할 요소는 다음과 같다.

- 관련 인력의 훈련 수준
- 임시 상황의 기간
- 다른 인력의 셀에 대한 접근성
- 운전장비의 형태
- 주어진 시간에 얼마나 운전하는지 등

### 2) 초기 기동 운전 절차

초기 기동 운전 절차가 확립되어 있어야 하며, 다음을 포함하여야 한다.

- 전원을 넣기 전에, 다음 사항들이 의도된 바와 같이 설치되었는지 검증하여야 한다.
  - 기계적 설치 및 안정도
  - 전기적 연결
  - 공급설비 연결
  - 통신 연결
  - 경계 장비 및 시스템
  - 최대영역을 제한하는 제한장치
- 구동 전원을 인가하기 전에 모든 인력이 위험영역 외부에 있도록 요구하는 지침이 제공되어야 한다.
- 전원을 인가한 후 다음을 확인하여야 한다.
  - 비상정지 회로/장치가 동작하는지
  - 각 축이 의도된 대로 동작 및 제한되는지
  - 로봇이 기본적인 운전시스템 동작명령에 예상한 대로 반응하는지
  - 알림 수단(청각/시각)이 예상한 대로 동작하는지
  - 모든 안전보호장치 또는 임시 안전장치 기능이 동작하는지
  - 감속 제어가 예상한 대로 구동되고 동작하는지

# 4. 협동 로봇 안전요구사항

## 4.1 협동 로봇시스템 설계

협동 로봇시스템의 운전 특성은 전통적인 로봇시스템의 설치, 기타 기계 및 장비와 크게 다르다. 협동 로봇 운전 시 운전자는 로봇 구동기에 전원이 들어가 있는 상태에서 로봇시스템에 근접하여 작업할 수 있으며, 협동 작업영역 안에서 운전자와 로봇시스템 사이의 물리적 접촉이 일어날 수 있다.

모든 협동 로봇시스템의 설계 시에는 협동 로봇이 운전 중일 때 운전자의 안전을 보장할 수 있는 보호수단이 요구된다. 위험성평가에서는 협동 로봇시스템 작업과 관련된 유해위험요인을 식별하고 위험성을 추정하여 적절한 위험도 감소 방안을 선택하여야 한다.

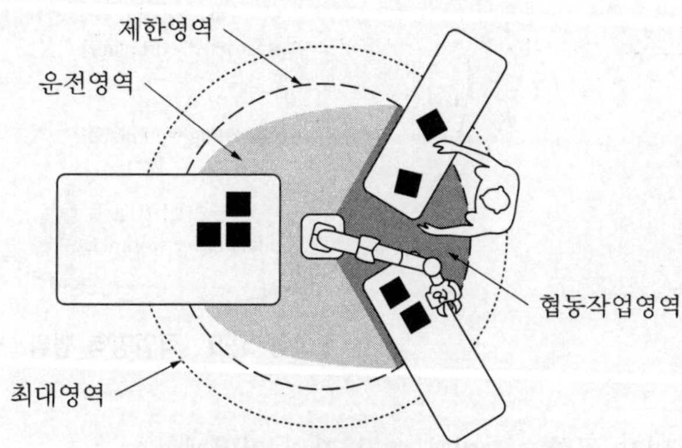


▮그림 5-8 협동 운전영역 구분

협동 로봇시스템과 그와 관련된 셀 배치를 설계하는 핵심 과정은 위험원을 제거하고 위험도를 감소시키는 것이나 이것은 작업환경 설계에 포함되거나 영향을 줄 수 있다. 따라서 다음의 요인들이 고려되어야 한다.

- 설정된 협동작업영역의 한계(3차원)
- 협동작업영역 : 접근 및 여유 공간
  - 제한공간과 협동작업영역의 설계

- 협동작업영역에 미치는 영향(부품의 보관, 작업 과정상의 요구사항, 장애물 등)
- 고정장치, 장비 및 건축물 기둥과 같은 장애물 주변 여유 공간의 필요성
- 운전자의 접근성
- 합리적으로 예측 가능하며 의도된 로봇시스템의 일부와 운전자 사이의 접촉
- 접근경로(예 : 운전자의 동선, 협동작업영역을 향한 제품의 이동)
- 미끄러짐, 헛디딤, 넘어짐과 관련된 위험원(전선 선반, 배선, 고르지 않은 작업장 바닥, 운반 카트 등)

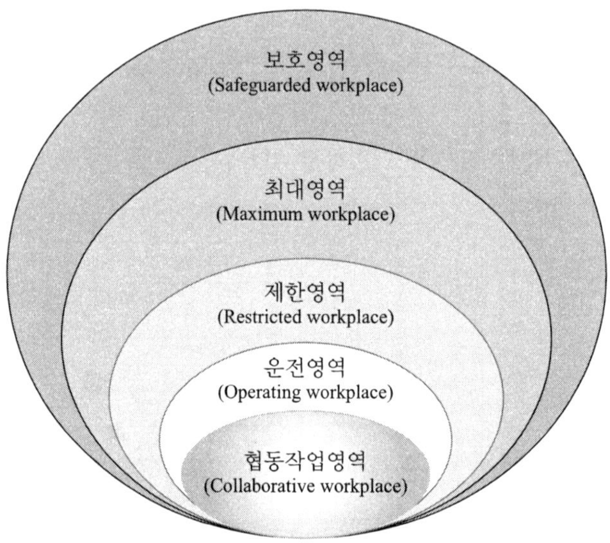


**▌그림 5-9 작업영역 범위**

- 인간 공학 : 장비와 인간 간의 인터페이스
  - 제어의 정확도
  - 협동 운전으로부터 발생할 수 있는 스트레스, 피로 및 집중력의 부족
  - 운전자의 실수 및 오용(의도적이거나 의도적이지 않은)
  - 로봇시스템의 운전 및 그와 관련된 장비로 인해 발생할 수 있는 반사적인 행동
  - 운전자에게 요구되는 훈련 수준과 기술
  - 의도적 운전 및 합리적으로 예측 가능한 오용에 대한 생체 역학적 한계
  - 일회성이거나 반복적인 접촉에 대한 잠재적 결과

표 5-5 협동 로봇의 개념적 응용 분야

| 응용의 종류 | | 설명 | 안전장치 | 적용 분야 |
|---|---|---|---|---|
| 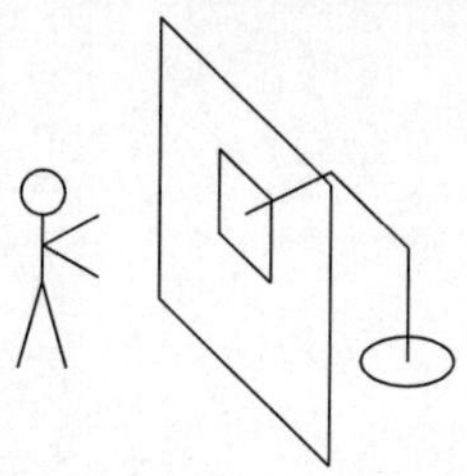 | 창 너머 손<br>(Hand-over Window) | • 보호영역 내에서 자율 자동운전<br>• 로봇이 창속으로 이동함<br>• 접근 중 자동운전 중단 없음 | • 작업영역 주위에 고정 또는 감지 방호벽<br>• 창 근처에서의 감속과 감소된 작업영역<br>• 창 너머에 로봇 작업영역 없음 | • 이적재<br>• 시험, 청소<br>• 정비 |
| 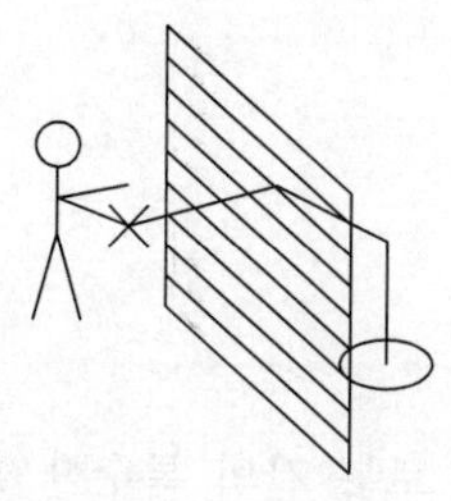 | 인터페이스 창<br>(Interface Window) | • 보호영역 내에 자율 자동운전<br>• 로봇이 인터페이스 창에서 정지 후, 수동으로 창밖으로 이동 가능 | • 작업영역 주위에 고정 또는 감지 방호벽<br>• 창 근처와 밖에서의 감속과 감소된 작업영역<br>• 유도 동작을 위한 손으로 잡아야 동작하는 제어장치 | • 자동 쌓기 및 내리기<br>• 유도 조립<br>• 유도 채우기/풀기<br>• 시험, 청소<br>• 정비 |
| 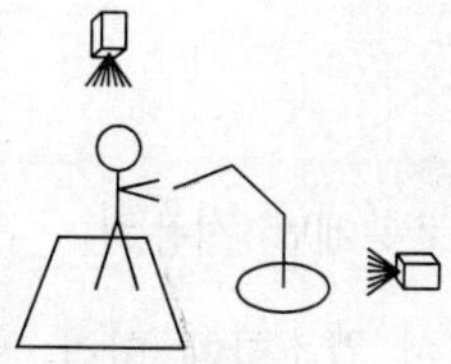 | 협동 운전영역<br>(Collaborative Workspace) | • 협동 작업영역 안에서의 자율 자동운전<br>• 사람이 협동 작업영역에 들어갔을 때 로봇의 감속 및 정지 | • 하나 또는 다수의 센서를 이용한 사람감지 시스템<br>• 거리에 맞춘 감속<br>• 금지영역 접근 시 로봇이 정지되고, 적절하게 보호된 경우에 해제 후 자동 재기동 | • 공동 조립<br>• 공동 핸들링<br>• 시험, 청소<br>• 정비 |
| 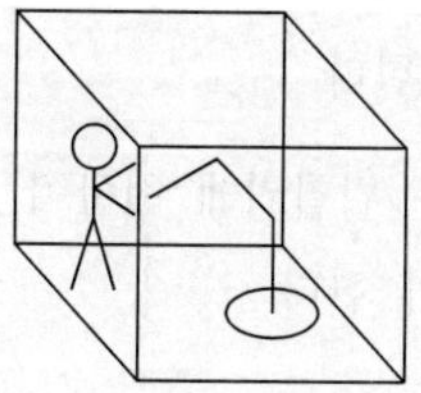 | 검사<br>(Inspection) | • 보호영역 내에서 자율 자동운전<br>• 로봇이 감속과 축소된 이동작업을 계속하는 동안에 사람이 협동 작업영역 안에 들어감 | • 작업영역 주위에 고정 또는 감지 방호벽<br>• 사람 감지시스템 또는 동작허가장치<br>• 작업영역에 들어간 후에 감속과 축소된 작업영역<br>• 오용을 막는 수단 | • 검사 및 프로세스의 조정 (예 : 용접 응용) |
| 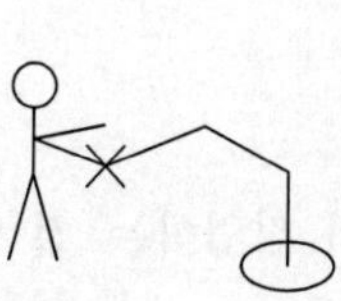 | 핸드가이딩 로봇<br>(Hand-guided Robot) | • 응용에 따른 작업영역<br>• 손 유도에 의한 이동<br>• 경로를 따라 손 유도 이동 | • 감속<br>• 손으로 잡아야 동작하는 제어장치<br>• 응용의 위험원에 따른 협동 작업영역 | • 핸드가이딩에 의한 조립, 도장 등 |

- 사용 제한사항
  - 운전자의 훈련과 기술이 요구되는 작업에 대한 설명
  - 협동 로봇시스템에 접근하는 사람에 대한 확인
  - 잠재적으로 의도되었거나 무의식적인 접촉 상황
  - 허가된 운전자에게만 부여되는 접근 권한
- 상태의 전환(시간적 제약)
  - 협동 운전의 시작과 종료
  - 협동 운전에서 다른 형태의 운전으로 전환 시간

## 4.2 협동 로봇시스템 위험성평가

### 1) 협동 로봇시스템의 위험 특성

협동 로봇운전이란 공통의 작업공간을 공유하는 인간과 로봇 간의 특수한 운전을 가리킨다. 이것은 다음의 특징을 가진다.

- 미리 정해진 작업에만 활용됨
- 모든 필요한 보호대책이 활성화되었을 때 가능함
- 협동 운전을 위하여 특수하게 설계된 기능을 가지는 로봇에만 적용됨

협동영역 내에서의 인간과 로봇 간의 공간 분리 가능성이 감소함에 따라, 인간과 로봇 간의 신체적 접촉이 운전 중에 발생할 수 있다. 따라서 인간의 신체적 안전을 항상 보장하기 위하여 적절한 수단이 제공되어야 한다.

협동 로봇운전과 관련된 다음의 요구사항이 만족되어야 한다.

- 통합자는 위험성평가를 수행하여야 한다. 위험성평가는 위험원에 대하여 최소한 다음을 포함한 전체 협동작업과 작업영역을 고려하여야 한다.
  - 로봇 특성(예 : 부하, 속도, 힘, 에너지원)
  - 작업물을 포함한 말단장치 위험원(인간공학적 설계, 날카로운 모서리, 돌출부, 공구 교환장치 등)
  - 로봇시스템의 배치
  - 로봇 팔의 근접성과 관련한 운전자 위치(로봇 아래에서 작업하는 것 금지)
  - 부품위치, 구조물의 방향(설비, 건축물 기둥, 벽 등) 및 설비 위험원의 위치와 관련된 운전자의 위치 및 경로

- 설비 설계, 꺾쇠의 배치 및 운전, 기타 관련 위험원
- 수동제어 로봇 가이딩장치(Guiding device)(접근성, 인간공학 등)
- 특정 위험원 적용(온도, 방출된 부품, 용접 불꽃)
- 필수 개인보호장구
- 환경적 고려(화학적, RF, 방사 등)
- 관련된 안전기능의 성능기준

• 협동영역에 통합된 로봇은 로봇 자체의 안전요구사항을 만족하여야 한다.

• 존재 유무 검출에 사용되는 보호장치는 안전제어시스템의 성능수준(PL)이나 안전무결성수준(SIL)에 따른 성능 요구조건을 만족하여야 한다.

• 안전보호장치는 협동영역을 지나서 셀 내부로 더 들어가는 것을 방지하거나 검출하도록 설계되어야 한다. 셀 내부에는 추가적인 위험원이 있을 수 있다. 협동영역을 넘어선 보호영역 내로 침범하면 로봇이 정지하고 모든 위험원이 중지되어야 한다.

• 경계 안전보호장치는 사람이 보호영역 내의 협동영역 외부를 들어가는 것을 방지하거나 검출하도록 하여야 한다.

• 로봇시스템과 연결되거나 부속되면서 잠재 위험원이 될 수 있는 다른 기계가 협동영역에 있게 되면 안전제어시스템의 성능수준(PL)이나 안전무결성수준(SIL)에 따른 성능 요구조건을 준수하여야 한다.

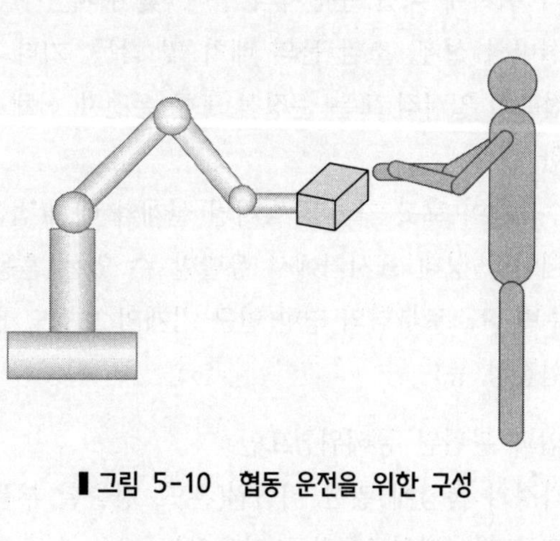

**▌그림 5-10 협동 운전을 위한 구성**

### 2) 유해위험요인 식별

본장 2절에서 설명하고 있는 로봇 및 로봇시스템에 대한 주요 유해위험요인 목록은 기계안전을 위하여 위험성평가를 하는 과정에서 제시된 유해위험요인들이다. 여기에 더하여 협동 로봇시스템에서 작업을 하는 과정에서 연기, 가스, 화학제품 및 고열재료 등과 같은 발생 가능한 추가적인 유해위험요인은 용접, 조립, 연마 및 밀링 등과 같은 특정한 협동작업에 의해 발생할 수 있다. 따라서 이러한 유해위험요인은 특정한 협동작업에 대한 위험성평가와 함께 별도로 고려되어야 한다.

유해위험요인 식별 과정은 최소한 다음의 사항을 고려해야 한다.

- 로봇과 관련된 유해위험요인
  - 로봇의 특성(부하, 속도, 힘, 운동량, 토크, 동력, 기하학적 구조, 표면 형상과 재료 등)
  - 로봇의 준정적 접촉 상태
  - 로봇의 근접성에 대한 운전자의 위치(로봇 아래에서 작업하는 것)
- 로봇시스템과 관련된 유해위험요인
  - 인간 공학적 설계 부족, 날카로운 모서리, 작업물의 이탈, 돌출부, 공구 교환장치를 포함하는 말단장치 및 작업물의 위험원
  - 부품의 위치, 구조물의 방향(설비, 빌딩 기둥, 벽 등) 및 설비와 관련된 위험원의 위치에 대한 운전자의 동작 및 위치
  - 설비의 설계, 조임 틀의 배치 및 작동, 기타 관련된 위험원
  - 접촉이 일시적 또는 준정적 또한 운전자 신체 부분에 영향을 줄 수 있는지에 대한 결정
  - 수동제어 로봇 가이딩 장치의 설계와 배치(접근성, 인간 공학적, 잠재적인 오용, 제어와 상태 표시기에서 유발할 수 있는 혼동 등)
  - 주변 요소로부터의 영향(인근 기계의 보호덮개가 벗겨진 상황, 레이저 커터와의 인접성 등)
- 작업과 관련된 유해위험요인
  - 과정의 특성에 관한 위험원(온도, 방출된 부품, 용접 불똥 등)
  - 요구되는 개인보호장구 사용의 한계
  - 인간 공학적 설계의 결함(집중력 부족 및 부적절한 운전으로 인한 결과)

### 3) 작업 인지

사용자와의 협의하여 통합자는 로봇 셀과 관련된 작업을 인지하고 문서화해야 한다. 합리적으로 예측 가능한 모든 작업 및 위험원의 결합은 확인되어야 한다.

협동 작업은 다음에 의하여 그 특성이 나타난다.

- 이동형 로봇시스템의 협동 작업영역에서 운전자가 존재하는 빈도와 지속시간(외부 설비를 통한 협동 조립의 경우)
- 구동 전력 및 작업 관련 에너지원이 활성화된 로봇시스템과 운전자 사이의 접촉 빈도와 지속시간(핸드가이딩, 작업도구 및 작업물과의 물리적 상호작용)
- 비협동 운전과 협동 운전 간의 전환
- 협동 운전이 완료된 뒤에 수행되는 로봇시스템 동작의 자동 또는 수동 재기동
- 한 명보다 많은 운전자를 동반하는 작업
- 협동 작업영역 내부의 모든 추가적인 작업

### 4) 유해위험요인 제거 및 위험도 감소

위험원이 확인되고 나면 위험성 감소 방안을 적용하기 전에 협동 로봇시스템과 관련된 위험도에 대한 평가가 이루어져야 한다. 이러한 방안들은, 중요한 순서대로 나열된 다음의 기본적인 원칙들에 근거한다.

- 본질적인 안전설계를 통한 위험원의 제거 또는 교체를 통한 위험원의 감소
- 사람이 위험원으로 접근하는 것을 방지하거나, 작업자가 위험원에 접근하거나 노출되기 전에 위험원을 안전한 상태(정지, 힘 제한, 속도 제한 등)로 제어함을 통한 보호수단
- 사용정보, 훈련, 표식, 개인보호장구 등에 의한 보조적 보호수단의 제공

전통적인 로봇시스템에서 위험성 감소는 주로 운전자를 로봇시스템으로부터 분리하는 방호장치를 통해 이루어졌다. 협동 운전에서 위험도 감소는 주로 로봇시스템과 협동 작업영역의 설계와 사용으로 다루어진다. 협동 운전의 위험성 제거에 대한 구체적인 방안들은 다음 절에서 확인할 수 있다.

## 4.3 협동 로봇시스템 안전작업 요구조건

### 4.3.1 안전제어시스템 성능

안전관련 제어시스템 성능은 반드시 안전제어시스템의 안전성능수준(PL)이나 안전무결성수준(SIL)에 따른 성능 요구조건을 준수하여야 한다.

### 4.3.2 협동 작업영역의 안전설계

운전자가 로봇과 직접적으로 접촉할 수 있는 협동영역은 바닥에 표시하는 등 명확하게 정의되어야 한다.

협동 운전에 한 명 이상의 사람(운전자)이 관련되는 경우에는 각 사람이 안전제어시스템의 성능수준(PL)이나 안전무결성수준(SIL)에 따른 성능 요구조건에 따른 제어에 의하여 보호되어야 한다.

협동영역의 설계는 운전자가 쉽게 모든 작업을 수행할 수 있으며, 장치 및 기계의 배치가 추가적인 위험원을 만들지 않도록 되어야 한다. 가능한 경우, 안전정격 완만한 축과 공간의 제한이 가능한 자유 동작의 범위를 제한하여야 한다.

협동영역은 사실상 동적이며, 운전자와 로봇에 따라 영역 제한은 변화될 수 있다.

로봇시스템은 로봇 팔, 부가장치, 작업물의 작업영역으로부터 전체 몸통 접근을 허용하는 건축물영역, 구조물, 공급 설비, 기타 기계, 장치까지 최소 여유공간 0.5 m(20 inch)를 제공하도록 설계되어야 하며, 이로 인하여 갇힘 또는 끼임 사고 등으로부터 자유롭게 하여야 한다.

이런 최소 여유공간이 제공되지 않는 경우에 정적인 환경에서 사람이 갇힘 또는 끼임 위험원으로부터 500 mm 내에 있을 때 보호받기 위하여 로봇 동작을 중지시키는 부가 보호장치가 설치되어야 한다.

#### 1) 기계적 및 전기 – 기계적 축 제한장치

2축 및 3축(두 번째와 세 번째로 이동거리가 큰 축)에 대하여 조정 가능한 기계적 또는 비기계적인 제한장치가 제공되어야 한다.

기계적인 정지장치는 정격부하, 최대 속도 조건 그리고 최대 및 최소 신장된 상황에서 로봇 동작을 정지시킬 수 있어야 하며, 기계적인 정지장치는 조임장치에 의해 조정 및 고정된 기계적 정지장치를 포함한다.

전기 - 기계적 제한장치들의 제어회로 성능은 안전제어시스템의 성능수준(PL)이나 안전무결성수준(SIL)에 따른 성능 요구조건을 만족하여야 한다. 로봇 제어기 및 작업 프로그램이 전기 - 기계적 제한장치의 설정을 변경하여서는 안 된다.

사용정보는 감시시간과 완전한 정지를 달성하기 전에 이동한 거리를 포함한 전기, 기계적 제한장치에 대한 최대 속도에서의 정지시간에 대한 정보를 포함해야만 한다.

로봇시스템과 건물, 구조물, 도구, 다른 기계, 그리고 장비 사이에서의 몸 전체의 끼임이나 충돌과 관련된 위험원들은 제거되거나 안전하게 제어되어야 한다.

### 2) 안전정격 연성 및 축 제한 및 영역 제한

연성 제한(Soft Limit)이란 로봇 동작을 소프트웨어에서 정의한 값으로 제한하는 것을 말하며, 영역 제한(Space Limiting)은 로봇 동작을 일정영역 내로 제한 또는 일정영역 내로 들어가는 것을 금지하기 위한 배타적 지역으로 사용하기 위한 기하학적 인 형태를 정의하는 데 사용된다.

안전정격 연성 제한(Safety-rated Soft Limits)은 로봇이 최대 정격부하 및 속도에서 정지될 수 있다면, 제한영역(Restricted Space)을 정의하고 축소하는 데에 사용될 수 있다. 이러한 제한범위(Restricted Reach)는 정지 시 이동되는 거리를 고려하여 실제 예상되는 정지 위치로 정의하여야 한다. 제조자는 사용정보에 본 내용을 넣어야 하며, 만일 본 기능이 제공되지 않는다면 안전정격 연성 제한을 사용하지 못하도록 하여야 한다.

안전정격 연성 제한에 근거한 연성 축 및 영역 제한을 사용하는 제어시스템은 반드시 안전제어시스템의 성능수준(PL)이나 안전무결성수준(SIL)에 따른 성능 요구조건을 만족하여야 하며 허가된 사람만 변경 가능하여야 한다. 만일 안전정격 연성 제한이 초과된 경우에는 보호정지가 기동되어야 한다.

안전정격 연성 제한은 안전정격 하위시스템의 재설정 없이 변경될 수 없는 고정영역으로 설정하고, 자동으로 작업 프로그램이 실행되는 동안 재구성을 하지 못하도록 하여야 한다.

일단 설정이 되고 나면, 안전정격 연성 제한은 시동 시에 항상 활성화되어야 한다.

사용정보에는 최대 속도에서의 안전정격 연성 제한에 대한 정지시간이 제공되어야 한다. 여기에는 감시시간 및 완전한 정지가 이루어지기까지의 이동거리가 포함되어야 한다.

연성 축 제한은 기계적 및 전기 - 기계적 축 제한장치를 사용할 수 없는 부가축의 동작을 제어하는 데에 특히 유용하게 사용될 수 있다.

연성영역 제한은 불규칙한 형태의 작업공간에서의 동작을 제어하기 위하거나 또는 장애물로 인한 좁은 공간으로부터 보호하기 위하여 특히 유용하게 사용될 수 있을 것이다.

#### 3) 동작 제한장치

동작 제한(Dynamic Limiting)이란 로봇시스템의 운전 중에 로봇의 제한영역을 자동제어로 변경하는 것을 의미한다. 로봇이 작업프로그램을 수행하는 동안 제어장치에 의해서 제한영역 내에서 로봇의 동작을 추가로 제한할 수 있다.

이러한 제어장치는 전기, 공압 또는 유압에 의해 위치 제어되는 정지장치 또는 로봇 동작을 제한하는 제한영역을 설정하기 위해 사용되는 리밋스위치, 라이트 커튼, 레이스 스캐닝 장치 등의 것이 될 수 있다.

이를 위하여, 장치 및 관련된 제어장치는 정격부하 및 속도 조건에서 로봇 동작을 정지시킬 수 있어야 하며, 관련된 안전 제어장치는 위험성평가에 의해서 다른 분류가 요구되지 않는 이상 안전제어시스템의 성능수준(PL)이나 안전무결성수준(SIL)에 따른 성능 요구조건을 만족하여야 한다.

### 4.3.3 협동 로봇의 안전운전

협동 로봇 운전의 설계 시 제어시스템의 안전관련부분에서 감지된 실패는 보호정지를 발생시켜야 한다. 협동 로봇의 운전은 협동 작업영역 외부에서 운전자의 계획된 재기동 동작으로 리셋되기 전까지는 개시되어서는 안 된다.

협동 작업영역 내부의 모든 사람들은 보호장치에 의해 보호받아야 하므로 협동 작업영역에 이용된 방호장치는 Chapter 4 안전장치 요구조건을 모두 만족하여야 한다.

또한 협동운전 동안에 운전자는 언제든지 단순 동작으로 로봇 작동을 정지할 수단을 가지거나, 협동 운전영역에서 빠져 나오는 데 방해 받지 않는 수단을 가져야 한다. 로봇 동작을 멈추는 수단들은 다음을 포함하되 이에 국한되지는 않는다.

- 동작허가장치
- 비상정지장치
- 손으로 로봇을 정지(이 기능이 제공되는 로봇인 경우)

특히 작업의 효율성을 위하여 협동 운전을 설계하는 경우, 작업 셀에서의 잠재 위험원에 노출된 모든 인력을 위한 안전한 작업환경을 제공하기 위하여 다음의 4가지 안전기능을 하나 이상 적용하여야 한다.

협동 운전 시 선택된 안전기능에 대한 고장 검출 시 보호정지를 발생하여야 한다. 이러한 정지 후의 자동 운전 재기동은 협동영역 외부에서 계획된 재기동 동작으로 리셋되기 전까지는 개시되어서는 안 된다.

### 1) 안전정격 감시정지

운전자가 로봇시스템과 상호작용하는 작업을 위하여 협동 작업영역에 들어가기 전에 로봇의 동작을 멈추는데 안전정격 감시정지기능이 이용된다.

만약 협동 작업영역에 운전자가 없다면, 로봇은 비협동적으로 운전할 것이다. 협동 작업영역에 로봇시스템이 있는 상태에서 안전정격 감시기능이 활성화되고 로봇의 동작이 멈추었을 때, 운전자가 협동 작업영역에 들어가는 것이 허용된다. 운전자가 협동 작업영역에서 나온 후 로봇시스템의 움직임은 추가적인 간섭 없이 재개될 수 있다.

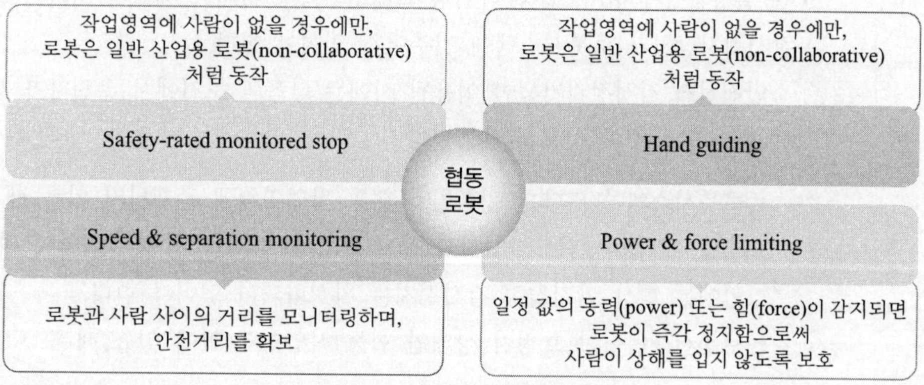


▮그림 5-11 협동 로봇의 안전요건

안전정격 감시정지방법을 이용한 협동 운전을 위해, 다음의 로봇시스템 요구사항들이 적용된다.

- 로봇 동작이 제한될 때에, 그 제한은 기계적 축 제한장치(Mechanical Limiting Devices)나 안전정격 연성 축 및 영역 제한(Soft Axis and Space Limiting) 등의 요구조건을 만족하여야 한다.

• 로봇은 보호정지기능에 따라 정지하여야 한다.

안전정격 감시정지기능을 이용한 운전은 [표 5-6]에 보여주는 대로 운전자가 협동 작업영역에 위치하지 않을 때, 협동 작업영역에 로봇이 들어가도록 허락한다. 만약 운전자가 협동 작업영역에 위치하지 않는다면, 로봇시스템은 협동 작업영역 내에서 비협동적 운전을 할 것이다.

표 5-6 안전정격 감시정지 운전을 위한 진리표

| 로봇 동작 또는 정지 기능 | | 운전자의 협동 작업영역과의 가까움 | |
|---|---|---|---|
| | | 외부 | 내부 |
| 로봇의 협동 작업영역과의 가까움 | 외부 | 지속 | 지속 |
| | 내부 그리고 이동 | 지속 | 보호정지 |
| | 내부, 안전정격 감시정지 | 지속 | 지속 |

협동 작업영역은 인체부위의 접근속도와 관련한 방호설비의 설치위치를 만족하도록 설정되어야 하며, 협동 작업영역 내부의 운전자의 존재를 감지하기 위한 안전정격 감시정지장치가 로봇시스템에 갖추어져 있어야 한다.

안전정격 감시정지기능이 이용될 시에는 다음의 조건에서 운전자가 협동 작업영역에 들어가는 것이 허용되어야 한다.

- 로봇시스템이나 다른 위험원이 협동 작업영역에 존재하지 않을 때
- 로봇시스템이 협동 작업영역 안에 있고, 운전자가 협동 작업영역 내부에 있는 동안에는 항상 안전정격 감시정지는 활성화되어 있어야 한다.
- 로봇시스템이 보호정지 상태인 협동 작업영역 안에 있을 때

운전자가 협동 작업영역을 떠났을 때 안전정격 감시정지기능은 비활성화될 것이고, 로봇시스템의 동작은 자동으로 재개될 것이다. 즉 협동영역에 사람이 없는 경우에 로봇은 자동 운전을 행한다. 사람이 협동영역에 들어가면 로봇은 동작을 정지하고 운전자와 로봇 간에 직접 상호작용을 허용하기 위하여 안전감시정지를 유지한다.

로봇이 정지되면 본 안전장치는 안전제어시스템의 성능수준(PL)이나 안전무결성수준(SIL)에 따른 성능 요구조건에 의하여 감시되어야 한다. 안전정격 감시정지기능이 고장 나면 정지 카테고리 0이 발생하여야 한다.

### 2) 핸드가이딩

운전자는 동작명령어를 로봇시스템으로 전달하기 위한 핸드구동장치(Hand-operated Device)를 사용한다. 운전자가 협동 작업영역에 들어가 핸드가이딩 작업을 수행할 수 있도록 허가 받기 전에, 로봇은 안전정격 감시정지를 완료해야 한다. 이 작업은 로봇의 말단장치 또는 근처에 위치한 가이딩 장치들을 수동적으로 작동시킴으로써 수행된다.

다만, 로봇시스템의 동력과 힘이 제한되어 로봇시스템과 운전자 사이의 물리적 접촉이 발생할 지라도 위험성평가 과정에서 결정된 허용 한계값 이하로 관리되어 위험성이 감소된다면 동 기능을 적용하지 않아도 된다.

로봇은 안전정격 감시속도기능과 안전정격 감시정지기능을 활용해야 한다. 위험성평가는 안전정격 감시속도 제한을 결정하는 데 사용되어야 한다. 운전자의 안전이 로봇 동작범위를 제한하는 것에 의존된다면, 로봇은 안전정격 연성 축 및 공간 제한을 활용해야만 한다.

핸드가이딩의 운전 순서는 다음과 같다.

- 로봇시스템이 협동 작업영역에 들어가고 안전정격 감시정지를 발생시킬 때, 로봇시스템은 핸드가이딩에 대한 준비를 한다. 그때 운전자는 협동 작업영역에 진입해도 된다.
- 운전자가 핸드가이딩 장치를 갖춘 로봇시스템을 제어할 때, 안전정격 감시정지는 해제되고 운전자가 핸드가이딩 작업을 수행한다.
- 운전자가 가이딩 장치를 놓았을 때, 안전정격 감시정지가 발생해야 한다.
- 운전자가 협동 작업영역을 벗어났을 때, 로봇시스템은 비협동 작업을 재개해도 된다.

로봇시스템이 핸드가이딩에 대한 준비를 하기 전에 운전자가 협동 작업영역에 들어간다면 보호정지가 발생되어야 한다. 협동 작업영역 밖의 제한된 공간의 접근은 위험도 평가에 따라 금지되어야 한다.

가이딩 장치는 다음을 고려하여 위치되어야 한다.

- 로봇의 동작과 이 동작으로 발생할 수 있는 여러 위험들을 직접적으로 관찰하기 위한 운전자와 로봇의 거리(예 : 말단장치 위에 장착된 제어기)
- 운전자가 무거운 하중 아래 또는 머니퓰레이터 아래에 위치하는 등 운전자의 위치와 자세는 추가적인 위험원을 발생시켜서는 안 된다.

- 운전자의 시야는 협동 작업영역으로 들어오는 추가적인 사람을 확인할 수 있도록 협동 작업영역 전체를 환히 볼 수 있어야 한다.

핸드가이딩의 동작 축과 로봇의 동작 축의 대응 관계는 알기 쉽게 제시되어야 하고 쉽게 이해되어야 한다. 로봇과 말단장치의 동작 방향은 직감적으로 이해될 수 있어야 하고, 핸드가이딩 장치로 가능해야 한다.

핸드가이딩 운전과 비협동 작업 또는 다른 종류의 협동 작업 사이의 전환은 추가적인 위험도를 발생시키면 안 된다. 운전자는 신중한 활동(동작허가장치의 활성화)이나 행동(협동 작업공간으로부터 벗어남)을 통해 위에 언급한 전환 과정을 제어해야 한다.

이러한 경우에 고려해야 할 특정 요소는 다음과 같다.

- 핸드가이딩으로부터 안전정격 감시정지로의 전환에서, 로봇 동작의 정지와 안전정격 감시정지의 개시는 추가적인 위험원을 발생시켜서는 안 된다.
- 안전정격 감시정지로부터 핸드가이딩의 전환은 예상치 못한 동작을 발생시켜서는 안 된다.
- 핸드가이딩에서 비협동 운전으로의 전환 시, 로봇시스템이 비협동 운전을 개시하기 전에 모든 운전자가 협동 작업영역으로부터 벗어나 있어야 한다.
- 비협동 작업으로부터 핸드가이딩으로 전환은 추가적인 위험원을 발생시켜서는 안 된다.

위험성 감소는 운전자에 의한 직접적인 동작 제어와 위험성평가로 결정된 속력과 위치의 적당한 안전정격 제한의 결합에 의해 달성된다. 위험성평가는 특히 다음을 고려해야 한다.

- 운전자가 로봇, 그리고 관련된 위험원을 제어할 수 있도록 하는 안전정격 감시속도
- 동작허가장치를 놓거나 보호정지를 시작하면서부터 로봇이 정지에 도달하기까지의 요구되는 시간과 거리
- 작업영역, 말단장치, 주변, 또는 작업장치에 의해 발생하는 위험원

### 3) 속도 및 위치 감시

로봇시스템과 운전자가 협동 작업영역에서 동시에 움직이는 것이 허용된다. 위험성 감소는 운전자와 로봇 사이의 최소한의 보호 이격거리를 유지하는 것으로 달성된다.

로봇이 동작하는 동안에는 로봇시스템과 운전자의 거리는 절대 보호 이격거리보다 더 가까워져서는 안 된다. 보호 이격거리보다 작은 값으로 이격거리가 감소할 때 로봇시스템은 정지한다. 운전자가 로봇시스템으로부터 멀어질 때, 최소한의 보호 이격거리를 유지하는 동안 로봇시스템은 이 조항의 요구에 따라 자동적으로 동작을 재개할 수 있다. 로봇시스템이 속도를 줄일 때 보호 이격거리는 동시에 감소한다.

로봇은 안전정격 감시속도 기능이 적용되어야 한다. 만약 운전자의 안전이 로봇의 동작 범위 제한에 의존된다면, 로봇은 안전정격 연성 축과 공간 제한이 적용되어야 한다. 속도 및 위치감시 시스템은 안전제어시스템의 성능수준(PL)이나 안전무결성수준(SIL)에 따른 성능 요구조건을 만족해야 한다.

속도 및 위치 감시는 협동 작업영역 내부의 모든 사람에게 적용되어야 한다. 만약 보호 조치 성능이 협동 작업영역 내부에 있는 사람 수에 의해 제한된다면, 최대 인원수는 사용을 위한 정보에 명시되어야 한다. 만약 최댓값을 초과한다면 보호정지가 발생해야 한다.

작업에서 최대 허용속도와 최소 보호 이격거리는 일정할 수도, 가변적일 수도 있다. 변수인 경우에 최대 허용속도 및 보호 이격거리는 지속적으로 로봇시스템과 운전자의 상대속도와 거리에 근거하여 조정될 수 있다. 상수인 경우에 최대 허용속도와 보호 이격거리는 작업의 전체 과정을 통틀어 최악의 경우의 위험도 평가를 통해 결정되어야 한다.

자동 운전 동안에 로봇시스템의 위험한 부품은 절대로 운전자와 보호 이격거리보다 가까워져서는 안 된다. 보호 이격거리는 최소 거리 공식을 만들기 위해 사용되는 개념을 근거로 계산될 수 있다. 이 공식은 속도 및 이격 감시와 관련된 다음의 위험원을 고려하기 위해 수정되었다.

- 정한 속도 설정 상황에서는, 로봇의 안전정격 감시속도에 대한 최악의 경우값을 사용한다. 이 값은 작업에 종속적이고 위험성평가에 의해 검증된다. 이 상수 제한값은 초과되어서는 아니 되며 안전정격 감시속도로 설정되어야 한다.
- 가변적인 속도 설정 상황에서, 로봇시스템과 운전자의 속도는 각 순간의 보호 이격거리에 해당되는 값들을 결정하는 데 사용된다. 그렇지 않으면, 최대 허용 로봇속도는 운전자 속도와 로봇과 운전자 사이의 실제 이격거리에 근거하여 결정된다.

보호 이격거리 $S_p$ 식 (5-1)로 표현된다.

$$S_p(t_0) = S_h + S_r + S_s + C + Z_d + Z_r \tag{5-1}$$

여기서, $S_p(t_0)$ : 시간 $t_0$일 때 보호 이격거리

$t_0$ : 현재 시각

$S_h$ : 운전자의 위치 변화가 보호 이격거리에 미치는 기여분

$S_r$ : 로봇시스템의 반응시간이 보호 이격거리에 미치는 기여분

$S_s$ : 로봇시스템의 정지거리가 보호 이격거리에 미치는 기여분

$C$ : 침범거리(몸의 일부가 감지되기 전에 감지공간으로 침범하는 거리

$Z_d$ : 감지시스템의 측정 허용오차로부터 발생되는 존재 감지장치가 측정한 협동 작업영역 내부 운전자의 위치 불확실성

$Z_r$ : 로봇 위치측정시스템의 정확도로부터 발생되는 로봇시스템의 위치 불확실성

$S_p(t_0)$ 식은 작업 동안에 로봇 속도가 변화하는 경우에도 적용될 수 있도록 보호 이격거리를 동적으로 계산한다. $S_p(t_0)$는 최악의 경우의 값을 근거로 하여 보호 이격거리에 대한 고정된 값을 계산하는데 사용될 수 있다.

식 (5-1)은 협동 작업영역 내부의 모든 사람과 로봇시스템의 움직이는 모든 부분 사이에 가능한 모든 조합에 적용된다. 협동 작업영역 내부에서 로봇의 한 부분이 사람에게 접근하는 동안, 사람에게 가장 가까이 있는 로봇의 또 다른 부분은 사람으로부터 멀어질 수도 있다.

운전자의 위치 변화에 기인하는 보호 이격거리에 대한 기여는 다음과 같이 표현될 수 있다.

$$S_h = \int_{t_0}^{t_0 + T_r + T_s} v_h(t)dt \tag{5-2}$$

여기서, $T_r$ : 운전자의 위치 감지, 감지 신호 처리, 로봇 정지 활성화를 위해 요구되는 시간을 포함 하지만 로봇이 정지하는데 걸리는 시간은 제외한 로봇시스템의 반응시간

$T_s$ : 정지명령이 발생한 때부터 로봇이 정지할 때까지 걸리는 시간($T_s$는 상수가 아니고, 로봇 위치, 수행 중인 동작, 속도, 말단장치와 부하 등의

함수이다.)

$v_h$ : 협동 작업영역에서의 운전자 속도의 로봇의 움직이는 부품 방향으로의 속도 성분이며, 이격거리의 증가 또는 감소에 따라 양수 또는 음수값을 갖는다.

$t$ : 식 (5-2), 식 (5-4), 그리고 식 (5-6)에서의 적분 변수

$S_h$는 현재 시각부터 로봇이 정지할 때까지의 운전자의 동작이 이격거리에 미치는 기여분을 나타낸다. 여기서 $v_h$는 시간의 함수이고, 사람의 속력 또는 움직이는 방향의 변화로 인해 변할 수 있다. 시스템은 이격거리를 가장 많이 감소시키는 방식으로 변화하는 $v_h$를 고려하여 설계되어야 한다.

만약 사람의 속도가 감지되지 않는다면, 시스템 설계는 $v_h$가 이격거리가 가장 많이 줄어드는 방향으로 1.6 m/s 속도라고 추정해야 한다. $v_h$는 위험성평가에 따라서 1.6 m/s와 다른 값이 될 수도 있다.

사람의 속도 추정값(1.6 m/s)을 사용하여 구해지는 $S_h$ 상수값은 m/s 단위로 표현되고, 식 (5-3)을 사용하여 계산할 수 있다.

$$S_h = 1.6 \times (T_r + T_s) \tag{5-3}$$

로봇시스템의 반응시간이 보호 이격거리에 미치는 기여분은 식 (5-4)로 표현된다.

$$S_r = \int_{t_0}^{t_0 + T_r} v_r(t)dt \tag{5-4}$$

여기서, $v_r$은 협동 작업영역에서 운전자를 향하는 방향의 로봇 속도 성분이고, 이격거리의 증가 또는 감소에 따라 양수 또는 음수가 될 수 있다.

$S_r$은 사람이 감지영역에 들어가면서부터 제어시스템이 정지명령을 발생할 때까지의 로봇의 동작이 이격거리에 미치는 기여분을 나타낸다. 여기서 $v_r$은 시간의 함수이고, 로봇의 속력 또는 운동방향의 변화로 인해 달라질 수 있다. 시스템은 최대 이격거리를 가장 많이 줄여주는 방향으로 변화하는 $v_r$을 고려하여 설계되어야 한다.

- 만약 로봇의 속도가 감시되지 않는다면, 시스템 설계는 $v_r$이 로봇의 최대 속도라고 가정해야 한다.
- 만약 로봇의 속도가 감시되고 있다면, 시스템 설계는 로봇의 현재 속도를 사용할 수 있다. 그러나 이격거리를 가장 많이 감소시키는 방식으로 로봇 가속 능력을

고려해야 한다.

- 안전정격 속도 제한이 시행되는 경우, 고려중인 로봇 부분에 이 제한 속도값이 적용 가능하다면 시스템은 이 제한 속도를 사용할 수 있다.

다만, 오직 로봇 TCP의 직교 좌표계 속도(Cartesian Speed)를 감시하는 안전정격 속도 제한은 운전자에게 위험을 가할 수 있는 로봇의 다른 부분들을 감시하지 않는다. 관절 속도를 감시하는 안전정격 속도 감시 또한 필요할 수도 있다.

$S_r$에 대응하는 상수는 식 (5-5)를 사용하여 추정할 수 있다.

$$S_r = V_r(t_0) \times T_r \tag{5-5}$$

로봇시스템이 정지하는 동안 발생할 수 있는 보호 이격거리에 대한 기여는 식 (5-6)으로 표현될 수 있다.

$$S_s = \int_{t_0 + T_r}^{t_0 + T_r + T_s} v_s(t)dt \tag{5-6}$$

여기서, $v_s$는 정지명령이 발생한 때부터 로봇이 정지할 때까지, 정지하는 과정에서 로봇이 갖는 속도이다.

$S_s$는 로봇이 정지하는 동안에 로봇의 움직임이 이격거리에 미치는 기여분을 나타낸다. 여기에서 $v_s$는 시간의 함수이고, 로봇의 속력 또는 움직이는 방향의 변화에 의해 달라질 수 있다. 시스템은 이격거리를 가장 많이 감소시키는 방식으로 변화하는 $v_s$를 고려하여 설계되어야 한다.

- 만약 로봇의 속도가 감시되지 않는다면, 시스템 설계는 이 적분값을 이격거리를 가장 많이 감소시키는 방향으로의 로봇의 정지거리라고 가정해야 한다.
- 만약 로봇의 속도가 감시되고 있다면, 시스템 설계는 로봇의 속도를 이격거리가 가장 많이 감소되는 방향으로 적용하여 구한 로봇의 정지거리를 사용할 수 있다.

보호 이격거리에 영향을 미치는 여러 기여 요소는 [그림 5-12]에 표현되어 있다. [그림 5-12]의 위쪽 그래프에서 운전자를 향하는 로봇의 속도($v_r$, $v_s$)가 음수값으로 나타나는 데 반하여, 로봇을 향하는 운전자의 속도($v_h$)는 양수값으로서 나타내었다.

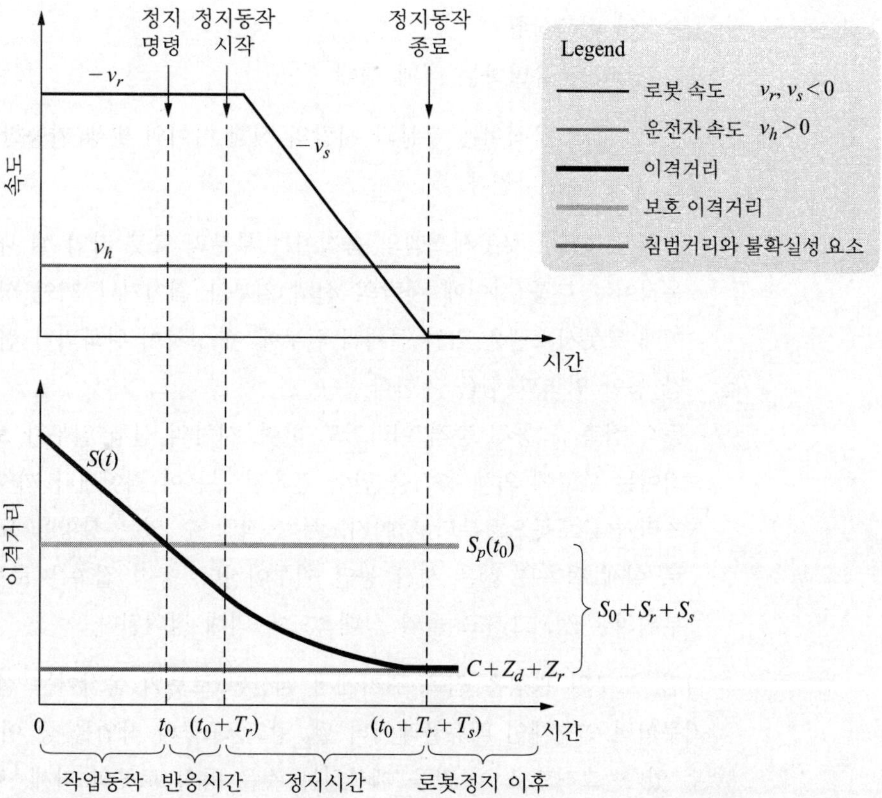


■ 그림 5-12 운전자와 로봇 사이의 보호 이격거리에 미치는 요소별 영향에 대한 그래프

### 4) 동력 및 힘 제한

로봇시스템과 운전자 사이의 물리적 접촉이 의도적이든 비의도적이든 발생할 수 있다. 동력과 힘이 제한된 협동 운전은 이 특정 운전 유형을 위해 설계된 로봇시스템을 요구한다. 근본적 안전 조치를 포함하는 로봇 또는 안전정격 제어시스템을 통해서 로봇시스템과 연관된 위험원을 위험성평가 과정에서 결정된 허용 한계값 이하로 관리함으로써 위험성 감소는 달성된다.

#### 가. 접촉상황

동력 및 힘 제한을 이용하는 협동 운전 동안, 협동 로봇과 운전자의 신체 일부 사이의 접촉은 여러 형태로 발생할 수 있다.

- 작업과정의 일부로 의도된 접촉상황
- 기술적 실패로 인한 것이 아니라, 작업순서에 따르지 않음으로써 초래되는 부

수적인 접촉상황
- 접촉상황을 유발하는 실패 형태

로봇시스템의 움직이는 부분과 사람의 신체 사이의 발생 가능한 접촉은 다음과 같은 유형으로 나뉜다.

- 준정적 접촉 : 로봇시스템의 움직이는 부분과 로봇 작업 셀 내의 고정되거나, 움직이는 부품 사이에 사람의 신체 일부가 죄이거나 끼인 상황을 포함한다. 이때 로봇시스템은 끼인 신체의 일부에 이 상황이 완화되기 전까지 상당한 시간 동안 압력과 힘을 가한다.
- 동적 접촉 : "동적 충격"이라고도 하며, 사람의 신체 일부가 로봇시스템의 움직이는 부품에 의해 충격을 받아 접촉된 부분이 죄이거나 끼지 않고, 몸을 움츠리거나 로봇으로부터 멀어지도록 움직일 수 있는 상황을 묘사한다. 그러므로 실제 접촉은 짧은 시간 동안 이루어진다. 동적 접촉은 로봇의 관성, 신체 부위의 관성, 그리고 둘의 상대속도에 의해 정의된다.

다만, 로봇의 관성은 접촉 위치에서 계산된 로봇의 움직이는 질량이다. 이것은 기구학적 연결체인 매뉴플레이터 팔, 링크, 도구와 작업물 중 어느 부위라도 될 수 있다. 그러므로 이 값을 계산하는 것은 특정 로봇의 자세, 링크 속도, 질량 분포와 접촉 위치를 이용하거나 최악의 경우의 값을 이용한다.

### 나. 로봇과 운전자 사이의 잠재적인 접촉에 대한 위험도 감소

위험도 감소는 운전자와 로봇시스템 사이에 가능한 접촉이 운전자에게 상해를 발생하지 않는 방법을 고려해야 한다. 이것은 다음에 의해 달성된다.

- 접촉이 발생하는 조건의 확인
- 접촉에 대한 잠재적인 위험도의 평가
- 접촉이 자주 발생하지 않거나 회피될 수 있도록 하는 로봇시스템과 작업영역의 설계
- 접촉상황을 임계값 아래로 유지하도록 하는 위험도 감소 수단의 적용

위험성평가를 위하여 여러 잠재적 접촉은 운전자가 개인보호장비를 포함한 그 어떤 위험성 감소 수단으로도 보호되지 않는다는 것을 고려해야 한다. 이 판별 과정은 잠재적 접촉사건에 대한 다음의 기준을 고려해야 한다.

- 운전자의 노출된 신체 부위

- 접촉사건의 발단, 즉 사용목적의 일부로 의도된 동작, 의도되지 않은 접촉 또는 충분히 예측 가능한 오용
- 발생 확률 또는 빈도
- 접촉사건의 종류, 즉 준정적 또는 동적 접촉
- 접촉영역, 속도, 힘, 압력, 운동량, 기계적 동력, 에너지, 그리고 물리적 접촉사건을 특징화할 수 있는 다른 정량적 항목

다만, 바늘, 가위, 또는 칼, 그리고 해를 입힐 수 있는 부품들과 같은 날카로운, 뾰족한, 전단 또는 잘린 모서리를 가진 물체는 접촉영역에 존재해서는 안 된다.

다. 수동적 및 능동적 위험 감소대책

준정적 접촉과 동적 접촉을 다루기 위한 위험성 감소대책들은 본질적으로 수동적이거나 능동적이다.

수동적인 안전설계대책은 로봇시스템의 기계적인 설계를 다루지만 능동 안전설계대책은 로봇시스템의 제어설계를 다룬다.

수동 안전설계대책은 다음을 포함하지만 이에 국한되지는 않는다.

- 접촉표면영역의 증대
  - 원형의 가장자리와 모서리
  - 부드러운 표면
  - 유연한 표면
- 에너지 흡수, 에너지 전송시간의 연장, 또는 충격력의 감소
  - 충전재, 쿠션재
  - 변형가능한 부품
  - 복잡한 조인트 또는 링크
- 움직이는 질량의 제한

또한 능동 안전설계방법들은 다음을 포함하지만 이에 국한되지는 않는다.

- 힘과 토크의 제한
- 움직이는 부품의 속도 제한
- 질량과 속도의 함수인 운동량, 기계적 동력 또는 에너지의 제한
- 안전정격 연성 축과 공간 제한기능의 이용
- 안전정격 감시정지기능의 이용

- 접촉을 예상하거나 인지하는 감지의 이용(예를 들면 준정적 힘을 감소하기 위한 근접 또는 접촉 감지)

위에 설명한 조치와 이와 관련된 조치들의 적용은 위험성평가에 따라 운전자의 예상되는 노출을 다루어야 한다.

다만, 하나 또는 수동적, 능동적 위험도 감소 조치의 결합이 위험도를 적절히 줄여 주지 못하는 경우에는 방호벽이나 안전장치를 포함한 다른 위험도 감소방법의 이용이 요구될 수도 있다.

협동 로봇시스템과 사람의 신체영역 사이에서 발생하는 모든 죄임 사건은 사람이 죄어진 상황에서 스스로 그리고 쉽게 탈출할 수 있는 방식으로 발생해야 한다.

### 라. 동력 및 힘 제어의 제한 사항

로봇시스템은 위험도 평가에 의해 결정된 준정적 접촉과, 동적 접촉에 대해 적용 가능한 임계값을 넘지 않도록 하여 운전자에 대한 위험도를 적절히 감소하도록 설계되어야 한다. [표 5-7]은 임계값에 대한 정보를 제공한다.

동력과 힘을 제한하는 협동 운전기능을 갖는 협동 운전 지원용 로봇은, 예를 들어, 힘, 토크, 속도, 운동량, 기계적 동력, 축 범위나 공간 범위 등의 허용 임계값을 설정하는 기능이 함께 제공될 수 있다. 동적 접촉과 관련된 위험원 제거는 로봇, 작업도구, 작업물과 같은 가동부위의 속도 제한과, 운전자와 접촉하는 가동부위의 표면영역과 같은 물리적 특성에 대한 적절한 설계를 포함할 수 있다. 준정적 접촉과 관련된 위험도 감소는 동적 접촉과 유사하게 속도 제한과 물리적인 특성을 포함할 수 있고, 이에 더해 운전자나 운전자 신체의 일부를 잡거나 누를 가능성이 있는 로봇시스템의 부품 설계 특성을 포함한다.

노출된 신체부위와 접촉하는 경우의 한계치는 가장 엄격한 제한을 목표로 분석된다. 동적 접촉이나 준정적 접촉에 대한 이러한 "가장 나쁜 경우"에 해당하는 임계값은 위험도 감소의 적절한 수준을 결정하는데 사용되어야 한다. 확인된 접촉으로 인한 효과가 이러한 허용 임계값보다 낮게 유지되도록 설계와 대책이 시행되어야 한다.

로봇의 동작이 로봇 부품과 로봇 셀의 또 다른 요소 사이에 신체영역이 눌리거나 끼이는 상황을 초래할 수 있다면, 로봇시스템이 [그림 5-13]에 나타낸 노출된 신체영역에 대한 보호적 제한 사항과 부합할 수 있도록 로봇 속도를 제한하여야 한다. 또한 로봇은 운전자가 수동으로 신체 부위를 빼낼 수 있는 방안을 갖추어야 한다.

**표 5-7 생체 역학적 한계치**

| 신체부위 | 특정 신체부위 | | 준정적 접촉 | | 동적 접촉 | |
|---|---|---|---|---|---|---|
| | | | 최대 허용압력 $P_s$ ($N/cm^2$) | 최대 허용힘 N | 최대 허용압력 배수 $P_r$ | 최대 허용힘 배수 $F_r$ |
| 두개골과 이마 | 1 | 이마 중앙 | 130 | 130 | 해당 없음 | 해당 없음 |
| | 2 | 관자놀이 | 110 | | 해당 없음 | |
| 얼굴 | 3 | 저작근 | 110 | 65 | 해당 없음 | 해당 없음 |
| 목 | 4 | 경근 | 140 | 150 | 2 | 2 |
| | 5 | 7번 경추 | 210 | | 2 | |
| 등과 어깨 | 6 | 견관절 | 160 | 210 | 2 | 2 |
| | 7 | 5번 요추 | 210 | | 2 | |
| 가슴 | 8 | 흉골 | 120 | 140 | 2 | 2 |
| | 9 | 흉근 | 170 | | 2 | |
| 배 | 10 | 복근 | 140 | 110 | 2 | 2 |
| 골반 | 11 | 골반 뼈 | 210 | 180 | 2 | 2 |
| 상완과 주관절 | 12 | 삼각근 | 190 | 150 | 2 | 2 |
| | 13 | 상완골 | 220 | | 2 | |
| 전완과 손목관절 | 14 | 요골 | 190 | 160 | 2 | 2 |
| | 15 | 전완근 | 180 | | 2 | |
| | 16 | 팔신경 | 180 | | 2 | |
| 손과 손가락 | 17 | 검지 안쪽 D | 300 | 140 | 2 | 2 |
| | 18 | 검지 안쪽 ND | 270 | | 2 | |
| | 19 | 검지 끝 관절 D | 280 | | 2 | |
| | 20 | 검지 끝 관절 ND | 220 | | 2 | |
| | 21 | 엄지 두덩 | 200 | | 2 | |
| | 22 | 손바닥 D | 260 | | 2 | |
| | 23 | 손바닥 ND | 260 | | 2 | |
| | 24 | 손등 D | 200 | | 2 | |
| | 25 | 손등 ND | 190 | | 2 | |
| 대퇴와 무릎 | 26 | 대퇴근 | 250 | 220 | 2 | 2 |
| | 27 | 슬개골 | 220 | | 2 | |
| 하퇴 | 28 | 정강이 중앙 | 220 | 130 | 2 | 2 |
| | 29 | 하퇴근 | 210 | | 2 | |

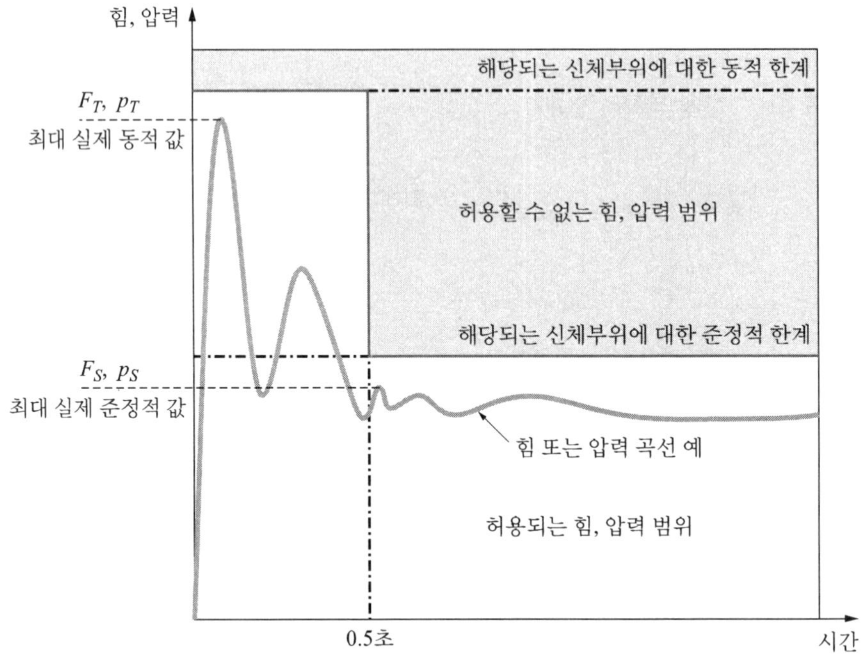


▌그림 5-13 허용되는, 허용되지 않는 힘 또는 압력 그래프

# 5. 안전대책에 대한 확인 및 검증

로봇시스템 제조자 또는 공급자는 앞 절에서 기술된 원칙에 따라 적당한 안전보호 장치를 포함한 로봇시스템을 설계하고 제작하여야 하며 확인 및 검증 수단을 제공하여야 한다.

합리적으로 예측 가능한 모든 위험원을 고려하였고 개선책이 채택되었는지를 평가하기 위하여 위험성평가가 검토되어야 한다.

위험상황과 관련된 위험수준은 로봇시스템마다 다르므로 [표 5-2]에 명시된 모든 위험원들은 모든 로봇시스템마다 적용되는 것은 아니다. 특정 로봇시스템 응용에서는 [표 5-2]에 명시되지 않은 위험원을 포함하기도 한다.

## 5.1 확인 및 검증 방법

확인 및 검증은 다음을 포함하는 방식에 의하여 만족할 수 있지만 이에 국한되지는 않는다.

- A : 육안 검사
- B : 실제 시험
- C : 측정
- D : 운전 중 관찰
- E : 응용별 구성도 및 회로도에 대한 검토
- F : 안전관련 응용 소프트웨어 및 소프트웨어 문서 자료 검토
- G : 작업 기반 위험도 평가 검토
- H : 배치도 도면 및 서류 검토
- I : 사양 및 문서에 대한 검토

## 5.2 필수 확인 및 검증

[별첨] 안전요구사항 및 대책의 확인 수단은 로봇시스템의 안전에 필수적으로 파악되어 검증되어야 하는 구체적 성능 요구사항을 나열한다. 적절한 검증방식을 사용하여 이러한 요구사항들이 시스템의 설계 및 제작에서 적절하게 충족되었는지를 평가하여야 한다.

- [별첨] 안전요구사항 및 대책의 확인 수단에 나열된 모든 항목들은 모든 로봇시스템에 적용된다. 다만 특정항목은 확인이 불가능한 것이 있을 수 있다.
- [별첨] 안전요구사항 및 대책의 확인 수단은 반드시 모두 적용하거나 제한하도록 규정하는 것은 아니다. 특정 로봇시스템 설계에 따라 추가적인 확인 요구사항이 있을 수 있다.
- [별첨] 안전요구사항 및 대책의 확인 수단에 해당되는 모든 항목을 확인 또는 검증하기 위한 것은 통합자의 책임이다.
- [별첨] 안전요구사항 및 대책의 확인 수단을 사용하는 경우, 내용을 검토 및 평가하고 실제 로봇시스템 구성과 그 평가에 적합한 방법을 대표로 제한해야 한다.

### 5.3 보호장치의 확인 및 검증

확인된 위험원들을 경감시키기 위하여 설치된 보호장치가 제조자의 지침에 따라서 사용되었는지, 그리고 다음을 위하여 로봇시스템에 적절히 적용되었는지를 확인하여야 한다.

- 위험원에 접근을 방지하기 위하여 다음 사항을 고려한다.
  - 접근 전에 위험원을 없애도록
  - 우발적 운전에 의한 위험원 발생을 방지하도록
  - 부품과 공구(고정되지 않은 물체 또는 비산되는 물체)를 고정하기 위하여
  - 기타 프로세스 위험원(소음, 레이저, 방사선 등)을 제어하기 위하여
- 설치된 보호장치는 다음에 대하여 확인되어야 한다.
  - 방호석의 종류, 틈의 크기, 기타 데이터, 방호벽의 배치, 올바른 안전거리, 높이
  - 보호영역 내에서 리셋 제어가 가능하지 않도록
  - 보호장치의 종류, 검출 능력, 배치, 올바른 안전거리, 크기 등등
  - 우회(Bypass) 및 일시중지(Muting) 기능
- 보완 보호대책은 다음을 제공하는지 확인되어야 한다.
  - 지침
  - 경고
  - 절차
  - 훈련 자료
  - 개인보호장구
  - 기타

## 6. 로봇시스템 사용정보

사용정보는 시스템을 안전하고 올바르게 사용하기 위하여 필요한 정보와 지침을 포함하여야 하며, 사용자에게 잔여 위험도에 대한 정보와 경고를 제공하여야 한다. 요소기계 제조자가 제공하는 사용정보도 역시 포함되어야 한다. 뿐만 아니라 사용자에게 안전과 관련된 중요한 정보를 제공하기 위한 문서, 기호, 신호, 부호 또는 그림 등의 항목을 포함하여야 한다.

사용정보의 여러 부분 문체와 내용은 독자의 교육 수준, 기술 이해도, 능력 등을 고

려하여야 한다.

또한 사용자에게 적절한 언어로 작성되어야 한다.

이 정보는 통합 시스템의 사용 용도와 예측 가능한 오용을 모두 반영하여야 한다.

위험원을 경감하기 위하여 필요한 경우, 정보는 다음을 포함하여야 한다.

- 훈련 요구사항
- 개인적 보호장비 요구사항
- 추가 방호벽 또는 보호장치에 관한 요구사항

지침 안내서는 운반, 조립, 설치, 초기 작동, 운전 및 설비관리(기동, 조업 중지, 설정, 교시/프로그래밍, 프로세스 변경, 운전, 청소, 문제점 발견 및 유지보수), 그리고 필요하다면 철거, 해체, 폐기 등의 로봇시스템 사용에 관한 모든 수명단계에 대하여 설명하여야 한다.

지침 안내서는 로봇 상하 관련 프로세스 간에 인터페이스(물리적, 기계적, 기능적)를 포함하여야 한다.

## 6.1 핸들링

로봇시스템의 운반, 핸들링 그리고 저장과 관련된 정보는 다음과 같다.

- 개별 기계의 저장 조건
- 크기, 무게값, 중력 중심(Center of Gravity)의 위치
- 핸들링을 위한 표시(즉, 리프트 장비의 적용 위치를 표시하는 도면)

## 6.2 설치 및 초기 기동

로봇시스템의 설치 및 초기 기동과 관련된 정보는 다음과 같다.

- 고정 또는 앵커링 장치 및 진동 완충 요구사항
- 조립 및 설치 조건
- 사용 및 유지보수에 필요한 공간
- 허용된 환경조건(즉, 온도, 습기, 진동, 전자기 방사)
- 로봇시스템과 전원 공급과의 연결지침(특히 전기 과부하에 대한 보호)

- 쓰레기 제거 및 처리에 관한 조언
- 필요한 경우, 사용자가 취할 수 있는 보호대책, 즉, 추가적인 안전장치
- 초기 사용 전, 생산에 투입되기 전에 로봇시스템 및 방호벽 시스템의 감속제어기능 시험을 포함한 초기 시험 및 조사가 어떻게 수행되어야 하는지에 대한 지침

## 6.3 초기 기동 시험

초기 기동 과정은 다음을 포함하며, 반드시 다음으로 제한되는 것은 아니다.

- 전원을 넣기 전에 다음을 검증한다.
  - 로봇이 적절하게 기계적으로 설치되었고, 안정적인지
  - 전기적 접속이 바르고, 전원(전압, 주파수 등)이 규정 제한 범위 내에 있는지
  - 적절한 전기 접지(동일 전위를 갖도록)가 되었는지
  - 제어시스템의 안전정격 부품이 적절하게 설치되었는지
  - 다른 유틸리티(용수, 공압, 가스 등)가 적절히 연결되고, 지정된 범위 내에 있는지
  - 연동장치를 비롯한 경계설비가 적절히 연결되었는지
  - 제한영역(설정된 경우)을 설정하기 위한 제한장치가 설치되었는지
  - 적절한 안전보호대책이 적용되었는지
  - 물리적 환경이 규정된 대로 인지(조명 및 소음 수준, 온도, 습도, 오염 등)되었는지
  - 정상 제어 및 안전과 관련된 모든 프로그램의 적절한 버전이 검증되었고 설치되었는지(공정 변경관리)
- 전원을 넣은 후 다음을 검증한다.
  - 기동, 정지 및 모드 선택(열쇠 잠금 스위치를 포함한) 제어장치가 제대로 동작하는지
  - 각 축이 동작하고 제대로 제한되는지
  - 비상정지 및 보호정지(포함된 경우) 회로와 장치가 제대로 동작하는지
  - 외부 전원을 끊고 분리가 가능한지
  - 교시 및 재생 기능이 제대로 동작하는지
  - 적합성을 위한 환경조건[즉, 폭발, 부식, 습도, 먼지, 온도, EMI(전자기 간섭), RFI(무선 주파수 간섭) 및 ESD(정전기 방전)]

- 안전장치 및 연동장치가 제대로 동작하는지
- 다른 안전보호장치(즉, 방벽, 경고 장치) 등이 제대로 설치되었는지
- 감속 운전에서 로봇이 적절하게 동작하고 제품 또는 작업물을 처리하는 능력이 있는지
- 자동(정상) 운전에서 로봇이 적절하게 동작하고 정격 속도 및 부하에서 원하는 작업을 수행하는지

시운전 테스트 및 초기 시동 절차는 로봇시스템이 설계 및 설치된 원래 상태에 영향을 줄 수 있는 모든 유지보수 또는 시스템 변경 후에도 수행되어야 한다.

## 6.4 시스템 정보

로봇시스템 자체와 관련된 정보는 다음을 포함한다.

- 시스템, 부속품, 방호벽 및 보호장치 등에 대한 자세한 설명
- 필요한 경우, 금지된 사용 및 원래의 로봇시스템 변경을 고려한 로봇시스템이 사용될 것으로 예상되는 모든 범위 응용
- 제어시스템에 의한 안전기능, 안전 통합(Safety Integrity), 독립된 정지 회로, 안전제어기, 안전통신 등을 설명하는 안전요구사항 명세서
- 기타 제어기능, 운전자 패널, 교시상자, 동작허가장치, 인지 표시기
- 도면(배치도, 제어, 전기, 유압, 공압 등)
- 기타 위험원, 예를 들면, 방사선, 가스, 수증기, 먼지, 진동 등에 관한 데이터를 그 측정방법과 함께
- 전기 설비에 관한 기술 문서
- 등전위 연결 요구사항(접지)에 관한 명세서
- 로봇시스템이 강제 요구사항을 준수하는 것을 증명하는 문서
- 요소기계에 원래 제공된 보호대책에 대한 변경
- 로봇 팔 선단 공구(말단장치), 부하 해석, 에너지 손실, 사용자 개입 고려, 유지보수
- 다른 기계와의 인터페이스 요구사항
- 동작 제한구역의 위치
- 시스템의 설계 수명

## 6.5 시스템 사용

통합 시스템의 사용과 관계된 정보는 다음을 포함한다.

- 설계자에 의해 선택된 보호대책에 의해서도 제거되지 못한 잔여 위험도
- 특정 응용, 특정 부속품 사용에 의해서 발생 가능한 특정 위험 및 그러한 응용에 필요한 구체적 안전장치
- 합리적으로 예측 가능한 오용 및 금지된 사용
- 부품 흐름(Material Flow)
- 사용용도
- 작업구역 및 관련된 잔여 위험도
- 작업을 수행하기 위한 작업, 위치, 경로
- 다양한 제어기 및 보호장치에 대한 제어범위(보호장치, 보호장치 리셋, 동작허가장치, 비상정지, 제어장치, 분리수단 등)
- 수동제어기(구동기), 동작허가장치, 보호정지에 대한 설명
- 설정 및 조정
- 정지(특히 비상정지)에 대한 모드 및 수단
- 고장에 대한 확인, 위치, 수리 및 개입 후 재기동
- 사용할 필요가 있는 개인보호장비 및 이에 필요한 훈련
- 안전 가능에 영향을 줄 수 있는 요소 부품의 변경 또는 선택 장비(하드웨어와 소프트웨어 모두)의 추가 후에 필요한 시험 또는 조사에 대한 지침
- 접속이 끊긴 교시상자에 대한 접근을 못하게 하는 지침
- 시스템 장치의 오류 및 비상정지 복구를 위한 지침
- 원격 제어 운전에 대한 교육 요구사항
- 안전정격 장비의 주기적인 기능 시험에 대한 요구사항
- 작업에 필요한 소모품에 대한 정확한 선택, 준비, 응용, 그리고 유지보수에 대한 안내

## 6.6 협동 로봇시스템에 대한 정보

협동 로봇시스템에 동반되는 문서는 특정한 협동 작업에 대한 내용을 제시한다. 시스템 통합자는 사용자에게 협동 시스템을 사용하는데 필요한 정보를 제공해야 한다. 또한 시스템 통합자는 협동 운전에 필요는 방호장치의 사용과 모드의 선택에 대한 정보뿐만 아니라 시스템 설계에 대한 다음의 정보도 제공해야 한다.

- 제조자 또는 시스템 통합자(시스템 통합자가 협동 로봇시스템을 설계한 경우)
- 시험 기관(시험이 수행된 경우)
- 로봇의 형태와 협동 작업에 대한 간단한 설명
- 작업영역 활용에 대한 설명(협동 로봇이 포함된 작업영역의 이름)

### 1) 협동 로봇시스템에 대한 설명

다음의 문서가 유지되어야 한다.

- 작업에 사용되는 협동 로봇의 사용에 필요한 사양 정보(설명, 그림과 사진)
- 협동 작업영역, 전체 작업 영업, 협동 로봇시스템에 적용된 방호장치에 대한 설명과 사양 정보
- 협동 운전의 형태를 선택하거나 해제하는 제어방법에 대한 설명

### 2) 작업영역 적용에 대한 설명

다음의 문서가 제공되어야 한다.

- 공간적인 환경조건, 입구, 출구, 이동경로에 대한 설명
- 작업영역 내에 위치하는 작업과 관련된 장비, 설치물, 기계, 장비의 선택적인 부품, 작업도구, 생산품에 대한 설명과 이들의 배치, 그리고 로봇시스템에 대한 설명과 배치
- 자세한 그림과 사진

### 3) 업무에 대한 설명

다음의 정보는 문서화되어야 한다.

- 운전자의 모든 작업활동이나 운전에 대한 설명
- 협동 로봇시스템의 작업활동이나 운전에 대한 설명

- 작업활동, 특히 협동 작업영역의 작업활동에 대한 시간대별 명세
- 모든 작업단계별 로봇과 사람 사이의 위험거리에 대한 측정 기록
- 협동 작업영역에 대한 설명 또는 그림

#### 4) 동력 및 힘 제한에 대한 정보

로봇시스템이 동력과 힘을 제한하는 협동 운전의 요구사항을 충족하는 로봇시스템에 대해서는 다음의 요구사항이 문서화되어야 한다.

- 로봇 운동 부품의 총 질량(M)과 같은 로봇, 도구 및 작업물에 대한 정보
- 다음을 포함하는 예상되고 합리적으로 예측 가능한 로봇시스템과 운전자 간의 접촉상황
  - 접촉될 수 있는 특정한 신체영역
  - 접촉이 동적인지, 준정적인지에 대한 선언
  - 접촉 표면과 관련된 예상되는 표면 면적이나 기하학적 조건
  - 접촉과 관련된 생체 역학적 최대 허용한계
- 제안된 위험도 감소방법의 선택
  - 권장되는 능동적 또는 수동적 위험도 감소 방안
  - 안전정격 속도 제어가 사용된 경우, 안전정격 속도의 한계치는 문서화되어야 한다.

## 6.7 유지보수

유지보수에 관한 정보는 다음을 포함한다.

- 안전기능에 대한 검사 성격 및 빈도
- 기술적 지식 또는 특정기술이 요구되고 유지보수 인력 및 전문가와 같은 숙련자에 의해서만 수행되어야 하는 유지보수 운전과 관련된 지침
- 특정기술이 필요하지 않는 운전자와 같은 단순 사용자에 의해서 수행될 수 있는 유지보수 운전과 관련된 지침
- 유지보수 인력이 합리적으로 작업(특히 문제점 찾는 것)을 수행하도록 하기 위한 그림 및 도면
- 안전관련부품 교체에 대한 지침(예 : 제조자 부품번호, 부품사양)
- 부품 교체를 위한 제조자에 대한 연락처

- 에너지 제어 및 격리가 필요한 작업
- 안전장치의 수동 정지에 대한 안전한 작업절차

## 6.8 해체

철거, 해체 및 폐기에 관한 정보가 포함되어야 한다.

## 6.9 비상상황

비상상황에 관련된 정보는 다음을 포함한다.

- 소화장비의 종류
- 위험물질의 분출 또는 누출 가능성에 대한 경고
- 가능하다면 이러한 결과를 해결하기 위한 수단

Chapter

06

# 스마트공장 안전PLC 운용과 사례

## 1. PLC란 무엇인가?

### 1.1 개요

PLC란 Programmable Logic Controller의 약어로 로직을 프로그램 할 수 있다는 뜻이다.

PLC가 발명되기 전에는 릴레이로 모든 자동제어를 조작하였다. 이와 같이 릴레이의 접점을 활용한 회로를 유접점 회로라고 하며, 릴레이 대신에 반도체 스위칭을 이용한 회로를 무접점 회로라고 한다.

PLC의 태동은 1960년대 말 GM(General Motor)사가 자동차 조립 라인에 적용하기 위한 시퀀스(Sequence) 전자제어장치의 조건을 발표하고 이러한 조건에 맞는 제어장비를 업체들이 개발하여 판매하기 시작한 것이 계기가 되었다.

PLC의 역할은 Sequence 제어, PID 제어, Analogue 제어, 위치 제어 등이 있다.

대부분의 PLC 접점의 AND, OR 연산과 Timer/Counter 연산 등의 기본 연산 기능과 서브루틴, 데이터 연산 등 응용 연산 기능을 가진다.

## 1.2 PLC의 역사

1960년대 말 GM(General Motors)사는 자동차 조립 라인에서 복잡한 릴레이 제어반 시스템을 교체할 때 발생하는 비용을 줄이고자 시퀀스 전자제어장치의 10대 조건을 발표했다.

이러한 조건에 맞는 제어장비를 Modular Digital Controller(MODICON)라는 이름으로 Bedford사가 제안하였고, 여타 회사들도 PDP-8에 근거한 시스템들을 제안하였다. MODICON 084는 그렇게 하여 탄생한 세계 최초의 PLC가 되었다.

1970년대 초 마이크로프로세서의 출현과 함께 새로운 전자제품의 개발로 기존 제어장치의 기능을 향상시켰고 이를 기초로 릴레이 제어반에 비해 경제성, 신뢰성, 편의성 등 여러 가지 장점을 가지게 되어 자동차, 철강, 화학 등의 대형공장에서 소규모 사업장까지 급격하게 보급되었다.

단순 시퀀스 제어장치에서 출발하여 연산, 계수, 통신 등 컴퓨터 기능까지 이르렀다. 당초 GM이 발표한 시방에 맞는 제품을 여러 업체들이 개발 및 발표를 하였는데, 이 새로운 제품을 PLC(Programmable Logic Controller)라 하였다. 이유는 이 제품이 주로 로직 연산을 하는 것이었기 때문이었다. 그 후 일반 마이크로프로세스를 도입한 컨트롤러가 발표되면서 고급기능인 연산기능이 추가되어 PLC는 PC(Programmable Controller)로 개칭되었으나 오늘날 개인용 PC(Personal Computer)와 구별하기 위해 PLC라는 명칭이 일반화된 것이다.

시대별 변천 과정은 다음과 같다.

### 1) 1970년대

이 시대에 지배적인 PLC 기술은 순차제어와 비트 단위의 처리이다. AMD 2901, 2903은 Modicon과 AB PLC에서 많이 적용하였다.

오늘날도 2903에 근거한 제품이 존재하며 Modicon의 경우 2901에 근거하여 그들이 제작한 984A/B/X보다 빠른 PLC를 만들지 못하고 있다.

1973년에 통신기능에 대한 요구가 나타났고 최초의 시스템은 Modicon's Modbus이다. 오늘날 PLC는 통신기능이 기본으로 여겨진다. 하지만, 지속적으로 변화하는 기술에 부합하는 표준화의 부재는 PLC 통신이 물리적 네트워크와 프로토콜 간에 부합하지 않는 경우를 야기시켰다.

### 2) 1980년대

GM사는 Manufacturing Automation Protocol(MAP)에 준한 통신규약 표준화를 시도하였다. 그것은 또한 기존 전용 프로그래밍 터미널을 PC에서 대체하여 프로그램 할 수 있는 소프트웨어의 탄생과 PLC 자체의 크기를 줄이는 계기가 되었다.

### 3) 1990년대

새로운 프로토콜의 등장은 줄어들었으나 IEC 61131-3은 이 규약 아래 PLC 프로그래밍 언어를 표준화하려고 노력하고 있다. Function Block, Instruction Lists, C, Structured Text 등이 동시에 가능한 PLC를 접하게 되었다. 어떤 분야에서는 PC가 PLC를 대체하고 있다(주차관리, 엘리베이터 등).

### 4) 2000년대

현재는 PC 기반 자동화가 많이 이루어지고 있으나 아직까지는 안정성을 고려한 산업현장에서는 PLC의 비중이 크다. 최근의 PLC는 Ethernet 통신, FieldBus 등 새로운 통신규약에 호환성을 갖고 있으며 점점 빠른 연산속도의 초소형 PLC로 발전해 나가고 있다.

| GM이 발표한 전자제어장치의 10대 조건 |
|---|
| • 프로그램 작성 및 변경이 용이하고 시퀀스 변경을 현장에서 할 수 있을 것<br>• 유지 보수가 용이할 것<br>• 현장에 있어서 신뢰성이 릴레이 제어반보다 높을 것<br>• Size는 릴레이 제어반보다 작을 것<br>• 중앙 제어장치로 데이터 전송이 가능할 것<br>• 릴레이 및 무접점 방식이 가능할 것<br>• 입력은 AC115V를 받을 수 있을 것<br>• 출력은 AC115V 2A 이상으로 솔레노이드 밸브, 모터의 기동, 조작이 가능할 것<br>• 제어시스템의 확장은 기본 시스템의 작은 변경으로 가능할 것<br>• 프로그램의 확장은 최저 4 KB word까지 가능할 것 |

## 1.3 PLC의 장점

### 1) 간편한 사용

A Button과 B Button을 동시에 누를 때 C Lamp가 켜지는 로직은 일반 Language로 구현할 경우

```
if (A == true && B == true ) {
  C = true;
}
```

로 표현할 수 있으며, PLC Ladder Diagram으로 구현할 경우 [그림 6-1]의 형태로 작성이 된다.

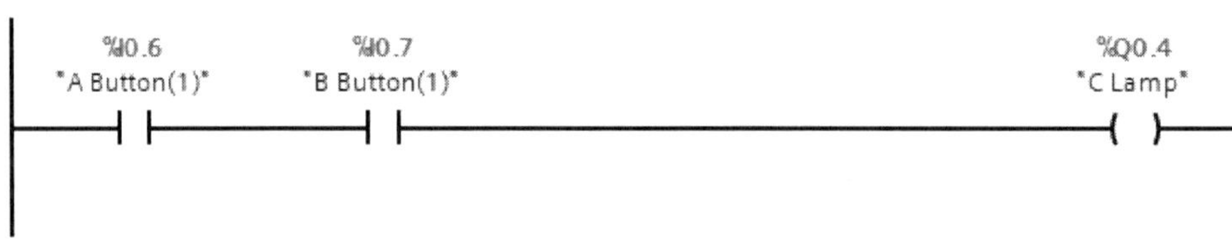


▌그림 6-1 PLC Ladder Diagram으로 구현한 형태 예

PLC 언어의 경우, 일반 전기시퀀스 회로와 유사하여 직관적이며 현장 유지보수 작업자 입장에서 고장원인 파악 등을 할 경우, 조치가 쉽다.

### 2) 높은 신뢰성

PC를 사용한 제어의 경우, 프로그램 자체에서 리소스에 대한 부분을 신경을 써야 하며, 치명적인 버그 등이 발생하여, 중요한 부분이 오작동 등으로 멈추는 경우가 발생할 수 있으나, PLC의 경우에는 산업용 컨트롤러답게, 이러한 오류가 발생할 조건이 최소화되어 있어 몇 년이 지나더라도 처음과 같은 동작이 가능하다.

### 3) 저렴한 가격

산업용 설비 또는 공장을 가동할 때, 규모에 관계없이 PLC를 이용한 구성만큼 저렴한 것이 없다. 예를 들어, 물류 이송 컨베이어 라인을 구성하게 될 경우 5기 이내일 경우엔 간단한 릴레이 회로로 구성하는 게 간편하고 저렴하지만, 그 컨베이어의 숫자

가 50개를 넘어가고 또 그 컨베이어가 유기적으로 연결되어 물류를 구분하여 이송을 해야 한다면 릴레이 회로로 구성하려면 시간, 돈, 인력이 많이 소요된다. 이럴 때에는 PLC를 설치하여 각 컨베이어를 프로그램으로 만들어 구성한다면, 저렴한 가격으로 효과적인 시스템을 구성할 수 있다.

그리고 요즘 각 산업용 컨트롤러를 생산하는 메이저 기업들은 DCS(분산제어시스템)이라 하여, PLC와 HMI/SCADA, Database 시스템을 통합한 시스템을 주력 상품으로 선보이고 있는데 그 가격이 상상을 초월한다. 대규모의 플랜트에선 개발/유지보수/확장성이 용이해 고려해 볼만 하지만, 중소규모 산업 현장이라면 부적합하며, 이때에는 PLC로 구성된 시스템이 적격이다.

### 4) 용이한 유지보수

PLC로 시스템을 만들게 되면, 설비의 유지보수나 증설이 용이하다.

가령, 어떤 공장 설비를 PCB 기판 컨트롤 또는 릴레이 회로로 구성하였다면, 그 시스템이 흐름(프로세스)이 변하게 될 때에 그것을 변경하기가 굉장히 까다로워진다. PCB 기판으로 프로세스를 박아 놓았다면, 변경된 새로운 프로세스를 다시 넣은 기판을 새로이 설치해야 하며, 릴레이 회로로 구성하였다면, 수정이 필요할 경우 복잡한 배선 처리 및 로직 처리를 수행하여야 한다. 결론적으로 PLC를 이용한 새로운 컨트롤 시스템을 놓는 것이 시간과 예산을 절약하는 길이라고 할 수 있다.

All in One 타입이라고 할 수 있는 블록타입의 PLC가 있고 조립 PC와 비슷한 형태의 모듈타입 PLC가 있다. 블록타입 PLC는 저가/소형의 장비에 사용하고 모듈타입 PLC는 현재 상황에 맞도록 PLC를 조립할 수 있도록 되어 있으며 따라서 PLC에 고장이 발생하더라도 고장난 부분의 모듈만 교체해주면 이전과 같이 사용이 가능하다.

### 5) 양호한 확장성 및 호환성

PLC는 각 종 산업용 기기와 연결 호환성이 좋다. PC에서는 죽은 것이나 다름없는 Serial 통신 시스템이 산업 현장에서는 높은 신뢰성으로 아직도 사용되고 있으며 PLC는 아직도 지원을 하고 있으며 동축 케이블을 이용한 통신, 인터넷을 이용한 통신도 물론 이용이 가능하고 통신 프로토콜 또한 Fieldbus, Modbus, TCP/IP 등 마음먹은 대로 각종 산업용 기기와 통신하고 데이터를 주고받을 수 있다.

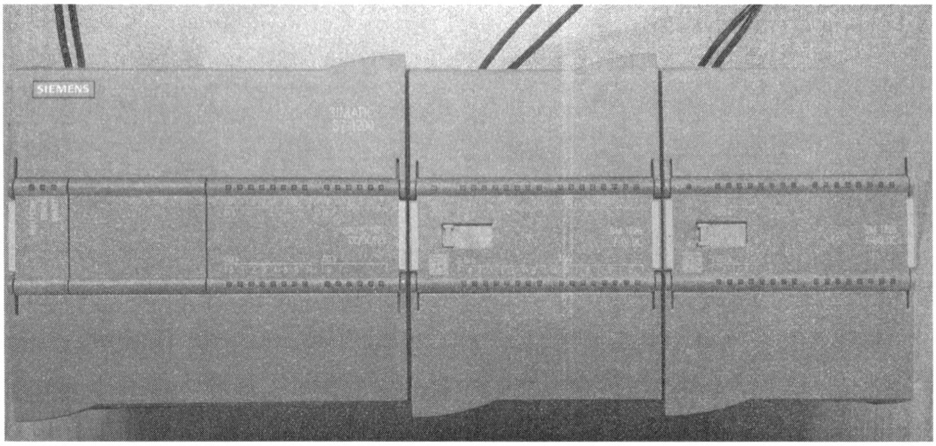


▌그림 6-2 PLC 예제(Siemens사의 S7-1200F Series)

# 2. 제어회로의 실제

## 2.1 유접점 회로

유접점 회로는 다른 말로 유접점 시퀀스 제어라고도 한다. 릴레이, 타이머, 카운터 등을 이용하여 제어회로를 구성하며, 회로는 모두 실제 배선을 통해서 연결된다.

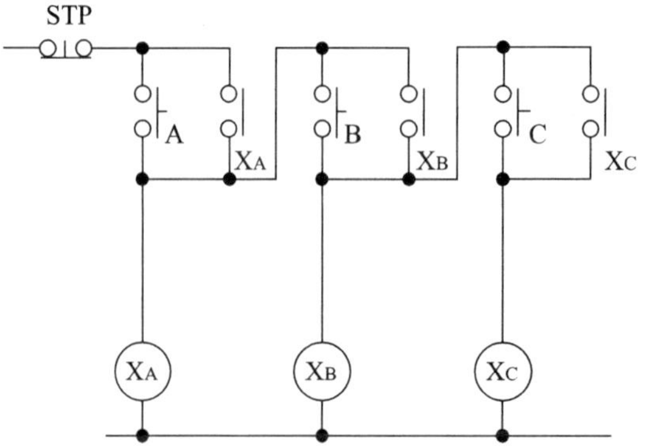


▌그림 6-3 유접점 시퀀스 제어 예제

## 2.2 무접점 회로

무접점 시퀀스 제어라고도 하며, 유접점 회로에서 사용되는 릴레이 등의 소자와 배선 방식은 논리게이트(AND, OR, XOR, NOT 등)로 대체된다.

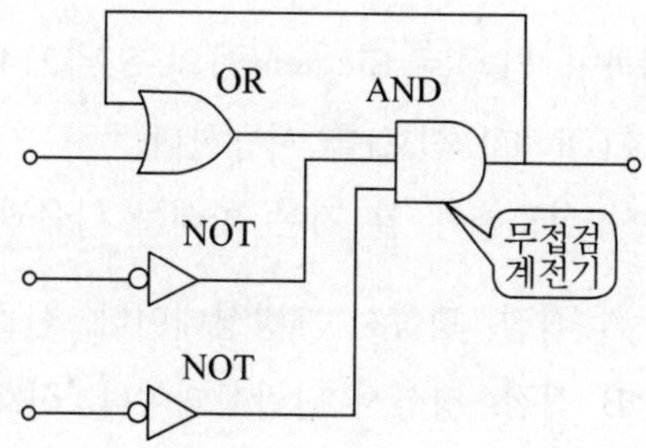


▌그림 6-4 무접점 회로 예제

## 2.3 PLC

PLC는 여러 가지 언어로 회로를 표현할 수 있는데, 대표적으로 사용되는 언어는 Ladder Diagram이다. 유접점 회로와 무접점 회로의 경우, 로직을 구성하기 위해서는 직접적인 배선작업을 해야 하나, PLC 회로는 별도의 배선작업은 요구되지 않으며, Configurator(전용 Software)를 통하여 간단하게 회로를 구성할 수 있다.

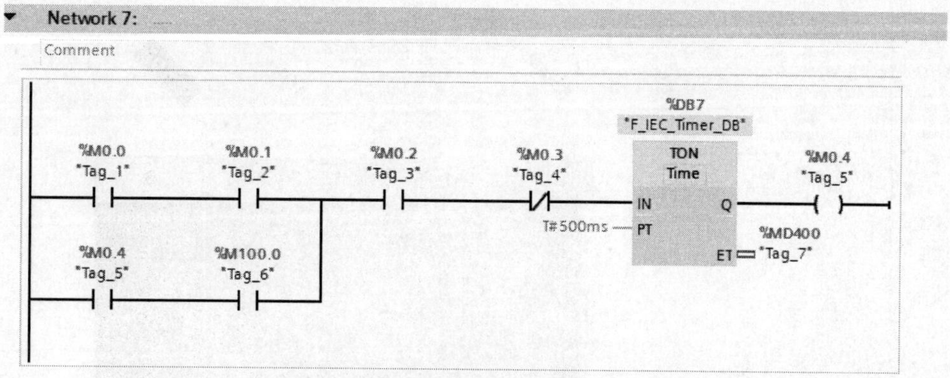


▌그림 6-5 PLC Ladder Diagram 예제

# 3. PLC를 활용한 회로 실습

## 3.1 개요

실습을 위하여 PLC는 Siemens사의 S7-1214C를 적용하며, 입력과 출력은 모두 ON/OFF 신호(Digital 신호)를 사용한다.

실습에 앞서 참조해야 할 기본 범례는 다음과 같다.

┤ ├ : A 접점, 평상시 개방상태이나, 신호가 활성화 될 경우 단락상태가 됨.
┤/├ : B 접점, 평상시 단락상태이나, 신호가 활성화 될 경우 개방상태가 됨.
┤ ├ : 붉은색이 없는 상태, 신호개방, 신호가 전달되지 않는 상황
┤ ├ : 붉은색이 있는 상태, 신호단락, 신호가 전달되는 조건

## 3.2 PLC Hardware 예제 구성

PLC는 CPU와 16DI(16 Digital Input), 16DOR(16 Digital Relay Output)을 사용한다.

CPU : 14DI/10DOR
16DI : 16DI
16DOR : 16DOR

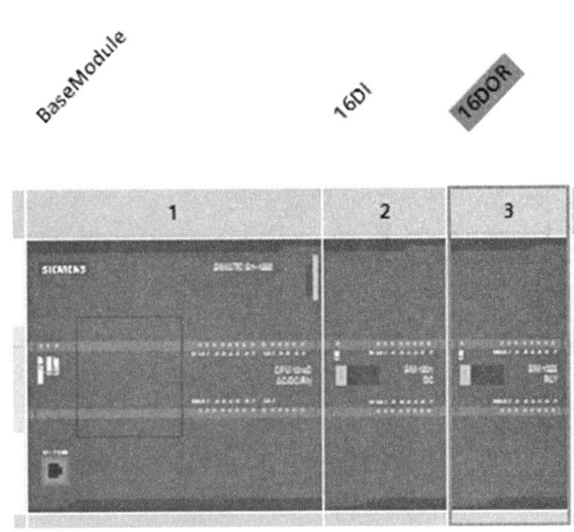


▌그림 6-6 하드웨어 구성도

## 예제 1

가. 로직 : Start 버튼을 누르면 Motor가 기동되고, Stop 버튼을 누르면 Motor는 정지한다.

나. 입력 : I0.0/Start Button, I0.1/Stop Button

다. 출력 : Q0.0/Motor Run

라. 프로그램 구성

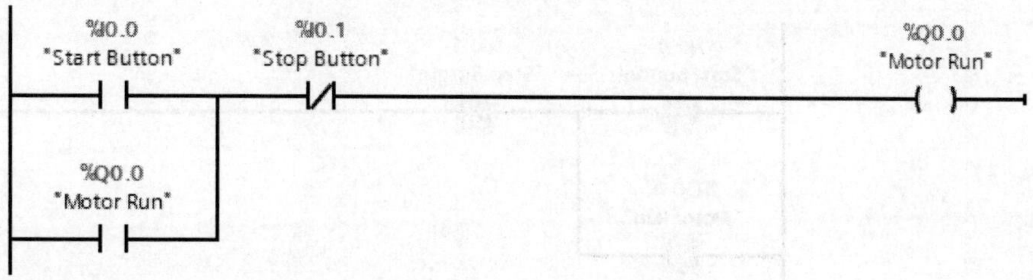


마. 프로그램 동작 순서

# 초기상태

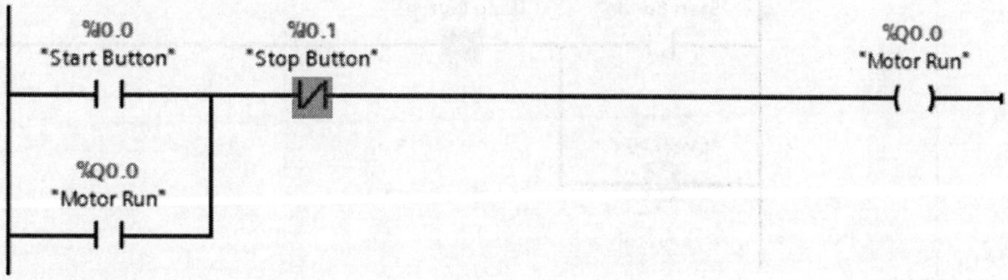


# Start 버튼을 누른다.

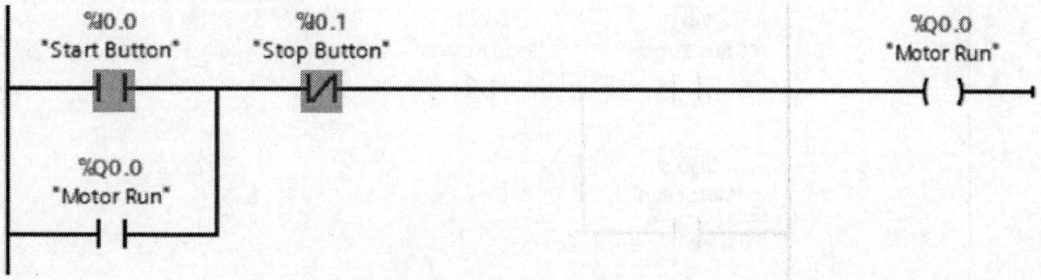

# Motor Run이 동작한다.

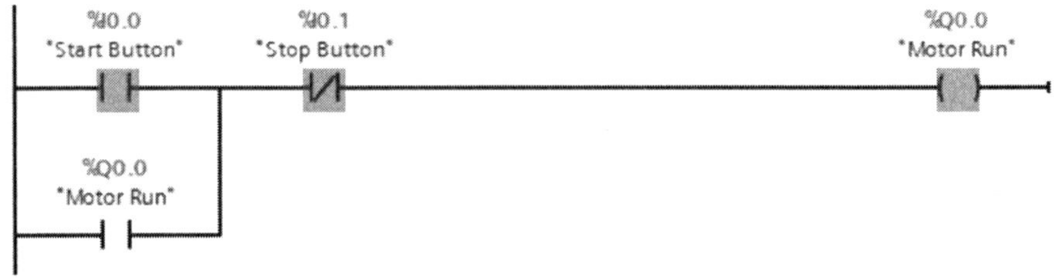


# 자기유지에 의해서 Motor Run A 접점이 동작한다.

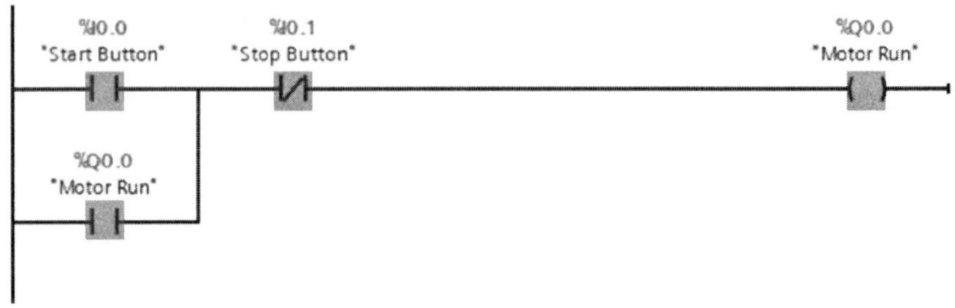


# Start Button을 누르지 않아도 자기유지현상에 의해서 Motor Run은 구동한다.

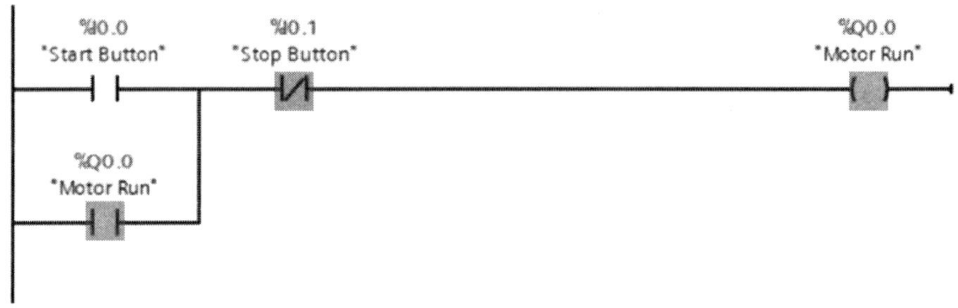


# Stop Button을 누르면 Motor Run 신호는 제거된다.

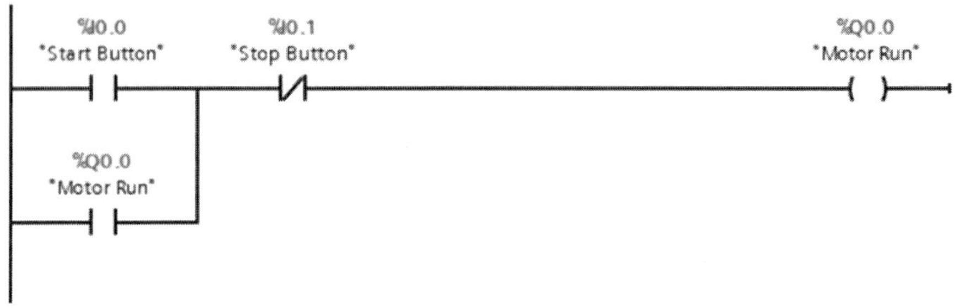

# 최종 상태

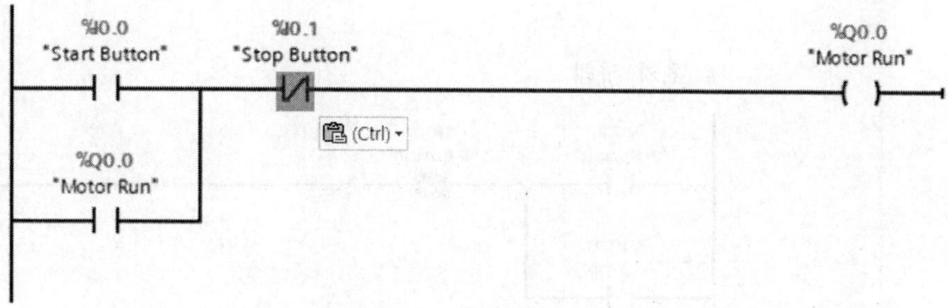


## 예제 2

가. 로직 : A Button을 누르면 A Lamp가 점등되고, B Lamp를 누르면 A Lamp는 소등되고, B Lamp가 점등된다. 다시 A Button을 누르면 B Lamp는 소등되고 A Lamp가 점등된다.

나. 입력 : I0.2/A Button, I0.3/B Button

다. 출력 : Q0.1/A Lamp, Q0.2/B Button

라. 프로그램 구성

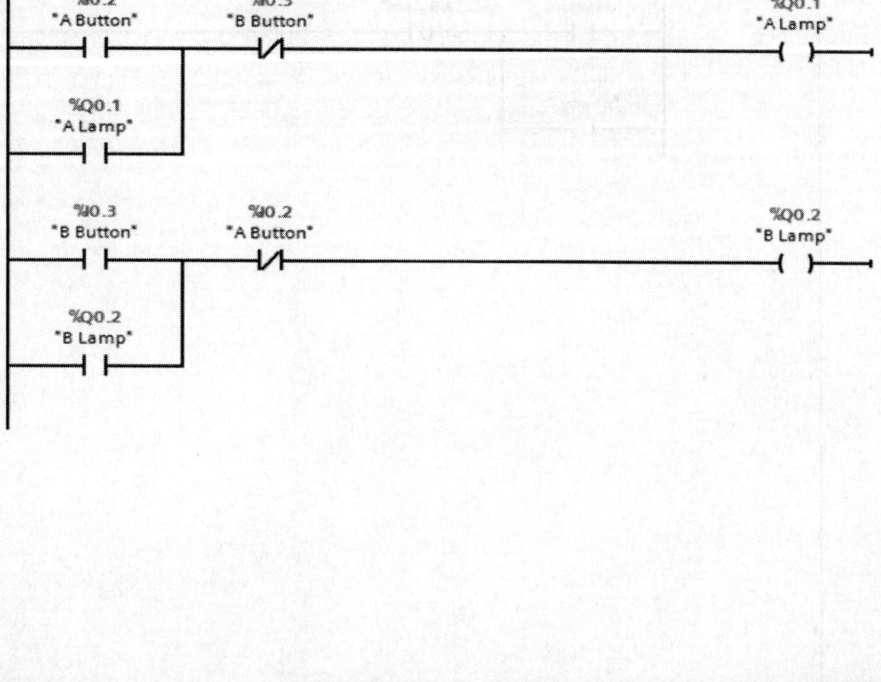

마. 프로그램 동작상태

# 초기 상태

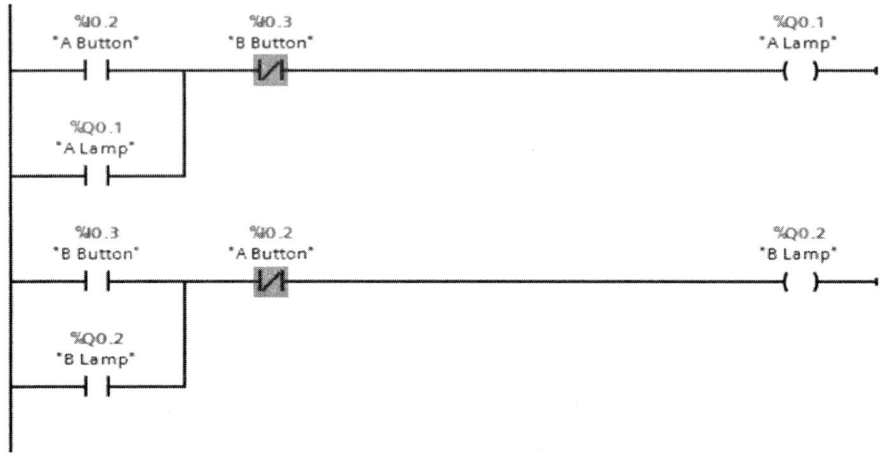


# A Button을 누를 경우 A Lamp가 점등된다.

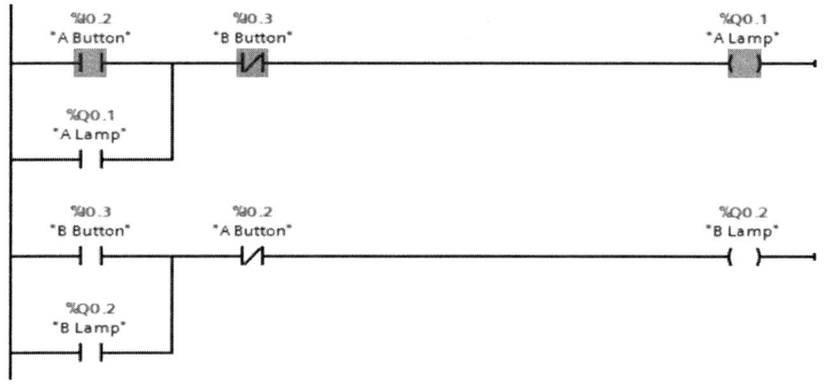

\# A Lamp는 자기유지 된다.

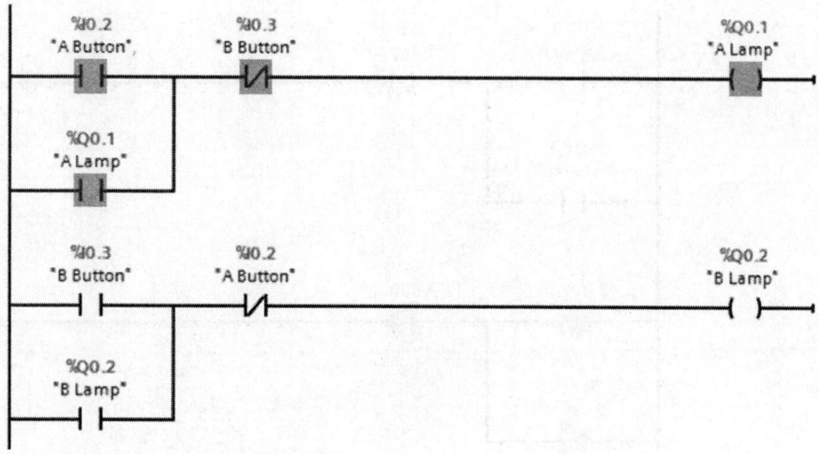


\# A Button을 떼어도 자기유지에 의해 A Lamp는 점등된다.

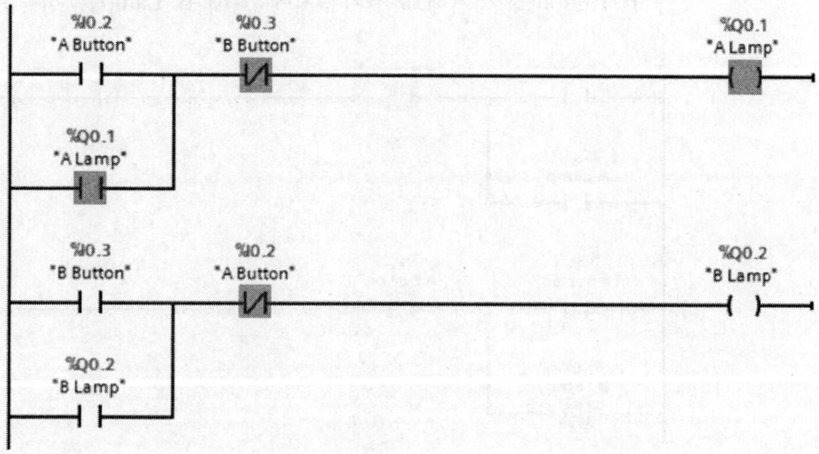

# B Button을 누를 경우 B Lamp는 점등되고 A Lamp는 소등된다.

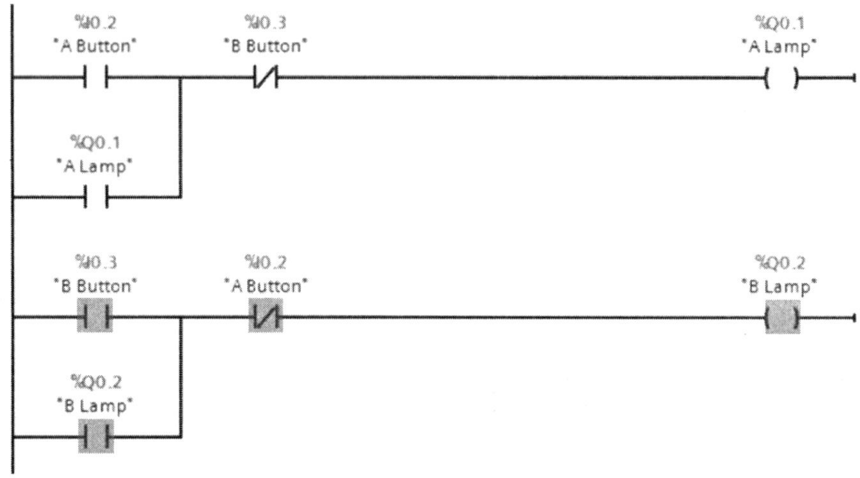


# B Button을 제거해도 자기유지에 의해 B Lamp는 점등된다.

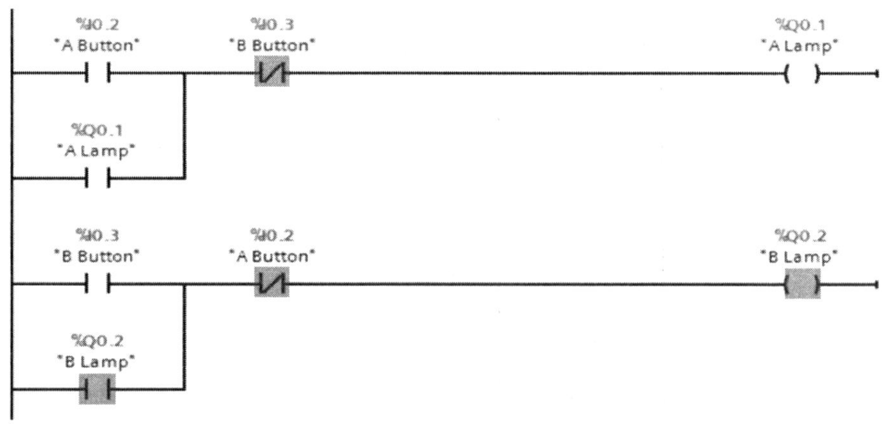

# A Button과 B Button을 동시에 누르면 A Lamp와 B Lamp는 모두 소등된다.

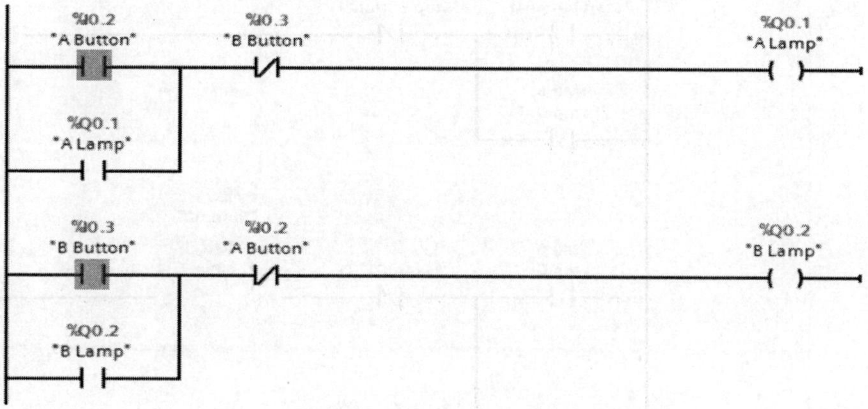


## 예제 3

가. 로직 : Start Button을 누르면 다음과 같이 0.5초 단위로 Lamp가 점등 소등을 반복하며, Stop Button을 누르면 Lamp 작동이 정지된다. 시간지연 등의 기능을 사용하기 위해서는 Timer를 사용한다.

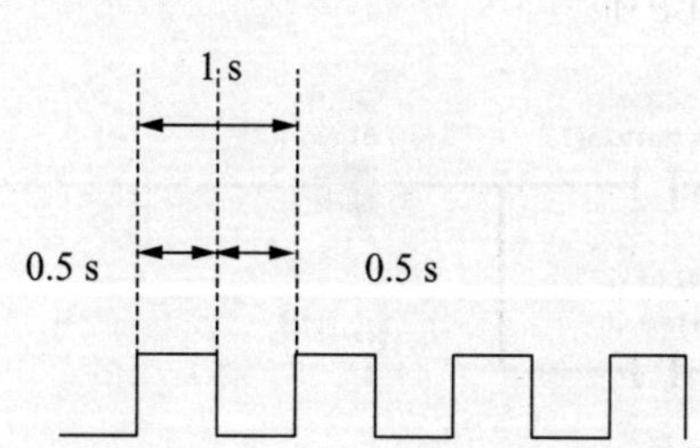


나. 입력 : I0.4/Start Button, I0.5/Stop Button

다. 출력 : Q0.3/Lamp

라. 프로그램 구성

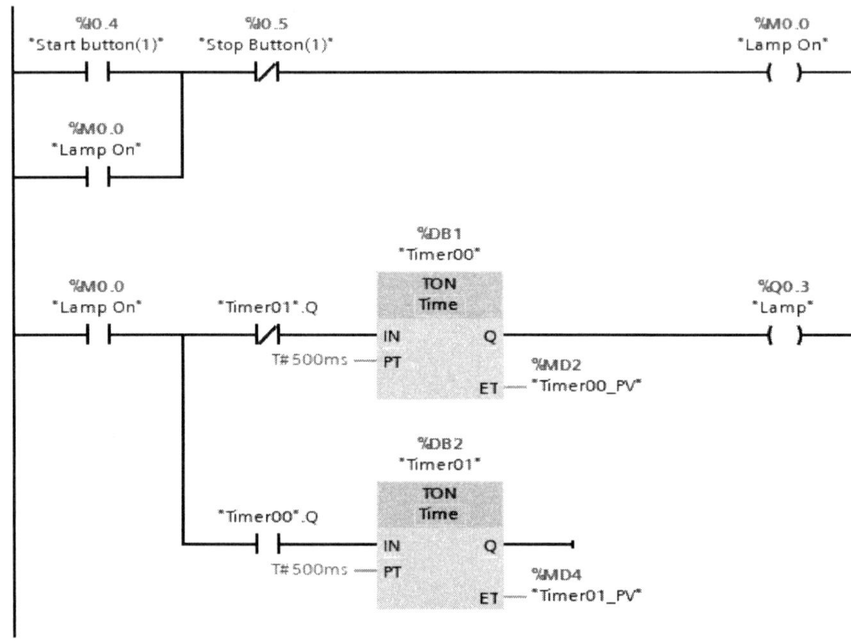


마. 프로그램 동작상태

# 초기상태

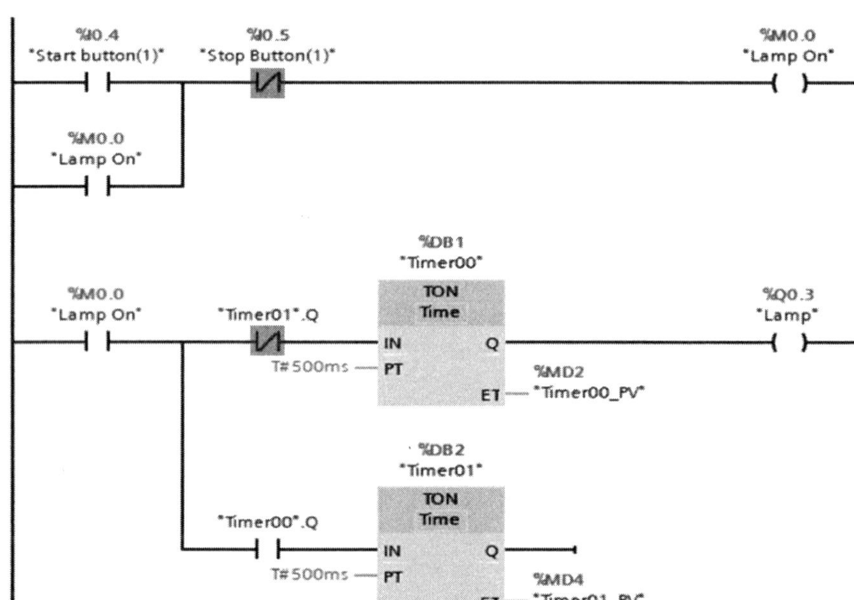

# Start Button을 누르면 Lamp On 신호가 On 된다.

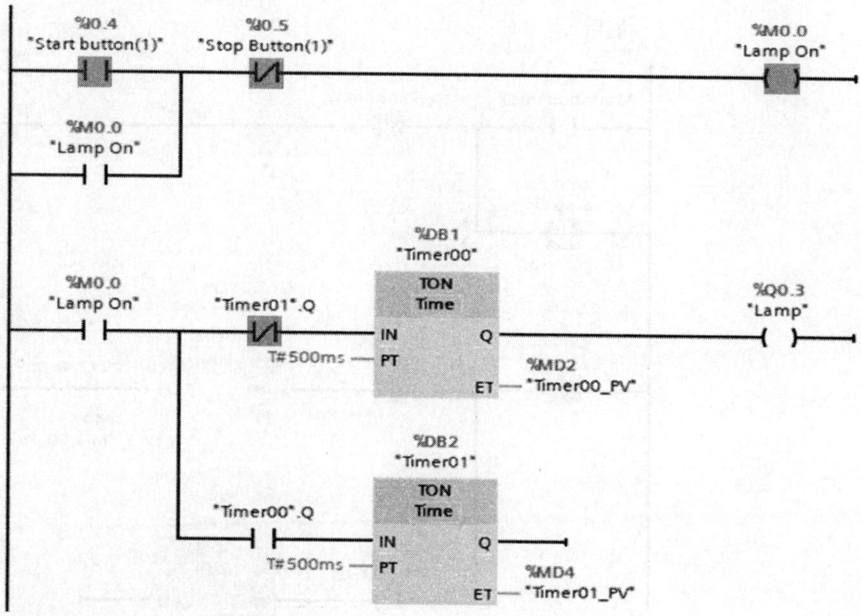


# Lamp On 신호가 자기유지 된다.

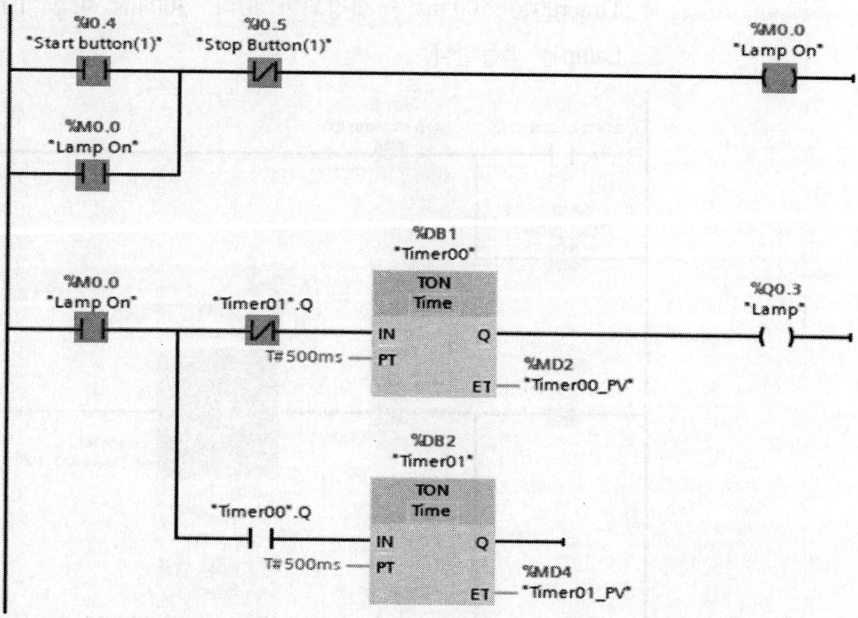

# Start Button 신호를 제거해도 Lamp On은 Stop Button 누를 때까지 자기유지 된다.

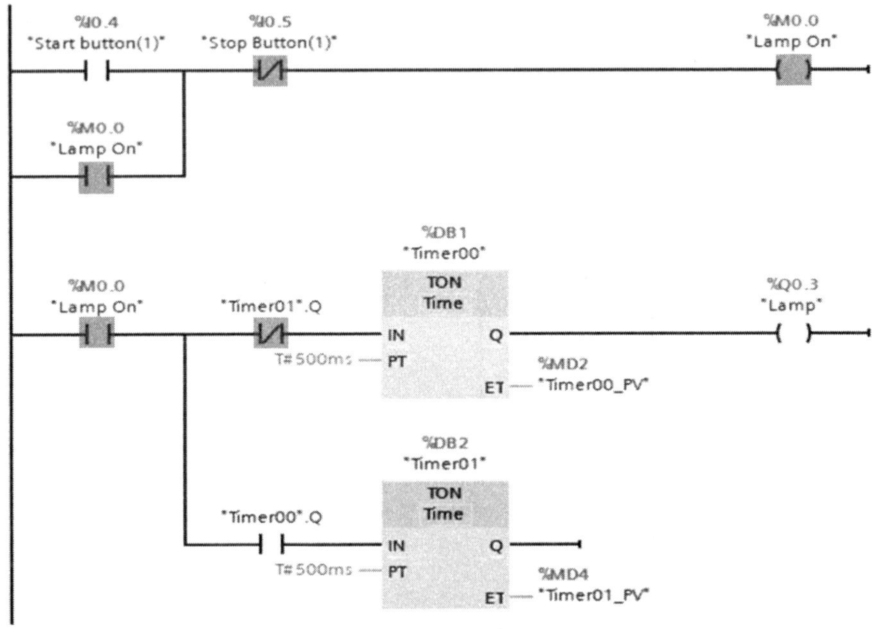


# Timer00은 500 ms가 설정되어 있다. 500 ms 이후 Timer00은 On 되며, Lamp는 점등한다.

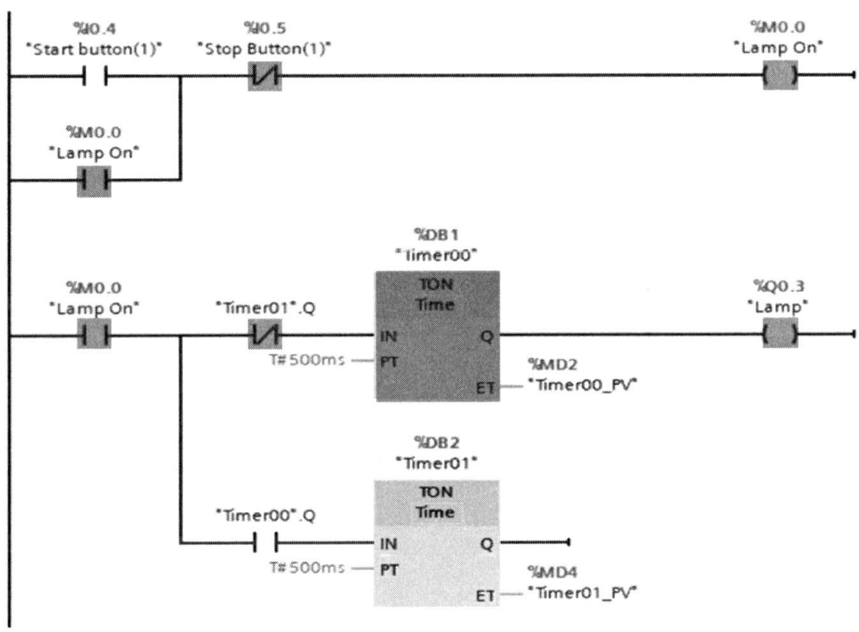

# Timer00의 출력신호(Timer00.Q)가 동시에 On 된다.

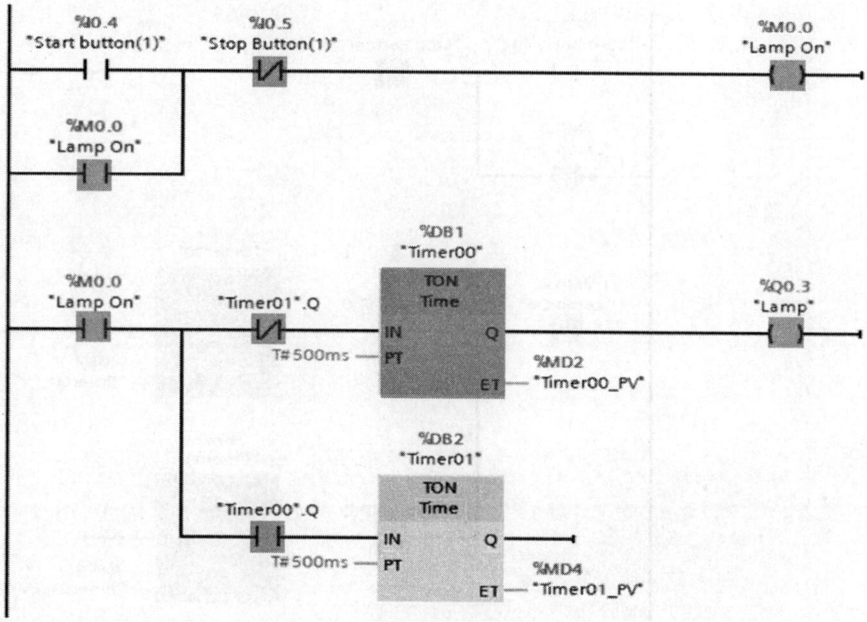


# Timer01은 500 ms가 지난 후에 On 된다.

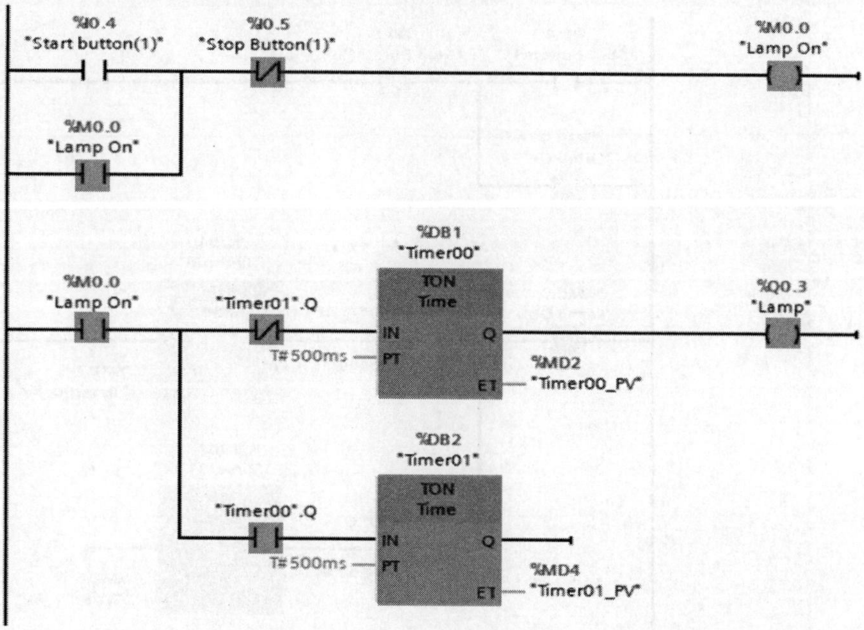

# Timer01이 On이 되면 동시에 Timer01 출력(Timer01.Q)이 On 된다.

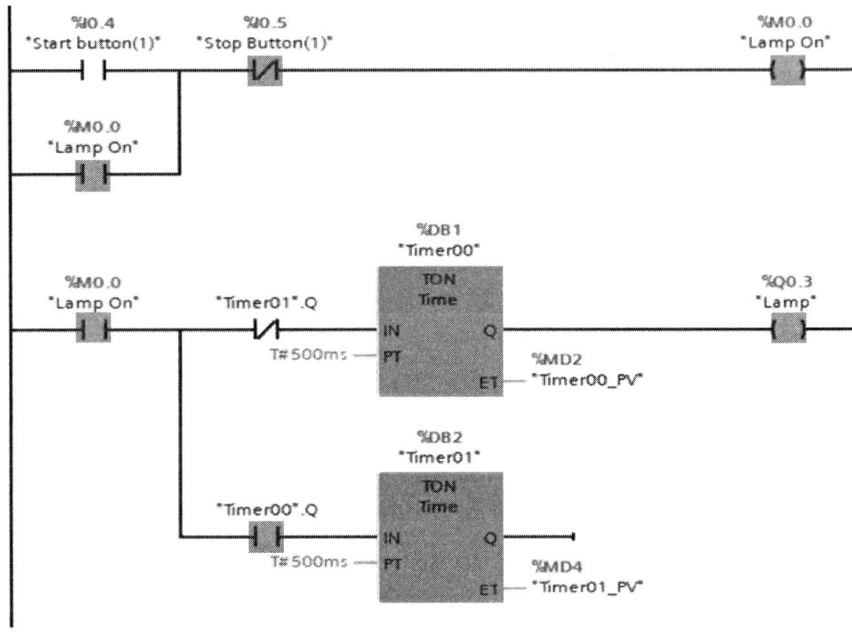


# Timer01과 Lamp는 동시에 Off 된다.

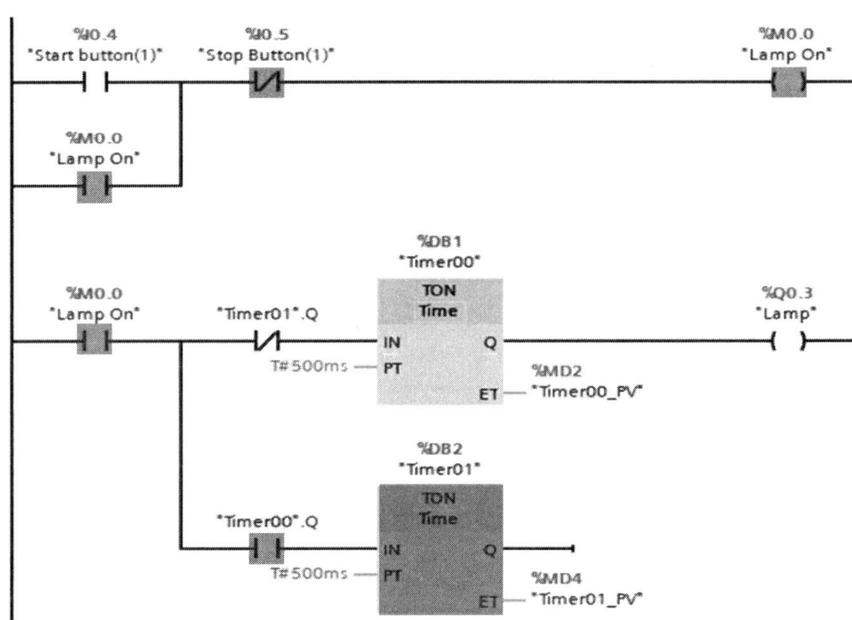

# Timer00의 출력(Timer00.Q)도 Off 된다.

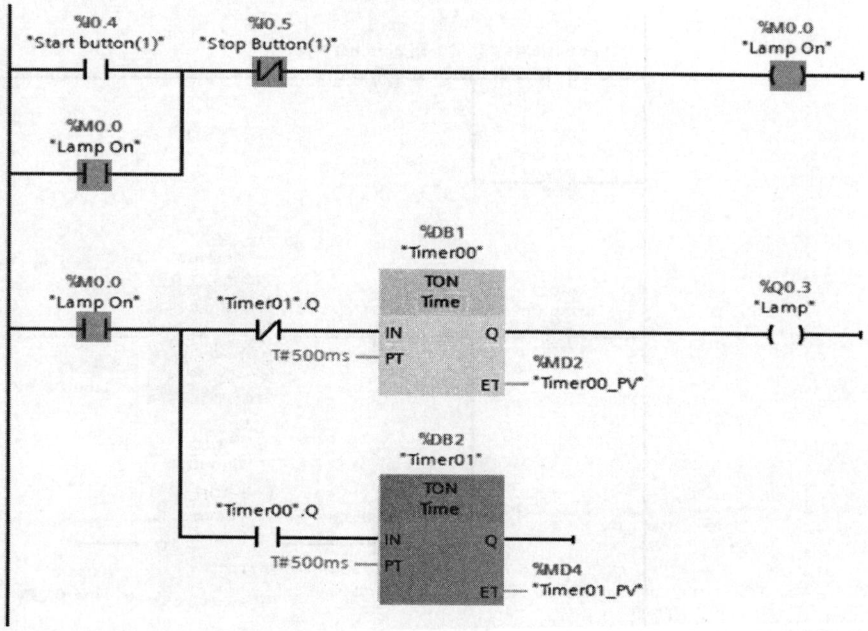


# Timer01도 Off 된다.

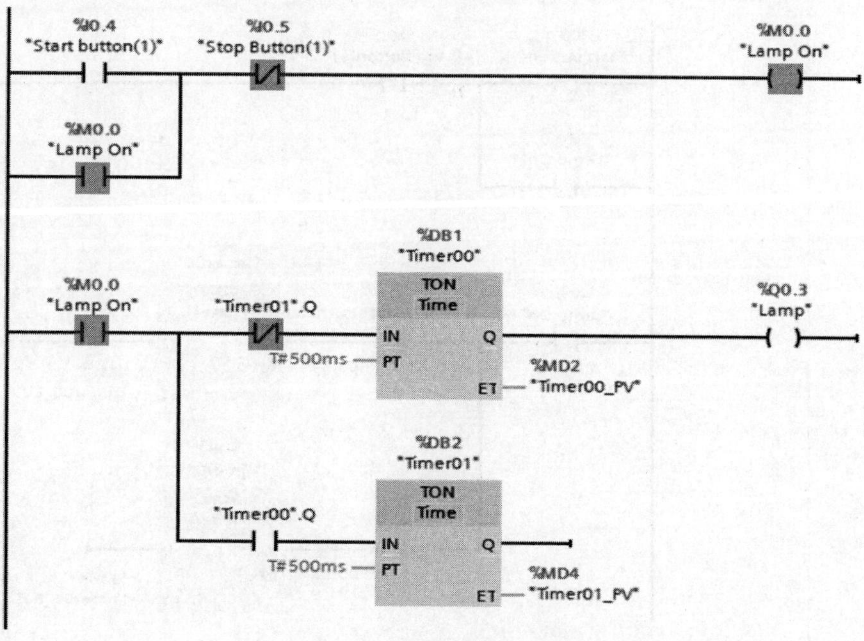

# 500 ms 이후 Timer00 및 Lamp가 On 된다. → 무한반복

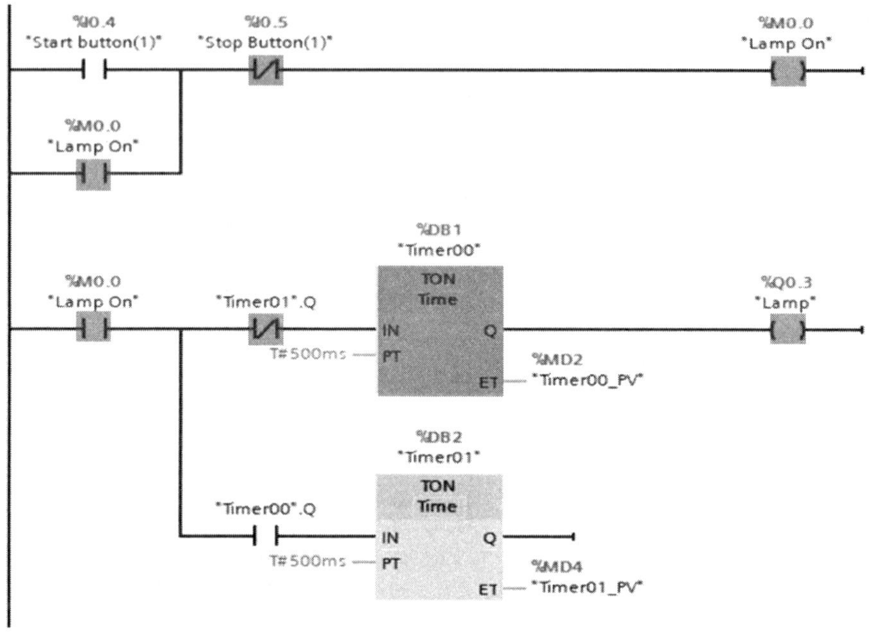


# Stop Button을 누르면 초기상태가 된다.

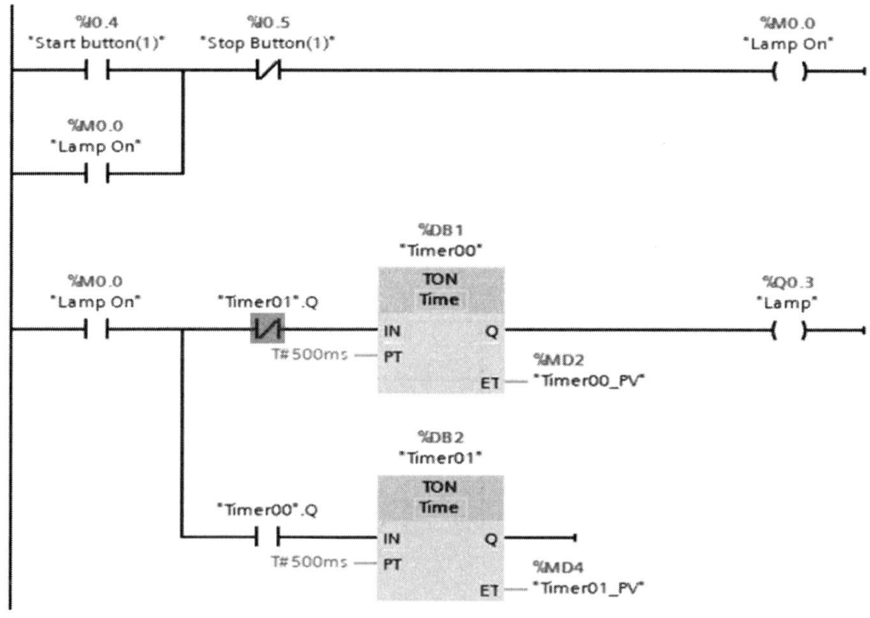

# 4. 일반 PLC와 안전 PLC의 비교

## 4.1 안전 PLC(Safety PLC)란?

자동제어 중 안전관련부품 및 로직에 대한 제어를 담당하는 PLC를 안전 PLC라고 하며, 안전 PLC를 만족하기 위해서는 관련 규격에서 요구하는 사항들을 추가적으로 만족해야 한다.

## 4.2 안전 PLC와 범용 PLC의 차이점

### 1) 입력(Input)

일반적으로 안전센서(예 : 비상정지버튼, 도어인터록스위치)가 배선으로 연결된다. 안전등급을 높이기 위해서 동일 신호에 대해서 입력을 2중화 처리가 가능하며, 배선의 건전성을 확보하여 최대 안전등급을 만족할 수 있는 Test Pulse 등을 사용한다.

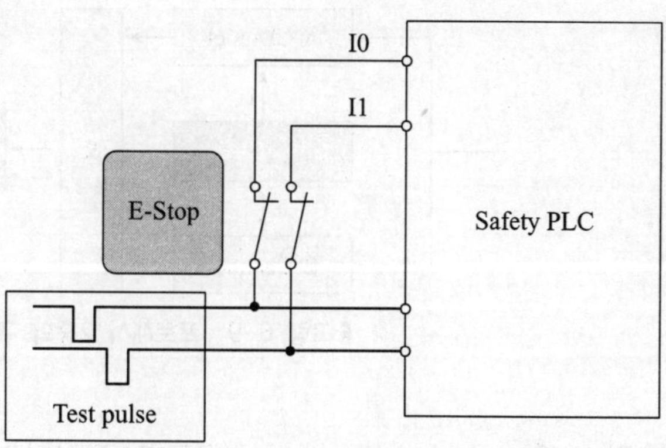


▌그림 6-7 Test Pulse를 사용하여 안전 PLC로 입력 예제

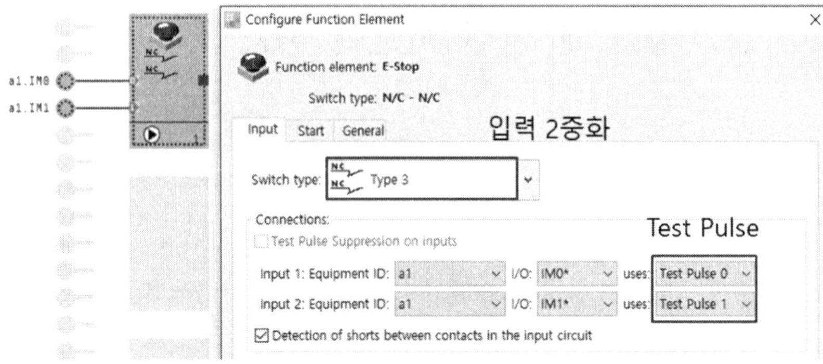


▌그림 6-8 이중화 및 Test Pulse 사용 예제

## 2) 로직

가. Case 1

최소 2개 이상의 동일한 Controller 2개의 Processor가 멀티채널 이중화 구조를 이룬다. 각각의 독립된 프로세서는 서로 다른 Hardware 특성을 가진다.

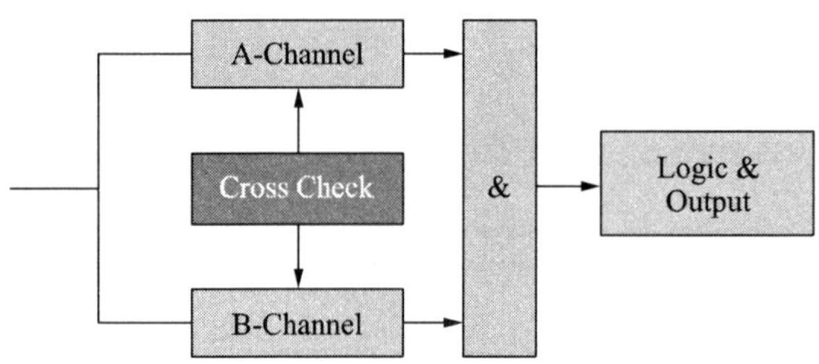


▌그림 6-9 프로세서 2중화 구조

나. Case 2 : Coded Processing(코드화 프로세싱)

코드화 및 비코드화의 순차적 프로그램을 실행하여 결과값을 비교한다. 이 경우 프로세서는 1개만 존재한다.

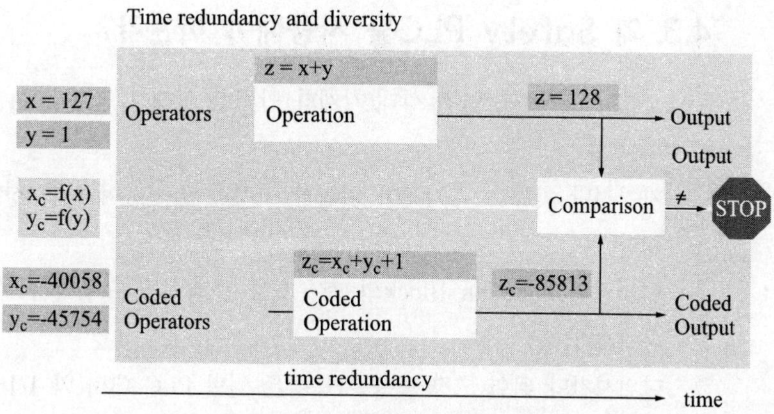


▌그림 6-10 Coded Processing

그 외 안전 PLC Maker마다 고유의 방식을 채택하여 안전등급을 확보할 수 있으며, 상기의 방식은 가장 널리 사용하는 방식이다.

### 3) 출력

범용 PLC의 출력은 내부 고장(단락 등)이 발생할 경우, 위험 출력신호를 조건에 상관없이 전송하게 된다. 안전 PLC의 경우 출력신호를 다시 입력받아 출력신호의 건전성을 자가 체크할 수 있다.

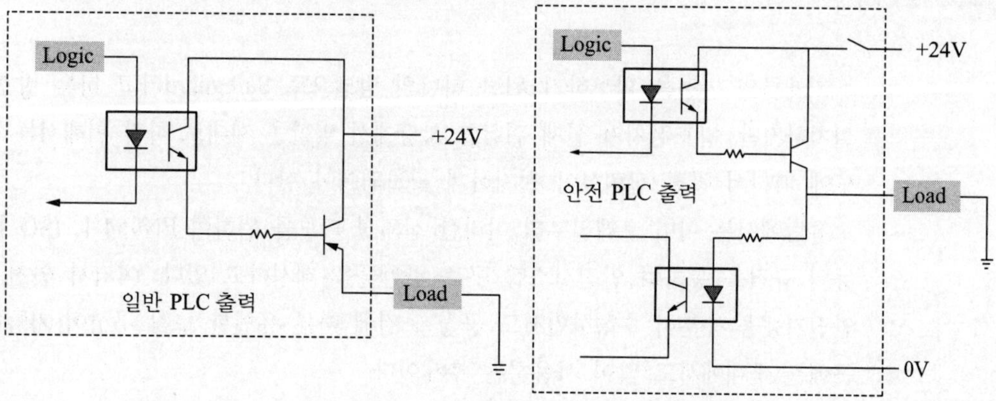


▌그림 6-11 범용 PLC와 안전 PLC의 출력

### 4.3 왜 Safety PLC를 사용해야 하는가?

- 오류나 고장 시, 안전 상태(기계가 안전한 상태로 정지 또는 이동하는 상태)를 유지한다.
- 자기진단 기능을 유지하여 위험한 고장이 발생하여도 그 상태를 모니터링 할 수 있다.
- 안전관련 Function Block의 적용으로 규격에서 요구하는 안전기능 구현이 매우 용이하다.
- 단위시간당 위험 고장 발생 가능성은 일반 PLC 대비 약 1/100~1/1000 수준으로 안전에 대한 신뢰성이 매우 높다.
- 모든 안전관련 Function Block은 그 기능 및 신뢰도에 대해서 관련 기관(예 : TUV sud 등)의 승인을 받기 때문에, Function Block에 대한 별도의 검증이 요구되지 않는다.
- 그 외 일반 PLC의 기능을 모두 포함하고 있기 때문에 일반 공정 제어와 안전기능 제어를 유기적으로 조합할 수 있다.

## 5. Safety PLC 구성

기계류의 안전을 확보하기 위한 하나의 방법으로 Safeguard라고 하는 방호장치를 설치하지만, 방호장치가 실제 위험한 상황에서 역할을 제대로 하기 위해서는 위험 정도에 따라서 안전 신뢰성이 철저하게 확보되어야 한다.

유럽에서는 이미 오래전부터 이러한 신뢰성 확보를 위하여 EN954-1, ISO 13849-1 등의 규격을 통하여 안전시스템 구축 방안들을 제시하고 있다. 여기서 안전 PLC는 안전기능을 충분히 수행하면서도 공정 조건에 따른 유연한 로직 구성이 가능하여 최근에는 국내에서도 많이 사용하는 추세이다.

여기서는 몇 가지 대표적인 안전 PLC 사용 사례들을 간단하게 살펴볼 것이다.

예시에서는 2 Maker(Pilz, Siemens)가 사용되었으나, 그 외 수많은 안전 PLC가 존재한다. 대부분의 안전 PLC들이 관련 표준에 근거하다 보니 적용된 기술 및 기능은 대부분이 유사하므로, 다음의 예시만 충분히 이해해도 안전 PLC 전체를 이해하는데 크게 무리가 없을 것으로 생각된다.

실제 현장 조건은 매우 다양한 구성들이 많이 존재하고 경우에 따라서는 안전 PLC 적용이 어려운 경우도 발생할 수 있다.

그러나 안전은 절대 협상의 대상이 되어서는 안 된다. 모든 설비는 설계단계부터 안전조건을 철저하게 확보하기 위하여 기계류 지침(Machinery Directive, 2009/42/EC)에 근거한 위험성평가가 이루어져야 한다. 이러한 평가 결과를 바탕으로 최적의 안전방호대책 및 안전시스템이 적용되어 산업현장에 안전사고 발생을 최소화해야 할 것이다.

## 5.1 예제 1

### 1) 장비명 : 절연지 삽입기

가. 장비개요

절연지가 30분마다 작업자에 의해서 공급되면 2축 로봇에 의해서 발전기 본체에 절연지를 자동으로 감아준다. 설비 전면에는 비상정지스위치가 1개 설치되어 있으며 2개의 NC 접점으로 구성된다. 전면 도어는 2개로 구성되어 있다. 각 도어마다 도어인터록스위치가 설치되어져 있다. 각 도어인터록스위치는 접점 출력이 아닌 OSSD 출력의 기능을 갖는다.

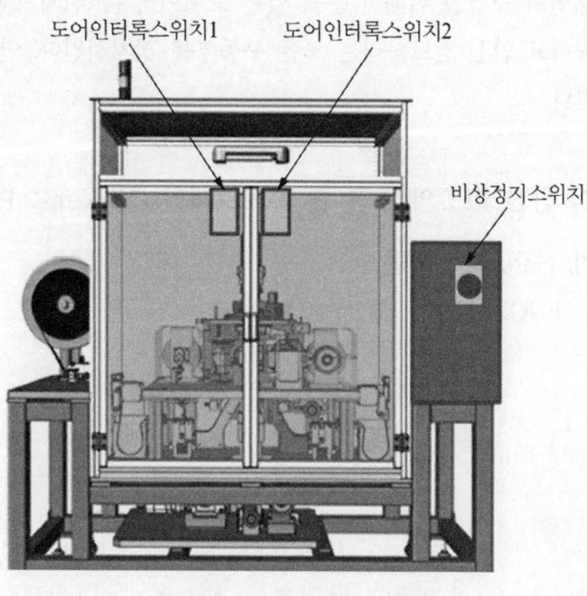


▌그림 6-12 절연지 삽입기

나. 위험점

2축 로봇 및 공압 실린더의 동작에 따른 손 등의 신체에 충격 및 협착 위험이 존재한다.

다. 상해의 정도

골절 및 회복 불가능한 신체 손상이 예상된다.

라. 위험원에 대한 노출 빈도

작업자는 매 30분마다 문을 열고 재료를 투입한다. 가동 일수는 연 300일 기준이며, 하루 8시간 작업을 기준으로 한다.

마. 회피 가능성

작업자의 숙련도에 따라 특정 조건에서 회피 가능하다.

### 2) 요구되는 안전등급(PLr)

상기의 상해 정도, 위험원에 대한 노출 빈도 및 회피 가능성의 결과에 의거하여 S2, F2, P1이 선정이 되며 PLr = d가 요구된다.

### 3) 안전시스템

절연지 공급을 위해서 문을 열면 도어인터록스위치가 안전 컨트롤러로 위험 상태를 전송하고 안전 컨트롤러는 모든 구동부를 정지시킨다. 안전시스템은 Category 4를 구성한다.

### 4) 안전 PLC의 구성 및 프로그래밍1(Maker : Pilz)

가. Hardware 구성

PNOZ mB0 : 20 input/4 output

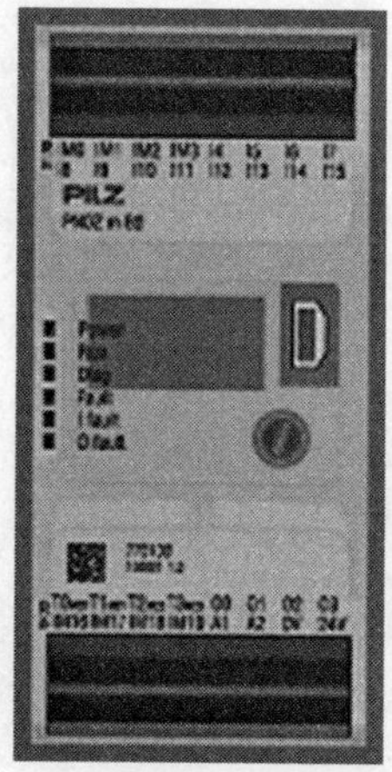


▌그림 6-13 안전 PLC 하드웨어 구성

나. 비상정지

입력 2중화 및 교차단락 감지를 위한 Test Pulse를 사용한다. 관련 규격에 따라 비상정지는 수동 리셋이 요구되어진다.

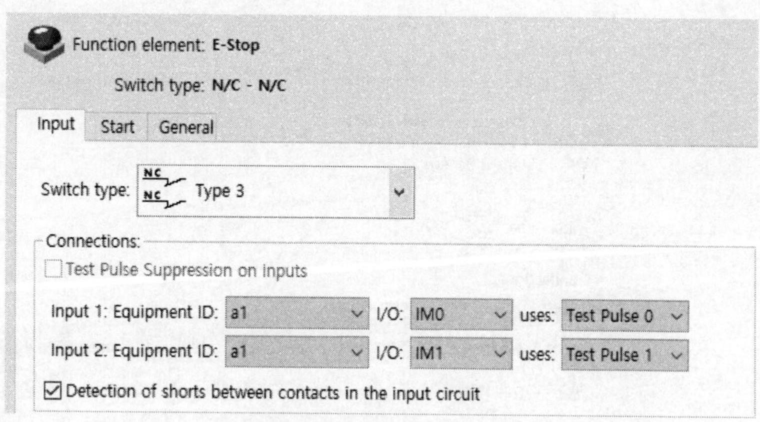


▌그림 6-14 비상정지 기본설정

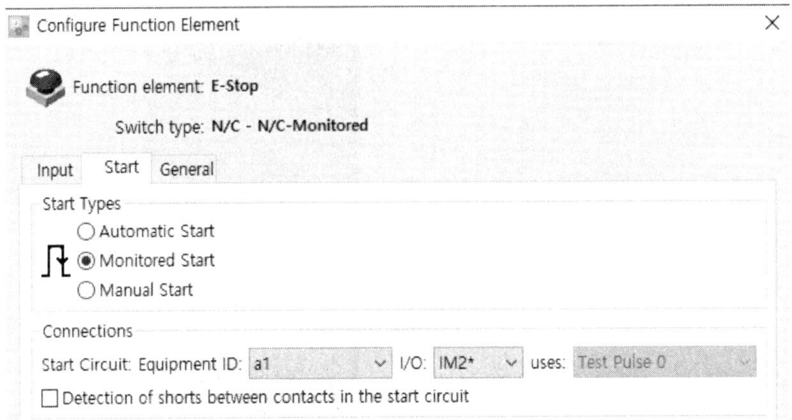


▌그림 6-15 비상정지 리셋 설정

다. 도어인터록스위치 구성

도어인터록스위치는 OSSD 출력에 의해서 별도의 교차단락 기능이 요구되지 않는다. 리셋 기능은 비상정지버튼과 동일하게 설정 가능하다.

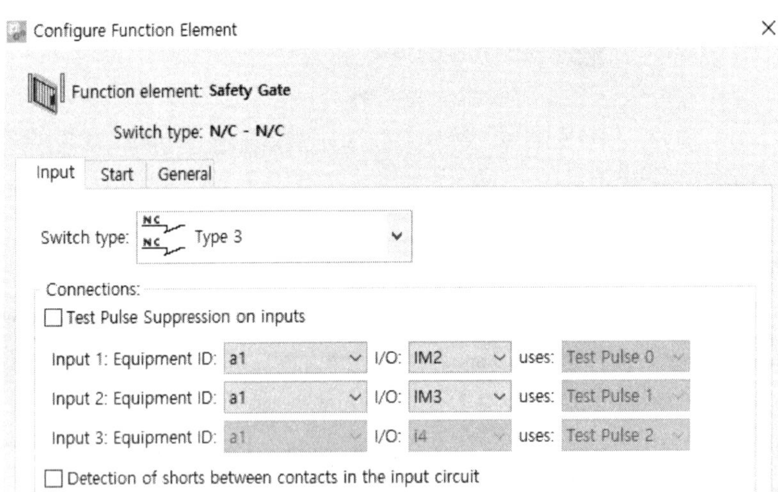


▌그림 6-16 도어인터록스위치 기본 설정

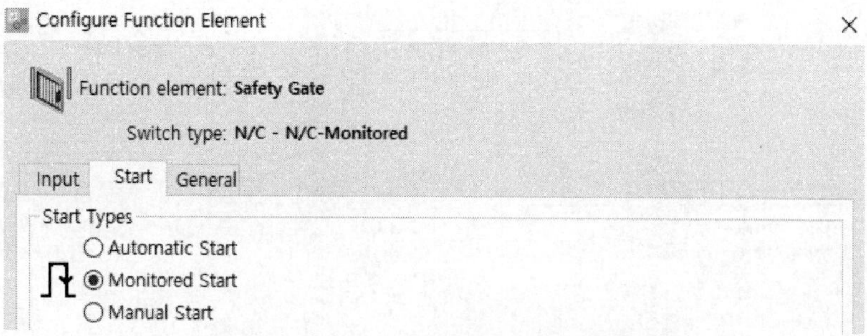


▌그림 6-17 도어인터록 리셋 설정

라. 2축 로봇 구동부 출력 제어

2축 로봇 에너지는 전자접촉기(Magnetic Contactor)에 의해서 제어된다. Category 4를 만족하기 위하여 출력은 2중화로 구성되며, 전자접촉기의 보조접점(NC Contact)은 Feedback Loop 구성을 위해 입력으로 연결된다.

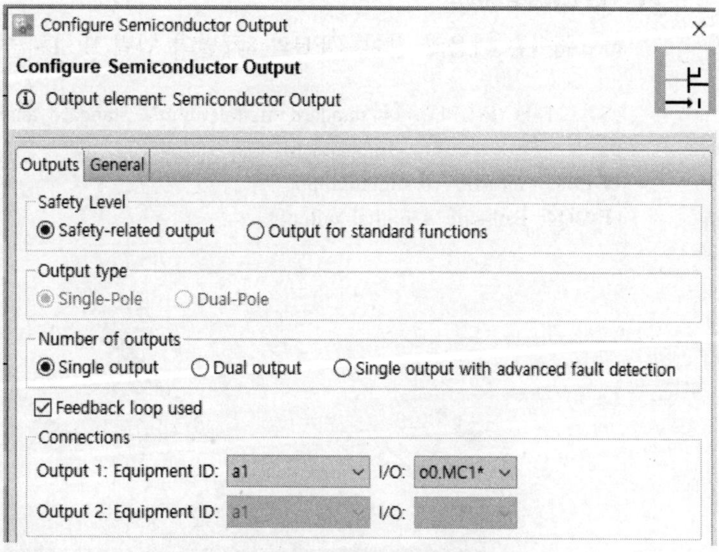


▌그림 6-18 전자접촉기 출력 설정

마. 로직 설정

현재 구성된 안전장치는 비상정지스위치 1개, 도어인터록스위치 2개이다. 이들 중 어느 것이든 동작을 하게 되면 출력을 차단하여 위험 에너지를 제거해야 한다. 이러한 경우에는 AND Gate를 사용해야 한다.

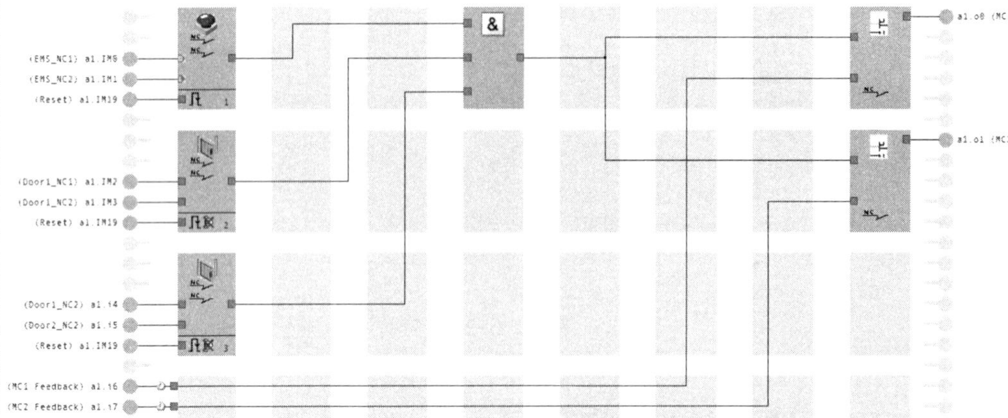

▌그림 6-19 로직 설정(AND Gate 적용)

## 5) 안전 PLC의 구성 및 프로그래밍2(Maker : Siemens)

### 가. Hardware 구성

하드웨어는 다음과 같이, CPU와 8채널의 입력 및 4채널 출력 카드로 구성된다.

S7-1214FC(F-CPU): 14 standard digital input/2 standard analogue input
/10 standard relay output
F-DI8: Fail-safe 16 digital input
F-DQ4: Fail-safe 4 digital output

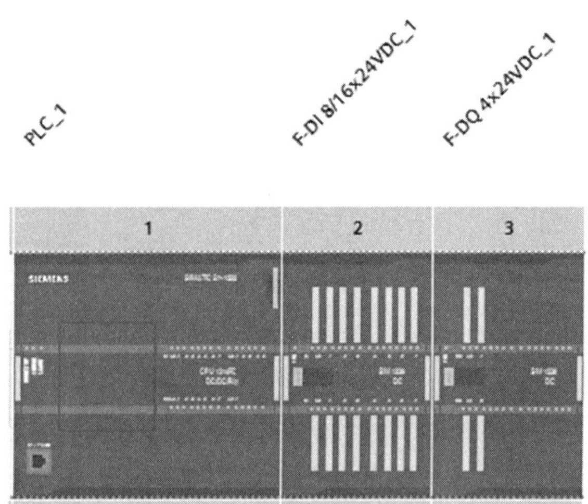


▌그림 6-20 안전 PLC 하드웨어 구성

## 나. 비상정지

입력 2중화를 위하여 1oo2 Evaluation을 설정한다.

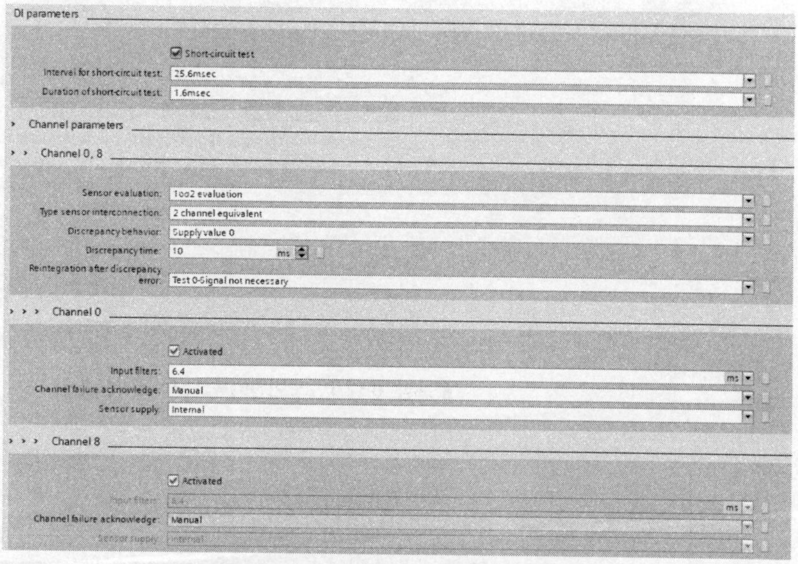


▌그림 6-21 비상정지 안전입력 기본 설정

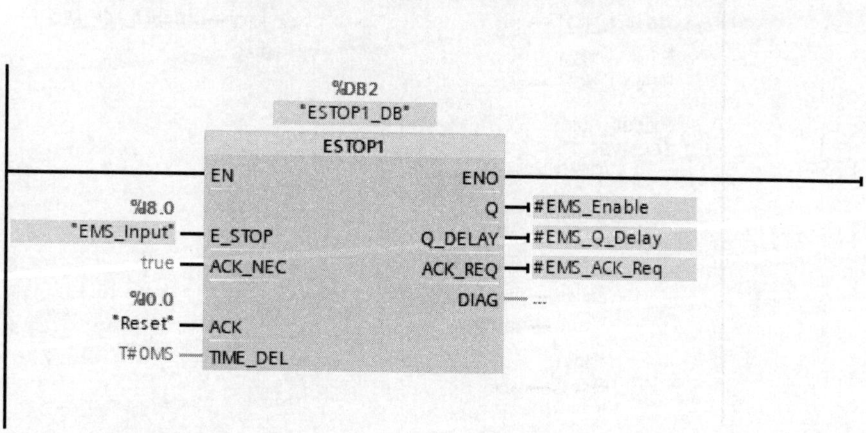


▌그림 6-22 비상정지 Function Block 설정

## 다. 도어인터록스위치 구성

도어인터록스위치는 OSSD 출력에 의해서 별도의 교차단락 기능이 요구되지 않는다.

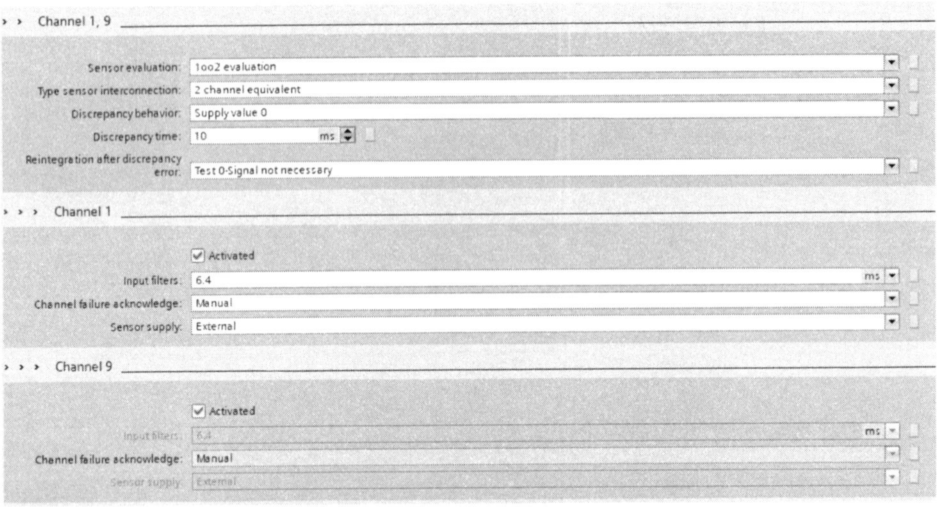


▌그림 6-23 도어인터록스위치 기본 설정

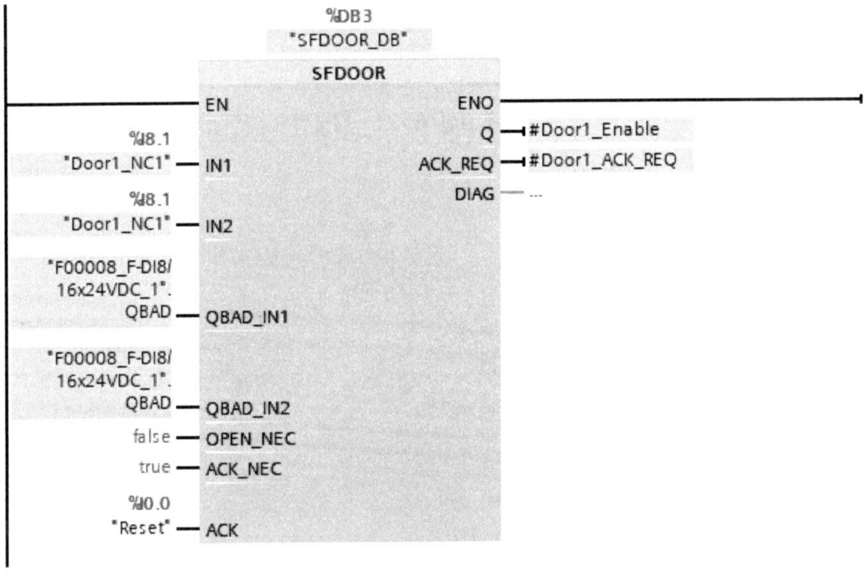


▌그림 6-24 도어인터록스위치 Function Block 설정

### 라. 2축 로봇 구동부 출력 제어

2축 로봇 에너지는 전자접촉기(Magnetic Contactor)에 의해서 제어된다. Category 4를 만족하기 위하여 출력은 2중화로 구성되며, 전자된다.

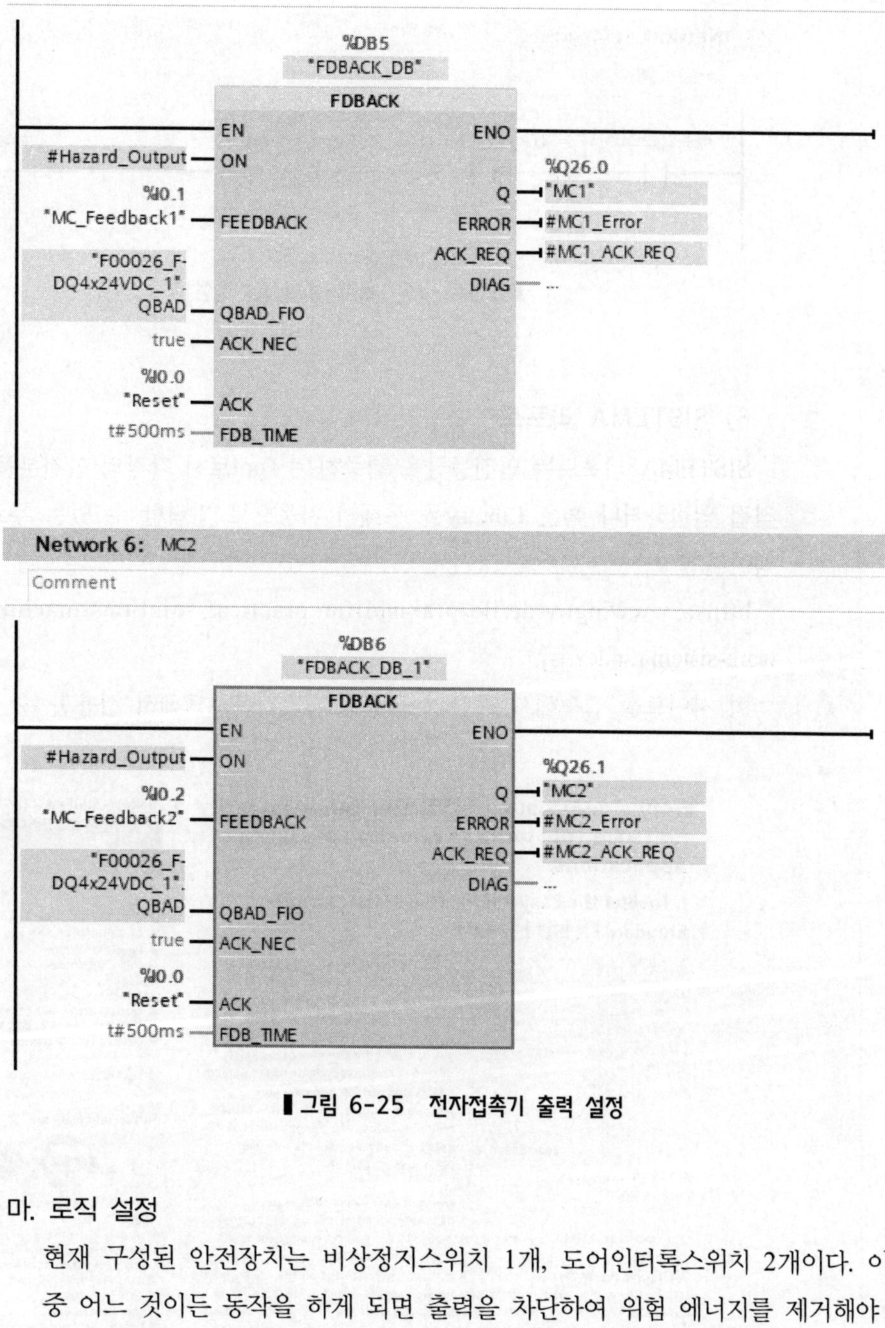


▌그림 6-25 전자접촉기 출력 설정

### 마. 로직 설정

현재 구성된 안전장치는 비상정지스위치 1개, 도어인터록스위치 2개이다. 이들 중 어느 것이든 동작을 하게 되면 출력을 차단하여 위험 에너지를 제거해야 한다. 이러한 경우에는 NO 접점을 직렬로 연결해서 사용할 수 있다.

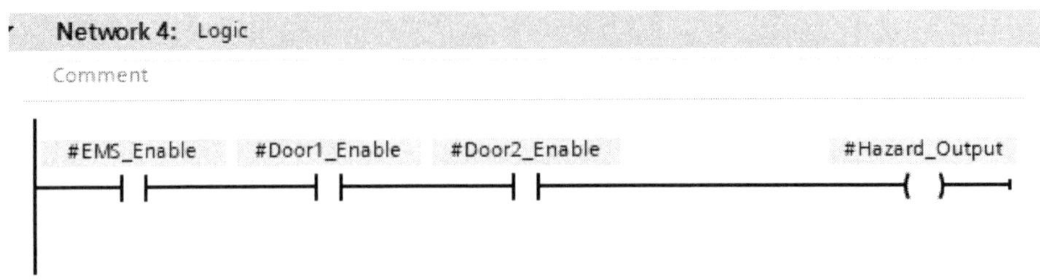


▌그림 6-26 로직 설정(NO 접점 직렬 연결)

### 6) SISTEMA 리포트

SISTEMA 리포트는 안전등급을 검증하는 Tool로서 각각의 안전부품의 안전사양을 직접 입력하거나 혹은 Library를 통해서 자동으로 입력할 수 있는 무료 공개 프로그램이다.

https://www.dguv.de/ifa/praxishilfen/practical-solutions-machine-safety/software-sistema/index.jsp

이 사이트를 접속해서 하단의 프로그램을 다운로드해서 사용할 수 있다.

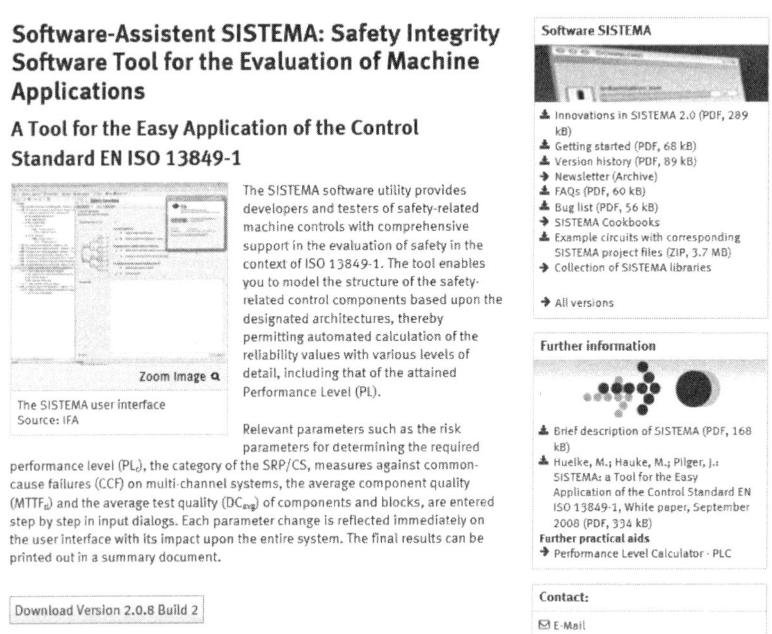


▌그림 6-27 SISTEMA Software 관련 사이트

또한 대부분의 안전부품 제조사에서는 SISTEMA용 Library의 Link 혹은 파일을 다음과 같이 제공한다.

https://www.dguv.de/ifa/praxishilfen/practical-solutions-machine-safety/software-sistema/sistema-bibliotheken/index.jsp

SISTEMA를 이용하여 위의 예제(Maker : Pilz)를 구성해보도록 한다. SISTEMA Library 예제를 위하여, 비상정지스위치는 Schneider사의 제품을 사용하며, 도어인터록스위치는 Pilz사의 제품 사용을 간주한다. 또한 설비 작동 액추에이터는 일반 전자접촉기 사용을 가정한다.

- ABB Automation Products (ZIP, 75 KB) (direct download)
- ABB AB Jokab Safety (ZIP, 31 KB) (direct download)
- ABB Robotics
- Aventics GmbH
- Banner Engineering
- BBH Products GmbH
- BEI Sensors
- B&R Industrial Automation GmbH
- Bihl Wiedemann GmbH
- Bosch Rexroth AG
- Danfoss Drives A/S
- DATALOGIC AUTOMATION
- DENSO Robotics Europe
- DINA Elektronik GmbH
- Dold & Söhne KG
- Eaton Industries GmbH, Moeller GmbH
- Emerson Industrial Automation, ASCO Numatics
- EUCHNER GmbH Co. KG
- Festo AG & Co. KG
- Fiessler Elektronik GmbH
- Fortress Interlocks
- IDEC
- ifm electronic gmbh
- JVL Industri Elektronik A/S
- Carlo Gavazzi Automation S.p.A.
- KEB Automation KG(Please enter "SISTEMA" in the search box)

▌그림 6-28 SISTEMA Library

SF Name: EmergencyStop

Required: PLr d | Reached: PL e | PFHD [1/h]: 3.6E-9 | Status: green

**Contained subsystems**

SB Name: Emergency Stop, 2 contacts

Resulting PL: e | PFHD [1/h]: 9.1E-10 | Category: 4

MTTFD [a]: 2500 (High) | DCavg [%]: 99 (High) | CCF Points: 65 (fulfilled)

SB Name: PNOZmulti 2 - base units/PNOZ m B0 772100 V1.3 - Input | Dual-channel | Digital input | General use | With feasibility check

Resulting PL: e | PFHD [1/h]: 7.9E-11 | Category: 4

MTTFD [a]: not relevant | DCavg [%]: not relevant | CCF Points: not relevant

SB Name: PNOZmulti 2 - base units/PNOZ m B0 772100 V1.3 - Logic function | Dual-channel | #NotApplicable | Processing

Resulting PL: e | PFHD [1/h]: 4.7E-10 | Category: 4

SB Name: PNOZmulti 2 - base units/PNOZ m B0 772100 V1.3 - Output | Dual-channel | Semiconductor output | General use

Resulting PL: e | PFHD [1/h]: 1.3E-10 | Category: 4

MTTFD [a]: not relevant | DCavg [%]: not relevant | CCF Points: not relevant

SB Name: MC redundant

Resulting PL: e | PFHD [1/h]: 2E-9 | Category: 4

MTTFD [a]: 1111.1 (High) | DCavg [%]: 99 (High) | CCF Points: 80 (fulfilled)

▌그림 6-29 SISTEMA - 비상정지스위치

SF Name: DoorInterlocking1

Required: PLr d | Reached: PL e | PFHD [1/h]: 6E-9 | Status: green

**Contained subsystems**

SB Name: PSENcode - compact design/PSEN cs3.1p/M12 541010 V1.0 - Sensor | Dual-channel | OSSD | General use

Resulting PL: e | PFHD [1/h]: 2.6E-9 | Category: 4

MTTFD [a]: not relevant | DCavg [%]: not relevant | CCF Points: not relevant

SB Name: PNOZmulti 2 - base units/PNOZ m B0 772100 V1.3 - Input | Dual-channel | Digital input | General use | With feasibility check

Resulting PL: e | PFHD [1/h]: 7.9E-11 | Category: 4

MTTFD [a]: not relevant | DCavg [%]: not relevant | CCF Points: not relevant

SB Name: PNOZmulti 2 - base units/PNOZ m B0 772100 V1.3 - Logic function | Dual-channel | #NotApplicable | Processing

Resulting PL: e | PFHD [1/h]: 4.7E-10 | Category: 4

MTTFD [a]: not relevant | DCavg [%]: not relevant | CCF Points: not relevant

SB Name: PNOZmulti 2 - base units/PNOZ m B0 772100 V1.3 - Output | Dual-channel | Semiconductor output | General use

Resulting PL: e | PFHD [1/h]: 1.3E-10 | Category: 4

MTTFD [a]: not relevant | DCavg [%]: not relevant | CCF Points: not relevant

SB Name: MC redundant

Resulting PL: e | PFHD [1/h]: 2.7E-9 | Category: 4

MTTFD [a]: 833.3 (High) | DCavg [%]: 99 (High) | CCF Points: 80 (fulfilled)

▌그림 6-30 SISTEMA - 도어인터록스위치

상기 예제에서는 비상정지 및 도어인터록스위치는 요구되어지는 안전등급은 PL d 이며 실제 안전등급은 PL e를 만족한다.

## 5.2 예제 2

### 1) 장비명 : 자재 이송 로봇시스템

가. 장비개요

부품이 좌우로 공급되면 산업용 로봇은 부품을 2개의 라인으로 된 팔레트로 옮기는 작업을 한다.

설비에는 제어반이 1개소 있으며 비상정지버튼(EMG OP)이 존재한다.

로봇시스템 상에서는 로봇 패널에 비상정지스위치(EMG Robot)가 1개소 존재하며, 티칭펜던트 상에서도 비상정지버튼(EMG Pendant)이 1개소 존재한다.

총 4개의 도어에는 각각 비상정지스위치(EMG Sub1/2/3/4)가 설치되어 있다. 좌우의 자재 반입구에는 각각 라이트 커튼(Light Curtain #1, #2)이 설치되어 있으며 자재 반입 시에는 뮤팅센서를 통하여 라이트 커튼의 기능을 뮤팅시킨다.

4개의 도어에는 각각 도어인터록스위치가 설치되어 있으며 잠금형 타입이 사용된다.

비상정지스위치는 모두 NC 접점 타입이며, 도어인터록스위치 및 라이트 커튼은 OSSD 타입을 사용한다.

산업용 로봇의 경우, 티칭을 하기 위해서 일반적으로 자동모드/수동모드 스위치가 안전 PLC로 입력된다. 또한 로봇의 데드맨 스위치 신호도 안전 PLC로 입력된다.

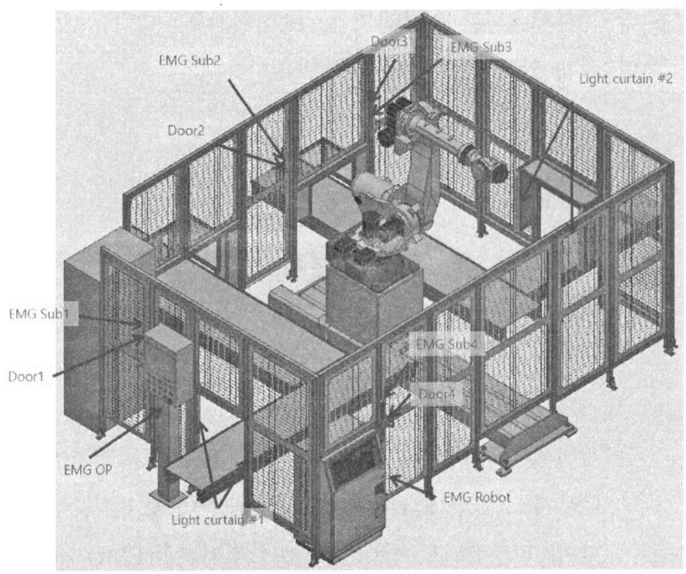


▌그림 6-31 자재 이송 로봇

나. 위험점

산업용 로봇의 움직임에 따른 충격 및 끼임 위험이 존재한다.

다. 상해의 정도

골절 및 회복 불가능한 신체 손상이 예상된다.

라. 위험원에 대한 노출 빈도

작업자는 약 1시간마다 문을 열고 설비 내부로 들어간다. 로봇 티칭, 떨어진 재료 확인, 간단한 청소, 일상적인 접근 등이 필요하다. 가동 일수는 연 300일 기준이며, 하루 16시간 작업을 기준으로 한다.

마. 회피 가능성

작업자의 숙련도에 따라 특정 조건에서 회피 가능하다.

### 2) 요구되는 안전등급(PLr)

상기의 상해 정도, 위험원에 대한 노출 빈도 및 회피 가능성의 결과에 의거하여 S2, F2, P1가 선정이 되며 PLr＝d가 요구된다. 또한 관련 C type Standard(EN ISO 10218-2)에 의거하여 요구되어지는 안전등급은 PL d 이상을 만족해야 한다.

### 3) 안전시스템

비상정지 작동 시, 로봇 비상정지회로(Stop Category 0, 전원을 즉시 제거)가 작동되며, 라이트 커튼 및 도어인터록스위치 작동 시 가드정지회로(Stop Category 1, 설비정지 후 전원 제거)가 작동된다.

라이트 커튼은 작업자와 투입되는 자재를 구분하기 위하여 뮤팅센서를 추가적으로 설치하여 이들을 구분한다. 안전시스템은 Category 4를 구성한다.

### 4) 안전 PLC의 구성 및 프로그래밍1(Maker : Pilz)

가. Hardware 구성

하드웨어는 범용 PLC로의 신호 전송용 통신카드, CPU, 입출력카드 1~2(8DI 4DO), 입출력카드 3(4DI 4DOR)으로 구성된다.

PNOZ m ES CC-Link
PNOZ mB0: 20 input/4 PNP output
PNOZ m EF 8DI 4DO: 8 input/4 PNP output
PNOZ m EF 8DI 4DO: 8 input/4 PNP output
PNOZ m EF 4DI 4DOR: 4 input/4 Relay output

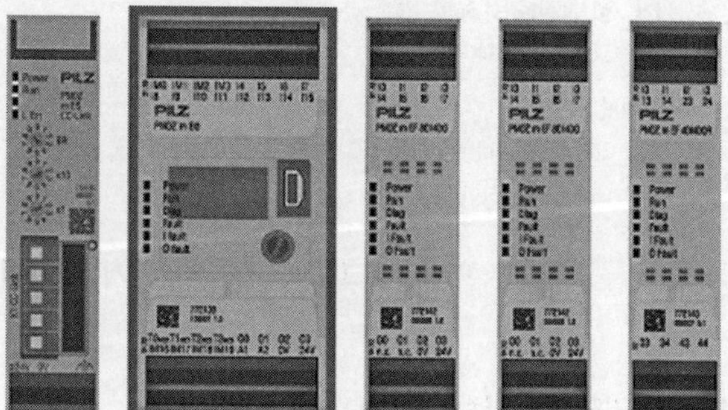

▮그림 6-32 안전 PLC 하드웨어 구성

나. 비상정지

입력 2중화 및 교차단락 감지를 위한 Test Pulse를 사용한다. 관련 규격에 따라 비상정지는 수동 리셋이 요구된다.

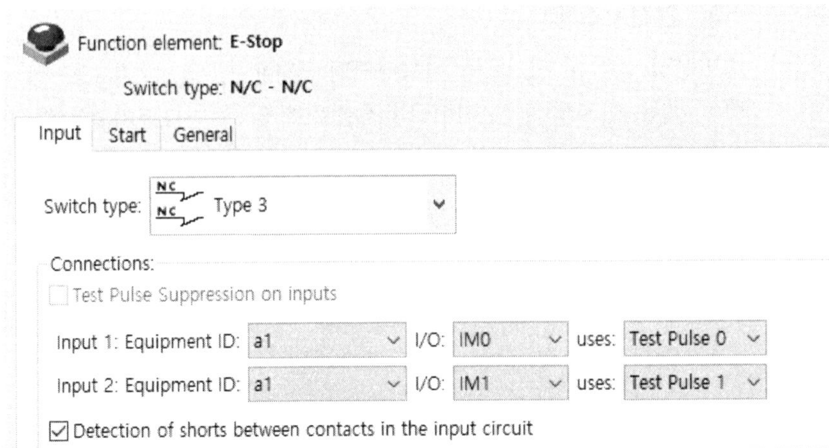


▌그림 6-33 비상정지 기본 설정

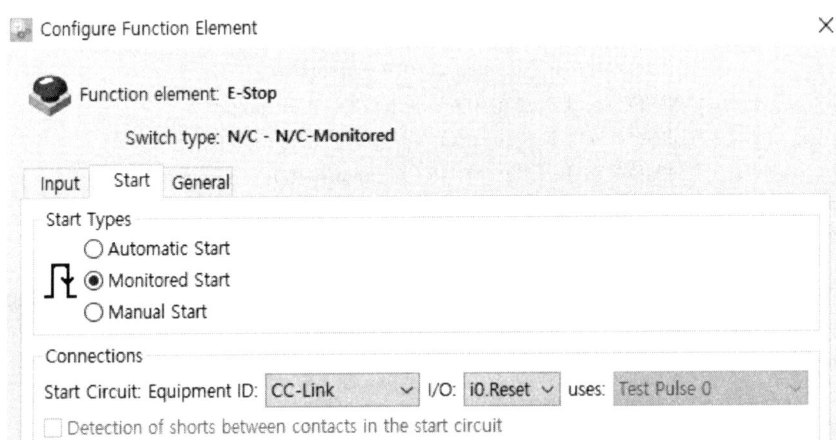


▌그림 6-34 비상정지 리셋 설정

### 다. 도어인터록스위치 구성

도어인터록스위치는 OSSD 출력에 의해서 별도의 교차단락 기능이 요구되지 않는다. 리셋 기능은 비상정지버튼과 동일하게 설정 가능하다.

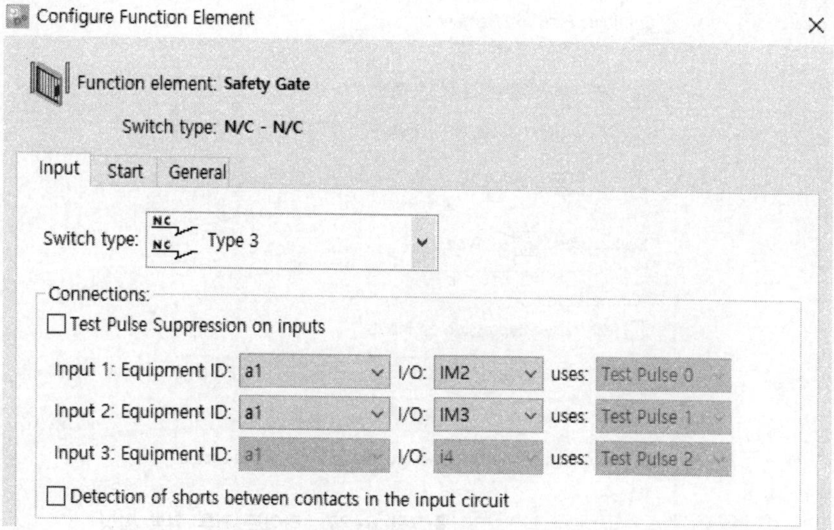


▌그림 6-35 도어인터록스위치 기본 설정

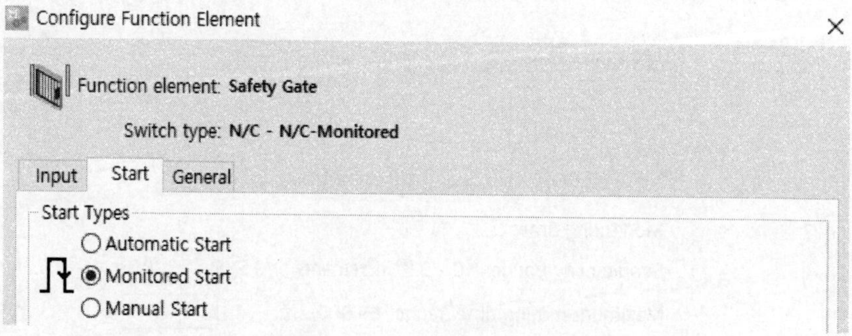


▌그림 6-36 도어인터록 리셋 설정

### 라. 라이트 커튼

라이트 커튼은 OSSD 출력에 의해서 별도의 교차단락 기능이 요구되지 않는다. 뮤팅은 안전관련 기능으로 반드시 안전관련 Function Block을 사용해야 한다.

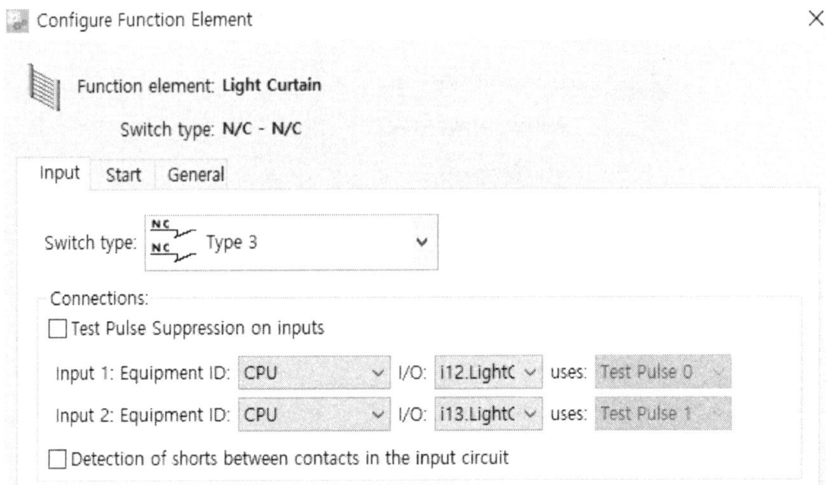


▌그림 6-37 라이트 커튼 기본 설정

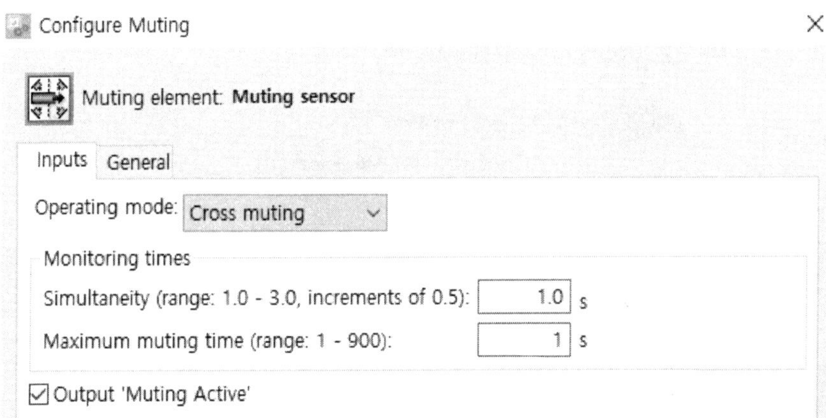


▌그림 6-38 뮤팅 기능 기본 설정

### 마. 자동모드/수동모드

모드 선택 스위치는 안전 PLC로 입력되어 Function Block에서 신호가 처리된다. 2개의 신호가 같은 값을 출력할 경우 Function Block은 Error를 출력한다.

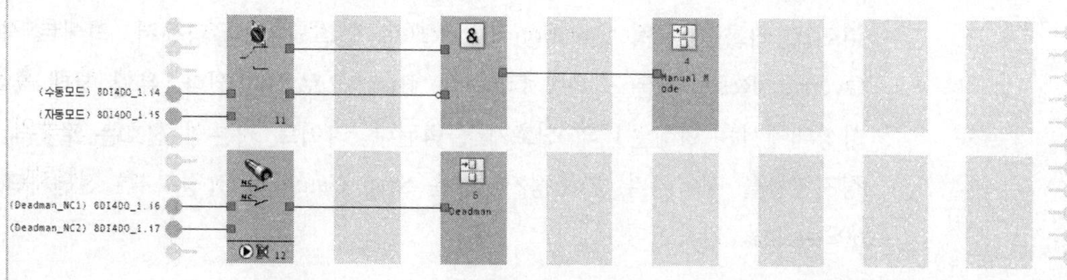


▌그림 6-39 자동모드/수동모드 및 데드맨 스위치 관련 로직

## 바. 로직 설정

비상정지스위치는 총 7개가 설치된다. 제어패널과 각 도어에 설치되어 있는 비상정지스위치(5 set)는 직렬 구성되어 2중화로 안전 PLC에 연결된다.

로봇 패널 상의 비상정지스위치와 티칭펜던트 상의 비상정지스위치는 직렬 구성되어 안전 PLC에 연결된다.

비상정지스위치 신호는 로봇의 비상정지기능을 제어한다. 로봇의 비상정지기능은 Stop Category 0(즉시 전원 차단, EN 60204-1)을 만족한다.

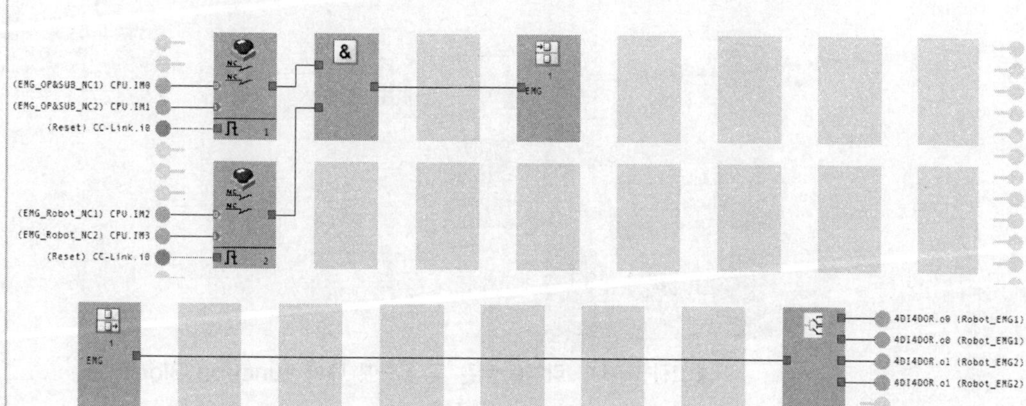


▌그림 6-40 비상정지 관련 로직

라이트 커튼은 뮤팅 Function Block으로 연결되며, 뮤팅센서, 라이트 커튼용 Override/Reset 버튼도 뮤팅 Function Block으로 연결된다. 뮤팅 상태 혹은 정상상태에서는 항상 "1"의 신호가 출력된다. 라이트 커튼의 신호는 로봇의 가드정지기능을 제어한다. 가드정지기능은 Stop Category 1(정지 후 전원차단, EN 60204-1)을 만족한다.

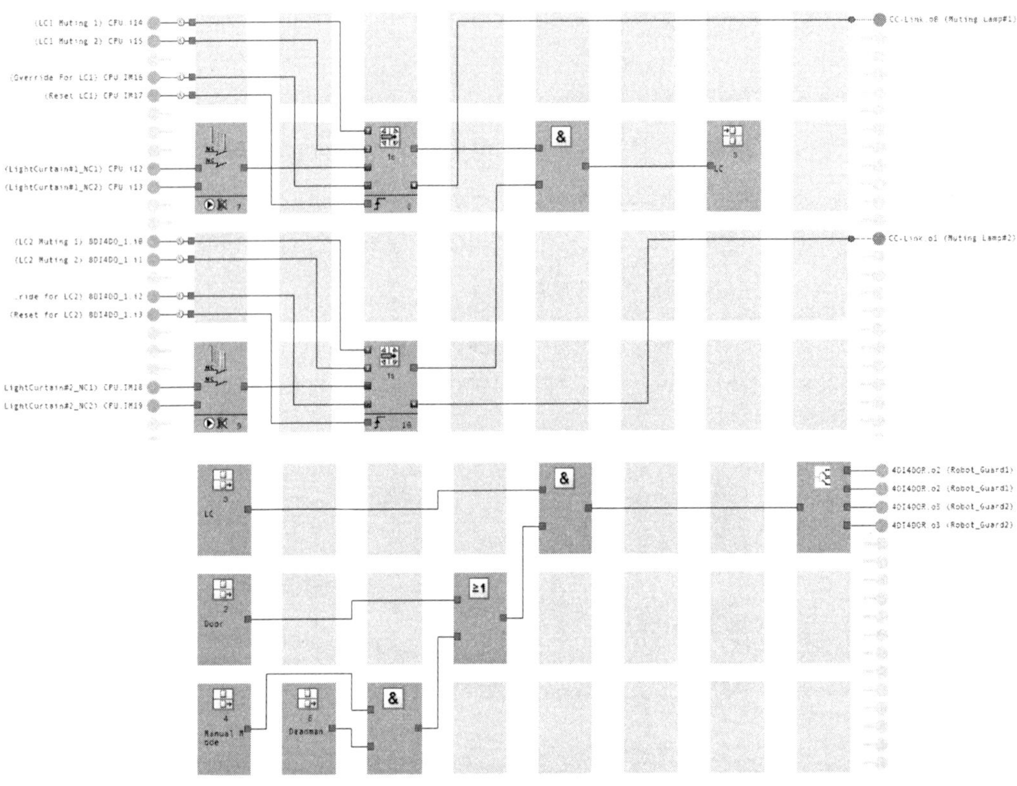


**▌그림 6-41 라이트 커튼 및 뮤팅에 대한 Function Block**

도어인터록스위치는 4개의 신호가 AND GATE로 조합되어 가드정지기능을 제어한다. 그러나 로봇 티칭을 위해서 수동모드 상태에서는 티칭펜던트의 데드맨 신호가 전송될 경우, 도어인터록 신호는 바이패스 될 수 있다.

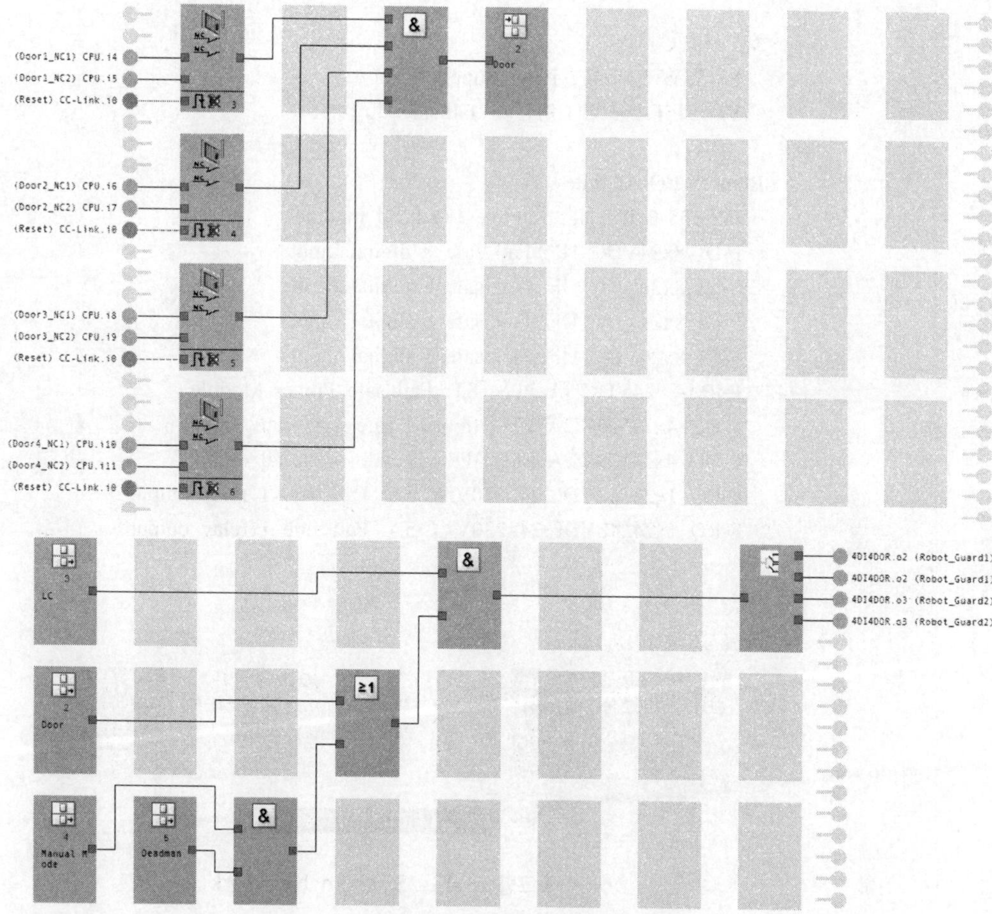


▌그림 6-42 도어인터록 관련 로직

### 5) 안전 PLC의 구성 및 프로그래밍2(Maker : Siemens)

#### 가. Hardware 구성

하드웨어는 Main CPU 및 Remote I/O Module이 Field Bus(Profinet/Profisafe)에 의해서 Network이 형성된다.

모든 안전관련 입출력은 Remote I/O Module에 위치한다.

<Main PLC>
PS 25W 24VDC: Powr Supply
S7-1515F-2 PN: CPU for fail-safe

<Remote I/O Module>
IM 155-6 PN HF: Remote I/O head module
F-DI 8x24VDC HF: Fail safe 8 digital input
F-DI 8x24VDC HF: Fail safe 8 digital input
F-DI 8x24VDC HF: Fail safe 8 digital input
F-DI 8x24VDC HF: Fail safe 8 digital input
F-PM-E 24VDC/8A PPM ST: Fail safe Power Module
F-DQ 4x24VDC/2A PM HF: Fail safe 4 digital output
F-DQ 4x24VDC/2A PM HF: Fail safe 4 digital output
F-RQ 1x24..48VDC/24..230VAC/5A: Fail safe 1 relay output
F-RQ 1x24..48VDC/24..230VAC/5A: Fail safe 1 relay output

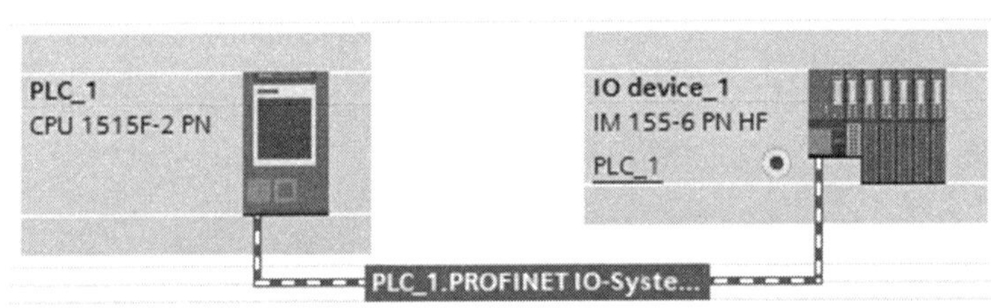


▌그림 6-43 System Network

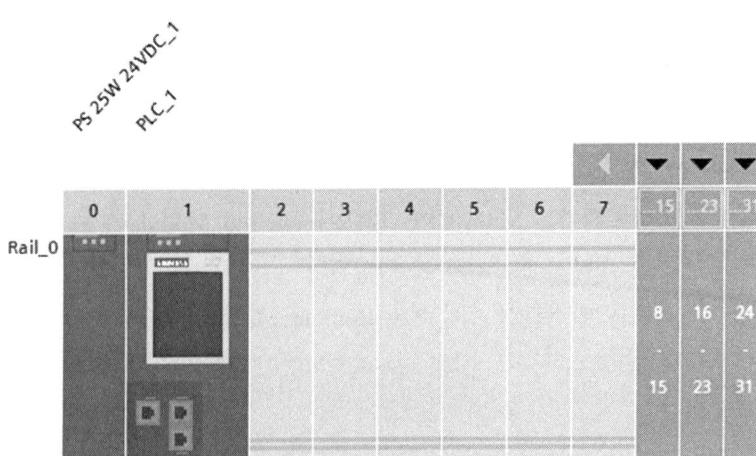


▌그림 6-44 Main PLC 구성

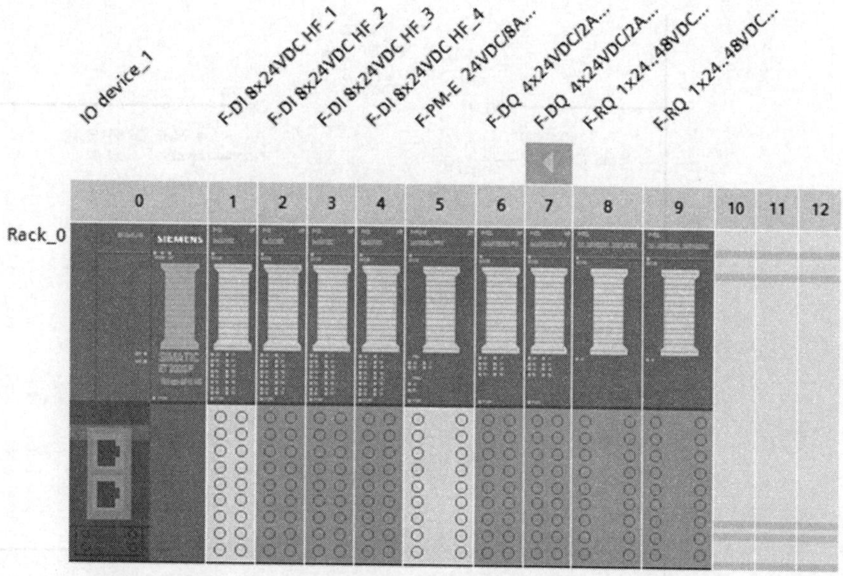


▌그림 6-45 Remote I/O Module의 구성

나. 비상정지

입력 2중화를 위하여 1oo2 Evaluation을 설정한다.

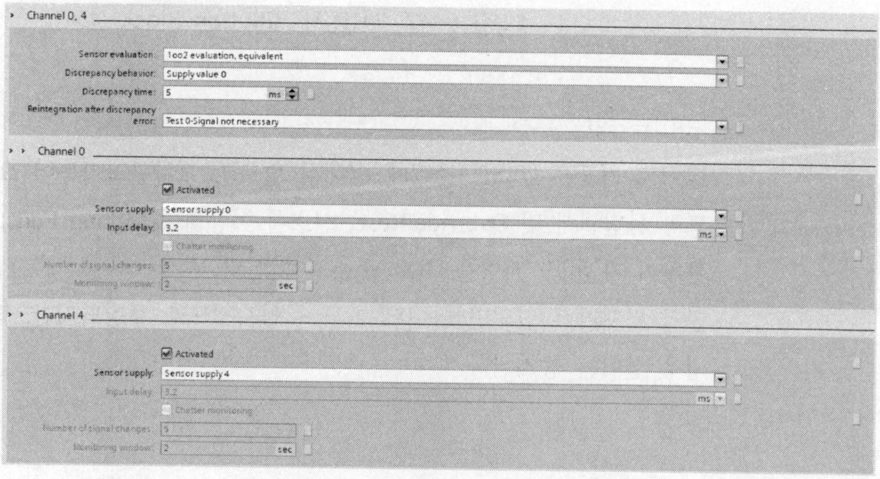


▌그림 6-46 비상정지 안전입력 기본 설정

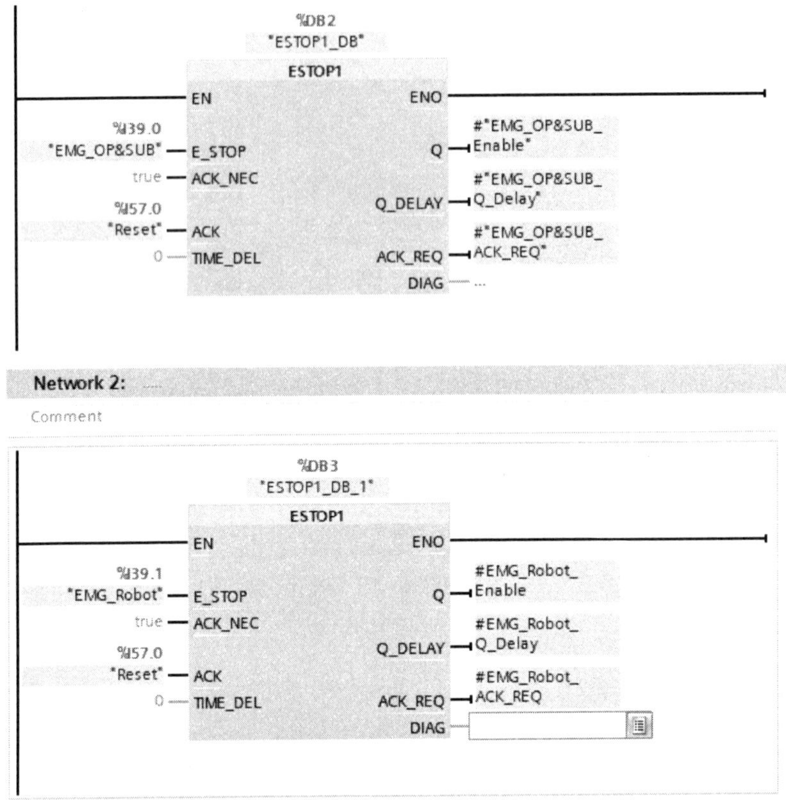


▌그림 6-47 비상정지 Function Block 설정

### 다. 라이트 커튼 구성

라이트 커튼은 OSSD 출력에 의해서 별도의 교차단락기능이 요구되지 않는다. 또한 뮤팅센서 및 Override/Reset 신호를 이용하여 Muting Function Block을 이용하여 자재 및 사람을 서로 구분해야 한다.

만약 자재가 투입되면 라이트 커튼이 일시적으로 뮤팅되지만, 작업자가 진입할 경우 설비는 중지된다.

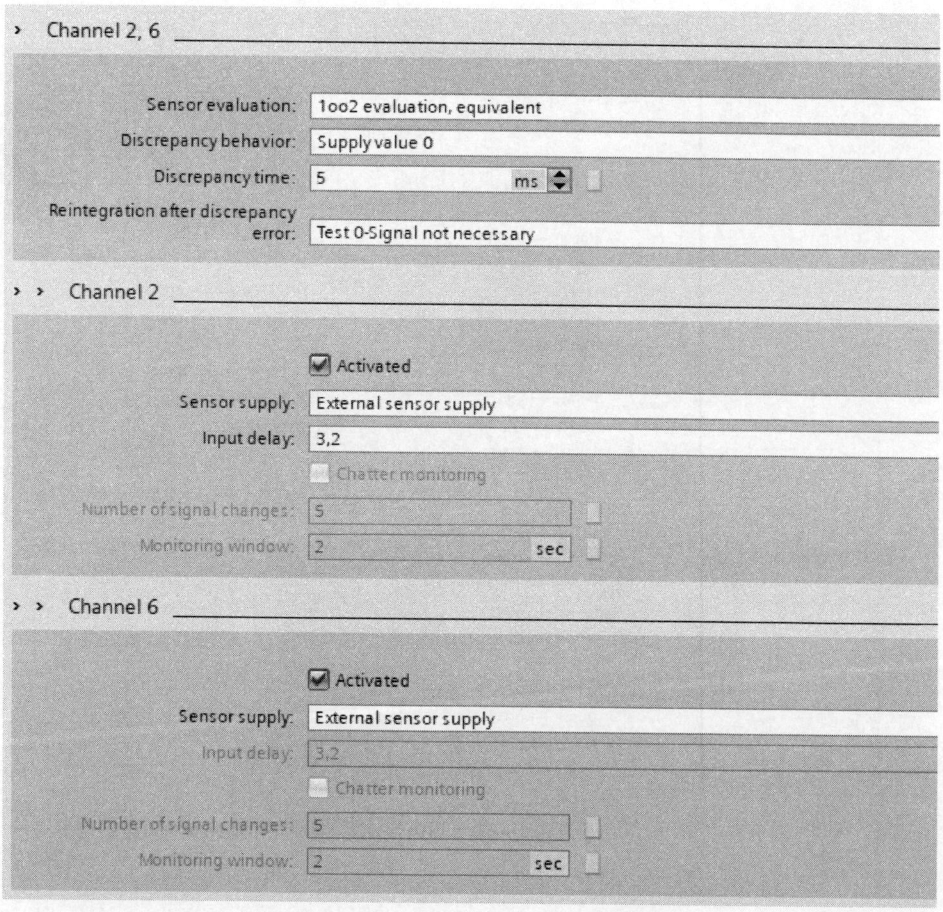


▌그림 6-48 라이트 커튼 외부 전원 설정

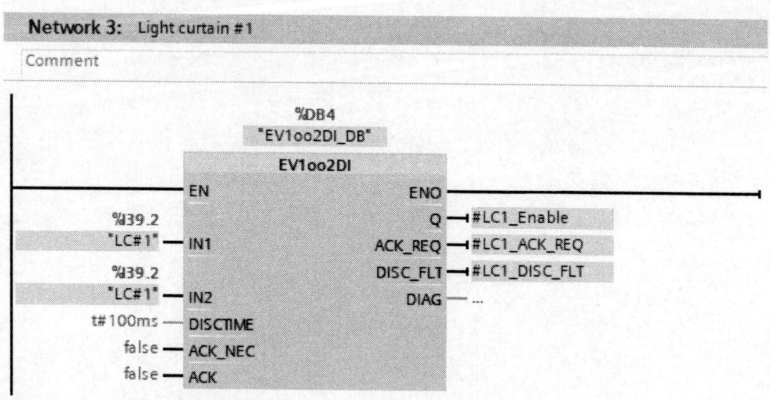


▌그림 6-49 라이트 커튼 Function Block 설정

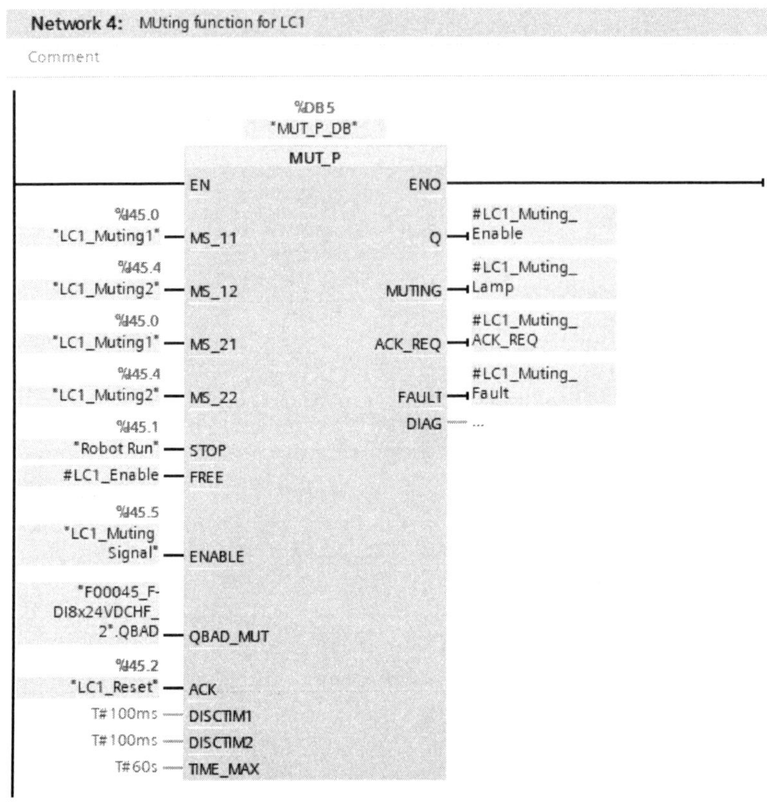


▌그림 6-50 라이트 커튼 뮤팅 Function Block 설정

라. 도어인터록 구성

도어인터록은 OSSD 출력에 의해서 별도의 교차단락기능이 요구되지 않는다.

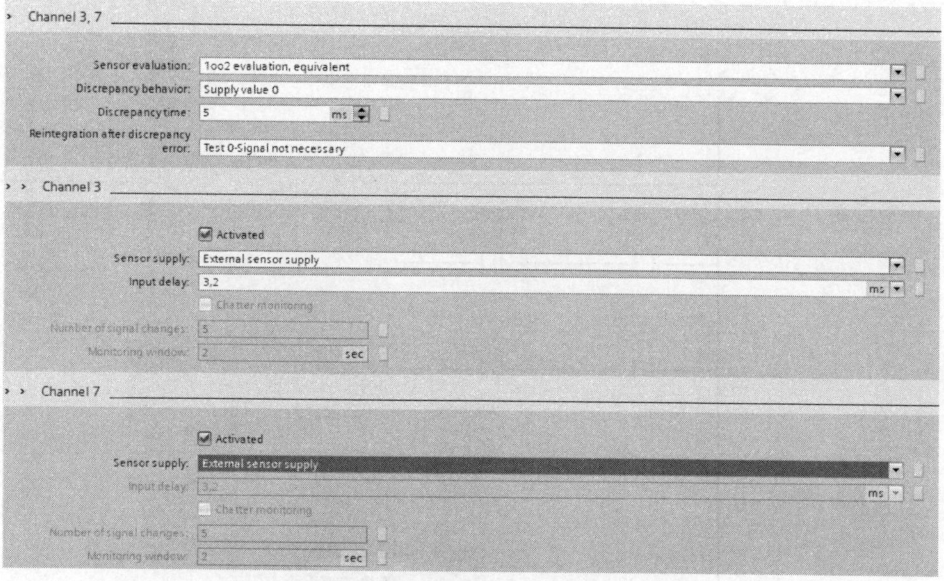


▌그림 6-51 도어인터록 외부 전원 기본 설정

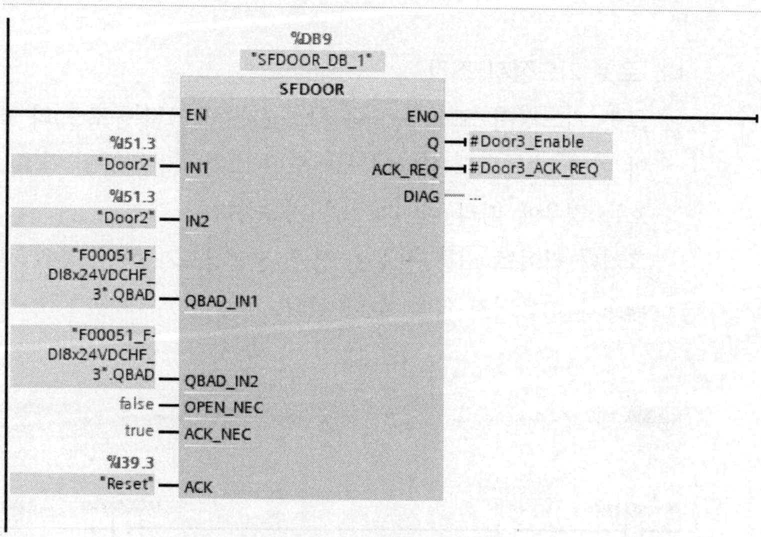


▌그림 6-52 도어인터록스위치 Function Block 설정

### 마. 로봇 비상정지회로

로봇 비상정지회로는 비상정지스위치들의 작동상태에 따라서 제어된다. 산업용 로봇의 경우 일반적으로 Feedback Loop는 적용되지 않는다.

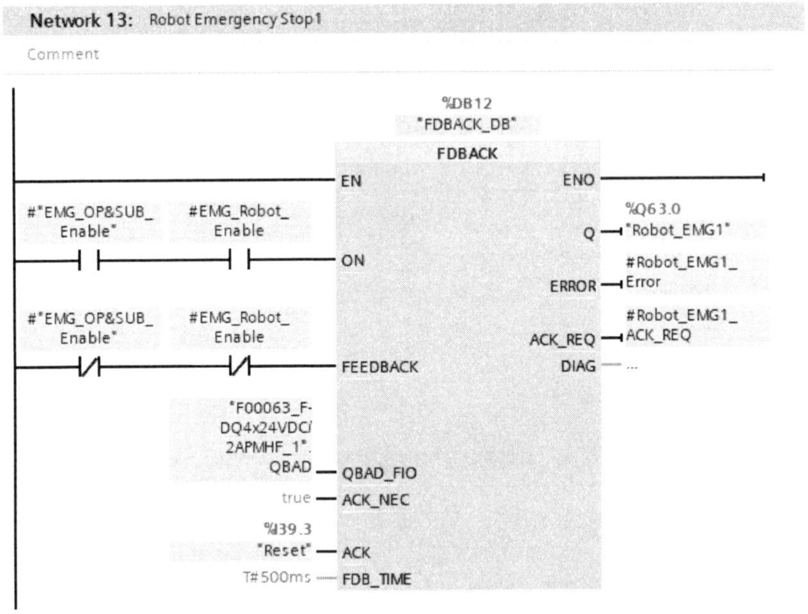


▌그림 6-53 로봇 비상정지 출력 로직 설정

바. 로봇 가드정지 조건

로봇 가드정지 조건에는 운전모드(자동모드/수동모드)와 티칭 여부가 포함되어야 한다. 수동모드 상태에서 데드맨 스위치가 작동될 경우, 도어인터록스위치 신호는 경우에 따라 바이패스가 가능하다.

그러나 라이트 커튼 신호는 정규 진입경로가 아닌 경우로서 티칭모드에서 바이패스가 허용되지 않을 수도 있다.

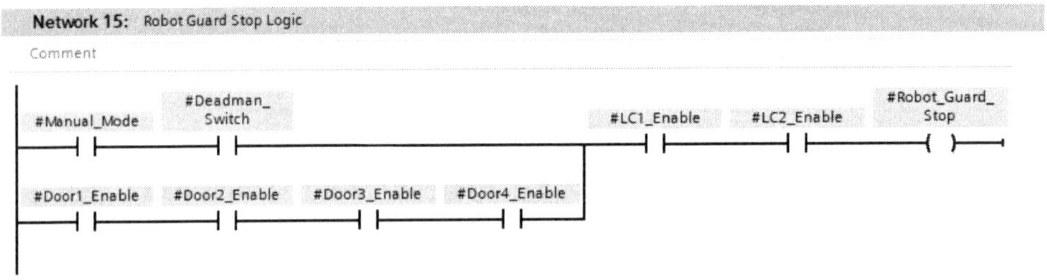


▌그림 6-54 로봇 가드정지 조건

### 사. 로봇 가드정지회로

로봇 가드정지회로는 상기의 가드정지 조건에 의해서 출력을 제어한다. 산업용 로봇의 경우 일반적으로 Feedback Loop는 적용되지 않는다.

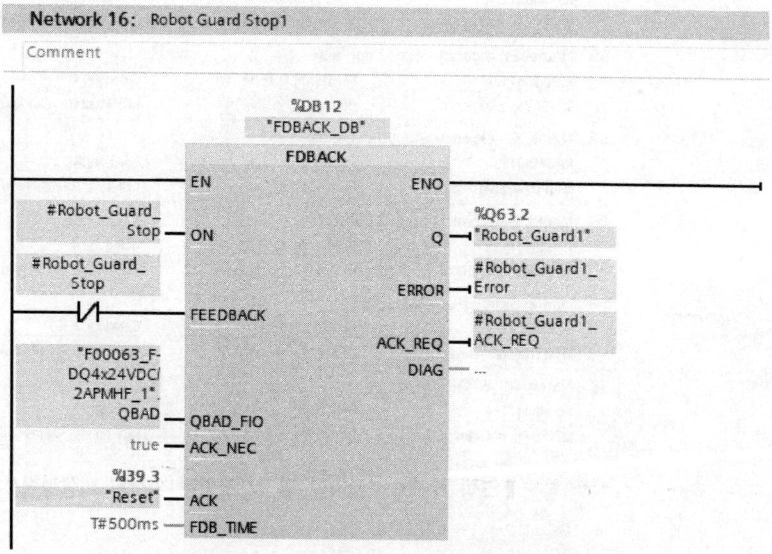


▌그림 6-55 로봇 가드정지 출력 로직 설정

## 6) SISTEMA 리포트

SISTEMA를 이용하여 위의 예제(Maker : Siemens)를 구성해보도록 한다. SISTEMA Library 예제를 위하여, 비상정지스위치는 Schneider사의 제품을 이용하며, 도어인터록스위치는 Euchner사의 제품 사용을 간주한다. 라이트 커튼은 Keyence사의 제품이 예제로 사용되며, 로봇의 경우는 Denso Robot을 임의적으로 선정하였다.

SF Name: EMG_OP&SUB

| Required: PLr d | Reached: PL e | PFHD [1/h]: 2.4E-8 | Status: green |
|---|---|---|---|

**Contained subsystems**

SB Name: Emergency Stop, 2 contacts

| Resulting PL: e | PFHD [1/h]: 9.1E-10 | Category: 4 |
|---|---|---|
| MTTFD [a]: 2500 (High) | DCavg [%]: 99 (High) | CCF Points: 65 (fulfilled) |

SB Name: Emergency Stop, 2 contacts

| Resulting PL: e | PFHD [1/h]: 9.1E-10 | Category: 4 |
|---|---|---|
| MTTFD [a]: 2500 (High) | DCavg [%]: 99 (High) | CCF Points: 65 (fulfilled) |

SB Name: Emergency Stop, 2 contacts

| Resulting PL: e | PFHD [1/h]: 9.1E-10 | Category: 4 |
|---|---|---|
| MTTFD [a]: 2500 (High) | DCavg [%]: 99 (High) | CCF Points: 65 (fulfilled) |

SB Name: Emergency Stop, 2 contacts

| Resulting PL: e | PFHD [1/h]: 9.1E-10 | Category: 4 |
|---|---|---|
| MTTFD [a]: 2500 (High) | DCavg [%]: 99 (High) | CCF Points: 65 (fulfilled) |

SB Name: Emergency Stop, 2 contacts

| Resulting PL: e | PFHD [1/h]: 9.1E-10 | Category: 4 |
|---|---|---|
| MTTFD [a]: 2500 (High) | DCavg [%]: 99 (High) | CCF Points: 65 (fulfilled) |

SB Name: Safety PLC : S7-1500F

| Resulting PL: e | PFHD [1/h]: 4E-9 | Category: 4 |
|---|---|---|
| MTTFD [a]: not relevant | DCavg [%]: not relevant | CCF Points: not relevant |

SB Name: 01_STO(SIL3_d1)

| Resulting PL: e | PFHD [1/h]: 1.5E-8 | Category: 4 |
|---|---|---|
| MTTFD [a]: not relevant | DCavg [%]: not relevant | CCF Points: not relevant |

**▌그림 6-56 제어반 및 각 도어에 설치된 비상정지스위치**

SF Name: EMG_Robot

| Required: PLr d | Reached: PL e | PFHD [1/h]: 2.4E-8 | Status: green |
|---|---|---|---|

**Contained subsystems**

SB Name: Emergency Stop, 2 contacts

| Resulting PL: e | PFHD [1/h]: 9.1E-10 | Category: 4 |
|---|---|---|
| MTTFD [a]: 2500 (High) | DCavg [%]: 99 (High) | CCF Points: 65 (fulfilled) |

SB Name: Emergency Stop, 2 contacts

| Resulting PL: e | PFHD [1/h]: 9.1E-10 | Category: 4 |
|---|---|---|
| MTTFD [a]: 2500 (High) | DCavg [%]: 99 (High) | CCF Points: 65 (fulfilled) |

SB Name: Emergency Stop, 2 contacts

| Resulting PL: e | PFHD [1/h]: 9.1E-10 | Category: 4 |
|---|---|---|
| MTTFD [a]: 2500 (High) | DCavg [%]: 99 (High) | CCF Points: 65 (fulfilled) |

SB Name: Emergency Stop, 2 contacts

| Resulting PL: e | PFHD [1/h]: 9.1E-10 | Category: 4 |
|---|---|---|
| MTTFD [a]: 2500 (High) | DCavg [%]: 99 (High) | CCF Points: 65 (fulfilled) |

SB Name: Emergency Stop, 2 contacts

| Resulting PL: e | PFHD [1/h]: 9.1E-10 | Category: 4 |
|---|---|---|
| MTTFD [a]: 2500 (High) | DCavg [%]: 99 (High) | CCF Points: 65 (fulfilled) |

SB Name: Safety PLC : S7-1500F

| Resulting PL: e | PFHD [1/h]: 4E-9 | Category: 4 |
|---|---|---|
| MTTFD [a]: not relevant | DCavg [%]: not relevant | CCF Points: not relevant |

SB Name: 01_STO(SIL3_d1)

| Resulting PL: e | PFHD [1/h]: 1.5E-8 | Category: 4 |
|---|---|---|
| MTTFD [a]: not relevant | DCavg [%]: not relevant | CCF Points: not relevant |

**▌그림 6-57 로봇패널 및 티칭펜던트 상의 비상정지스위치**

SF Name: Light Curtain #1

| Required: PLr d | Reached: PL e | PFHD [1/h]: 2.1E-8 | Status: green |
|---|---|---|---|

**Contained subsystems**

SB Name: GL-R08H(PNP)

| Resulting PL: e | PFHD [1/h]: 1.9E-9 | Category: 4 |
|---|---|---|
| MTTFD [a]: not relevant | DCavg [%]: not relevant | CCF Points: not relevant |

SB Name: Safety PLC : S7-1500F

| Resulting PL: e | PFHD [1/h]: 4E-9 | Category: 4 |
|---|---|---|
| MTTFD [a]: not relevant | DCavg [%]: not relevant | CCF Points: not relevant |

SB Name: 01_STO(SIL3_d1)

| Resulting PL: e | PFHD [1/h]: 1.5E-8 | Category: 4 |
|---|---|---|
| MTTFD [a]: not relevant | DCavg [%]: not relevant | CCF Points: not relevant |

▌그림 6-58 SISTEMA - #1 라이트 커튼

SF Name: Light Curtain #2

| Required: PLr d | Reached: PL e | PFHD [1/h]: 2.1E-8 | Status: green |
|---|---|---|---|

**Contained subsystems**

SB Name: GL-R08H(PNP)

| Resulting PL: e | PFHD [1/h]: 1.9E-9 | Category: 4 |
|---|---|---|
| MTTFD [a]: not relevant | DCavg [%]: not relevant | CCF Points: not relevant |

SB Name: Safety PLC : S7-1500F

| Resulting PL: e | PFHD [1/h]: 4E-9 | Category: 4 |
|---|---|---|
| MTTFD [a]: not relevant | DCavg [%]: not relevant | CCF Points: not relevant |

SB Name: 01_STO(SIL3_d1)

| Resulting PL: e | PFHD [1/h]: 1.5E-8 | Category: 4 |
|---|---|---|
| MTTFD [a]: not relevant | DCavg [%]: not relevant | CCF Points: not relevant |

▌그림 6-59 SISTEMA - #2 라이트 커튼

SF Name: Door_Interlock#1

| Required: PLr d | Reached: PL e | PFHD [1/h]: 6E-8 | Status: green |
|---|---|---|---|

**Contained subsystems**

SB Name: MGB..PN... Multifunctional Gate Box with Profinet

| Resulting PL: e | PFHD [1/h]: 4.1E-8 | Category: 4 |
|---|---|---|
| MTTFD [a]: not relevant | DCavg [%]: not relevant | CCF Points: not relevant |

SB Name: Safety PLC : S7-1500F

| Resulting PL: e | PFHD [1/h]: 4E-9 | Category: 4 |
|---|---|---|
| MTTFD [a]: not relevant | DCavg [%]: not relevant | CCF Points: not relevant |

SB Name: 01_STO(SIL3_d1)

| Resulting PL: e | PFHD [1/h]: 1.5E-8 | Category: 4 |
|---|---|---|
| MTTFD [a]: not relevant | DCavg [%]: not relevant | CCF Points: not relevant |

▌그림 6-60 SISTEMA - #1 도어인터록

SF Name: Door_Interlock#1

Required: PLr d | Reached: PL e | PFHD [1/h]: 6E-8 | Status: green

**Contained subsystems**

SB Name: MGB..PN... Multifunctional Gate Box with Profinet

Resulting PL: e | PFHD [1/h]: 4.1E-8 | Category: 4

MTTFD [a]: not relevant | DCavg [%]: not relevant | CCF Points: not relevant

SB Name: Safety PLC : S7-1500F

Resulting PL: e | PFHD [1/h]: 4E-9 | Category: 4

MTTFD [a]: not relevant | DCavg [%]: not relevant | CCF Points: not relevant

SB Name: 01_STO(SIL3_d1)

Resulting PL: e | PFHD [1/h]: 1.5E-8 | Category: 4

MTTFD [a]: not relevant | DCavg [%]: not relevant | CCF Points: not relevant

▌그림 6-61 SISTEMA - #2 도어인터록

SF Name: Door_Interlock#1

Required: PLr d | Reached: PL e | PFHD [1/h]: 6E-8 | Status: green

**Contained subsystems**

SB Name: MGB..PN... Multifunctional Gate Box with Profinet

Resulting PL: e | PFHD [1/h]: 4.1E-8 | Category: 4

MTTFD [a]: not relevant | DCavg [%]: not relevant | CCF Points: not relevant

SB Name: Safety PLC : S7-1500F

Resulting PL: e | PFHD [1/h]: 4E-9 | Category: 4

MTTFD [a]: not relevant | DCavg [%]: not relevant | CCF Points: not relevant

SB Name: 01_STO(SIL3_d1)

Resulting PL: e | PFHD [1/h]: 1.5E-8 | Category: 4

MTTFD [a]: not relevant | DCavg [%]: not relevant | CCF Points: not relevant

▌그림 6-62 SISTEMA - #3 도어인터록

SF Name: Door_Interlock#1

Required: PLr d | Reached: PL e | PFHD [1/h]: 6E-8 | Status: green

**Contained subsystems**

SB Name: MGB..PN... Multifunctional Gate Box with Profinet

Resulting PL: e | PFHD [1/h]: 4.1E-8 | Category: 4

MTTFD [a]: not relevant | DCavg [%]: not relevant | CCF Points: not relevant

SB Name: Safety PLC : S7-1500F

Resulting PL: e | PFHD [1/h]: 4E-9 | Category: 4

MTTFD [a]: not relevant | DCavg [%]: not relevant | CCF Points: not relevant

SB Name: 01_STO(SIL3_d1)

Resulting PL: e | PFHD [1/h]: 1.5E-8 | Category: 4

MTTFD [a]: not relevant | DCavg [%]: not relevant | CCF Points: not relevant

▌그림 6-63 SISTEMA - #4 도어인터록

| Name | Required | Reached | PFHD [1/h] | Status |
|---|---|---|---|---|
| SF Name: EMG_OP&SUB | Required: PLr d | Reached: PL e | PFHD [1/h]: 2.4E-8 | Status: green |
| SF Name: EMG_Robot | Required: PLr d | Reached: PL e | PFHD [1/h]: 2.4E-8 | Status: green |
| SF Name: Light Curtain #1 | Required: PLr d | Reached: PL e | PFHD [1/h]: 2.1E-8 | Status: green |
| SF Name: Light Curtain #2 | Required: PLr d | Reached: PL e | PFHD [1/h]: 2.1E-8 | Status: green |
| SF Name: Door_Interlock#1 | Required: PLr d | Reached: PL e | PFHD [1/h]: 6E-8 | Status: green |
| SF Name: Door_Interlock#2 | Required: PLr d | Reached: PL e | PFHD [1/h]: 6E-8 | Status: green |
| SF Name: Door_Interlock#3 | Required: PLr d | Reached: PL e | PFHD [1/h]: 6E-8 | Status: green |
| SF Name: Door_Interlock#4 | Required: PLr d | Reached: PL e | PFHD [1/h]: 6E-8 | Status: green |

▌그림 6-64 SISTEMA - Summary

# 별첨

## 안전요구사항 및 대책의 확인 수단

| 안전요구사항 및 대책 | 확인 및 검증 방법 | | | | | | | | |
|---|---|---|---|---|---|---|---|---|---|
| | A | B | C | D | E | F | G | H | I |
| **안전정격 제어시스템 성능(하드웨어/소프트웨어)** | | | | | | | | | |
| 사용정보에 성능수준 및 성능을 결정하기 위한 데이터 및 기준 제시 | v | | | | | | | | v |
| 성능수준(PL)이 범주 3을 가지는 d인가 | | | | | v | v | | | v |
| 성능이 안전무결성수준(SIL) 2, 하드웨어 고장 허용 1인가 | | | | | v | v | | | v |
| 위험성평가 결과의 성능을 결정하는 것에 사용하였음 | | | | | | | v | | v |
| **설계 및 설치** | | | | | | | | | |
| 시스템 설계 및 선택은 조건들을 기반으로 | v | | | v | | | | | v |
| 자동모드 선택은 보호영역 밖에서만 | v | v | | | v | | | | |
| 구동 제어기들이 기계류 전기설비 기준을 준수 | v | | | | | | | | |
| 로봇시스템이 모든 외부 원격명령이나 위험을 야기하는 조건에 응답하지 않음 | | v | | v | | | | | |
| 모든 동력원은 제조자의 요구조건을 충족 | v | | v | | v | | | | v |
| 전기실 문은 완전히 열 수 있어야 하고 탈출경로는 항상 사용 가능 | v | v | v | v | | | | | |
| 보호접지는 기계류 전기안전기준 준수 | v | | v | | | | | | |
| 위험에너지의 분리수단이 제공 | v | v | | | v | | | | |
| 위험에너지의 분리수단을 명확히 표시 | v | | | | | | | | |
| 위험에너지의 제어된 방출을 위한 수단 제공 | v | v | | | v | | | | |

| 안전요구사항 및 대책 | 확인 및 검증 방법 | | | | | | | | |
|---|---|---|---|---|---|---|---|---|---|
| | A | B | C | D | E | F | G | H | I |
| 위험에너지의 제어된 방출을 위한 수단을 명확히 표시 | v | | | | | | | | |
| 로봇시스템이 보호정지와 함께 제공 | | v | | | v | | | | |
| 로봇시스템이 별도의 비상정지와 함께 제공 | | v | | | v | | | | |
| 보호 및 비상정지가 외부 보호장치의 연결을 위한 준비보유 | v | | | | v | | | | |
| 각 시작명령의 능력을 가진 제어스테이션 또는 다른 위험한 기능들은 비상정지를 가짐 | v | v | | | v | | | | |
| 작동은 셀 안에서 모든 로봇동작과 기타 위험한 기능을 멈추게 함 | | v | | | v | | | | |
| 시스템과 다중기능을 위한 제어범위를 위하여 하나의 비상정지 보유 | | v | | | v | | | | |
| 하나의 작업영역 안에서의 모든 비상정지장치는 같은 제어범위를 보유 | | v | | | v | | | | |
| 제어범위에 관한 지침은 사용정보에 포함 | v | | | | | | | | v |
| 비상정지기능은 필요한 조건 만족 | | v | v | | v | | | | |
| 비상정지기능의 정지분류는 카테고리 0과 1 중 하나 | | v | | | v | | | | v |
| 비상정지기능(PL)은 d를 준수하고 범주 3으로 적용 | | | | | | | | | v |
| 비상정지 출력신호는 로봇시스템의 전원공급장치가 제거될 때까지 계속하여야 함. 그렇지 않으면 비상정지신호를 발생시켜야 함 | | v | v | | | | | | v |
| 비상회복 절차는 사용정보 안에 제공됨 | | | | | | | | | v |
| 비상회복 절차를 위한 기호나 부착물은 로봇시스템에 부착 | v | | | | | | | | v |
| 모호한 경고신호는 동등한 효과의 경고신호로 대체 | v | | | | | | | | v |
| 작업조명 수준은 사용정보에 따라서 확인하고 규정 | v | | v | v | | | | | v |
| 운전에 적합한 통합 조명 제공 | v | v | v | v | | | v | | |
| 로봇시스템 통합 작업은 응용된 위험원 고려 | v | | | v | | | v | | v |
| 타 기계와 연결 요구사항은 사용정보에 규정되었으며 제조사의 지시를 준수 | | | | v | v | | | v | v |
| 보호영역 내에서 예상되는 인원의 수에 따른 충분한 추가적인 동작허가장치의 제공 | v | | | v | v | | v | v | v |
| 단일 로봇제어기와 연관된 다중 동작허가장치는 동일한 기능을 가져야 함 | | v | | v | | v | | | v |
| 동작허가장치가 인원이 추가적인 로봇이나 기타 장비에서 위험원에 노출되는 셀영역에서 연동함 | | v | | v | v | v | v | v | v |
| 추가 연동장치는 별도의 다시 시작이 필요함 | | v | | v | v | | | | v |

| 안전요구사항 및 대책 | 확인 및 검증 방법 | | | | | | | | |
|---|---|---|---|---|---|---|---|---|---|
| | A | B | C | D | E | F | G | H | I |
| **로봇의 동작 제한** | | | | | | | | | |
| 보호영역은 경계 보호장치에 의하여 설정되고 보호영역 내 기계 및 위험원의 위치 및 배치를 고려하여 결정됨 | v | v | | v | | | v | v | v |
| 로봇의 제한영역은 로봇, 말단장치, 고정장치 기르고 작업 대상물을 둘러싼 영역을 제한하는 수단에 의하여 설정됨 | | v | v | | | | v | v | |
| 제한영역은 보호영역 안에 위치 | v | v | | | | | | v | v |
| 경계방호벽은 제한영역보다 더 가깝게 설치되지 않아야 함 | v | v | | | | v | | v | v |
| 제한영역을 계산할 때에는 제한장치와 관련된 정지거리를 고려함 | | v | v | | | | | v | v |
| 제한장치는 올바르게 조정하고 확보됨 | v | v | v | | | v | | | v |
| 안전정격 연성 축 및 공간 제한을 비롯한 비기계적 제한장치 사용할 경우 제한영역은 실제 부하를 가진 로봇을 기준으로 작성 | | v | v | | | v | | v | v |
| 로봇의 속도가 검출시스템에 의하여 제한된다면 제한영역은 로봇 속도 조건에서 결정, 그렇지 않을 경우 로봇의 최대 속도 기준 | | v | v | | | v | | v | v |
| 안전정격 연성 축 및 공간 제한기능이 로봇 사용정보에 따라 사용된다면 사용정보에 이러한 수단에 의해 설정된 프로그램 된 한계에 대한 정보가 제공됨 | | | | | | | | v | v |
| 경계방호벽이 제한장치로 사용되는 경우, 방호벽의 설계, 강도, 굴절에 대한 요구사항을 결정하는데 위험성평가 결과 이용 | | | | | | | v | v | v |
| 동작 제한은 항상 운전자를 향한 로봇 동작의 노출을 막음 | | v | v | v | | | | v | v |
| 동작 제한과 관련된 안전제어는 안전제어시스템의 성능요구조건을 준수 | | | | | v | v | | | v |
| 동작 제한구역의 위치가 사용정보로 식별됨 | | | | | | v | | v | v |
| **배치** | | | | | | | | | |
| 경계 안전보호장치는 안전장치 기준에 따라 설치 | v | v | v | | v | v | | v | v |
| 보호장치의 선택은 예상되는 운영상의 압박과 가공재료와 기타 관련 외부영향을 고려 | v | v | | v | | | | v | v |
| 기계적 보호의 안전거리 초과 또는 통과는 관련 규정 준수 | v | | v | | | | | v | |
| 압박을 막기 위한 최소한의 간격이 관련 규정 준수 | v | | v | | | | | v | |
| 작업영역에서 필요로 하는 수동 고속 사용을 위해 0.5 m의 최소 간격이 유지됨 | v | | v | | | | | v | |
| 실용적인 배치설계가 된 곳은 작업이 보장 공간 밖에서 수행되도록 허용 | v | | v | v | | | v | v | |

| 안전요구사항 및 대책 | 확인 및 검증 방법 | | | | | | | | |
|---|---|---|---|---|---|---|---|---|---|
| | A | B | C | D | E | F | G | H | I |
| 안전하고 적절한 보호영역 안에 작업위치 접근이 제공 | v | | | v | | | v | v | v |
| 위험에 자유로운 접근 수단 제공 | v | | v | | | | v | v | |
| 잦은 빈도의 작업을 위한 영구적인 접근 수단들 | v | | v | | | | v | v | v |
| 높게 설치된 전자장비에 닿기 위해 제공되는 접근 수단 | v | | v | | | | | v | |
| 0.4 m에서 2.0 m 높이 사이에 위치한 장비의 접근 수단 | v | | v | | | | v | v | |
| 플랫폼, 통로, 계단, 발판 사다리와 고정 사다리는 사다리 관련 규정을 준수 | v | | v | | | | | v | v |
| 인접한 셀 사이의 안전보호장치가 제공 | v | v | v | v | | | v | v | |
| 인접한 셀에서 부품을 이동하는 동안의 안전보호장치가 제공 | v | v | v | v | | | v | v | |
| 사람이 보호영역에 재료가 들어가고 나오는 곳과 같은 위험지대에 들어오는 것이 감지 | v | v | | v | | | | v | |
| 안전보호수단은 위험원 또는 안전한 상태에서 위험을 초래하는 것과의 접촉 방지 | v | v | | v | | | | v | |
| **로봇시스템 운전모드 응용** | | | | | | | | | |
| 운전을 선택하지 않은 로봇시스템은 다중 로봇 셀의 안전상태로 남아 있음 | | v | | v | v | | v | v | |
| 수동으로 운전되지 않는 셀 안의 다른 로봇이 위험을 생성하지 않음 | | v | | v | v | | v | v | |
| 무단 또는 부주의로 인한 모드 선택이 금지됨 | v | v | | | v | v | | | |
| 선택수단은 오지 선택모드에서만 가능하고 운전은 불가능함 | v | v | | v | v | v | | | |
| 로봇의 기동에는 별도의 행동이 필요함 | v | v | | v | v | v | | | |
| 모호하지 않은 운전모드의 표시가 제공됨 | v | v | | v | | | | | |
| 운전모드의 변경이 위험원을 초래하지 않아야 함 | | v | | v | v | v | | | |
| 자동모드 상태에서 보호정지 또는 비상정지상태를 무효화 할 수 없음 | | v | | v | v | v | | | v |
| 자동모드의 선택은 보호영역 밖에서만 가능함 | | v | | v | v | v | | | |
| 자동모드에서 전환은 정지신호를 발생함 | | v | | v | v | | | | |
| 자동운전이 보호영역 밖으로 기동됨 | | v | | v | v | v | | v | v |
| 자동모드의 초기화가 오직 안전장치의 활성화상태에서 가능 | | v | | v | v | v | | v | v |
| 보호조치는 기동 및 재기동 전에 작동 | v | v | | | v | v | | | v |
| 안전관련 제어기능은 안전제어시스템의 성능 요구사항 준수 | | | | | v | v | v | | v |

| 안전요구사항 및 대책 | 확인 및 검증 방법 | | | | | | | | |
|---|---|---|---|---|---|---|---|---|---|
| | A | B | C | D | E | F | G | H | I |
| 기동과 재기동을 위한 수동 작동 연동이 제공 | | v | | | v | v | | | |
| 작업자는 보호영역 안에서 기동과 재기동 시 보호됨 | v | v | | v | v | v | | v | v |
| 수동 작동의 기동과 재기동 제어는 보호영역 안에서 활성화할 수 없음 | v | v | | v | v | | | v | v |
| 기능적 안전과 보호조치는 기동과 재기동 전의 보호영역 안에서 아무도 없는 것을 보장하기 위해 제공됨 | | v | | v | v | v | | | v |
| 필요한 경우 존재 감지 또는 시청각 사전 시작 경고신호 보냄 | | v | | v | v | v | v | | |
| 접근 가능한 비상정지장치가 보호영역 내에 제공 | v | | | | | | | v | v |
| 수동개입 동안의 지역제어기로 교시상자 사용 | v | | | | v | v | | v | v |
| 제어장치의 위치는 작업영역에서 관측 허용 | v | | | v | | | | v | |
| 정지 제어장치를 각각의 기동 제어장치 근처에 배치 | v | | | v | v | | | v | v |
| 다른 곳으로부터의 제어를 지역제어를 하는 동안에는 막아야 함 | | v | | | v | v | | | v |
| TCP의 수정은 오프셋 조정기능을 사용하여 가능함 | | v | v | | | v | | v | v |
| TCP의 최대 속도는 250 mm/s 이하 | | v | v | v | | v | | | v |
| 기능성 동작허가장치기 동작을 위해 필요 | v | v | | | | | | | v |
| 교시상자의 요구사항 충족 | | | | | | | | | v |
| 사용정보는 동작허가장치의 기능 테스트를 포함 | | v | | v | | v | v | | v |
| 원격제어는 오직 수동모드인 동안에만 가능 | | v | | v | | v | | | v |
| 원격제어 동안, 한순간에 오직 하나의 제어소스만 활성화 됨 | | v | | v | | v | | | v |
| 원격기능활성화는 오직 지역운전 제어로만 가능 | | v | | v | | v | | | v |
| 원격으로 안전정격 연성 축과 공간 제한하는 변수를 변경하는 것에는 제한 존재 | | v | | | | v | | | v |
| 활성화 된 원격제어장치의 표시가 존재 | v | v | | | v | | | | v |
| 수동 고속상태일 때의 원격제어는 금지 | | v | | | v | | | | v |
| 사용정보에서 수동원격 개입에 대한 요구사항 제공 | | | | | | | v | | v |
| **교시상자** | | | | | | | | | |
| 보호영역 안에서 교시상자는 요구사항을 충족 | v | v | | | v | v | | | v |
| 교시상자의 비상정지는 기능을 준수 | v | v | v | | v | | | v | v |
| 케이블이 달린 교시상자는 충분한 길이와 내구성을 가짐 | v | v | v | | | | | v | v |
| 교시상자 손상을 막기 위한 저장소 제공 | v | | | v | v | | v | v | v |

| 안전요구사항 및 대책 | 확인 및 검증 방법 | | | | | | | | |
|---|---|---|---|---|---|---|---|---|---|
| | A | B | C | D | E | F | G | H | I |
| 무선 또는 분리형 교시상자는 요구사항 충족 | v | v | | v | v | v | | | v |
| 비상정지 및 동작허가장치는 요구사항 충족 | v | v | | v | v | v | | | v |
| 우발적 제어를 피할 수 있음 | | v | | v | v | | | | v |
| 무선 교시상자는 동시에 하나 이상의 로봇시스템에 연결되지 않음 | v | v | | v | v | | | v | v |
| 신호 손실은 정지를 발생시키며, 재기동을 위하여 고의적인 행동이 요구됨 | | v | | v | v | | | | v |
| 분리 및 저장소는 요구사항 만족 | v | v | | v | v | | | v | v |
| 다중 로봇 교시상자의 제어에서는 어떤 로봇이 제어되고 있는 것을 표시함 | v | v | | | | | | v | |
| 모든 다중 로봇은 같은 운전모드로 존재함 | v | v | | | v | v | | | v |
| 선택되지 않은 로봇은 위험원을 유발하지 않음 | | v | | v | v | | | v | v |
| 핸드가이딩 제어는 요구사항 충족 | v | v | | | v | v | v | | v |
| **유지보수 및 수리** | | | | | | | | | |
| 검사 및 유지보수를 위한 절차는 제조사의 권장사항을 참조하고 지속적인 안전운전을 허용 | v | | | v | | | v | v | v |
| 사용정보는 장비의 안전과 관련된 부분의 주기적 기능적 테스트 포함 | v | | | | | | | v | v |
| 시스템은 유지보수에 안전하게 접근하기 위하여 설계 | v | v | | | | | v | v | v |
| 시스템은 위험한 에너지를 제어하는 수단을 가지고, 세부사항은 사용정보에 제공 | v | v | | | | | | v | v |
| 시스템은 에너지 분리 없이 수행할 수 있도록 확인된 작업에 대하여 적절한 대체 안전장치 가짐 | v | v | | v | v | | v | v | v |
| 방호벽은 쉽게 접근이 허락될 수 있도록 충분한 크기 | v | v | v | | | | | | v |
| 유지보수 및 수리용의 고정 방호벽은 오직 도구만 사용해서 제거 | v | v | | | | | | | v |
| 유지보수 혹은 정기적인 정비에 대한 작업으로 빈번한 접근이 필요할 때 접근지점은 보호장치(가급적 이동식 방호벽)에 의하여 보호 | v | v | | | v | | v | v | v |
| 추가보호조치는 이동식 방호벽이 닫힐 때 이동식 방호벽이 닫혀 있는 보호영역에 남아 있을 경우에 제공 | v | v | | | v | v | v | v | v |
| 재기동 연동장치와 같이 동작하는 존재감지장치는 Type 2의 요구사항 충족 | v | v | | | v | v | v | | v |

| 안전요구사항 및 대책 | 확인 및 검증 방법 | | | | | | | | |
|---|---|---|---|---|---|---|---|---|---|
| | A | B | C | D | E | F | G | H | I |
| **통합 제조 시스템(IMS) 인터페이스** | | | | | | | | | |
| 위험성평가 및 통합시스템은 보호영역 안의 다른 장비에 의한 위험원을 고려 | v | | | | | | v | v | v |
| IMS는 시스템의 모든 관련부분에 영향을 주는 비상정지기능을 보유 | v | v | | v | v | | v | v | v |
| 비상정지는 필요한 성능을 충족 | v | v | | | v | | v | v | v |
| 사용정보는 각 비상정지장치의 제어범위에 대한 정보 포함 | | | | | | | | | v |
| IMS와 로봇 사이의 안전과 관련된 제어장치는 안전제어시스템의 성능을 준수해야 함 | | | | | v | v | | v | v |
| 안전회로는 특정구역 및 인터페이스에 인접한 구역 이내에서 위험한 동작에 영향 미침 | v | v | | v | v | v | | v | v |
| IMS제어시스템은 지역제어 선택의 통지를 받음 | | v | | | v | | | | v |
| 지역제어는 IMS에 의하여 무시될 수 없음 | | v | | | v | v | | | |
| 비상 그리고 보호 정지기능은 지역제어가 운전되는 동안 동작 | | v | | v | v | v | | | |
| 지역제어를 선택하는 것의 수단은 제어되고 있는 곳에 가까운 곳에 위치 | v | | | v | | | | v | v |
| 지역제어의 선택을 해제하는 것은 보호영역 안에서 위험한 상황을 개시하지 않음 | v | v | | v | v | | | v | v |
| 만약 선택을 해제하는 것이 보호영역 안에서 가능하다면 별도의 확인이 셀 밖에서 일어나야 함 | | v | | v | v | | v | v | |
| 동작허가장치는 IMS영역과 일치하게 연동 | | v | | v | v | v | | v | v |
| 모드선택은 기계류의 전기안전규정을 준수 | | | | | | v | | v | v |
| IMS는 안전수동 개입을 고려하고, 필요한 경우 구역설정을 포함하여 설계 | v | v | | v | v | | v | v | v |
| **안전보호장치** | | | | | | | | | |
| 방호벽과 보호장치는 위험성평가 관련 규정을 준수 | | | | | | | | | v |
| 경계 안전장치의 선택은 모든 위험원과 작업을 고려 | v | | | v | | | v | v | |
| 안전장치는 안전하게 설치하고 적절한 곳에 위치 | v | | v | v | | | | v | |
| 고정 및 이동 방호벽은 가드설치 관련 규정 준수 | | | v | | v | | | v | |
| 위험원으로부터의 고정 및 이동 방호벽의 최소 거리가 관련 표준 준수 | | | v | | v | | | v | |
| 방호벽의 접근을 방지하는 경우 최소 안전거리 관련 표준 준수 | | | v | | v | | | v | |
| 기동과 재기동을 막는 존재감지 보호장치는 관련 표준 준수 | v | v | | v | | | | v | v |
| 여유공간을 제공하는 존재감지 보호장치는 관련 표준 준수 | v | v | | v | | | | v | v |
| 모든 방호벽은 위험성평가 및 가드관련 표준 준수 | v | | | | | | | | v |
| 방호벽과 관련된 연동장치는 관련된 요구사항 충족 | v | v | | | v | | | | v |

| 안전요구사항 및 대책 | 확인 및 검증 방법 | | | | | | | | |
|---|---|---|---|---|---|---|---|---|---|
| | A | B | C | D | E | F | G | H | I |
| 고정방호벽을 제거하기 위하여 도구 사용 | v | v | | | | | | | |
| 필요한 경우, 제거 시 고정시스템은 방호벽 또는 기계에 부착 | v | v | | | | | | | |
| 경계선 안전보호장치는 제한영역보다 위험원에 가깝게 설치하지 않음 | v | | v | | | | v | v | v |
| 방호벽의 아랫부분과 바닥 또는 방호벽 안의 다른 틈새 사이의 틈새는 사람이 위, 아래, 주변으로 도달하는 것을 허락하지 않음 | | | v | v | | | | v | |
| 방호벽의 높이는 최소한 1,400 mm임 | | | v | | | | | | |
| 이동방호벽과 연관된 연동장치는 관련된 요구사항 준수 | | v | | | v | | | | v |
| 이동방호벽은 닫힌 위치에서 운전자가 위험한 영역에 도달하는 것을 막음 | v | v | | | | | | v | |
| 이동방호벽이 위험으로부터 멀리 또는 옆으로 열며, 보호영역 안으로 열지 않음 | v | v | | | | | | v | |
| 운전자가 접근하기 전에 위험원을 안전한 상태로 만들기 위해 연동 제공 | | v | | v | | | | | |
| 이동방호벽의 연동기능은 안전제어시스템의 성능 요구사항 만족 | | | | | v | | | | v |
| 필요한 경우, 방호벽 잠금은 제어 연동 이외에 제공 | | v | | | v | | | | v |
| 잠금 또는 잠금 해제를 위한 상황에서 사용되는 프로세스 변수는 연동기능과 같은 기능적 요구사항을 충족 | | v | | | v | v | v | | v |
| 보호영역은 사람이 위험한 곳에 갇히는 것을 막기 위한 방법을 가짐 | | v | | | | | | v | v |
| 전자 감지보호장치는 관련된 요구사항을 준수 | | | | | | | | | v |
| 보호중지를 기동하는데 사용되는 감지보호장치가 제대로 배치 | | | v | | | | | v | v |
| 감지보호장치는 안전하게 설치되고, 운전자가 감지지역을 필할 수 없도록 위치 | v | v | v | | | | | v | |
| 위험한 기능이 동작하는 중에 감지보호장치가 침입을 검출하면 보호정지가 기동 | | v | | | v | v | | | v |
| 감지보호장치에 의해 감지된 위험기능은 감지보호장치가 리셋되기까지 위험한 동작 또는 상황을 유발하지 않음 | | v | | | v | v | | | |
| 감지보호장치의 초기화는 위험한 상태를 유발하지 않음 | | v | | | v | | | | |
| 모든 접근방향에 대하여 감지보호장비의 안전거리를 결정하기 위하여 최소 안전거리 공식을 이용 | | | v | | | | | | v |
| 운전자의 일부가 보호영역에 남아 있을 경우, 우발적 기동과 같은 위험한 상황을 방지하기 위한 부가적인 수단 제공 | | v | | | v | v | | v | |
| 리셋제어 위치에서 운전자가 보이지 않을 경우, 재기동 연동장치의 리셋을 금지하기 위한 보조보호대책 제공 | | v | | | v | v | | v | |
| 재기동 연동의 초기화는 의도된 행동을 필요로 함 | | v | | | | | | | |

| 안전요구사항 및 대책 | 확인 및 검증 방법 | | | | | | | | |
|---|---|---|---|---|---|---|---|---|---|
| | A | B | C | D | E | F | G | H | I |
| 다른 안전조치와 함께 사용하는 시동을 방지하는데 사용되는 존재감지보호장치 | | v | | | v | v | | v | |
| 존재감지장치는 감지지역에서 사람 또는 사람의 부분을 발견할 수 있도록 자리를 잡고 환경 설정 | v | v | | | | | | v | |
| 필요한 경우, 검출영역이 우회하지 않도록 보조적인 수단 제공 | v | v | | v | | | | v | |
| 운전자가 수동 부품처리 스테이션의 운전으로 인한 추가적인 위험원에 노출되지 않도록 수단 제공 | v | | | v | | | | | |
| 응용과 관련된 위험원에 운전자가 노출되는 것을 막기 위한 대책 제공 | v | v | | v | v | | | v | v |
| 운전자가 수동위치 동작으로 인한 위험원에 접근하는 것을 막는 조치가 제공 | v | v | | v | | | | v | v |
| 이동형 스테이션과 보호대책을 포함한 고정요소 사이간격은 120 mm를 초과하지 않음 | | | v | | | | | v | |
| 공동작업영역에서 운전자를 검출하는 존재유무검출을 사용하는 경우, 장치의 검출지역은 전체 작업영역을 포함 | | v | v | | v | | | v | |
| 공동작업영역에서 재기동 연동장치가 제공될 경우, 재기동 연동장치의 독립적인 재기동을 막기 위한 다른 수단 제공 | v | v | | | v | | | | |
| 공동작업영역에서 수동 재설정이 제공되면 재설정장치에서 공유작업공간 전체를 볼 수 있거나 추가 조치가 적용된 것임 | v | v | | | v | | | v | v |
| 부품 입구 및 출구는 필요한 최소 크기 | v | v | v | | | | | v | |
| 부품과 구멍의 측면 사이에서의 충돌/부서짐 위험원이 금지 | v | v | | | | | v | | |
| 위험원에 대한 접근이 방지되거나 감지되어야 함 | v | v | | | v | | v | v | |
| ESPE는 재료의 통로에서 중지기능이나 보호지역의 변경 중 하나를 허락 | v | v | v | v | v | | | v | v |
| 중지기능은 안전성능수준(PL)의 요구사항 실현 | | | | | v | | | | v |
| 정지 및 보호지역 안에서의 변화를 위한 기능적 안전수준은 최소한 ESPE에 대한 위험평가로부터의 기능상의 안전수준과 같음 | | | | | v | | v | | v |
| 인접한 셀 내에서 중단되어 운전자의 접근을 막거나 또는 위험원이 소멸되도록 하는 조치가 제공 | v | v | | v | | | v | v | |
| 인접한 셀 내에서 위험원에 대한 접근을 막는 고정방호벽은 최소한 1400 mm의 높이를 가짐 | | | v | | | | | v | |
| 고정방호벽 이외의 방법은 방호장치 분야의 표준을 적용 | | | | | | | v | v | v |
| 생산운전을 위한 일시중지 조치는 위험성평가에 의하여 결정된 기능적인 안전수준을 준수 | | v | | | v | v | v | | v |
| 말단장치와 공구교환 시스템은 에너지 공급의 손실 또는 재개로 인하여 위험원이 발생하지 않도록 설계 및 구성 | v | v | | | v | | v | | v |

| 안전요구사항 및 대책 | 확인 및 검증 방법 | | | | | | | | |
|---|---|---|---|---|---|---|---|---|---|
| | A | B | C | D | E | F | G | H | I |
| 공구교환 시스템 설계는 오용으로 인하여 위험한 상황으로 치닫지 않도록 함 | v | v | | | v | | v | | v |
| 공구교환은 공구교환 위치에서만 가능 | | v | | | v | v | | v | |
| 공구교환 시스템은 예상되는 정적 및 동적 요구사항 만족 | | v | v | | | | v | | v |
| 일시중지는 반드시 필요한 프로세스로만 제공 | v | | | | v | v | v | v | v |
| 일시중지가 끝나면 위험지역 안에 발견되지 않은 사람이 없어야 함 | | v | | | | | v | v | |
| 일시중지기능은 중지조건이 올바르다면 자동으로 기동되거나 종료됨 | v | | v | v | v | | | | |
| 일시중지기능은 중지되는 보호기능의 안전성능과 동등한 수준 달성 | | v | | | v | v | v | | v |
| 일시중지기능의 성능수준은 보호기능의 성능수준에 나쁜 영향 주지 않음 | | v | | | v | v | v | | v |
| 고장이 발생한 경우, 후속 중지기능은 고장이 해결될 때까지 금지 | | v | | | v | v | | | |
| 일시정지 수단, 설명, 장소, 지역 그리고 기능의 설명은 사용정보에 포함 | | | | | | | | v | v |
| 안전장치의 정지를 필요로 하는 작업은 전용의 운전모드 가짐 | v | v | | | v | v | v | | v |
| 운전모드의 선택은 반드시 안전한 방법으로 함 | v | v | | | v | v | | | v |
| 안전장치가 자동으로 중지되면 "보호장치 중단 시의 요구조건"을 준수 | v | v | | v | v | | | | v |
| 안전장치가 자동으로 정지되면 작업에 필요하지 않은 장비는 보호중지 상태나 운전자의 직접적인 제어 아래 있어야 함 | | v | | v | | | v | v | |
| 사용정보는 수동으로 안전장치를 중지하는 것이 필요할 때와 같은 중요한 상황과 관련된 내용 제공 | | | | | | | | | v |
| **협동 로봇** | | | | | | | | | |
| 사용정보에는 필수적인 안전장치와 모드선택 포함 | | | | | | | | | v |
| 통합자는 전체 협동작업영역을 고려한 위험성평가 | | | | | | | v | v | v |
| 협동지역 안의 로봇은 로봇 요구사항 준수 | | | | | v | v | | v | v |
| 존재감지를 위한 보호장치는 안전제어시스템의 성능 준수해야 함 | | | | | v | v | | | v |
| 협동영역 안에서의 추가적인 보호장치는 안전제어시스템의 성능수준을 준수해야 함 | | | | | v | v | | | v |
| 안전보호장치는 셀 안에서 다가오는 사람을 감지하거나 막기 위해 설계되고 설치됨(공동작업 넘어) | v | v | | v | | | v | v | |
| 협동작업영역을 넘어서 보호영역 안으로 침투한 경우 로봇은 정지되고 위험원은 중단 | | v | | v | | | | v | |
| 경계안전보호장치는 사람이 비협동 보호영역 안으로 들어가는 사람을 막거나 감지 | v | v | | v | | | | v | |

| 안전요구사항 및 대책 | 확인 및 검증 방법 | | | | | | | | |
|---|---|---|---|---|---|---|---|---|---|
| | A | B | C | D | E | F | G | H | I |
| 다른 연결된 기계와 안전과 관련된 기능들은 위험성평가와 안전제어시스템의 성능수준(PL)을 준수 | | | | | v | v | v | | v |
| 사람이 직접적으로 로봇과 상호작용을 하는 협동작업공간은 명확히 정의 | v | | | v | | | | v | |
| 보호장치와 함께 로봇성능의 기능이 안전제어시스템 성능수준(PL)을 준수 | | v | | | v | v | | | v |
| 한 명 이상의 사람이 공동운전에 관련되어 있다면 각 사람은 안전제어시스템 성능수준(PL)에 의하여 보호되고 제어되어야 함 | v | v | | v | v | v | | | |
| 협동작업공간은 작업을 쉽게 실행할 수 있음 | v | v | | v | | | v | | v |
| 장치 위치로 인하여 추가적인 위험원이 유발되지 않음 | v | | | v | | v | v | | |
| 추가보호장치가 0.5 m 여유공간이 존재하는 영역 안에서의 위험원에 빠지거나 밀어 넣어져 노출되는 것을 방지하기 위해 존재 | v | v | v | | | | v | v | v |
| 자율 운전에서 협동운전으로 변경하는 것이 작업자를 위태롭게 하지 않음 | v | v | | v | v | v | v | v | v |
| 선택된 안전기능의 고장이 검출되면 보호정지 작동 | | v | | | v | v | v | | v |
| 감지된 오류가 발생한 경우, 자동운전은 오직 협동공간 밖에서부터의 의도적인 재기동 후에만 재개 | | v | | v | v | v | | v | |
| 안전정격감시정지 기술을 사용하는 경우, 작업자가 협동공간에 들어오면 로봇 동작은 정지하고 안전감시정지가 실행 | | v | | v | v | | v | v | |
| 핸드가이딩의 경우 로봇이 이상위치에 도달했을 때 안전정격감시정지가 실행 | | v | | v | v | v | | | v |
| 핸드가이딩 장치는 요구사항 준수 | | v | | | v | v | | | v |
| 핸드가이딩의 경우 협동공간 전체에 대한 시야 확보 | v | | | v | | | | v | |
| 운전자가 핸드가이딩 장치를 놓은 경우 안전정격감시정지가 실행 | | v | | v | v | v | | | v |
| 속도와 위치감시기술을 이용하는 경우 협동영역에서의 로봇은 로봇의 요구사항 준수 | | | | | v | v | | v | v |
| 동력과 힘 제한 기술을 사용하는 경우, 협동영역에서의 로봇은 로봇의 요구사항 준수 | | | | | v | v | | v | v |
| **로봇시스템의 시운전** | | | | | | | | | |
| 시운전계획에는 시운전동안에 필요한 임시 안전장치에 대한 정보 포함 | | | | | | | v | v | v |
| 최소한 제한영역을 설정하기 위하여 인식 방벽이 사용됨 | v | | | | | | | v | |
| 시운전계획에 절차에 필요한 최소한 사항을 포함 | | | | | | | | | v |

# 참고문헌


안전보건공단 용역보고서 "스마트팩토리 안전시스템 기반구축 연구"(2017)

안전보건공단 용역보고서 "스마트팩토리 안전성 확보 모델 개발 연구"(2018)

안전보건공단 용역보고서 "스마트공장 노동자 보호를 위한 안전보건기준마련 연구"(2018)

김성규, 김용수, 기능안전을 위한 IEC 61508의 안전수명주기에 관한 연구, 신뢰성 응용연구 (2014)

Pilz GmbH & Co. KG, Operating Manual-1004508-EN-01(for PSEN sc B5 Series)

Pilz GmbH & Co. KG, Training Manual Version 10(Safety Design incorporating EN ISO 13849 and IEC 62061)

스마트팩토리 구축기술/시장전망 실태분석, 지식산업정보원 R&D정보센터(2016)

미국 스마트제조 및 연구 동향, 한국산업기술진흥원(2014)

스마트 ICT와 제조업의 결합, 독일의 인더스트리 4.0 정책, 정보통신진흥원

Role of Standards in Smart Manufacturing, Rockwell, Alec McMillan

스마트 팩토리를 위한 기능 모델, 한국통신학회 2015년 하계종합학술발표회(2015)

국내 제조업 고도화 방안으로서 스마트공장의 가능성, KDB산업은행

미국 독일 일본의 스마트팩토리 전략, LG경제연구원(2016)

산업기계 안전설계 제작을 위한 필수안전보건요건, 한국산업안전보건공단(2010)

유연생산 체계를 구현하는 스마트팩토리, Deloitte Anjin Review

제조혁신을 위한 스마트팩토리 구축 전략, 권대욱(2017)

스마트 제조혁신 비젼 2025, 산업통상자원부(2017)

현장중심형 스마트팩토리, 이호성(2017)

신뢰성 공학, 김준홍·정원, 청문각

KS X 9001 · 1, "스마트공장 - 제1부: 기본개념과 구조"(2016)

KS X 9001 · 3, "스마트공장 - 제3부: 운영시스템(진단평가모델)"(2016)

KS B ISO 12100, "기계안전 - 설계 일반원칙 - 위험성평가와 위험성감소"

KS B ISO 14118, "기계안전 - 예기치 않은 시동의 방지"

KS B ISO 14119, "기계안전 - 가드와 관련된 연동장치 - 설계와 선택에 관한 원칙"

KS B ISO 13850, "기계안전 - 비상정지기능 - 설계원칙"

KS B ISO 13851, "기계안전 - 양수제어장치 - 기능적 측면과 설계 원리"

KS B ISO 13857, "기계안전 - 인체의 상지와 하지의 위험요인영역 접근을 방지하기 위한 안전거리"

KS B ISO 13855, "기계안전 - 신체 일부의 접근속도에 따른 방호장치 위치 설정"

KS B ISO 13856-1, “기계안전－압력감지식 방호장치－제1부: 압력감지매트와 압력감지바닥의 설계와 시험에 관한 일반원칙”

KS B ISO 13849-1, “기계안전－제어시스템의 안전관련부품－제1부: 설계의 일반 원칙”

KS B ISO 13849-2, “기계안전－제어시스템의 안전관련부품류－제2부: 검증”

IEC 62061, “기계안전－안전과 관련된 전기/전자/프로그램 가능한 제어시스템의 기능안전”

IEC 62046, “기계안전－사람의 접근을 감지하기 위한 보호장비의 적용”

KS B ISO 10218-1, “로봇 및 로봇장치－산업용 로봇의 안전에 관한 요구사항－제1부: 로봇”

KS B ISO 10218-2, “로봇 및 로봇장치－산업용 로봇의 안전에 관한 요구사항－제2부: 로봇 시스템과 통합”

KS B ISO TS 15066, “로봇 및 로봇장치－협동 로봇”

KS IEC 60204-1, “기계안전－기계를 위한 전기장비－제1부: 일반적 요구사항”

KS C IEC 61508-0, “전기/전자/프로그램 가능한 전자장치 안전관련 시스템의 기능 안전성－제0부: 기능안전성과 IEC61508”

KS C IEC 61508-1, “전기/전자/프로그램 가능한 전자장치 안전관련 시스템의 기능 안전성－제1부: 일반 요구사항”

KS C IEC 61508-2, “전기/전자/프로그램 가능한 전자장치 안전관련 시스템의 기능 안전성－제2부: 전기/전자/프로그램 가능한 전자장치 안전관련 시스템의 요구사항”

KS C IEC 61508-4, “전기/전자/프로그램 가능한 전자장치 안전관련 시스템의 기능 안전성－제4부: 정의 및 약어”

KS C IEC 61508-6, “전기/전자/프로그램 가능한 전자장치 안전관련 시스템의 기능 안전성－제6부: KS C IEC 61508-2와 KS C IEC 61508-3의 적용지침”

KS C IEC 61508-7, “전기/전자/프로그램 가능한 전자장치 안전관련 시스템의 기능 안전성－제7부: 기법과 수단 및 개요”

Safety product for promotion · Siemens

Machinery directive 2006/42/EC(2006)

Kosha Guide M-192-2017(기계안전을 위한 제어시스템의 안전관련부품류 설계 기술지침)

Kosha Guide M-191-2017(안전제어시스템 설계를 위한 평균 위험고장시간 계산 지침)

대표저자 **이진우**

- 기계공학박사 / 기계안전 기술사
- 호주 Adelaide Uni. 박사 후 연구과정(Post-doc.)
- 한국산업안전보건공단 본부 산업안전실장, 울산지역본부장 역임
- 부경대학교 방재연구소 연구원 역임
- 기술표준원 기계안전분야 전문위원 역임
- 행정안전부 재난사고 조사위원 역임
- Philippines 산업안전보건센터 산업안전자문관 역임
- AETA 2016 국제학술대회 국제조직위원회 위원 역임
- 울산항만공사 안전자문, 한국남부발전(주) 안전경영위원 등 역임
- 고려아연(주) 안전혁신위원, 오성산업(주) 안전고문 등
- ASTM, ASSE, ISSS 국제회원 역임
- 현) 울산대학교 산업경영학부 겸임교수
  시스템코리아인증원 부원장
  ㈜월드케어 연구소장

공동저자

**오승현** DS테크 기술이사
**박창권** 울산대학교 산업경영학부 교수
**이준원** 숭실대학교 안전융합대학원 교수
**김태구** 인제대학교 보건안전공학과 교수

안전제어시스템기술과
**스마트공장 안전기술** 정가 45,000원

발 행 2023년 9월 10일 초판 1쇄
저 자 이진우 · 오승현 · 박창권 · 이준원 · 김태구
발행인 정우용
발행처 도서출판 동화기술
경기도 파주시 광인사길 201(문발동, 파주출판도시)
Tel (031)955-4211~6 donghwapub@nate.com
Fax (031)955-4217 www.donghwapub.co.kr
(등록) 1977년 12월 19일/9-16호



ISBN 978-89-425-9550-1